U0177180

宋代农书研究

Research on Agricultural Books of the Song Dynasty

邱志诚 著

凤凰出版社

第六章　宋代园艺类农书

园艺业是农业种植业的重要组成部分，园艺作物一般分为蔬菜、果树和观赏植物三类。园艺类农书即记叙蔬菜、果树、观赏植物及其种植技术的农学专著。中国是园艺植物重要起源国之一，原产中国的果树种类约占世界栽培果树的五分之一，苹果属、梨属、柑橘属、李属、猕猴桃属水果绝大部分品种原产地都在中国；[①]观赏植物和蔬菜种类也很多。中国园艺栽培技术第一个发展期是秦汉魏晋南北朝时期，《齐民要术》所记果、蔬栽培方法及果树扦插、压条、嫁接等技术就是这一时期取得成就的综合反映。宋代是中国园艺技术的第二个发展期，随着城市园林（尤其是私家园林）大发展，观赏植物栽培极为兴盛，花卉品种极大增加；一些南方常绿果树北移长江流域，荔枝、柑橘等果树主产区东移江南、福建，创造了巨大的经济价值和社会价值；宋人栽培的常见蔬菜达60种以上，是汉晋时期的两倍。唐以前（含唐）园艺著作不过5种，宋代园艺类农书则多达54种。这一“激增”现象虽然是多方面原因形成的，但毫无疑问，最主要的原因就是宋代园艺业发展的社会现实状况。宋代观赏园艺著作基本上是花谱，故本书径称之为花谱类农书。

---

① 孙云蔚、杜澍、姚昆德编著：《中国果树史与果树资源》，上海：上海科学技术出版社，1983年，第6页。

第一节　花谱类农书

一、综合性花谱

1.《花木录》

七卷，张宗诲撰，已佚。《宋史·艺文志》于“农家类”著录云“张宗诲《花木录》七卷”[①]，又重出于“小说类”[②]，所记亦同。通行的《通志》中华书局影印（万有文库）本于《艺文略》“种艺”类著录云：“《名花目录》七卷（宋朝张宗诲撰）。”[③]王毓瑚据此认为“大约是《通志》著录讹‘木’为‘目’，又误衍一‘名’字，《说郛》目录作《花目录》，可以为证”[④]。实际上《通志》四库本本即作《花目录》[⑤]，现存最早的《通志》版本元大德间三山郡庠刻元明递修本亦作《花目录》[⑥]。王毓瑚氏虽系推测，其说则确——尹洙（与宗诲子皋为至交）所撰张宗诲墓志铭明云：“有文集若干卷，别著《刻漏記》《花木（缩）[编]》二卷。”[⑦]这里的“二卷”指“二书”，非言《花木编》两卷。

张宗诲，字习之，河南府（治今河南洛阳市）人，宋初名相张齐贤次子，《宋史》有传。张宗诲生于开宝二年（969），雍熙元年（984）

---

① 《宋史》卷205《艺文志四》，第5207页。

② 《宋史》卷206《艺文志五》，第5226页。

③ （宋）郑樵：《通志》卷66《艺文略四》，第784页。

④ 王毓瑚：《中国农学书录》，第65页。

⑤ （宋）郑樵：《通志》卷66《艺文略四》，《景印文渊阁四库全书》第374册，第372页。

⑥ （宋）郑樵：《通志》卷66《艺文略四》，元大德三山郡庠刻元明递修明弘治公文纸印本，叶二四a。

⑦ （宋）尹洙：《河南集》卷17《故金紫光禄大夫、秘书监致仕，上柱国、清河县开国子，食邑六百户、食实封一百户，张公墓志铭（并序）》，《景印文渊阁四库全书》第1090册，第97页。

15岁即以父荫入仕为秘书省正字[①],18岁随父镇守代州[②]。当时北宋伐辽新败,杨业战死,辽军为了报复南侵,逼近代州,张宗诲既预参谋划,又亲临战阵,智勇闻于太宗,遂监骐骥仓,历监西京左藏库、在京左藏金银库,迁太子中舍。咸平四年(1001)召试赐进士及第[③],次年因张齐贤娶富孀柴氏,同任宰相的向敏中争而不得嗾使柴氏子出面诉官,张宗诲遂使继母反讼。仁宗不得已,两相并罢,宗诲亦被削一任,贬为海州(治今江苏连云港市海州区)通判。[④]后徙为孟州通判,秩满知富顺监(治今四川富顺县)。时夷人斗郎春叛,群獠骚动,张宗诲将郡兵破之,以功擢为开封府判官。继进祠部郎中、判三司度支勾院。在开封期间因嗜酒废事被劾,天圣七年(1029)出为京东转运使。次年移为河北转运使,任上复因调发扰民,于九年三月罢知徐州[⑤]。后入为刑部郎中、兵部郎中、太常少卿,又出知代州、卫州,迁永兴军(治今陕西西安市)兵马钤辖,徙鄜延路钤辖兼知鄜州(治今陕西富县)。康定元年(1040)元昊攻延州,三川口之战爆发,宋方将领刘平、石元孙兵败被俘,钤辖黄德和遁还,延州不纳,又走鄜州。张宗诲恐军无所归而为乱,乃纳之并拘德和以闻。同时命城中老幼并力为防御之计,敌乃引去。因领兴州防御使,复徙任永兴军钤辖兼知邠州(治今陕西彬州市)。同

① (宋)尹洙:《河南集》卷17《故金紫光禄大夫、秘书监致仕,上柱国、清河县开国子,食邑六百户、食实封一百户,张公墓志铭(并序)》,《景印文渊阁四库全书》第1090册,第95、97页。

② 张宗诲墓志铭原文为"未冠从英公镇代地",此"英(国)公"指乃父张齐贤,刘凤真《〈张宗诲墓志铭〉考释》误为"从英国公赵惟宪镇守代州"(《文物鉴定与鉴赏》第8期,第11页)。

③ (宋)李焘:《续资治通鉴长编》卷49咸平四年九月癸酉,第1072页。

④ (宋)李焘:《续资治通鉴长编》卷53咸平五年十月癸未,第1157页。

⑤ (宋)李焘:《续资治通鉴长编》卷110天圣九年三月癸亥,第2555页。

年请老，以秘书监致仕。庆历五年（1045）卒，享寿77岁。[①]

2.《洛阳花木记》

一卷，周师厚撰。《通志·艺文略》著录于“种艺”类[②]，《遂初堂书目》著录于“谱录类”[③]。《宋史·艺文志》于“农家类”著录但记作者为“周序”[④]，《说郛》题作者为“周叙（鄞江人）”[⑤]，均误，盖源自周书自序之署款“元丰五年二月，鄞江周序”[⑥]。据此亦可知该书成书时间。

周师厚自序述作书缘由云“洛阳花卉之盛甲于天下”，实不仅牡丹独占鳌头，如芍药虽以“维扬为称首”，而洛阳亦盛植芍药，“名品不减维扬”。其余“天下四方所产珍藂（同‘丛’）、佳卉，得一于园馆足以为美景异致者”，洛阳亦“靡不兼有之……天下莫能拟其美且盛也”。但“前贤所记与天下之所知，洛处所植牡丹而已”。[⑦] 可见其为有意创新之作，亦见其似未能得见张宗诲之《花木录》——张氏洛阳巨族，所记自然为洛阳花木。

除序言外，《洛阳花木记》一书分为三大部分。第一部分述记各种花卉品名，包括牡丹109种、芍药41种、杂花82种、果子花147种（其中桃花30种、梅花6种、杏花16种、梨花27种、李花27种、樱桃11种、石榴9种、林檎6种、木瓜5种、柰10种。柰是李的一个变种）、刺花37种、草花89种、水花17种、蔓花6种。第二部分为《牡丹叙》，对宋人最喜爱的牡丹佳品予以详论，包括花色、

① （宋）尹洙：《河南集》卷17《故金紫光禄大夫、秘书监致仕，上柱国、清河县开国子，食邑六百户、食实封一百户，张公墓志铭（并序）》，《景印文渊阁四库全书》第1090册，第96页。

② （宋）郑樵：《通志》卷66《艺文略四》，第784页。按：四库本作《花目录》。

③ （宋）尤袤：《遂初堂书目》，《丛书集成初编》第32册，第24页。

④ 《宋史》卷205《艺文志四》，第5205页。

⑤ （明）陶宗仪等编：《说郛三种》卷26，第460页。

⑥ （明）陶宗仪等编：《说郛三种》卷26，第461页。

⑦ （明）陶宗仪等编：《说郛三种》卷26，第460—461页。

花形、种植条件及植物生理特性等内容，共计53种。明人编《说郛》将之析出单独为书，下一小节讨论牡丹谱时再予详论，此不赘言。第三部分叙记栽培技术，包括《四时变接法》《接花法》《栽花法》《种祖子法》《打剥花法》《分芍药法》诸目。作为宋代现存最早的一部综合性花卉园艺专著，体例可谓尽善。《洛阳花木记》所记牡丹品名较之欧阳修《洛阳牡丹记》多出85种，很多是“近世所出新花”①，于此可见50年间洛阳牡丹栽培的演进。所记芍药、杂花、果子花、刺花、草花、水花、蔓花虽仅花名，亦能稍窥宋代洛阳花卉园艺业全貌。书中最具价值之处，则是第三部分栽培技术内容，主要讲了嫁接、栽植、管理三个方面的技术知识。

《四时变接法》总叙各种花卉嫁接、分株、栽种的最佳时间：立春前后接诸般针刺花；雨水后嫁接木瓜、樱桃等；春分节压桧、柏，种山丹，栽芙蓉，分百合，分芭蕉，分旱莲，接玫瑰，接石榴，接柿、枣等；三月上旬很多花都可下种、移栽；谷雨节分菊；五月节种竹；处暑种芍药、牡丹；八月分牡丹、接牡丹篦子（砧木）、分芍药；霜降种各种果树。周师厚强调，上述时间点是以“洛中气候”为依据的，其他地方“须各随地气早晚接”。② 这是很关键的，反映了宋人对植物生长与气候等环境因素的关系的科学认识。

《接花法》记叙嫁接方法，总的原则是：“接花必于秋社后、九月前，余皆非其时也。”嫁接花卉须提前二三年前栽种祖子（砧木），祖子以根盛者为佳。因为栽培祖子“根（前）[盛]而嫩，嫩则津脉盛而木实”，山祖子（野山砧木）“多老，根少而木虚，接之多夭”。花卉接头以“木枝肥嫩、花芽盛大，平圆而实者为佳”。嫁接时接头接触面“要平而阔”，要让“根皮包合接头，勿令作陡刃（刃陡则带皮处厚而根狭），刃陡则接头多退出，而皮不相对、津脉不通，遂致枯死矣”。嫁接好后要将接头系缚紧密，尤其不能

① （明）陶宗仪等编：《说郛三种》卷26，第461页。

② （明）陶宗仪等编：《说郛三种》卷26，第467页。

“令雨湿疮口”，须“以细土覆之”，并且要注意不可摇动。[①] 这些都是非常正确的认识。

《栽花法》记叙地栽方法。栽花前须先于四五月间治地，如土壤肥沃，“即翻起，深二尺”，除去石块瓦砾，并时常锄草，以保持其肥力，到秋社后、九月以前就可以栽种了。如地多瓦砾或为盐碱性土壤，则要深锄三尺以上，去尽旧土，别以新好黄土换填。要注意的是切不可用粪，因粪生蠐螬（亦称蛴螬，金龟子幼虫）会啃食花根，“根蠹则花头不大，而不成千叶（重瓣）也”。栽花时要注意不能栽得太深，“深则根不行而花不发旺”，须量花根长短为深浅之度。具体做法是：“坑欲阔平，而土欲肥而细。然于土坑中心拍成小土墩子，其墩子欲上锐而下阔。将花于土墩上坐定，然后整理花根令四向横垂，勿令掘摺为妙。然后用一生黄土覆之，以疮口齐土而为准。”[②]

《分芍药法》叙记分株方法。芍药分株，以处暑为上时，八月为中时，九月为下时。分株的花锄要用阔锄，才不会断损花根。每窠须留四芽以上，以上揭方法栽之，到春天花芽发时，头圆平而实者则留之，虚大者则去之。新栽时“每窠可只留花头一两朵。候一二年花得地力，可四五朵”，因为花头多则不成千叶。[③]

《打剥花法》叙记牡丹修整枝叶以保证其性状、维持其观赏价值的方法：“凡千叶牡丹，须于八月社前打剥一番，每株上只留花头四枝已来。”[④]跟种芍药一样，所留花芽须是平而圆实者，方成千叶花。每株只留三两蕊，花头多了不仅不成千叶，花冠也会变小。

《洛阳花木记》传世版本有《说郛》明抄本（1927 年上海涵芬楼据以影印）、明末清初宛委山堂刻《说郛》本、中山大学藏陶宗仪编《说林》清抄本、清末姚振宗编《师石山房丛书》稿本等。

---

① （明）陶宗仪等编：《说郛三种》卷 26，第 467 页。

②③④ （明）陶宗仪等编：《说郛三种》卷 26，第 468 页。

作者周师厚，字敦夫，鄞县（治今浙江省宁波市鄞州区）人。幼学于鄞江先生王致（与杨适、杜醇、楼郁、王说并称“庆历五先生”），登皇祐五年（1053）进士郑獬榜，但仅为倒数第二名，故自嘲云：“举首不堪看郑獬，回头犹喜见陈傅（倒数第一）。”[①]释褐为复州景陵县（治今湖北天门市）尉，历信州（治今江西上饶市西北）司法参军、衢州西安县（治今浙江衢州市）令，监在京富国仓。熙宁二年（1069）初，改革大幕拉开，制置三司条例司成立，周师厚任编修三司条例。同年擢为管句（“勾”古字）荆湖北路转运判官、句当农田水利差役事，[②]时“朝廷方议役”，周师厚认为“役有劳逸轻重，宜亦不可以一。朝廷以为是，下其说行之”。[③] 熙宁七年（1074），章惇经制梅山、两江地区成功，创设沅、诚等州县。朝议输常平粟以备边，时任权荆湖北路转运判官的周师厚复持不可，认为“溪獠啸聚无常而常平之入有限，不可继”，宜使戍卒择旷土屯田，且耕且守。[④] 荆湖北路转运使孙桷言其沮边事，诏“对移师厚邻路”。周师厚乃上言自辩、表明态度：“欲因师晏等穷窘建城寨，招纳师晏等置于辰州，然

---

① (宋)洪迈撰，何卓点校：《夷坚志·乙志》卷1《李三英诗》，第194页。

② (清)徐时栋：《烟屿楼文集》卷29《周氏谱源考》，《清代诗文集汇编》第656册，第414页。

③ (宋)张津等纂修：《乾道四明图经》卷2《鄞县·人物》，《宋元方志丛刊》第5册，北京：中华书局，1990年影印本，第4888页。按：原文作“历荆湖北路农田水利差役事，时朝廷方议役”，《宝庆四明志》同（卷8《叙人》，《宋元方志丛刊》第5册，第5080页）——朝廷“方议役”在熙宁二年。《延祐四明志》作“仕至荆湖南路转运判官。为转运时，方行役法”（卷4《人物考上》，《宋元方志丛刊》第6册，北京：中华书局，1990年影印本，第6189—6190页）——“方行役法”在熙宁三年底（开封试点）或四年底（推行全国）。以当时史事及下揭《续资治通鉴长编》等相关记载勘之，后书所记官职、系时皆误。

④ (宋)张津等纂修：《乾道四明图经》卷2《鄞县·人物》，《宋元方志丛刊》第5册，第4888页。

后进兵据其故栅。”朝廷将其议下孙槱“相度施行”。[1] 周师厚既已失去信任，离任是肯定的了，只是“邻路”到底是哪一路？舒亶撰周师厚墓志铭（已佚，据清徐时栋所引）云：“管句荆湖北路转运判官暨南路转运判官、句当农田水利差役事”[2]，邹浩撰周妻范夫人墓志铭云“易湖南”[3]，则周师厚自湖北移为荆湖南路转运判官；然李焘表示“不知师厚竟对移何处，待考”[4]，历代湖南地方志亦一无所载，因此笔者认为周氏移湖南之命虽出而寻寝，并未真正之任。墓志之文堆砌官职以为荣，虽未赴而罢，但究为已授，叙之亦属当然。这从周氏下一个职务勾当在京竹木务也可看出端倪，应当就是其谪任之官。元丰四年（1081），周师厚到洛阳担任西京留守通判、权进奏院、国子监武学博士，秩满移为保州（治今河北保定市）通判，卒于官。[5]

---

① （宋）李焘：《续资治通鉴长编》卷267熙宁八年八月乙巳，第6550—6551页。按：《宝庆四明志》（卷8《叙人》，《宋元方志丛刊》第5册，第5080页）谓“天子然其策”，《延祐四明志》云朝廷“卒从其议”（卷4《人物考上》，《宋元方志丛刊》第6册，第6190页），误。又，魏泰《东轩笔录》谓熙宁中周师厚提举湖北常平（当为权荆湖北路判官），因其姓周，故有“梦见公”之绰号（缘孔子“吾不复梦见周公”语）。蒲宗孟察访湖北，以此劾其“昏不晓事，致吏呼为‘梦公’”（卷14，北京：中华书局，1983年，第158页），因而罢任。其移官时有供给酒数十瓶，乃嘱监荆南盐院张商英卖之，张又言于蒲宗孟，周师厚复被降官（卷11，第123页）。此恐不实之辞，即有其事，亦非周师厚离开湖北之任的主要原因。

② （清）徐时栋：《烟屿楼文集》卷29《周氏谱源考》，《清代诗文集汇编》第656册，第414页。

③ （宋）邹浩：《道乡集》卷37《高平县太君范氏墓志铭》，《景印文渊阁四库全书》第1121册，第497页。

④ （宋）李焘：《续资治通鉴长编》卷267熙宁八年八月乙巳，第6551页。

⑤ （清）徐时栋：《烟屿楼文集》卷29《周氏谱源考》，《清代诗文集汇编》第656册，第414页；邹浩：《道乡集》卷37《高平县太君范氏墓志铭》，《景印文渊阁四库全书》第1121册，第497页。按：楼钥《周伯范墓志铭》记“仕至朝散郎，任荆湖南路转运判官”（《楼钥集》卷115，第1993页），《延祐四明志》记为“仕至朝散郎、荆湖南路转运判官”（卷4《人物考上》，《宋元方志丛刊》第6册，第6190页），误。

一般据范纯仁《祭周朝散文》题注作文时间"元祐二年四月十日"[①]及邹浩"公(周师厚)自衢州西安令改官……乃通判河南府、保州以卒,凡三十三年"仅能概言其卒年,实际上清徐时栋言之甚详,来源即前揭舒亶撰周师厚墓志铭:"银青(光禄大夫,周师厚追赠官)以元祐二年(1087)二月十四日卒,年五十有七,是生于天圣九年辛未(1031)者也。"[②]与范纯仁、邹浩所记密合而确,显然是可靠的。

周师厚妻为范仲淹侄女(仲温女),子周锷、周铢皆进士及第,幼子出家为僧,法名慧印;女三人,幼适陈瓘。[③] 周锷字廉彦(亦有鄞江先生之称[④]),官至提点江淮、荆湖、浙江、福建等处坑冶铸钱公事,所娶三妻分别为胡宗甫女、王觌女、陈伯强女。[⑤] 父周造为庆历二年(1042)进士,长兄处厚为庆历六年进士,次兄温厚为元丰五年特奏名进士。

3.《四时栽接记》

一卷,佚名撰,已佚。《中国农学书录》《中国农业古籍目录》均

---

① (宋)范纯仁:《范忠宣集》,《文渊阁四库全书》第1104册,台北:台湾商务印书馆,1986年,第658页。

② (清)徐时栋:《烟屿楼文集》卷29《周氏谱源考》,《清代诗文集汇编》第656册,第415页。

③ (宋)邹浩:《道乡集》卷37《高平县太君范氏墓志铭》,《景印文渊阁四库全书》第1121册,第497—498页。按:《宝庆四明志》云周锷"舅氏蜀公范镇"(卷8《叙人》,《宋元方志丛刊》第5册,第5080页),即周师厚妻为范度女,误;楼钥《周伯济墓志铭》《周伯范墓志铭》(《楼钥集》卷109、115,第1905、1993页)、袁桷《延祐四明志》(卷4《人物考上》,《宋元方志丛刊》第6册,第6190页)俱云周师厚"娶范氏,文正公之女",亦误。

④ (宋)方万里、罗濬纂:《宝庆四明志》卷8《叙人》,《宋元方志丛刊》第5册,第5080页;(清)全祖望:《鲒埼亭集外编》卷47《杂问目》,《清代诗文集汇编》第303册,上海:上海古籍出版社,2010年影印本,第538页。

⑤ 据清徐时栋考(《烟屿楼文集》卷29《周氏谱源考》,《清代诗文集汇编》第656册,第413页)。按:楼钥《周伯范墓志铭》记周锷发妻为尚书右丞胡宗愈女(《楼钥集》卷115,第1993页),《宝庆四明志》同(卷8《叙人》,《宋元方志丛刊》第5册,第5080页),均误。

误为《四时栽种记》[①]。从书名看，且《通志·艺文略》又著录于"种艺"类[②]，必为讲花木栽培、嫁接之书。

4.《四时栽接花果图》

一卷，佚名撰。《直斋书录解题》著录于"农家类"[③]，《秘书省续编到四库阙书目》所记"《接花图》一卷"[④]当即此书——则作者为北宋人。因以图为主，难于传刻，北宋末年已佚。

5.《牡丹芍药花品》

七卷，佚名撰，已佚。宋元史志书目仅《直斋书录解题》著录于"农家类"："录欧公及仲休等诸家牡丹谱、孔常甫芍药谱共为一编。"[⑤]既收牡丹谱而不及陆游之名，恐为北宋人所编。然收芍药谱却又不见录成书时间、名气、官位都超迈孔平仲的刘攽，则不可解矣。

6.《张约斋种花法》

张镃撰，实际上是一篇短文，见收于《游宦纪闻》卷六、《农政全书》卷三七、《授时通考》卷五八、《古今图书集成·草木典》、《宋稗类钞》卷三五。《中国农学书录》《中国农业古籍目录》未著录。

书中介绍了各种花木的栽种、嫁接时间和方法：

> 正月中旬，宜接樱桃、木樨、徘徊黄、蔷薇。正月下旬，宜接桃、梅、李、杏、半丈红、蜡梅、梨、枣、栗、柿、杨柳、紫薇。二月上旬，可接紫笑、绵橙、匾橘。已上种接，并于十二月间沃以粪壤两次，至春时花果自然结实。立秋后，可接金林檎、川海

① 王毓瑚：《中国农学书录》，第63页；张芳、王思明主编：《中国农业古籍目录》，第201页。

② （宋）郑樵：《通志》卷66《艺文略四》，第784页。

③ （宋）陈振孙撰，徐小蛮、顾美华点校：《直斋书录解题》卷10，第199—200页。

④ （宋）佚名：《秘书省续编到四库阙书目》，《丛书集成续编》第3册，第308—309页。

⑤ （宋）陈振孙撰，徐小蛮、顾美华点校：《直斋书录解题》卷10，第298页。

棠、黄海棠、寒球、转身红、祝家棠、梨叶海棠、南海棠。以上接种法，并要接时将头与本身，皮对皮、骨对骨，用麻皮紧缠，上用箬叶宽覆之。如萌茁稍长，即撤去箬叶，无有不成也。

总的原则是“春分和气尽，接不得；夏至阳气盛，种不得”。①

作者张镃，字时可，号约斋。后改字功父，一作功甫。其改字既因追慕有“李白后身”之称的北宋诗人郭详正（字功父）②，故应以“功父”为正。张镃曾祖父为南宋“中兴四将”之一、清河郡王张俊（死后追封循王），外祖父为“中兴四将”之一、杨国公刘光世（后追封为鄜王），外祖母为神宗向皇后弟向中回孙女③，宋末元初著名词人张炎为其曾孙。张镃对自己显赫的家世非常自豪，作诗云：“我家忠烈定社稷，任大岂但惩与膺”④，“王祖扶天日，同声外氏翁。功勋俱卓越，门户合穹隆”，并希望张氏后裔“力学”以“续家风”。⑤

绍兴十八年（1148），张镃父张宗元中王佐榜进士，⑥与韩世忠子韩彦直、胡元质、朱熹、尤袤等同年。二十七年（1157），年仅5岁的张镃荫补直秘阁（当然不可能莅任）。乾道八年（1172），张镃20岁，有“平幽燕”之志。⑦ 淳熙五年（1178）九月，通判婺州，有和御

① （宋）张世南撰，张茂鹏点校：《游宦纪闻》卷6，北京：中华书局，1981年，第54—55页。按：与《旧闻证误》合刊。

② （宋）杨万里撰，辛更儒校笺：《杨万里集校笺》卷21《张功父旧字时可，慕郭功父故易之。求予书其意，再赠五字》，北京：中华书局，2007年，第1078页。

③ 参见曾维刚：《张镃年谱》，北京：人民出版社，2010年，第8页。

④ （宋）张镃撰，吴晶、周膺点校：《南湖集》卷3《次叔祖阁学暑中过清寒堂韵》，北京：当代中国出版社，2014年，第86页。

⑤ （宋）张镃撰，吴晶、周膺点校：《南湖集》卷4《表兄刘东玉提幹挽诗二首》，第117页。

⑥ （宋）不著编人：《绍兴十八年同年小录》，《宋代传记资料丛刊》第46册，第99页。

⑦ （宋）张镃撰，吴晶、周膺点校：《南湖集》卷3《呈尤侍郎、陆礼部》，第69页。

制《秋日幸秘书省》诗二首。[①] 七年初，父张宗元卒。[②] 十二年，张镃因“倦处于旧庐（高宗赐给其曾祖父张俊的宅第），遂更谋于别业”，购得旧宅南面南湖曹氏荒园百亩，创治“桂隐”私家园林，主体建筑为玉照堂。[③] 到庆元六年（1200）历时14年始全面建成[④]，“其园池、声妓、服玩之丽甲天下。尝于南湖园作驾霄亭于四古松间，以巨铁絙悬之空，半而羁之松身。当风月清夜，与客梯登之，飘摇云表，真有挟飞仙、溯紫清之意”[⑤]，史浩有“桂隐林泉在钱塘为最盛”[⑥]之说。其自然成为张镃与文友诗酒往还的绝佳场所，可谓南宋最富盛名的文艺沙龙：

> 遇佳风日、花时月夕，功父必开玉照堂，置酒乐客。其客庐陵杨（万里）廷秀、山阴陆（游）务观、浮梁姜（夔）尧章之徒以十数。至辄欢饮浩歌，穷昼夜忘去。明日，醉中唱酬诗或乐府词累累传都下，都下人门抄户诵，以为盛事然。或半旬十日不尔，则诸公嘲讶问故之书至矣。[⑦]

张镃曾设牡丹宴，给预会者留下了难以磨灭的印象：

---

① （宋）佚名撰，张富祥点校：《南宋馆阁续录》卷5《撰述》，第212页。

② （宋）周必大撰，王蓉贵、（日）白井顺点校，《周必大全集》卷7《张待制宗元挽词》题注，第74页。

③ （宋）张镃撰，吴晶、周膺点校：《南湖集》附录中《舍斋誓愿疏文》，第296—297页；（宋）周密撰，张茂鹏点校：《齐东野语》卷15《玉照堂梅品》，第274页。

④ （宋）四水潜夫（周密）辑：《武林旧事》卷10，第163页。

⑤ （宋）周密撰，张茂鹏点校：《齐东野语》卷20《张功甫豪侈》，第374页。

⑥ （宋）张镃撰，吴晶、周膺点校：《南湖集》附录上《题〈南湖集〉十二卷后》，第292页。

⑦ （元）戴表元著，陈晓冬、黄天美点校：《戴表元集》卷10《牡丹宴席诗序》，杭州：浙江古籍出版社，2014年，第223页。

众宾既集，坐一虚堂，寂无所有。俄问左右云："香已发未?"答云："已发。"命卷帘，则异香自内出，郁然满坐。群妓以酒肴丝竹次第而至。别有名姬十辈，皆衣白，凡首饰、衣服皆牡丹，首带照殿红，一妓执板奏歌侑觞，歌罢乐作，乃退。复垂帘，谈论自如。良久香起，卷帘如前。十姬易服与花而出，大抵簪白花则衣紫，紫花则衣鹅黄，黄花则衣红，衣与花凡十易。所讴者皆前辈牡丹名词。酒竟，歌者、乐者，无虑数百十人，列行送客。烛光香雾，歌吹杂作，客皆恍然如仙游也。[1]

淳熙十四年(1187)初，张镃通判临安，然半年后即以疾辞，提举宫观；[2]又舍旧宅为寺[3]。宁宗庆元元年(1195)，时任司农寺主

① (宋)周密撰，张茂鹏点校：《齐东野语》卷20《张功甫豪侈》，第374页。按：本段文字错误较多，笔者乃自为校点。

② 张镃《舍宅誓愿疏文》自署"淳熙十四年，岁次丙午，七月初七日，大乘菩萨戒弟子承事郎、直秘阁、新权通判临安军府事兼管内劝农事张镃疏"，但淳熙十四年干支为丁未非丙午。虽此文"从石刻对录"，但据张镃孙张柽说，原石因"寺厄于火"而不存，录文所据是景定三年(1262)"取蜀人许居士所藏旧刻砻石"，故清朱文藻指出错讹原因应该是原石"毁而重刻，事隔三十年之久"，故"不无缺蚀臆补之误"(《南湖集·书〈南湖集〉后》，第305页)。又据张镃"淳熙(十四年)丁未秋，仆自临安通守以疾丐祠"(《南湖集》卷7《桂隐纪咏》序，第189页)、"扑缘埃壤半年余，亡补公家真合退"(《南湖集》卷2《奉祠云台，题陈希夷画像》，第55页)、"半岁吏尘役，天书教放归"(《南湖集》卷7《桂隐纪咏·归喜桥》，第194页)等语知，其在淳熙十四年秋(当然是七月之后)辞职——距任职仅半年多，故朱文藻所谓"臆补之误"必误在将十四年干支丁未错推为丙午。又张镃《桂隐百课》序有"淳熙丁未秋，余舍所居为梵刹"语(《武林旧事》卷10，第163页)，亦证明《舍宅誓愿疏文》"淳熙十四年岁次丙午"之说误在干支，即"淳熙十四年"云云实不误也。郑晓星以为干支不误而误在年数，故依"丙午"定为淳熙十三年(《〈张镃年谱〉献疑》，《天中学刊》2014年第3期，第83—84页)，是不正确的。曾维刚《张镃年谱》系时于淳熙八年(第49页)，其错之由郑晓星文已详为指出，兹不赘言。

③ (宋)张镃撰，吴晶、周膺点校：《南湖集》卷7《桂隐纪咏》序，第189页。

簿的张镃因臣僚言其“与叔(张)宗尹交争沙滩”而被放罢。[①] 后复为司农寺丞,又因臣僚言其停妻再娶而去职领宫观。[②] 嘉泰元年(1201)除太府寺丞,[③]不久又后罢任以奉议郎、直焕章阁主管建宁府冲佑观。开禧二年(1206)韩侂胄北伐失败后,张镃因言官劾其“碌碌庸流,徒误货殖”“内修不行,且复轻猥”[④],宫观职亦被罢。

宁宗杨皇后因其立后时韩侂胄反对过她,故欲趁开禧北伐失败之机除之以报宿怨,遂授意其兄杨次山联合礼部侍郎史弥远、参知政事钱象祖、礼部尚书卫泾及张镃、李孝纯、王居安等发动玉津园政变,一举诛杀韩侂胄,并函其首以送金人。叶绍翁、周密详记始末细节,兹移录二氏所记于此,以见张镃在该事件中所起的作用及其人生巨变之由:

> (杨皇后矫)出御批三,其一以授钱象祖、卫泾、史弥远,其一以授张镃,又其一以授李孝纯。二批俱未发,独象祖亟授殿岩(殿前司长官别称)夏震。震初闻欲诛韩,有难色,及视御批,则曰:“君命也,震当效死。”翌日震遣其帐下郑发、王斌邀韩车于六部桥,径出玉津园夹墙,用铁鞭中韩阴乃死……(张)镃始预史议诛韩,史以韩为大臣,且近戚,未有以处。张谓史曰:“杀之足矣。”史退而谓钱、卫曰:“镃真将种也。”心固忌之……(事后乃)贬镃于霅(湖州),自是(张镃)不复有言诛韩之功者矣。[⑤]
>
> (初史弥远未有杀韩之意)遂谋之张镃,镃曰:“势必不

① (清)徐松辑:《宋会要辑稿》职官七三之二〇,第4026页。

② (清)徐松辑:《宋会要辑稿》职官七三之二五,第4029页。

③ 宋虞俦有《张镃太府寺丞制》(《尊白堂集》卷5,《景印文渊阁四库全书》第1154册,第121页),李之亮考作于此年(《京朝官通考》第5册,成都:巴蜀书社,2003年,第158页)。

④ (清)徐松辑:《宋会要辑稿》职官七四之二三,第4062页。

⑤ (宋)叶绍翁撰,沈锡麟、冯惠民点校:《四朝闻见录·丙集》,第91页。

两立，不如杀之。”弥远抚几曰：“君真将种也，吾计决矣。”时开禧三年十一月二日，侂胄爱姬三夫人号“满头花”者生辰，张镃素与之通家，至是移庖侂胄府，酣饮至五鼓。其夕，周筠闻其事，遂以覆帖告变。时侂胄已被酒，视之曰：“这汉又来胡说。”于烛上焚之。初三日，将早朝，筠复白其事，侂胄叱之曰：“谁敢？谁敢？”遂升车而去。甫至六部桥，忽有声喏于道旁者，问为何人，曰：“夏震。”时震以中军统制权殿司公事，选兵三百俟于此。复问：“何故？”曰：“有旨，太师罢平章事，日下出国门。”曰：“有旨吾何为不知？必伪也！”语未竟，夏挺、郑发、王斌等以健卒百余人拥其轿以出，至玉津园夹墙内挝杀之。[①]

上述记载中“贬镃于霅”的说法是错误的，实际上张镃因政变成功最初获授司农少卿，随即被“降两官，送广德军（治今安徽广德市）居住”[②]，非贬于霅。嘉定四年（1211）底张镃受到史弥远进一步迫害——以“扇摇国本”[③]罪名“追毁出身以来文字，除名、勒停，永不收叙，送象州（治今广西象州县）羁管”[④]，当时“天下冤之”[⑤]。与史弥远合力诛韩之人如钱象祖、卫泾等亦遭贬谪，史弥远独揽大权直至死亡，长达二十六年。

张镃以前修筑桂隐园林时曾接济过一佣工归家之费，其人恰为象州人，因此他羁管象州时颇“赖以济。后张（镃）殁于象，其人

① （宋）周密撰，张茂鹏点校：《齐东野语》卷3《诛韩本末》，第48页。

② （宋）卫泾：《后乐集》卷11《论新除司农少卿张镃乞赐窜责状》，第624页。

③ （宋）佚名编，汝企和点校：《续编两朝纲目备要》卷12《宁宗皇帝》，北京：中华书局，1995年，第232页。

④ （清）徐松辑：《宋会要辑稿》职官七三之四五，第4039页。

⑤ （元）方回：《桐江续集》卷8《读张功甫〈南湖集〉并序》，《景印文渊阁四库全书》第1193册，第302页。

周其葬,事毕亦莫知所在"[1]。张镃生于绍兴二十三年(1153)[2],卒年则因载籍缺乏而众说纷纭[3],当以张响所考嘉定五年(1212)[4]为确,则其享寿60岁。端平二年(1235),史弥远死后两年,张镃被追复官职。[5]

张镃虽出身贵胄之家,但本人"清标雅致"[6],被人称为"张家好子弟"[7];兼之诗才极高——杨万里评云"尤萧范陆四诗翁,此后谁当第一功?新拜南湖(指张镃)为上将,近差(姜)白石作先锋"[8]——且"字画亦工"[9],给人的印象是"一何佛也……一何佳公子也……又何穷诗客也"[10],故士大夫皆乐与之游。其"所交皆名辈"[11],如"中兴四大家"陆、范、杨、尤,曾几、姜夔、史浩、辛弃疾、李

① (宋)周密撰,吴企明点校:《癸辛杂识·后集》,第109页。

② (宋)张镃撰,吴晶、周膺点校:《南湖集》卷4《宿治平院,长老善忍自绍兴癸酉四月住持,余是年三月生》,第100页。

③ 如冯沅君《张镃略传》(《冯沅君古典文学论文集》,济南:山东人民出版社,1980年,第458页),杨海明《张镃家世及其卒年考》(《浙江师范学院学报》1983年第4期,第66页),王秀林、王兆鹏《张镃生卒年考》(《文学遗产》2002年第1期,第60页)等。

④ 张响:《张镃卒年考》,《古籍整理研究学刊》2016年第6期,第61—64页。

⑤ 宋吴泳有《张镃追复奉议郎致仕制》(《鹤林集》卷9,《景印文渊阁四库全书》第1176册,第88页),据王秀林、王兆鹏考作于本年(《张镃生卒年考》,《文学遗产》2002年第1期,第60页)。

⑥ (元)夏文彦:《图绘宝鉴》卷4,《景印文渊阁四库全书》第814册,台北:台湾商务印书馆,1986年,第608页。

⑦ (宋)黎靖德辑:《朱子语类》卷92,《朱子全书》第17册,第3088页。

⑧ (宋)杨万里撰,辛更儒校笺:《杨万里集校笺》卷41《进退格,寄功父、姜尧章》,第2190页。

⑨ (元)夏文彦:《图绘宝鉴》卷4,《景印文渊阁四库全书》第814册,第608页。

⑩ (宋)杨万里撰,辛更儒校笺:《杨万里集校笺》卷《张功父画像赞》,第3740—3741页。

⑪ (宋)周密撰,张茂鹏点校:《齐东野语》卷15《玉照堂梅品》,第276页。

焘、陈亮、朱熹、楼钥、袁说友、吕祖俭、陈傅良、叶适、蔡幼学等。著作有《南湖集》、《玉照堂词》、《皇朝仕学规范》、《桂隐百课》、《玉照堂梅品》、《赏心乐事》（亦名《四并集》）等。据载南戏海盐腔亦为所创，《紫桃轩杂缀》云"（张镃）令歌儿演曲，务为新声"，即"所谓海盐腔也"。[①]《词征》更断言："南宋时有海盐腔，循王孙张功甫居海盐时所创。"[②]

二、牡丹谱

1.《越中牡丹花品》

一卷，宋初释仲休撰，为"已知最早的牡丹专书，也是花卉专谱的嚆矢"[③]，惜已佚。历代书志书目对此书记载至为混乱，《崇文总目》于"小说类"著录云"《花品》一卷，释仲休撰"[④]；《直斋书录解题》于"农家类"著录云"《越中牡丹花品》二卷，僧仲休撰"[⑤]；《通志·艺文略》于"种艺"类著录云"《花品》一卷，宋朝僧仲林撰"，又记"《牡丹花品》一卷，越僧仲林撰"[⑥]；《文献通考》于"农家"类著录云"《越中牡丹花》二卷"[⑦]；《宋史·艺文志》于"农家类"、"小说家类"分别著录云"僧仲休《花品记》一卷"[⑧]、"僧仲休《花品》一卷"[⑨]。

① （明）李日华撰，薛维源点校：《紫桃轩杂缀》卷3，南京：凤凰出版社，2010年，第294页。按：与《六研斋笔记》合刊。

② （清）张德瀛著，闵定庆点校：《张德瀛著作三种·词征》卷5，南京：南京大学出版社，2017年，第101页。

③ （日）久保辉幸：《宋代牡丹谱考释》，《自然科学史研究》2010年第1期，第47页。

④ （宋）王尧臣等编，（清）钱东垣辑释：《崇文总目》卷3，第163页。

⑤ （宋）陈振孙撰，徐小蛮、顾美华点校：《直斋书录解题》卷10，第297页。

⑥ （宋）郑樵：《通志》卷66《艺文略四》，第784页。

⑦ （元）马端临：《文献通考》卷218《经籍考四十五》，第1775页。

⑧ 《宋史》卷205《艺文志四》，第5206页。

⑨ 《宋史》卷206《艺文志六》，第5226页。

后世书辗转抄录，又有《越中牡丹谱》[1]、《越中牡丹》[2]之名。王毓瑚认为：诸书多记其为一卷，又都记作僧仲休或僧仲林撰，很可能就是一部书，“书的全名是《越中牡丹花品》……著录者有的漏掉‘越中’两字，又因宋人习呼牡丹为‘花’，所以又有的更略去‘牡丹’二字，更有人又在‘花品’下面随意加一‘记’字，也是传录时常有的事。至于《通考》著录短少‘品’字，恐是传刻时偶然脱字”。[3]

《越中牡丹花品》今已不存，论者多据《直斋书录解题》所引其序为言：

> 越之所好尚惟牡丹，其绝丽者三十二种。始乎郡斋，豪家名族、梵宇道宫、池台水榭植之无间。来赏花者，不问亲疏，谓之“看花局”。泽国此月多有轻云微雨，谓之“养花天”。里语曰：“弹琴种花，陪酒陪歌。”末称“丙戌岁八月十五日移花日序”，丙戌者当是雍熙三年也，越在国初繁富如此，殆不减洛中。今民贫至骨，种花之风遂绝。何今昔之异耶？其故有二：一者镜湖为田，岁多不登；二者和买土著，数倍常赋，势不得不贫也。[4]

后半部分为陈氏评论之语。其实，《岁时广记》也有引用：“释仲殊《花品》序：每岁禁烟前后，迟日融和，花既劳矣，人亦乐矣。于是置酒馔命乐工以待宾，赏花者不问亲疏，谓之看花局。故里谚云：‘弹琴种花，陪酒陪歌。’”[5]看起来《岁时广记》才是直接引用。据此可知，《越中牡丹花品》记录了 32 个越州（治今浙江绍兴市）牡丹品

① 嘉靖《浙江通志》卷 55《艺文志八之五》，《天一阁藏明代方志选刊续编》第 26 册，第 483 页。

② （清）张英、王士桢等纂：《渊鉴类函》卷 405《花部一·牡丹四》，北京：中国书店，1985 年影印本，叶二 a 至 b。

③ 王毓瑚：《中国农学书录》，第 54 页。

④ （宋）陈振孙撰，徐小蛮、顾美华点校：《直斋书录解题》卷 10，第 297 页。

⑤ （宋）陈元靓撰，许逸民点校：《岁时广记》卷 15《寒食上》，第 307 页。

种，且书中对其地赏花之俗亦有记载，非仅记花名而已。

《越中牡丹花品》的作者，宋代诸书多记为僧仲休或僧仲林，惟《绎释常谈》《岁时广记》记作"释仲殊"[①]。据郭幼为考，仲林实为仲休之误；仲殊则为北宋后期人，与成书年代不相及，故以释仲休为确。[②] 释仲休，号海慧大师，越人，"精习天台教而禅寂顿悟，不接人事。李文靖公（李沆）连以其名上，得紫衣、海慧之号。间作诗，不出其教。有《山阴天衣十峰咏》，郡人钱易为之序"。[③]《分门古今类事》载其轶事一则：

> 胡状元旦直馆在京，时五月一日，召罗斋僧一人。斋时越州海慧大师仲休在座，其僧老且伛。胡问有何艺，僧曰："薄会人伦。"胡曰："某去知制诰远近？"曰："稍近。然不利草著（指著作郎）、赞（指赞善大夫）、洗（指洗马）制，恐有祸。""如何回避耶？"胡笑而侮之曰："妖人也！"食讫而去。其冬入西掖，凡三贬官，皆是草著转赞善大夫制，词讫即被摄去。第三度贬时，数日前京师内外喧喧，传胡舍人独有鞍马之赐，果自兵部郎中知制诰贬安州司马。[④]

胡旦三贬之前第一次直史馆在太平兴国（976—984）末年[⑤]，书中

---

① （宋）龚（熙）[颐]正：《续释常谈》，《丛书集成初编》第324册，上海：商务印书馆，1936年，第4页；（宋）陈元靓撰，许逸民点校：《岁时广记》卷15《寒食上》，第307页。

② 郭幼为：《我国首部牡丹专著——〈越中牡丹花品〉评述》，《农业考古》2014年第4期，第308—310页。

③ （宋）施宿等纂：《嘉泰会稽志》卷15《高僧》，《宋元方志丛刊》第7册，第7007—7008页。

④ （宋）委心子撰，金心点校：《新编分门古今类事》卷10《相兆门下》，北京：中华书局，1987年，第157页。

⑤ （宋）钱若水修，范学辉校注：《宋太宗皇帝实录校注》卷27太平兴国八年十二月丙午，第87—90页。

言仲休此时已“老且伛”。然其《越中牡丹花品》撰成于此后数年的雍熙三年(986)[①];淳化(990—994)中钱易作《净光大师行业碑》,仲休又“授书一通”俾其“参对辩正”;[②]直到天圣二年(1024)底,仲休还撰有《法果教寺记》,此时彼自云“老”:“愚也幼学聚沙,老羞弄笔,事图考于摭实,词肯逃于迂疏”[③]——距会胡旦已 40 年矣,可见《分门古今类事》“老且伛”之说特为形其异状之小说家言。其人风度可据潘阆《寄会稽仲休山人》诗想见:

近携琴鹤游东越,曾接谈谐气味深。
佛意已知师达了,儒书却为俗披寻。
稽山有雪寒凝骨,鉴水无风冷彻心。
别后相思向谁说,只应霜鬓暗相侵。[④]

又仲休为天台十五祖螺溪净光羲寂大师弟子,净光大师生卒年(919—987)亦可为其年龄参照。

除《越中牡丹花品》外,释仲休尚存《云门峰》[⑤]、《游梅山寺》[⑥]诗二首。

2.《花品》(稿)

一卷,钱惟演撰。欧阳修云:

---

① (宋)陈振孙撰,徐小蛮、顾美华点校:《直斋书录解题》卷 10,第 297 页。

② (宋)钱易:《净光大师行业碑》,(宋)宗晓编,王坚点校:《四明尊者教行录》附录一《螺溪振祖集》,上海:上海古籍出版社,2010 年,第 175 页。

③ 光绪《上虞县志校续》卷 42《寺观》,《中国方地方志集成·浙江府县志辑》第 42 册,上海:上海书店,1993 年影印本,第 769 页。

④ (宋)孔延之编:《会稽掇英总集》卷 12,《景印文渊阁四库全书》第 1345 册,第 91 页。

⑤ (宋)陈起辑:《宋高僧诗选·后集》卷中,清景宋钞本,叶五 b。

⑥ (宋)孔延之编:《会稽掇英总集》卷 9,《景印文渊阁四库全书》第 1345 册,第 72 页。

余居（河南）府中时，尝谒钱思公于双桂楼下，见一小屏立坐后，细书字满其上。思公指之曰："欲作《花品》。此是牡丹名，凡九十余种。"余时不暇读之。然余所经见而今人多称者才三十许种，不知思公何从而得之多也。计其余，虽有名而不著，未必佳也。故今所录，但取其特著者而次第之。[①]

据此可知，钱惟演打算撰写《花品》一书，然事竟未成，故未见他书征引、著录。《中国农学书录》《中国农业古籍目录》亦未著录。事实上，很多花谱亦仅记名而已，因此其实可视为一种花谱，但其究未成书传播，故笔者以"《花品》（稿）"称之。钱稿所记为洛阳牡丹，至于其何以达 90 余种而欧记后出才 30 余种，并非"因为欧阳修在洛阳的时间很短，还有可能钱惟演将江南独有品种（比如《越中牡丹花品》所载品种）也列在此"[②]，事实上欧阳修已经说得很清楚了：钱稿所记多"虽有名而不著"者，他本人所录则为"今人多称者""其特著者"。欧阳修任西京留守推官在天圣九年（1031）至景祐元年（1034）间，则钱惟演《花品》（稿）作于此数年间。

钱惟演（962—1034）字希圣，杭州人，吴越王钱俶子。太平兴国三年（978）随父归宋，获授右屯卫将军。其博学能文，真宗时召试学士院，以笏起草立就，遂改官太仆少卿、直秘阁。咸平六年（1003）献《咸平圣政录》[③]，景德二年（1005）受诏预修《册府元龟》，

① （宋）欧阳修著，李逸安点校：《欧阳修全集》卷 75《洛阳牡丹记》，第 1097 页。

② （日）久保辉幸：《宋代牡丹谱考释》，《自然科学史研究》2010 年第 1 期，第 48 页。

③ （宋）王应麟纂：《玉海》卷 48《艺文·记注》，第 922 页。按：《宋史》本传言"（钱惟演）献《咸平圣政录》命直秘阁预修《册府元龟》"，无论理解为"献《咸平圣政录》，命直秘阁。预修《册府元龟》"抑或"献《咸平圣政录》。命直秘阁，预修《册府元龟》"（《宋史》中华书局点校本即如此理解），均误，钱氏早在咸平三年即已直秘阁（《宋会要辑稿》崇儒四之二，第 2231 页；程俱撰，张福祥校证：《麟台故事校证》卷 2 中，北京：中华书局，2000 年，第 182 页）。

与杨亿分别为序。真宗末期累迁至工部尚书。乾兴元年(1022)仁宗即位拜枢密使,时丁谓权重,遂使子娶丁谓女,后丁谓将败,又排之以自解。钱惟演又以妹嫁章献太后兄刘美(即其前夫龚美),被论以“太后姻家不可预政”,乃罢为保大节度使、知河阳府,[①]逾年以同中书门下平章事判许州(治今河南许昌市)。天圣七年(1029)改武胜军节度使,次年改泰宁军节度使、判河南府兼西京留守司公事。明道二年(1033)九月,钱惟演离开洛阳赴随州(治今湖北随州市)任崇信军节度使,景祐元年(1034)卒于任,享寿70岁。初谥“思”,故前揭欧阳修称之为“钱思公”,庆历中改谥“文僖”。钱惟演出身贵族,喜奖拔人才,其在洛阳时,通判谢绛、掌书记尹洙、留守推官欧阳修、主簿梅尧臣等僚属皆一时名士,钱氏“待之甚厚,(欧阳)修等游饮无节”[②]。钱氏本人文采亦赡,与杨亿、刘筠共倡变革晚唐五季诗风,诸人唱和之作集为《西昆酬唱集》,号“西昆体”,一时影响颇巨。钱惟演著述甚多,有《典懿集》、《枢庭拥麾》前后集、《伊川汉上集》、《飞白书叙录》、《奉藩书事》等[③],多已亡佚。今存者有《家王故事》《玉堂逢辰录》《金坡遗事》等。

3.《冀王宫花品》

一卷,赵守节撰,已佚。《直斋书录解题》于“农家类”著录云:“题景祐元年沧州观察使记。”[④]王毓瑚指出:燕王德昭子惟吉在“明道二年进封冀王,那恰是景祐元年的前一年,此书也许是惟吉的某一个儿子写的,因为亲贵的身份,所以不题姓名,只称官号”[⑤]。《宋史》又有“景祐初,沧州观察使(赵)守节言:‘寒食节例

---

① (宋)李焘:《续资治通鉴长编》卷99乾兴元年十一月丁卯,第2299页。

② (宋)李焘:《续资治通鉴长编》卷114景祐元年闰六月乙酉,第2684页。

③ (宋)曾巩撰,王瑞来校证:《隆平集校证》卷12《伪国》,第347页。

④ (宋)陈振孙撰,徐小蛮、顾美华点校:《直斋书录解题》卷10,第298页。

⑤ 王毓瑚:《中国农学书录》,第67—68页。

遣宗室拜陵，而十月令内司宾往，非所以致恭'"[①]的记载，久保辉幸据此认为该书作者为惟吉长子守节[②]。

赵惟吉及赵守节《宋史》俱有传。惟吉字国祥，好学擅文，雅善草、隶、飞白。因为太祖嫡长子长孙，一出生就深受太祖宠爱，常乘坐小乘舆或小鞍鞁马随驾，太祖崩逝，惟吉才6岁。太平兴国八年(983)，授左监门卫将军、封平阳郡侯。至道二年(996)，授阆州观察使，邸第、供亿、车服、赏赐皆与太宗诸子同。真宗即位，授武信军节度使，加同平章事，泰山封祀之后改感德军节度使。大中祥符三年(1010)卒，享年四十五，明道二年(1033)追封冀王。[③] 元丰八年(1085)开宝寺进士考场发生火灾(该榜状元是焦蹈，时有"烧得状元焦"之说[④])，火灾中任韩王、冀王宫大小(学)教授兼睦亲、广亲宅讲书的翟曼等人被烧死。[⑤] 显然冀王宫在开封，则《冀王宫花品》所记为开封(冀王宫所植)牡丹，"五十种分为三等九品，而潜溪绯、平头紫居正一品，姚黄反居其次"。当时姚黄名满天下，而《冀王宫花品》置之次席，故陈振孙颇感疑惑："不可晓也。"[⑥]陈氏这一疑问欧阳修可以为他解答："客言近岁花特异，往往变出呈新枝……比新较旧难优劣，争先擅价各一时。当时绝品可数者，魏红窈窕姚黄妃……四十年间花百变，最后最好潜溪绯。今花虽新我未识，未信与旧谁妍媸。当时所见已云绝，岂有更好此可疑。古称天下无正色，但恐世好随时移。"[⑦]"最后最好潜溪绯"，赵守节在众

---

① 《宋史》卷123《礼志二十六》，第2884页。

② (日)久保辉幸：《宋代牡丹谱考释》，《自然科学史研究》2010年第1期，第50页。

③ 《宋史》卷244《宗室传·赵惟吉传》，第8678—8679页。

④ (宋)蔡絛撰，冯惠民、沈锡林点校：《铁围山丛谈》卷3，第44页。

⑤ (宋)李焘：《续资治通鉴长编》卷351元丰八年二月辛巳，第8408页。

⑥ (宋)陈振孙撰，徐小蛮、顾美华点校：《直斋书录解题》卷10，第298页。

⑦ (宋)欧阳修著，李逸安点校：《欧阳修全集》卷2《洛阳牡丹图》，第34页。

人都推崇姚黄的时代能够将潜溪绯列为第一，而后来的发展也确如其言，证明他在牡丹赏鉴上确实是非常有眼光的。

宋朝故事孟冬祭拜皇陵止令内司宾前往，景祐元年(1034)八月时任沧州观察使的赵守节上奏，认为“非所以致虔恭也”，并“请以身先之”。仁宗从其请，“诏每岁十月遣宗室正刺史以上一员朝拜诸陵”。[①] 可见前揭《宋史》“景祐初”乃景祐元年，《冀王宫花品》即作于此年。赵守节后官至彰化军节度观察留后、同知大宗正事。卒赠镇江军节度使，追封丹阳郡王。[②] 赵守节性喜园林，唐李德裕最珍爱的平泉庄奇石醒酒石曾为其所得：真宗所建玉清昭应宫因雷击起火被焚毁后，仁宗将其地分赐濮、潞、浑、越、韩、冀六王府，“守节得其园地，发土得巧石，前后几千块，多有骇世者，惟醒酒石为第一。上有刻文云：‘韫玉抱清辉，闲庭日潇洒。磈然天地间，自是孤生者。’绍圣中有旨辇此石归禁中筑月台。后丹阳(指赵守节)裔孙密访醒酒石所在，云今置宣和殿中矣”[③]。

4.《洛阳牡丹记》

一卷，亦名《牡丹谱》，欧阳修撰。此书是中国现存最早的牡丹谱，其不同于前此诸谱仅记花名以定品秩[④]，还以较多篇幅叙述了各个牡丹品种得名之由、花色花形以及嫁接、养护方法，不仅为牡丹谱、也为其他花谱的撰著奠定了完善的体例；兼以欧氏一代文宗之名，对后世产生了较大影响。

《洛阳牡丹记》包括《花品序》《花释名》《风俗记》三个部分。《花品序》记洛阳牡丹之“特著者”24 个品种。其中姚黄、魏花、细叶寿安名列前三，殿军则为玉板白。欧阳修指出，宋时洛阳牡丹天

① (宋)李焘：《续资治通鉴长编》卷 115 景祐元年九月癸巳，第 2699 页。

② 《宋史》卷 244《宗室传一·赵守节传》，第 8679 页。

③ (明)林有麟：《素园石谱》卷 2，扬州：广陵书社，2006 年影印本，叶三四 a。

④ 据他书征引看，《越中牡丹花品》尚言及“养花天”“看花局”之类养花习俗，然恐不及于栽培技术。

下第一，丹州、延州、青州、越州虽也以盛产牡丹知名，但其地最好的品种即所谓丹州红、延州红、青州红之类，到了洛阳也不过是“备众花之一种”，排位绝不可能进入前三名。洛阳又以洛阳城中为著，“诸县之花莫及”。洛阳除了牡丹，芍药、绯桃、瑞莲、千叶李、红郁李之类都非常漂亮，但洛阳人谓之“果子花”而已，并不甚爱惜。提到其他花均称“×花”，而提到牡丹则径称为“花”，其意“谓天下真花独牡丹，其名之著不假曰牡丹而可知也”。《花品序》还解释了洛阳牡丹冠天下的原因：一般人认为洛阳是“天地之中”，因此“草木之华得中气之和者多，故独与它方异”；欧阳修对此不以为然，他指出“凡物不常有而为害乎人者曰灾，不常有而徒可怪骇不为害者曰妖”，洛阳牡丹就是“草木之妖而万物之一怪也”，也就是说洛阳牡丹之美只不过是因为其“不常见”罢了。①

《花释名》解释了所记24品洛阳牡丹得名缘由，共5种命名方式：一是以培育者或花圃所有者姓氏命名，如姚黄、牛黄、左花、魏花；二是以所在州命名，如青州红、丹州红、延州红；三是以具体产地命名，如细叶寿安、粗叶寿安、潜溪绯；四是以色命名，如一擫红、鹤翎红、朱砂红、玉板白、多叶紫、甘草黄；五是为“旌其所异者”而命名，如献来红、添色红、九蕊真珠、鹿胎花、倒晕檀心、莲花萼、一百五、叶底紫。除了说明得名原因，欧阳修还对牡丹花形、花色等外观形态进行了描绘，兹举数例以概见之。姚黄：“千叶黄花，出于民姚氏家。此花之出，于今未十年。姚氏居白司马坡，其地属河阳，然花不传河阳传洛阳。洛阳亦不甚多，一岁不过数朵。”可见其位居第一跟其为新品种且数量极少有很大关系。魏花：“千叶肉红花，出于魏相仁溥家。始樵者于寿安山中见之，斫以卖魏氏。魏氏池馆甚大，传者云：此花初出时，人有欲阅者，人税十数钱，乃得登舟渡池至花所，魏氏日收十数缗。其后破亡，鬻其园，今普明寺后林池乃其地，寺僧耕之以植桑麦。花传民家甚多，人有数其叶者，

① （宋）欧阳修著，李逸安点校：《欧阳修全集》卷75《洛阳牡丹记》，第1096—1097页。

云至七百叶。钱思公尝曰：'人谓牡丹花王，今姚黄真可为王，而魏花乃后也。'"一朵花花瓣达700多瓣，不愧是曾经的花王。魏氏因之可面向游客"日收十数缗"，既可见魏花当年名声之盛，亦可见洛阳人对牡丹之爱。添色红："多叶花。始开而白，经日渐红，至其落乃类深红。"确实堪称"造化之尤巧者"。[①] 叶底紫："千叶紫花，其色如墨，亦谓之墨紫。花在丛中，旁必生一大枝引叶覆其上；其开也，比它花可延十日之久。噫，造物者亦惜之邪！此花之出，比它花最远。传云唐末有中官为观军容使者，花出其家，亦谓之军容紫，岁久失其姓氏矣。"[②]历时如此之久而依然能被置之高品，其美艳可以想见。潜溪绯："千叶绯花，出於潜溪寺。寺在龙门山后，本唐相李藩别墅，今寺中已无此花，而人家或有之。本是紫花，忽于丛中特出绯者，不过一二朵，明年移在他枝，洛人谓之'转枝花'，故其接头尤难得。"此花偶然变异的特性使其尤为难得，嫁接亦难，又是千叶，赵守节《冀王宫花品》定此为第一，诚具卓识者也——第一本来就不是一成不变的，欧阳修亦已指出："初姚黄未出时，牛黄为第一；牛黄未出时，魏花为第一；魏花未出时，左花为第一。左花之前，唯有苏家红、贺家红、林家红之类，皆单叶花，当时为第一。自多叶、千叶花出后，此花黜矣，今人不复种也。"[③]

《风俗记》开篇记载了洛阳民众的爱花之俗："春时，城中无贵贱皆插花，虽负担者亦然。士庶竞为游遨。"接着详细介绍了洛阳牡丹栽培中嫁接技术的技术要点：首先是栽植砧木，"春初时，洛人于寿安山中斫小栽子卖城中，谓之山篦子。人家治地为畦塍种之，至秋乃接。接花工尤著者谓之门园子（盖本姓东门氏或是西门，俗

① (宋)欧阳修著，李逸安点校：《欧阳修全集》卷75《洛阳牡丹记》，第1099页。

② (宋)欧阳修著，李逸安点校：《欧阳修全集》卷75《洛阳牡丹记》，第1100页。按：本段文字笔者自为标点，"耶"字据宋周必大刻《欧阳文忠公集》改。

③ (宋)欧阳修著，李逸安点校：《欧阳修全集》卷75《洛阳牡丹记》，第1100页。

但云门园子，亦由今俗呼皇甫氏多只云皇家也），豪家无不邀之。姚黄一接头（今称“接穗”）直钱五千，秋时立契买之，至春见花乃归其直……魏花初出时接头亦直钱五千，今尚直一千”。当时洛阳人非常看重姚黄，不欲其播植，至有权贵求接头先探以沸汤灭活再与之者。其次，必须掌握好嫁接时间，要在秋社日（立秋后第五个戊日）至重阳节之间。再次，嫁接时在砧木“去地五七寸”处将之截断，接上接穗，然后“以泥封裹，用软土拥之，以蒻叶作庵子罩之，不令见风日，惟南向留一小户以达气。至春乃去其覆”。如移栽牡丹，则须选择肥沃的土地，种时尽去根上旧土，再用细土与白敛末混合壅之——因“牡丹根甜，多引虫食，白敛能杀虫”。嫁接或移植牡丹之后要注重浇灌，“或用日未出，或日西时”须有固定时间。九月旬日一浇，十月、十一月两三日一浇，正月隔日一浇，二月一日一浇。牡丹开花时，如一本发数朵者，要“择其小者去之，只留一二朵”，谓之“打剥”，这样花朵才会盛大。花谢时须“才落便剪其枝，勿令结子，惧其易老也”。如果花朵越开越小，则必有虫，须“寻其穴，以硫黄簪之。其旁又有小穴如针孔，乃虫所藏处，花工谓之气窗，以大针点硫黄末针之，虫乃死。虫死花复盛”。这些都是养护牡丹的方法。欧阳修还记载了远距离运输鲜花的方法：洛阳自李迪为留守时岁进御京师“姚黄、魏花三数朵”，其法为“以菜叶实竹笼子藉覆之，使马上不动摇；以蜡封花蒂，乃数日不落”，然后“遣衙校一员，乘驿马一日一夕至”。①

南宋周必大编刻《欧阳文忠公集》所收《洛阳牡丹记》与他本颇不同，文后还有欧阳修治平四年（1067）所作《牡丹记跋尾》及周必大所作考异。《牡丹记跋尾》言蔡襄书刻《洛阳牡丹记》后不久逝世，盖为其绝笔云。周必大考异则云当时别有一坊刻伪滥之本：

士大夫家有公《牡丹谱》一卷，乃承平时印本。始列花品

① （宋）欧阳修著，李逸安点校：《欧阳修全集》卷75《洛阳牡丹记》，第1101—1103页。

序及名品，与此卷前两篇颇同。其后则曰叙事、宫禁、贵家、寺观、府署、元白诗、讥鄙、吴蜀、诗集、记异、杂记、本朝、双头花、进花、丁晋公、《续花谱》，凡十六门，万余言。前题吏部侍郎、参知政事欧阳某撰，后有梅尧臣跋，盖假托也。姑以三事明之：公之《花释名》谓沈宋元白之流不形篇咏，而此本乃以元白牡丹唱酬为门，一也。《花谱》蔡君谟所书至今流传，熙宁元年公跋云君谟绝笔于斯文，安得此篇万余言者？二也。梅之后序云公初筮西洛作《花品》，及参大政，亦有谢西京王尚书牡丹诗。案：梅以嘉祐四年五月卒，是冬公方入西府，明年迁参政，其妄尤甚，三也。此初无足辨，特以印本流传或误后人耳。[①]

欧阳修，字永叔，号醉翁，晚自谓有“《集古录》一千卷，藏书一万卷，有琴一张，有棋一局，而常置酒一壶，吾老于其间，是为六一”[②]，因号六一居士。祖居吉州庐陵县（治今江西吉安市），故自称“庐陵欧阳修”。然自其祖父欧阳偃始，已迁居吉水县沙溪镇，仁宗时属永丰县（治今江西永丰县）。[③] 欧阳修生于景德四年(1007)，幼时父亡，依叔父欧阳晔成长，自幼即喜昌黎文[④]。天圣五年(1027)初试礼部不中，归途中携文拜谒汉阳军知军胥偃，被留门下。次年冬随之返抵京师，偃广为誉扬。[⑤] 天圣八年晏殊知贡

---

① （宋）欧阳修：《欧阳文忠公集》卷72《洛阳牡丹记·考异》，宋庆元二年周必大刻本，叶一四a至b。

② （宋）苏辙撰，程宏天、高秀芳校点：《苏辙集·栾城后集》卷22《欧阳文忠公神道碑》，北京：中华书局，1990年，第1135页。

③ （宋）欧阳修著，李逸安点校：《欧阳修全集》卷74《欧阳氏谱图序》，第1063页。

④ （宋）黄震著，张伟、何忠礼主编：《黄震全集》第6册《黄氏日抄》卷61《欧公年谱》，杭州：浙江大学出版社，2013年，第1897页。

⑤ （宋）欧阳修著，李逸安点校：《欧阳修全集》卷63《胥氏夫人墓志铭》，第921页。

举，欧阳修高中省元，授将仕郎、试秘书省校书郎、充西京留守推官，深受上司钱惟演赏识。

居洛期间欧阳修“始从尹洙游，为古文，议论当世事，迭相师友；与梅尧臣游，为歌诗相倡和，遂以文章名冠天下”[①]。欧氏曾见到钱惟演《花品》（稿），因此久保辉幸认为“在钱惟演的影响下，年轻的欧阳修经常跟同事们一起出游，互相切磋探讨文章写作技法。《洛阳牡丹记》就是在这种环境下撰写的”[②]；王毓瑚推测是天圣九年（1031）欧阳修“初次到洛阳，见到当地人特别喜好牡丹，因而写了这部书”[③]，皆误。实际上，《洛阳牡丹记》中明确提到“余在洛阳，四见春。天圣九年三月，始至洛……明年（天圣十年，明道元年），会与友人梅圣俞游嵩山……又明年（明道二年），有悼亡之戚（妻胥氏亡）……又明年（景祐元年，1034），以留守推官岁满解去”[④]，显然，此书非作于其在洛阳任职期间而是在离任之后。欧阳修庆历二年（1042）[⑤]又作有《洛阳牡丹图》诗，有“我昔所记数十种，于今十年半忘之。开图若见故人面，其间数种昔未窥。客言近岁花特异，往往变出呈新枝”[⑥]之句，久保辉幸据以定欧谱作于十年前的天圣十年，又说据此诗“可以知道《洛阳牡丹记》原来应该附有牡丹图，但今不传”，[⑦]均误。“十年”云云盖约言也；《洛阳牡丹

① 《宋史》卷319《欧阳修传》，第10375页。

② （日）久保辉幸：《宋代牡丹谱考释》，《自然科学史研究》2010年第1期，第49页。

③ 王毓瑚：《中国农学书录》，第66页。

④ （宋）欧阳修著，李逸安点校：《欧阳修全集》卷75《洛阳牡丹记》，第1097页。

⑤ （宋）欧阳修：《欧阳文忠公集·居士集》目录，宋庆元二年周必大刻本，叶三a。

⑥ （宋）欧阳修著，李逸安点校：《欧阳修全集》卷2《洛阳牡丹图》，第34页。

⑦ （日）久保辉幸：《宋代牡丹谱考释》，《自然科学史研究》2010年第1期，第49页。

图》为其“客”携来之图，故云“开图若见故人面”，非言其书有图也。欧谱具体写于哪一年已不可确知，只能肯定其作于景祐初在京任职期间（1034—1036），与《冀王宫花品》同时而稍晚。

景祐元年五月，欧阳修获王曙荐任馆职，至京师受试，并向宰相吕夷简、李迪投书自荐，次月获任试大理评事兼监察御史、充镇南军节度掌书记、馆阁校勘。[①] 次年，续娶仅一年的夫人杨氏卒，致书杜衍为石介发不平鸣[②]。三年，纠察刑狱胥偃数弹权知开封府范仲淹决狱不当，欧阳修乃与有隙；[③]复因范仲淹、余靖、尹洙被谪降致书责让左司谏高若讷，被贬为夷陵（治今湖北宜昌市）令，蔡襄《四贤一不肖诗》即咏其事。[④] 次年，续娶资政殿学士薛奎四女为妻，年底调任光化军乾德县（治今湖北老河口市西北）令[⑤]。康定元年（1040），回京复任馆阁校勘。[⑥] 庆历二年（1042）自请外任，出为滑州（治今河南滑县旧滑县城东）通判。次年入朝为太常丞、知谏院[⑦]，连疏论罢夏竦枢密使之任命[⑧]，多次就吏职、西夏事上言论奏。四年，因内侍蓝元震劾范仲淹、欧阳修结为“朋党”，遂作《朋党论》自辩。旋出使河东路，按察麟州废置及盗铸铁钱、沿边寨课亏额等事，足迹遍至各州县，多所奏请，朝廷皆从之。[⑨] 返京获任

---

① (宋)胡柯:《庐陵欧阳文忠公年谱》,《宋人年谱丛刊》第 2 册,成都:四川大学出版社,2002 年,第 985 页。

② (宋)李焘:《续资治通鉴长编》卷 117 景祐二年十二月癸酉,第 2767—2768 页。

③ (宋)李焘:《续资治通鉴长编》卷 118 景祐三年正月己酉,第 2775 页。

④ (宋)王辟之撰,吕友仁点校:《渑水燕谈录》卷 2《名臣》,第 15 页。

⑤ (宋)李焘:《续资治通鉴长编》卷 120 景祐四年十二月壬辰,第 2843 页。

⑥ (宋)李焘:《续资治通鉴长编》卷 127 康定元年六月辛亥,第 3020 页。

⑦ (宋)李焘:《续资治通鉴长编》卷 140 庆历三年三月癸巳,第 3359 页。

⑧ (宋)李焘:《续资治通鉴长编》卷 140 庆历三年三月乙巳,第 3364—3365 页。

⑨ 刘德清:《欧阳修年谱》,《宋人年谱丛刊》第 2 册,第 1076 页。

龙图阁直学士、河北都转运使。[①] 次年八月因"张甥案"(欧阳修外甥女张氏称未嫁时与之有私情)贬知滁州[②],任内政宽民安,多次游览滁之琅琊山,并作《醉翁亭记》。八年初徙知扬州,继前任韩琦续建平山堂、美泉亭、无双亭(琼花亭)。[③] 皇祐元年(1049)徙知颍州(治今安徽阜阳市),次年改知应天府兼南京留守司公事,居官清正,有"照天蜡烛"之誉。四年母郑氏卒。同年五月范仲淹卒,欧阳修为撰神道碑。至和元年(1054),服除入朝权判流内铨,旋被劾罢任出知同州(治今陕西大荔县)[④],未之任又改翰林学士兼史馆修撰。期间邀时在京师任群牧判官的王安石相见[⑤],这是两人第一次见面。次年为贺登宝位使出使契丹[⑥]。嘉祐二年(1057)知贡举,痛惩以新奇险怪为高的"太学体"文风,置苏轼于第二。经其誉扬,三苏一时名动天下。次年,加龙图阁学士,继包拯权知开封府。[⑦] 五年底拜枢密副使,次年任参知政事。[⑧] 治平四年(1067)初,侍御史蒋之奇、御史中丞彭思永诬告欧阳修与长媳吴氏"帷薄不修"[⑨],二人虽被贬黜,欧阳修亦自请外任,遂以观文殿学士、刑

---

① (宋)韩琦撰,李之亮、徐正英笺注:《安阳集编年笺注》卷50《故观文殿学士太子少师致仕赠太子太师欧阳公墓志铭》,成都:巴蜀书社,2000年,第1543页。

② (宋)李焘:《续资治通鉴长编》卷151庆历五年八月甲戌,第3798—3799页。

③ (宋)欧阳修著,李逸安点校:《欧阳修全集》卷144《与韩忠献王稚圭书(八)》,第2334页。

④ (宋)李焘:《续资治通鉴长编》卷176至和元年七月戊子,第4268页。

⑤ (宋)叶梦得:《避暑录话》卷上,《全宋笔记》第2编第10册,郑州:大象出版社,2006年,第274页。

⑥ (宋)李焘:《续资治通鉴长编》卷180至和二年八月癸丑,第4366页。

⑦ (宋)李焘:《续资治通鉴长编》卷187嘉祐三年六月庚戌,第4512页。

⑧ (宋)李焘:《续资治通鉴长编》卷195嘉祐六年闰八月辛丑,第4718页。

⑨ 《宋史》卷343《蒋之奇传》,第10915页;(宋)李焘:《续资治通鉴长编》卷209治平四年三月,第5078—5079页。

部尚书身份出知亳州。[①] 熙宁元年(1068)改知青州(治今山东寿光市北),在青受诏抚养河北流民,[②]上疏乞罢青苗法。[③] 三年,在辖区"不奏听朝廷指挥"即"擅止散青苗钱"[④],改知蔡州。本年作《泷冈阡表》追念父母,感情深挚,是与韩愈《祭十二郎文》、苏轼《祭妹文》并称的古代著名祭文。次年因病告假,复上表请致仕,神宗从之。[⑤] 五年(1072)闰七月,病逝于颍州私第,享寿66岁。[⑥] 欧阳修《宋史》有传,历代学者编有多种年谱。

《洛阳牡丹记》传世版本很多,主要有宋庆元二年周必大刻《欧阳文忠公集》本、宋刻《百川学海》本、明弘治十四年无锡华珵刻《百川学海》本、嘉靖十五年郑氏宗文堂刻《百川学海》本、万历间汪氏刻《山居杂志》本、明末清初宛委山堂刻《说郛》本、清《四库全书》本、嘉庆海虞张海鹏刻《墨海金壶》本、光绪江阴缪氏刻《云自在龛丛书》本、宣统国学扶轮社铅印《香艳丛书》本、民国上海中央书店《国学珍本文库》本、民国上海商务印书馆《丛书集成初编》本等。

欧阳修著述宏富,除预修《崇文总目》《新唐书》《太常因革礼》,又独撰《新五代史》《太常礼院祀仪》《易童子问》《诗本义》《集古录》《外制集》《内制集》《奏议集》《居士集》《四六集》《归容集》《归田录》等,南宋周必大为编《欧阳文忠公集》。

5.《范尚书牡丹谱》

仅见于周师厚《洛阳花木记》序:"元丰四年(1081),余莅官于洛。吏事之暇,因得博求谱录,得唐李卫公《平泉花木记》,范尚书、欧阳参政二谱。按名寻讨,十得见其七八焉。然范公所述五十二

---

① (宋)李焘:《续资治通鉴长编》卷209治平四年三月壬申,第5082页。

② (清)徐松辑:《宋会要辑稿》食货六九之四一,第6350页。

③ (宋)韩琦撰,李之亮、徐正英笺注:《安阳集编年笺注》卷50《故观文殿学士、太子少师致仕,赠太子太师,欧阳公墓志铭》,第1551页。

④ (宋)李焘:《续资治通鉴长编》卷211熙宁三年五月庚戌,第5131页。

⑤ (清)徐松辑:《宋会要辑稿》职官七七之四七,第4156页。

⑥ (宋)韩琦撰,李之亮、徐正英笺注:《安阳集编年笺注》卷50《故观文殿学士、太子少师致仕,赠太子太师,欧阳公墓志铭》,第1535页。

品，可考者才三十八。”[①]其书本名必为《牡丹谱》，因系“范尚书”作，后世故以《范尚书牡丹谱》呼之。王毓瑚认为该书在“欧谱之前”，只是流传不广，“所以宋代各家书目都没有著录”；但对所谓“范尚书”，则表示“不知为谁”。[②] 南宋李龙高有《读范谱》：“刘叟空将芍药夸，欧公浪谱牡丹花。如君更把凡花品，俗了吴门一范家。”[③]宋代牡丹谱书名中有“范”字或作者姓范者仅《范尚书牡丹谱》，换言之，李龙高所读“范谱”应即《范尚书牡丹谱》。因范仲淹卒赠兵部尚书，王宗堂据此推断“范尚书”即范仲淹；但仲淹平生实未居官洛阳[④]，故其又云《范尚书牡丹谱》“当为《范尚书宅牡丹谱》”，作者乃“范宅中稔熟花事的一位范姓花工或文人”[⑤]，此诚增字解经、凿空指鹿也。《范尚书牡丹谱》者，言其作者为“范尚书”也，故与作《洛阳牡丹记》之“欧阳参政”并举。“范尚书”也不可能为范仲淹——苏州范氏本因范仲淹才树立家声，故李龙高不可能说“范仲淹你为凡俗之花牡丹作谱，让苏州范氏家族都变俗了”。不过，李龙高既如彼说，则“范尚书”有两种可能，一是为范仲淹后辈，二是仅为同姓。仲淹数子中仅纯仁曾任吏部尚书、纯礼曾任礼部尚书，前者在元祐元年（1086）[⑥]，后者在元符三年（1100）[⑦]，均在周师厚所言元丰四年（1081）之后。也就是说“范尚书”不是范仲淹后辈，只是同姓而已。如此，写了一百首梅花诗、眼中只有高洁梅

① （宋）周师厚：《洛阳花木记》，（明）陶宗仪等编：《说郛三种》弓 104，第 4793 页。

② 王毓瑚：《中国农学书录》，第 66 页。

③ （宋）李龙高：《读范谱》，（明）佚名纂：《诗渊》第 6 册，北京：书目文献出版社，1984 年影印本，第 4253 页。

④ （宋）楼钥：（宋）范仲淹撰，李勇先、王蓉贵点校：《范仲淹全集》附录二《范文正公年谱》，第 862—910 页。

⑤ 王宗堂：《〈范尚书牡丹谱〉撰者考略》，（宋）欧阳修等著，王宗堂注评：《牡丹谱》，郑州：中州古籍出版社，2016 年，第 111—114 页。

⑥ （宋）李焘：《续资治通鉴长编》卷 369 元祐元年闰二月丙午，第 8903 页。

⑦ 《宋史》卷 314《范仲淹传附子纯礼传》，第 10278 页。

花的李龙高斥其“俗了吴门一范家”就更顺理成章了。元丰四年之前宋代官职尚未改革，担任过“尚书”官职而又姓范的有范雍（寄禄官）、范镇（差遣）两人。范雍曾祖范仁恕仕后蜀为宰相，祖父范从龟随后蜀主入宋，遂为河南府（治今河南洛阳市）人。范雍长期御守陕西与西夏对抗，被称为“大范老子”，庆历中以礼部尚书知河南府，六年（1046）正月因病卒于任，享寿 68 岁。[①] 然范雍一生未作一首（篇）关于牡丹、甚至是关于花的诗文——其集名《明道集》《弥纶集》亦可见著述旨趣——故不太可能是专门为牡丹作谱的“范尚书”。范镇则对牡丹具有浓厚兴趣，因此，书画兼擅的同乡李大临还不辞万里之遥专门寄给了他一幅四川牡丹花图。范氏收到后非常高兴，为作《李才元寄示蜀中花图》诗：

> 自古成都胜，开花不似今。径图三尺大，颜色几重深。未放香喷麝，仍藏蕊散金。要知空相论，聊见主人心。牡丹名品众，特地盛于今。西子含羞甚，东君着意深。障行施烂锦，屋贮用黄金。妾婢群花卉，那能不妒心。

他将牡丹视为主人，将群花视为“妾婢”，酷爱牡丹之心性跃纸出矣。范镇还将此诗广示同僚，司马光、范纯仁、韩绛、韩维等都有和作。更重要的是，范诗前尚有小序云：

> 香故难画，叶亦不露，工人非特减其围耳。去年入洛，有献黄花乞名者，潞公（指文彦博）名之曰“女真黄”；又有献浅红乞名者，镇名之曰“洗妆红”。二花者，洛人盛传。然此花样差小，间就洛阳求接头，若得二种在其间，甚善。[②]

---

① （宋）范仲淹撰，李勇先、王蓉贵校点：《范仲淹全集·范文正公文集》卷 14《资政殿大学士、礼部尚书，赠太子太师，谥忠献，范公墓志铭》，第 347 页。

② （宋）祝穆：《古今事文类聚·后集》卷 30《花卉部》，《景印文渊阁四库全书》第 926 册，第 470—471 页。

综上，笔者认为《范尚书牡丹谱》的作者应为范镇，该书或即作于此次（熙宁六年）“入洛之后”。此亦与前揭周师厚言及“范尚书”之语气合，否则，作为范仲淹的侄女婿[①]，范氏又为有宋一代文宗、名臣，恐不会如此漠然。

范镇，字景仁，华阳（治今四川成都市）人。《宋史》有传，苏轼为作《墓志铭》，司马光亦为作传，今人陈小青撰有《范镇年谱》[②]。兹略述其生平如下：范镇幼孤，4岁亡父，7岁亡母，随二兄成立。[③]少时极有文名，深受知益州薛奎赏识。天圣六年（1028）随薛至京师，人或问薛守蜀有何所得，薛乃答以“得一伟人”。[④]其时宋庠、宋祁兄弟名重一时而“自谓弗及，与为布衣交”[⑤]。但其屡试不第，至宝元元年（1038）始得中，与司马光、李大临为同年。初授新安（治今河南洛阳市新安县）主簿，不久被宋绶延入西京国子监教授诸生[⑥]，庆历二年（1042）又荐之为东京国子监直讲。后召试学士院，补馆阁校勘。[⑦]皇祐元年（1049），宰相庞籍认为其“有异材”而“不汲汲于进取”，特荐之于仁宗，除直秘阁。[⑧]至和元年（1054）范

① 乾隆《鄞县志》卷19，杭州：浙江古籍出版社，2015年影印本，叶一a。按：多有研究者言周师厚为范仲淹女婿，盖据楼钥《周伯济墓志铭》《周伯范墓志铭》（《楼钥集》卷109、115，第1905、1993页）、袁桷《延祐四明志》（卷4《人物考上》，《宋元方志丛刊》第6册，第6190页）之说而误。仲淹长女适蔡交、次女适贾蕃、幼女适张琬，周师厚妻乃范仲淹兄女（邹浩：《道乡集》卷37《高平县太君范氏墓志铭》，《景印文渊阁四库全书》第1121册，第497页）。

② 陈小青：《范镇年谱》，《古籍研究》2015年第1期，第204—220页。

③ （宋）范镇：《上蜀帅王密学书》，（宋）袁说友等编，赵晓兰整理：《成都文类》卷20，北京：中华书局，2011年，第411页。

④ （宋）祝穆撰、祝洙增订，施和金点校：《方舆胜览》卷51《成都府路》，917页。

⑤ 《宋史》卷337《范镇传》，10783页。

⑥ （宋）司马光撰，李文泽、霞绍晖校点整理：《司马光集》卷67《范景仁传》，第1386页。

⑦ 《宋史》卷337《范镇传》，第10783页。

⑧ （宋）李焘：《续资治通鉴长编》卷166皇祐元年五月癸丑，第4000页。

镇以起居舍人知谏院，期间屡上奏论，“色和而语壮，常欲继之以死，虽在万乘前无所屈”[①]。次年为“契丹国母正旦使”出使[②]。嘉祐元年（1056）范镇因建储累章连上，罢知谏院，[③]改集贤殿修撰、判刑部，[④]次年与欧阳修同知贡举，苏轼兄弟参加考试。五年，范镇时任知制诰、充集贤殿修撰、纠察在京刑狱兼权判工部。[⑤] 英宗即位后，范镇迁给事中，治平三年（1066）因反对追尊英宗生父濮安懿王被罢，出知陈州（治今河南周口市淮阳区），恰遇饥馑，不及上奏即发库廪三万贯石赈济。神宗即位，入朝为礼部侍郎、翰林学士兼侍读。熙宁二年（1069）擢户部侍郎，知通进、银台司，次年因反对青苗法罢任致仕，疏上有“陛下有纳谏之资，大臣进拒谏之计；陛下有爱民之性，大臣进残民之术”等语，谢表犹指斥王安石为奸：“望陛下集群议为耳目，以除壅蔽之奸。”[⑥]

范镇致仕后仍居京师，其宅名东园。[⑦] 不久赴洛阳与司马光游，又携子归蜀游成都、青城、峨眉，“极登览之胜”[⑧]。熙宁九年（1076）底、十年初，苏辙、苏轼到访东园，多有唱和。元丰三年（1080）卜居许昌，建长啸堂，“前有荼蘼架，高广可容数十客。每春季花繁盛时，燕客于其下，约曰：‘有飞花堕酒中者，为余釂一

① 孔凡礼点校：《苏轼文集》卷14《范景仁墓志铭》，第441页。

② （宋）李焘：《续资治通鉴长编》卷180至和二年八月辛丑，第4365页。

③ （宋）吕中撰，张其凡、白晓霞整理：《类编皇朝大事记讲义》卷9，上海：上海人民出版社，2013年，第188页。按：与《类编皇朝中兴大事记讲义》合刊。

④ （宋）赵湘：《南阳集》卷30《端明殿学士、银青光禄大夫致仕，柱国、蜀郡开国公，食邑二千六百户、实封五百户，赠右金紫光禄大夫，谥忠文，范公神道碑》，《景印文渊阁四库全书》第1101册，第760页。

⑤ （宋）刘敞：《公是集·拾遗》，清光绪二十五年广雅书局刻本，叶二a。

⑥ 孔凡礼点校：《苏轼文集》卷14《范景仁墓志铭》，第438—440页。

⑦ （清）徐松辑：《宋会要辑稿》职官七七之四九至五〇，第4157页。

⑧ （宋）范镇：《峨眉寿圣院写真赞》，（宋）佚名辑：《新刊国朝二百家名贤文粹》卷189，《续修四库全书》第1654册，第65页。

大白。'或语笑喧哗之际，微风过之，则满座无遗者。当时号为'飞英会'，传之四远，无不以为美谈也"。[①] 六年春又有入洛偕司马光游之行。元祐元年(1086)，司马光为相，"将以(范镇)为门下侍郎。镇辞曰：'六十三而求去，盖以引年，七十九而复来，岂云中礼？'再三强之，卒不起，以银青光禄大夫再致仕"。[②] 三年(1088)底，范镇卒，寿81岁，则生于大中祥符元年(1008)。因其获封蜀郡公，故世称范蜀公。范氏著述甚多，曾预修《新唐书》《仁宗实录》，又有《范蜀公集》《谏垣集》《内制集》《外制集》《东斋记事》等，太半亡佚。

6.《洛阳贵尚录》

一卷，一说十卷，丘濬撰。《通志·艺文略》于"种艺"类著录云"《洛阳贵尚录》十卷，邱濬撰"[③]，《宋史·艺文志》于"小说类"著录云"丘濬《洛阳贵尚录》十卷"[④]，《能改斋漫录》亦记"邱寺丞濬道源，自号为迂愚叟。尝为牡丹著书十卷，号《洛阳贵尚录》"[⑤]；《直斋书录解题》于"农家类"著录云"《洛阳贵尚录》一卷，殿中丞新安丘濬道源撰"[⑥]，《文献通考》于"农家"类著录云"《洛阳贵尚录》一卷。陈氏曰：'殿中丞新安邱濬道源撰'"[⑦]。《中国农业古籍目录》未著录。

丘濬字道源，号迂愚叟。其另一书《牡丹荣辱志》有宋刻《百川学海》本，题名作"迂愚叟丘璿(简体字作'璇')道源"[⑧]，久保辉幸

---

① (宋)朱弁撰，孔凡礼点校：《曲洧旧闻》卷3，北京：中华书局，2002年，115页。

② (宋)朱栻：《史传三编》卷33《名臣传二十五》，《景印文渊阁四库全书》第459册，第556页。

③ (宋)郑樵：《通志》卷66《艺文略四》，第784页。

④ 《宋史》卷206《艺文志五》，第5231页。

⑤ (宋)吴曾：《能改斋漫录》卷15《方物》，第462页。

⑥ (宋)陈振孙撰，徐小蛮、顾美华点校：《直斋书录解题》卷10，第298页。

⑦ (元)马端临：《文献通考》卷218《经籍考四十五》，第1776页。

⑧ (宋)丘濬：《牡丹荣辱志》，宋刻《百川学海》本，叶一a。

据此断定他“真名是丘璿（璇）”[①]，“璿”义美玉，“濬”义深掘疏通，从其字“道源”看，显然“濬”字不误。丘濬在道教中有着神仙地位，但生平事迹不显，近来虽有研究者注意及此，然着力于辑考其著述，对其生平的考述不足百字[②]，实未超余嘉锡《四库提要辨证》之范围[③]。笔者乃搜罗群籍，更为详考如下。

丘濬为歙州黟县（治今安徽黟县）人，因歙州古称新安，故《直斋书录解题》《文献通考》等称之为“新安”人。又因河南府（治今河南洛阳市）丘氏（丘和家族，本丘敦氏，北魏孝文帝改革为丘氏）为该姓著名郡望，或丘濬确为其后裔，故自称则云“河南丘濬”[④]——此可见其姓氏为“丘”而非“邱”[⑤]。丘濬幼有才名，“十岁谒陈州（治今河南周口市淮阳区）太守，曰：‘前日寺中闻太守射，有诗：殿宇闲闻燕雀鸣，虚庭尽日少人行。孤吟独坐情何恨，时喜风传中鹄声。’太守大喜”[⑥]。天圣五年（1027）登王尧臣榜进士[⑦]。景祐（1034—1038）中，卫尉寺丞丘濬知句容县（治今江苏句容市），于园

---

① （日）久保辉幸：《宋代牡丹谱考释》，《自然科学史研究》2010年第1期，第52页注释②。

② 周小山：《宋人丘濬生平、著述考》，《中国典籍与文化》2012第3期，第39页。

③ 余嘉锡：《四库提要辨证》卷19，北京：中华书局，2007年，第1174—1176页。

④ （宋）丘濬：《与权郡国博帖》，（宋）魏齐贤、叶棻编：《圣宋名贤五百家播芳大全文粹》卷56《尺牍》，宋刻本，叶一〇a。

⑤ 有研究者据今通行本《通志》之类作“邱濬”遂言丘濬一作“邱濬”（如周小山：《宋人丘濬生平、著述考》，《中国典籍与文化》2012第3期，第39页），是错误的，因很多古籍中的“邱”字系清代为避孔丘讳由“丘”字改来，如《通志》本作“丘濬”而非“邱濬”（元大德三山郡庠刻元明递修明弘治公文纸印本，叶二四a）。当然，宋代确有“邱”字（《说文解字》卷6下，宋刻元修本，叶八b），然未见用作姓字；加以丘濬自称“河南丘濬”，则可断言其姓氏必为“丘”。

⑥ （宋）陈应行编：《吟窗杂录》卷47，北京：中华书局，1997年影印本，第1257—1258页。

⑦ （宋）罗愿纂：《新安志》卷8，《宋元方志丛刊》第8册，第7714页。

圃中“筑占星台”。[①] 后迁殿中丞[②]，庆历初在京任职[③]，“进《观风感事诗》百篇，责为昭州（治今广西平乐县西南）职官。州人尚有识之者，云刚果难犯”[④]。昭州虽为烟瘴之地，但山水佳绝，郡圃有天绘亭，其名即得自丘濬：

> 建炎中，吕丕（应为李丕）为守，以天绘近金国年号（金太宗年号“天会”），思有以易之。时徐师川避地于昭，吕乞名于徐，久而未获。复乞于范滋，滋乃以“清辉”易之。一日徐策杖过亭，仰视新榜，复得亭记于积壤中，亟使涤石，视之乃丘濬寺丞所作也。其略云：“余择胜得此亭，名曰‘天绘’，取其景物自然也。后某年某日当有俗子易名‘清辉’，可为一笑。”考范易名之日无毫发差也。[⑤]

---

① (宋)周应合纂:《景定建康志》卷27《官守志四》,《宋元方志丛刊》第2册,第1788页。按:原文作“景德中”,丘濬天圣始中第,显然为“景祐”之误。

② (宋)罗愿纂:《新安志》卷8,《宋元方志丛刊》第8册,第7726页。

③ 据下揭庆历四年言官劾其“如濬使(继续留)在京师,必须复妄谤好人”语知。

④ (宋)邹浩:《道乡集》卷11《读丘濬寺丞天绘亭记》序,《景印文渊阁四库全书》第1121册,第255页。按:《吟窗杂录》作“康定公丘濬上《观风感事诗》一百首”(卷48,第1263页),自明以来学者即以为“‘公’当为‘中’之误”(周小山:《宋人丘濬生平、著述考》,《中国典籍与文化》2012第3期,第40页注释①),笔者以为原文“丘濬”二字当为小字注,后世转录乃掺入正文,即本作“康定公(丘濬)上《观风感事诗》一百首”,“公”非“中”之误。又,《吟窗杂录》作者陈应行为北宋晚期人,而邹浩20岁时丘濬方逝,且其崇宁二年被除名、责昭州居住,还作有关于天绘亭的诗句:“天绘亭前不忍分,远送我来欣进步。”(《道乡集》卷5,《景印文渊阁四库全书》第1121册,第206页。)故应以邹浩所记“庆历”为确。

⑤ (宋)何薳撰,张明华点校:《春渚纪闻》卷2《杂记》,北京:中华书局,1983年,第14页。按:《宋史》作《观时感事诗》(卷208《艺文志七》,第5364页)。

丘濬在昭州任上不久即遭亲丧，遂至杭州丁忧。此据庆历四年(1044)五月言者劾其罪可知：其“在杭州持服，每年赴阙，逐处稍不延接便成嘲咏，州县畏惧”。张耒记其掌批灵隐寺住持延珊慧明禅师可能就发生在此期间：

> 殿中丞丘浚，多言人也。尝在杭谒珊禅师，珊见之殊傲。俄顷，有州将子弟来谒，珊降阶接，礼甚恭。浚不能平，子弟退，乃问珊曰：“和尚接浚甚傲，而接州将子弟乃尔恭耶！”珊曰：“接是不接，不接是接。”浚勃然起，掴珊数下，乃徐曰：“和尚莫怪，打是不打，不打是打。”①

言官弹劾他的另外两罪一是“先作诗一百首(即《观风感事诗》百首)，讪谤朝政，言词鄙恶，兼以阴阳灾变，皆非人臣所可言者，传布外夷非便”。二是“印书令州县强卖，以图厚利。去年朝廷以无名诗严敕禁捕，近又有赋咏传写。如濬使在京师，必须复妄谤好人。国家多事之时，亦宜使邪正区别、风俗淳厚，无容小辈敢恃轻易”②——所印之书显然即《观风感事诗》，否则朝廷不会“以无名诗严敕禁捕”——执政本“欲重诛之”，仁宗以其不过狂夫之言，乃减轻其罪，③遂被谪降为饶州军事推官、监邵武军(治今福建邵武市)酒税，“仍令福建路转运、提刑司常切觉察，如有违越，并具以闻”④。八年，知福州成戬修大都督府门，“有潮阳从事丘濬为记”⑤——可

① (宋)张耒:《明道杂志》,《丛书集成初编》第2860册，长沙：商务印书馆，1939年，第9页。按：丘濬熙宁元年(1068)亦曾居于杭州，然彼时他既老且病，家事亦不堪，恐无此心境与延珊禅师一争短长。

② (清)徐松辑:《宋会要辑稿》职官六四之四六，第3843页。

③ (宋)李焘:《续资治通鉴长编》卷149庆历四年五月乙亥，第3610页。

④ (清)徐松辑:《宋会要辑稿》职官六四之四六，第3843页。

⑤ (宋)梁克家纂修:《淳熙三山志》卷7《公廨类一》,《宋元方志丛刊》第8册，第7840页。按：因县无“从事”，故此“潮阳”为潮州别称，非指其辖县潮阳。

见丘濬福建任满后又被差到潮州(治今广东潮州市)担任军事推官或判官职务。期间至广州,仍不改出言则喜讥刺的作风,其上知州诗云:"街上腥臊堆蚬子,口中脓血吐槟榔。"又云:"风腥蛮市合,日上瘴云红。"知州非常不高兴,反驳说:"四方之民嗜欲不同,子向好恶如此!"[①]皇祐四年(1052)仁宗命守臣推荐县令,淮南安抚使陈旭(后改名升之)、湖北提点刑狱祖无择荐之,仁宗云:"濬无雅行,唯以口舌动人。今旭等称其才,无乃长浮薄?"辅臣等言:"濬所坐已更赦,宜使自新。"故诏"卫尉寺丞、监新淦县(治今江西新干县)税邱濬签书滁州判官事"。[②] 则丘濬潮州任满后移监新淦县税,此时因仁宗同意辅臣"宜使自新"的建议,乃将之调任滁州签判。

丘濬在滁州差遣久不得调,治平四年(1067)正月英宗逝世后,乃致书好友、秘书省著作郎曹辅之,说因家在京师,自己一人在滁州"孤苦寂(莫)[寞]不可言状",望其"哀感"帮助。且因"家中绝无管幹,二子一病一懦,须得之管勾",所以自己想要早日回京,似有因新君即位欲诣阙谋职之意。又请求曹氏催督其子(曹家可能在滁州左进)早日赴京,自己将搭乘其船。[③] 曹辅之回信告以"乘弊政(应指英宗之政)之后,拨(差遣)剧不易;况食其禄,岂惮劳烦,但须勉旃,别俟迁擢"。丘濬复函说自己寄家京师,"未有生计","儿男俱不得力","但聚族蚕食而已",如本年底"主人(即其上司滁州知州,丘濬为幕职官,故有此称)得替",就一定离开好比"汤火之厄"的滁州,如此则明年四月上旬可到京。如果其不被替而继续留任,那就和他"共谋久住计",可能又是三四年(一任)的时间;或者

① (宋)陈应行编:《吟窗杂录》卷48,第1264页。

② (宋)李焘:《续资治通鉴长编》卷173皇祐四年秋七月丁丑,第4165—4166页。按:蔡戡《定斋集》记仁宗语为"(丘)濬雅无能称"(卷11,《景印文渊阁四库全书》第1157册,第676—677页)。

③ (宋)丘濬:《与曹辅之著作帖》,(宋)魏齐贤、叶棻编:《圣宋名贤五百家播芳大全文粹》卷56《尺牍》,宋刻本,叶一一a。按:《四库本》本此卷为第66卷(《景印文渊阁四库全书》第1353册,第235—236页),文字颇异于此本。

自请致仕，“随花水东下，居于润州也”。[1] 据丘濬致友人诸帖，后来其上司应该被调任，他便告病致仕了，只是并未到京师、润州居住，而是举家迁到了杭州。不过不久朝廷即诏谕其“候病痊日，须令归歙”，显然朝廷担心他再作《观风感事诗》一类诗歌讥刺时政，而杭州这样的文化及刻书中心会加速其传播。丘濬自己也希望回到家乡歙州（治今安徽歙县），因为“武林（杭州）物贵，生涯难营，不如归去，更不敢烦朝廷也！但以年老不如求一安乐去处，兼为吕郎中是故人，大段为营置第宅待某居住；仍一切亲友一一望归也。彼中饮膳柴米颇贱，易为过朝昏，桑榆之影，宁有几时！若满一百，只有四十年在，况造化不可测耳。且自宽心养道，近日愈清健”[2]。吕郎中指吕元规，他以司勋郎中身份提点广东刑狱，治平四年二月降知歙州。[3] 考虑到丘濬本人家庭自京城迁居杭州、宋代官员从授职到赴任差不多要半年左右时间，再加上消息传播时间，则丘濬此书之作必为熙宁元年（1068）间事，此年他的年龄是 60 岁，所以丘濬生年为大中祥符二年（1009）。

回到故乡歙州居住后，丘濬亦有书致曹辅之，可略见其生活境况：

两次歙州牙校上京，曾奉书与令嗣上订尊侯，必已达视听

---

① （宋）丘濬：《与曹辅之著作帖》，（宋）魏齐贤、叶棻编：《圣宋名贤五百家播芳大全文粹》卷 56《尺牍》，宋刻本，叶一〇 b 至一一 a。按：原文作“主人于十二月二十日得替，必离滁上，四月上旬方到，待相见如始末；不替，共谋久住计，即且盘桓三四年。如其不然，则且随花水东下，居于润州也”。《四库本》作“如其于十二月二十日得替，必离滁上，四月上旬方到，待相见细缕；若不替，共谋久住计，即且盘桓三四年。如其不然，则且随花木徜徉，居于润州也”（《景印文渊阁四库全书》1353 册，第 235 页），则“其”不知所指，“共谋”不知与谁，不可解也。

② （宋）丘濬：《与曹辅之著作帖》，（宋）魏齐贤、叶棻编：《圣宋名贤五百家播芳大全文粹》卷 56《尺牍》，宋刻本，叶一一 a 至 b。

③ （清）徐松辑：《宋会要辑稿》职官六五之二七，第 3860 页。

也。夏热亮，视政外安裕否？某还里中，亲友相待甚厚，颇得优稳。因祸致福，自古有之。今复加修练之功，筋骸清健万倍于昔时。兼亦一家和乐，无滁上困窘之苦。愚男彦武于丰口（在今安徽歙县西北）开一酒邸，营生周给，不劳忧念。[①]

但时间一久，再加上自然灾害，丘濬一家的经济状况并不乐观，这从他熙宁七年(1074)致某国子博士、权知州的书简可见：

某尝以孤直被时毁忌，自滁移歙，羸于是郡。四海之广，既无所容，遂侨居于城之北隅，杂贵地编氓，首尾五载。请官庄一区，谓之紫岩，僦耕牛，雇夫力，岁得锥刀，以瞻老幼。值比年俱旱，租米不可输。今岁尤甚，飞蝗遮天盖地，仍新法沓沓，更易纲纪，千变万化，使官私不得其安……某在闲寂中，于温饱外，值凶荒际，比屋之中有利有害，深欲裨于闻见，徐而思之。况忝以道垂知己之遇，岂敢惜其所得以犯乎僭易之责也！谨录其条件于左，幸公暇稍赐一览，足表衰老者有忧天下之志也。[②]

同时也可见出丘濬对待新法的态度。熙宁八年(1075)交趾侵宋，次年神宗派郭奎率宋讨伐，丘濬上“《平蛮议》一卷十五篇”[③]。可能因此上书，丘濬得领宫观，此据他致故乡歙州知州徐君会的书帖可知：

某回秋浦近两月余，值梅潺连绵，江堧卑湿，虽敝庐高爽，

① （宋）丘濬：《与曹辅之著作帖》，（宋）魏齐贤、叶棻编：《圣宋名贤五百家播芳大全文粹》卷56《尺牍》，宋刻本，叶一一 b。

② （宋）丘濬：《与权国博帖》，（宋）魏齐贤、叶棻编：《圣宋名贤五百家播芳大全文粹》卷56《尺牍》，宋刻本，叶一〇 a。

③ （宋）王应麟纂：《玉海》卷25《地理・标界》，第511页。

> 奈阴沴煎熬。多稼来辫,例皆荡去,远村近郭,罕有按堵,揣念故乡,必不至此……窃领北楼清虚,名园开豁,池莲昼丽,山月夕辉,琴荐棋枰,笺诗茗盌,溪鳞供馔,厨酝新篘,在布政之余,当无事之际,营欲悉涓,浩然自得,亦足以优游于考绩之外也。[1]

秋浦是池州(治今安徽池州市贵池区)的别称,"北楼"指池州西湖北楼,"清虚"指池州清虚观。奉祠致仕本可不必到祠,但领俸禄而已,不过丘濬好道,居于所领宫观亦其所愿也。[2] 有了祠禄,丘濬的生活轻松优雅得多:"醉饱之余,枕簟可恣,或修合妙药,或晒曝古书,或埴蔬畦,或补缀名画,散诞而过,愤郁都忘。"[3]

丘濬"在池州,一日起,盥沐,索笔为《春草》诗,诗毕端坐而逝,年八十一。及殓衣空,众谓尸解。光禄大夫滕甫元发为太守,为记其事,葬于九华山"[4]。据此处"年八十一"之说,丘濬卒年当为元祐四年(1089),然滕甫知池州在元丰二年(1079)至三年四月,则丘濬必逝于此两年间。笔者以为他很可能卒于元丰三年,享寿 71 岁——因其有所谓"吾寿终九九"之语,而丘濬后来又被列入道教神仙谱系,故诸书将其卒年延后了 10 年,以牵合其"寿终九九(81 岁)"之说。关于其卒,《三洞群仙录》还有更神异的说法:"后数年,有黄衣急足持濬书抵于滁阳(即滁州),家人启封,黄衣忽不知所在。书中云:'吾本预仙籍,以推步象数,谪为泰山主宰。'"[5]此所谓其家人在滁州云云,亦误,据前揭他的家人已在故乡歙州立业,不可能在滁州。当然也侧面反映出丘濬后居池州清虚宫时,是一

---

①③ (宋)丘濬:《与徐君会少卿帖》,(宋)魏齐贤、叶棻编:《圣宋名贤五百家播芳大全文粹》卷 56《尺牍》,宋刻本,叶一〇 b。

② 也有因罪责降为宫观官者,严重的须于指定州军居住,但这里丘濬显然不属于这种情况。

④ (宋)罗愿纂:《新安志》卷 8,《宋元方志丛刊》第 8 册,第 7726 页。

⑤ (宋)陈葆光:《三洞群仙录》卷 14,《续修四库全书》第 1294 册,上海:上海古籍出版社,2002 年影印本,第 143 页。

个人在修道，亲属并不在身边。

丘濬后来之所以成为“神仙”，是因为他有如下之类的种种传说。熙宁十年(1077)秋，“翰林学士杨元素贬官荆州，过池阳(池州别称)见之。濬曰：‘明年当改元，以《易》步之，丰卦用事，必以丰字纪年。’如期改元丰云”[①]。靖康元年(1126)底金军会师围攻开封，钦宗却欲倚仗郭京的“六甲神兵”，时人以丘濬《观风感事诗》“郭京杨适刘无忌，尽在东南卧白云”之句“附会之以为谶，人争从之。识者危之”[②]。

《观风感事诗》一百首对丘濬仕途、人生影响是巨大的，按其自己的说法是“以孤直被时毁忌”。这些诗到底写了些什么内容呢？兹移录数首以见一斑：

> 太阳日日无光彩，阴雾相侵甚可惊。臣道昏蒙君道蔽，天垂警戒最分明。
>
> 中书坏了朝纲后，方始辞荣学退居。(嘲宰相张士逊残句)
>
> 密院中书多出入，不论功绩便高迁。金银一似佛世界，动便三千与大千。(嘲执政)
>
> 官衔虚带劝农使，说着农桑耳畔风。皱却眉儿愁旱涝，一心只在职田中。(嘲劝农官)[③]

无怪乎前揭仁宗斥其“狂夫”，宰执“欲重诛之”，群官责其“妄谤好人”，一生沉沦下僚，最有只有“成仙”一途。

丘濬《洛阳贵尚录》一书已佚，仅宋《五色线》征引一条：“蜀时

---

① (宋)邵博撰，刘德权、李剑雄点校：《邵氏闻见后录》卷29，北京：中华书局，1983年，第228页。

② (宋)徐梦莘：《三朝北盟会编》卷69《靖康中帙四十四》，第520页。

③ 详见周小山：《宋人丘濬生平、著述考兼补〈全宋诗〉、〈全宋文〉》，《中国典籍与文化》2012第3期，第40页。

兵部贰卿(副长官)李昊蕴藉,每将(牡丹)花数枝遗亲友,以金凤笺成韵诗以致之,得者莫不宝爱。又以与(平)[牛]酥同赠,且云:'俟花凋谢,即以酥煎食之。无弃秾华(同"花")也。'其风流贵重如此(《洛阳贵尚录》)。"[①]可见书中必包括有关牡丹之典故、轶事,至于其极,则有关于牡丹之神话、传说,故陈振孙云其"专为牡丹作也。其书援引该博,而迂怪不经"[②]。此书既写洛阳牡丹,很可能作于其庆历初(1041—1042)在京任职时。此外,丘濬著作尚有《牡丹荣辱志》《天一遁甲赋》《霸国环周立成历》等,佚诗佚文可参见周小山之辑录。[③]

7.《牡丹荣辱志》

一卷,丘濬撰,很可能与《洛阳贵尚录》作于同一时期。宋元史志书目不载,然南宋《能改斋漫录》《百川学海》均收入是书。

该书将牡丹分为王、妃、嫔、世妇、御妻五等。第一等王 1 种,为姚黄;第二等妃 1 种,为魏红(即魏花);第三等嫔为牛黄、细叶寿安、九蕊真珠等 9 种,以合于九嫔之数;第四等世妇包括粗叶寿安、甘草黄、一捻红等 10 种,但此等无定数,作者表示后将"别求异种补之";第五等御妻包括玉板白、多叶紫、叶底紫等 18 种。共记洛

---

① (宋)佚名撰,唐玲整理:《五色线》卷下,《全宋笔记》第 8 编第 10 册,郑州:大象出版社,2017 年,第 463 页。按:宋施元之等注苏轼诗亦引(《施注苏诗》卷 18,清康熙三十八年宋荦刻本,叶一八 b 至一九 a),文字略异。又,《苕溪渔隐丛话·后集》卷 23、《古今事文类聚·后集》卷 30、《全芳备祖·前集》卷 2《牡丹》、《古今合璧事类备要·别集》卷 24 亦引此条,皆谓引自《复斋漫录》,然前二书记李昊官衔为"兵部尚书",后二书记李昊官衔为"礼部尚书"。考李昊仕履,历礼部侍郎、兵部侍郎即至宰执,则《洛阳贵尚录》所记为确。《复斋漫录》为南宋初年作品(参见黄启芳:《龚相〈复斋漫录〉与龚颐正〈芥隐笔记〉》,《国学学刊》2016 年第 2 期),今已不存,或即引据《洛阳贵尚录》而误书李昊官称为"兵部尚书",《全芳备祖》《古今合璧事类备要》复又误录为"礼部尚书"。

② (元)马端临:《文献通考》卷 218《经籍考四十五》,第 1776 页。

③ 周小山:《宋人丘濬生平、著述考——兼补〈全宋诗〉、〈全宋文〉》,《中国典籍与文化》2012 第 3 期,第 38—44 页。

阳牡丹39种,1种异名重出,实为38种。《牡丹荣辱志》相比欧阳修《洛阳牡丹记》,多出莲叶九蕊、鞍子红、多叶红、骆驼红、紫莲萼、苏州花、常州花、润州花、金陵花、钱塘花、越州花、密州花、和州花13个品种。丘濬(1009—1079)与欧阳修(1007—1072)为同时代人,且欧氏《洛阳牡丹记》已说明所录"但取其特著者",故不可谓丘志多出的13个品种为欧记时代洛阳所无——丘濬为南方人,故多记南方之品,尽管因其非"著者"而为欧阳修所弃。另一方面,欧记来自身历实践,而丘濬未有洛阳任官经历,其书为耳食之学,故仅记品名,略不涉具体描述及栽培技术。有些花名与欧记亦不同("/"前为丘濬所记名,后为欧阳修所记名),如牛黄/牛家黄、一捻红/一擫红、红莲萼/莲花萼、倒晕檀/倒晕檀心、左紫/左花、青州花/青州红。更重要的是,欧记指出鞓红"亦曰青州红",然《牡丹荣辱志》既列鞓红于九嫔之等,又入"青州花"于御妻之列,可见丘濬对此花实未亲见而缺乏了解。因此,丘志之作很可能参据了欧氏《洛阳牡丹记》一书。

《牡丹荣辱志》还指出,当时除洛阳之外,"自苏台(姑苏台,代指苏州)、会稽(越州郡名)至历阳郡(和州,治今安徽和县),好事者众,栽殖尤夥,八十一之数必可备矣"[①]。除牡丹外,该书又立花师傅、花彤史、花命妇、花嬖倖、花近属、花疏属、花戚里、花外屏、花宫闱、花丛脞之目以处碧桃、朝日莲、上品芍药、茉莉、琼花、千叶菊、瑞香、玫瑰、红梅、牵牛等[②],固将百花皆视为牡丹之宾仆矣。又有花君子(细风、清露、暖日、沃壤等)、花小人(狂风、苦寒、蜜蜂、蚯蚓

① (宋)丘濬:《牡丹荣辱志》,《丛书集成初编》第1355册,上海:商务印书馆,1937年,第2页。

② (宋)丘濬:《牡丹荣辱志》,《丛书集成初编》第1355册,第2—4页。按:有研究者将此说为"最为精辟而完整"的宋代插花之法,即是以牡丹为主花,其他花为配材(黄永川:《中国插花史》,杭州:西泠印社出版社,2017年,第109—113页);甚至将"花君子""花小人"说为宋代"插花的创作环境"(孙可、李响:《中国插花简史》,北京:商务印书馆,2018年,第102页),无论是否有意,显然是无据之曲解。

等)、花亨泰(闰三月、童仆勤干、正开值生日、借园亭张筵等)、花屯难(丑妇妒与怜、和园卖与屠沽、箔子遮园、园吏浇湿粪等)之说,[①]看起来似颇无稽,实亦关乎牡丹之栽培、养护及欣赏。"花君子"者,即有利于牡丹生长之条件也;"花小人"者,即不利于牡丹生长之条件也——丘氏将蜜蜂、蚯蚓等也归入此类,可见他未能认识到此类昆虫在授粉、增加土壤有机质并改善土壤结构方面的作用;"花亨泰"者,即牡丹之美得到人们喜爱利用,其大放光彩之时也;"花屯难"者,即牡丹之美不能得到人们欣赏或所赏非人也。

丘濬还试图提升牡丹的精神品格,以免因喜欢者众而被目为"俗花",《牡丹荣辱志》序云:

> 序对花卉蕃膴于天地间,莫逾牡丹。其貌正心荏,茎、节、蒂、蕊耸抑捡旷,有刚克柔克态,远而视之,疑美丈夫、女子俨衣冠当其前也。苟非钟纯淑清粹气,何以杰全德于三月内。……禀乎中,根本茂矣;善归己,色香厚矣。如是则施之以天道,顺之以地利,节之以人欲,其栽其接,无竭无灭;其生其成,不缩不盈,非独为洛阳一时欢赏之盛,将以为天下嗜好之劝也。[②]

后世爱牡丹者多承其说,如赵世学云:"即牡丹之富贵言之,其富也,富而无骄,非君子而实亦君子者也;其贵也,贵而不挟,非隐逸而实亦隐逸者也。"[③]

《中国农学书录》认为此《牡丹荣辱志》"是文人游戏笔墨,内容无关园艺之学"[④],意其实非农书,实际上,但记花名之谱多矣,似

---

① (宋)丘濬:《牡丹荣辱志》,《丛书集成初编》第1355册,第4—5页。

② (宋)丘濬:《牡丹荣辱志》,《丛书集成初编》第1355册,第1页。

③ (清)赵世学:《牡丹富贵说》,李保光、田素义编著:《新编曹州牡丹谱》,北京:中国农业科技出版社,1992年,第88页。

④ 王毓瑚:《中国农学书录》,第67页。

不能仅因其以王、妃、嫔、世妇、御妻之目分等即指为"游戏笔墨"而将之逐出农书领域。《牡丹荣辱志》传世版本很多，主要有宋刻《百川学海》本、明弘治十四年无锡华珵刻《百川学海》本、嘉靖十五年郑氏宗文堂刻《百川学海》本、万历间汪氏刻《山居杂志》本、明陈荣刻本、崇祯间竹屿刻《雪堂韵史》本、明末清初宛委山堂刻《说郛》本、清宣统间国学扶轮社铅印《香艳丛书》本、民国商务印书馆《丛书集成初编》本等。

8.《吴中花品》

一卷，亦名《庆历花品》[①]、《庆历花谱》[②]，书成于"庆历乙酉"（五年，1045）[③]。作者李英生平不详，仅据《直斋书录解题》知其为赵郡（赵州，治今河北赵县）人。

《说郛》有目无书，《中国农学书录》据此推断"当是失传"[④]；《宋代牡丹谱录考释》也认为"已失传"[⑤]，实际上书尚存于《能改斋漫录》中[⑥]。据书名即知所记为吴中牡丹，共二品 42 种。惟《能改斋漫录》所录仅记品名，或者原书即是如此。第一品为"朱红品"，包括真正红、红鞍子、端正好、樱粟红、艳春红、日增红、透枝红、乾红、小真红、满栏红、光叶红、繁红、郁红、丽春红、出檀红、茜红、倚栏红、早春红、木红、露匀红、等二红、湿红、小湿红、淡口红、石榴红

---

① （宋）吴曾：《能改斋漫录》卷 15《方物》，第 457 页。

② （宋）尤袤：《遂初堂书目》，《丛书集成初编》第 32 册，第 24 页。

③ （宋）陈振孙撰，徐小蛮、顾美华点校：《直斋书录解题》卷 10，第 298 页。按：原文是"庆历乙酉赵郡李英述"，《能改斋漫录》作"赵郡李述著《庆历花品》"（第 457 页），显然后者脱"英"字，又增"著"字以通文义，犯了《说郛》因周师厚作《洛阳花木记》自序署"鄞江周序"就将作者讹为"周叙（鄞江人）"一样的错误（《说郛三种》卷 26，上海：上海古籍出版社，2012 年，第 461、460 页）。

④ 王毓瑚：《中国农学书录》，第 68 页。

⑤ （日）久保辉幸：《宋代牡丹谱录考释》，《自然科学史研究》2010 年第 1 期，第 50 页。

⑥ 杨宝霖最早指出此点。参见氏著《灯窗琐语十四则》，《自力斋文史农史论文选集》，广州：广东高等教育出版社，1993 年，第 451 页。

25个品种；第二品为“淡花品”，包括红粉淡、端正淡、富烂淡、黄白淡、白粉淡、小粉淡、烟粉淡、黄粉淡、玲珑淡、轻粉淡、天粉淡、半红淡、日增淡、添枝淡、烟红冠子、坯红淡、猩血淡17个品种。[1] 可资注意者有两点，一是吴中牡丹之花名除“端正好”外，均因花色得名，不似洛阳之繁复、较具“商标意识”——侧面反映了洛阳牡丹栽培业的发达及竞争程度；二是吴中牡丹审美以红色为上，红色中又深红为上，浅色均皆下品，此又不同于洛阳——欧阳修《洛阳牡丹记》、丘濬《牡丹荣辱志》、周师厚《洛阳花木记》都以黄色的姚黄为第一，牛家黄、潜溪绯、左花等非红色花亦名列前茅，甚至都曾为花王。另外，《牡丹荣辱志》记洛阳有“鞍子红”，显然即此所云“红鞍子”，则洛阳“鞍子红”即苏州花也，而《牡丹荣辱志》又重出“苏州花”，实为笔者前文所说丘濬对洛阳牡丹缺乏了解之又一证；同时，所谓丘志录洛阳牡丹39种云云，须再减一种，实为37种。

9.《牡丹记》

十卷，沈立撰，据苏轼《牡丹记叙》可知[2]。该书可能当时就未刊刻，故不传。历代史志书目不载，《中国农学书录》《中国农业古籍目录》亦未著录。

熙宁五年(1072)三月，苏轼与“太守沈公观花于吉祥寺僧守璘之圃”，圃中有牡丹花千本，“其品以百数”，“观者数万人”。其时苏轼在杭州任通判，知州为沈立[3]。“明日，公出所集《牡丹记》十卷以示客”——就牡丹花谱而言，10卷可谓“卷帙浩繁”，因此这里的

① (宋)吴曾：《能改斋漫录》卷15《方物》，第457页。

② 参见杨宝霖：《宋代花谱佚书——沈立〈牡丹记〉》，《农业考古》1990年第2期。

③ 《乾道临安志》(卷3《牧守》，《宋元方志丛刊》第4册，第3245页)、《咸淳临安志》(卷46《秩官四》，《宋元方志丛刊》第4册，第3765页)均记沈立熙宁三年十二月由知越州改知杭州，《嘉泰会稽志》记“沈立熙宁三年四月以右谏议大夫知(越州)，四年正月移杭州”(卷2，《宋元方志丛刊》第7册，第6755页)。前二者所记当为诏命之时，后者所记当离越之时。

“集”不一定是撰集，更可能是编集。不过，即使是编集，仍可视为一牡丹谱录，正如史铸之《百菊集谱》（仅7卷）。该书内容据苏轼所言极为庞博：“凡牡丹之见于传记与栽植接养剥治之方，古今咏歌诗赋，下至怪奇小说皆在。”苏轼指出，当时牡丹“已见重于世三百余年，穷妖极丽以擅天下之观美，而近岁尤复变态百出，务为新奇以追逐时好者不可胜纪”[①]，可见该书不是专记杭州牡丹的。《牡丹记》的成书时间，自然是熙宁五年（1072）三月以前。

沈立生平参见本书第一章第三节。

10.《洛阳牡丹记》

一卷，周师厚撰。此本周氏《洛阳花木记》中的《牡丹叙》部分，明《说郛》将之摘出并题今名，其后遂单行刻印，有《古今图书集成》本、光绪六年山西浚文书局刻《植物名实图考长编》本、宣统国学扶轮社铅印《香艳丛书》本。本书仍依传统，视之为一部牡丹专谱。

周书记洛阳牡丹53种，其中黄花12种，红花17种，粉花11种，紫花9种，白花4种。排名大致即按此顺序，而以姚黄居首，最末一品为一百五。每一品名之后皆详记其花色、花形、花时、得名原因、种植条件及植物生理特性。如其记“花王”姚黄云：

> 千叶黄花也。色极鲜洁，精采射人。有深紫檀心，近瓶青，旋心一匝，与瓶并色，开头可八九寸许。其花本出北邙山下白司马坡姚氏家，今洛中名圃中传接虽多，惟水北岁有开者，大(岁)[率]间岁乃成千叶，余年皆单叶或多叶耳。水南率数岁一开千叶，然不及水北之(岁)[盛]也。盖本出山中，宜高，近市多粪壤，非其性也。其开最晚，在众花凋零之后、芍药未开之前。其色甚美，而高洁之性，敷荣之时，特异于众花，故洛人贵之，号为花王。城中每岁不过开三数朵，都人士女必倾

① 孔凡礼点校：《苏轼文集》卷10《牡丹记叙》，第329页。

城往观。乡人扶老携幼，不远千里。其为时所贵重如此。[1]

与欧阳修《洛阳牡丹记》相比，内容要详细很多，姚黄的生理习性、花时、在洛阳的具体分布皆欧氏所不言者。记魏花（第13品）云：

千叶肉红花也。本出晋相魏仁溥园中，今流传特盛。然叶最繁密，人有数之者至七百余叶。面大如盘，中堆积碎叶突起圆整如覆钟状，开头可八九寸许。其花端丽，精采莹洁，异于众花。洛人谓姚黄为王，魏花为后，诚为善评也。近年又有胜魏、都胜二品出焉，胜魏似魏花而微深，都胜似魏花而差大，叶微带紫红色，意其种皆魏花之所变欤？岂寓于红花本者，其子变而为胜魏；寓于紫花本者，其子变而为都胜邪？[2]

对魏花外观的细致描绘亦为欧记所缺，并指出了魏花与胜魏、都胜之间的遗传变异关系。记转枝红（第31品）云：

千叶红花也。盖间岁乃成千叶。假如今年南(之)[枝]千叶、北(之)[枝]多叶，明年北(之)[枝]千叶、南(之)[枝]多叶，每岁互换，故谓之转枝红。其花大率类寿安云。[3]

此品与仁宗初年的“转枝花（潜溪绯）”不同，后者是今年花开此枝，明年乃移开他枝。记紫粉旋心（第32品）云：

---

① （宋）周师厚：《洛阳牡丹记》，（明）陶宗仪等编：《说郛三种》弓104，第4768页。按：作者题为“鄞江周氏”。又，引文均以百卷本《说郛》卷26所收《洛阳花木记》校之。

② （宋）周师厚：《洛阳牡丹记》，（明）陶宗仪等编：《说郛三种》弓104，第4769页。

③ （宋）周师厚：《洛阳牡丹记》，（明）陶宗仪等编：《说郛三种》弓104，第4771页。

> 千叶粉红花也。外有大叶十数重如盘，盘中有碎叶百许，簇于瓶心之外，如旋心芍药然。上有紫丝数十茎，高出于碎叶之表，故谓之曰紫粉旋心。元丰中生于银李圃中。[①]

记顺圣(第43品)云：

> 千叶花也。色深类陈州紫。每叶上有白缕数道，自唇至萼，紫白相间，浅深同，开头可八九寸许，熙宁中方有。[②]

以上两品皆为神宗时新培育出的品种。记玉千叶(第48品)云：

> 白花，无檀心，莹洁如玉，温润可爱。景祐中开于(苑上)[范尚]书宅山篦中，细叶繁密，类魏花而白。今传接于洛中虽多，然难得花岁成千叶也。[③]

此范尚书即撰《范尚书牡丹谱》者也。“山篦”据前揭欧记，指嫁接用的砧木：“春初时，洛人于寿安山中斫小栽子卖城中，谓之山篦子。人家治地为畦塍种之，至秋乃接。”则玉千叶亦为嫁接品种。记一百五云：

> 千叶白花也。洛中寒食众花未开，独此花最先，故此贵之。[④]

总之，周师厚对洛阳牡丹的记叙，即使是非常简短的文字，也能抓住其最重要的特征，实非深于花道者不能为也。

《洛阳牡丹记》的撰著时间当然即《洛阳花木记》所署之元丰五

① (宋)周师厚：《洛阳牡丹记》，(明)陶宗仪等编：《说郛三种》弓104，第4771页。

②③④ (宋)周师厚：《洛阳牡丹记》，(明)陶宗仪等编：《说郛三种》弓104，第4772页。

年(1082),作者周师厚生平参见上节。

11.《花谱》

亦名《洛阳花谱》,张峋撰。《通志·艺文略》记作三卷[①],《直斋书录解题》记作二卷[②],《宋史·艺文志》记作一卷[③]。已佚。

据陈振孙记,该书"以花有千叶、多叶,黄、红、紫、白之别,类以为谱。凡千叶五十八品,多叶六十二品,又以芍药附其末"[④]。"千叶"即今所谓重瓣,多叶即复瓣,这是一种科学的分类方法。此前周师厚《洛阳花木记》即以此法分类。朱弁云张谱"凡一百一十九品,皆叙其颜色、容状及所以得名之因。又访于老圃,得种接、养护之法,各载于图后,最为详备"[⑤],则张峋《花谱》不仅描述洛阳牡丹花色、花形,还记载栽培方面知识,并且于每一品种之后绘图,应当说是最为完善的花谱体例。然是书南北宋之交似已不多见,故王洋有"《洛阳花谱》今存否?借问谁居第一流"[⑥]诗句,清陈维崧也发出了"《洛阳花谱》散如烟"[⑦]的感叹。今仅见《樾溪居士集》征引一条,兹移录于此:"《洛阳花谱》云:'泼墨紫,色最深,齐头似深碗而平。'"[⑧]

张峋,颍阳县(治今河南登封市颍阳镇)人,笔者十年前曾撰文

① (宋)郑樵:《通志》卷66《艺文略四》,第784页。

② (宋)陈振孙撰,徐小蛮、顾美华点校:《直斋书录解题》卷10,第298页。

③ 《宋史》卷205《艺文志四》,第5206页。

④ (宋)陈振孙撰,徐小蛮、顾美华点校:《直斋书录解题》卷10,第298页。按:朱弁《曲洧旧闻》云"凡一百一十九品"(卷4,第137页)。

⑤ (宋)朱弁撰,孔凡礼点校:《曲洧旧闻》卷4,第137页。

⑥ (宋)王洋:《东牟集》卷6《以前韵(〈自县圃得梅花因成五绝〉)再继五绝(其四)》,《景印文渊阁四库全书》第1132册,第403页。

⑦ (清)陈维崧:《湖海楼全集》卷10《侯六丈宅看牡丹五首(其五)》,《清代诗文集汇编》第96册,上海:上海古籍出版社,2010年影印本,第178页。

⑧ (宋)刘才邵:《樾溪居士集》卷3《和彭德源秋开紫牡丹》,《景印文渊阁四库全书》第1130册,第436页。

对其生平略加勾稽[①]，兹更为详考如下。《中国农学书录》据《直斋书录解题》谓张峋"弟弟张峄是邵康节的学生，因此他一定是北宋中期的人"[②]，实际上张峋也是邵雍学生，并且是其得意弟子："张峋，字子坚，康节先公（邵雍）于门弟子中谓可语道者。"[③]皇祐（1049—1054）中，名医郝允逝世，张峋为作墓志铭。[④] 治平二年（1065）张峋与弟峄同中进士，初授著作佐郎。次年五月，张峋与弟峄、崾及朋友一行六人西游坊州宜君县（治今陕西宜君县）玉华山，张峋作《玉华山》诗、张峄作《游玉华山记》刻石于壁。[⑤] 熙宁元年（1068）时知鄞县（治今浙江宁波市鄞州区），修复明州东南隐学山栖真寺放生池[⑥]。年底又浚广德湖，"筑环湖之堤凡九千一百三十四丈，其广一丈八尺，而其高八尺……为碶九，为埭二十。堤之上植榆柳，益旧总为三万一百。又因其余材为二亭于堤上以休"，曾巩作《广德湖记》记其事。[⑦] 次年，因隐居于慈溪大隐山而被称为大隐先生的杨适逝世后，张峋曾撰文誉扬之。[⑧] 十一月，因此前制置三司条例司建请，朝廷选官充逐路提举常平广惠仓兼管勾农田水利差役事，时官太常博士的张峋出任两浙路提举常平等事。[⑨]但张峋对新法并不积极，仅至明、越二州一巡而已，故与林英等于

① 参见拙文《宋代农书考论》，《中国农史》2010年第3期，第30页注释①。

② 王毓瑚：《中国农学书录》，第69页。

③ （宋）邵伯温撰，李剑雄、刘德权点校：《邵氏闻见录》卷20，北京：中华书局，1983年，第222页。

④ （宋）邵博撰，刘德权、李剑雄点校：《邵氏闻见后录》卷29，第225页。

⑤ （清）王昶辑：《金石萃编》卷136，《历代碑志丛书》第7册，南京：江苏古籍出版社，1998年影印本，第191—192页。

⑥ 嘉靖《宁波府志》卷19《古迹》，明嘉靖三十九年刻本，叶五b。

⑦ （宋）曾巩撰，陈杏珍、晁继周点校：《曾巩集》卷19《广德湖记》，北京：中华书局，1984年，第306页。按：《宝庆四明志》将此事系于熙宁三年（卷12，宋刻本，叶二〇b），误，事实上同卷前文就记为"熙宁元年"（叶四a）。

⑧ （元）袁桷：《延祐四明志》卷4，《宋元方志丛刊》第6册，第6185页。

⑨ （清）徐松辑：《宋会要辑稿》职官四三之二，第3274页。

熙宁四年(1071)四月被冲替,彼时张峋正丁忧,因此朝廷诏其“候服阕依冲替人例”。[①] 冲替是宋代对官员的一种行政处罚,一般要过一两年才能获得新的差遣,当然也可能直接改差,但无论如何新的差遣级别都较旧职要低;再加上张峋此时正在家乡颍阳(距洛阳约50千米)持服,因此其再获新的差遣至少也是熙宁六、七年的事了。下面这一记载可证熙宁七年时,张峋还在家乡闲居:“(程颐)又同张子坚来访,春时,康节(邵雍)率同游天门街看花。先生辞曰:‘平生未尝看花。’康节曰:‘庸何伤乎物?物皆有至理。吾侪看花异于常人,自可以观造化之妙。’先生曰:‘如是,则愿从先生游。’”[②]

张峋重获新职可能已到改革后期:“康节先公捐馆之年……(张峋)赴调京师,康节先公愀然色变曰:‘吾老矣,不复相见也。’皆是年之春也。”[③]邵雍(居洛阳)卒于熙宁十年(1077),则张峋此年春赴京师任职。元丰年间(1078—1085)张峋历官户部户部司员外郎(从六品上)[④]、郎中(从五品上)[⑤],兵部驾部司郎中(从五品上)[⑥]。八年(1085)作《寿亭侯行》一文,由钱公通书写立石。[⑦] 其后担任京西路转运判官——差遣制敕为苏轼所作[⑧],苏轼熙宁二

① (宋)李焘:《续资治通鉴长编》卷222熙宁四年四月癸酉,第5406页。

② (清)池生春、诸星杓编:《伊川先生年谱》卷2,《宋明理学家年谱》第1册,北京:北京图书馆出版社,2005年影印本,第464页。

③ (宋)邵伯温撰,李剑雄、刘德权点校:《邵氏闻见录》卷20,第222页。

④ (宋)苏辙撰,程宏天、高秀芳校点:《苏辙集·栾城集》卷30《张峋户部员外郎、钱长卿刑部员外郎》,1990年,第507页。

⑤ (宋)苏辙撰,程宏天、高秀芳校点:《苏辙集·栾城集》卷30《张峋户部员外郎改户部郎中》,第521页。

⑥ (宋)王珪:《华阳集》卷47《国子博士致仕,赠太师、中书令兼尚书令,追封成国公,程公神道碑铭》,《景印文渊阁四库全书》第1093册,第346页。

⑦ (明)叶盛编:《叶氏菉竹堂碑目》卷4,《丛书集成初编》第1588册,上海:商务印书馆,1936年,第28页。

⑧ 孔凡礼点校:《苏轼文集》卷38《鲍耆年京东运判、张峋京西运判》,第1074页。

年父丧服除还朝任殿中丞、直史馆、判官诰院，四年春权开封府推官，六月除通判杭州，元丰八年(1085)十月始再度还朝任官，次年迁翰林学士、知制诰，元祐四年(1089)复出知杭州——则张峋京西运判之任必在元祐元年至四年间。

关于《洛阳花谱》的成书时间，《中国农学书录》猜测为庆历年间(1041—1048)，潘法连推断“肯定在绍圣四年以前”[①]，杨宝霖认为“必定在元祐元年”[②]，均非确说。据《邵氏闻见录》：“天圣间钱文僖公留守时，欧阳公作花谱才四十余品。至元祐间，韩玉汝丞相留守，命留台张子坚续之，已百余品矣。”[③]《曲洧旧闻》亦云：“张峋(或云为留台，字子坚。)撰谱三卷，凡一百一十九品……韩玉汝为序之而传于世。”[④]则张峋《洛阳花谱》是受韩玉汝之命而作，且韩为作序。韩玉汝即韩缜，其知河南府兼西京留守司公事在元祐四年(1089)九月[⑤]至元祐六年十一月[⑥]之间，则该书必作于元祐四年至六年间。但邵、朱二书言其时张峋差遣为“留台”，即判西京留守司御史台公事之简称，此差遣须三品以上官员担任才云“判”，张峋似不及此，其真正的差遣名可能是“管勾西京留守司御史台公事”，“留台”云云，过呼而已，亦不足怪。总之，他在洛阳担任京西运判一段时间之后转任西京“留台”。此后史籍未再见关于张峋的记载，或即卒矣[⑦]。

---

① 潘法连：《读〈中国农学书录〉札记之三》，《中国农史》1989 年第 4 期，第 100—101 页。

② 杨宝霖：《关于〈读中国农学书录札记〉中一些问题与潘法连先生商榷》，《中国农史》1994 年第 2 期，第 98 页。

③ (宋)邵伯温撰，李剑雄、刘德权点校：《邵氏闻见录》卷 17，第 186 页。

④ (宋)朱弁撰，孔凡礼点校：《曲洧旧闻》卷 4，第 137 页。

⑤ (宋)李焘：《续资治通鉴长编》卷 433 元祐四年九月己丑，第 10447 页。

⑥ (宋)李焘：《续资治通鉴长编》卷 468 元祐六年十一月癸巳，第 11170 页。

⑦ 邵伯温《易学辨惑》记载其弟张峄及其舅氏王豫皆早死(《景印文渊阁四库全书》第 9 册，台北：台湾商务印书馆，1986 年，第 406 页)。

12.《江都花谱》

一卷,仅见于《秘书省续编到四库阙书目》,书在北宋末期就已亡佚。[①] 作者也不知道是谁,只能据书名"江都"推测所记当为扬州牡丹。《中国农学书录》《中国农业古籍目录》未著录。

13.《陈州牡丹记》

一卷,张邦基撰。此书其实只是一篇仅200多字的短文,因其本为张氏《墨庄漫录》中的一条记载而已。《说郛》将之摘出,予名为《陈州牡丹记》;又因为篇幅太短,乃附以苏轼《玉盘盂》诗前论及芍药的小序[②];并加"此亦异种,与牛氏家牡丹并足传异云"一按语而未揭明,让人误以为是张邦基按语。明人刻书,常按己需改篡增删,不足为奇。此后学者遂认有《陈州牡丹记》一书,著录转引不一而足。本书乃从传统,仍将之视为一部牡丹花谱专书。

《陈州牡丹记》内容是关于陈州(治今河南周口市淮阳区)牡丹非遗传突变的:

> 政和壬辰(二年,1112)春,予侍亲在郡。时园户牛氏家忽开一枝,色如鹅雏而淡,其面一尺三、四寸,高尺许,柔葩重叠,约千百叶。其本姚黄也,而于葩英之端有金粉一晕缕之;其心紫蕊,亦金粉缕之,牛氏乃以"缕金黄"名之。以蘧篨作棚屋、围幛,复张青帟护之,于门首遣人约止游人,人输千钱乃得入观,十日间其家数百千。余亦获见之。郡守闻之,欲剪以进于内府。众园户皆言不可,曰:"此花之变易者,不可为常,他时复来索此品,何以应之?"又欲移其根,亦以此为辞,乃已。明

① (宋)佚名:《秘书省续编到四库阙书目》卷2,《丛书集成续编》第3册,第309页。按:《秘书省续编到四库阙书目》编撰于徽宗政和年间,据此知书亡时间。

② (清)王文诰辑注,孔凡礼点校:《苏轼诗集》卷14《玉盘盂二首(并叙)》,第680页。

年花开，果如旧品矣。此亦草木之妖也。[①]

宋代陈州牡丹种植的确非常普遍，“园户植花，如种黍粟，动以顷计”，故张邦基在书中敢于说：“洛阳牡丹之品见于花谱，然未若陈州之盛且多也。”[②]

《说郛》欲广《陈州牡丹记》篇幅，其实《墨庄漫录》还有言牡丹者可资选用，是讲洛阳牡丹培育的：“洛中花工，宣和中以药壅培于白牡丹，如玉千叶、一百五、玉楼春等根下，次年花作浅碧色，号欧家碧，岁贡禁府，价在姚黄上。”[③]

该书传世版本有明末清初宛委山堂刻《说郛》本、清光绪间刻《笔余丛录》本、清王秸编《艺苑丛钞》稿本、宣统间国学扶轮社铅印《香艳丛书》本。源出之书《墨庄漫录》的版本则很多，主要有明万历间商氏半埜堂刻《稗海》本、明末清初宛委山堂刻《说郛》本、清《四库全书》本、民国上海商务印书馆《丛书集成初编》本、民国上海进步书局石印《笔记小说大观》本等。

作者张邦基字子贤，号墨庄，籍贯有扬州、高邮、河南、泰州诸说，实为扬州人。[④] 其出身官宦之家，伯父张康国（字宾老）崇宁三年（1104）拜尚书左丞、张康伯（字倪老）官终吏部尚书。[⑤] 大观年间（1107—1110），张邦基父任襄阳学官，[⑥]张氏自言当时为“少年”[⑦]，

① (明)陶宗仪等编：《说郛三种》弓104，第4773页。按：《墨庄漫录》作“以蘧蒢作栅，屋围幛，复张青帟护之”（卷9，第251页），蘧蒢为苇竹所编成粗席，不能作“栅”而确能作“棚屋、围幛”，《墨庄漫录》误。

② (明)陶宗仪等编：《说郛三种》弓104，第4773页。

③ (宋)张邦基撰，孔凡礼点校：《墨庄漫录》卷2，第63页。

④ 详参陈友兴：《张邦基籍贯考辨》，《扬州教育学院学报》2018年第2期，第7—11页。

⑤ 《宋史》卷351《张康国传》，第11107页。

⑥ (宋)张邦基撰，孔凡礼点校：《墨庄漫录》卷2，第65页。

⑦ (宋)张邦基撰，孔凡礼点校：《墨庄漫录》卷10，第277页。

与父母生活在一起。李裕民据此推测张氏约生于绍圣二年(1095)[①]。政和二年(1112),张邦基随父母在陈州[②],《陈州牡丹记》即作于此时。六年,张邦基父时任真州(治今江苏仪征市)教官,"时朝廷颁雅乐下方州,仪真学中建大乐库屋,积新瓦于地,一夕霜后皆成花纹,极有奇巧者:折枝桃梨、牡丹海棠、寒芦水藻,种种可玩,如善画者所作。詹度安世为太守,讽学中图绘,以瑞为言,欲谀于朝。先君(张邦基父)不从,乃已"[③],此可见张邦基父亲的品格和操守。随父居住在真州时,张邦基曾命一吴姓竹工制造竹器,该竹工给他讲了一个关于王安石的故事:

> 荆公退居金陵蒋山,学佛者俗姓吴日供洒扫,山下田家子也。一日,风堕挂壁旧乌巾,吴举之复置于壁。公适见之,谓曰:"乞汝归遗父。"数日,公问:"幞头安在?"吴曰:"父村老无用,货于市中,尝卖得钱三百金供父,感相公之赐也。"公叹息之,因呼一仆同吴以原价往赎,且戒苟以转售,即不须访索。果以弊恶犹存,乃赎以归。公命取小刀自于巾脚刮磨,灿然黄金也,盖禁中所赐者。乃复遗吴。吴后潦倒,竟不能祝发,以竹工居真州……予尝令造竹器,亲说如此。[④]

黄金幞头,风岂能堕之?且焉得如此"弊恶"?此事真实性值得怀疑。吴姓竹工何以有此一说?或因张邦基向其透露了其家与王安石的亲戚关系,吴姓竹工遂有此一说以讨其好。张邦基家族姻亲关系显赫,这里顺便一提:五世伯祖张昭允妻为潘美女[⑤](其妹即

---

① 李裕民:《四库提要订误》,第245页。

② (明)陶宗仪等编:《说郛三种》弓104,第4773页。

③ (宋)张邦基撰,孔凡礼点校:《墨庄漫录》卷10,第271页。

④ (宋)张邦基撰,孔凡礼点校:《墨庄漫录》卷1,第48页。按:孔氏此段标点误失较多,笔者乃自为标点。

⑤ 《宋史》卷279《傅潜传附张昭允传》,第9475页。按:《宋史》记为潘美孙女(卷258《潘美传》,第8993页),误。

真宗章怀皇后)，曾祖父张宗古妻为钱易(吴越第四位国君钱倧子)女，叔伯祖父张挺卿妻为苏颂妹、张升卿妻为钱易孙女，[①]张邦基母吴氏为吴敏(非钦宗时少宰吴敏)重孙女。而吴敏妻为曾巩姑；敏弟吴畋女为王安石母，一个孙女为王安石妻、一个孙女为王令妻，[②]就是说张邦基母是王安石妻的堂侄女。张邦基母亲的外祖父则是以“直声动天下”的著名谏臣唐介的堂兄弟[③]。

张邦基一直跟随父母在一起，直到重和元年(1118)他第一次单身远游，经颍昌(治今河南许昌市)去汝坟(汝州，治今河南汝州市西南)，又“至唐州(治今河南唐河县)外氏家”。[④] 宣和(1119—1125)初，又自外家去京师，当时其兄子安在兵部属司任郎中或员外郎(更可能是后者)[⑤]，因此他在京师得以观览史馆、昭文馆、集贤院三馆藏书。据其追忆，三馆藏书分为黄本书、白本书，装帧“皆作粘叶，上下栏界皆界出于纸叶”。[⑥] 还在相蓝(相国寺)见到过《东坡与黎子云帖》[⑦]。宣和五年张邦基东下吴中，曾亲睹朱勔所进著名的太湖石“神运昭功敷庆万年之峰”[⑧]——宣和四年徽宗“收复”燕京后设燕山府路，次年金人以朔、应等州来归，又设为云中府路(旋为金人复取)，徽宗方以建不世之功，故赐名石曰“神运昭功”、曰“敷庆万年”，不料须臾之间国灭身囚，所赐石名适成自己愚蠢的绝佳记录和绝妙讽刺。靖康元年(1126)十一月，金军包围开封，蔡京贬谪广南后其嬖妾武恭人逃至南京(治今河南商丘市)

① 详参王红霞：《〈墨庄漫录〉研究》，四川师范大学硕士学位论文，2017年，第4—11页。

② 详参汤江浩：《北宋临川王氏家族及其文学考论：以王安石为中心》，福建师范大学博士学位论文，2002年，第164—177页。

③ (宋)张邦基撰，孔凡礼点校：《墨庄漫录》卷2，第156页。

④ (宋)张邦基撰，孔凡礼点校：《墨庄漫录》卷5，第149—150页。

⑤ (宋)张邦基撰，孔凡礼点校：《墨庄漫录》卷4，第111页。

⑥ (宋)张邦基撰，孔凡礼点校：《墨庄漫录》卷4，第129页。

⑦ (宋)张邦基撰，孔凡礼点校：《墨庄漫录》卷4，第115页。

⑧ (宋)张邦基撰，孔凡礼点校：《墨庄漫录》卷1，第32页。

被拘，王黼处死后其被誉为“真国色”的嬖妾田令人逃至亳州被拘，皆为张邦基在二郡亲见。[①] 张氏既能亲见两逃亡者被拘，则其所行经必亦相同之逃亡路线也。建炎元年(1127)十月高宗自南京南逃，将行在所迁至扬州，当时张邦基亦居于扬州老家，“因阅《太平广记》，每过予兄子章家夜集，谈《记》中异事以供笑语”[②]——可见君民都认为金军不会南下，故而一派太平。绍兴元年(1131)，张氏“寓吴郡守胡茂老馆”[③]，茂老是胡松年的字，胡确于建炎四年九月至绍兴二年闰四月间知平江府[④]。绍兴二年，随着胡松年入朝任中书舍人，张邦基也离开了苏州，同年秋去海盐，四年时“寓居天宁僧坊”[⑤]。宋时海盐、常州、扬州均有天宁寺，不知究为何指，以常理度之，更应该是其家乡扬州天宁寺。张邦基似未参加过科考，但他曾在明州市舶司任职[⑥]。《墨庄漫录》中“有明确记载的最后年份是绍兴十八年(1148)”[⑦]，笔者估计此年后不久其即卒矣，否则不至于就此搁笔。张书既曰“漫录”，内容则无所不涉，比如“缠足”一词就是他最早提出的，他是历史上第一位研究缠足的学者。[⑧]

14.《天彭牡丹谱》

一卷，陆游撰。该书记彭州(治今四川彭州市)牡丹，体例沿袭欧阳修《洛阳牡丹记》，分《花品序》《花释名》《风俗记》三个部分。但书名却标“谱”而不用“记”，这是因为南宋时谱录之书已盛，俨为一新文体，不似欧氏、周师厚时尚可以“记”文为之。

---

① (宋)张邦基撰，孔凡礼点校:《墨庄漫录》卷4，第125—126页。

② (宋)张邦基撰，孔凡礼点校:《墨庄漫录》卷2，第56页。

③ (宋)王从谨:《清虚杂著补阙》，《丛书集成初编》第3892册，北京:中华书局，1991年，第7页。

④ (宋)范成大撰，陆振岳点校:《吴郡志》卷11《题名》，第147页。

⑤ (宋)王从谨:《清虚杂著补阙》，《丛书集成初编》第3892册，第7页。

⑥ (宋)张邦基撰，孔凡礼点校:《墨庄漫录》卷5，第152页。

⑦ (宋)张邦基撰，孔凡礼点校:《墨庄漫录·点校说明》，第5页。

⑧ 参见拙著《国家、身体、社会:宋代身体史研究》，第337页。

《花品序》开宗明义，指出彭州牡丹为蜀中之冠，但对于彭州盛植牡丹的起源却不甚了然："皆不详其所自出。"当地人表示最初有永宁院僧人种之，俗谓之"牡丹院"，其后衰歇，州人亦不复至。崇宁(1102—1106)中州民宋氏、张氏、蔡氏，宣和(1119—1125)中杨氏皆从洛阳购买牡丹新品种，"花户始盛，皆以接花为业。大家好事者皆竭其力以养花，而天彭之花遂冠两川"。[①] 准此，则彭州牡丹在北宋晚期再擅盛名是因为此时引进了洛阳新品种。而据胡元质《牡丹谱》，四川牡丹最早来自秦州(治今甘肃天水市)——则彭州前期牡丹或来自秦州——彭州牡丹在仁宗时已非常著名，当时已有以洛阳花嫁接者(详见下文)。陆游之世，彭州以三井李氏、刘村母氏、城中苏氏、城西李氏牡丹特盛，圃中又建有楼阁亭馆，最为游人所爱赏。其余花户所种也"连畛相望"。彭州辖县也产牡丹，但"惟城西沙桥上下花尤超绝，由沙桥至堋口、崇宁之间亦多佳品，自城东抵蒙阳则绝少矣"。[②]

彭州全州有近百个品种，"然著者不过四十，而红花最多，紫花、黄花、白花各不过数品，碧花一二而"。陆游对各牡丹品种的排名即以此为序，与李英《吴中花品》所记北宋中期南方江浙地区以红色为上浅色均为下的标准相同，而不同于北方洛阳、开封的评鉴标准。第一等红花 21 种，以状元红居首，此外还有绍兴春、金腰楼、双头红、一尺红、政和春、醉西施、胜迭罗、乾花等目；第二等为紫绣球、泼墨紫等 5 种紫花；第三等为禁苑黄、黄气球等 4 种黄花；第四等为玉楼子等 3 种白花；第五等碧花，惟欧碧 1 种——据上揭张邦基载，此品全名"欧家碧"，在洛阳可是"价在姚黄上"。除此五等，还列有其不了解的品种 33 种，如转枝红、粉鹅毛、鹭金球、间绿楼、六对蝉、海芙容、陈州紫、袁家紫、胜琼、碧玉盘等。[③] 共计 67 个品种。

---

①② (宋)陆游著，钱仲联、马亚中主编：《陆游全集校注》第 17 册《天彭牡丹谱》，第 302 页。

③ (宋)陆游著，钱仲联、马亚中主编：《陆游全集校注》第 17 册《天彭牡丹谱》，第 302—303 页。按：《四库》本少"碧玉盘"一种。

“洛花见纪于欧阳公者，天彭往往有之”，陆游在《花释名》部分记载了洛花之外的彭州牡丹品种得名原因、花色、瓣型、花姿、花香等内容。如介绍“状元红”云：“重叶深红花，其色与鞓红、潜绯相类，而天姿富贵，彭人以冠花品。多叶者谓之第一架，叶少而色稍浅者谓之第二架，以其高出众花之上，故名状元红。或曰旧制进士第一人即赐茜袍，此花如其色，故以名之。”介绍“双头红”云：“并蒂骈萼，色尤鲜明。出于花户宋氏，始秘不传，有谢主簿者始得其种，今花户往往有之。然养之得地，则岁岁皆双，不尔则间年矣。此花之绝异者也。”介绍“燕脂楼”云：“深浅相间如燕脂染成，重跌累萼，状如楼观。色浅者出于新繁勾氏，色深者出于花户宋氏，又有一种色稍下，独勾氏花为冠。”介绍“乾道紫”云：“色稍淡而晕红，出未十年。”介绍“青心黄”云：“其花心正青，一本花往往有两品，或正圆如球，或层起成楼子，亦异矣。”介绍“刘师哥”云：“白花带微红，多至数百叶，纤妍可爱，莫知何以得名。”①笔者以为此当即周师厚《洛阳牡丹记》所记之“刘师阁”一品，由字音讹变而来：“刘师阁，千叶浅红花也。开头可八九寸许，无檀心。本出长安刘氏尼之阁下，因此得名。微带红黄色，如美人肌肉然，莹白温润，花亦端整。然不常开，率数年乃一见花耳。”②

彭州人把“花之多叶者”即复瓣品种都称之为“京（指洛阳）花”，把“单叶者”即单瓣品种都称之为“川花”，当时“尤贱川花，卖不复售”。为了追求“新特”，花户对嫁接技术的采用越来越普遍。当地把“花之旧栽”即砧木叫“祖花”，“其新接头有一春、两春者，花少而富；至三春则花稍多，及成树，花虽益繁而花叶减矣”。陆游还记载了某一品种由何品种培育而来：如“绍兴春者，祥云子花也。色淡（伫）[苎]，而花尤富，大者径尺。绍兴中始

① （宋）陆游著，钱仲联、马亚中主编：《陆游全集校注》第 17 册《天彭牡丹谱》，第 304—307 页。

② （宋）周师厚：《洛阳牡丹记》，（明）陶宗仪等编：《说郛三种》弓 104，第 4770 页。

传。大抵花户多种花子以观其变，不独祥云耳"；"鹿胎红者，鹤领红子花。色红微带黄，上有白点如鹿胎，极化工之妙。欧阳公《花品》有鹿胎花者乃紫花，与此颇异"；"泼墨紫者，新紫花之子花也。单叶深黑如墨"。[①]

《风俗记》记载了很多关于牡丹的习俗。彭州时有"小西京"之称，其俗"有京洛之遗风"，民众雅爱牡丹，大户人家往往有花至千本。牡丹开时"自太守而下，往往即花盛处张饮，帟幕、车马、歌吹相属，最盛于清明、寒食时"。寒食前开者谓之"火前花"，开花时间较长；"火后花则易落"。将阴晴相半的天气叫做"养花天"；将园户"栽接剔治"的方法叫做"弄花"，有"弄花一年，看花十日"之语。因此当地人们对牡丹非常爱惜，赏花之时不敢轻剪，有"剪花则次年花绝少"的说法——显然是园户出于护花目的所设之辞。彭州的牡丹名品价值甚高，如双头红初出时一本花取直至三十千，祥云初出亦直七八千。当地园户常以花"饷诸台及旁郡"，路上常可见运送打蜡保鲜的牡丹花篮。[②]

淳熙四年(1177)春，时任四川安抚制置使的范成大夜宴西楼，"以善价私售于花户，得数百苞，驰骑取之，至成都露犹未晞，其大径尺"。陆游与会，看到"烛焰与花相映发，影摇酒中，繁丽动人"，遂有作《天彭牡丹谱》之意，次年正月书成。[③]

陆游《宋史》有传，历代学者复撰有多部年谱。其字务观，越州山阴(治今浙江绍兴市)人。祖父陆佃是王安石弟子，徽宗时曾任尚书右丞。父陆宰靖康元年任京西路转运副使[④]，因战时"自为逃

① (宋)陆游著，钱仲联、马亚中主编：《陆游全集校注》第17册《天彭牡丹谱》，第304—306页。

② (宋)陆游著，钱仲联、马亚中主编：《陆游全集校注》第17册《天彭牡丹谱》，第308—309页。

③ (宋)陆游著，钱仲联、马亚中主编：《陆游全集校注》第17册《天彭牡丹谱》，第309页。

④ (清)徐松辑：《宋会要辑稿》职官六九之二二，第3940页。

窜""不复以国家为意"被落职[①]，入南宋官终直秘阁、知临安府。家中藏书达一万三千多卷[②]。陆游母唐氏是唐介孙女、晁冲之外甥女、晁公武表妹。此即陆游的成长环境。陆游生于宣和七年(1125)，6岁时随家避乱东阳(治今浙江东阳市)，直到9岁方重返故乡。12岁时以门荫补登仕郎[③]，随母拜谒秦鲁国大长公主[④](公主媳与陆游母为姊妹)。绍兴十年(1140)，陆游仅16岁即赴临安应试，十四年与唐琬结婚，十七年父陆宰卒。二十三年(1153)赴锁厅试，被擢为第一，[⑤]次年试礼部复列前茅，然为秦桧黜落。[⑥]二十八年，其师曾几升任礼部侍郎，陆游不久出任福州宁德县(治今福建宁德市蕉城区)主簿。[⑦] 二十九年调"为福州决曹"(即司法参军)[⑧]，秦桧余党汤思退九月晋左相，陆游上贺启，有"廷告未终，缙绅相庆""守文致理，将见隆古极治之时"[⑨]之语。次年正月入朝为敕令所删定官，在《除删定官谢丞相启》中谦虚地表示自己"独学寡

---

① (宋)汪藻著，王智勇笺注:《靖康要录笺注》卷5，第634页。

② (宋)施宿等:《嘉泰会稽志》卷16《求遗书》，《宋元方志丛刊》第7册，第7023页。

③⑥ 《宋史》卷395《陆游传》，第12057页。

④ (宋)陆游著，钱仲联、马亚中主编:《陆游全集校注》第16册《渭南文集》卷31《跋唐昭宗〈赐钱武肃王铁券〉文》，第3页。

⑤ (宋)陆游著，钱仲联、马亚中主编:《陆游全集校注》第7册《剑南诗稿》卷40《陈阜卿先生为两浙转运司考试官，时秦丞相孙以右文殿修撰来就试，直欲首送。阜卿得予文卷，擢置第一，秦氏大怒。予明年既显黜，先生亦几陷危机，偶秦公薨，遂已。予晚岁料理故书，得先生手帖，追感平昔，作长句以识其事，不知衰涕之集也》，第157页。

⑦ 于北山:《陆游年谱》，上海:上海古籍出版社，2006年，第64页。

⑧ (宋)陆游著，钱仲联、马亚中主编:《陆游全集校注》第15册《渭南文集》卷29《跋〈盘涧图〉》，第251页。

⑨ (宋)陆游著，钱仲联、马亚中主编:《陆游全集校注》第13册《渭南文集》卷6《贺汤丞相启》，第185页。

闻”“禀资至薄”。[①] 三十一年(1161)金完颜亮攻宋,主战派领袖陈康伯任左相,陆游有《上执政书》。[②]

绍兴三十二年,金人败北,孝宗即位,陆游除枢密院编修官兼编类圣政所检讨官,获赐进士出身,范成大、周必大等皆为同僚。隆兴元年(1163)五月出为镇江府通判,次年右丞相张浚督视江淮兵马途经镇江,陆游以世谊晋谒,与其子张栻及参赞军事陈俊卿“无日不相从”。[③] 乾道元年(1165)改通判隆兴府(治今江西南昌市),次年因言官劾其“交结台谏,鼓唱是非,力说张浚用兵”,被免官归里。[④] 此后直到五年底始再获差遣通判夔州(治今重庆奉节县东)。陆游次年闰五月离家之任,十月底方至夔州,[⑤]以一路闻见著成《入蜀记》六卷。八年(1172),即将受代,乃致书左丞相虞允文请求关照:“身之穷,大丞相所宜哀耳……行李萧然,固不能归;归又无所得食……某而不为穷,则是天下无穷人。伏惟稍赐动心,捐一官以禄之。”[⑥]然很快即被四川宣抚使王炎辟为权四川宣抚使司幹办公事兼检法官,遂北赴兴元府(治今陕西汉中市南郑区),与同幕张演、阎苍舒等交好。时吴璘子吴挺骄恣,陆游建议王以吴玠子吴拱代之,炎不能用,“及挺子曦僭叛,游言始验”。[⑦] 年底王炎入朝任枢密使,四川宣抚使一职由少保、武安军节度使、雍国公虞

① (宋)陆游著,钱仲联、马亚中主编:《陆游全集校注》第13册《渭南文集》卷6《除删定官谢丞相启》,第188页。

② 详参于北山:《陆游年谱》,第82页。

③ (宋)陆游著,钱仲联、马亚中主编:《陆游全集校注》第16册《渭南文集》卷31《跋张敬夫书后》,第9页。

④ 《宋史》卷395《陆游传》,第12057—12058页。按:原文通判“建康府”误。

⑤ (宋)陆游著,钱仲联、马亚中主编:《陆游全集校注》第17册《入蜀记》卷1、6,第1、174页。

⑥ (宋)陆游著,钱仲联、马亚中主编:《陆游全集校注》第14册《渭南文集》卷13《上虞丞相书》,第85页。

⑦ 《宋史》卷395《陆游传》,第12058页。

允文再次出任，王幕解散，陆游获除成都府安抚司参议官。次年权通判蜀州(治今四川崇州市)，旋摄知嘉州(治今四川乐山市)，淳熙元年(1174)复通判蜀州[①]。是冬叶衡晋右相，陆游有贺启，期以恢复之事，旋摄知荣州(治今四川荣县)，除夕获除成都府路安抚司参议官、兼四川制置使司参议官。次年六月其友范成大任四川制置使、知成都府，陆游作为下属与之以文字交而不拘礼法，“人讥其颓放”，因自号放翁。[②] 其还有九曲老樵、笠泽病叟、龟堂老人、山阴老民等号[③]。三年春，陆游免官，后奉祠，主管台州崇道观。

淳熙五年(1178)初，距初入蜀九年之后，陆游奉诏东归，八月召对除提举福建常平茶盐公事。[④] 次年秋改任提举江南西路常平茶盐公事[⑤]，时遭水灾，奏请拨义仓振济。七年秋写诗给时任参知政事的友人周必大，乞官三湘一州，[⑥]不久为给事中赵汝愚弹劾，奉祠居里。[⑦]次年绍兴府大水，流民遍野，陆游有诗寄时任浙东提举的朱熹，促其尽快赈济。[⑧] 九年，除朝奉大夫、主管成都玉局观。十三年(1186)，退闲六年之后起知严州(治今浙江建德市东北)，陛辞时孝宗谕曰：“严陵山水胜处，职事之暇，可以赋咏自适。”任上遂刻《剑南诗稿》。十五年底陆游任满，上书乞祠，诏除军器少监。[⑨]

---

① 于北山：《陆游年谱》，第 189 页。

②⑦ 《宋史》卷 395《陆游传》，第 12058 页。

③ 详参于北山：《陆游年谱》，第 3 页。

④ (宋)周必大撰，王蓉贵、(日)白井顺点校：《周必大全集》卷 7《送陆务观赴七闽提举常平茶事》题注，第 68 页。

⑤ (宋)陆游著，钱仲联、马亚中主编：《陆游全集校注》第 14 册《渭南文集》卷 18《抚州广寿禅院经藏记》，第 232 页。

⑥ (宋)陆游著，钱仲联、马亚中主编：《陆游全集校注》第 3 册《剑南诗稿》卷 12《寄周洪道参政(二首)》，第 213 页。

⑧ (宋)陆游著，钱仲联、马亚中主编：《陆游全集校注》第 3 册《剑南诗稿》卷 14《寄朱元晦提举》，第 308 页。

⑨ 《宋史》卷 395《陆游传》，第 12058 页。

次年春，孝宗禅位前除其为礼部郎中，"上之除目，自公而止，其得上眷如此"[①]。光宗即位，兼实录院检讨官，年底为言官劾罢返乡。[②] 绍熙元年(1190)，提举建宁府冲佑观。宁宗庆元六年(1200)五月致仕。嘉泰二年(1202)五月，因孝、光《两朝实录》及高、孝、光《三朝国史》未就，朝廷诏陆游权同修国史、实录院同修撰，免奉朝请，寻兼秘书监。次年书成，升宝章阁待制[③]，提举江州太平兴国宫[④]。开禧元年(1205)再度致仕，晋封渭南伯[⑤]。嘉定二年(1209)春因曾支持韩侂胄而被劾，落宝章阁待制，除夕之夜(1210年1月26日)陆游逝世，享寿85岁。[⑥]

陆游平生作诗万首，有《剑南诗集》《渭南文集》《山阴诗话》《家世旧闻》《入蜀记》《老学庵笔记》《斋居纪事》《圣政草》《南唐书》《会稽志》《天彭牡丹谱》《陆氏续集验方》等著作。

《天彭牡丹谱》主要传世版本有明万历间汪氏刻《山居杂志》本、南京图书馆藏明刻本、明刻《陈太史重订百川学海》本(题名《天彭牡丹记》)、明末刻《百川学海》本、明末清初宛委山堂刻《说郛》本、清《古今图书集成》本、宣统间国学扶轮社铅印《香艳丛书》本。该书还收在《渭南文集》中，存世最早的是宋嘉定十三年陆子遹溧阳学宫刻五十卷本。

15.《牡丹谱》

一卷，胡元质撰。《中国农学书录》未著录。该书亦名《成都牡

---

① (宋)叶绍翁撰，沈锡麟、冯惠民点校：《四朝闻见录·乙集》，第65页。按：《宋史》系于绍熙元年(卷395《陆游传》，第12058页)。

② (清)徐松辑：《宋会要辑稿》职官七二之五四，第4015页。

③ 《宋史》卷395《陆游传》，第12058—12059页。按：高、孝、光《三朝国史》未修成。

④ (宋)陆游著，钱仲联、马亚中主编：《陆游全集校注》第13册《渭南文集》卷5《辞免转太中大夫状》，第160页。

⑤ 据《渭南文集》卷21《仁和县重修先圣庙记》系衔(《陆游全集校注》第14册，第296页)。

⑥ 据于北山考(《陆游年谱》，第558—559页)。

丹记》,所记为成都、彭州牡丹。

《牡丹谱》首先梳理了宋代成都牡丹栽培的历史:前蜀时蜀中本无牡丹,王建大徐妃弟徐延琼听说秦州(治今甘肃天水市)董成村僧院有牡丹一株,“遂厚以金帛,历三千里取至蜀,植于新宅”——可见四川牡丹最早乃自甘肃传入。后蜀时御苑宣华院(一作“苑”)广加栽植,名之曰“牡丹苑”,广政五年(942)“牡丹双开者十,黄者白者三,红白相间者四”。蜀中牡丹自此渐盛,有“重台至五十叶,面径七八寸”“檀心如墨……香闻至五十步”之异种。蜀平散落民间,号为张百花、李百花者“皆培子分根,种以求利,每一本或获数万钱”。大中祥符四年(1011)知成都府任中正宴客大慈精舍,州民王氏献一合欢牡丹;仁宗后期宋祁帅蜀,知彭州朱公绰“取杨氏园花凡十品以献公”,其中“重锦被堆”一品深得其爱,后彭州送花遂成故事。又“有一种色淡红、枝头绝大者”,程公厚任彭州通判时称之为“祥云”,其花结子可种。余花“多取单叶花本(一作‘单叶本’),以千叶花接之”。千叶花来自洛阳,称“京花”;单叶花称“川花”。南宋时彭州牡丹约50种,但供成都者“率下品”,范成大帅蜀“以钱买之,始得名花”。洛阳人而为官四川的程公沂看到后感叹地说:“自离洛阳,今始见花尔!”胡元质指出彭州牡丹之所以著名,一是因为“牡丹之性不利燥湿”,而彭州土壤“得其中(一作‘得燥湿之中’)”;二是土人种莳得法,故“花开有至七百叶、面可径尺以上”者。①

胡谱又记灌县(治今四川都江堰市)西南八十里大面山牡丹坪有一特殊品种,名为“枯枝牡丹”:“树高蔽天,花开桃红色荚叶十四五瓣,状如芙蓉,香似牡丹。春深花先长,后发叶……传谓三十年其花方一开。”②

---

① (明)曹学佺:《蜀中广记》卷62《方物记四》,《景印文渊阁四库全书》第592册,第50—51页。

② (宋)欧阳修等撰,王云整理校点:《洛阳牡丹记(外十三种)》,上海:上海书店出版社,2017年,第23—25页。

胡元质《牡丹谱》其实是一篇小文章，明代始见著录，《蜀中广记》《全蜀艺文志》《华夷花木鸟兽珍玩考》诸书文字相较《古今图书集成・草木典》少“枯枝牡丹”一段文字。《古今图书集成》在卷目下标了一个“全”字，王云点校本即以之为底本。本文基于《蜀中广记》、王云点校本两种版本为论。

胡元质，字长文，平江府长洲县（治今江苏苏州市）人。父经商，家资巨富。胡氏少颖悟，“年未冠游太学”。其为人善良正直，一次夜泊杭州，邻船贫士“为人责偿”，“鬻其女相与别”，其闻之乃倾囊相助。[①] 绍兴十八年（1148）中二甲第十名进士，时年22岁。[②]乾道元年（1165）初，获荐为太学正[③]，五月诏试馆职[④]，七月除秘书省正字[⑤]。次年三月除秘书省校书郎、兼国史院编修官[⑥]，年底任礼部员外郎、兼实录院检讨官[⑦]，任上胡元质上言将钦宗靖康之史附入正在修撰的神、哲、徽三朝国史之后，并改名为《四朝国史》。[⑧]三年十月为右司谏，次年初为右司员外郎，[⑨]九月为起居舍人[⑩]，建请“大理寺复置主簿”[⑪]。乾道四年（1168）底[⑫]，胡元质以翰林学士

---

① （宋）范成大撰，陆振岳点校：《吴郡志》卷27《人物》，第396页。

② （宋）不著编人：《绍兴十八年同年小录》，《宋代传记资料丛刊》第46册，第47页。

③ （宋）范成大撰，陆振岳点校：《吴郡志》卷27《人物》，第397页；（清）徐松辑：《宋会要辑稿》选举二〇之一七，第4583页。

④ （清）徐松辑：《宋会要辑稿》选举三一之二二，第4734页。

⑤ （宋）陈骙撰，张富祥点校：《南宋馆阁录》卷8《官联下》，第124页。

⑥ （宋）陈骙撰，张富祥点校：《南宋馆阁录》卷8《官联下》，第132页。

⑦ （宋）陈骙撰，张富祥点校：《南宋馆阁录》卷8《官联下》，第138页。

⑧ （清）徐松辑：《宋会要辑稿》职官一八之五六至五七，第2782—2783页。按：原文系时于乾道三年（1167）十二月二日，系衔为“礼部员外郎兼国史院编修官、兼实录院检讨官”。

⑨ （清）徐松辑：《宋会要辑稿》职官一八之六八，第2788页。

⑩ （宋）陈骙撰，张富祥点校：《南宋馆阁录》卷8《官联下》，第138页。

⑪ （清）徐松辑：《宋会要辑稿》职官二四之三一，第2907页。

⑫ 《宋史》卷34《孝宗本纪二》，第645页。

身份出使金国，贺金世宗诞辰万春节[1]，次年返国后被命为兼同修国史，辞而不免，依旧充编修官[2]。六年以敷文阁待制出知太平州（治今安徽当涂县），州常平仓后池产双莲花，乃建双莲楼（下南门城楼）志庆。[3] 九年八月诏除龙图阁待制，并令再任。[4] 是冬在辖区大修水利。[5] 淳熙元年（1174）五月以龙图阁待制出知建康府，兼江南东路安抚使、行宫留守司公事，[6]六月底除敷文阁直学士[7]，十二月召赴行在[8]任给事中。次年正月同知贡举[9]，二月兼直学士院[10]，三月兼侍讲[11]。九月因言者劾其"学术浮浅，家素饶赀，赂遗权贵使之游扬语言，造作声誉……官在已上，则巧为谗言，日夜腾播"，胡元质被处以放罢的行政处罚，[12]孝宗乃将其阶官自朝议大

---

① 《金史》卷61《交聘表中》，北京：中华书局，1975年点校本，第1425页。

② （清）徐松辑：《宋会要辑稿》职官一八之五八，第2783页。按：《南宋馆阁录》记云"同修国史……胡元质五年十月以中书舍人兼"（卷8《官联下》，第130页）。

③ 乾隆《当涂县志》卷27，清乾隆十五年刻本，叶一b。

④ （清）徐松辑：《宋会要辑稿》选举三四之二九，第4789页。

⑤ （清）徐松辑：《宋会要辑稿》食货八之一七，第4943页。

⑥ （宋）周应合纂：《景定建康志》卷1《大宋中兴留都录一》，《宋元方志选刊》第2册，第1338页。

⑦ （清）徐松辑：《宋会要辑稿》职官六二之一九，第3792页。按：《景定建康志》系于七月（卷14《建康表十》，《宋元方志选刊》第2册，第1504页），应为到命之日。

⑧ （清）徐松辑：《宋会要辑稿》帝系一之一八，第23页。

⑨ （清）徐松辑：《宋会要辑稿》选举一之一八，第4239页。按：选举二二之一系时于淳熙三年二月（第4596页），显误。

⑩ （宋）何异：《宋中兴学士院题名》，《续修四库全书》第748册，第402页。

⑪ （清）徐松辑：《宋会要辑稿》职官六之七〇，第2531页。

⑫ （清）徐松辑：《宋会要辑稿》职官七二之二，第3989页。按：原文仍系衔给事中。又，《宋中兴学士院题名》系时于八月（《续修四库全书》第748册，第402页）。

夫升为中奉大夫，使提举江州太平兴国宫退闲。[①] 可见孝宗内心对他还是较为信任的。

一年多后（淳熙四年，1177），孝宗复命胡元质知荆南府（治今湖北江陵县），未之任旋改四川安抚制置使兼知成都府，[②]三月底胡氏抵成都厘务[③]，成为淳熙元年罢四川宣抚司复置制置司之后的第二任四川最高军政长官。对南宋来说，四川战略地位非常重要，出任方面者既为腹心之寄，必然也会受到猜防；另一方面还要应对世为川陕战区大将的吴氏家族，的确是一个较考验政治平衡能力的职位。胡元质对四川的治理主要有以下几个方面：一是整顿吏治，如四年底弹劾知梁山军（治今重庆市梁平区）赵彦逸"以末疾在告，军事付之监酒吕允修"[④]，使其奉祠；五年初弹劾知文州涂尚友凿开辖区"青唐岭道路，有害边防"[⑤]，使其放罢；五年底上奏夔州路转运判官韩（暵）[唤]在蠲兑科买民间金银方面措置为多，民受实惠，使其获除直秘阁。[⑥] 二是纾解民困，如五年初奏言"西蜀税租折科之额视东南诸路为最重……承平时每缣不过二贯，兵兴以来每缣乃至十贯，是一缣而取三倍也。陛下轸念远民重困，每缣裁定作七贯五百，然独成都自淳熙五年为额减放讫，其他州县尚有未应"，朝廷乃诏"取见诸州军未尽数减于折科，夏秋税绢因依更相度与裁减"；[⑦]六月又奏熙宁以后官榷川茶，"岁课不过四十万"，

---

① （宋）周必大撰，王蓉贵、（日）白井顺点校：《周必大全集》卷106《赐中奉大夫、提举江州太平兴国宫胡元质辞免知荆南及复敷文阁直学士恩命不允诏》，第977页。

② 《宋史》卷34《孝宗本纪二》，第663页。

③ （清）徐松辑：《宋会要辑稿》职官四〇之一六，第3165页。

④ （清）徐松辑：《宋会要辑稿》职官七二之一九，第3997页。

⑤ （清）徐松辑：《宋会要辑稿》兵二九之四一，第7313页。

⑥ （清）徐松辑：《宋会要辑稿》职官六二之二二，第3793页；（宋）佚名撰，孔学辑校：《皇宋中兴两朝圣政辑校》卷57《孝宗皇帝十七》，北京：中华书局，2019年，第1301页。

⑦ （清）徐松辑：《宋会要辑稿》食货七〇之七〇，第6405页。

建炎"改法卖引，一岁所取二百余万，比之熙宁已增五倍。继以聚敛之臣进献羡余，增立重额"，以致园户困败，[①]朝廷为减所"虚额凡一百四万三百斤有奇，其引息及土产税钱共计十五万二千九百九十四贯有奇"[②]。三是整饬军政，如五年四月奏请整顿夔州路急递铺，"不容复有缺额、缺粮去处"[③]；十一月奏请"按试勇壮有武艺人，抽摘团结共取一千人"[④]创为雄边军；七年二月奏请禁止居民垦辟采伐接蕃边郡所建封堠周围的土地，并在缺堠处别立新堠，其事"专委县尉，躬亲以时巡历"。[⑤] 四是修治衙署，"严大行台"，以称"方岳之体"，如新建"壮丽宏深"的制置使司佥厅、[⑥]修建营屋达1200楹的雄边军军营及"万瓦鳞次，气象宏伟"[⑦]的雄边堂、修建"旁挟两庑，极其雄严"[⑧]的玉局观元命殿（修好后孝宗赐名崇禧殿）。但胡元质在将原位于新繁县重光寺的太祖御容殿迁建至成都府城内的圣寿寺时却遇到了麻烦，时人议论谓石室学宫等于"太学"、雄边军等于"殿前司"、圣寿寺御容殿等于"景灵宫"，而"太学、殿前司和景灵宫，分别代表着朝廷对天下的文治教化、军事控制和人心凝聚的集中控制，这些都是朝廷独有的权威象征"[⑨]，因此他

---

① (清)徐松辑:《宋会要辑稿》食货三一之二五，第5353页。

② 汪圣铎点校:《宋史全文》卷26下《宋孝宗六》，第2235页。

③ (清)徐松辑:《宋会要辑稿》方域一一之二八，第7514页。

④ (宋)佚名撰，孔学辑校:《皇宋中兴两朝圣政辑校》卷56《孝宗皇帝十六》，第1294页。

⑤ (清)徐松辑:《宋会要辑稿》兵二九之四一，第7313页。

⑥ (宋)吕商隐:《新建制置使司佥厅记》，(宋)袁说友等编，赵晓兰整理:《成都文类》卷27，第539页。

⑦ (宋)崔渊:《雄边堂芝草记》，(宋)袁说友等编，赵晓兰整理:《成都文类》卷27，第540页。

⑧ (宋)胡元质:《玉局观崇禧殿记》，(宋)袁说友等编，赵晓兰整理:《成都文类》卷41，第792页。

⑨ 黄博:《谣言、风俗与学术:宋代巴蜀地区的政治文化考察》，成都:巴蜀书社，2018年，第138页。

难免受到远在杭州的孝宗与宰执大臣的猜疑，因而“弗之许”[①]。

淳熙五年(1178)十月，因胡元质“政事修举，夷人畏服”[②]，诏除其为龙图阁直学士，后又进为敷文阁学士[③]。不过，他最后却正是因为“夷人”问题而解职的：淳熙六年黎州(治今四川汉源县西北)五部落蛮为乱，七年四月攻入汉界，该州驻扎路分统领高晃抵御失利，胡元质乃调绵州、潼川府屯驻军二千余人，使前成都钤辖成光延与提刑折知常统率，但致败绩；又调剑州(治今四川剑阁县)、阆州(治今四川阆中市)、利州(治今四川广元市)屯驻军三千人增援，后蛮退“抽回大军”，只“量留戍卒”。由于胡元质两次所调军士及所留戍卒中有知兴州、利州西路安抚使、利州都统制吴挺的部属，他非常不满，于是联合兴元府都统制田世卿密奏弹劾胡元质；其时还有所谓谣谚“胡制置果然胡制置，折提刑毕竟折提刑，高路分却成低路分，成将军乃是败将军”[④]，胡元质遂奉祠罢。后以正奉大夫、敷文阁学士、吴郡侯致仕，卒于淳熙十六年(1189)，享寿63岁。[⑤] 所居名曰“招隐堂”，“堂后有荷有竹。建二堂曰云锦、碧琳。其东有榭曰秀野，濒水对峙，三石甚奇，乃镇蜀时所移物也”[⑥]，盖其一生功业之寄云。《宋史》载“淳熙六年十二月壬辰，以四川制置使胡元质不备蕃部，致其猖獗，夺两官罢之”[⑦]，误，当时

① (宋)岳珂撰，吴企明点校：《桯史》卷10，北京：中华书局，1981年，第119页。

② (清)徐松辑：《宋会要辑稿》职官六二之二二，第3793页。

③ (宋)崔敦诗：《崔舍人玉堂类稿》卷6《赐龙图阁直学士、中大夫、成都潼川府夔利州路安抚制置使，兼知成都府事胡元质辞免除敷文阁学士、令再任不允诏》，《丛书集成初编》第1998册，上海：商务印书馆，1936年，第40页。

④ (宋)周必大撰，王蓉贵、(日)白井顺点校：《周必大全集》卷181《二老堂杂志二》，第1708页。

⑤ (宋)范成大撰，陆振岳点校：《吴郡志》卷27《人物》，第397页。

⑥ 正德《姑苏志》卷31，《天一阁藏明代方志选刊续编》第13册，上海：上海书店，1990年影印本，第23页。

⑦ 《宋史》卷35《孝宗本纪三》，第674页。

“蕃部猖獗”之罚仅为“降两官”，并未“罢之”。光绪《直隶和州志》载绍熙元年胡元质曾知该州[①]，有研究者据此为言，亦误，彼时胡元质已卒矣。

胡元质《牡丹谱》当作于其为官成都期间(1177—1180)，其著作尚有《左氏摘奇》《西汉字类》《总效方》[②]三书，所重编注释的晚唐胡曾《咏史诗》三卷亦有较高文献价值[③]。

16.《彭门花谱》

一卷，任璹撰。宋元时代仅《宋史·艺文志》著录[④]，其后《古今图书集成·经籍典》、民国《铜山县志》率源于此。

该书已佚，亦不见他书征引，作者任璹复不知为谁何。自王毓瑚指出：“从书名来推测，书中所记的可能也是彭州的牡丹。”[⑤]学界悉从其说。事实上，彭州设置于武周之世，《元和郡县志》乃有“(彭州)以岷山导江，江出山处两山相对，古谓之天彭门，因取以名”[⑥]之说，“天彭门”者，秦汉时又称“天彭阙”“天彭谷”“彭门阙”，宋亦称“堋口”，又将“天彭门”相对两山名为“彭门山”[⑦]，然彭州多称“天彭”，而少“彭门”之称。宋代习称为“彭门”的其实是徐州：《太平寰宇记》谓徐州州治彭城县称“彭门”[⑧]；陈荐《彭门八咏》即

---

① 光绪《直隶和州志》卷11，清光绪二十七年刻本，叶一八a。

② 据日本学者冈西为人考，《总效方》似应为《经效方》(《宋以前医籍考》，北京：人民卫生出版社，1958年，第1094页)。

③ 详参赵望秦：《〈四库全书〉本胡曾〈咏史诗〉的文献价值》，《古籍整理研究学刊》2008年第2期，第3—6页。

④ 《宋史》卷205《艺文志四》，第5205页。

⑤ 王毓瑚：《中国农学书录》，第94页。

⑥ (唐)李吉甫撰，贺次君点校：《元和郡县图志》卷31《剑南道上》，北京：中华书局，1983年，第772页。

⑦ 最早见于释赞宁《宋高僧传》卷2《唐益州多宝寺道因传》(上海：上海古籍出版社，2017年，第23页)。

⑧ (宋)乐史撰，王文楚等点校：《太平寰宇记》卷15《徐州》，北京：中华书局，2007年，第297页。

徐州咏史诗(今存《范增墓》《燕子楼》《子房庙》三首)[1];黄庭坚“阁下开幕府在彭门”[2]语中“阁下”指时知徐州的苏轼,“彭门”即指徐州;宋李震《彭门古今集志》、郑樵《彭门纪乱》均记徐州事。因此,笔者认为《彭门花谱》所记很可能非彭州牡丹,而是徐州牡丹。

三、芍药谱

1.《芍药谱》

一卷,刘攽撰。有研究者谓“刘攽《芍药谱》和孔武仲《芍药谱》二书……已佚,所以王观的《扬州芍药谱》便成为了我国现存最早的一部芍药专谱”[3],这是不对的。四库馆臣已指出“陈景沂《全芳备祖》载有其略(实乃全文)”[4],余嘉锡也指出“刘贡父《芍药花谱》亦收入《事文类聚》……不仅见于《全芳备祖》”[5]。实际上,宋元日用类书如《古今合璧事类备要》[6]、《新编事文类聚翰墨全书》[7]等也有收载。

《芍药谱》成书于熙宁六年(1073),其时刘攽自泰州罢任返京,

① 参见(宋)何汶撰,常振国、绛云点校:《竹庄诗话》卷16《杂编六》,北京:中华书局,1984年,第316页。

② (宋)黄庭坚撰,(宋)任渊等注,刘尚荣校点:《黄庭坚诗集注·山谷外集诗注》卷3《次韵子瞻春菜》,北京:中华书局,2003年,第813页。

③ 郭幼为:《中国现存最早的芍药专谱》,《古今农业》2014年第3期,第67页。

④ 《四库全书总目》卷115《谱录类》,第991页。

⑤ 余嘉锡:《四库提要辨证》卷14《子部五》,北京:中华书局,1980年,第810页。

⑥ (宋)谢维新编:《古今合璧事类备要·别集》卷25《花门·芍药花》,《景印文渊阁四库全书》第941册,第152—154页。

⑦ (元)刘应李辑:《新编事文类聚翰墨全书·后戊集》卷6,《续修四库全书》第1221册,上海:上海古籍出版社,2002年影印本,第88—89页。按:明陈懋学辑《事言要玄·物集》卷1所录“刘攽《芍药谱》后序”(《四库全书存目丛书·子部》第203册,济南:齐鲁书社,1995年,第424页)实为王观《芍药谱》。

途经扬州恰值芍药花季，乃与同行友人傅钦之、孙莘老“历览人家园圃及佛舍所种，凡三万余株”。因恐“名品奇花遂将泯默无传，来者莫知有此”，故作此谱。所记扬州芍药 31 种，“皆使画工图写之，以示未尝见者”，[①]惜图今已不存。

书中指出扬州芍药与洛阳牡丹一样为天下名花。扬州芍药之盛缘于“地气所宜”，又“有自他方移来种之者，经岁则盛”，故“十倍其初”。其中之名花绝品或因“开不能成，或变为他品”，“有至十四五年得一见者”，称得上是“天地尤物”。刘攽强调，种植芍药需重视土壤、气候等因素，否则即使移植到北方，也会发生遗传变异：“二年以往则不及初年，自是岁加劣矣，故北人之见芍药者，皆其下者也”；即使在扬州，芍药之佳也以“环广陵四五十里之间为然，外是则薄劣”。[②]

书中还记载了扬州芍药花会的盛况：

> （芍药）始开时可留七八日。自广陵至姑苏，北入射阳，东至通州海上，西止滁、和州，数百里间人人厌观矣。广陵到京师千五百里，骏马疾足可六七日至也。上不以耳目之玩勤远人，而富商大贾逐利，纤啬不顾，又无好事有力者招致之，故芍药不得至京师，而洛阳牡丹独擅其名……然种芍药为生者，犹得厚价重利云。[③]

---

① （宋）刘攽：《芍药谱》，（宋）祝穆：《古今事文类聚·后集》卷 30，《景印文渊阁四库全书》第 926 册，第 475 页。

② （宋）刘攽：《芍药谱》，（宋）祝穆：《古今事文类聚·后集》卷 30，《景印文渊阁四库全书》第 926 册，第 475 页。按：《全芳备祖》程杰、王三毛点校本“二年以往”作“六年以往”（《前集》卷 3《芍药》，第 107 页），误，《新编事文类聚翰墨全书·后戊集》亦为“二年”（卷 6，《续修四库全书》第 1221 册，第 89 页）。四库本《全芳备祖》作“本年”（《前集》卷 3，《景印文渊阁四库全书》第 935 册，第 55 页）。

③ （宋）刘攽：《芍药谱》，（宋）祝穆：《古今事文类聚·后集》卷 30，《景印文渊阁四库全书》第 926 册，第 475 页。

刘谱是中国最早的芍药专谱，和后来者相较，记载稍嫌简略。如刘谱介绍“冠群芳”一品，仅“大旋心冠子，深红”[①]七字，王观谱则详及花色、花形、枝叶、株形等：“大旋心冠子也，深红。堆叶顶分四五旋，其英密簇。广可及半尺，高可及六寸。艳色绝妙，可冠群芳，因以名之。枝条硬，叶疏大。”[②]介绍“道妆成”一品，刘谱仅“黄楼子”[③]三字，王谱则云：“黄楼子也。大叶中深黄小叶数重，又上展淡黄大叶。枝条硬而绝，黄绿叶疏长而柔，与红紫者异。此品非今日之‘黄楼子’也，乃黄丝头中盛则或出四五大叶，小类黄楼子，盖本非黄楼子也。”[④]这些地方既可见出宋代芍药花谱的发展，反过来也说明刘攽《芍药谱》的影响，后出者实皆祖述之。

刘颁（1023—1089）字贡父，号公非，临江新喻（治今江西新余市）人。与兄刘敞、兄子刘奉世并称“三刘”。庆历六年（1046）与兄同登进士第[⑤]，获任凤翔府（治今陕西宝鸡市凤翔区）节度推官。不久其父刘立之卒于益州路转运使任上[⑥]，刘攽丁父忧，服除起为汝州（治今河南汝州市西南）推官[⑦]。至和二年（1055）调江阴主簿[⑧]，

① (宋)刘攽:《芍药谱》,(宋)祝穆:《古今事文类聚・后集》卷30,《景印文渊阁四库全书》第926册,第476页。

② (宋)王观:《扬州芍药谱》,《丛书集成初编》第1356册,长沙:商务印书馆,1939年,第2页。

③ (宋)刘攽:《芍药谱》,(宋)祝穆:《古今事文类聚・后集》卷30,《景印文渊阁四库全书》第926册,第476页。

④ (宋)王观:《扬州芍药谱》,《丛书集成初编》第1356册,第4页。

⑤ (清)徐松辑:《宋会要辑稿》选举二之八,第4249页。

⑥ (宋)欧阳修著,李逸安点校:《欧阳修全集》卷29《尚书主客郎中刘君墓志铭》,第438页。

⑦ (宋)刘攽:《彭城集》卷32《汝州推官厅记》,《景印文渊阁四库全书》第1096册,第317页。

⑧ 参见颜中其:《刘攽年谱》,刘乃和、宋衍申主编:《〈资治通鉴〉丛论》,郑州:河南人民出版社,1985年,第330页。

嘉祐二年(1057)任庐州(治今安徽合肥市)推官[①],七年知秦州清水县(治今甘肃清水县),王安石作诗送之云:"刘郎高论坐嘘枯,幕府调而用绪余。笔下能当万人敌,腹中尝记五车书。"[②]八年始入朝为国子监直讲,故宋史本传谓其"仕州县二十年"[③]。治平三年(1066)英宗命司马光撰述历代君臣事迹(即《资治通鉴》,当时拟名《通志》),刘攽参预其事,[④]负责先秦两汉部分。次年闰三月,刘攽因上年被宰执荐举召试入优等,被命为馆阁校勘。[⑤] 熙宁元年(1068),刘攽判尚书吏部考功司、同知太常礼院,不久被罢;出为泰州通判,不久复罢。[⑥] 七年(1074)神宗本拟命刘攽任史馆职,但因其曾给蔡确起绰号"倒悬蛤蜊"[⑦],时任侍御史的蔡确力"言其不可"遂止。[⑧] 其年大旱,监安上门郑侠绘《流民图》进上,导致王安石罢相,刘攽又作《京北流人诗》,遂与荆公交恶。次年初荆公再相,刘攽乃出知曹州(治今山东曹县西北),其地多盗贼,攽至"治尚宽平,盗亦衰息"[⑨]。十年刘攽回京师任开封府南司判官[⑩]。元丰二年(1079)任京东路转运使,因苏轼乌台诗案牵连被"罚铜二十斤"。[⑪] 四年知兖州,次年迁知亳州。六年吴居厚代任京东转运

---

① (宋)刘攽:《七门庙记》,吕祖谦编,齐治平点校:《宋文鉴》卷 81,北京:中华书局,1992 年,第 1163 页。

② (宋)王安石撰,王水照主编:《王安石全集》第 5 册《临川先生文集》卷 24《送刘贡父赴秦州清水》,第 499 页。

③ 《宋史》卷 319《刘敞传附弟攽传》,第 10387 页。

④ (宋)李焘:《续资治通鉴长编》卷 208 治平三年四月辛丑,第 5050 页。

⑤ (宋)李焘:《续资治通鉴长编》卷 209 治平四年闰三月丙午,第 5089 页。

⑥ (宋)李焘:《续资治通鉴长编》卷 220 熙宁四年二月辛酉,第 5342 页。

⑦ (宋)邵博撰,刘德权、李剑雄点校:《邵氏闻见后录》卷 30,第 239 页。

⑧ (宋)晁补之:《鸡肋集》卷 62《资政殿大学士李公(清臣)行状》,《景印文渊阁四库全书》第 1118 册,第 926 页。

⑨ 《宋史》卷 319《刘敞传附弟攽传》,第 10388 页。

⑩ (宋)刘攽:《彭城集》卷 32《开封府南司判官题名记》,《景印文渊阁四库全书》第 1096 册,第 314 页。

⑪ (宋)李焘:《续资治通鉴长编》卷 301 元丰二年十二月庚申,第 7333 页。

使，推行新法，“经画财赋得数百万，不惟本路充足，兼有羡余应副朝廷”，神宗乃追究刘攽“任内不能修举职事，致经用匮乏”之责，差监衡州（治今湖南衡阳市）盐仓。[①] 八年神宗崩，刘攽起知襄州（治今湖北襄樊市），很快又入朝为秘书少监。[②] 元祐元年（1086）以疾求去，出知蔡州（治今河南汝南县），[③]年底复入为中书舍人[④]。元祐四年三月卒于任，享寿67岁。与兄、侄均于《宋史》有传。

刘攽才高佻达，喜谑笑他人，如《涑水记闻》记云：

> （刘攽）尝造介甫，值一客在座，献策曰：“梁山泊决而涸之，可得良田万余顷，但未择得便利之地贮其水耳。”介甫倾首沈思曰：“然。安得处所贮许多水乎?”贡父抗声曰：“此甚不难。”介甫欣然，以谓有策，遽问之。贡父曰：“别穿一梁山泊，则足以贮此水矣。”介甫大笑，遂止。[⑤]

又如监察御史马默除任时，刘攽戏云：“既称马默，何用驴鸣?”并占《马默驴鸣赋》，有“冀北群空，黔南技止”之句，[⑥]马默乃劾其轻薄无行[⑦]。然而刘攽晚年罹患麻风病，终于受到了别人的调笑：

> （刘攽）晚年得恶疾，须眉堕落，鼻梁断坏，苦不可言。一日与苏公子瞻数人饮，各引古人一联以相戏，子瞻遽言曰：“大风起兮眉飞扬，安得猛士兮守鼻梁。”坐中大噱，贡父但感怆而

---

① （宋）李焘：《续资治通鉴长编》卷339元丰六年九月戊辰，第8172页。

② （宋）李焘：《续资治通鉴长编》卷369元祐元年闰二月丙午，第8904页。

③ （宋）李焘：《续资治通鉴长编》卷380元祐元年六月甲辰，第9226页。

④ （宋）李焘：《续资治通鉴长编》卷393元祐元年十二月庚子，第9557页。

⑤ （宋）司马光撰，邓广铭、张希清点校：《涑水记闻》卷15，第300页。按：张耒《明道杂志》记为“梁山泊”为“太湖”（《丛书集成初编》第2860册，第10页）。

⑥ （宋）邵博撰，刘德权、李剑雄点校：《邵氏闻见后录》卷30，第239页。

⑦ （宋）李焘：《续资治通鉴长编》卷208治平三年九月乙丑，第5061页。

已。自此益惭恚，转加困剧而毙。[1]

刘攽著述甚多，除《芍药谱》外，还有《内传国语》《〈汉书〉刊误》《汉官仪》《五代春秋》《三异记》《彭城集》《中山诗话》《文选类林》等。

2.《芍药谱》

一卷，一名《扬州芍药谱》，王观撰。书中按上上、上下、中上、中下、下上、下中、下下 7 等记载了 39 种扬州芍药，其中 8 种"皆世人所难得"[2]，也是刘攽谱、孔武仲谱所不载者。每一品种都记述了花型、色彩及枝叶形态，还记载一些芍药栽培学知识，如云：

> 方九月十月时，悉出其根，涤以甘泉，然后剥削老硬病腐之处，揉调沙粪以培之，易其故土。凡花，大约三年或二年一分。不分则旧根老硬而侵蚀新芽，故花不成就；分之数则小而不舒。不分与分之太数，皆花之病也。花之颜色深浅，与叶蕊之繁盛，皆出于培壅剥削之力。花既萎落，亟剪去其子，屈盘枝条，使不离散。故脉理不上行而皆归于根，明年新花繁而色润。[3]

该书还谈到了远距离引种的问题："杂花根窠多，不能致远，惟芍药及时取根，尽取本土，贮以竹席之器，虽数千里之远，一人可负数百本而不劳。"说明当时人们已懂得让植株带上本土保护根系，可以增强抗性、提高缓苗效果的知识；以竹席贮运则可以减少蒸发、提高植株成活率。不过，对此王观也指出"亦有逾年即变而不

---

① (宋)李昌龄：《乐善录》卷 5，《四库全书存目丛书·子部》第 83 册，济南：齐鲁书社，1995 年影印本，第 487 页。按：此李昌龄字伯崇，淳熙间进士，非宋初之李昌龄。

② (宋)王观：《扬州芍药谱》，《丛书集成初编》第 1356 册，第 2 页。

③ (宋)王观：《扬州芍药谱》，《丛书集成初编》第 1356 册，第 1 页。

成者”，他认为原因“系夫土地之宜不宜”。[①] 也就是说花木引种栽培要注意适地适花，遵循客观原则。书中还记载了扬州人“无贵贱皆喜戴花”的爱花习俗以及芍药花市的盛况，如花农朱氏“有南北二圃，种植芍药五六万株，当花之月，饰亭宇以待来游者，逾月不绝”。[②]

王观，字通叟[③]。其籍贯有如皋、海陵、高邮三说，实为泰州如皋（治今江苏如皋市）人[④]。家世“以财雄于乡”，然乐善好施，“乡之亲旧有无急难，必周之，惟恐小有不至”。[⑤] 皇祐四年（1052）安定先生胡瑗为国子监直讲，王观受父命往学。[⑥] 其性疏散，喜戏谑，在太学中，与秦观父秦元化、滕甫、陆子履等交好，《曲洧旧闻》记云：

> 王观恃才放诞，陆子履慎默于事，无所可否。观尝以方直少之，然二人极相善也。观寝疾，子履往候之。观恶寒，以方帽包裹坐复帐中。子履笑曰：“体中少不佳，何至是，所谓‘王三惜命’也。”观应声复曰：‘王三惜命’何如‘六（陆）四括囊’？”当时闻者莫不大笑。[⑦]

这种个性却为王安石所恶，认为“其为人薄于行”：“王荆公为馆职，与滕甫同为开封府试官。甫屡称一试卷，荆公重违其言，置在高等。及拆封，乃王观也……（荆公）疑为滕所卖，忿见于色辞。滕遽

---

① （宋）王观：《扬州芍药谱》，《丛书集成初编》第1356册，第1页。

② （宋）王观：《扬州芍药谱》，《丛书集成初编》第1356册，第2页。

③ 王毓瑚《中国农学书录》云其“字达叟”（第72页），盖从《四库全书总目》而误。

④ 详参王兆鹏、王可喜、方星移：《两宋词人丛考》，南京：凤凰出版社，2007年，第28—29页。

⑤ 嘉庆《如皋县志》卷20《王载墓志铭》，《中国方志丛书·华中地方》第9号，台北：成文出版社，1970年影印本，第1847页。

⑥ 嘉庆《如皋县志》卷20《王惟清墓志铭》，《中国方志丛书·华中地方》第9号，第1848页。

⑦ （宋）朱弁撰，孔凡礼点校：《曲洧旧闻》卷6，第171页。

操俚言以自辩。”[①]其“王三”之称是因其排行第三：“王观与章子厚友善，俱以疏散称，时号‘观三惇七’，各言其第也。”[②]嘉祐二年(1057)，王观登第[③]授单州推官、试秘书省校书郎，次年调任建昌军(治今江西南城县)参军[④]。熙宁八年(1075)冬，王观知江都县(治今江苏扬州市)[⑤]，在任上“考古验今，摭事千余条”[⑥]，效周邦彦《汴都赋》作《扬州赋》献于神宗，获“赐绯鱼银章”。[⑦]《芍药谱》亦作于此时。元丰二年(1079)入朝任大理寺丞，同年底坐知江都县受贿枉法，受到除名、编管永州的处罚。[⑧] 后或卒于贬所。王观从弟王觌，坐元祐党籍谪临江而卒[⑨]，《宋史》有传。

王观尚有词集《冠柳集》一卷，《卜算子·送鲍浩然之浙东》就是其名作：“水是眼波横，山是眉峰聚。欲问行人去那边？眉眼盈盈处。才始送春归，又送君归去。若到江南赶上春，千万和春住。”嘉靖《惟扬志》推许其“天资英迈，洽闻强记。善属文，下笔累百千言，不复润色而华藻粲然”[⑩]，陈振孙则评其“词格不高”[⑪]。以“宣仁太

---

① (宋)魏泰撰，李裕民点校：《东轩笔录》卷11，第125页。

② (宋)范公偁：《过庭录》，《丛书集成初编》第2860册，长沙：商务印书馆，1939年，第22页。

③ 嘉靖《惟扬志》卷22《人物列传二》，《天一阁藏明代方志选刊》第12册，上海：上海古籍书店，1963年影印本，叶三二b。

④ 正德《建昌府志》卷12《秩官志》，《天一阁藏明代方志选刊》第34册，上海：上海古籍书店，1964年影印本，叶二b。

⑤ (宋)王观：《扬州芍药谱》，《丛书集成初编》第1356册，第2页。

⑥ (宋)周煇撰，刘永翔校注：《清波杂志校注》卷4，第164页。

⑦ 万历《江都县志》卷14，《四库全书存目丛书·史部》第202册，济南：齐鲁书社，1996年影印本，第126页。

⑧ (宋)李焘：《续资治通鉴长编》卷301元丰二年十二月辛酉，第7338页。

⑨ (清)徐松辑：《宋会要辑稿》职官六八之七，第3911页。

⑩ 嘉靖《惟扬志》卷22《人物列传二》，《天一阁藏明代方志选刊》第12册，叶三二a。

⑪ (宋)陈振孙撰，徐小蛮、顾美华点校：《直斋书录解题》卷21，第619页。

后以其近亵，谪之”[1]的传说验之，陈氏之论固宋人之一般看法也。

王观《扬州芍药谱》传世版本主要有宋刻《百川学海》本、明弘治十四年无锡华珵刻《百川学海》本、明嘉靖十五年郑氏宗文堂刻《百川学海》本、明万历间汪氏刻《山居杂志》本（名《芍药谱》）、明崇祯间竹屿刻《雪堂韵史》本（名《芍药谱》）、清初宛委山堂刻《说郛》本、清《四库全书》本、嘉庆间海虞张海鹏刻《墨海金壶》本、宣统间国学扶轮社铅印《香艳丛书》本（名《芍药谱》）、民国扬州陈恒和书林刻《扬州丛刻》本、民国上海商务印书馆《丛书集成初编》本、民国上海中央书店《国学珍本文库》本（名《芍药谱》）等。

3.《芍药谱》

一卷，孔武仲撰。《四库全书总目》谓孔书“仅陈景沂《全芳备祖》载有其略”，而“嘉靖维扬志尚载其原目”，[2]余嘉锡指出“《能改斋漫录》卷十五具载其文……《嘉靖维扬志》盖从此贩稗得之耳”[3]。其实，《清江三孔集》卷十八、《古今合璧事类备要·别集》卷二五、《古今事文类聚·后集》卷三十亦有收录。诸书中《能改斋漫录》《清江三孔集》为全帙[4]。

孔武仲作谱原因，一是因为“维扬芍药甲天下”，而且名品争奇斗妍，“皆他州之所不及”，名远价重，与洛阳牡丹俱贵于时，四方之人争相市种以归；二是前代文人虽言及芍药，“但未有专言扬州者”——可见其未见到作于五年、三年前的刘攽、王观之谱——也就是说是有意创新的行为。作谱之前，孔氏还向满方中、丁时中等人进行了调查了解。全书记扬州芍药 33 种，其中佳者“高至尺余，广至盈手，其色以黄为最贵”。孔氏对芍药的命名主要从花色、花形、培育者而来，不似刘攽、王观二谱之为佳名，或即从当时民众本

① （清）徐釚撰，唐圭璋校注：《词苑丛谈》卷 10，北京：中华书局，2008 年，第 277 页。

② 《四库全书总目》卷 115《谱录类》，第 991 页。

③ 余嘉锡：《四库提要辨证》卷 14《子部五》，第 810 页。

④ 后者阙“御衣黄”一品。

有之俗称，如“御衣黄”“白缬子”“金系腰”“金线冠子”“红玉楼子”“多叶鞍子”“尹家二色黄楼子”“杨家花”等等。跟刘谱一样，孔平仲也指出了芍药的遗传变异现象：“一岁而小变，三岁而大变，卒与常花无异。”说明此为当时人所共知。孔谱还记述了当时扬州芍药种植业发达的情形：

> 种花之家，园舍相望，最盛于朱氏、丁氏、袁氏、徐氏、高氏、张氏，余不可胜记。畦分亩列，多者至数万根。自三月初旬始开，浃旬而甚盛。游观者相属于路，障幕相望，笙歌相闻。又浃旬而衰矣。大抵粗者先开，佳者后发……所谓绯黄千叶，乃其中下者，小人负携以卖，至于弃掷遗落，不甚爱惜。①

数年后扬州还模仿洛阳牡丹创设了“万花会”，每次用芍药花十余万枝。但既残损花园，吏人又在其中因缘为奸，“民大病之”，苏轼元祐七年(1092)知扬州时乃罢去之。②

---

① (宋)吴曾：《能改斋漫录》卷15《方物》，第458—460页。

② (宋)苏轼撰，孔凡礼点校：《商刻东坡志林》卷5，郑州：大象出版社，2003年，第146页。按：今《东坡志林》通行本记为“蔡繁卿为守，始作万花会”、《仇池笔记》通行本则记为“蔡京为守，始作万花会”，二书虽同出东坡，然必有一误。查宋刻《东坡先生志林集》(《百川学海》本)无此条，明万历二十三年赵开美刻五卷本《东坡志林》亦无此条，明万历商浚辑刻《稗海》所收十二卷本《东坡先生志林》方载此条。宋曾慥《类说》收《仇池笔记》，宋刻本《类说》仅残存3卷，恰好《仇池笔记》在内，其为一卷，无“万花会”条；明天启六年刻《类说》所收《仇池笔记》已增为上、下二卷，“万花会”条载于卷上，则云“蔡京为守，始作万花会”矣。另外，南宋后期类书《古今合璧事类备要》虽记云：“东坡(之)[云]：‘扬州芍药为天下冠，蔡繁卿为守，始作万花会。’”〔《别集》卷25《花(部)[门]·芍药花》，宋刻本，叶一b至二a〕，但引自南宋前期胡仔《苕溪渔隐丛话》(《全芳备祖》《古今事文类聚》亦据引)，而胡书并未言出自《东坡志林》或《仇池笔记》。可见，此条为明人刊刻《东坡志林》《仇池笔记》时自胡书或南宋后期诸类书掺入，惟前者照搬，后者以为“蔡繁卿”即蔡京而径改，遂成此东坡自相矛盾之局。明人刻书好以己意增删、割裂分并，且常(注转下页)

孔武仲字常父，与兄文仲、弟平仲并称“清江三孔”，宋人有“二苏联璧、三孔分鼎”[①]之说。《宋史》记其和刘攽同乡，是临江军新喻(治今江西新余市)人，其实为临江新淦安山(属今江西峡江县)人[②]。其父孔延之，曾以权节度推官身份随广南西路转运按察使兼安抚使杜杞平定宜州蛮区希范之乱[③]，官终知润州。孔武仲生卒年，祝尚书据孔平仲《祭三兄侍郎文》“元符元年十二月二十七日，弟具位某谨以清酌庶羞之奠，致祭于亡兄侍郎之灵”语，认为其生于仁宗庆历二年(1042)[④]；陈莲香据《续资治通鉴长编》“元符元年九月，朝散郎、管勾玉隆观孔武仲卒”、《东都事略》《宋史》本传记其享年“五十七”之语，认为其生于庆历二年，卒于元符元年(1098)。[⑤]秦良则据孔氏《渡江集序》自言“元丰六年(1083)，余以信州从事得罢，岁暮入京师。……是时余四十有三年矣”，及《宋史》记其享年“五十七”之语，

(续上页注)改易书名、卷第，此又为一例。然则“蔡繁卿”为何人？苏轼友人蔡承禧，字景繁，临川人，与其父蔡元导同中嘉祐二年(1057)进士第。《续资治通鉴长编》载：元丰五年(1082)正月二十四日，“承议郎、集贤校理蔡承禧权发遣淮南路转运副使”，元丰七年十二月十二日卒(卷322元丰五年春正月丙午，第7767—7768页)。其任运副期间，曾“权庐、扬二州，虽日月不久，而民多能道其善状”(苏颂著，王同策等点校：《苏魏公文集》卷56《承议郎集贤校理蔡公墓志铭》，第853页)。苏轼有《和蔡景繁海州石室》《蔡景繁官舍小阁》《与蔡景繁十四首黄州》等诗，其逝后苏轼作有《祭蔡景繁文》。“蔡繁卿”当即蔡承禧，“繁卿”云者，省字加“卿”之爱称也。

① (宋)周必大撰，王蓉贵、(日)白井顺点校：《周必大全集》卷53《临江军三孔文集序》载黄庭坚语，第499页。

② 详参李春梅：《临江三孔研究》，四川大学硕士学位论文，2002年，第6—9页。

③ 参见其撰《宋桂州瘗宜贼首级记》，北京图书馆金石组编：《北京图书馆藏中国历代石刻拓本汇编》第38册，第100页。

④ 祝尚书：《孔武仲生卒年考》，《宋代文化研究》第4辑，1994年，第452页。

⑤ 陈莲香：《江西“临江三孔”生卒年考》，《新余高专学报》2005年第3期，第29—30页。

推断其生于庆历元年(1041)、卒于哲宗绍圣四年(1097)。[①] 然细按孔序,既云"(元丰六年)岁暮入京师",又云"春冬之际,寒温交争,阴风怒号,霰雪横作,川草初茁,堤柳始芽",[②]此文显然作于元丰七年(1084),文首"元丰六年"云云,盖追述也。以此计之,孔氏生于庆历二年(1042)、卒于元符元年(1098)无疑矣。换言之,官方《续资治通鉴长编》等史籍与其《渡江集序》自述实不矛盾。

嘉祐八年(1063),孔武仲登进士第[③],授谷城(治今湖北谷城县)主簿[④]。熙宁四年(1071)调任齐州(治今山东济南市)教授,在此期间与任兴德军(齐州节镇名)掌书记的苏辙订交。七年父孔延之卒,[⑤]守丧期间,孔武仲"毁瘠特甚,右肱为不举"[⑥]。十年(1077)服除起为江州(治今江西九江市)推官,次年改任扬州州学教授,《芍药谱》即作于任上。元丰三年(1080)调任信州(治今江西上饶市西北)军事推官[⑦],八年(1085)知湘潭县。元祐元年(1086)入朝为秘书省正字[⑧],寻迁校书郎[⑨],四年除著作佐郎[⑩],后任国子司业兼侍讲[⑪]、

---

① 秦良:《北宋江西名人萧贯、孔武仲的生卒年考》,《江西教育学院学报》1994 年第 3 期,第 38 页。

② (宋)孔文仲、孔武仲、孔平仲著,孙永选校点:《清江三孔集》卷 15,第 252 页。

③ (清)徐松辑:《宋会要辑稿》选举一之一一,第 4236 页。

④ 《宋史》卷 344《孔文仲传附弟武仲传》,第 10933 页。

⑤ (宋)曾巩撰,陈杏珍、晁继周点校:《曾巩集》卷 42《司封郎中孔君墓志铭》,第 576 页。

⑥ 《宋史》卷 344《孔文仲传附弟武仲传》,第 10933 页。

⑦ 孔武仲:《〈南斋集稿〉序》,(宋)孔文仲、孔武仲、孔平仲著,孙永选校点:《清江三孔集》卷 15,第 251 页。

⑧ 孔武仲:《丙寅赴阙诗稿》,(宋)孔文仲、孔武仲、孔平仲著,孙永选校点:《清江三孔集》卷 15,第 251 页。

⑨ (宋)李焘:《续资治通鉴长编》卷 377 元祐元年五月戊午,第 9148 页。

⑩ (宋)李焘:《续资治通鉴长编》卷 415 元祐三年十月,第 10103 页。

⑪ (宋)李焘:《续资治通鉴长编》卷 454 元祐六年正月己巳,第 10881—10882 页。

中书舍人[①]。八年(1093),孔武仲先后任给事中、礼部侍郎[②],次年以宝文阁待制出知洪州(治今江西南昌市),旋改宣州(治今安徽宣城市)[③]。绍圣四年(1097)坐元祐党籍夺职,奉祠池州(治今安徽池州市贵池区)居住,[④]元符元年(1098)卒[⑤]。兄弟三人皆于《宋史》有传。

除《芍药谱》外,孔氏著述尚有《书说》《诗说》《论语说》《金华讲义》《孔武仲奏议》。

四、菊谱

中国是菊花原产国,“菊”最初写作“鞠”,有女节、女华、日精、日华、女茎、黄花、白华、帝女花、傅延年等诸多别名。早期典籍已多所记载,如屈原《离骚》云:“朝饮木兰之坠露兮,夕餐秋菊之落英。”[⑥]《吕氏春秋》云:“季秋之月……菊有黄华。”[⑦]《夏小正》云:“(九月)荣鞠树麦。鞠,草也。鞠荣而树麦,时之急也。”[⑧]菊花不同于群芳盛放春天而独自傲霜秋日,故深受屈原、陶渊明等高洁之士喜爱——不是花中偏爱菊,此花开尽更无花。宋代以前,菊花品种少,花色也少,只有黄、白、紫红三种。[⑨] 亦无菊花之专文、专著。宋代花卉种植业发达,培育的菊花品种越来越多,甚至形成了一些艺菊中心,如开封、洛阳、杭州、苏州、台州等。不同菊花品种也有

① (宋)李焘:《续资治通鉴长编》卷 468 元祐六年十一月壬寅,第 11172 页。

② (宋)李焘:《续资治通鉴长编》卷 483 元祐八年夏四月庚戌,第 11480 页。

③ 《宋史》卷 344《孔文仲传附弟武仲传》,第 10933 页。

④ (清)徐松辑:《宋会要辑稿》职官六七之一六,第 3895 页。

⑤ (宋)李焘:《续资治通鉴长编》卷 502 元符元年九月甲戌,第 11967 页。

⑥ 汤炳正等注:《楚辞今注》,第 8 页。

⑦ 许维遹集释,梁运华整理:《吕氏春秋集释》卷 9《季秋纪》,第 194 页。

⑧ (清)王聘珍撰,王文锦点校:《大戴礼记解诂》卷 2,北京:中华书局,1983 年,第 44—45 页。

⑨ 参见汤忠皓:《中国菊花品种分类的探讨》,《园艺学报》1963 年第 4 期,第 411 页。

了专名，不再像以前只是统名曰“菊”而已。宋代最早的菊花品名似为“金铃菊”，韩琦有《重九席上赋金铃菊》记之：“黄金缀菊铃，究地独驰名。细蕊浮杯雅，香筒贮露清。”[①]菊花栽培的发展必然吸引到更多关注的目光，加以宋代国家、社会局势的影响，部分文人士大夫在菊花身上看到自己的人格投影，对之赋予更多道德价值，以诗词形式歌咏之者有之，为之作谱者亦自然出现。

《中国农学书录》著录宋代菊谱 8 种，《中国农业古籍目录》著录宋代菊谱 5 种。最近的《中国古代菊花谱录存世现状及主要内容的考证》收录宋代菊谱亦为 8 种[②]，与《中国农学书录》同。笔者搜罗诸书，发现宋代尚有《菊图》、《菊谱》(沈荘可)、《阆风菊谱》、《菊花百咏》4 谱。宋代最早对菊花品种加以著录的是周师厚《洛阳花木记》，按现存最早版本明刻《说郛》本，该书记载洛阳菊花 24 个品种[③]。该书虽仅记菊名，实为菊花专谱之嚆矢，故南宋史铸编《百菊集谱》将其列于诸谱之前。按《百菊集谱》，周氏所记则为 26 个品种，较《说郛》本多紫干子、红香菊二品；[④]排列顺序也不一样——明人刻书每好删改添并，有“明人刻书而书亡”之说——史铸乃毕生爱好垂注于菊者，书中随处可见其谨严，故恐以史氏为确。另外，个别菊名两书也不一样(“/”前为《说郛》本所录，后为《百菊集谱》所录)：柿黄菊/柿叶菊、地嵩菊/地棠菊、黄鸾廷子/黄窠廷子、千叶晚菊/千叶晚红菊、万翎菊/万铃菊(宋谱中从无将“万铃菊”写成“万翎菊”，此亦可为明刻《说郛》本随意性大之一证)。但《洛阳花木记》实为综合性花谱，故历来不将其纳入菊花专谱看待，因此宋代菊花专谱当以文保雍《菊谱》为第一，惜其已亡佚，故

① (宋)韩琦撰，李之亮笺注：《安阳集编年笺注》卷 9，第 365 页。

② 王子凡、张明姝、戴思兰：《中国古代菊花谱录存世现状及主要内容的考证》，《自然科学史研究》2009 年第 1 期，第 86 页。

③ (宋)周师厚：《洛阳花木记》，(元)陶宗仪等编：《说郛三种》弓 104，第 4797—4798 页。

④ (宋)史铸：《百菊集谱》卷 1，明万历汪氏刻《山居杂志》本，叶一 a、b。

存世最早的是刘蒙《菊谱》。

自刘谱以降，宋代菊谱发展几两百年，其间体例凡三变：第一阶段以描述花色、花形、花香、枝叶株形等外观为主，自以刘谱为代表。第二阶段除了对外观的文字描述之外，增加了图画以补文字之穷，又引入了栽培技术方面的内容，以胡融《图形菊谱》为代表。这可以说是花谱最完善的体例，然丹青之术非人人可为，故有客观限制；且多图之书对古代雕版印刷来说也增加了难度，必然会影响其流传。《图形菊谱》单行本今已不传，史铸收入《百菊集谱》时删去其图、只录其文都是明证。第三阶段主要是由原来的散文形式变为韵散结合。这种新体例的形成，一是由于文字作品在发展过程中本身由俗到雅的自我品格提升驱动[①]；二是南宋晚期宋蒙（元）之间战事日紧，仁人志士内心情感自然投射到傲霜斗雪的梅、菊身上，以致产生了连篇累牍的"百咏"诗，如刘克庄、李缜的《梅花百咏》等。这样，有人在撰写菊谱时，便既以散文（诗词小序或自注）记载菊谱之传统内容，又以韵文（诗词）描绘菊花特异之姿、抒发自己坚贞之情，如马揖《菊谱》（亦名《晚香堂百咏》）、张逢辰《菊花百咏》皆是。前者仅在《百菊集谱》中部分留存，因此这一菊谱体例可以后者为代表。在此顺便一提，很多研究者都将马揖误为"马楫"，盖从后世引用《百菊集谱》但传抄有误之书（如《绛云楼书目》、民国《建阳县志》等）或《后村集》"麻沙本"而误。

1.《菊谱》

一卷，已佚，北宋文保雍撰。《中国农业古籍目录》未著录。

南宋史铸《百菊集谱》载其佚文一则："文保雍《菊谱》中有小甘菊诗：'茎细花黄叶又纤，清香浓烈味还甘。祛风偏重山泉渍，自古南阳有菊潭。'"并加按语云："此诗得于陈元靓《岁时广记》，今类于此。所谓保雍之谱，恨未之识也。"[②]可见其书当时已流行不广。

---

① 参见拙文《梅尧臣诗中的审丑意识——兼论宋诗以俗为雅风格的形成》，《中南大学学报》2008年第6期，第844—845页。

② （宋）史铸：《百菊集谱》卷3，明万历汪氏刻《山居杂志》本，叶一九a。

笔者于元初日用类书《新编事文类聚翰墨全书》中又发现关于文保雍《菊谱》的一条记载："莲花菊。文保雍《菊谱》有五十六品，上品曰莲花菊，诗曰：'以莲名菊与花同，非粉非珠别样红。'"[①]范成大《菊谱》亦载此品种："莲花菊。如小白莲花，多叶而无心，花头疏，极萧散清绝。一枝只一葩，绿叶亦甚纤巧。"[②]两相比较，或可对文谱所谓"别样红"有更准确的理解，对莲花菊这一品种从北宋到南宋的变异有一认知。《新编事文类聚翰墨全书》所引既与《岁时广记》不同，可见文谱元初尚得一见。

文保雍，文彦博四子[③]，元祐初曾任将作监丞[④]。四年(1089)正月有诏："太师文彦博男保雍丁母忧，每遇入朝许令孙男扶掖。"[⑤]可见其时已老。《中国农学书录》据《岁时广记》曾加引用推断"作者大约与史(铸)、陈(元靓)两氏是同时的人"[⑥]，显然是错误的。

2.《菊谱》

一卷，刘蒙撰，故亦名《刘氏菊谱》。刘蒙生平不详，据《菊谱·谱叙》知其为彭城(治今江苏徐州市)人。崇宁三年(1104)九月，刘蒙到洛阳龙门旅游，遇到一位隐居于瀍河(南距龙门石窟10多千米)、名叫刘元孙的隐士。"洛阳之风大抵好菊"，这位隐士更是非常喜欢菊花，"萃诸菊而植之，朝夕啸咏乎其侧"，他还打算写一本菊谱，因无暇而止。二刘非常相得，"于舒啸堂上顾玩而乐之"，纵论菊花之余，"相与订论，访其(指元孙)居之未尝有"，并为排定名

① (元)刘应李辑：《新编事文类聚翰墨全书·后戊集》卷4，《续修四库全书》第1221册，第76页。

② (宋)范成大撰，孔凡礼点校：《范成大笔记六种·菊谱》，北京：中华书局，2002年，第272页。

③ (宋)杜大珪编：《名臣碑传琬琰之集》下卷13《文忠烈公彦博传》，《景印文渊阁四库全书》第450册，第764页。

④ (宋)李焘：《续资治通鉴长编》卷413元祐三年八月辛丑，第10044页。

⑤ (宋)李焘：《续资治通鉴长编》卷421元祐四年春正月丁酉，第10195页。

⑥ 王毓瑚：《中国农学书录》，第99页。

次先后；又因为牡丹、荔枝、香笋、茶、竹等皆有谱录而菊无之，刘蒙遂援笔成书。[①] 所以，《菊谱》虽署名为刘蒙，刘元孙实际上也是作者。

刘氏《菊谱》是存世最早的菊花专著，书中记载了来自于汴梁、洛阳、陈州（治今河南周口市淮阳区）、邓州（治今河南邓州市）、雍州（治今陕西西安市）、相州（治今河南安阳市）、滑州（治今河南滑县）、鄜州（治今陕西富县）、阳翟（治今河南禹州市）等处的35个菊花品种。全书包括《谱叙》《说疑》《定品》《杂记》4个部分。《谱叙》首先指出菊花与他花不同，是有实用价值的："《本草》云以九月取花，久服轻身耐老。"不仅花可食，根叶也可食："陆龟蒙云春苗恣肥，得以采撷，供左右杯。又《本草》云以正月取根。"且菊"独以秋花悦茂于风霜摇落之时"，与"正人达士、坚操笃行"者的人格、精神正相契合，因此自屈原、陶渊明以来一直为人所重。[②] 换言之，菊花在审美方面的价值内涵也是相当丰富的。《说疑》辨别了菊与苦薏、观赏菊与野菊之区别，又指出紫菊、大菊、鸳鸯菊、艾菊等虽有菊名实非菊花。值得指出的是刘蒙清楚地认识到菊花的遗传变异与栽培技术之间的关系："凡植物之见取于人者，栽培灌溉不失其宜，则枝叶华实，无不狠大。至其气之所聚，乃有连理、合颖、双叶、并蒂之瑞，而况于花有变而为千叶者乎！"如花小而苦的野菊可培育成花大而甜的甘菊："种园蔬肥沃之处……是小可变而为甘也，如是则单叶变而为千叶，亦有之矣。"又指出"牡丹、芍药皆为药中所用，隐居（指陶弘景）等但记花之红白，亦不云有千叶者。今二花生于山野，类皆单叶小花；至于园圃肥沃之地，栽锄粪养，皆为千叶，然后大花千叶，变态百出"。[③]

《定品》是《菊谱》的主体部分。刘蒙首先确立了定品的原则，

① （宋）刘蒙：《菊谱》，《丛书集成初编》第1356册，第1页。按：瀍河为洛河支流，刘蒙在《叙》中误以为是伊河支流。

② （宋）刘蒙：《菊谱》，《丛书集成初编》第1356册，第1页。

③ （宋）刘蒙：《菊谱》，《丛书集成初编》第1356册，第2页。

即“先色与香，而后态”。他认为菊花的颜色最重要，“黄者，中之色土，王季月；而菊以九月花，金土之应相生而相得者也。其次莫若白，西方金气之应菊以秋开……陈藏器云白菊生平泽，花紫者白之变，红者紫之变也，此紫所以为白之次而红所以为紫之次”。其次是香味，最后才是花的形态。这与当时人们的看法是不一致的，因此有人说“花以艳媚为悦，而子以态为后欤！”但这一从道德观念出发的评鉴标准受到其后史正志、范成大等学者的认同沿袭，以致于时至今日一般人心目中菊花就是黄色的，并有黄菊、金菊之名。这样，“色类人间染郁金而外叶纯白”，色饱和度“独得深浅之中，又其香气芬烈甚似龙脑”、香色俱可贵的“龙脑”就获评为第一名；最后一名则是“桃花粉”，原因是“其色正类桃花……花之形度虽不甚佳，而开于诸菊未有之前，故人视此菊如木中之梅焉。枝叶最繁密，或有无花者”。前 20 名都是黄色，其后白、紫、红色各占 5 名。总之，“菊之黄者未必皆胜，而置于前者，正其色也。菊之白者未必皆劣，而列于中者，次其色也”①。这一部分不仅阐述了定品原因，每一种菊花之下还详细记载了其别名、产地、始花时间、花色、花香、花形花姿、枝叶大小形状，有的还描述了花的结构等。

刘谱 35 种菊花之中有些是宋代才培育出来的新品，如玉球“近来方有此本……一二本之直比于常菊盖十倍焉”，鹅毛“亦近年新花也”，银台“近出洛阳水北，小民家未多见也”。有些是大内所培育，如御爱“出京师……或云出禁中，因此得名”，后人所谓“宋徽宗艺菊，有小朵银色者，不令分种于外，禁庭名曰‘不出宫’”②即此。还有的则可能来自海外，如新罗“一名倭菊，或云出海外”。《菊谱》在《杂记》部分又补充记载了察香菊、锦菊、孩儿菊、金丝菊 4 种观赏菊，以及黄碧、单叶 2 种“生于山野篱落之间”的野菊。

刘蒙《菊谱》还指出“古之品未若今之富”，他以为这正是古人

---

① （宋）刘蒙：《菊谱》，《丛书集成初编》第 1356 册，第 2—3 页。

② （明）郑以伟：《雪山藏 · 杜吟》卷 1，明崇祯间刻本，叶一九 a。

“虽赋咏嗟叹尝见于文词”，但并未述及菊花之瑰异的原因。正如汉唐菊花品种和宋代比起来不“富”一样，宋代菊花品种和明清比起来也不算多，《本草纲目》记载明代菊花有900多种[1]，清叶天培《菊谱》所收145个菊花品种都是不见于旧谱者[2]。明清时菊花花色更多，花型更繁，除秋菊以外还有冬菊、春菊、夏菊，这些都是栽培技术的功劳。虽然刘蒙认识到了这一关键之点，但他的《菊谱》作为菊花专著却并未述及于此，如对于宋人已掌握菊花嫁接技术“黄、白二菊，各披去边皮，用麻皮扎合，其开花半黄半白”[3]，以及育苗移栽有利于品种选育的认识“凡菊之佳品，俟其枯，斫取带花枝，置篱下。至明年收灯后，以肥膏地，至二月即以枯花撤之。盖花中有细子，候其茁，至社日乃一一分种”[4]，都没有记载。否则，今人对北宋菊花栽培技术当有更多的了解，这不能不说是其缺憾。

《菊谱》传世版本较多，主要有宋刻《百川学海》本、明弘治十四年无锡华珵刻《百川学海》本、明嘉靖十五年郑氏宗文堂刻《百川学海》本、明末清初宛委山堂刻《说郛》本、清《四库全书》本（题名《刘氏菊谱》）、清姚振宗编《师石山房丛书》稿本、光绪六年山西浚文书局刻《植物名实图考长编》本、宣统间国学扶轮社铅印《香艳丛书》本、民国上海商务印书馆《丛书集成初编》本等。

3.《菊谱》

一卷，史正志撰，故亦名《史氏菊谱》；因其自号“吴门老圃”，故又名《史老圃菊谱》。

史氏《菊谱》记载苏州菊花28种，其中黄色13种、白色10种、杂色红紫5种。史谱对菊花的命名基本上是直揭其花色、花形，如

---

① 详参舒迎澜：《栽培菊的类群和品种演变》，《古今农业》1993年第3期，第57页。

② 详参王子凡、张明姝、戴思兰：《中国古代菊花谱录存世现状及主要内容的考证》，《自然科学史研究》2009年第1期，第84页。

③ 化振红：《〈分门琐碎录〉校注》，第121页。

④ （宋）周密撰，吴企明点校：《癸辛杂识·别集》卷上，第254页。

大金黄、小金黄、金铃菊、深色御袍黄、缠枝菊、玉盘菊、单心菊、楼子菊、芙蓉菊、十样菊等。其中金铃菊、棣棠菊、金钱菊、甘菊、荼蘼菊、万铃菊、桃花菊、孩儿菊已见于刘蒙《菊谱》,应是自中原地区移植至苏州者。每种菊花之后对花色、花形亦有介绍,然较简略。如大金黄仅描述为"心密,花瓣大如大钱",佛头菊描述为"无心,中边亦同",金钱菊描述为"心小,花瓣稀",夏月佛顶菊描述为"五六月开,色微红"。史氏还根据自身艺菊经验指出:"白菊一二年多有变黄者。余在二水植大白菊百余株,次年尽变为黄花";[①]"花有落者,有不落者。盖花瓣结密者不落,盛开之后浅黄者转白,而白色者渐转红,枯于枝上;花瓣扶疏者多落,盛开之后渐觉离披,遇风雨撼之,则飘散满地矣"[②]。

史正志在书中述其作谱原因,类同于刘蒙,即所谓"为牡丹、芍药、海棠、竹笋作谱记者多矣,独菊花未有为之谱者",表明其未见过刘蒙之谱。但以其书观之,虽不明标菊花名次,实际上则是按照刘蒙所确立的先色后香而后态,色又按黄、白、红、紫定品的原则排列的。正文前的序言从行文逻辑、所用材料、审美观念方面看也与刘蒙谱序较为相似:其首先提出菊花"以黄为正,所以概称黄花",以黄为正的原因是"纯黄不杂,后土色也",[③]刘谱则言"黄者,中之色土"。次叙历来人们都认为菊花可以袚除不祥,所举"康生服其花而成仙"[④]之例,刘谱原文为"康风子乃以食菊仙"[⑤];又云菊花"苗可以菜,花可以药,囊可以枕,酿可以饮"[⑥],刘谱亦述菊花"以一草之微,自本至末无非可食,有功于人者"[⑦]。次叙"江南地暖,百卉造作无时;而菊独不然,考其理,菊性介烈高洁,不与百卉同,其盛衰必待霜降草木黄落而花始开……早植晚登,君子德也;冒霜吐颖,象劲直也",然后以"其为所重如此"收束;[⑧]刘谱亦力言菊花德

①③④⑥⑧ (宋)史正志:《菊谱》,《丛书集成初编》第1356册,长沙:商务印书馆,1939年,第1页。

② (宋)史正志:《菊谱》,《丛书集成初编》第1356册,第5—6页。

⑤⑦ (宋)刘蒙:《菊谱》,《丛书集成初编》第1356册,第1页。

佩“正人达士、坚操笃行之流”，以“犹贵重之如此”收束。[1] 最后具道为谱之由。所以，史正志之作《菊谱》可能对刘书是有所参考的。

史正志，《志雅堂杂钞》记其为丹阳（治今江苏丹阳市）人[2]；《嘉定镇江志》记其为丹阳人而附籍江都县（治今江苏扬州市）[3]，后世遂以之为“江都人”[4]。然据其同事丘密所云，则为“南徐人”[5]，有学者遂执此为是[6]。实际上三者并不矛盾，“南徐”为旧称，南宋名镇江府，丹阳为其辖县，故言州府则“南徐”，言县份则“丹阳”，“江都”则史氏曾经附籍之地。史正志绍兴二十一年（1151）登第，授徽州歙县（治今安徽歙县）东尉。后调任隆兴府幕职，秩满诣阙，上《保治要略》八篇，遂得差监行在省仓上界。复以《戆语》上宰执台谏，言所谓御将、抑奸、节财、谨法、士风、军政、均用、畏天等“当今之务最急而宜先者八事”。《保治要略》今不传，笔者颇疑其八篇所言同于《戆语》八事。史正志又近鉴靖康，作《兵鉴》言料敌、专事、国是、庙谟、守险、作气、藏机、用间、治城、防海诸事，撰《边问》论国家根本在荆襄巴蜀，防守利害在两淮；江淮防守则“当以绍兴初守淮为法、建炎末守江为戒”。[7]可见其时史氏雄心勃勃，颇欲有一番作为。因此获得刚由右相晋升左相的陈康伯欣赏、推荐，三十一年（1161）三月充任枢密院编修官[8]。任上仍然勇

---

① （宋）刘蒙：《菊谱》，《丛书集成初编》第1356册，第1页。

② （宋）周密撰，邓子勉点校：《志雅堂杂钞》卷下，沈阳：辽宁教育出版社，2000年，第33页。按：与《浩然斋雅谈》《云烟过眼录》《澄怀录》合刊。

③⑦ （宋）卢宪纂：《嘉定镇江志》卷19《人物》，《宋元方志丛刊》第3册，第2529页。

④ 康熙《扬州府志》卷23《人物门》，《四库全书存目丛书·史部》第215册，济南：齐鲁书社，1996年影印本，第250页。

⑤ （宋）丘密：《镇淮桥记》，（宋）周应合纂：《景定建康志》卷16《疆域志二》，《宋元方志丛刊》第2册，第1541页。

⑥ 佟培基：《辛弃疾与史正志》，《文学遗产》1982年第4期，第66—67页。

⑧ （宋）李心传撰，辛更儒点校：《建炎以来系年要录》卷189绍兴三十一年三月壬辰，第3375页。

于言事，疏论《防秋五事》，提醒朝廷金人必启衅“径犯淮西以窥采石”，而和州又为濒江诸郡之咽喉，故应筑垒加固其防守，遂兼枢密院检详诸房文字。数月后金海陵王亲自率兵侵宋，果犯淮西，史氏乃续进“兵民沿江守御”上、中、下三策，朝廷虽不用其策，然以其再兼措置浙西海道所主管文字。不久金人内讧，海陵王被其部下所杀，高宗乃宣告亲征，视师江上。期间史正志以《恢复要览》五篇上陈康伯、张浚，高宗驻跸建康时又上奏具论古今形势，建议以杭州、建康为东西都，御批“史正志议论确实，古今判然”。次年战争结束后，史正志改宣教郎，除司农寺丞。①

绍兴三十二年，孝宗即位后锐意恢复，史正志因在绍兴末期积极的主战派表现，其名为孝宗所知，乃获召“赐对内殿”。史氏奏陈“守成先恭俭，平乱在智勇。亲便殿阅武士，自将以平区宇”之说，孝宗于是命其往江上计议军事，还朝后擢为度支员外郎，隆兴元年(1163)迁吏部员外郎。隆兴北伐失败后，史氏求补外职，除江西转运判官，因此受到王十朋的弹劾。王十朋在奏札中揭露史正志早年为士人即“时常出入贵人之门，专事交结”，登第后又投靠秦桧，“欲求为秦禧之婿”，甚至贿赂秦禧奶妈，“使之誉己”；秦桧垮台后史正志“善观时以求进”，摇身一变屡发战守之议，以掩盖前此行迹，素“为士论所嗤”；其上政府的《恢复要览》也是“窃吴若《江淮表里论》而增损之”；高宗内禅后，史正志又投靠孝宗老师史浩，甚至“拜浩而父事之”，并希其意攻讦主战派核心人物张浚，士论“有亲侄之嘲”，②又“呼之曰‘继拜公’”。③ 孝宗乃改命其为福建转运判官。不久，复召为户部员外郎，回朝赐对时奏陈“当今急务七策”，并复请出外，遂除江东转运判官，未及赴任而改江西，任职期间“节

① (宋)李心传撰，辛更儒点校：《建炎以来系年要录》卷199绍兴三十二年四月癸酉，第3602页。

② (宋)王十朋：《王十朋全集》卷3《论史正志札子》，上海：上海古籍出版社，2012年，第618页。

③ (宋)王十朋：《王十朋全集》卷3《再论史正志札子》，第620页。

无艺之费，府库充羡，乃以宽剩钱四千万缗、米五万石助国用”[①]，故秩满获除左司谏兼权检正，旋又任权刑部侍兼吏部侍郎、兵部侍郎等职。史氏复请郡任，于乾道三年（1167）八月出知建康府[②]，数日后又兼沿江水军制置使[③]，据韩元吉《重刻曾肇〈忠孝堂记〉题后》所记史正志结衔可知，此时他还兼任着江南东路安抚使、马步军都总管兼行宫留守司公事等职务。[④] 次年，辛弃疾来到建康府任通判，其《满江红・建康史致道留守席上赋》词就是写给史正志的，词中推誉他“袖里珍奇光五色，他年要补天西北”。此外，辛氏名词《念奴娇・登建康赏心亭呈史致道留守》《千秋岁・为金陵史致道留守寿》也是此期为之而作。史正志在建康期间，曾修筑坍坏城墙，增立女墙，[⑤]在“青溪之南、秦淮之北”蔡宽夫旧宅基础上创建康府贡院（即清代著名的江南贡院前身）[⑥]。同时“重建新亭、东冶亭、二水亭，移放生池于青溪，建青溪阁”，又自作记，并赋《新亭》诗云：“龙盘虎踞阻江流，割据由为起仲谋。从此但夸佳丽地，不知西北有神州。”[⑦]诗中虽示不忘故国，然又为割据偏安“佳丽地”自豪，实为其潜意识矛盾之流露，应该也是当时大多数人的想法吧。

---

① （宋）卢宪纂：《嘉定镇江志》卷19《人物》，《宋元方志丛刊》第3册，第2530页。

② （清）徐松辑：《宋会要辑稿》选举三四之二〇，第4785页。

③ 《宋史》卷34《孝宗本纪二》，第641页。

④ （宋）周应合纂：《景定建康志》卷43《风土志二》，《宋元方志丛刊》第2册，第2025页。

⑤ （宋）周应合纂：《景定建康志》卷20《城阙志一》，《宋元方志丛刊》第2册，第1629页。

⑥ （宋）周应合纂：《景定建康志》卷32《儒学志五》，《宋元方志丛刊》第2册，第1874页。

⑦ （宋）周应合纂：《景定建康志》卷22《城阙志三》，《宋元方志丛刊》第2册，第1667页。按：新亭一名中兴亭，因此落成之日史氏有与僚属设宴赋诗之事，诸人之作即收载于本志本卷。又据《直斋书录解题》云：“《清晖阁诗》一卷，史正志创阁于金陵，僚属皆赋诗。”（卷15，第456—457页。）则史氏还建有“清晖阁”。

史氏复重建秦淮河上镇淮、饮虹二桥，“上为大屋数十楹，极其壮丽”[①]，其下属丘崈作《镇淮桥记》记其事。

乾道六年，主战派虞允文当国，史正志徙知成都府，未及之任旋改江浙、京湖、淮广、福建等路都大发运使，置司江州（治今江西九江市）[②]。陆游入蜀任职经过江州时曾去拜会他[③]，可见他在当时是颇有声望的。在任发运使期间，史氏为了政绩极力聚敛财税，“名为均输，实尽夺州县财赋”[④]，甚至民罹水旱大灾亦不免。如刘清之时任万安县丞，正尽力赈济灾民，史正志按部至筠，仍命其征收畸零杂赋，刘清之不同意，他竟然以荐其为官利诱之。[⑤] 一时远近骚然，“士大夫争言其害”，张浚子张栻亦奏言其“巧为名色以取之于民耳”，[⑥]孝宗乃斥其“奏课诞谩，广立虚名，徒扰州郡”，罢之为楚州团练副使、永州安置。[⑦] 然不久得提举隆兴府玉隆万寿观退闲，遂于苏州兴建宅园，因自诩有万卷藏书，故名园曰“万卷堂”（即今苏州名园网师园）；并“治圃于所居之南”，名曰“渔隐”，因号乐闲居士、柳溪钓翁。[⑧] 史氏花圃所种，主要应即菊花，或有表明志行之意。淳熙二年（1175）撰成《菊谱》，后序自署为“吴门老圃”，则又有此号焉。

后史正志获得出知静江府的再仕机会，然未赴而罢，再度奉祠。未几起知宁国府，又改知赣州、庐州（治今安徽合肥市），“既至

---

① （宋）周应合纂：《景定建康志》卷14《建康表十》，《宋元方志丛刊》第2册，第1503页。

② （清）徐松辑：《宋会要辑稿》食货六九之三〇，第6344页。

③ （宋）陆游著，钱仲联、马亚中主编：《陆游全集校注》第17册《入蜀记》卷3，第91页。

④⑥ 《宋史》卷429《张栻传》，第12772页。

⑤ 《宋史》卷437《儒林传七·刘清之传》，第12953页。

⑦ （清）徐松辑：《宋会要辑稿》职官四二之五七，第3263页。

⑧ （宋）卢宪纂：《嘉定镇江志》卷19《人物》，《宋元方志丛刊》第3册，第2530页。

数月以疾终”，享寿60岁。[1] 虽《嘉定镇江志》未记其确切卒年，然淳熙四年下半年庐州知州为王希吕（秩满）[2]，五年九月则有知苏州韩俣改差知庐州之命[3]，故史正志当在五年初到任，当然也卒于其年，则其生年为重和二年（宣和元年，1119）。

史正志《菊谱》传世版本较多，主要有宋刻《百川学海》本、明弘治十四年无锡华珵刻《百川学海》本、明嘉靖十五年郑氏宗文堂刻《百川学海》本、明刻《陈太史重订百川学海》本（题名《史老圃菊谱》）、明末清初宛委山堂刻《说郛》本、清《四库全书》本（题名《史氏菊谱》）、光绪六年山西浚文书局刻《植物名实图考长编》本、宣统间国学扶轮社铅印《香艳丛书》本、民国上海广益书局铅印《古今文艺丛书》本、民国上海商务印书馆《丛书集成初编》本等。此外，其著作尚有《建康志》《清晖阁诗》等，均已佚。

4.《菊图》

一卷，东阳（治今浙江东阳市）某圃户撰。《中国农学书录》《中国农业古籍目录》未著录。据书名看，可能只有图画而无文字介绍，所收菊花品种“多至七十种”。据范成大自述，其淳熙十三年（1186）作《范村菊谱》的诱因便是见“东阳人家《菊图》”，则《菊图》之作显在此年之前。[4] 惜乎其不传于世，历代书目亦从未提及，应系稿本而未付梓之故。有学者认为胡融《图形菊谱》是“是我国也是世界上首部附图的《菊谱》”[5]，实际上真正的首部是此谱，《图形菊谱》只能说是存世最早的“首部附图的《菊谱》”。

---

① （宋）卢宪纂：《嘉定镇江志》卷19《人物》，《宋元方志丛刊》第3册，第2530页。

② （清）徐松辑：《宋会要辑稿》职官七二之一九，第3997页。

③ （宋）范成大撰，陆振岳点校：《吴郡志》卷7《官宇》，第82页。按：《宋会要辑稿》载淳熙七年二月时知庐州者为赵善俊（食货六三之二一八，第6095页），李之亮将史正志任职时间定于韩俣与赵善俊之间（《宋两淮大郡守臣易替考》，成都：巴蜀书社，2001年，第361页），不确。

④ （宋）范成大撰，孔凡礼点校：《范成大笔记六种·菊谱》序，第269页。

⑤ 方健：《南宋农业史》，第377页。

5.《菊谱》

又名《范村菊谱》《石湖菊谱》，一卷。范成大以资政殿学士、提举临安府洞霄宫归乡[1]之后，淳熙十三年（1186）因见"东阳人家《菊图》"，遂撰此书，并表示"明年将益访求它品为后谱"，[2]然后竟无作。

虽然石湖也种有菊花，"舣棹石湖，扣紫荆，坐千岩观下。菊之丛中，大金钱一种，已烂漫浓香"[3]，但范氏《菊谱》记载的则是"淳熙丙午范村所植"36个品种[4]。因此严格说元明后起《石湖菊谱》一称是不准确的或者说容易引起误解的。范村园林以梅、菊等花木为主，与以山水为主的石湖园林始建时间不同。范氏《梅谱》序有云："余于石湖玉雪坡，既有梅数百本，比年又于舍南买王氏僦舍七十楹尽拆除之，治为范村，以其地三分之一与梅。"[5]然因此序未署时间故不知"比年"究为何年，按此处《菊谱》序所言，则至少在淳熙十三年（1186）以前。因此有研究者据《范村记》"绍熙初元，岁在庚戌"语认为范村建于此年[6]显然是错误的——实际上此引文后还紧跟了"某遂以范村名其圃"[7]一句，就是说绍熙元年（1190）只是范成大将"其圃"命名为"范村"的时间。

《菊谱》首先在序中阐述了菊花在宋代迅速发展的原因，一是"傲晚风露"比德君子；二是医书记载为养生上药，"医国惠民"；三

---

① （宋）周应合纂：《景定建康志》卷14《建康表十》，《宋元方志丛刊》第2册，第1505页。

②④ （宋）范成大撰，孔凡礼点校：《范成大笔记六种·菊谱》序，第269页。

③ （宋）范成大：《重九泛石湖记》，孔凡礼辑：《范成大佚著辑存》，第162页。

⑤ （宋）范成大撰，孔凡礼点校：《范成大笔记六种·梅谱》序，第253页。

⑥ 何晓静：《范成大的园林与山水观念》，《创意与设计》2009年第3期，第66页。

⑦ 范成大：《范村记》，孔凡礼辑：《范成大佚著辑存》，第164页。

是菊花开时正秋高气爽，招人吟赏，且“名胜之士未有不爱菊者”，故菊名益重。“爱者既多”，自然“种者日广”。[①] 范谱跟史正志《菊谱》一样，遵循了刘蒙确立的依花色排位的标准，他自云“菊有黄、白二种，而以黄为正。洛人于牡丹独曰花而不名，好事者于菊亦但曰黄花，皆所以珍异之”，故“余谱先黄而后白”：先列16种黄菊，次列15种白菊，最后排杂色（红、紫）菊4种。[②] 所载菊花的命名原则也同于史谱，基本上以花色、花形为据，如胜金黄、太真黄、单叶小金钱、白荔枝、十样菊、胭脂菊、紫菊、金铃菊、垂丝菊、毽子菊、鸳鸯菊、莲花菊、佛顶菊等。有一种因其来自外国，故以产地命名，即波斯菊。范谱对所记每一种菊花亦有介绍，主要是描述花色、花形花姿。有的较为详细，如五月菊云：“花心极大，每一须皆中空，攒成一匾球子，红白单叶绕承之。每枝只一花，径二寸，叶似同蒿，夏中开。近年院体画草虫，喜以此菊写生。”[③]喜容千叶云：“花初开微黄，花心极小，花中色深外微晕淡，欣然丰艳有喜色，甚称其名，久则变白。尤耐封殖，可以引长七八尺至一丈，亦可揽结。白花中

---

① （宋）范成大撰，孔凡礼点校：《范成大笔记六种·菊谱》序，第269页。

② 范成大序云所记为36种，南宋《百川学海》、史铸《百菊集谱》所收范谱均悉载之。齐共霞《中国古代菊花谱录及个案研究》云：“《说郛一百卷》、《四库全书》所载《范村菊谱》有菊三十五种。”（曲阜师范大学硕士学位论文，2010年，第20—21页。）实际上，百卷本《说郛》除前后序外，所录仅为花名而略去介绍文字，确阙“藤菊”一名而为35种（《说郛三种》卷70，第1039页）；然一百二十卷本《说郛》所收正文则36种悉载（《说郛三种》弓103，第4737—4740页），只是将作者误为刘蒙（序确为刘作）。《四库全书》编收范谱，前后序、花名目录取自《说郛》百卷本、含介绍之正文取自一百二十卷本，然却据花名目录遽断云：“（范成大）自序称所得三十六种，而此本所载凡黄者十六种、白者十五种、杂色四种，实止三十五种，尚阙其一，疑传写所脱佚也。”（《四库全书总目》卷115《谱录类》，第991页）实系倥偬之余无暇细览正文致误。换言之，范谱四库本正文所载亦为36种，齐共霞所云盖沿四库馆臣《提要》语而误。

③ （宋）范成大撰，孔凡礼点校：《范成大笔记六种·菊谱》，第272页。按：孔凡礼句读“攒成一匾球。子红白，单叶绕承之”，误。

高品也。”有的较简略,如鸳鸯菊仅云:“花常相偶,叶深碧。”太真黄仅云:“花如小金钱,加鲜明。”有的涉及始花时间、产地、新品种出现年代等,如麝香黄云:“花心丰腴,傍短叶密承之。格极高胜。亦有白者,大略似白佛顶,而胜之远甚。吴中比年始有。”有的涉及花卉造型,如金铃菊云:“一名荔枝菊。举体千叶,细瓣簇成小球,如小荔枝。枝条长茂可以揽结,江东人喜种之,有结为浮图楼阁高丈余者。余顷北使,过栾城,其地多菊,家家以盆盎遮门,悉为鸾凤、亭台之状,即此一种。”有的涉及种宜之地,如藤菊云:“花密条柔。以长如藤蔓,可编作屏幛。亦名棚菊,种之坡上,则垂下袅数尺如缨络。尤宜池潭之濒。”[①]

范成大《菊谱》中的棣棠菊、金铃菊、球子菊、甘菊、野菊、酴醾菊、万铃菊、桃花菊、荔枝菊、紫菊(孩儿菊)与刘蒙《菊谱》同,可见至南宋中期北方传来的菊花名品仍为时人喜爱,继续得到培植。范谱与史正志《菊谱》均记苏州菊花,两者仅相隔 11 年时间,然除共同于刘谱者外,仅脑子菊、十样菊数种相同;根据范氏的描述,其谱中胜金黄、迭金黄、喜容千叶、金杯玉盘之目,很可能就是史谱中大金黄、小金黄、添色喜容、玉盘菊培育变异而得的新品种。兹可略见南宋菊花品种更新之速及栽培技术的进步与普及。范谱记载的南宋各地菊花名品有:迭金黄(明州)、棣棠菊(金陵)、麝香黄(吴中)、金铃菊(江东、栾城)、金杯玉盘(江东、吴下)。以范谱结合史谱,可对某些菊花品种有更清楚的了解,如史谱记脑子菊,仅云“花瓣微皱缩,如脑子状”[②],而范谱则云“多叶,略似御衣黄。初开浅鹅黄,久则一白花。叶尖薄,盛开则微卷。芳气最烈”[③]。范谱还记载了南宋一项重要的艺菊成就,即发明了“掇颠”(今曰“打顶”)技术:“吴下老圃,伺春苗尺许,时掇去其颠,数日则歧出两枝,又掇之,每掇益

---

① (宋)范成大撰,孔凡礼点校:《范成大笔记六种·菊谱》,第 271 页。按:原文标点为“藤菊花。密条柔以长,如藤蔓,可编作屏幛”,误。

② (宋)史正志:《菊谱》,《丛书集成初编》第 1356 册,第 4 页。

③ (宋)范成大撰,孔凡礼点校:《范成大笔记六种·菊谱》,第 273 页。

歧。至秋，则一干所出数千百朵，婆娑团圞如车盖、熏笼矣。人力勤，土又膏沃，花亦为之屡变。”[①]范成大还根据自己的实践经验对菊花的药用价值作了论述，这可能与他身体多病也有关系：

> 今吴下惟甘菊一种可食，花细碎，品不甚高。余味皆苦，白花尤甚，花亦大。隐居（指陶弘景）论药既不以此为真，后复云“白菊治风眩”。陈藏器之说亦然。《灵宝方》及《抱朴子》丹法又悉用白菊，盖与前说相牴牾。今详此，惟甘菊一种可食，亦入药饵。余黄白二花虽不可茹，皆可入药，而治头风则尚白者。此论坚定无疑，并附著于后。[②]

《菊谱》传世版本较多，主要有宋刻《百川学海》本、明弘治十四年无锡华珵刻《百川学海》本、嘉靖十五年郑氏宗文堂刻《百川学海》本、万历二十五年金陵荆山书林刻《夷门广牍》本、明末清初宛委山堂刻《说郛》本、清《四库全书》本（题名《范村菊谱》）、光绪六年山西浚文书局刻《植物名实图考长编》本、光绪十一年上海福瀛书局刻本、宣统间国学扶轮社铅印《香艳丛书》本、民国上海中央书店《国学珍本文库》本、民国商务印书馆《丛书集成初编》本等。此外，范氏尚有《石湖诗集》《石湖词》《石湖居士文集》《石湖别集》《吴郡志》《太湖石志》《桂海虞衡志》《骖鸾录》《吴船录》《揽辔录》《梅谱》等著作。

范成大生平参见本书第一章第三节。

6.《图形菊谱》

二卷，胡融撰。《中国农业古籍目录》未著录。书成于绍熙二年（1191）[③]，被史铸分别收入《百菊集谱》卷五及《补遗》卷。

胡融《图形菊谱》记载菊花41种，其中很多品种显系原有品种培育分化而来，如原有荔枝菊，胡谱则有银荔枝、金荔枝、小金荔

---

① （宋）范成大撰，孔凡礼点校：《范成大笔记六种·菊谱》，第269页。

② （宋）范成大撰，孔凡礼点校：《范成大笔记六种·菊谱》，第275页。

③ （宋）史铸：《百菊集谱》卷5，明万历汪氏刻《山居杂志》本，叶一a。

枝；原有金钱菊，胡谱则有大金钱、小金钱；原有金杯玉盘，胡谱则有金盏金台、银盏银台；原有白菊，胡谱则有大白、小白；原有佛顶菊（亦名佛头菊），胡谱则有夏佛罗（一名佛顶菊）、秋佛罗、小金佛头、大金佛罗等等。当然也有全新的品种，如七宝黄（又名十样黄）、七宝白、大眉心、小眉心、玉盘毛心、钗头金等等。特别需要指出的是，胡融《图形菊谱》对菊花品种优劣的排定完全不再遵从重色尚黄的传统原则，如第一虽排御袍黄，但非因其“黄”，乃因“御袍乃人君之服，故列为首”[1]；第二即排荼蘼，荼蘼花色纯白，在刘蒙《菊谱》中仅列第23位；第三则排银荔枝，而金荔枝反列于第四；最后一位竟然排的是其色金黄的大金佛罗。可见胡谱完全是按照品种稀缺性或者说价值高低来定品的，这反映出市场需求对人们赏花观念的影响。胡融《图形菊谱》当然也记有前代品种，但一般却已另有其名，如蘸金（即添色喜容）、佛罗（即佛顶菊）、石决（即甘菊）等——即使品种不新，也得别取一个花名以新人耳目，这也是市场影响的一个侧面证据。此外，胡融《图形菊谱》有文有图，以图形弥补文字状物之不足，是刘蒙《菊谱》产生以来体例上的一个创新，惜乎史铸不录其图，其创新努力遂等于无用之功。

胡融《图形菊谱》还详记菊花栽培技术，指出仲春初种菊花，在“菊苗怒生才及五六寸”时须“掘起拣根茎大者，相去四寸许种之”，并且要注意施加底肥，“用麻饼末一大撮拌土”。还要注意除草、追肥，“一月凡三度锄薙，至日暮以溺浇之，春月则用蚕沙。一法先以溺渍草屦置土下，极有力”。胡谱也记载了范成大《菊谱》所言的“掇颠”方法，只是叫做“摘脑”：“才高一尺以上，便与摘脑。摘脑则杈生而花阔，至立秋而止，唯夏佛罗、银球菊不用摘。”[2]范、胡二谱时间相距仅5年，对今所谓的“打顶”方法的不同叫法应是苏州和台州地域差异的表现，反映出这一艺菊技术在宋代的普及性。胡融还强调了菊花“功用甚博”，有所谓“七美”：“一寿考，二芳香，三

---

① （宋）史铸：《百菊集谱》卷5，明万历汪氏刻《山居杂志》本，叶一b。

② （宋）史铸：《百菊集谱》卷5，明万历汪氏刻《山居杂志》本，叶三b。

黄中，四后凋，五入药、六可酿、七以为枕明目而益脑。”①

和《图形菊谱》正文深受社会风气影响不同的是，“所爱者独菊”的胡融在谱序中表明了和前人一致的对菊花的道德价值赋予：

> 时维季秋，霜风凄紧，草木之叶或黄或瘠或槁或脱，而菊也方濯濯然独立于霜露之中，含曜吐颖精采夺目，与吾相对竟日。冷淡而耐久，潇洒而有远韵，正可比方高人贞士立于世道之风波，操履卓绝不为威武势力之所摧屈者矣。夫其天姿高洁，独受间气，生不与草木同流，死不与草木偕逝，可谓物中之英、百卉之杰然者也。②

胡氏《图形菊谱》还罗列了“桐蒿花、地丁花、马兰、滴滴金、千里光、旋复花”等数种似菊而非菊之花草，对此他以答客问的形式作了解释：

> 子胡子既作《菊谱》，客曰：“菊之品不一而足，然则花之似菊者吾子亦有取乎？”曰：“夫疑似之间，毫厘之际，君子明辨而不恕，正以其似是而非有以害道。若阳虎之貌似夫子，项羽之瞳子如舜，其可以形似而遽信之！今菊之为物，挹之馨香，饵之延龄，标致高爽，如此自余小草仅可为臣仆奴隶，讵敢望其音影？花虽相近，乃菊之盗。犹小人之效君子，非不缘饰其外，而胸中之不善讵能自掩？余惧夫人他日之耳目或为所惑，故以其党类列之编末。”③

① (宋)史铸:《百菊集谱·菊史补遗》，明万历汪氏刻《山居杂志》本，叶七 b。

② (宋)史铸:《百菊集谱》卷 5，明万历汪氏刻《山居杂志》本，叶一 b。

③ (宋)史铸:《百菊集谱·菊史补遗》，明万历汪氏刻《山居杂志》本，叶八 a 至 b。

菊而人，人而菊，斯真爱菊者也！这两段话既是胡融作为一个隐士人格操守的夫子自道，也揭示了历代志士仁人喜爱菊花的真正原因——菊花乃其自身人格的投射。

胡融，光绪《宁海县志》云其“字少瀹，号南塘”①，陆心源《宋诗纪事小传补正》云其“字小瀹，号四朝老农”，《三台诗录》云其“字子化，别字少瀹”②。据庆元三年(1197)正月十四日胡融与友人登石台山所留题刻可知其字少瀹、号四朝老农：

> 自有宇宙便有此山，未有此游。庆元丙辰重九南塘胡融少瀹刻铭其上，明年上元前一日刘次皋允叔自香岩来，竹波李揆文叔、蒙庵王度雅叔、筠轩周仲卿次和皆不约而至，相与同登。联句纪实，以示来者。四朝老农少瀹书。③

《百菊集谱》记其为“赤城”人即台州人，更准确地说是台州宁海县(治今浙江宁波市宁海县)人。靖康二年(建炎元年，1127)其祖父始迁居此处，当此乱世，遂“洗去其平生功名之念，具钓车、舴艋、笭箵、罩罟以穷烟波之乐”④，隐居乡里。《天台续集别编》收其《游天台诸诗》(13 首)，有“平生山水癖，遐往心独喜”⑤句，确有隐逸高蹈

① 光绪《宁海县志》卷 10《人物志一》，《中国方志丛书·华中地方》第 215 号，台北：成文出版社，1975 年影印本，第 924 页。

② 民国《台州府志》卷 116《人物传十七》引，上海：上海古籍出版社，2015 年，第 4976 页。

③ 崇祯《宁海县志》卷 11，《中国方志丛书·华中地方》第 503 号，台北：成文出版社，1983 年影印本，第 1013 页；胡朝霞：《宁波地区摩崖石刻调查概述》，《青少年书法》2011 年第 10 期，第 45 页。

④ (宋)胡融：《南塘记》，(宋)林表民编：《赤城集》卷 14，《景印文渊阁四库全书》第 1356 册，第 736 页。

⑤ (宋)林表民编：《天台续集别编》卷 4，《景印文渊阁四库全书》第 1356 册，第 577 页。

之风。胡融著作还有《土风志》《历代蒙求》,[①]今均佚。

7.《菊谱》

一卷,沈荘可撰。《中国农学书录》《中国农业古籍目录》未著录。书已佚,仅史铸《百菊集谱》引录一条,讲苏州控制菊花株型之法:

> 沈荘可谱云:“吴门菊自有七十二种。春分前以根中发出苗裔,用手逐枝柯擘开,每一柯种一株,后长及一尺,则以一尺高篮盖覆。每月遇九日,有出篮外者则去其脑,至秋分则不去矣。夏间每日清水浇灌,遇夜去其篮承露,至早复盖,不可使干枯。如此之后,结蕊则平齐矣。”[②]

沈荘可,号菊花山人[③],袁州分宜(治今江西分宜县)人。正德《袁州府志》记为“孝宗时进士”,[④]万历间成书的《古今万姓统谱》记为“宣和(1119—1125)间进士”。今研究者多从后说,盖未加考证。从其所交游的郭笑祥(1158—?)、戴复古(1168—1250?)[⑤]、赵师秀(1170—1219)[⑥]、乐雷发(1195—1271)[⑦]、郭应祥(淳熙八年/

① 崇祯《宁海县志》卷9《文籍》,《中国方志丛书·华中地方》第503号,第643页。

② (宋)史铸:《百菊集谱》卷3,明万历汪氏刻《山居杂志》本,叶一b至二a。

③ (宋)戴复古著,金芝山点校:《戴复古诗集》卷2《沈庄可号菊花山人,即其所言》,杭州:浙江古籍出版社,2012年,第51页。按:有研究者又谓沈氏“号菊山”,其实“菊山”只是“菊花山人”省称而已,如戴复古“无山可种菊,强号菊山人”句(同书卷2《寄沈庄可》,第51页)、邹登龙《秋夜怀菊山沈荘可》(陈起编:《江湖小集》卷69,《景印文渊阁四库全书》第1357册,第535页)诗。明清乡邦、氏族之书误书之,实不可援以为据。

④ 正德《袁州府志》卷7《科第》,《天一阁藏明代方志选刊》第37册,上海:上海古籍书店,1963年影印本,叶二b。

⑤ 张继定:《戴复古生卒年考辨》,《文献》2003年第1期,第87—94页。

⑥ 华岩:《赵师秀卒年小议》,《文学遗产》1985年第1期,第120页。

⑦ 雷运福:《南宋特科状元乐雷发》,南宁:广西人民出版社,2008年,第1页。

1181年进士)、严粲(嘉定十六年/1223年进士)等人来看,应以"孝宗时进士"为确。且据乐雷发诗"网尽珊瑚采尽珠,只餐秋菊养诗臞。永嘉同社声名在,乾道遗民行辈孤"[①],还可进一步确知沈荘可登第是在乾道(1165—1173)年间。沈氏曾知钱塘县(治今浙江杭州市),性"嗜菊,庭植尝数百本",晚年"退居益放情于菊"。据说后逝于重阳节,朱熹有诗挽之云"爱菊平生不爱钱,此君原是菊花仙",[②]然不见于朱熹文集。无论朱诗是否属实,沈荘可爱菊、作有《菊谱》一书在朋友中的确是很有名的,如张弋《赠沈荘可》云:"问遍菊名因作谱,画将兰本要求诗。"[③]赵师秀《送沈荘可》云:"清事贫人占,斯言恐是虚。与花方作谱,为米又持书。时节寒相近,山林拙未除。"[④]可见沈荘可的经济生活并不宽裕,以致爱菊、赏菊这样的"清事"也因为贫困而显得不真实。

安徽天柱山石牛洞(今称山谷流泉)摩崖石刻是一座宋代书法艺术宝库,苏轼、王安石、黄庭坚(黄氏"山谷"之号即因此地而来)等人都在此地留有题刻。虽然沈荘可友人萧元之曾在《水龙吟(答沈荘可)》中云:"人生何必求名,身闲便是名高处。"[⑤]但沈荘可游览此处时仍然题名于石(图23),书法非常清丽典雅——的确,隐士只是不与朝廷合作,并非不追求永恒之人生价值。正如菊花虽有花中隐士之称,但并非无名,反与梅、兰、竹并有君子之名。沈荘可可谓真知菊者也!

---

① (宋)乐雷发撰,萧艾注:《雪矶丛稿》卷3《访菊花山人沈庄可》,长沙:岳麓书社,1986年,第75—76页。

② (明)凌迪知:《万姓统谱》卷89,《景印文渊阁四库全书》第957册,第308页。

③ (宋)陈起编:《江湖小集》卷68,《景印文渊阁四库全书》第1357册,第531页。

④ (宋)赵师秀:《清苑斋诗集》,《景印文渊阁四库全书》第1171册,第193页。

⑤ (宋)赵闻礼选编,葛渭君校点:《阳春白雪·外集》,上海:上海古籍出版社,1993年,第584页。

图 23　天柱山山谷流泉摩崖石刻沈莊可题字①

8.《菊谱》

一卷，沈竞撰。《中国农学书录》记作《菊名篇》，《中国农业古籍目录》未著录。

---

① 引自《天柱山山谷流泉摩崖石刻》，2018 年 2 月 26 日，http://www.mafengwo.cn/i/8543502.html，2021 年 8 月 23 日；潜山县博物馆编：《天柱山山谷流泉石刻》，合肥：安徽美术出版社，2011 年，第 77 页。

沈竞《菊谱》"元本列为六篇"，被史铸"分入《集谱》诸门"，[1]换言之，沈谱原书顺序虽已被打乱，但尚保存在《百菊集谱》中。下面即依史氏所录，对沈谱一加探究。如果说刘蒙《菊谱》代表了宋代北方菊花品种，那么沈竞《菊谱》则可以说代表了宋代南方菊花品种。为清眉目，兹将其记载的各地菊花品种都为下表（表8）。

表8　沈竞《菊谱》所载品种及产地表

产地		品名	备注
州府	具体地点		
临安（治今浙江杭州市）	禁中大园子	御袍黄菊、御衣黄、白佛头、黄佛头、黄新罗、白新罗、戴笑菊（即大笑菊）、橙子菊、蔷薇菊、末利菊、樝子菊、大金钱、小金钱、金盏银台、明州黄、泰州黄、黄素馨、白素馨、黄木香、白木香、牡丹菊、黄酴醿、白酴醿、大金黄、小金黄、夏菊、桃花菊、销金菊、金铃菊、蹙线菊、燕脂菊、白喜容、黄喜容、黄笑靥、白笑靥、金井银栏、金井玉栏、鹅儿菊、棣棠菊、丁香菊、万铃菊、玉盆菊、铁脚黄铃、黑叶儿、轻黄菊、黄缠枝、白缠枝、胜金黄、赛金钱、早紫菊、早莲菊、团圆菊、柳条菊、枝亭菊、鞍子菊、碧蝉菊、钹儿菊	近六十种，多与外间同名者
	西马城园子	岁至重阳，谓之斗花，各出奇异，有八十余种，予不暇悉求其名	"城"一作"塍"
		大笑菊（或云即枇杷菊）	
婺女（即婺州，治今浙江金华市）		销金北紫菊、销银黄菊、乾红菊（即是销金菊）	三菊乃佛头菊种也
浙间		荷菊、脑子菊、茱萸菊、麝香菊、水仙菊（金盏银台）	在豫章（治今江西南昌市）尝见之

[1] （宋）史铸：《百菊集谱》卷2，明万历汪氏刻《山居杂志》本，叶一a。

续表

产　地		品　名	备　注
州　府	具体地点		
金陵（治今江苏南京市）		松菊	
潭州（治今湖南长沙市）	长沙	御爱、笑靥、孩儿黄、满堂金、小千叶、丁香、寿安、真珠、迭罗、艾叶球、白饼、十月白、孩儿白、银盆、荔枝菊、未著花名（五月开者）	长沙见菊亦多品
舒州（治今安徽潜山市）	潜山	玉盘盂、金铃菊、春菊、佛头菊、枇杷、银盘、丁香菊	朱新仲有菊坡所种
		蜂儿菊、水晶菊、末利菊	至今舒州菊多品
江陵（治今湖北江陵县）	潜江	铺茸菊	潜江品类甚多
他处		十样菊、大金钱、小金钱、金盏银盘	在在有之

沈竞《菊谱》和此前诸谱一样，也于菊名后以简要文字介绍其特点。尤为特异的品种如水晶菊“花面甚大，色白而透明”；荷菊“日开一瓣，开足成荷花之形。众菊未开则不开，众菊已谢则不谢”；松菊“枝叶劲细如松，其花如碎金，层出于密叶之上”；等等。特别要指出的是，沈谱所记潜江铺茸菊“色绿，其花甚大，光如茸，二月间开”，临安碧蝉菊则为“青色”，这两种颜色都是前此菊花所没有的花色（此后三十年还进一步培育出了黑色的墨菊[①]），并且是刘蒙以来诸谱定品所卑视的“杂色”。这说明随着时间推移，宋代民众在菊花审美上开始偏离传统、求新求异，有意培育一些标新立异的独特品种。

除上述见于《百菊集谱》卷二的内容外，同书卷三还有数条引自沈谱的内容。一为关于分种者：“菊每岁以上已前后数日分种，

① （宋）史铸：《百菊集谱·菊史补遗》，明万历汪氏刻《山居杂志》本，叶一四b。

失时则花少而叶多。如不分置他处，非惟丛不繁茂，往往一根数干、一干之花各自别样，所以命名‘不同菊’。开过以茅草裹之，得春气则其旧年柯叶复青，渐长成其树。但次年不着花，第二年则接续着花，仍不畏霜矣。”[①]一为关于菊花别称者：“周濂溪则以菊为花之隐逸者称之。”一为关于东平府人“采（溪堂）石崖之菊以饮，每岁必得一二种新异之花”的传说。一为关于称赏菊花价值者：“（元）次山作《菊圃记》，云：‘在药品是为良药，为蔬菜是佳蔬也。’”[②]一为关于徐仲车好菊之事者[③]。综上可知，沈竞不同于刘、史、范诸谱不叙栽培技术，其谱既述菊花的外形特征，也记栽培技术，还载相关人物、典故、轶事、传说，是胡融之后又一部综合性更强的菊谱，甚至可以说宋代菊谱发展到他手中终于形成了较完备的形态。因此《中国农学书录》将沈谱名为《菊名篇》，且云“内容大约只限于菊花的标名”，[④]显然是不准确的。

沈竞，仅据史铸《百菊集谱》序知其为吴人、其《菊谱》撰于嘉定六年（1213），余皆不可考。

9.《菊谱》

一卷，马揖撰。《中国农业古籍目录》未著录。

按史铸《百菊集谱》收录《蘜先生传》所署“建阳马揖”[⑤]、“近时马伯升《菊谱》有该金箭头菊”[⑥]语，可知马揖字伯升，为建阳（治今福建南平市建阳区）人。又同书云：

---

① （宋）史铸：《百菊集谱》卷3，明万历汪氏刻《山居杂志》本，叶二a。

② （宋）史铸：《百菊集谱》卷3，明万历汪氏刻《山居杂志》本，叶八b至九a。

③ （宋）史铸：《百菊集谱》卷3，明万历汪氏刻《山居杂志》本，叶一六b。

④ 王毓瑚：《中国农学书录》，第75页。

⑤ （宋）史铸：《百菊集谱·菊史补遗》，明万历汪氏刻《山居杂志》本，叶五b。

⑥ （宋）史铸：《百菊集谱·菊史补遗》，明万历汪氏刻《山居杂志》本，叶九a。

(史)铸淳祐壬寅之夏尝序《菊谱》刊梓,以便夫观览。越数年,忽得《晚香堂百咏》。开卷伏读,则知马君先辈酷爱此花,无日而不以为乐,亦尝作谱于淳祐壬寅之秋。愚味其诗,立意清新,造语骚雅,体题明白,世所未有也。第愧铸耄拙非才,不足追攀英躅;又不识隐君燕逸何方,与吾乡限隔江山几许里。而获闻贤士君子,志同道合如此,登堂拜面其愿莫遂,实劳我心。[①]

可知马揖酷爱菊花,年龄似较史铸为长,其《菊谱》作于淳祐二年(1242)。史铸为著《百菊集谱》遍搜诸谱,自云"每得一本"便"快睹谛玩"[②];甚至在《百菊集谱》付梓之后见到胡融《图形菊谱》一书,也专门倩工雕版续刻为第五卷。因此,倘其得见马揖《菊谱》,即无不收之理,与其此处仅云"忽得"马氏《晚香堂题咏》而不言得其谱相合。然《百菊集谱》却征引了马氏《菊谱》中的"金箭头菊"一目:"近时马伯升《菊谱》有该金箭头菊,其花长而末锐,枝叶可茹,最愈头风,世谓之风药菊。无苗,冬收实而春种之。"此文字从何而来?以理度之,自然是来自《晚香堂百咏》。则马揖《晚香堂百咏》当如同时代张逢辰《菊花百咏》一样,除诗句外复以题下小注的形式介绍所咏菊花品种。又刘克庄曾为马揖《菊谱》作跋:

建阳马君谱得百种,各为之咏,其嗜好清绝可喜。君未为人爵所縻,林下趣专,获与菊相周旋如此。未知君它日宦达,将为伯使乎?抑为韩(琦)为崔(与之)乎?将以荣是菊乎?抑以辱是菊乎?君其谨之,勿使菊有遗憾。[③]

---

① (宋)史铸:《百菊集谱·菊史补遗》,明万历汪氏刻《山居杂志》本,叶一五 a 至 b。

② (宋)史铸:《百菊集谱·序》,明万历汪氏刻《山居杂志》本,叶二 a。

③ (宋)刘克庄撰,王蓉贵、向以鲜校点:《后村先生大全集》卷 101《建阳马揖〈菊谱〉》,第 2601 页。

后村明确指出马揖《菊谱》“得百种，各为之咏”，因此史铸所谓《晚香堂百咏》实即马氏之《菊谱》也！此种诗加注的形式是南宋末年形成的一种菊谱新体例，史铸前所未见，遂误以为马揖《晚香堂百咏》之外尚另有《菊谱》，诚可谓“远在天边，近在眼前”，还费尽苦心造立“体题新咏”[①]一目以涵盖之。另笔者颇疑“晚香堂百咏”亦非马书定名，如史铸本人在《百菊集谱·菊史补遗》目录中就又记作“晚香堂品类”[②]。四库馆臣恐亦有此疑，遂径改为《晚香堂题咏》（因系诗歌，然已远差百数），如此，更难识其真面目矣。后村又有“（马揖）未为人爵所縻”“未知君它日宦达，将为伯使乎”语，则马氏淳祐二年或稍后尚为布衣，年龄最多恐不超40岁（此与上文“马君先辈”语矛盾，然史既“不识隐君”，“先辈”则出臆测；后村既为马谱作跋，则必识其人，当以后村言为确），否则再说什么“它日宦达，将为伯使”“为韩为崔”岂不类同嘲讽？准此，则马揖约生于宁宗嘉泰三年（1203）前后。

马揖《菊谱》记载的菊花达百种，相比南宋前中期的史正志、范成大所记品种已明显增多。史铸虽不知《晚香堂百咏》（《晚香堂品类》）就是马氏《菊谱》，然因以其诗“立意清新，造语骚雅，体题明白，世所未有也”，因此摘录了20首“以益衍其传”[③]。所以，《百菊集谱》还保留了马揖《菊谱》五分之一的内容。史铸摘录马谱的原则是“除诸谱重复之名”[④]，则所记100种菊花中有20种是新见品种，然其中“小金铃菊”“万铃菊”史正志、范成大二人之谱均已有载，“紫菊”（即孩儿菊）刘蒙、史正志、范成大三谱皆载，可见“除诸谱重复之名”的原则并未严格执行，所以马揖《菊谱》所载新品种数

① （宋）史铸：《百菊集谱》目录，明万历汪氏刻《山居杂志》本，叶2b。

② （宋）史铸：《百菊集谱·序》，明万历汪氏刻《山居杂志》本，叶一b。

③ （宋）史铸：《百菊集谱·菊史补遗》，明万历汪氏刻《山居杂志》本，叶一五b。

④ （宋）史铸：《百菊集谱·菊史补遗》，明万历汪氏刻《山居杂志》本，叶一b。按：“复”字据四库本补。

量无从确知。兹据史铸所录摘引数条略见其体志：

> **玉盘珠菊**（多叶，白花。中数小叶合而为心，如珠之圆，宛若盘心之承珠也。）
>
> 月斧修成玉一团，篱边清润逼人寒。花心拥出骊龙宝，一颗盈盈欲走盘。
>
> **闹蛾儿菊**（细叶，淡黄花。一花不过三四叶，叶各相向，如蝶拍之状，聚于枝梢，栩栩然若将飞舞也。）
>
> 花神巧剪闹蛾儿，春去飘零无处归。尚有寒枝香信在，故应扑扑满园飞。
>
> **墨菊**（出于朔庭，近世方有。）
>
> 独抱缁衣对晓寒，天然清淡恶华丹。多因元亮题诗笔，洒在寒枝湿未干。[①]

诗题小注所述涉及花色、花形花姿、枝叶形态、产地、品种出现年代等。诗句主要也是对花色、花形的描绘，然后就是审美价值的升华。除了上述3种，马谱记载的菊花品种还有渊明菊、大夫菊、处士菊、伴梅菊、金钱菊、黄金盏菊、小金铃菊、万铃菊、茶菊、白菊、紫菊等。

10.《百菊集谱》

六卷，补遗一卷，史铸撰。

史铸字颜甫，号愚斋，山阴（治今浙江绍兴市）人。嘉定十年（1217）曾为王十朋《会稽三赋》作注[②]。后自端平三年（1236）[③]开

---

① （宋）史铸：《百菊集谱·菊史补遗》，明万历汪氏刻《山居杂志》本，叶一三b至一四b。按：方健虽猜测“这二十首诗的题注，似当即为马氏《菊谱》中之内容，故马揖之《谱》亦部分保存在史《谱》之中”（《南宋农业史》，第376页），但仍以《晚香堂题咏》与马揖《菊谱》为二书。

② 雍正《浙江通志》卷185《人物七》，《中国地方志集成·省志辑·浙江》第6册，第3202页。

③ （宋）史铸：《百菊集谱》卷6，明万历汪氏刻《山居杂志》本，叶二四b。

始搜罗宋人所撰菊谱，至淳祐二年(1242)附以己作集为《百菊集谱》五卷。[①] 六年夏，史氏饬工刊印时又得胡融《图形菊谱》，遂移原书第五卷为第六卷，而以胡谱为第五卷。十年(1250)又续成《菊史补遗》一卷，遂成是书今日之面貌。对于《补遗》卷名标“菊史”而书名及前六卷仍作“百菊集谱”，四库馆臣推测是“当时刊板已成，不能更易”[②]的原因，实际上史铸对此有明确的解释：“铸才疏识浅，所愧不足联芳于前贤……列于《补遗》卷端，戏表此编滥有称史之名耳。”[③]就是说他自认为才不足以作史，因此对朋友以“菊史”命名的提议并不打算采纳，但又觉得其为“佳名”且己书有《黄华传》《蘜先生传》之目，故戏题于《补遗》卷端而已。淳祐四年(1244)，史氏曾自言“愚年将耋景”[④]，“耋”一般指 80 岁，则其生当乾道三年(1167)前后。

《百菊集谱》首列“诸菊品目”，即诸谱所记菊花品种去其重复后的汇总，计 163 个菊花品种。排名顺序基本遵行“重色尚黄”的传统原则。然有着白色花瓣的九华菊却又排第一，原因只是为了“尊古”，可见在史铸心目中菊花定品传统原则不似刘、史、范时代之不可更动。实际上，史氏因有“著史”之倾向，所持尚为较保守之立场，其同时代之人早已抛弃此传统赏菊原则了。因意欲呈现菊花品种之地理分布，故史书卷一录周师厚《洛阳花木记》“草花”所列 26 个菊名而易名为“洛阳品类”，录刘蒙《菊谱》而易名为“虢地品类”，录史正志《菊谱》而易名为“吴中品类”，录范成大《菊谱》而易名为“石湖品类”。卷二录沈竞《菊谱》而易名为“诸州及禁苑品类”，录自撰之谱为“越中品类”，又录诸谱未收之菊名。卷三分种

① (宋)史铸:《百菊集谱·序》，明万历汪氏刻《山居杂志》本，叶二 a、三 b。

② 《四库全书总目》卷 115《谱录类》，第 992 页。

③ (宋)史铸:《百菊集谱·菊史补遗》序，明万历汪氏刻《山居杂志》本，叶一 a。

④ (宋)史铸:《百菊集谱》卷 6，明万历汪氏刻《山居杂志》本，叶二(四)[五]a。

艺、故事、杂说、方术、辨疑（目录有此目，正文缺标）、古今诗话。卷四为关于菊花的诗文，分为“历代文章”“唐宋诗赋”两目。卷五录胡融《图形菊谱》。卷六分“体题新咏”“集句诗”（史氏自集）两目，前者包括史铸和诸士友之作，大多为咏越中菊花品种者。《菊史补遗》首录邢良孠、马揖为菊花所作传记《黄华传》、《蘜先生传》，其后“杂识”录胡融《图形菊谱》前后序，继为“辨疑”“（菊花）诗赋”“续集句诗”（三目显为原五卷本撰成后续得者），最后是“正误”即对前面数卷的勘误。这里需要指出两点，一是史铸对诸家之谱并非完整抄录，亦非按其原来顺序抄录，而是有自己的编辑意图，如沈竞《菊谱》，既于卷二“诸州及禁苑品类”目下录之，又将其他内容分入卷三有关类目录之中，还常在过录中以“愚斋云”的形式加入自己的意见。二是《菊史补遗》卷“诗赋”部分录有马揖《晚香堂百咏》，实即其《菊谱》，因其韵散结合的新体例使史铸录而未觉——实际上，合史铸本人“越中品类”与“体题新咏”中自作咏越中菊花品种之诗为一，即马揖《菊谱》之体例也，亦后文所述张逢辰书之体例也。

胡融、沈竞、马揖诸谱均赖《百菊集谱》得以存世，史铸之功大矣哉！但其功并不止此，他实际上还自撰有菊谱，即《百菊集谱》中所谓“越中品类”者，下面对此部分内容作一探讨。史铸在自序中说所记为 40 种[①]，然正文止 38 种，其中黄色 22 种，如胜金黄、大金钱、金丝菊、九日黄、黄寒菊等；白色 13 种，如九华菊、淮南菊、粉团等；红色 3 种，即桃花菊、绣菊、石菊。又附滥号 1 种（孩儿菊，本名鹅儿菊）、假名 4 种（春菊，实即蒿菜花；紫菊，实即马兰花；观音菊，实即天竺花；绣线菊，实即厌草花）、谱外之菊 10 种。所谓“滥号”，指非菊而带“菊”名、被人误以为菊者；所谓“假名”，指非菊而带“菊”名，但未被误认为菊者。史铸亦在每种菊花之后对其加以介绍，但与他谱不同者，是史氏所作介绍文字多有甚长者。如介绍淮南菊云：

① （宋）史铸：《百菊集谱·序》，明万历汪氏刻《山居杂志》本，叶三 a。

先得一种白瓣黄心，瓣有四层，上层抱心微带黄色，下层黯淡纯白。大不及折二（宋代一种铜钱，又称“当二”，比平钱稍大），枝头一簇六七花。后又得一种淡白瓣、淡黄心，颜色不相染，心瓣有四层。一枝攒聚六七花，其枝杪六花如六面仗鼓相抵，然惟中央一花大于折三，余者稍小。予视之疑非一种，园丁乃言所产之地力有不同也。大率此花自有三节不同：初开花面微带黄色，中节变白，至十月开过见霜则变淡紫色；且初开之瓣只见四层，开至多日乃至六七层，花头亦加大焉。①

所谓“三节”，指菊始花、盛开、凋谢三个不同阶段。在宋代所有菊谱中，惟史铸一人指出菊花在不同阶段花色不同，仅此一点足见其观察、描述之细致程度。当时菊谱所记基本上是其盛开时的花色②。介绍橙菊云：

（亦名金球菊）此品花瓣与诸菊绝异，含蕊之时状如粉团菊，黄色不甚深。其瓣成筩排竖生于萼上，后乃开作小片婉娈至于成团。众瓣之下又有统裙一层承之，亦犹橙皮之外包也。其中无心。（愚斋云：“据愚视之，橙黄菊与粉团菊必是一种，但橙小粉大及色异耳。”）③

石菊介绍文字更是长达400多字。总之，史铸所记非常详细具体，不仅与他谱仔细比较，还与朋友深入讨论，实为研究中国菊花品种发展演变不可多得之材料。这与他孜孜不倦的探究精神是分不开的，其对陶渊明所种九华菊孜孜矻矻以求的过程就是一个证明：

---

① （宋）史铸：《百菊集谱》卷2，明万历汪氏刻《山居杂志》本，叶一〇b至一一a。

② （宋）史铸：《百菊集谱》卷2，明万历汪氏刻《山居杂志》本，叶四b。

③ （宋）史铸：《百菊集谱》卷2，明万历汪氏刻《山居杂志》本，叶五b至六a。

如九华一品，此正供渊明所赏者也。在昔先生所植甚多，尝以是形于九日（指《己酉岁九月九日》）诗序。今也几历千载，其名犹闻于杭越间流芳不绝。然愚求于记谱中，奈何皆阙之，岂彼四方之广土此品未尝有邪？岂道里限隔此名或呼之异邪？岂群贤作谱采访有所未至邪？胡为品目之未备吁？可怪也！于是就吾乡遍涉秋园搜拾所有，悉市种而植之，俟其花盛开乃备述诸形色而纪之，有疑而未辨则问于好事而质之。夫如是则古称九华者于斯复见矣。[①]

史氏"越中品类"菊花排名与"诸菊品目"大异，严格遵循了先黄次白后红的原则，可见他在传统和现状之间的折衷态度。对此他作了一个说明："以下诸菊之次第，所排近似失序，此盖粗以形色之高下而为列，非徒狥名而已。"[②]就是说，这种排法是以传统重色尚黄原则来排的，而不是按照其所处的理宗时代菊花品种名气、价值来排的。由后者来看，其排法简直"近似失序"——这从侧面反映了理宗时代的不同于传统的艺菊、赏菊风气。

《百菊集谱》较少传本，有明万历间汪氏刻《山居杂志》本、清《四库全书》本、南京图书馆藏绿格抄本。

11.《阆风菊谱》

卷帙不详，舒岳祥撰。《中国农学书录》《中国农业古籍目录》未著录。仅见于舒氏《次和杨中斋读〈阆风菊谱〉因觅本植斋前韵》一诗，诗中提及其谱所记"金带紫（一种黄色而带紫，俗号北紫绡金）"、"御袍黄"两品。杨中斋即理宗驸马杨镇，他因读《阆风菊谱》而致书舒岳祥讨种移栽，舒氏遂有此和作。舒氏还有一盆冬季开花的菊花品种，"此花品金色，而中心作葱管突起，正如金荔子"，他作有一诗述之：

---

① （宋）史铸：《百菊集谱·序》，明万历汪氏刻《山居杂志》本，叶二 a 至三 a。

② （宋）史铸：《百菊集谱》卷 2，明万历汪氏刻《山居杂志》本，叶四 b。

> 煌煌金碗覆金盘，葱管玲珑明艳透。……况此千林骨立后，何从得此金覆盂。从来菊号霜下杰，今当唤作雪中英。雪中松柏不若汝刚贞，孔云后凋特晚耳。[①]

“金荔子”即金色荔枝菊，刘蒙《菊谱》对其花形有详细描绘：“千叶，紫花，叶卷为筒。”其所谓“叶”指花叶即花瓣，筒叶即花瓣“卷生为筒，无尖阙者”。[②] 舒岳祥此冬菊品种“中心作葱管突起”即为筒叶，故其言“正如金荔子”。菊花瓣型有平瓣、匙瓣、管瓣、桂瓣，平瓣是原始类型，匙瓣、管瓣、桂瓣是进化后的瓣型。[③] 此品当亦见收于《阆风菊谱》。

舒岳祥早年即喜菊花，曾于私家园林“篆畦”专辟菊畦名曰“花隐”[④]。晚年因菊花“晚节香”[⑤]的特征而爱菊弥甚，多次作诗为颂，如云“此物秉坚正，未怕风霜欺。宁同此身槁，不与清香离”[⑥]，实为其作为亡宋遗民拒绝与元政府合作、遗世而独立之人格精神的自我写照。

舒岳祥生平具见刘庄孙所作《舒阆风先生行状》，今人邱鸣皋又作有《舒岳祥年谱》，兹略为介绍如下。舒氏字东野[⑦]、舜侯、景

---

① (宋)舒岳祥:《阆风集》卷 2《诜十二弟以冬菊盆为余寿。此花品金色，而中心作葱管突起，正如金荔子。乃作〈雪中英〉一首谢之》,《景印文渊阁四库全书》第 1187 册,第 352 页。

② (宋)刘蒙:《菊谱》,《丛书集成初编》第 1356 册,第 10 页。

③ 毛静:《中国菊花品种发展演变史浅谈》,会议组委会编:《2007 中国(中山小榄)国际菊花研讨会论文集》,第 16—17 页。

④ (宋)舒岳祥:《阆风集》卷 10《篆畦诗序》,《景印文渊阁四库全书》第 1187 册,第 429 页。

⑤ (宋)舒岳祥:《阆风集》卷 6,《景印文渊阁四库全书》第 1187 册,第 388 页。

⑥ (宋)舒岳祥:《阆风集》卷 1《十月初五日重赋菊》,《景印文渊阁四库全书》第 451 册,第 1187 页。

⑦ (宋)不著撰人:《宋宝祐四年登科录》,《宋代传记资料丛刊》第 46 册,北京:北京图书馆出版社,2006 年影印本,第 73263 页。

辟，初名奎，台州宁海（治今浙江宁波市宁海县）人，因“筑阆风台，读书其上。人称阆风先生”[①]。宝祐元年（1253），舒岳祥携妻王氏入荆湖南路转运副使、其师吴子良（叶适弟子）幕。[②] 四年登文天祥榜进士，授奉化尉。开始在宅西营建花园，构筑亭馆台榭，“以其行径纡余贯穿若篆文”故名之曰“篆畦”，[③]其中列植竹木花果。景定元年（1260），时摄定海县（治今浙江舟山市定海区）令，以父丧去职。五年起为监广德赡军酒库，未上任即摄安吉州（治今浙江湖州市）掌书记。[④] 咸淳三年（1267），舒岳祥丁母忧服除，先后入淮东总领陈蒙幕、沿海制置使鲍度幕。九年（1273），元军攻破襄樊，南宋覆亡命运已被注定。次年被辟为户部酒所准备差遣，舒岳祥知国事已不可为，遂不就归里，[⑤]将自御园购得的“绿萼香梅十树”种于篆畦[⑥]。德祐二年（1276）正月初一，元军入杭州，南宋灭亡，舒岳祥先后在本县雁苍山[⑦]、曾任职的定海县马岙[⑧]、天台硖石[⑨]、嵊

---

① (清)黄宗羲原著，(清)全祖望补修，陈金生、梁运华点校:《宋元学案》卷55《水心学案下》，第1825页。

② 参见邱鸣皋:《舒岳祥年谱》，上海:上海古籍出版社，2012年，第28页。

③ (宋)舒岳祥:《阆风集》卷10《篆畦诗序》，《景印文渊阁四库全书》第1187册，第428—429页。

④ 参见邱鸣皋:《舒岳祥年谱》，第33—35页。

⑤ (宋)刘庄孙:《舒阆风先生行状》，(宋)舒岳祥:《阆风集》附录，民国四年吴兴刘氏嘉业堂刻本，叶六b。

⑥ (宋)舒岳祥:《阆风集》卷2《绿萼香梅十树，咸淳间自内园买归，乱后尚存，对之感叹》，《景印文渊阁四库全书》第1187册，第351页。

⑦ (宋)舒岳祥:《阆风集》卷12《跋僧日损诗》，《景印文渊阁四库全书》第1187册，第441页。

⑧ (宋)戴表元著，陈晓冬、黄天美点校:《戴表元集》卷18《题萧子西诗卷后》，第381页。原文作“马奥”，误。

⑨ (宋)戴表元著，陈晓冬、黄天美点校:《戴表元集》卷29《寄天台舒阆风先生》题注，第613页。

县雪溪[①]等地躲避兵乱。十月元兵侵入宁海，驻扎于舒岳祥家，其乃携全家于风雪中避入马耳峰等地，[②]有“故国山河成断绝，孤臣江海自飘零”[③]句，颇可状其行踪与心情。舒氏入元不仕，卒于大德二年(1298)。其生年按《宋宝祐四年登科录》登第时“二十一岁”[④]的记载，应生于端平三年(1236)；然按其《庚辰元旦试笔》诗自述：“数我初生岁，今为第二年。光阴六十过，辈行几人全。”[⑤]则生于嘉定十二年(1219)。换言之，舒岳祥登第时实际年龄已38岁，此为宋人官年虚报之一例。

舒岳祥与王应麟、胡三省、黄震及弟子戴表元、刘庄孙等多有诗文往还。其著作甚多，有《史述》《谈丛》《深衣图说》等，今仅存诗文集《阆风集》十二卷。

12.《菊花百咏》

一卷，张逢辰撰。历代书目不载，《中国农学书录》《中国农业古籍目录》亦未著录。长泽规矩也最早发现日本有元禄七年(1694)刻本，但他误以为是清人之作。嗣后韩国学者金文京又指发现龙谷大学大宫图书馆、名古屋蓬左文库分别藏有一个不同于元禄本的抄本，[⑥]卞东波也发现中国国内明初类书《诗渊》收录有

① (宋)舒岳祥:《阆风集》卷11《养志堂记》,《景印文渊阁四库全书》第1187册,第435页。

② (宋)舒岳祥:《阆风集》卷5《十月初三日追记丙子岁以此日风雪中度平坑岭入马耳峰》,《景印文渊阁四库全书》第1187册,第381页。

③ (宋)舒岳祥:《阆风集》卷6《新历未颁遗民感怆二首,贻王达善、曹季辩、胡山甫、戴帅初诸君,皆避地客也》,《景印文渊阁四库全书》第1187册,第390页。

④ (宋)不著撰人:《宋宝祐四年登科录》,《宋代传记资料丛刊》第46册,第263页。

⑤ (宋)舒岳祥:《阆风集》卷3,《景印文渊阁四库全书》第1187册,第364页。

⑥ 参见(韩)金文京:《日本龙谷大学所藏元朝郭居敬〈百香诗选〉等四种百咏诗简考》,张宝三、杨儒宾编:《日本汉学研究初探》,台北:台湾大学出版中心,2004年,第177—185页。

该书。卞氏又四本对勘，校录发表于《域外汉籍研究集刊》第 8 辑[①]，笔者即据之为论。

《菊花百咏》据书名即知收诗 100 首，此外还有序诗、跋诗各 1 首，诗为七绝。之所以将之视为农书，是因为其不同于刘克庄《梅花百咏》之类托物抒情言志的传统咏物诗，每诗所咏者均为某一菊花品种，同时题下更以小注再加介绍，内容包括所咏菊花的花色、花形、花香、枝叶形状等，换言之，前此菊谱是以散文形式记述菊花性状，《菊花百咏》则跟前揭马揖《菊谱》一样改为韵文而已（即所谓"随名而咏，随咏而注"[②]），均为南宋末年产生的、韵散结合的新体例菊谱。

《菊花百咏》所记不见于他谱的菊花新品种有醉杨妃菊（诸谱有杨妃菊，此谱亦有杨妃菊，则此醉杨妃菊为新出）、迎春菊、宾州红菊、襄阳红菊、粉扑儿菊、韶粉菊、红晕菊、满天星菊、罗汉菊、鹭鹚菊、雪梅堆菊、二色木香菊、月下白菊、紫迭罗菊、御爱白菊、寿客菊等。其余传统菊花品种多与沈竞、马揖二谱相合，要言之即同记南方菊花品种而时代更晚。作于淳祐二年（1242）的马揖《菊谱》首记墨菊并强调"近世方有"，《菊花百咏》记墨菊注文则只"其花墨色"淡淡一语，更于诗中说"只作寻常墨戏看"，可见大家对墨菊已见惯不惊了。赏花者的目光又追随着更新的新品而去，以致花农培育新品种时误收他花入菊，如蒿菊，即史铸时代人所谓"春菊"者，史氏已指出其实非菊，乃"蒿菜花"。[③]《菊花百咏》对菊花品种的排名也跟马揖一样，不再尚黄，如其第一列金钱菊（深黄），第二列牡丹菊（紫黄），第三、四列大笑菊、金盏银台均为白花，第五列伴梅菊（花色不明），第六、七列杨妃菊、醉杨妃菊均

① 卞东波：《日本所藏宋人张逢辰〈菊花百咏〉校录》，《域外汉籍研究集刊》第 8 辑，北京：中华书局，2013 年，第 345—372 页。

② 卞东波：《日本所藏宋人张逢辰〈菊花百咏〉校录》，《域外汉籍研究集刊》第 8 辑，第 356 页。

③ （宋）史铸：《百菊集谱》卷 2，明万历汪氏刻《山居杂志》本，叶一五 a。

为粉红色花，可见南宋末年艺菊之风仍以新奇为胜。换言之，宋代民众自马揖《菊谱》时代以来的以新奇为胜的艺菊、赏菊之风终宋未再变化。

《菊花百咏》因有些内容已于诗中言之，故小注介绍性文字较其他菊谱为略，兹举数例：

> **金钱菊**（深黄，色双，纹重，叶无心。）
>
> 化钧曾费巧工夫，铸出金钱不用模。个是陶篱真富贵，对花何必恨全无。
>
> **粉扑儿菊**（淡黄，单小叶，其心卷如筒。）
>
> 篱下秋英着晓霜，开时莹洁带脂香。花神巧制团团样，好付佳人靓粉妆。
>
> **红二色菊**（千叶，深淡，红色。）
>
> 寒花不爱学金黄，似把燕脂深浅妆。开向西风逞娇艳，淡妆浓抹一般香。
>
> **素馨菊**（花细，黄白色。）
>
> 娇黄浅白各分丛，适与闽花品类同。不逐群葩挽早发，开时只向暮秋中。[①]

《菊花百咏》作者张逢辰生平已不可考，仅据卷首自署知其字君遇，槜李（即嘉兴府，治今浙江嘉兴市）人。[②]《菊花百咏》卷首又有师道国序、前从政郎平江府司理参司曹元凯壬午仲春（元至元十九年，1282）序、陈思顺至元十八年序，据此可知张氏身及元朝。曹

---

① 卞东波：《日本所藏宋人张逢辰〈菊花百咏〉校录》，《域外汉籍研究集刊》第8辑，第357—362页。

② 卞东波：《日本所藏宋人张逢辰〈菊花百咏〉校录》，《域外汉籍研究集刊》第8辑，第357页。

元凯是温州瑞安人，“前从政郎平江府司理参军”是其宋时所任官。[①] 陈思顺称张逢辰为“爱梅翁君遇”[②]，则其时张氏已入老年，号爱梅翁。师道国称张逢辰为“爱梅兄长”，称《菊花百咏》为“菊花吟卷”，则研究者所谓“张逢辰还著有《爱梅吟稿》”[③]误，其实即《菊花百咏》也。《菊花百咏》卷首还有“介轩许学士”《奉题百咏诗卷》诗，许介轩虽不知为谁何，但他有《寄林可山》一诗，林可山即《山家清供》作者林洪，主要活动于理宗朝，据此可略见张逢辰生活之时代。许诗云：“旧栽梅已富成林，续种黄花岁亦深。昔日爱梅今爱菊，岁寒联节一般心。”[④]据此又可知张氏以前栽梅，后方种菊，与其“爱梅翁”自号相合。

五、梅谱

两宋立国一直处于外族军事压力之下，梅花傲立冰雪的“品格”极易获得“君子儒”的认同，涌现出很多歌咏梅花的诗词，如北宋末程祁与段子冲“唱酬梅花绝句，展转千首”，陈从古亦“裒古今梅花诗八百篇”一一和之，[⑤]南宋晚期张道洽一生作梅花诗 300 余首[⑥]；南

---

① (韩)金文京：《日本龙谷大学所藏元朝郭居敬〈百香诗选〉等四种百咏诗简考》，张宝三、杨儒宾编：《日本汉学研究初探》，第 183 页。

② 卞东波：《日本所藏宋人张逢辰〈菊花百咏〉校录》，《域外汉籍研究集刊》第 8 辑，第 356 页。按：金文京、卞东波均云张逢辰号爱梅，笔者认为据此其号应为“爱梅翁”。

③ 卞东波：《日本所藏宋人张逢辰〈菊花百咏〉校录》，《域外汉籍研究集刊》第 8 辑，第 346 页。

④ 卞东波：《日本所藏宋人张逢辰〈菊花百咏〉校录》，《域外汉籍研究集刊》第 8 辑，第 357 页。

⑤ (宋)周必大撰，王蓉贵、(日)白井顺点校，《周必大全集》卷 178《二老堂诗话下》，第 1693 页。

⑥ (宋)方回选评，李庆甲集评校点：《瀛奎律髓汇评》卷 20《梅花类》，上海：上海古籍出版社，2005 年，第 778 页。按：明《百川书志》著录为“《宾斋梅花诗》四卷”(上海：上海古籍出版社，2005 年，第 306 页)，“宾斋”应为“实斋”。

宋还出现了组诗形式的“梅花百咏”，如刘克庄《梅花百咏》[1]、彭克《玉壶梅花三百咏》、李缜的《梅百咏诗》、[2]周敬翁《梅花百咏》、王可久《梅花百和诗》(和周敬翁)[3]、李龙高《梅百咏》[4]、赵时赛《菊梅百咏》[5]，但这些累累长篇均为抒情言志之传统咏物诗——不似前揭马揖《菊谱》、张逢辰《菊花百咏》，每诗所咏皆为一不同菊花品种，内容则为描述所咏菊品之外观及栽培方法等，不过形式为韵文(诗句)加散文(序、注)而已——故不能像二书一样视为花谱类农书，兹特略为说明。

1.《梅谱》

一卷，亦名《范村梅谱》，范成大撰。《梅谱》序云：“余于石湖玉雪坡，既有梅数百本，比年又于舍南买王氏僦舍七十楹尽拆除之，治为范村，以其地三分之一与梅。”[6]然因未署时间故不知“比年”究为何年。但其《范村记》有“绍熙初元，岁在庚戌，某遂以范村名其圃”[7]之语，则《梅谱》必作于即范氏将“其圃”命名为“范村”即绍熙元年(1190)之后；而范成大卒于绍熙四年(1193)，故其书之作又必在此年之前。《梅谱》所记既为范成大于苏州石湖、范村所植之梅，故严格说，明人刻书时改题书名《范村梅谱》是不准确的，应以宋刻本题名《梅谱》为正。《中国农业古籍目录》又据清刊本《珠丛

① 参见(宋)刘克庄撰，王蓉贵、向以鲜校点：《后村先生大全集》卷110《江咨龙注梅百咏》，第2863页。

② 《宋史》卷208《艺文志七》，第5379、5385页。

③ 参见舒岳祥：《王可久梅花百和诗跋》，《永乐大典》卷909，第8605、8604页。按：传世本《阆风集》未收。

④ 诗今存于明初类书《诗渊》中，书目文献出版社有影印本，可辅以该社1993年出版的《〈诗渊〉索引》(刘卓英主编)查寻。

⑤ 参见(宋)何梦桂著，赵敏、崔霞点校：《何梦桂集》卷10《赵司理〈菊梅百咏〉跋》，杭州：浙江古籍出版社，2011年，第234页。

⑥ (宋)范成大撰，孔凡礼点校：《范成大笔记六种·梅谱》序，第253页。

⑦ (宋)范成大：《范村记》，孔凡礼辑：《范成大佚著辑存》，第164页。

别录》立目云“《范村梅谱》,(宋)王观撰”[1],也是错误的。笔者查对《珠丛别录》所收《范村梅谱》并非题为王观撰,本来不误。

南宋前期苏州“栽梅特盛,其品不一”,范成大“尽得之”,换言之范谱所记即为苏州全部梅花品种,共计江梅、早梅、官城梅、消梅、古梅、重叶梅、绿萼梅、百叶缃梅、红梅、鸳鸯梅、杏梅、蜡梅 12 种。其记江梅云:“遗核野生,不经栽接者。又名直脚梅,或谓之野梅。凡山间水滨,荒寒清绝之趣,皆此本也。花稍小而疏瘦有韵,香最清,实小而硬。”记早梅云:“花胜直脚梅。吴中春晚,二月始烂漫,独此品于冬至前已开,故得早名。”又将之与他处早梅比较,“钱塘湖上亦有一种,尤开早(此即下揭张镃自西湖移植其圃之品)……行都卖花者争先为奇,冬初所未开枝置浴室中,薰蒸令拆,强名早梅,终琐碎无香。余顷守桂林,立春梅已过,元夕则见青子”,认为彼二处早梅“皆非风土之正……惟冬春之交正是花时耳”。记官城梅云:“吴下圃人以直脚梅择他本花肥实美者接之,花遂敷腴,实亦佳,可入煎造。唐人所称‘官梅’止谓在官府园圃中,非此官城梅也。”记古梅云:“会稽最多,四明、吴兴亦间有之。其枝樛曲万状,苍藓鳞皴,封满花身。又有苔须垂于枝间,或长数寸,风至,绿丝飘飘可玩。”最初范氏以为是“古木久历风日致然”,但会稽所产“虽小株亦有苔痕”,而他从会稽移植苏州一年后,“花虽盛发,苔皆剥落殆尽”;自武康军(治今浙江德清县武康街道)移植的却不会变异,因此范成大认为原因是“会稽隔一江,湖、苏接壤……土宜或异、同”。因古梅多苔,“封固花叶之眼,惟罅隙间始能发花,花虽稀而气之所钟,丰腴妙绝”。苔剥落者“则花发仍多与常梅同”。记重叶梅云:“花头甚丰,叶重数层,盛开如小白莲,梅中之奇品。花房独出,而结实多双,尤为瑰异……近年方见之。”记绿萼梅云:“凡梅花,跗蒂皆绛紫色,惟此纯绿,枝梗亦青,特为清高……京师艮岳有萼绿华堂,其下专植此本,人间亦不多有,为时所贵重。吴下又有一种,萼亦微绿,四边犹浅绛,亦自难得。”记百叶缃梅云:“亦名

---

[1] 张芳、王思明主编:《中国农业古籍目录》,第 280 页。

黄香梅，亦名千叶香梅。花叶至二十余瓣，心色微黄，花头差小而繁密，别有一种芳香。比常梅尤秾美，不结实。”记红梅云：“粉红色。标格犹是梅，而繁密则如杏，香亦类杏……与江梅同开，红白相映，园林初春绝景也……承平时此花独盛于姑苏，晏元献公始移植西冈圃中。一日，贵游赂园吏，得一枝分接，由是都下有二本……比年展转移接，殆不可胜数矣。”记鸳鸯梅云：“多叶红梅也。花轻盈，重叶数层。凡双果必并蒂，惟此一蒂而结双梅，亦尤物。”记蜡梅云：“本非梅类，以其与梅同时，香又相近，色酷似蜜脾，故名蜡梅。凡三种：以子种出不经接，花小、香淡，其品最下，俗谓之‘狗蝇梅’；经接，花疏，虽盛开，花常半含，名‘磬口梅’，言似僧磬之口也；最先开色深黄如紫檀，花密香秾，名‘檀香梅’，此品最佳。蜡梅香极清芳，殆过梅香，初不以形状贵也……已此花多宿叶，结实如垂铃，尖长寸余，又如大桃奴，子在其中。”[①]可见，范谱详细描述了各品种的花色、花形、花时、异名、枝形、果实、产地、培成时间及催花技术等，是宋代梅谱中学术价值最高者。

范成大指出，当时以梅为“天下尤物，无问智贤愚不肖，莫敢有异议。学圃之士必先种梅，且不厌多，他花有无多少皆不系重轻”，并在《后序》中提出了梅的审美标准：

> 梅以韵胜，以格高，故以横斜疏瘦与老枝怪奇者为贵。其新接穉木，一岁抽嫩枝，直上或三四尺，如酴醿、蔷薇辈者，吴下谓之“气条”。此直宜取实规利，无所谓韵与格矣。又有一种粪壤力胜者，于条上茁短横枝，状如棘针，花密缀之，亦非高品。

复以之衡画云：“近世始画墨梅，江西有杨补之（即墨梅大师杨无

① (宋)范成大撰，孔凡礼点校：《范成大笔记六种·梅谱》，第253—257页。

咎)者尤有名,其徒仿之者实繁。观杨氏画,大略皆气条耳,虽笔法奇峭,去梅实远。惟廉宣仲(即廉布,张邦昌婿,善画墨竹)所作,差有风致,世鲜有评之者,余故附之谱后。”[①]《梅谱》亦录与梅相关的诗词、轶事。

《梅谱》作为最早的梅花专著,又为范成大所撰,传世版本很多,主要有宋刻《百川学海》本、明弘治十四年无锡华珵刻《百川学海》本、嘉靖十五年郑氏宗文堂刻《百川学海》本、万历间汪氏刻《山居杂志》本、明刻本(题名《范村梅谱》)、明钮氏世学楼抄《说郛》本(题名《范村梅谱》)、明末清初宛委山堂刻《说郛》本、清《四库全书》本(题名《范村梅谱》)、嘉庆间海虞张海鹏刻《墨海金壶》本(题名《范村梅谱》)、光绪十一年上海福瀛书局刻本(题名《范村梅谱》)、宣统间国学扶轮社铅印《香艳丛书》本、民国上海广益书局《古今文艺丛书》本、民国上海中央书店《国学珍本文库》本、民国商务印书馆《丛书集成初编》本等。

范成大生平参见本书第一章第三节。

2.《梅品》

亦名《玉照堂梅品》,一卷,张镃撰。《中国农学书录》未著录。

张镃特别喜爱梅花,其《赏心乐事》所记正月孟春第四事,二月仲春第三事、第五事,十二月季冬第一事、第九事均为赏梅。[②]《梅品》撰于光宗绍熙五年(1194)[③],所记即其杭州“桂隐”园林所种、《赏心乐事》所赏者,有古梅、江梅、缃梅、红梅之别:“予得曹氏荒圃于南湖之滨,有古梅数十,散漫弗治。爰辍地十亩,移种成列。增取西湖北山别圃江梅,合三百余本,筑堂数间以临之。又挟以两室,东植千叶缃梅,西植红梅各一二十章。”书仿丘濬《牡丹荣辱

① (宋)范成大撰,孔凡礼点校:《范成大笔记六种·梅谱》,第253、258页。

② (宋)四水潜夫(周密)辑:《武林旧事》卷10,第159、160、162页。

③ (宋)周密撰,张茂鹏点校:《齐东野语》卷15《玉照堂梅品》,第275、286页校勘记〔三一〕。

志》，胪陈梅花宜称、憎嫉、荣宠、屈辱四事，共58条。

“花宜称”包括薄寒、细雨、轻烟、晓日、晚霞、佳月、微雪、孤鹤、清溪、小桥、松下、明窗、林间吹笛、扫雪煎茶等有利于梅花生长和观赏的条件及方式，计26条。“花憎嫉”包括狂风、连雨、烈日、苦寒、老鸦、恶诗、花径喝道、对花张绯幕等不利于梅花生长和观赏的条件及方式，计14条。“花荣宠”包括主人好事、宾客能诗、列烛夜赏、专作亭馆等彰显梅花之美与价值的情形，计6条。“花屈辱”包括种富家园内、蟠结作屏、赏花命猥妓、酒食店内插瓶、树下有狗屎、枝上晒衣裳等不能彰显梅花之美与价值的情形，即所谓“煞风景”之事。计12条。张镃以“梅花为天下神奇”，又“标韵孤特”，然“世人徒知梅花之贵，而不能爱敬”，故特书此欲“使来者有所警省”。[①] 需要注意者，张镃书称梅花为“花”，说明南宋时不再像北宋“花”为牡丹专称。此为梅、兰、菊地位上升（至明代乃有“四君子”之称）、牡丹地位下降之嚆矢。

《梅品》传世版本有明末刻《百川学海》本，万历二十五年金陵荆山书林刻《夷门广牍》本，明末清初宛委山堂刻《说郛》本，清宣统间国学扶轮社铅印《香艳丛书》本，民国上海广益书局《古今文艺丛书》本（题名《玉照堂梅品》），民国上海商务印书馆《景印元明善本丛书》本、《丛书集成初编》本等。

张镃生平参见本节前揭文。

六、兰谱

兰花在中国有非常悠久的栽培史，先秦典籍多所记载，如《诗经·溱洧》云“士与女方秉蕑兮”，韩婴注“蕑，兰也”；《离骚》云“扈江离与辟芷兮，纫秋兰以为佩”“余既滋兰之九畹，又树蕙之百亩”“春兰兮秋菊，长无绝兮终古”[②]；《周易·系辞上》云“同心之言，其

---

① （宋）周密撰，张茂鹏点校：《齐东野语》卷15《玉照堂梅品》，第274—276页。

② 汤炳正等注：《楚辞今注》，第2、8、78页。

臭如兰”[1];《孔子家语》云“与人善交,如入芝兰之室,久而不闻其香”[2]。但这些典籍中记载的“兰”是双子叶植物纲下的菊科、唇形科植物,包括泽兰、佩兰、藿香等,并非当今所称之“兰”。汉唐时所谓“兰”同于先秦,仍非今之兰花。[3] 今之兰花是单子叶植物纲下的兰科植物,有春兰、蕙兰、建兰、墨兰等品种。兰花名实之间的这一转换是在唐末、宋代完成的,对此宋人早知,朱熹云“大氐古之所谓香草,必其花叶皆香,而燥湿不变,故可刈而为佩。若今之所谓兰蕙,则其花虽香而叶乃无气,其香虽美而质弱易萎,皆非可刈而佩者也。其非古人所指甚明”[4];陈傅良甚至著《责盗兰说》一文,痛斥宋代兰花盗用了宋以前兰花的名称。[5]

宋代兰花既为君子所赏,如范仲淹、欧阳修、苏轼、王安石、陆

---

① (清)李道平撰,潘雨廷点校:《周易集解纂疏》卷8《系辞上》,第572页。

② 陈士珂辑:《孔子家语疏证》卷4,上海:上海书店,1987年影印本,第105页。按:《孔子家语》历来被认为是伪书,但近数十年来考古发现证明其书不伪,参见李学勤:《竹简〈家语〉与汉魏孔氏家学》,《孔子研究》1987年第2期,第60—64页。

③ 陈心启:《中国兰史考辨——春秋至宋朝》,《武汉植物学研究》1988年第1期,第80—82页。按:当然也有研究者认为先秦古兰即今兰,甚至将中国兰花栽培史上推到了原始社会时期,称“据专家考古发现证明:河姆渡人早在7000年前就已开始盆栽兰花”(周肇基、魏露苓:《中国古代兰谱研究》,《自然科学史研究》1998年第1期,第69页),但其辗转引用证据的最初来源只是发表在一份内部资料上的文章(鲁水良等:《盆栽兰起源于河姆的考证》,《中国兰花信息》1993年第38期。转引自卢思聪:《中国兰与洋兰》,北京:金盾出版社,1994年,第32—33页;陈彤彦:《中国兰文化探源》,昆明:云南科学技术出版社,2004年,第77页),所谓的“考古发现证明”即指该文作者认为河姆渡出土陶片上所刻“万年青”形状的植物“不是万年青,而是箬兰”(卢思聪:《中国兰与洋兰》,第33页)——箬兰是起源于中国的一个兰科植物品种,又名虾脊兰。

④ (宋)朱熹:《楚辞辩证》,《朱子全书》第19册,第186页。

⑤ (宋)陈傅良著,周梦江点校:《陈傅良先生文集》,杭州:浙江大学出版社,1999年,第654—655页。

游、朱熹等均有咏兰诗文,民间自然盛加栽培,福建、浙江、广东、四川等地皆产兰名区,涌现出《金漳兰谱》《王氏兰谱》等艺兰名著亦为题中应有之义。学界一般认为《金漳兰谱》是中国最早的兰花专著,但唐末杨夔已有《植兰说》[①],涉及今兰栽培技术,故宋代兰谱均不得称最早。当然,《植兰说》极其简略(全文仅120余字,并且颂兰高洁为主旨),甚至可以说非艺兰之书,从植物学、园艺学角度看,宋代兰谱所达到的高度远非《植兰说》所能比拟。

1.《金漳兰谱》

赵时庚撰。该书传世版本卷帙非常混乱,不仅有一卷本和三卷本两个系统,内部篇第内容亦多不同。为便说明,兹将该书按内容称为第一部分("叙兰容质")、第二部分("品兰高下""天下爱养""坚性封植""灌溉得宜")、第三部分("种兰奥诀")。一卷本有明万历十九年高濂编刊《遵生八笺》本(易书名为《兰谱》而作者缺标,第三部分题为"种兰奥诀")、明末坊刻《百川学海》本、明钮氏世学楼等抄《说郛》百卷本(将第三部分割裂别为一书录于《金漳兰谱》后,作者仍署赵时庚作,但改题名曰《兰谱奥法》——此书名其实已表明其本"[金漳]兰谱"中之"奥法")、《三才广志》明抄本(第三部分题名《兰谱奥法》,位于《金漳兰谱》跋文后,可能抄自《说郛》百卷本)等。可见《金漳兰谱》在明代仍为完帙,但已多有割裂第三部分别为一书者(作者一般仍署赵时庚),这就导致其后刻者袭之而无第三部分内容,如万历四十六年绿绮轩刻《花史左编》本、明末清初宛委山堂刻等《说郛》一百二十卷本、清《古今图书集成》本、宣统间国学扶轮社铅印《香艳丛书》本等,均无第三部分。在此过程中,又有将别为一书的《金漳兰谱》第三部分内容作者亦署为他人者,如明冯可宾辑刻《广百川学海》,自《遵生八笺》采入该书(目录作《艺兰谱》),遂署作者为高濂;又抽出第三部分"种兰奥诀"易名"种兰

① (宋)李昉等编:《文苑英华》卷378,北京:中华书局,1966年影印本,第1931页。

诀”，署作者为“武林李奎”[1]；明万历间嘉兴人周履靖辑刻《夷门广牍》丛书，收入《兰谱奥法》，然作者仅署为“嘉禾周履靖校正”，[2]民国上海商务印书馆编印《丛书集成初编》又据此本影印。如此，则不惟混乱，谬误从而生矣；至有欲返本归源者改题为宋王贵学撰（王亦有兰谱），是指误复误，更增谬误。三卷本较少，以四库本为代表，其复纳《兰谱奥法》入《金漳兰谱》而为卷下，当为馆臣纠谬之举，所谓整齐篇目、复其雅驯也。四库本固在此拨乱反正方面厥功甚伟，但文本错讹较多，良非善本。笔者下文所论，乃以《遵生八笺》本为据，并校以他本。

《金漳兰谱》第一部分为“叙兰容质”。首叙陈梦良、吴兰、潘花、赵十四、何兰 5 种；次为“品外之奇”，叙金稜边[3] 1 种；复次叙“白兰”，包括济老、灶山、施花[4]、李通判、叶大施[5]、惠知客、马大

---

① （明）李奎：《种兰诀》，明末刻《广百川学海》本，叶一 a。按：天野元之助指出其还删去了“紫花”“白花”两小节内容（《中国古农书考》，第 104 页）。

② （明）周履靖校正：《兰谱奥法》，《丛书集成初编》第 1470 册，上海：商务印书馆，1936 年，第 3 页。

③ 《遵生八笺》本（《遵生八笺校注》卷 16《燕闲清赏笺》下，北京：人民卫生出版社，1993 年，第 690 页）、《说郛》百卷本（《说郛三种》卷 63，第 966 页）、《香艳丛书》本（卷 1，叶二三 a）均作“金稜边”，四库本作“金殿边”（《景印文渊阁四库全书》第 845 册，第 123 页），以所述花叶形态核之，当以前者为是。

④ 《遵生八笺》本此处为“黄殿讲”（《遵生八笺校注》卷 16《燕闲清赏笺》下，第 652 页），《说郛》百二十卷本（弓 103，第 4717 页）、《广百川学海》本（叶二 b）等亦为“黄殿讲”，《说郛》百卷本（卷 63，第 966 页）、四库本（第 845 册，第 124 页）等此处则为“施花”。以诸本对黄殿讲及施花的描述（此处所列为白花之上品），再结合“品兰高下”部分“白花则济老、灶山、施花、李通判……为上品”（诸本皆同）之文来看，当以“施花”为是。

⑤ 《说郛》百二十卷本（《说郛三种》弓 103，第 4718 页）、《广百川学海》本（叶三 a）同，《说郛》百卷本（《说郛三种》卷 63，第 966 页）、四库本（《景印文渊阁四库全书》第 845 册，第 124 页）等无此。

同、郑少举、黄八兄、周染花、夕阳红、观堂主、名弟、弱脚、[1]鱼魫兰15种。概括言之,是将兰花分为紫花、白花两类,而以陈梦良、吴兰、潘花等为紫花之上品,金棱边为紫花品外之奇;以济老、灶山、施花、李通判等为白花之上品,赵花为品外之奇。[2] 这些兰花品种,名称多源自最早培育者或拥有者的姓名、官称或发现地地名,如潘花又名仙霞,"乃潘氏西山于仙霞岭得之,故更以为名"[3]。书中对每一品种都详细描述了其花色、花姿、枝叶形态,如记陈梦良云:

> 色紫,每干十二萼,花头极大,为众花之冠。至若朝晖微照、晓露暗湿,则灼然腾秀,亭然露奇,敛肤傍干,团圆回向,婉媚娇绰,伫立凝思,如不胜情。花三片,尾如带彻,青叶三尺,颇觉弱黯。然而绿背虽似剑脊,至尾棱则软薄斜撒,粒许带缁。最为难种,故人希得其真。[4]

记潘花云:

---

① 《说郛》百卷本(《说郛三种》卷63,第966页)"名弟"作"名第",再以王贵学《兰谱》所记按之,恐以"名第"为是。又,《说郛》百卷本、四库本等"名弟"后、"弱脚"前有"青蒲"一种,《说郛》百二十卷本(《说郛三种》弓103,第4718页)、《广百川学海》本(叶三a)均无。

② (明)高濂著,赵立勋校注:《遵生八笺校注》卷16《燕闲清赏笺》下,第654页。

③ (明)高濂著,赵立勋校注:《遵生八笺校注》卷16《燕闲清赏笺》下,第651页。

④ (明)高濂著,赵立勋校注:《遵生八笺校注》卷16《燕闲清赏笺》下,第651页。按:《说郛》百卷本、百二十卷本(《说郛三种》卷63、弓103,第965、4717页),《广百川学海》本(叶一a)"回向"均作"四向";四库本"回向"作"心向"(《景印文渊阁四库全书》第845册,第123页)。《说郛》百卷本、四库本"娇绰"均作"绰约"。四库本"尾如带彻"作"尾如席彻"。《说郛》百卷本无"花三片"以后文字。

色深紫，有十五萼，干紫。圆匝齐整，疏密得宜，疏不露干，密不簇枝，绰约作态，窈窕逞姿，真所谓艳中之艳、花中之花也。视之愈久愈见精神，使人不能舍去。花中近心所，色如吴紫，艳丽过于众花。叶则差小于吴，峭直雄健，众莫能比，其色特深。[①]

记济老云：

色白，有十二萼。标致不凡，如淡妆西子，素裳缟衣，不染一尘。叶与施花近似，更能高一二寸。得所养则岐而生。亦号一线红。

记李通判云：

色白，十五萼。峭特雅淡，迎风浥露，如泣如诉，人爱之。或类郑花，则减一头地位。[②]

可见相比于牡丹、芍药、菊花、梅花之类，对兰花的记载更详于花姿花态、花韵花神，这是因为对兰花姿态、韵致的欣赏是赏兰的最重要内容之一。对花态的欣赏甚至衍为赏花先赏叶、看叶胜看花之说；对韵致的欣赏则经由芳不外扬、君子之德通向天地所生、六气

---

① (明)高濂著，赵立勋校注：《遵生八笺校注》卷16《燕闲清赏笺》下，第652页。

② (明)高濂著，赵立勋校注：《遵生八笺校注》卷16《燕闲清赏笺》下，第652页。按：《广百川学海》本(叶三a)、《说郛》百二十卷本(《说郛三种》弓103，第4718页)同此，《说郛》百卷本作"……比类郑花，则减一头地位低，叶小绝佳，剑脊最长，真花中之上品也，惜乎不甚劲直"(《说郛三种》卷63，第966页)，四库本作"……比类郑花，则减头低，叶小绝佳，剑脊最长，真花中之上品也，惜乎不甚劲直"(《景印文渊阁四库全书》第845册，第124页)。后二者多出的文字在前二者及《遵生八笺》本中为"叶大施"条下内容。

所钟，最终达至人兰合一——这已经不只是在观赏兰花，而是借由观赏兰花完成君子人格的挺立。

第二部分首叙“品兰高下”，略云兰花固因地气所殊所钟而有深紫、浅紫、深红、浅红、黄、白、绿、碧等品种之别，然从根本上说，均为“天地造化施生之功”，为之评定高下只不过是“兰不能自异而人异之耳”。但赵时庚又指出，如果“必执一定之见”对兰花加以品藻，只要“人均一心，心均一见”，也无不可。换言之，“品兰高下”只要反映了大家的审美风尚，而非故为高论，也是可以的，因为这本身和兰花禀赋而生一样，也是人的一种自然行为。这些论述表明了赵氏所具有的平等思想和辩证思想，表明了宋人在思想上达到的高度，也反映出宋代花谱内容新的拓展方向。次叙“天下爱养”“坚性封植”“灌溉得宜”三目，大旨为“天不言而四时行、百物生”，草木不以其微、昆虫不以其细，均“欲各遂其性”，但真正能使之“遂其性”的则在于人，如“斧斤以时入山林，数罟不入洿池”即是。因此“圣人之仁，则顺天地以养万物，必欲使万物得遂其本性而后已”[①]，就兰花而言，要遂生之性，就必须注意对其封植、灌溉。此段论述中对天、气、生、性、仁等概念的掌握和应运，充分说明了南宋后期理学的影响及其对士人思想的具体型塑。

赵谱所述封植方法强调，要使兰花繁茂，须分种封植以时，“必于寒露之后、立冬以前而分之”，且须击碎花盆而分，方不致伤根，“其交互之根”亦“勿使有拔断之失”。新盆先用沙填底，“每三篦（兰花）作一盆”，然后随花之性各以肥瘦沙土种之，再覆以瘦沙，最后浇“新汲水一勺以定其根”。待其成活，“方始涤根易沙，加意调护”。不同兰花品种所用沙土不同，赵氏不惮烦琐，一一详为开列。如陈梦良须“用黄净无泥瘦沙种，而忌用肥，恐有腐烂之失”，吴兰、潘兰“用赤沙泥”，何兰、蒲统领、大张青、金棱边“各用黄色粗沙和

① （明）高濂著，赵立勋校注:《遵生八笺校注》卷16《燕闲清赏笺》下，第653—655页。

泥，更添些少赤沙泥种为妙”，陈八斜、萧仲弘[1]、淳监粮、许景初、何首座等“乃下品，任意用沙”，济老、施花、惠知客、马大同、郑少举、黄八兄等“宜沟壑中黑沙泥，和粪壤种之”，李通判、灶山、郑伯善、鱼魫“用山下流聚沙泥种之”。[2]

赵谱所述灌溉方法，主要强调兰花“因其土地之宜”而成，好膏腴者得所养则花清而繁、叶雄而健。好瘦者因过肥则腐败，故尤须注意沃灌，保持沙土的肥瘦：冬至时兰根潜萌，“则注而灌溉之，使蕴诸中者稍获强壮”；待其萌芽迸沙，高未及寸，则“从便灌之”；春分后则“渍润之”，才会“修然而高，郁然而苍”；秋八月气温高，根叶易失水，“当以濯鱼肉水或秽腐水浇之”；此后则随宜浇注。诸花品种所用水肥不同，赵氏复一一详为指陈。如陈梦良“稍肥随即腐烂，贵用清水浇灌则佳”；潘兰“未能受肥，须以茶清沃之”；吴花好肥，灌溉“以一月一度”；陈八斜、淳监粮、萧仲和、许景初等，“用肥之时当(时)[俟]沙土干燥，遇晚方加灌溉。候晓，以清水碗许浇之，使肥腻之物得以下(积)[渍]其根……更能预以瓮缸之物储蓄雨水，积久色绿者，间或灌之，而其叶则浡然挺秀，濯然而争茂”；济老、施花、惠知客、马大同等“爱肥，一任灌溉”；鱼魫兰“质不(‘不’

---

① 《说郛》百二十卷本(《说郛三种》弓103，第4719页)、《广百川学海》本(叶五b)、《花史左编》本(卷8，明万历四十六年绿绮轩刻本，叶二二)、天一阁藏《三才广志》明抄本(卷291，原书无页码)同作“陈八斜”，《说郛》百卷本(《说郛三种》卷63，第967页)、四库本(《景印文渊阁四库全书》第845册，第125页)作“陈八尉”；《三才广志》明抄本(卷291，原书无页码)、《花史左编》本(卷8，明万历四十六年绿绮轩刻本，叶二二a)同作“萧仲弘”，《说郛》百卷本(《说郛三种》卷63，第967页)、百二十卷本(《说郛三种》弓103，第4719页)、《广百川学海》本(叶五b)、天一阁藏《三才广志》明抄本(卷291，原书无页码)、四库本(《景印文渊阁四库全书》第845册，第125页)均作“萧仲和”。再以王贵学《兰谱》所记兰名按之，恐以“陈八斜”“萧仲弘”为是。

② (明)高濂著，赵立勋校注：《遵生八笺校注》卷16《燕闲清赏笺》下，第655—656页。

字衍)莹洁,不须以秽腻之物浇之”。[①]

第三部分“种兰奥法”包括分种法、栽花法、安顿浇灌法、浇水法、种花肥泥法、去除虮虱法、杂法诸目。所叙内容相较前文更加具体,更有可操作性,非精于此道者不能言。比如“安顿浇灌法”云冬季“最怕霜雪,须用密篮遮护,安顿朝阳有日照处,在南窗檐下极美”,还要注意三两日旋转一次花盆,以使日照均匀,这样开花时才会“四面皆有花”。又比如“浇水法”指出“用河水或池塘水,或积留雨水最佳,其次用溪涧水,切不可用井水”,赵时庚给出的解释是“井水性阴”,[②]看似无稽,翻译成今天的话则很好理解:井水水温低,与兰花根系温差较大,会损伤兰花。

百卷本《说郛》、《三才广志》明抄本《金漳兰谱》第二部分后有“嬾真子李子”[③]所作跋文,自署时间是“己卯岁中和节望日”。此“己卯”当为帝昺祥兴二年(1279),因前一“己卯”为宁宗嘉定十二年(1219),赵时庚《金漳兰谱》尚未成书。然中和节乃二月初一,本朔日,倘此跋真为宋人所作,绝无可能错书为“望日”,故笔者颇疑其为明人割裂赵谱之“种兰奥法”单独成书后,伪作此以为原书“全书终”之证者——后人伪作自有可能不小心而误。所谓“嬾真子李子”者,四库馆臣云:“嬾(同‘懒’)真子乃马永卿别号……为北宋末

---

① (明)高濂著,赵立勋校注:《遵生八笺校注》卷16《燕闲清赏笺》下,第656—658页。按:据前文“鱼魫兰……花片澄澈,宛似鱼魫,采而沉之水中,无影可指……此白兰之奇品也”(第653页)及《王氏兰谱》“鱼魫兰,一名赵兰……花片澄澈,宛似鱼魫,折而沉之,无影可指……白兰之奇品”(陶宗仪等编:《说郛三种》卷62,第965页)的相同记载可知。

② (明)高濂著,赵立勋校注:《遵生八笺校注》卷16《燕闲清赏笺》下,第659页。

③ (明)陶宗仪等编:《说郛三种》卷63,第969页。按:《三才广志》本、四库本(《景印文渊阁四库全书》第845册,第131页)同,惟前者作“懒贞子李子”(卷291,明抄本,原书无页码);又,《遵生八笺》本无此跋,亦无赵时庚自序,故下文对序、跋的讨论以刘向培点校本〔《范村梅谱(外十二种)》,上海:上海书店出版社,2017年〕为据。

人，不应绍定时尚在”[①]，跋文已明言“李子”，何考马永卿？真真假假，似是而非，亦作伪者之一贯手法。

赵时庚，号澹斋，四库馆臣据其联名用字推断为魏王廷美九世孙[②]，余即无考。《金漳兰谱》自序云：“予先大夫朝议郎自南康解印还里……予时尚少……殆今三十年矣。”[③]可知其父或祖父曾官朝议郎、知南康军（治今江西庐山市）。赵序作于理宗绍定六年(1233)，上推30年，则其父或祖父嘉泰三年(1203)前后卸任归里。考宋代南康知军，《宋会要辑稿》记庆元六年(1200)十一月“赵彦鱧新任常州指挥寝罢，差主管台州崇道观，理作自陈。以臣僚言彦鱧昨任南康，席卷公帑”[④]；开禧二年(1206)三月“知南康军赵善沛降两官放罢”[⑤]。然“善”字辈乃太宗系，非魏王系，不论。赵彦鱧“登淳熙二年(1175)进士第”[⑥]，为漳州龙溪人（治今福建漳州市芗城区）[⑦]，正与赵时庚同贯，则其必为赵时庚祖父。实际上，前揭“予先大夫朝议郎自南康解印还里”一语，《说郛》本作“予先大父（即祖父）朝议郎彦自南康解印还里”[⑧]。赵时庚只书“彦”字而不书“鱧”字，正为缺字以避讳也。四库馆臣不知其详，谬以文意不通径改之，今点校本以四库本为底本，复不察而误。总之，无论从何版本，皆可确证赵彦鱧为赵时庚祖父。赵彦鱧“解印还里”的准确时间是

---

① 《四库全书总目》卷115，第992页。按：南宋葛立方亦号懒真子。

② （宋）赵时庚：《金漳兰谱》，《景印文渊阁四库全书》第845册，第121页。

③ （宋）赵时庚：《金漳兰谱》，（宋）范成大等著，刘向培整理校点：《范村梅谱（外十二种）》，第71—72页。

④ （清）徐松辑：《宋会要辑稿》职官七四之九，第4055页。

⑤ （清）徐松辑：《宋会要辑稿》职官七四之二〇，第4060页。

⑥ 嘉靖《龙溪县志》卷8《人物》，《天一阁藏明代方志选刊》第32册，上海：中华书局上海编辑所，1965年影印本，叶三四b。

⑦ （明）黄仲昭修纂：《（弘治）八闽通志》卷51《选举》，下册第257页。

⑧ （明）陶宗仪等编：《说郛》卷63，第965页。按：《三才广志》明抄本作“予先大父朝议彦自南康解印还里”（原书无页码），脱“郎”字。

庆元六年(1200)底,当时赵时庚"尚少",以10岁计,赵时庚生当光宗绍熙元年(1190)前后。

《金漳兰谱》自序又云:

> (其祖父)卜居筑茅,引泉植竹,因以为亭,会宴乎其间。得郡侯博士伯成名其亭,曰"筼筜世界"。又以其东架数椽,自号赵翁书院。回峰转向,依山迭石,尽植花木,藂杂其间,繁阴布地,环列兰花,掩映左右,以为游憩养疴之地。予时尚少,于其中尤好其花之香艳清馥者,目不能舍,手不能释,即询其名默而识之。是以酷爱之,殆几成癖。①

同时欲"续前人牡丹、荔枝谱之意",此两点即赵时庚作《金漳兰谱》之由。是书当成于此序作年,即理宗绍定六年(1233)。

《兰谱奥法》虽《中国农学书录》《中国农业古籍目录》均有收载,然其本明人自《金漳兰谱》割裂而得,且自清以来学者即屡有指陈,更有复纳之入原书之举,此与前揭周师厚《洛阳牡丹记》等书情形不同,因此笔者不再将之视作一部独立的农书。

2.《兰谱》

一卷,王贵学撰,故又被称为《王氏兰谱》。该书跟《金漳兰谱》一样,所记为福建兰花品种。书成于淳祐七年(1247),晚于赵谱十数年,据说王世贞尝云"兰谱惟宋王进叔本为最善"②。两书均不见载于宋元书目。

---

① (宋)赵时庚:《金漳兰谱》,(宋)范成大等著,刘向培整理校点:《范村梅谱(外十二种)》,第72页。按:《说郛》本作"……予时尚少,日在其中。每好其花之艳、叶之清、香之复,目不能舍,手不能释,即询其名默而识之。是以酷爱之心,殆几成癖"(《说郛三种》卷63,第965页)。

② 王氏著作未见载,转引自《四库全书总目》卷116《谱录类存目》,第1003页。

《兰谱》除序跋外，分为品第之等、灌溉之候、分拆之法、泥沙之宜、紫兰、白兰6个部分，前四者总叙艺兰之要，后二者胪列福建兰花各品。“品第之等”指出，漳州兰花“既盛且馥”，从颜色上看，“有深紫、淡紫、真红、淡红、黄白、碧绿、鱼魫、金钱之异”。紫兰以陈梦良为第一，吴兰、潘兰居次，赵十四、何兰、大小张(青)、淳监粮、许景初等为第三。金棱边单列，“为紫袍奇品”，即赵时庚所谓“品外之奇”。白兰以灶山为第一，施花、惠知客居次，李通判、马大同、济老、十九蕊、黄八兄等为第三。鱼魫兰单列，“为白花奇品”。其品第评定大体类于《金漳兰谱》。“灌溉之候”较《金漳兰谱》所记差似而简要，强调“莳沃以时”的原则：冬至后“根荄正稚，受肥尚浅，其浇宜薄”，春分后“沙土正渍，嚼肥滋多，其浇宜厚”，秋七八月“预防冰霜，又以濯鱼肉水或秽腐水停久反清，然后浇之”——《金漳兰谱》未指出需要“停久反清”。“分拆之法”叙兰花分种方法：

> (分兰)前期月余，取合用沙去砾扬尘，使粪夹和(鹅粪为上，他粪勿用)，晒干储久。逮寒露之后，击碎元盆，轻手解拆，去旧芦头，存三年之颖。或三颖四颖作一盆，旧颖内，新颖外。不可太高，恐年久易隘；不可太低，恐根局不舒。下沙欲疏而通，则积雨不渍；上沙欲细而润，则泥沙顺性。[①]

“旧芦头”指花叶老化脱落的老假鳞茎，因为老芦头不仅影响观赏，还消耗养分，甚至引起病变，所以要除去。“颖”即植株，分盆时要注意新老植株的联结(更易成活)，旧植株朝向花盆内侧，新植株朝向花盆外侧，这样其生长才有足够空间。同为漳州，同为兰花，《金漳兰谱》时代对兰花可仅称“花”，已夺牡丹之“特权”；但对兰花植株的称呼是“篦”，“篦”仍为所有花卉植株的通称。到十数年后的

---

① (宋)王贵学：《王氏兰谱》，(明)陶宗仪等编：《说郛三种》卷62，第962页。

《王氏兰谱》之时，兰花植株更拥有了“颖”专称。“泥沙之宜”指出牡丹、芍药、菊花等百花之不同品种皆用同一土壤栽培，惟兰花品种不同栽培土壤则不一样，然后罗列各品所以之沙泥，兰性既一，所言自同于《金漳兰谱》，兹不赘述。

“紫兰”“白兰”两目则详叙诸品种花叶形态及神韵。所记紫兰有陈梦良、吴兰、赵十(使)[四]、何兰、大张青、蒲统领、陈八斜、淳监粮、大紫、许景初、石门红、小张青、萧仲(红)[弘]、何首座、[林仲礼][①]、粉妆成、茅兰、金稜边 18 种。所记白兰有灶山、济老、惠知客、施兰、李通判、郑白善(《金漳兰谱》作“郑伯善”)、郑少举、仙霞(即《金漳兰谱》之潘花)、马大同、黄八兄、朱兰、周染、夕阳红、云峤(《金漳兰谱》作“云娇”)、林郡马、青蒲、独头兰(即《金漳兰谱》之弱脚)、观堂主、名第、鱼魫兰、碧兰、建兰 22 种。其中大紫、粉妆成、茅兰、林郡马、建兰为《金漳兰谱》所不载。其所述要言不烦，如介绍石门红云：“其色红，壮者十二萼。花肥而促，色红而浅，叶虽粗亦不甚高，满盆则生。亦云赵兰。”介绍茅兰云：“其色紫，长四寸有奇，壮者十六七萼。粗而俗，人鄙之。是兰结实，其破如线，丝丝片片，随风飘地轻生。夏至抽蓖，春前开花。”[②]即使是对相同品种的介绍，王、赵二谱也各具特点，甚至王谱更胜一筹，要想对宋兰有更多了解，必结合二书以观，切不可因两书同记福建兰花而赵书在前即弃王书不观。四库馆臣就犯了这样的错误，仅将王书存目而未收。兹移录两书对金稜边的记载为下表(表 9)以作管豹之窥：

① 据《说郛》百二十卷本(《说郛三种》弓 103，第 4726 页)、《三才广志》本(卷 291，原书无页码)补，应即《金漳兰谱》之林仲孔。

② (宋)王贵学：《王氏兰谱》，(明)陶宗仪等编：《说郛三种》卷 62，第 963、964 页。

表 9　《王氏兰谱》《金漳兰谱》部分品种比较表

	《王氏兰谱》	《金漳兰谱》
何兰	壮者十四五萼，繁而低压，冶而倒披。花色淡紫，似陈兰，陈花干壮而何则瘦，陈叶尾焦而何则否。或名潘兰，有红酣香醉之状，经雨露则娇困，号醉杨妃。不常发，似仙霞。①	紫色中红，有十四萼。花头倒压。亦不甚绿。②
独头兰/弱脚	色绿，一花，大如鹰爪。干高二寸，叶类麦门冬，入腊方熏馥可爱。建、浙间谓之献岁，正一萼一花而香有余者。山乡有之，间有双头。涪翁（黄庭坚）以一干一花而香有余者，兰也。③	只是独头兰，色绿，花大如鹰爪，一干一花，高二三寸。叶瘦，长二三尺。入腊方花，熏馥可爱，而香有余。④
夕阳红	色白，壮者八萼。花片虽白，尖处微红者，若夕阳返照。或谓产夕阳院东山，因名。⑤	花有八萼。花片凝尖，色则凝红，如夕阳返照。⑥

比如独头兰“间有双头”，就为《金漳兰谱》所不记，可见在一些细节之处，王谱较之赵谱实有更精准之了解。《王氏兰谱》还记载了今人熟知的中国原生兰花品种之一的建兰，其为“建兰”这一名词在历史上首次出现。

《王氏兰谱》对很多品种都详记其得名原因，这是《金漳兰谱》所缺乏的。如记陈梦良云：“昔陈承议得于官所而奇之，梦良，陈字也。曾弃之鸡埘傍，一夕吐萼二十五，与叶俱长三尺五寸有奇，人宝之曰‘陈梦良’。”记蒲统领云：“淳熙间，蒲统领引兵逐寇，忽见一

① (宋)王贵学:《王氏兰谱》,(明)陶宗仪等编:《说郛三种》卷 62,第 963 页。

② (明)高濂著,赵立勋校注:《遵生八笺校注》卷 16《燕闲清赏笺》下,第 651 页。

③⑤ (宋)王贵学:《王氏兰谱》,(明)陶宗仪等编:《说郛三种》卷 62,第 964 页。

④⑥ (明)高濂著,赵立勋校注:《遵生八笺校注》卷 16《燕闲清赏笺》下,第 653 页。

所，似非人世，四周幽兰，欲摘而归。一老叟前曰：'此处有神主之，不可多摘。'取数颖而归。"记灶山云："出漳浦，昔有炼丹于深山，丹未成，种其兰于丹灶傍，因名。"记济老云："绍兴间，僧广济修养穷谷，有神人授数颖兰，在山阴久矣。师今行果已满，与兰齐芳。僧植之岩下，架一脉之水溉焉，人植而名之。又名一线红，以花中界红脉若一线然。"说明这些名品为野生兰培育而成。再如王谱记兰中之冠陈梦良有紫干、白干二个品种，《金漳兰谱》仅记前者，可知后者当即其时培育之新品种。

《王氏兰谱》卷首有叶大有序："窗前有草，濂溪周（惇颐）先生盖达其生意，是格物而非玩物。予及友龙江王进叔，整暇于六籍书史之余，品藻百物，封植兰蕙……撷英于干、叶、香、色之殊，得韵于耳、目、口、鼻之表，非体兰之生意不能也……夫草可以会仁意，兰岂一草云乎哉！君子养德，于是乎在。"[①]指出艺兰之道，在于体其生意，是格物而非玩物，为君子养德之途径。王贵学自序亦云："万物皆天地委形，其物之形而秀者，又天地之委和也。和气所钟，为圣为贤，为景星，为凤凰，为芝草。草有兰亦然……兰，君子也。"进一步指出兰花与圣贤一样，为天地和气所钟，遂可推出"兰花，君子也"之论断。在对具体兰花品种赏鉴时，王氏也频用此一标准，如叙吴兰姿韵曰："亭亭特特，隐然君子立乎其前。"[②]总之，王贵学是第一个直揭兰为"花中君子"的学者——兰花后发而先至，其地位上升趋势已不可阻挡，终于在明代顺理成章地成为"四君子"之一——叶、王序中之论是在赵时庚思想上进一步发展，是对艺兰之道理论品格的提升。当然，从其使用的理论范畴看，他们跟赵时庚一样，也反映出理学思想在南宋后期的巨大影响。

王贵学，字进叔，与赵时庚同为漳州龙溪县人。《中国农学书

① (宋)王贵学:《王氏兰谱》,(明)陶宗仪等编:《说郛三种》卷 62,第 962 页。

② (宋)王贵学:《王氏兰谱》,(明)陶宗仪等编:《说郛三种》卷 62,第 963 页。

录》谓作者王"贵学字进叔,临江人,平生始末不可考"[1],此承《四库全书总目》"贵学字进叔,临江人"[2]而误。《王氏兰谱》自序署款"淳祐丁未(七年,1247)龙江王贵学进叔",龙江者,龙溪也。龙溪县因福建第二大河九龙江西溪、北溪流经境内得名,此即王贵学自署"龙江"之由。王世贞《国香集序》云:"闽多兰,赵时庚、王贵学氏皆闽人,故后先能谱兰,诸所以为兰之事尽矣。"[3]徐[火+勃]《徐氏笔精》亦云:"宋龙溪王贵学著《王氏兰谱》,赵时庚著《金漳兰谱》,皆绍定、淳祐时人。"[4]可见王贵学为龙溪人无疑。至于"临江",宋时有江南西路之临江军、夔州路之临江县、建州浦城县西南之临江镇。龙溪为漳州属县,与浦城县临江镇分别位于福建路南北两端,相隔甚远,所以,无论如何,龙溪人王贵学都不得称为临江人。其书又有叶大有序,叶氏字谦之,一作谦夫,兴化军仙游(治今福建仙游县)人,为孝宗时宰相叶颙从曾孙。中绍定五年(1232)进士(省试第一)[5],担任言官多年,深得理宗信任。淳祐十二年(1252)被牟子才劾罢,卒年47岁。[6] 按其序中语气,王贵学应与之年龄相若,则王氏生年同样当在宁宗嘉定元年(1208)前后。

《王氏兰谱》主要传世版本有明钮氏世学楼抄《说郛》本,天一阁藏《三才广志》明蓝格抄本,明末毛氏汲古阁刻《山居小玩》本、《群芳清玩》本,明末清初宛委山堂刻《说郛》本,清《古今图书集成》本(题名《兰谱》),宣统间国学扶轮社铅印《香艳丛书》本,民国上海中央书

---

① 王毓瑚:《中国农学书录》,第100页。

② 《四库全书总目》卷116《谱录类存目》,第1003页。

③ (明)王世贞:《弇州续稿》卷45《国香集序》,《景印文渊阁四库全书》第1282册,第598页。

④ (明)徐[火+勃]:《徐氏笔精》卷6,《景印文渊阁四库全书》第856册,第546页。

⑤ (宋)佚名撰,张富祥点校:《南宋馆阁续录》卷9《官联三》,第350页。

⑥ 乾隆《仙游县志》卷33《人物志一》,《中国方志丛书·华南地方》第242号,台北:成文出版社,1975年影印本,第717页。

店《国学珍本文库》本。诸本间异同参见天野元之助考校文字[1]。

七、其他花谱

1.《海棠记》

一卷,沈立撰。《通志·艺文略》著录于"种艺"类,《直斋书录解题》著录于"农家类"。[2] 该书是中国历史上第一部海棠专谱,惜书已佚,所幸者陈思《海棠谱》中尚存部分文字,还可一窥究竟。

沈立在《海棠记》序中指出,四川海棠为"蜀花称美者",然"记牒多所不录",因此他推测其花为"近代"方有之。正文则首先考证了海棠之名实,指出中国历史上所谓的"甘棠""棠实",及当时民众所称的地棠、棠梨、沙棠,都不是海棠。认为"凡今草木以海为名者",如"海椶、海柳、海石榴、海木瓜之类",皆"近代得之于海外"——此诚卓识也。当时海棠虽盛称于蜀,但蜀人不甚重之,京师、江淮则因其稀见"竞植之,每一本价不下数十金",[3]胜地名园,皆目为佳致。

在正文中,沈立记载了海棠在中国传播过程中的变异、生长特性及嫁接方法:"出江南者复称之曰'南海棠',大抵相类而花差小、色尤深耳。棠性多类梨、核,生者长迟,逮十数年方有花。都下接花工多以嫩枝附梨而赘之,则易茂矣。种宜垆壤膏沃之地。"最后则描述了不同海棠品种的花色、花形、香气等外观内容:

> 其根色黄而盘劲,其木坚而多节,其外白而中赤。其枝柔密而修畅,其叶类杜,大者缥绿色而小者浅紫色。其红花五出,

---

① (日)天野元之助著,彭世奖、林广信译:《中国古农书考》,第107—108页。

② (宋)郑樵:《通志》卷66《艺文略四》,第784页;(宋)陈振孙撰,徐小蛮、顾美华点校:《直斋书录解题》卷10,第300页。

③ (宋)陈思编纂:《海棠谱》,(清)丁丙编:《武林往哲遗著》(二),《杭州文献集成》第15册,杭州:杭州出版社,2014年,第199页。

初极红如胭脂点点然，及开则渐成缬晕，至落则若宿妆淡粉矣。其蒂长寸余，淡紫色，于叶间或三萼至五萼，为丛而生。其蕊如金粟，蕊中有须三，如紫丝。其香清酷，不兰不麝。其实状如梨，大若樱桃，至秋熟，可食；其味甘而微酸。兹棠之大概也。[①]

这一段文字介绍全面，逻辑层次清楚，语言准确，充分体现了沈氏对研究对象细致入微的观察，可以说是宋代最有科学素养的花谱类农书典范之一。作者不愧是宋代著名的农学家、水利学家、地理学家、数学家、诗人、藏书家。

沈立生平事迹参见本书第一章第三节。其早年曾知洪雅县（治今四川洪雅县）、通判益州（治今四川成都市），故王毓瑚推测说因四川的海棠很有名，《海棠记》“大约就是那时写的”。[②] 沈立《海棠记》自序云：“（沈）立庆历中为县洪雅，春日多暇，地富海棠，幸得为东道主，惜其繁艳为一隅之滞卉，为作《海棠记》，叙其大概，及编次诸公诗句于右，复率芜拙，作五言百韵诗一章、四韵诗一章附于卷末，好事者幸无诮焉。”[③]据此，《海棠记》应作于庆历（1041—1048）初年（沈氏庆历八年入朝，此前历知洪雅县，通判寿州、益州三任）。亦可见该书叙事之外，尚编次前人海棠诗词，并以己作二诗收束全书——即陈思海棠谱之体例也——从沈序自言“为作《海棠记》，叙其大概”之著书目的看，陈思移录之文以“兹棠之大概也”结尾，作为一篇记文已非常完整；其序中所言自作诗二首，则被陈思收移入《海棠谱》卷中[④]；至于序中所谓编次的真宗御制《后苑杂花十题》之首章“海棠”及近世名儒巨贤诸公诗句，如果不是全部的话，亦必大部分见录于陈谱中、下二卷，惟不注过录自沈记而已。

---

①③　（宋）陈思编纂：《海棠谱》，（清）丁丙编：《武林往哲遗著》（二），《杭州文献集成》第15册，第199页。

②　王毓瑚：《中国农学书录》，第71页。

④　（宋）陈思编纂：《海棠谱》，（清）丁丙编：《武林往哲遗著》（二），《杭州文献集成》第15册，第210—211页。

因此，笔者认为沈立《海棠记》主体内容均存于陈思《海棠谱》中。

又陈思《海棠谱》引录《复斋漫录》(今佚)云：

> 仁宗朝张冕学士赋蜀中海棠诗，沈立取以载《海棠记》中云："山木瓜开千颗颗，水林檎发一攒攒。"注云："大约木瓜、林檎花初开，皆与海棠相类。若冕言，则江西人正谓棠梨花耳。惟紫绵色者，始谓之海棠。按沈立《记》言：'其花五出，初极红，如胭脂点点然，及开则渐成缬晕，至落则若宿妆淡粉。'审此，则似木瓜、林檎六花者，非真海棠明矣。晏元献云：'已定复摇春水色，似红如白海棠花。'然则元献亦与张冕同意耶？"[①]

可见沈立编类海棠诗并非仅为胪陈，而是在每诗下都作有注解文字(陈谱无)。则《海棠记》所佚者，太半为诗注也。

2.《海棠谱》

《海棠谱》，陈思编纂。《中国农学书录》未著录。书成于理宗开庆元年(1259)[②]，卷上"叙事"，卷中、卷下辑录唐宋人海棠诗。最早收入宋刻《百川学海》中，后代刊刻者或仍其旧，或仅收其上卷"叙事"部分，或仅收其中、下卷诗歌(或仍题名《海棠谱》，或别题名《海棠谱诗》)，遂有三卷本、一卷本、二卷本之别。

"梅花占于春前，牡丹殿于春后，骚人墨客特注意焉。独海棠一种，风姿艳质固不在二花下"，然因唐人殊少吟咏，即便杜甫到了以海棠著称的蜀中，也未见诸笔端，可见世人"薄之"。至宋品题渐多，海棠方"显闻于时，盛传于世"，陈思因此纂集关涉海棠之事文，欲其"预众谱之列"。[③] 此即陈思编撰此书的目的。

① (宋)陈思编纂：《海棠谱》，(清)丁丙编：《武林往哲遗著》(二)，《杭州文献集成》第15册，第200—201页。

② (宋)陈思编纂：《海棠谱·叙》，宋刻《百川学海》本，卷首。

③ (宋)陈思编纂：《海棠谱》，(清)丁丙编：《武林往哲遗著》(二)，《杭州文献集成》第15册，第198页。

卷上“叙事”部分，博采诸书，包括前揭沈立《海棠记》及《韵语阳秋》《冷斋夜话》《古今诗话》《石林诗话》《复斋漫录》《苕溪渔隐丛话》《碧溪诗话》《吴兴沈氏注东坡诗》《诗话总龟》《外史梼杌》《云仙散录》《琐碎录》《牡丹荣辱志》《长春备用》《花木录》《长乐志》《绀珠集》等18种。内容多为关于海棠之轶闻掌故，亦有详述各地海棠性状及栽培之法者。所记品种有帚子海棠、垂丝海棠、南海棠、黄海棠：

> 闽中漕宇修贡堂，下海棠极盛，三面共二十四丛，长条修干，顷所未见。每春着花，真锦绣段。其间有如紫绵揉色者，亦有不如此者，盖其种类不同，不可一概论也。至其花落，则皆若宿妆淡粉矣。余三春对此，观之至熟。大率富沙多此，官舍人家往往皆种之，并是帚子海棠，正与蜀中者相类，斯可贵耳。今江浙间别有一种，柔枝长蒂，颜色浅红，垂英向下，如日蔫者，谓之“垂丝海棠”。[①]
>
> 南海棠，本性无异，惟枝多屈曲，数数有刺，如杜梨花。亦繁盛，开稍早。
>
> 黄海棠，木性类海棠，青叶微圆而色深，光滑不相类。花半开，鹅黄色，盛开则渐浅黄矣。

当时还嫁接出了白海棠：“海棠色红，以木瓜头接之，则色白。”[②]

记栽培方法包括灌溉、施肥、去果：

> 海棠花欲鲜而盛，于冬至日早，以糟水浇根下。
>
> 海棠候花谢结子，剪去，来年花盛而无叶。

---

① (宋)陈思编纂：《海棠谱》，(清)丁丙编：《武林往哲遗著》(二)，《杭州文献集成》第15册，第201页。

② (宋)陈思编纂：《海棠谱》，(清)丁丙编：《武林往哲遗著》(二)，《杭州文献集成》第15册，第202页。

每岁冬至前后，正宜移拨窠子，随手使肥水浇，以奩过麻屑、粪土壅培根柢，使之厚密。才到春暖，则枝叶自然大发，著花亦繁密矣。[①]

陈思，临安人[②]，以书坊为业，自号陈道人，因同行前辈陈起亦号陈道人，故时以“小陈道人”称之。[③] 因谢愈修序其《书小史》曾说“《书小史》者，中都陈道人所编也”[④]，遂有学者认为陈思籍贯“一说中都”[⑤]，实际上，南宋人所谓“中都”为“都中”之意，即临安也。[⑥] 陈思学养深厚，对古籍善本可“望气而定”：“都人陈思儥书都市，士之博雅好古者，又搜猎遗忘以足其所藏。与夫故家之沦坠不振出其所藏以求售者，往往交于其肆。且售且儥，所阅滋多，望之辄能辨其真赝。”[⑦]据陈思《小字录》署款结衔，他曾任官成忠郎、缉熙殿国史实录院秘书省搜访。[⑧] 缉熙殿本南宋皇帝经筵讲殿，理宗予以改建，竣工于绍定六年(1233)六月，理宗御书“缉熙”二字榜之，并亲撰文记其事。[⑨] 则陈思获任必在绍定六年之后，《小字

---

① (宋)陈思编纂：《海棠谱》，(清)丁丙编：《武林往哲遗著》(二)，《杭州文献集成》第15册，第201—202页。

② 参见陈思《海棠谱》(宋刻《百川学海》本)卷首自序署款。

③ (清)丁申：《武林藏书录》卷中《小陈道人思》，上海：古典文学出版社，1957年，第35页。

④ (宋)陈思：《书小史》卷首载谢愈修序，《景印文渊阁四库全书》第814册，第205页。

⑤ 顾志兴：《浙江出版史研究——中唐五代两宋时期》，杭州：浙江人民出版社，1991年，第115页。

⑥ 详参戎默：《南宋“中都”今何在？诗词读本注释的撰写》，《澎湃新闻》2019年7月1日，https://baijiahao.baidu.com/s?id=1637830983698428440&wfr=spider&for=pc，2020年7月14日。

⑦ (宋)陈思：《宝刻丛编》陈振孙序，《历代碑志丛书》第1册，第361页。

⑧ (宋)陈思：《小字录》，明活字印本，叶一a。按：四库本删去。

⑨ (宋)王应麟纂：《玉海》卷160《宫室·殿下》，第2953页。详参汪桂海：《南宋缉熙殿考》，《文献》2003年第2期，第113—115页。

录》亦必刻于该年之后。度宗咸淳三年(1267)[①],陈思有刊刻己作《书小史》之事,则其卒年当在此以后。又其《宝刻丛编》魏了翁绍定二年(1229)序云:“余无它嗜,惟书癖殆不可医。临安鬻书人陈思多为余收揽散逸,扣其书颠末辄对如响……呜呼!贾人窥书于肆而善其事若此,可以为士而不如乎?”[②]按其语气,陈思其时年岁至少已三四十岁,则生当光宗绍熙元年(1190)前后。

《海棠谱》传世版本甚多,三卷本有宋刻《百川学海》本、明弘治十四年无锡华珵刻《百川学海》本、嘉靖十五年郑氏宗文堂刻《百川学海》本、万历间汪氏刻《山居杂志》本、明末刻《百川学海》本、明末毛氏汲古阁刻《群芳清玩》本、清《四库全书》本、光绪间杭州丁丙八千卷楼刻《丁氏八千卷楼丛刻》本、丁申(丁丙兄)竹书堂刻本、民国上海商务印书馆《丛书集成初编》本;一、二卷本有明末刻《百川学海》本(一卷本、二卷本均收)、明末坊刻《百川学海》本(二卷)、崇祯间竹屿刻《雪堂韵史》本(一卷)、明末清初宛委山堂刻《说郛》本(题名《海棠谱》一卷、《海棠谱诗》二卷)、宣统间国学扶轮社铅印《香艳丛书》本(一卷)、民国上海中央书店《国学珍本文库》本(一卷)。

陈思还是一位书法家,其《书小史》是历史上第一部中国书法通史。此外尚有《宝刻丛编》二十卷、《书苑菁华》二十卷、《小字录》一卷、《两宋名贤小集》三百八十卷等。

3.《玉蕊辨证》

一卷,周必大撰,一作《唐昌玉蕊辨证》。“唐昌是长安一个道观的名字,观中有玉蕊花,原是唐朝人栽种的,极其有名。有人认为就是琼花,也有人怀疑是否玚花或山攀花”[③],为探明玉蕊究为何花,周必大尽搜唐宋以来记述、歌咏玉蕊之诗文以考之,并进一步通过实践知识得出了科学的论断。

---

① 据《书小史》卷首载谢愈修序系时(《景印文渊阁四库全书》第814册,第205页)。

② (宋)陈思:《宝刻丛编》卷首,《历代碑志丛书》第1册,第361页。

③ 王毓瑚:《中国农学书录》,第96页。按:原文作“礬”,王氏误为“攀”字。

长安唐昌观玉蕊花声名极著，至有仙子临赏的传说，唐康骈《剧谈录》载之甚详。诗人亦多所吟咏，严休复、元稹、刘禹锡、张籍、王建、白居易、武元衡等均有篇及此。润州（治今江苏镇江市）招隐山亦有玉蕊花，李德裕任州刺史时常去花下饮酒，并于其处建玉蕊亭。至宋代，宋祁乃云“维扬后土庙有花，色正白，曰玉蕊，王禹偁爱赏之，更称为琼花”——但王禹偁《后土庙琼花诗二首》序原话是“扬州后土庙有花一株，洁白可爱，且树大而花繁，不知何木也，俗谓之琼花”，故周必大指宋氏“诬元之（王禹偁字）”。刘敞亦云玉蕊可能是琼花：“自淮南迁东平，移后土庙琼花植于濯缨亭，此花天下独一株尔，永叔为扬州知府，筑无双亭以赏之，彼土人别号八仙花，或云李卫公（李德裕）所赋玉蕊花即此是。”宋敏求则断言玉蕊即琼花：“扬州后土庙有琼花一株，或云自唐所植，即李卫公所谓玉蕊花也。”[①]此后，宋人多以玉蕊为琼花，如晁补之《下水船·和季良琼花》云：“百紫千红翠，唯有琼花特异。便是当年，唐昌观中玉蕊。”[②]南宋初曾慥又指玉蕊是玚花，其《高斋诗话》云：“玚花即玉蕊花也。王介甫以比玚……盖玚，玉名，取其白耳；黄鲁直又更其名为山矾，谓可以染也。”[③]对这些说法，宋以来颇多疑者。如《蔡宽夫诗话》云：“晏元献尝以李善《文选注》质之，云：‘琼乃赤玉，与（玉蕊）花不类也。’”[④]葛立方《韵语阳秋》云：“唐朝唐昌观有玉蕊花……长安观亦有玉蕊花……唐内苑亦有玉蕊花……招隐山亦有玉蕊花……其非琼花明矣（因琼花‘天下独一株尔’，以此永叔筑亭名‘无双’，而玉蕊诸处皆有，故葛氏断其非琼花）。东坡《瑞香

---

① （宋）周必大撰，王蓉贵、（日）白井顺点校：《周必大全集》卷184《玉蕊辨证》，第1722—1725页。

② （宋）周必大撰，王蓉贵、（日）白井顺点校：《周必大全集》卷184《玉蕊辨证》，第1728页。

③ （宋）蔡正孙撰，常振国、（降）[绛]云点校：《诗林广记》卷6，北京：中华书局，1982年，按：原书佚。

④ （宋）胡仔纂集，廖德明校点：《苕溪渔隐丛话·前集》卷47《（黄）山谷上》引，北京：人民文学出版社，1962年，第322页。按：原书佚。

词》有‘后土祠中玉蕊’之句者，非谓（琼花是）玉蕊花，止谓琼花如玉蕊之白尔。”[①]

周必大恰好以前从招隐山移种过一株玉蕊，是所亲见：

> （其花）条蔓如荼蘼，种之轩槛，冬凋春茂，柘叶紫茎，再岁始著花，久当成树……花苞初甚微，经月渐大，暮春方八出须如冰丝，上缀金粟花，心复有碧筩，状类胆瓶，其中别抽一英出众须上，散为十余蕊，犹刻玉然。花名玉蕊，乃在于此，群芳所未有也。宋子京、刘原父、宋次道博洽无比，不知何故疑为琼花。[②]

南宋末《全芳备祖》的作者陈景沂亦亲往招隐山考察，看到“亭之下有玉蕊二株，对峙一架。其枝条仿佛乎葡萄而非葡萄之所可比，轮囷磊块，如古君子气象焉；其叶类柘叶之圆尖、梅叶之厚薄；其花类梅而萼瓣缩小，厥心微黄，类小净瓶。暮春初夏盛开，叶独后凋。其白玉色，其香殊异，而其高丈余也”。他得出的结论跟周必大是一样的：“此花非山矾、非琼花，其夐出鲜俦而自成一家也。”[③]周、陈二人对玉蕊的描绘颇有相似处。

扬州后土庙亦名后土祠，始建于汉成帝元延二年，唐时易名唐昌观，宋徽宗赐名蕃厘观，世人则因观中琼花故而呼为琼花观——唐时既与长安之唐昌观（有玉蕊花）同名，不知者混淆二观并进而以为琼花、玉蕊同物异名亦可理度。又，“一盆玉蕊满堂春”之“玉蕊”指水仙；“归来山月照玉蕊”、原刊于“只携玉蕊一枝还”之“玉蕊”指

---

① （宋）葛立方：《韵语阳秋》卷16，上海：上海古籍出版社，1984年影印本，第210页。

② （宋）周必大撰，王蓉贵、（日）白井顺点校：《周必大全集》卷184《玉蕊辨证》，第1727页。

③ （宋）陈景沂撰，程杰、王三毛点校：《全芳备祖·前集》卷6《玉蕊花》，第163页。

腊梅，作者非谓玉蕊花为水仙、腊梅，只是文学修辞手法而已。[1]

周必大，初字洪道，后改字子充，号省斋居士、青原野夫，《宋史》有传。周氏为吉州庐陵县(治今江西吉安市)人，生于靖康元年(1126)[2]，4岁父丧，13岁母亡，幼年孤苦，先后在外祖父、伯父家抚养长成。颇受乡先辈欧阳修、胡铨影响。绍兴二十一年(1151)，初次应举即中进士，[3]初授徽州司户参军。次年冬，权赣州雩都县尉。二十四年底，改差监行在太平和剂局门，二十六年(1156)六月因火灾罢任。[4] 次年春周必大应博学宏词科考，除建康府学教授。[5] 三十年，改除太学录，赴行在与同样入朝为官的陆游结识。同年召试馆职，除秘书省正字。[6] 次年兼任国史院编修官。三十二年五月，高宗内禅前升周必大为监察御史。孝宗登基后平反岳飞，所下《岳飞叙复元官制》即周必大手笔[7]。又奏请为太上皇帝、太上皇后上尊号，寻除起居郎，兼权中书舍人、权给事中、编类圣政所详定官，[8]有“今日之势，中国故欲和，而虏亦欲和也”[9]之论。隆

---

① 这一部分据拙文《〈中国农学书录〉新札》修改，原刊于《中国农史》2010年第1期，第138—139页。

② (宋)周必大撰，王蓉贵、(日)白井顺点校:《周必大全集·附录》卷3《行状》，第1921页。

③ (宋)陈骙撰，张富祥点校:《南宋馆阁录》卷7《官联上》，第86页。

④ (宋)周必大撰，王蓉贵、(日)白井顺点校:《周必大全集·年谱》，第19页。

⑤ (宋)李心传撰，辛更儒点校:《建炎以来系年要录》卷176绍兴二十七年二月丁未，第3081页。

⑥ (宋)周必大撰，王蓉贵、(日)白井顺点校:《周必大全集·附录》卷5《神道碑》，第1933页。

⑦ (宋)周必大撰，王蓉贵、(日)白井顺点校:《周必大全集》卷97，第880—881页。

⑧ (宋)周必大撰，王蓉贵、(日)白井顺点校:《周必大全集·年谱》，第20页。

⑨ (宋)周必大撰，王蓉贵、(日)白井顺点校:《周必大全集》卷134《议北事札子》，第1313页。

兴元年(1163)，坚决反对孝宗进用龙大渊、曾觌，遂请祠求去，回到家乡庐陵。[1] 乾道六年(1170)，出知南剑州，途中改提点福建刑狱，以避父讳辞任，[2]入朝陛见孝宗，被任秘书少监兼权直学士院、国史院编修。次年奏论"重侍从以储将相，增台谏以广耳目，郎官专以旌外庸，监司郡守皆当久任"四事，获孝宗嘉纳，兼权兵部侍郎，寻权礼部侍郎，[3]兼侍讲、权中书舍人。不久因反对孝宗对张说、王之奇的任命罢任，遂应邀至范成大石湖一游。[4] 九年初，命知建宁府(治今福建建瓯市)，赴任途中以疾辞，获提举江州太平兴国宫，"天下愈高之"。[5]

淳熙元年(1174)，致书张栻，讨论"知与行之说"。[6] 次年被诏赴行在，获任权兵部侍郎，兼侍讲、直学士院，不久真除兵部侍郎，兼太子詹事。三年正月，以兵部尚书名义押伴金国贺正旦使，不久迁吏部侍郎，任上对国家大事多有建言。五年(1178)底晋为礼部尚书，兼翰林学士。[7] 次年初，淮东饥荒，郴州(治今湖南郴州市)民乱，奏请对地方官员加强考核[8]。年底擢升吏部尚书、翰林学士

---

① (宋)周必大撰，王蓉贵、(日)白井顺点校:《周必大全集》卷165《归庐陵日记》，第1541页。

② (宋)周必大撰，王蓉贵、(日)白井顺点校:《周必大全集》卷122《乞避私讳申省札子》，第1174页。

③ (宋)周必大撰，王蓉贵、(日)白井顺点校:《周必大全集·附录》卷5《神道碑》，第1934页。

④ (宋)周必大撰，王蓉贵、(日)白井顺点校:《周必大全集》卷171《乾道壬辰南归录》，第1604页。

⑤ (宋)周必大撰，王蓉贵、(日)白井顺点校:《周必大全集·附录》卷5《神道碑》，第1935页。

⑥ (宋)周必大撰，王蓉贵、(日)白井顺点校:《周必大全集》卷186《张钦夫左司》，第1739页。

⑦ (宋)周必大撰，王蓉贵、(日)白井顺点校:《周必大全集·附录》卷3《行状》，第1924页。

⑧ (宋)周必大撰，王蓉贵、(日)白井顺点校:《周必大全集》卷142《论黜陟郡守》，第1357—1358页。

承旨，半年后再升任参知政事，九年(1182)又除知枢密院事，后拜枢密使。[①] 十二年四月，传言西辽将结约西夏攻金，周必大力主持重，后果妄言。事后周必大奏请依庆历二年故事以宰相兼枢密使。[②] 十四年初，周必大升任右相，[③]其年大旱，临安又发生大火灾，周必大自劾去职，孝宗不允。年底太上皇高宗崩，周必大等初议谥尧宗，因人言"虏有宗尧"，乃定为"高宗"。《高宗谥册文》为周必大所作。[④] 年底，周必大请求致仕，孝宗谕以欲传位太子之意，并云"卿须少留"。[⑤] 次年正月，孝宗进周必大为左丞相、许国公，正式告知二府内禅之意。二月光宗即位，周必大进封益国公，不久周必大连被弹劾，谪判潭州府，乃请以原官奉祠，遂除醴泉观使，[⑥]返乡里居，谋筑南园。

绍熙二年(1191)八月，周必大被命为观文殿学士、判潭州(治今湖南长沙市)，至郡罢倍税牙契钱。[⑦] 任上亲自试验采用活字印刷术刊印了自己的《玉堂杂记》一书，这是中国历史上最早的泥活字印刷品。[⑧] 四年底改判隆兴府，辞免返乡。次年六月孝宗崩，周必大挽诗云："圣德高难继，天心远莫推。如何尧舜主，不与武宣

① (宋)周必大撰，王蓉贵、(日)白井顺点校：《周必大全集·附录》卷5《神道碑》，第1937—1938页。

② 周氏奏上，孝宗御批"续听处分"，并不是李仁生、丁功谊《周必大年谱》所说的"同意该处置意见"，也没有"以周必大为宰相兼枢密使"(南昌：江西人民出版社，2014年，第235、234页)。

③ 《宋史》卷391《周必大传》，第11970页。

④ (宋)周必大撰，王蓉贵、(日)白井顺点校：《周必大全集》卷121，第1169—1170页。

⑤ 《宋史》卷36《光宗本纪》，第694页。

⑥ 《宋史》卷36《光宗本纪》，第696页。

⑦ (宋)周必大撰，王蓉贵、(日)白井顺点校：《周必大全集·附录》卷5《神道碑》，第1940页。

⑧ 详参李仁生、丁功谊：《周必大年谱》，第278页。

时。勤政精弥厉，平戎志竟赍。唯留大风句，千古日星垂。”[1]七月，光宗被逼无奈禅位，宁宗即位求直言，周必大奏论圣孝、敬天、崇俭、久任四事。[2] 年底遣入新居平园，因号平原老叟。[3] 与杨万里颇多往来酬唱，庆元二年(1196)杨氏赋玉蕊诗，遂引起周必大兴趣，作成《玉蕊辨证》(后略有增续)。[4] 又主持辑刻《欧阳文忠公集》。[5] 六年光宗崩，婺州(治今浙江金华市)布衣吕祖泰上书言国事，“请诛韩侂胄、苏师旦，逐陈自强等，以周必大代之”[6]，周氏因被弹劾，降官少保。嘉泰三年(1203)妻王氏卒，次年周必大亦卒，享寿 79 岁，后赐谥文忠。

周氏《玉蕊辨证》传世版本有明崇祯毛氏汲古阁刻《津逮秘书》本、道光二十八年欧阳棨瀛塘别墅刻咸丰元年续刻《庐陵周益国文忠公文集》本(题名《唐昌玉蕊辨证》)、民国上海商务印书馆《丛书集成初编》本。此外，周氏著述甚富，达“八十一种”[7]之多，基本上收入其子周纶所编《周益文忠公集》中。但是本宋后不刻，残缺颇多，清人欧阳棨感周必大刊刻其祖先欧阳修集之意，乃编校刊刻成《庐陵周益国文忠公集》二百零六卷，是为周著通行之善本。

4.《琼花记》

一卷，杜斿撰，《中国农学书录》未著录。杜斿一作杜游，字叔高，婺州金华县(治今浙江金华市)人。其二兄二弟，分别为杜旟伯

---

① (宋)周必大撰，王蓉贵、(日)白井顺点校：《周必大全集》卷 41《孝皇帝挽诗二首(其一)》，第 377 页。

② 《宋史》卷 391《周必大传》，第 11971 页。

③ (宋)周必大撰，王蓉贵、(日)白井顺点校：《周必大全集·年谱》，第 36 页。

④ (宋)周必大撰，王蓉贵、(日)白井顺点校：《周必大全集》卷 184《玉蕊辨证》，第 1727、1728 页。

⑤ (宋)周必大撰，王蓉贵、(日)白井顺点校：《周必大全集》卷 52《欧阳文忠公年谱后序》，第 490—491 页。

⑥ 《宋史》卷 37《宁宗本纪一》，第 727 页。

⑦ 《宋史》卷 391《周必大传》，第 11972 页。

高、杜旟仲高、杜旝季高、杜旞幼高，因此五人被称为“杜氏五高”，又称“金华五高”——可见杜斿的名字应以“斿”为是。

绍兴三十一年(1161)，金海陵王南侵，掘琼花树而去，而后扬州蕃禧观(即蕃厘观)竟复有琼花，时人多认为是观中道士种以聚八仙而冒其名。杜斿对此亦感怀疑，因此亲自前往考察，在无双亭采访了一位叫唐大宁的老道士。唐大宁说，观之琼花为其“所手自培护而至此”，并详为叙述来龙去脉：琼花原在殿西之北无双亭下，绍兴十五年(1145)“向龙图子諲”[1]以殿庐面势狭小，徙置于殿西之南。二十四年(1154)，在花东南三四尺远的地方倏然发“一小根，枝叶日茂，其下大径寸”。三十一年(1161)八月十五日知州刘泽复命移花于殿前，“即今之花处”，小根亦“(放)[仿]其乡(通‘向’)疏背密移之不敢易”。同年十一月“逆(完颜)亮渡淮，趋扬州，直入观揭花本去，其小者剪而(殊)[诛]之”。金虏既退，十二月唐道复还旧地，是时训练官成平领兵马依观屯寨，军人接唐道云：“观主至耶。琼花已坏虏手，旁有一小根微见地面，可识认非其种否?”唐道告以琼花若剔其根皮投之火，则臭达于鼻。“于是剔其根皮投之火，果臭达于鼻，军人皆喜欢”，唐道即移根于原花处，且“日往护之，越明年，二月既望夜中，天大雷雨，某诘朝起视，两庑蚯蚓布地皆满。往所植根旁，则勃然三蘖从根出矣。自是遂条达不已，至于今三十年之久。见其婆娑偃盖，常不忘断根时也”。[2] 可见蕃禧观中仍为琼花而非聚八仙。杜斿及上揭周必大、陈景沂三人，均注重通过“实验”或调查的方法进行农学研究、得出结论，此是宋代农学发展到传统农学高峰的表现之一。

---

① 应为时任知州、直徽猷阁向子固，向子諲绍兴八年即自知平江府任上致仕。

② (宋)谢维新编:《古今合璧事类备要·别集》卷23《花门·琼花》，宋刻本，叶二a至b。

杜斿颇“有诗名”[①]，与陆游、辛弃疾、朱熹、陈亮等有交游。陈亮对其评价甚高，他说：“叔高之诗如干戈森立，有吞虎食牛之气；而左右发春妍以辉映于其间。此非独一门之盛，盖可谓一诗之豪矣。”又说“仲高之词、叔高之诗皆入能品”。[②] 端平改元(1234)，理宗亲政，优礼耆艾，据刘克庄记，其年“江西曾三翼、金华杜斿各年八十余，起布衣，入馆阁”[③]。而据《南宋馆阁续录》，曾三翼入馆固在此年，杜斿“以布衣特补迪功郎，充秘阁校勘”实为绍定六年(1233)，端平元年七月朝廷“与在外合入差遣”。[④] 以此计之，其生年当在绍兴二十二年(1152)前后。杜斿淳祐三年(1243)作有《昭化寺佛阁记》[⑤]一文，则其逝世在此年以后，卒时寿在 90 岁以上。

关于《琼花记》作年，《古今合璧事类备要》本署款为“余(实)[贯]金华杜斿，绍兴二年记”[⑥]，《广群芳谱》本署款为“余(实)[贯]金华杜斿，绍兴二年记”[⑦]；《三才广志》明抄本未抄录署款；别下斋刻《琼花集》本署款为“余(实)[贯]金华之杜斿，时宋绍熙二年辛亥夏六月望日记”[⑧]，《古今图书集成》本署款为“余贯金华杜游，绍熙

① (宋)方回选评，李庆甲集评校点：《瀛奎律髓汇评》卷 24《送别类》，第 1100 页。

② (宋)陈亮：《陈亮集》卷 27《复杜仲高》，邓广铭：《邓广铭全集》第 5 册，石家庄：河北教育出版社，2003 年，第 260 页。

③ 刘克庄撰，王蓉贵、向以鲜校点：《后村先生大全集》卷 150《直焕章阁林公》，第 3848 页。

④ (宋)佚名撰，张富祥点校：《南宋馆阁续录》卷 9《官联三》，第 355 页。

⑤ 万历《兰溪县志》卷 6，《中国方志丛书·华中地方》第 517 号，台湾：成文出版社，1983 年影印本，第 575 页。

⑥ (宋)谢维新编：《古今合璧事类备要·别集》卷 23《花门·琼花》，宋刻本，叶三 a。

⑦ (清)汪灏等编：《广群芳谱》卷 37，清康熙四十七年佩文斋刻本，叶一四 a。

⑧ (明)曹璿：《琼花集》卷 5，清道光间蒋氏别下斋刻本，叶二 b。

二年夏六月记”[1]、“绍熙二年夏六月杜游记”[2]，乾隆《江都县志》本署款为“余贯金华杜游，绍熙二年六月记”[3]。绍兴二年(1132)显然不可能，不惟生卒年跨度太长，且如前揭书中言及绍兴三十一年事[4]；绍兴三十二年(1162)杜斿仅10岁左右，亦不可能；因此，此书只能作于绍熙二年(1191)，其年杜氏40岁左右。杜斿尚有《杜诗发微》等著作。

第二节　果谱类农书

中国果树栽培历史悠久，苹果属、梨属、李属、柑橘属等水果均为中国原产[5]。据《诗经》《山海经》记载，先秦时期人们食用的水果种类已非常丰富。[6] 宋代水果在品种、种植规模及专业化、栽培技术等方面都远超前代。[7] 并且随着宋代城市、交通及保鲜贮运

---

① (宋)杜斿:《琼花记》,(清)陈梦雷纂:《古今图书集成·草木典》卷297,第2761页。

② (宋)杜斿:《琼花记》,(清)陈梦雷纂:《古今图书集成·职方典》卷765,第6924页。

③ 乾隆《江都县志》卷31,清乾隆八年刊本,叶六三a。

④ 职是之故,《古今合璧事类备要》四库本乃改上揭宋刻本“绍兴二年记”之文为“绍兴三十二年记”(《别集》卷23《花门·琼花》,《景印文渊阁四库全书》第941册,第143页)。

⑤ 详参孙云蔚、杜澍、姚昆德编著:《中国果树史与果树资源》,第6—9页。

⑥ 详参辛树帜编著,伊钦恒增订:《中国果树史研究》,北京:农业出版社,1983年,第53—54页。按:1962年初版,书名为《我国果树历史的研究》。

⑦ 详参魏华仙:《宋代四类物品的生产和消费研究》,成都:四川科学技术出版社,2006年,第79—89页;漆侠:《中国经济通史(宋代经济卷)》,北京:经济日报出版社,1998年,第171—176页;程民生:《宋代果品业简论》,《中州学刊》1992年第2期,第122—126页。

技术的发展，水果长途贩运业得以更广泛地成长，[①]对全国性市场的形成产生了重要助推作用。北宋汴京在这一过程中，原有水果特产名区地位进一步提高，成为全国性生产中心；福建路、广南东西路、四川路所产荔枝，两浙路、江南东西路、四川路所产柑桔均广受欢迎、名闻天下。可见，宋代果谱类农书专著论述对象集中在荔枝、柑橘两个品种上不是偶然的。

一、荔枝谱

荔枝作为中国原产的亚热带水果，素为人所珍视。汉司马相如夸示上林苑所有之奇花异果，荔枝即名列其中："楟枣杨梅，樱桃蒲陶；隐夫薁棣，荅樑离支；罗乎后宫，列乎北园。"[②]王逸更誉云："卓绝类而无俦，超众果而独贵。"[③]白居易"若离本枝，一日而色变，二日而香变，三日而味变，四五日外色香尽去矣"[④]之文、杜牧"一骑红尘妃子笑，无人知是荔枝来"之诗更使荔枝的娇贵人尽皆知。唐代以前，文献所载荔枝多为产自岭南、四川者，入宋福建异军突起成为主产区之一，并后来居上，有"闽中第一，蜀川次之，岭南为下"[⑤]之说。在书中对荔枝生理性状加以叙记者汉唐即有，如东汉杨孚《异物志》，晋郭义恭《广志》、稽含《南方草木状》，唐段公

① 详参(日)斯波义信著，庄景辉译：《宋代商业史研究》，台北：稻乡出版社，1997 年，第 200—205 页；魏华仙：《宋代四类物品的生产和消费研究》，第 89—94、98—101 页。

② (汉)司马相如著，朱一清、孙以昭校注：《司马相如集校注 · 上林赋》，北京：人民文学出版社，1996 年，第 24 页。

③ (汉)王逸：《荔枝赋》，(唐)欧阳询：《宋本艺文类聚》卷 87《果部下》，上海：上海古籍出版社，2013 年影印本，第 2229 页。按：《白孔六帖》"无俦"作"自异"(《唐宋白孔六帖》卷 30，明嘉靖间刻本，叶二 b)。

④ (唐)白居易著，顾学颉校点：《白居易集》卷 45《荔枝图序》，北京：中华书局，1999 年，第 974 页。

⑤ (宋)唐慎微撰，尚志钧等校点：《证类本草》卷 23《果部中品》，第 565 页。

路《北户录》、刘恂《岭表录异》等，但荔枝专著则至宋代方始产生。宋代荔枝谱除成书于宋初的《广中荔枝谱》记岭南荔枝外，余均述福建荔枝。这一变化也反映了荔枝出产名区的“唐宋转移”。

1.《广中荔枝谱》

郑熊撰。此书历代史志书目不载，一般认为已佚，有学者已指出尚见于《能改斋漫录》，但认为是节录之残本。[①] 结合宋代尤其北宋时期花果谱录一般篇幅差小、仅数百字者在在而有的背景观其文本，笔者认为很可能就是“全本”，则此书当为一卷。《广中荔枝谱》是历史上第一部荔枝专著，兹移录于后以见其貌(〔 〕内文字为吴曾所加)：

〔蔡君谟守福唐(福州别称)，以闽中荔枝著谱。而郑熊亦尝记广中荔枝，凡二十二种：〕

玉英子荔枝(如玉之英)。燋核荔枝(核小肉多)。沉香荔枝(以其香似)。丁香荔枝(以其核似)。红罗荔枝(甚细而红，其纹如罗)。透骨荔枝(其他者皮皆外(白)[红]，此内外皆红)。牂牁荔枝(形似牂牁帽)。僧耆头荔枝(皮皱坚，如僧耆国人，首发皆成丛脞)。水母子荔枝(浆多，如水母子)。蒺藜荔枝(皮上皱纹尖如蒺藜)。大将军荔枝、小将军荔枝(其树叶俱大，小亦然)。大蜡荔枝、小蜡荔枝(子有大小者，皆熟而黄)。松子荔枝(像其形也)。蛇皮荔枝(纹如蛇皮)。青荔枝(熟而青)。银荔枝(熟而白)。不忆子荔枝(一食而不复思[子])。火山荔枝(火山在梧州。既大而早，三月已可食)。野山荔枝(野山子小而酸涩，人少食)。五色荔枝(出海南)。

〔好事者作荔枝馒头，取荔枝榨去水，入酥酪、辛、辣，以含

---

① 周肇基：《历代荔枝专著中的植物学生态学生理学成就》，《自然科学史研究》1991年第1期，第40页；彭世奖校注：《历代荔枝谱校注》附录一，北京：中国农业出版社，2008年，第544页。

之。又作签炙，以荔枝肉并椰子花与酥酪同炒，土人大嗜之。」[①]

可见，《广中荔枝谱》所记不仅是品名而已，还有对不同荔枝品种得名缘由，果实壳、肉、核的形状、大小、颜色、味道，甚至树、叶外形，产地等有记载，虽较简略，但对于研究中国荔枝栽培史来说已弥足珍贵。书中所记大将军荔枝、小将军荔枝，苏轼贬谪惠州时曾经品尝过："惠州太守东堂，祠故相陈文惠公。堂下有公手植荔支一株，郡人谓将军树。今岁大熟，赏啖之余，下逮吏卒。其高不可致者，纵猿取之。"并为之写下了"炎云骈火实，瑞露酌天浆""日啖荔支三百颗，不辞长作岭南人"的诗句。[②] 两树至清代犹存。[③]

《直斋书录解题》又记郑熊有《番禺杂记》一卷，并云："摄南海主簿郑熊撰。国初人也。莆田借李氏本录之。盖承平时旧书，末有'河南少尹家藏'六字，不知何人。"[④]其既为南海(治今广东广州市)主簿，则必为南汉乾亨元年(917)前或宋开宝五、六年(973)后之官，因乾亨元年南汉废南海县分置常康、咸宁二县及永丰、重合二场，至宋开宝五年或六年方复并二县、二场依旧为南海县，同时废番禺县来辖。[⑤] 陈振孙既谓其"国初人也"，郑熊之摄南海主簿

① (宋)吴曾：《能改斋漫录》卷15《方物》，第458页。

② (宋)王文诰辑注，孔凡礼点校：《苏轼诗集》卷40《食荔支二首(并引)》，第2193、2194页。

③ 据清谭莹诗可知。其《岭南荔枝词(其十一)》云："惠州丞相祠堂在，一树亭亭种已分。今日路人说名果，大将军与小将军。"又注云："苏公《食荔枝引》：惠州太守东堂，祠故相陈文惠公。堂下有公(守)[手]植荔枝一株，郡人谓之将军树。郑熊《广中荔枝谱》有大将军、小将军二树。"(《乐志堂诗集》卷1，《清代诗文集汇编》第606册，上海：上海古籍出版社，2010年影印本，第313页。)

④ (宋)陈振孙撰，徐小蛮、顾美华点校：《直斋书录解题》卷8，第259页。按：《宋史》记《番禺杂记》为三卷(卷203《艺文志二》，第5122页)。

⑤ (宋)王存撰，王文楚、魏嵩山点校：《元丰九域志》卷9《广州》，北京：中华书局，1984年，第408页；(宋)乐史撰，王文楚等点校：《太平寰宇记》卷157《广州》，第3012页。

必开宝五、六年后之事。《番禺杂记》既作于南海主簿任上，且该书仅记四种荔枝，而《广中荔枝谱》所记则达二十二种，是《广中荔枝谱》之作必后于《番禺杂记》一书。换言之，《广中荔枝谱》成书当在开宝五年或六年以后。这里要指出的是，《番禺杂记》的“番禺”非指番禺县（治今广东广州市），而是广州别称，此据《番禺杂记》陶宗仪辑本内容可知。书中所记四种荔枝是焦核、春花、朝偈、鳖耶，前三者为上品（其中又以焦核为上、朝偈为下），后者为下品。[①] 其记述方式，已下开《广中荔枝谱》体例。

郑熊熟知南汉史事，如陶宗仪《说郛》本失辑三条：

> 国初前摄南海簿郑熊所作《番禺杂志》云："番山在城中东北隅，禺山在南二百许步，两山旧相联属，刘龑（917—942在位）凿平之（龑，鱼检切，又丁箧、古田二切。刘氏所谓高祖，始霸南越者也。龑字乃其自撰），就番积石为朝元洞，后更名为清虚洞，而以沉香为台观于禺之上。"[②]
>
> 郑熊云："端溪有斧柯园、将军地。同是一溪，唯斧柯出者大不过三四指，一两呵津汗滴沥，真难得之物。茶园次之，将军又次之。"[③]
>
> 唐郑熊《番禺杂记》："广中僧有室家者，谓之火宅僧。"[④]

可见其必长期生活在广州，换言之，其入宋前必在南汉为官。

---

① （明）陶宗仪等编：《说郛三种》弓61，第2838页。按：原文署名为“唐郑熊”，后世言郑氏唐人者，即承之而误。

② （宋）方信孺撰，刘瑞点校：《南海百咏·番山》，广州：广东人民出版社，2010年，第6页。按：与《南海杂咏》《南海百咏续编》合刊。

③ （宋）祝穆：《古今事文类聚·别集》卷14《文房四友部》，《景印文渊阁四库全书》第926册，第735页。

④ （明）陶宗仪：《南村辍耕录》卷7，北京：中华书局，1959年，第86页。按：《番禺杂记》失辑者尚多。

2.《增城荔枝谱》

一卷,已佚。《直斋书录解题》谓无名氏撰,《通志·艺文略》云张宗闵撰。[①]

张宗闵,字遵道,《淳熙三山志》载其登嘉祐二年(1057)章衡榜,闽县(治今福建福州市)人。[②] 熙宁九年(1076)时知增城县(治今广东广州市增城区),任上写成该书,此据《直斋书录解题》节录之书序可知:"(余)福唐人,熙宁九年承乏增城。(其地)多植荔枝,盖非峤南之'火山',实类吾乡之'晚熟'。搜境内所出得百余种,其初亦得闽中佳种植之,故为是谱。"[③]崇宁二年(1103),张宗闵时任明州(治今浙江宁波市)教练使,与纲首杨照等 38 人出使高丽。[④]后官终从政郎、建阳(治今福建南平市建阳区)令。[⑤] 以年龄计之,张宗闵当未入南宋。在此要指出的是,绍兴三年(1133)荆湖南路安抚使折彦质上奏中提到的修武郎,辟差全、永州巡辖马递铺张宗闵[⑥]必非此张宗闵——如为同一人,则其以近百岁之龄尚居官厘务,显然是不可能的。

郑熊谱少记产地,或即如曾巩《荔枝录》凡不言姓氏州郡者皆各

---

① (宋)陈振孙撰,徐小蛮、顾美华点校:《直斋书录解题》卷 10,第 299 页;(宋)郑樵:《通志》卷 66《艺文略四》,第 784 页。

② (宋)梁克家:《淳熙三山志》卷 26《人物类一》,《宋元方志丛刊》第 8 册,第 8012—8013 页。按:《宋代登科总录》引《闽书》"嘉祐二年丁酉　诸科　张宗闵"之文谓张宗闵"嘉祐二年登诸科第"(桂林:广西师范大学出版社,2014 年,第 2 册第 860—861 页),误,《闽书》原文为"嘉祐二年丁酉　张宗闵　李皇臣　诸科　张应……"(卷 72《英旧志》,明崇祯间刻本,叶九 b),诸科以启下,非承上也。

③ (宋)陈振孙撰,徐小蛮、顾美华点校:《直斋书录解题》卷 10,第 299 页。

④ (朝鲜)郑麟趾等:《高丽史》卷 12 肃宗八春正月己巳,《四库全书存目丛书·史部》第 159 册,济南:齐鲁书社,1996 年影印本,第 248 页。

⑤ (宋)陈振孙撰,徐小蛮、顾美华点校:《直斋书录解题》卷 10,第 299 页;(明)黄仲昭修纂:《(弘治)八闽通志》卷 46《选举》,下册第 69 页。

⑥ (清)徐松辑:《宋会要辑稿》方域一〇之五三,第 7500 页。

州共有之例；而增城与南海毗陵，同为广州辖县，则《增城荔枝谱》所录当包括《广中荔枝谱》(除去明记产自梧州、海南两种)所记20个品种——增城在北宋初即产荔枝，乐史《太平寰宇记》可证："县北又有搜山，有荔树，高八丈，相去五丈而连理。"[①]——准此，北宋初增城荔枝品种尚止20种，而据《增城荔枝谱》北宋中后期已达百种以上，由此可一觇其地百年间荔枝产业之发展。此后增城一直是广东重要荔枝产地，如元人称"今(荔枝)佳品多出增城"[②]。明代培育出的"挂绿"更有"荔枝中第一品"[③]、"至上品"[④]之誉，"每斤银一两二钱"[⑤]，即使官方购买，也要预先订购乃得："官买者，于二三月持百金散布于有荔之家，俟六月中，或收十斤，收五斤，不问前数也。"[⑥]21世纪初，增城挂绿荔枝还拍卖出了55.5万元一颗的"天价"。[⑦]

3.《莆田荔枝谱》

一卷，徐师闵撰，已佚。宋元史志书目仅见于《通志·艺文略》[⑧]。从书名可知，所记为福建荔枝。

徐师闵，字圣従(多讹作"徒")，可见其名为师闵子骞之意。闵子骞德行与颜回并称，故师闵弟则名师回。宝元二年(1039)，徐师

① (宋)乐史撰，王文楚等点校：《太平寰宇记》卷157《广州》，第3017页。

② 大德《南海志》卷7《物产》，《宋元方志丛刊》第8册，北京：中华书局，1990年影印本，第8425页。

③ (清)吴应奎：《岭南荔枝谱》卷4《品类》，彭世奖校注：《历代荔枝谱校注》，第510页。

④ (清)吴绮撰，林子雄点校：《岭南风物记》，《清代广东笔记五种》，广州：广东人民出版社，2015年，第9页。

⑤ (清)檀萃撰，杨伟群校点：《楚庭稗珠录》，广州：广东人民出版社，1982年，第174页。

⑥ (清)吴应奎：《岭南荔枝谱》，彭世奖校注：《历代荔枝谱校注》，第510页。

⑦ 赵飞、倪根金、章家恩：《增城挂绿荔枝历史考述》，《中国农史》2013年第4期，第25页。

⑧ (宋)郑樵：《通志》卷66《艺文略四》，第784页。

闵时任大理评事，献所业，召试学士院，特与亲民差遣，[①]后以太子中舍人出知封州（治今广东封开县南）。[②] 嘉祐四年（1059）正月至六年七月，以兵部员外郎知兴化军（治今福建莆田市）。[③] 治平元年（1064）以虞部员外郎知江阴军（治今江苏江阴市）。[④] 熙宁十年（1077）以司农少卿知袁州（治今江西宜春市），时江西詹遇为乱，所过屠劫，列城为之骚动，徐师闵在袁预修武事，号令严肃，遇不敢犯，民为立生祠，朝廷与再任。百官多荐之者，尤为蒋堂、蔡襄所知，官至朝议大夫。47 岁以左中散大夫、普宁郡侯致仕。[⑤] 退休后日治园亭，以诗酒为乐，与元绛、程师孟、闾丘孝终、章岵、王琉、苏湜、方子通等组成九老会（后更名十老会、耆英会）[⑥]。年八十卒[⑦]。

徐师闵父徐奭本贯两浙，因入闽占籍建州建安（治今福建建瓯市）应举，结果连中两元成为大中祥符五年（1012）榜状元，是宋代福建第一位状元。历直集贤院、通判苏州、两浙转运使等官，因家

① (清)徐松辑:《宋会要辑稿》选举三一之一五，第 4731 页。

② 万历《广东通志》卷 48，《四库全书存目丛书・史部》第 198 册，济南：齐鲁书社，1996 年，第 242 页。按：为皇祐（1049—1054）间除任的曹觐之前三人，李之亮系于庆历三年（1043）（《宋两广大郡守臣易替考》，成都：巴蜀书社，2001 年，第 190 页）。

③ (明)周瑛、黄仲昭著，蔡金耀点校：《重刊（弘治）兴化府志》卷 2《府官年表》，福州：福建人民出版社，2007 年，第 30 页。

④ (明)赵锦修，张衮纂，刘徐昌点校：《嘉靖江阴县志》卷 12《官师表上》，上海：上海古籍出版社，2011 年，第 195 页。

⑤ 洪武《苏州府志》卷 34《人物》，《中国方志丛书・华中地方》第 432 号，第 1366—1367 页。

⑥ (宋)龚明之撰，孙菊园点校：《中吴纪闻》卷 4，第 93 页。按：范成大《吴郡志》卷 2《风俗》云组成人员为卢革、黄挺、程师孟、郑方平、闾丘孝终、章岵、徐九思、徐师闵、崇大年、张诜（第 15—16 页），并有米芾为序；卷 27《人物》又云徐师闵“与元绛、程师孟诸人”号为十老（第 393 页），正与《中吴纪闻》同。细读《中吴纪闻》原文，过程、细节非常清楚，盖记组织初期也；再按以米芾《九隽老会序草》之文，可知《吴郡志》卷 2 所记为后期之情形。

⑦ (宋)范成大撰，陆振岳点校：《吴郡志》卷 27《人物》，第 393 页。

于苏州。后官终翰林学士、权知开封府。弟徐师回(字望圣)曾知南康军,擅音律,时有“谁赏音,徐望圣”之语。师回子徐闳中妻与徽宗宠臣王黼妻为姊妹。师闵子徐铸,字元钧,年少入官,有能名。政和初提举两浙路常平,任上修治松江堤,开辟水田数百顷。后历两浙路转运副使、发运副使,知杭州、广州、扬州。① 有孙三人:徐林绍兴初曾任江西转运副使,隆兴初在吏部侍郎任上致仕;徐兢字明叔,号自信居士,即《宣和奉使高丽图经》作者;徐喆字德止,逊官学佛,徽宗赐号圆通禅师。徐林子徐蒧,字子礼,号自觉居士,历知饶州、两浙东路提点刑狱等官。②

王毓瑚曾猜测徐师闵“或者是当地的人,或者是在那里做官的”③,现在我们可以将其猜测落实:徐氏既可以说是当地人,也在那里作过官,《莆田荔枝谱》当成书于嘉祐中知兴化军任上。

4.《荔枝谱》

一卷,蔡襄撰,是存世最早的荔枝专著。据作者自署,成书于嘉祐四年(1059)八月二十四日。④ 并于次年亲书,惜“闽无佳石,以板刊,岁久地又湿,皆蠹朽”。《郡斋读书志》(书名作《荔支谱》)、《直斋书录解题》均著于“农家类”,⑤《宋史·艺文志》著于“小说类”⑥,《通志·艺文略》著于“种艺”类,惟记书名为《荔枝新谱》。⑦ 既曰“新谱”,必有“旧谱”,“旧谱”者何?其前荔枝谱录仅《广中荔枝谱》,然此书历代史志书目率不载,可见流传盖寡几无人知——《通志》亦不记,可见郑樵也不知道有此书;又据上揭,《莆田荔枝

① 洪武《苏州府志》卷34《人物》,《中国方志丛书·华中地方》第432号,第1367—1368页。

② (宋)范成大撰,陆振岳点校:《吴郡志》卷27《人物》,第392—394页。

③ (宋)王毓瑚:《中国农学书录》,第4页。

④ (宋)蔡襄:《荔枝谱》,彭世奖校注:《历代荔枝谱校注》,第20页。

⑤ (宋)晁公武撰,孙猛校证:《郡斋读书志校证》卷12,第540页;(宋)陈振孙撰,徐小蛮、顾美华点校:《直斋书录解题》卷10,第299页。

⑥ 《宋史》卷206《艺文志五》,第5226页。

⑦ (宋)郑樵:《通志》卷66《艺文略四》,第784页。

谱》作于徐师闵知兴化军(治今福建莆田市)任上,任职时间为嘉祐四年正月至六年七月,则《莆田荔枝谱》有可能作于四年上半年。而郑樵作为莆田人,该书为其熟知(宋元史志书目仅《通志》著录),为明先后郑氏因称蔡襄谱为"新谱"。

《荔枝谱》共计 7 篇,第一篇叙记荔枝进入中原文化的历史并自承作谱旨趣。蔡襄指出,天下荔枝仅出产于福建、广南、巴蜀,福建又仅四郡有之:"福州最多,而兴化军最为奇特。泉、漳时亦知名。"其于果品,"卓然第一",但却"不得(斑)[班]于卢橘、江橙之右,少发光采",因此"不可不述也"。[①] 第二篇叙记兴化军(治今福建莆田市)荔枝消费风习:"当其熟时,虽有他果不复见省。尤重陈紫,富室大家岁或不尝,虽别品千计不为满意。陈氏欲采摘,必先闭户,隔墙入钱,度([音]铎)钱与之,得者自以为幸,不敢较其直之多少也。"然后叙记陈紫的生理性状及荔枝品质的评判标准。[②] 第三篇叙记福州荔枝种植之盛:

> 福州种植最多,延贮原野。洪塘、水西尤其盛处,一家之有,至于万株……初著花时,商人计林断之以立券,若后丰寡,商人知之,不计美恶悉为红盐(去声)者。水浮陆转,以入京师。外至北漠、西夏,其东南舟行新罗、日本、流求、大食之属,莫不爱好,重利以畴之。故商人贩益广,而乡人种益多,一岁之出不知几千万亿。[③]

品种则以江家绿为全州第一。第四篇叙记荔枝的食用功效。第五

---

① (宋)蔡襄:《荔枝谱》,彭世奖校注:《历代荔枝谱校注》,第 4—5 页。

② (宋)蔡襄:《荔枝谱》,彭世奖校注:《历代荔枝谱校注》,第 8 页。

③ (宋)蔡襄:《荔枝谱》,彭世奖校注:《历代荔枝谱校注》,第 9—10 页。按:"福州种植最多……至于万株"原文标点为"福州种植最多,延贮原野,洪塘水西。尤其盛处,一家之有,至于万株",误,水西当指乌龙江(闽江干流南支)西;洪塘,地名,位于乌龙江东侧,正与水西相应。

篇叙记荔枝生长过程：

> 初种畏寒，方五六年，深冬覆之，以护霜霰……大略其花春生，蔌蔌然白色。其实多少，在风雨时与不时也。有间岁生者，谓之歇枝；有仍岁生者，半生半歇也。春花之际，傍生新叶，其色红白，六七月时色已变绿，此明年开花者也；今年实者，明年歇枝也。最忌麝香，或遇之，花实尽落。其熟未更采摘，虫鸟皆不敢近；或已取之，蝙蝠蜂蚁争来蠹食。①

第六篇叙记加工方法，一是盐渍，"以盐梅卤浸佛桑花为红浆，投荔枝渍之，曝干，色红而甘酸，可三四年不虫"；二是白晒，即在烈日下暴晒，"以核坚为止"，然后"畜之瓮中，密封百日，谓之出汗。去（去声）汗耐久，不然逾岁坏矣"；三是蜜煎，"剥生荔枝笮去其浆，然后蜜煮之"。蔡襄自己则创为晒及半干然后以蜜煎之之法，"色黄白而味美可爱，其费荔枝减常岁十之六七"。②

第七篇列叙诸品种③，其中上品荔枝 12 种，按品质高低依次为陈紫、江绿、方红、游家紫、小陈紫、宋公荔枝、蓝家红、周家红、何家红、法石白、绿核、圆丁香。下品荔枝不分高低，包括虎皮、牛心、玳瑁红、硫黄、朱柿、蒲桃荔枝、蚶壳、龙牙、水荔枝、蜜荔枝、丁香荔枝、大丁香、双髻小荔枝、真珠、十八娘荔枝、将军荔枝、钗头颗④、

---

① （宋）蔡襄：《荔枝谱》，彭世奖校注：《历代荔枝谱校注》，第 13 页。

② （宋）蔡襄：《荔枝谱》，彭世奖校注：《历代荔枝谱校注》，第 15 页。

③ 宋刻《百川学海》本篇首有"陈紫已下十二品有等次，虎皮已下二十品无等次"（叶四 a）两句，原福建省莆田县文化馆藏《宋拓蔡襄荔枝谱》第七篇卷首仅有前一分句。又，彭世奖云"'陈紫以下十二品有等次'句……说郛本缺"（《历代荔枝谱校注》，第 21 页校记一），实际上《说郛》仅百卷本缺（《说郛三种》卷 77，第 1113 页），百二十卷本两句均有（《说郛三种》弓 105，第 4860 页）。

④ 原文标点为"钗头：颗红而小"（彭世奖校注：《历代荔枝谱校注》，第 20 页），误，据曾巩《荔枝录》"钗头颗荔枝"（《曾巩集》卷 35《荔枝录》，第 499 页）之目改。

粉红、中元红、火山20种。每一品种之下常记其产地及外观、颜色、味道、大小等生理性状，如：

蒲桃荔枝：穗生，一朵至一二百，将熟多破裂。凡荔枝每颗一梗，长三五寸，附于枝。此等附枝而生，乐天所谓“朵如蒲桃”者正谓是也，其品殊下。

龙牙者，荔枝之变怪者，其壳红，可长三四寸，弯曲如爪牙，而无瓤核。全树(弗)[忽]变，非常有也。兴化军转运司厅事之西尝见之。[①]

这些特点正是荔枝品种命名的原因。《荔枝谱》常将不同荔枝品种加以比较：

江绿：大较类陈紫而差大，独香薄而味少淡，故以次之。其树已卖叶氏，而民间犹以为江家绿云。

方家红：可径二寸，色味俱美，言荔枝之大者皆莫敢拟。岁生一二百颗，人罕得之。方氏子名蓁，今为大理寺丞。[②]

蔡襄认为，所有荔枝品种中以陈紫为最佳：

其树晚熟，其实广上而圆下，大可径寸有五分。香气清远，色泽鲜紫，壳薄而平，瓤厚而莹，膜如桃花红，核如丁香母。剥之凝如水精，食之消如绛雪。其味之至，不可得而状也。荔枝以甘为味，虽百千树，莫有同者。过甘与淡，失味之中，唯陈紫之于色香味自拔其类，此所以为天下第一也。凡荔枝，皮、膜、形、色一有类陈紫，则已为中品。[③]

① (宋)蔡襄：《荔枝谱》，彭世奖校注：《历代荔枝谱校注》，第19页。
② (宋)蔡襄：《荔枝谱》，彭世奖校注：《历代荔枝谱校注》，第17页。
③ (宋)蔡襄：《荔枝谱》，彭世奖校注：《历代荔枝谱校注》，第8页。

品质好的荔枝，必须可食部分占比高、汁多、香味浓郁。福建农学院曾对元红、陈紫（以上栽培面积最广）、黑叶、青皮兰竹、红皮兰竹、绿荷包、俨、俨仔、桂林、山枝等10种福建主要荔枝品种加以物理、化学检测，取得了下面一系列数据：果核最大的是俨（20.89%）；最小的是绿荷包（2.11%），有的完全无核。果皮最厚的是青皮兰竹（27.74%），最薄的是陈紫（11.35%），次薄的是俨（12.39%）、绿荷包（14.44%）。陈紫果核（2.65%）虽比绿荷包略大，但果皮最薄，果实亦比绿荷包稍大（分别重15.85g、15.75g，除俨仔外最小），因此果肉占比（86%）反超过绿荷包（83.45%）而居第一。青皮兰竹虽然果实最大（25.3g），但果皮最厚，因此果肉仅占64.51%。元红果实较大（19.36g），果皮较薄（15.14%），果核较小（5.08%），果汁含量较高（仅次于并列第一的陈紫、黑叶）虽然每项指标都未达最优，但综合结果却很突出：果肉占79.78%，仅次于陈紫和绿荷包。含糖量最高的是山枝（16.26%），次为元红（15.67%），最低的是俨仔（8.58%）、青皮兰竹（8.7%），陈紫居中（13.93%），绿荷包因样品缺乏未测。酸度（0.1N NaOH cc/10cc）值最高的是俨仔（9.30），最低的绿荷包（1.15），元红次低（2.12），陈紫居中（5.24）。维生素C含量（mg/100g 果肉）最高的是陈紫（56.42），次为山枝（54.42），三为元红（47.66），最低的是俨（4.65）。[①] 从口感上说，山枝过甜，俨仔味酸，陈紫酸甜可口且香气馥郁——由此可见蔡襄对陈紫的推崇并非夸饰。

《荔枝谱》又记“宋公荔枝”一种，排位第六：“树极高大，实如陈紫而小，甘美无异。或云陈紫种出宋氏。世传其树已三百岁，旧属王氏，黄巢兵过，欲斧薪之，王氏媪抱树号泣，求与树偕死，

① 李来荣、陈文训、邵少蕙：《福建主要荔枝品种果实形态与品质的研究》，《福建农学院学报》1957年第5期，第4页表2《福建主要荔枝的物理分析比较》、第5页表3《福建主要荔枝化学成分比较表》。

贼怜之不伐。宋公名諴，公者老人之称，年余八十，子孙皆仕宦。”[①]其实在3年前（至和三年，1056）蔡襄就已写到了“宋公荔枝”：“伏蒙评事宋丈分贶家园丹荔，世传此树已三百年，黄巢兵过欲伐之，时王氏主其树，其媪拥树愿并戮，巢兵为之不伐，今虽老矣，实益滋繁，味益甘滑，真佳树也。因成短章，用酬厚意。”[②]根据“黄巢兵过欲伐之”这一标志事件，可知南宋通称的“宋家香”[③]、“宋香”[④]即“宋公荔枝”。蔡襄关于宋公荔枝记载的重要性在于其提到了“陈紫种出宋氏”，这一说法具有非常重要的科学意义，表明当时果农已能利用芽变现象来培育荔枝新品种，至少说明其对荔枝芽变现象有了解。[⑤]“天下第一”的陈紫及其亲本宋香皆出自莆田并非偶然：莆田地处北纬24°59′—25°46′、东经118°27′—119°56′，冬季气温一般在7—14℃，夏季气温一般在35℃左右；地势西北高东南底，背山面海，雨量丰沛；东南平原土壤肥沃，富含腐殖质。自然条件非常适合荔枝生长、成熟时对阳光、高温、丰雨的要求。

据研究报道，“宋公荔枝”至今仍然存活并且“一派生机，枝叶茂盛，而且年年开花，硕果累累”[⑥]。有学者对福建12株荔树进行了DNA检测，发现宋香和陈紫相似系数最大，为0.89，说明两者

---

① （宋）蔡襄：《荔枝谱·第七》，彭世奖校注：《历代荔枝谱校注》，第18页。

② （宋）蔡襄、陈庆元等校注：《蔡襄全集》卷5《谢宋评事荔支（并序）》，第137页。

③ （宋）祝穆撰、祝洙增订，施和金点校：《方舆胜览》卷13《兴化军》，第218页。

④ （宋）李俊甫：《莆阳比事》卷6，《续修四库全书》第734册，第245页。

⑤ 详参叶静渊：《蔡襄笔下的古荔“陈紫”与“宋香”》，《中国农史》1981年第1期，第24页。

⑥ 福建省莆田县文化馆：《莆田古荔“宋家香”》，《文物》1978年第1期，第88页。又，据说福州西禅寺古荔为宋荔。

遗传基础相似，遗传关系密切。[①] 换言之，从分子生物学角度证明了宋人“陈紫种出宋氏”[②]即“宋公荔枝”的说法。不过，今所谓宋香古荔及陈紫并非宋代的宋香、陈紫，因为早在南宋前期，洪迈即已明言：

> 莆田荔枝，名品皆出天成，虽以其核种之，终与其本不相类。宋香之后无宋香，所存者孙枝尔。陈紫之后无陈紫，过墙，则为小陈紫矣。[③]

洪迈之后言之者亦多，如刘克庄云：

> 自从陈紫无真本，皱玉晚出尤称雄。迩来鸡舌擅瑰玮，赞香誉味万喙同。[④]

《宝祐仙溪志》云：

> 今小陈紫亦枯老，旧谱（指蔡襄《荔枝谱》）所存惟方红、游家紫、周红、员丁香。[⑤]

宋氏后裔宋珏亦认同：

---

① 陈义挺等：《福建若干荔枝古树资源的 RAPD 分析》，《福建农林大学学报（自然科学版）》2005 年第 4 期，第 461 页。

② （宋）蔡襄：《荔枝谱》，彭世奖校注：《历代荔枝谱校注》，第 18 页。

③ （宋）洪迈撰，孔凡礼点校：《容斋随笔·四笔》卷 8《莆田荔枝》，北京：中华书局，2005 年，第 725 页。

④ （宋）刘克庄撰，王蓉贵、向以鲜校点：《后村先生大全集》卷 9《和南塘食荔叹》，第 289 页。

⑤ （宋）黄岩孙纂：《宝祐仙溪志》卷 1，《宋元方志丛刊》第 8 册，第 8280 页。

> 宋香……树在宋氏宗祠后，至正戊戌（十八年，1358）六月，宋介夫遗百颗与卢希韩（卢琦字）……永乐以后，树渐枯死。今其世孙宋比玉（宋珏字）乌山屋旁尚有一树，大数十围，树腹已空，可坐四五人，相传是其孙枝云。[①]

实际上，蔡襄在《荔枝谱》中已经指出："陈紫，因治居第，平窊坎而树之。或云：厥土肥沃之致，今传其种子者，皆择善壤，终莫能及。是亦赋生之异也。"[②]就是说，当时的繁殖技术并不能使宋香、陈紫的优良品质得到保持，故而母株一死，便再无（具原品质的）宋香、陈紫。则今所谓宋香、陈紫仅为宋代宋香、陈紫孙枝或孙枝的孙枝而已。

《荔枝谱》除收入蔡襄文集传世外，主要版本有宋刻《百川学海》本、明弘治十四年无锡华珵刻《百川学海》本、嘉靖十五年郑氏宗文堂刻《百川学海》本、万历间汪氏刻《山居杂志》本、万历二十五年刻屠本畯编《闽中荔枝谱》本、崇祯二年刻邓庆寀编《闽中荔枝通谱》本、明末清初宛委山堂刻《说郛》本（无第七节）、清《四库全书》本、康熙三十六至四十二年诒清堂刻《昭代丛书》本、道光间吴江沈氏世楷堂《昭代丛书合刻》本、光绪六年山西浚文书局刻《植物名实图考长编》本、宣统二年至民国二年上海国学扶轮社铅印《古今说部丛书》本、光绪至民国间江阴金氏刻《粟香室丛书》本、民国上海商务印书馆《丛书集成初编》本等。

蔡襄生平参见本书第四章第三节。

---

① （明）宋珏：《荔枝谱·牒宋》，彭世奖校注：《历代荔枝谱校注》，第199—200页。按：清陈鼎《荔枝谱》甚至说宋香孙枝亦死，不过系时于元代："乌石（山）素产佳荔，以宋家香为上，然其种元时即绝"（彭世奖校注：《历代荔枝谱校注》，第470—471页）。又，此乌石山指莆田乌石山，非福州三山之乌石山。

② （宋）蔡襄：《荔枝谱》，彭世奖校注：《历代荔枝谱校注》，第17页。

5.《荔枝故事》

一卷,已佚。《直斋书录解题》《宋史》皆谓作者佚名[①],《郡斋读书志》则记为蔡襄撰并云:"《荔支谱》一卷、《荔支故事》一卷,右皇朝蔡襄撰,记建安荔支凡三十余种、古今故事。"[②]此"故事"非今日义,乃先例、前代典章制度之意,再加上三书并著录于"农家类",或当包括种植始末、得名轶事、进贡成规等内容,故仍从之收述。《中国农学书录》《中国农业古籍目录》未著录。

清《夵史》有"宋仁宗时后妃皆食锦荔子以祈子(《荔支故事》拾遗)"[③]一条,不知是否确出此书? 姑录于此。

6.《荔枝录》

一卷,曾巩撰,作于熙宁十年(1077)其知福州任上。历代史志书目不载,《中国农学书录》《中国农业古籍目录》亦未著录。

《荔枝录》是蔡襄《荔枝谱》第七篇的改编本,但所记上品荔枝比蔡谱多两种:"一品红,言于荔枝为极品也,出近岁,在福州州宅堂前。状元红,言于荔枝为第一,出近岁,在福州报国院。"其余 12 种上品荔枝、20 种下品荔枝均沿自蔡谱,仅个别名称有变化,如方红为方家红、硫磺为琉黄、蜜荔枝为密荔枝、真珠为真珠荔枝、钗头颗为钗头颗荔枝、粉红为粉红荔枝、火山为火山荔枝。

曾巩的改写主要是"简化",兹略举数例(表 10):

---

① (宋)陈振孙撰,徐小蛮、顾美华点校:《直斋书录解题》卷 10,第 299 页;《宋史》卷 205《艺文志四》,第 5205 页。

② (宋)晁公武撰,孙猛校证:《郡斋读书志校证》卷 12,第 540 页。

③ (清)王初桐纂述,陈晓东整理:《夵史·拾遗》,北京:文物出版社,2017 年,第 1585 页。按:原文标点为《荔支故事拾遗》。

表 10　《荔枝录》《荔枝谱》部分品种比较表

书名 品种	曾巩《荔枝录》①	蔡襄《荔枝谱》②
小陈紫	小陈紫,实差小,出兴化军。	小陈紫:其树去陈紫数十步。初,一家并种之,及其成也差小,又时有槱核者,因而得名。其家别居,二紫亦分属东西陈焉。
周家红	周家红,初于兴化军为第一,及陈紫、方红出,而周家红为次。	周家红:独立兴化军三十年,后生益奇,声名乃损,然亦不失为上等。
水荔枝	水荔枝,浆多而淡,出兴化军。	水荔枝:浆多而淡,食之蠲渴。荔枝宜依山或平陆,有近水田者,清泉流溉,其味遂尔。出兴化军。

曾巩《荔枝录》的主要价值在于他增补了一品红、状元红两个被称为"极品""第一"的品种,记录了福建荔枝种植业发展的新阶段。曾巩对福建荔枝的品质非常推崇,认为"荔枝于百果为殊绝,产闽粤者,比巴蜀、南海又为殊绝",而福建种植又广:"闽粤官舍民庐,与僧道士所居,自阶庭场圃,至于山谷,无不列植。岁取其实,不可胜计。故闽粤荔枝食天下,其余被于四夷。"③因向朝廷申请进贡鲜荔枝。

《荔枝录》存于曾巩《元丰类稿》之中,《元丰类稿》最早刊刻于元丰八年(1085),传世主要有元大德八年东平丁思敬刻本、明正统十二年邹旦刊刻本、成化六年杨参刻本、嘉靖二十三年王忬刻本、万历二十五年查溪曾敏才刻本(书名作《南丰文集》,卷首题《南丰先生元丰类稿》)、清康熙长洲顾崧龄刻本(题名《南丰文集》)、康熙

① (宋)曾巩撰,陈杏珍、晁继周点校:《曾巩集》卷 35《荔枝录》,第 498—499 页。

② (宋)蔡襄:《荔枝谱》,彭世奖校注:《历代荔枝谱校注》,第 17—20 页。

③ (宋)曾巩撰,陈杏珍、晁继周点校:《曾巩集》卷 35《福州拟贡荔枝状》,第 497 页。

四十九年长岭西爽堂刻本、乾隆二十八年查溪刻本、《四库全书》本、光绪十六年慈利渔浦书院刻本等。

曾巩是“唐宋八大家”之一，自朱熹为撰年谱（已佚）以来，其年谱已达9种之多[①]。其中最早者为清姚范《南丰年谱》，流传较广者为杨希闵《曾文定公年谱》、王焕镳《曾南丰先生年谱》，今人李震《曾巩年谱》则总其大成，最为详实。笔者乃在此基础上核以诸行状、碑志、史传之文，尤其是1970年江西南丰县南郊源头村崇觉寺出土的曾巩墓志铭（与传世文本有异同）[②]，撮叙其生平大端如下。

曾巩，字子固，自谓“世家南丰”[③]，其弟曾肇《亡兄行状》亦谓其“建昌军南丰县人”，故世以为南丰（治今江西南丰县）人，并以南丰先生称之。实际上，曾巩祖居临川，因其五世弘立（一作洪立）曾任南唐南丰令（仍家于临川），其子延铎因家南丰，“始为建昌军南丰人”[④]。但至曾巩父易占（延铎重孙），姊妹归人多在临川，故其母“乐居临川”，曾易占乃复奉母家于临川。[⑤] 因此，曾巩本人生于临川（父易占时任临川县尉）、长于临川、家于临川，以居住地言之，曾巩可谓临川（治今江西抚州市临川区）人。其自谓“世家南丰”，盖言祖贯耳。

曾巩生于天禧三年（1019），天圣二年（1024）6岁时父易占（字不疑）与兄子曾晔同中进士，8岁时母吴氏卒。曾巩自幼警敏，读

---

① 参见何素雯、闵定庆：《试论历代曾巩年谱撰作的学术价值——兼及古代文学研究中的“年谱义例”》，《辽宁工程技术大学学报》2020年第5期，第323—332页。按：文中将李震《曾巩年谱》初版、增订版分别统计，故称10种。

② 洛原：《宋曾巩墓志》，《文物》1973年第3期，第29—32页。

③ （宋）曾巩撰，陈杏珍、晁继周点校：《曾巩集》卷15《上齐工部书》，第245页。

④ （宋）林希：《曾巩墓志》，洛原：《宋曾巩墓志》，《文物》1973年第3期，第30页。

⑤ （宋）曾巩撰，陈杏珍、晁继周点校：《曾巩集》卷15《上齐工部书》，第245页。

书"一览辄诵"，12 岁能文，"日试六论，援笔而成"。[①] 明道元年(1032)，父易占知泰州如皋(治今江苏如皋市)，随父往。景祐二年(1035)，父移知信州玉山(治今江西玉山县)，又随父之任。次年，曾易占坐受赇，除名配广南衙前编管。[②] 曾巩归临川，就学于余靖，后随父寓居南康(治今江西庐山市)。[③] 庆历元年(1041)入太学，在京与王安石相识订交，拜谒欧阳修并以所著杂文及时务策献之，大获其誉。次年与王安石同举进士，安石中第而巩不售，乃归家苦读。庆历七年(1047)，曾易占奉召入京，巩随行侍父，途中入滁谒欧阳修，颇作诗文唱和。经南京(治今河南商丘市)又拜见致仕寓居此地的前宰相杜衍，曾易占忽病卒，巩乃扶柩南返。[④] 皇祐二年(1050)，曾巩娶光禄少卿晁宗洛长女德仪为妻。[⑤] 五年与兄晔再赴科举，复不中，据说有里人讽之云："三年一度举场开，落杀曾家两秀才。有似檐间双燕子，一双飞去一双来。"[⑥]嘉祐元年(1056)，为应举再入太学，从学于李觏。次年与弟曾牟、曾布，妹夫王无咎、王彦深，堂弟曾阜等一家六人同登第，同年有苏轼、苏辙、程颢、程颐、张载、吕惠卿、章惇等。

曾巩初官太平州(治今安徽当涂县)司法参军，时王安石任江南东路提点刑狱，为其上司。嘉祐五年受欧阳修荐充馆职，任编校史馆书籍。次年弟曾宰进士及第，复次年大妹夫关景晖进士及第。治平元年(1064)，曾巩续娶太宗朝参知政事李昌龄侄李禹卿之女

---

① (宋)曾肇:《亡兄行状》，(宋)曾巩撰，陈杏珍、晁继周点校:《曾巩集》附录，第 791 页。

② (宋)李焘:《续资治通鉴长编》卷 120 景祐四年九月戊子，第 2836 页。

③ 据李震考(《曾巩年谱》，苏州:苏州大学出版社，1997 年，第 38—43 页)。

④ (宋)陈师道:《后山居士文集》卷 18《光禄曾公神道碑》，第 827 页。

⑤ (宋)曾巩撰，陈杏珍、晁继周点校:《曾巩集》卷 46《亡妻宜兴县君文柔晁氏墓志铭》，第 633—634 页。

⑥ (宋)王明清:《挥麈录·后录》卷 6，第 154 页。

为妻(禹卿姐为范仲淹妻)。[①] 四年,弟曾肇中进士。熙宁元年(1068),曾巩迁馆阁校勘,兼集贤校理、判官告院、英宗实录院检讨官。[②] 次年出为越州通判,秩满改知齐州(治今山东济南市),为治以猛,一次黥配三十一人,史称“外户不闭”。六年(1073)徙知襄州(治今湖北襄樊市),八年迁权知洪州(治今江西南昌市)。十年以直龙图阁知福州,时廖恩余党为盗,曾巩悉招降之。[③] 次年(元丰元年,1078)召判太常寺,未至改为权知明州(治今浙江宁波市),次年再改亳州,复次年改沧州。道经开封时受到神宗召见,留京判三班院,不久迁为管勾编修院、判太常寺,加史馆修撰,纂《五朝国史》(未成)、《隆平集》。[④] 五年初擢试中书舍人,寻丁母忧,次年(1083)与弟曾布、曾肇同持丧归里,道经江宁(治今江苏南京市)时病卒,年65岁。

曾巩祖父曾致尧,字正臣,太平兴国八年(983)进士。在两浙路转运使任上奏请追缴逋赋,而时江淮频年水灾,太宗以为刻薄贬知寿州,官终户部郎中。[⑤] 有兄晔未仕而卒;有弟四人,曾布在徽宗时拜右相,曾肇仕至翰林学士兼侍读;有妹十人,三妹适王安石弟安国。曾巩姑父吴敏(非钦宗时少宰吴敏)弟吴畋女为安石母[⑥],吴畋一孙女又为王安石妻。其另一孙女为王令妻。吴敏重

① (宋)林希:《曾巩墓志》,洛原:《宋曾巩墓志》,《文物》1973年第3期,第30页。

② 《宋史》卷319《曾巩传》,第10391页。

③ (宋)韩维:《南阳集》卷29《朝散郎、试中书舍人,轻车都尉,赐紫金鱼袋,曾公神道碑》,《景印文渊阁四库全书》第1101册,第743页。

④ 《宋史》卷441《文苑传·曾致尧传》,第13050—13051页。

⑤ (宋)王安石撰,王水照主编:《王安石全集》第7册《临川先生文集》卷100《河东县太君曾氏墓志铭》,第1714—1715页。

⑥ 李震《曾巩年谱》据上揭王安石《河东县太君曾氏墓志铭》“某实夫人之外孙”语,谓曾巩姑为“王安石外祖母”(第189页),误,曾氏弟媳才是安石外祖母,当然正是因为这一层关系,安石才有前揭之语。参见汤江浩:《北宋临川王氏家族及其文学考论:以王安石为中心》,第164—177页。

孙女吴氏为《陈州牡丹记》作者张邦基母。

7.《续荔枝谱》

卷帙不明，已佚。仅刘克庄《陈寺丞〈续荔枝谱〉》诗述及："蔡公绝笔山川歇，荔子萧条二百年。选貌略如唐进士，慕名几似晋诸贤。岂无品劣声虚得，亦有形佳味不然。题遍贵家台沼后，请君物色到林泉。"[①]可见为续蔡襄谱记福建荔枝之书。《中国农学书录》《中国农业古籍目录》未著录。

陈寺丞即陈宓，字师复，号复斋，兴化军莆田县（治今福建莆田市）人，《宋史》有传。陈宓为孝宗朝右相陈俊卿四子，幼年与弟曾学于朱熹。[②] 15岁时父丧，绍熙三年(1192)以父荫入仕，历监泉州南安盐税、主管南外睦宗院、主管西外睦宗院，于嘉定三年(1210)[③]获知安溪县，任上设立和剂局、惠民局、安养院，颇有政声。秩满入朝监进奏院，慷慨奏论时事，力陈"宫闱仪刑有未正""朝廷权柄有所分""政令刑赏多所舛逆"，而为史弥远所忌，寻迁军器监簿。九年(1216)轮对时再论"人主之德贵乎明，大臣之心贵乎公，台谏之言贵乎直"，[④]较前尤剀切，擢太府丞，辞不拜，获授知南康军（治今江西庐山市），乃诣史弥远面辞而后归省，期间与黄榦首次见面[⑤]。次年之官，因灾奏免民赋十之九，任上常造白鹿洞书院与诸生讲论。十四年(1221)移知南剑州（治今福建南平市），于郡仿白鹿洞书院规制创立延平书院。秩满改知漳州，未行而宁宗崩，复因"风疾大作，右手

① （宋）刘克庄撰，王蓉贵、向以鲜校点：《后村先生大全集》卷2，第64页。

② （宋）陈宓：《复斋先生龙图陈公文集》卷9《黄勉斋先生云谷堂记》，《续修四库全书》第1319册，上海：上海古籍出版社，2002年影印本，第344页。

③ （宋）陈宓：《复斋先生龙图陈公文集》卷9《安溪县赡学（由）[田]记》，《续修四库全书》第1319册，第348页。

④ 《宋史》卷408《陈宓传》，第12310页。

⑤ （宋）陈宓：《复斋先生龙图陈公文集》卷10《跋叶云叟示朱文公书轴》，《续修四库全书》第1319册，第366页。

偏废”[①]，遂疏请致仕。宝庆二年（1226）诏起提点广东刑狱，仍辞不就，[②]乃以为直秘阁、主管崇禧观，陈宓领祠而辞职名。端平元年（1234）卒。[③] 著作有《论语注义问答》《春秋三传抄》《读通鉴纲目》《唐史赘疣》等，均佚。后同乡、同学兼友人郑性之（嘉定元年榜状元）编其诗文奏札为《复斋先生龙图陈公文集》传世。

二、柑橘谱

柑橘是世界第一大类水果，中国是世界第一大柑橘生产国，[④]柑橘在中国有超过 4000 年的栽培史。《禹贡》中已有江浙地区“厥包橘、柚，锡贡”[⑤]之载，继之又有《晏子春秋》“橘生淮南则为橘，生于淮北则为枳”之说、屈原《橘颂》之篇，三国有陆郎怀橘之事，可见先秦以来柑橘即南方名果。唐代柑橘主产区为兴元府、悉州、文州、眉州、简州、资州、梓州、普州、开州、荣州、夔州、峡州、江陵府、澧州、朗州、襄州、洪州、苏州、湖州、温州、台州、端州，[⑥]都在长江

---

① （宋）陈宓：《复斋先生龙图陈公文集》卷 6《嘉定甲申辞危漳州乞休致札》，《续修四库全书》第 1319 册，第 328 页。

② 有研究者据嘉靖《仙游县志》卷 7《仙游县丞厅记》“宝庆丙戌来佐斯邑”语认为“同年，陈宓在仙游为官”（马俊：《陈宓理学思想研究》，南昌大学硕士学位论文，2016 年，第 5 页），误，《仙游县丞厅记》虽为陈宓之作（亦见收于《复斋先生龙图陈公文集》卷 10，第 354—355 页），但“宝庆丙戌来佐斯邑”云云，是指仙游县丞赵瑘夫（《复斋先生龙图陈公文集》“瑘”字误）而非自谓。

③ 一般认为陈宓生于乾道七年（1171），卒于绍定三年（1230），刘向培据其《与太监张札》、朱熹为乃父陈俊卿所撰行状及时少章撰《陈师复哀辞》考定陈氏生年为乾道八年（1172），卒年为端平元年。详参氏著《南宋陈宓生卒年考辨》，《经学文献研究集刊》第 20 辑，上海：上海书店出版社，2018 年，第 280—283 页。

④ 郭文武、叶俊丽、邓秀新：《新中国果树科学研究 70 年——柑橘》，《果树学报》2019 年第 10 期，第 1264 页。

⑤ （清）孙星衍注疏，陈抗、盛冬玲点校：《尚书今古文注疏》卷 3《禹贡》，第 162 页。

⑥ 据《新唐书·地理志》土贡柑橘之州可知。

流域及其以南。宋代产区大体与此相同而分布范围更广、种植规模更大，当时“种橘大姓不复计树若干，但云有几亩”[①]——这一范围与当今中国柑橘主产区（湖南、湖北、福建、广东、广西、浙江、江西、四川、重庆9省市，约占全国总产量的95%[②]）完全重合——其中“两浙路温州、苏州和台州则是柑桔产量最多、质量最好的地区”[③]。柑橘在宋代已是人们日常食用的常见水果。

1.《山中咏橘长咏》

从体裁上看，《山中咏橘长咏》固为一首五言诗，然其跟一般诗歌相比，有两个特点，一是“长”，此由其标题“长咏”可知；二是加了大量自注，这些注文都很长，内容并非训诂音义，而是叙记太湖洞庭东山、西山的柑橘品类，嫁接、施肥、病虫防治等栽培技术及收贮加工技术等。诗句跟注文加起来达900多字，约为《橘谱》的三分之一，比有些习称的农书还长。因此笔者将该诗视为一部柑橘类专著——韵文与散文语体本非判断农书的标准（《山中咏橘长咏》实际上是韵散结合），正如本章上节马揖《菊谱》、张逢辰《菊花百咏》之例。最早对《山中咏橘长咏》加以研究的是陈素贞[④]、曾雄生两位学者，曾雄生将之与韩彦直《橘录》对比后，得出了“《长咏》是《橘录》之前中国柑橘史上的重要文献，它标志着中国柑橘传统栽培技术的成型”[⑤]的结论，实际上也是将之视为柑橘专著的。

《山中咏橘长咏》作者陈舜俞，字令举，湖州乌程（治今浙江湖

---

① （宋）陈舜俞：《都官集》卷14《山中咏橘长咏》，《景印文渊阁四库全书》第1096册，第548页。

② 中国柑橘学会编著：《中国柑橘产业》，北京：中国农业出版社，2008年，第19页。

③ 漆侠：《中国经济通史（宋代经济卷）》，第172页。

④ 陈素贞：《纪实与想像：论陈舜俞〈山中咏橘长咏〉的食物志书写》，《嘉大中文学报》2009年第1期，第133—164页。

⑤ 曾雄生：《橘诗和橘史——北宋陈舜俞〈山中咏橘长咏〉研读》，《九州学林》2011年夏季号，第146页。

州市)人,《宋史》有传。陈氏生于天圣四年(1026),少从学于胡瑗[①],庆历六年(1046)进士及第,初官台州军事推官,[②]后调任明州观察推官。嘉祐四年(1059),应制科入第四等(一、二等空缺,三等一般也空缺),授著作佐郎、签书忠正军(寿州,治今安徽凤台县)节度判官公事。[③] 八年英宗继位,迁国子博士、知邓州南阳县。[④] 后"燥忿弃官",寓居嘉禾(治今浙江嘉兴市)白牛村,自称白牛居士,"已而不能忍,复出仕进"。[⑤] 熙宁三年(1070),时任屯田员外郎、知山阴县(治今浙江绍兴市)的陈舜俞拒不执行青苗法,并上疏自劾,指责青苗法是"别为一赋以敝海内,非王道之举"[⑥]。因此之故,不仅自己召试馆职之命寝,还被贬监南康军(治今江西庐山市)盐酒税。既谪南康,心又悔之,年底复上书称"青苗法实便",王安石认为其人反复、不可用。[⑦] 五年,用 60 天的时间遍游辖境内之

---

① (宋)蒋之奇:《序》,(宋)陈舜俞:《都官集》卷首,《景印文渊阁四库全书》第 1096 册,第 408 页。

② (宋)陈舜俞:《都官集》卷 8《上欧阳内翰书》,《景印文渊阁四库全书》第 1096 册,第 509 页。按:原文为"及第为天台从事",台州别称天台,"从事"为州级佐官古称,宋又为推官别称,则陈氏初授当为台州军事推官。宋台州(治临海县)虽有天台县,但县级佐官并不称"从事",可见"天台"必非实指。

③ (宋)李焘:《续资治通鉴长编》卷 190 嘉祐四年八月乙亥,第 4583 页。

④ (宋)郑獬:《郧溪集》卷 12《荐陈舜俞状》,《景印文渊阁四库全书》第 1097 册,第 227 页;(宋)李焘:《续资治通鉴长编》卷 199 嘉祐八年十二月己卯,第 4840 页。

⑤ (宋)李焘:《续资治通鉴长编》卷 212 熙宁三年六月丙子,第 5150 页。按:关于白牛居士得名之由,《宋史》同此,《至元嘉禾志》卷 13 则谓其贬南康军后"日与太傅刘凝之跨双犊以穷泉石之胜,自号白牛居士"(《宋元方志丛刊》第 5 册,第 4502 页),而同书卷 3 所记(第 4435 页)又同于《续资治通鉴长编》《宋史》,可见卷 13 之说必误。

⑥ 《宋史》卷 331《张问传附陈舜俞传》,第 10664 页。

⑦ (宋)李焘:《续资治通鉴长编》卷 212 熙宁三年六月丙子,第 5150 页。按:《宋史》记馆职命寝事为其自辞之(卷 331《张问传附陈舜俞传》,第 10664 页)。

庐山，著《庐山记》一书，不久再度弃官归嘉禾。[①] 九年(1076)卒[②]，赠刑部都官员外郎[③]，此即其集名《都官集》的原因。友人苏轼祭之云："学术才能，兼百人之器，慨然将以身任天下之事……一斥不复，士大夫识与不识，皆深悲之。"[④]

《山中咏橘长咏》记载的柑橘品种只有朱橘、绿橘2个，但二者有种源来自荆南、湘州(潭州古称，治今湖南长沙市)的区别，似以前者为佳。所记柑橘栽培技术，第一步是修建果园："坛甃龟鼋石"，即"傅山为级，以石砌之"，并在周围栽上枳棘篱笆。然后是栽植橘苗："辛勤种接时"，橘苗"皆用小舟买于苏湖秀三州，得于湖州者为上"；移运过程中橘株根部要多留原地土壤，所以说"壤须来处美，移怕树同知"，但只要得法，正如"《齐民要术》云：'移树无时，莫令树知'"，随时皆可移栽。其次，要注意灌溉，需在果园里"穿井防天旱"，因为"橘树夏遭旱则冬不耐寒而死"；对于"橘忽有坚小而青黑者"的青瘟、黑瘟病要祝祭禳祈，这当然不会有效果，但限于当时社会的整体科学水平本来也是没有办法的。其次，采摘柑橘时要"拣选收藏日"，"以冬至前二十日为候，凡得霜后及有西北风后天

---

① 陈杞跋谓其"贬监南康军酒税累年，竟不仕以没"(陈舜俞：《都官集》，《景印文渊阁四库全书》第1096册，第551页)，李常序谓"熙宁五年，嘉禾陈令举谪官山前(南康军)……后三年余守吴兴(湖州)，令举扁舟相过"(陈舜俞：《庐山记》，日本国立公文书馆内阁文库藏宋绍兴刻本，叶二a、b)。

② 参见曾雄生：《橘诗和橘史——北宋陈舜俞〈山中咏橘长咏〉研读》，《九州学林》2011年夏季号，第146页注①。

③ 陈杞跋文谓陈舜俞曾官都官员外郎，此为中行员外郎，而其责降前官衔为后行员外郎，可见此官不可能授于知江阴县之前；同时，前揭宋本《庐山记》每卷卷首均题作"尚书屯田员外郎嘉禾陈舜俞撰"，此当其自署，可见都官员外郎亦不可能授于监南康军盐酒税时，则其当为卒赠之官。

④ 孔凡礼点校：《苏轼文集》卷63《祭陈令举文》，第1944页。又，嘉靖《稿本皂湖陈氏重修族谱》谓陈舜俞是陈尧咨之子(王强主编：《中国珍稀家谱丛刊·明代家谱》第1册，南京：凤凰出版社，2013年)，显然是错误的。陈尧叟、尧佐、尧咨三兄弟，老大、老三俱状元，老二亦探花；老大、老二俱拜相，老三亦官至节度使，这个显赫的家族当然引人攀附。

色晴霁时，则家家采而藏之。无过冬至前十日者，过则为寒所损，亦损明年树矣”；采摘时要保留枝蒂，“所以养橘，否则易干”。不能在雨天采摘，“雨多则皮虚而大，不可久藏”；如果要长距离运输，则要提前采摘，“惟未甚熟而小者乃不坏，既黄而大者不能久矣”。采橘后先于“地板上堆之数日，谓之‘入仓’。微覆用草，使汗出，然后入笼，谓之‘出汗’，否则味醡”。对于脚橘（橘之小者）则用烟熏法保存：“作土窖，熏用烟而收之，谓之‘熏橘’。”橘皮亦不要扔弃，可晒干作药材出售，太湖“（洞庭）东、西两山卖干橘皮，岁不下五六千秤”。采橘后还要“科树”，即“芟去小枝不能结实者”以免其消耗养分；要“向阳删密叶”以利光合作用，“橘得日则色亦深而味甘”。[1]

陈舜俞本人虽囿于固有看法不视《山中咏橘长咏》为柑橘类农书，但对其价值则是非常看重的，因此在诗的结尾自信地说：“他年修（柑橘）果谱，应载野人诗。”[2]可惜的是，韩彦直撰《橘录》时并未加以征引，因而该诗长期不被人知。《山中咏橘长咏》存于陈氏《都官集》中，是书初由其婿周邠（周邦彦叔父，仕至知吉州[3]）编集，后经其孙删定，再由其重孙陈杞（仕至知庆元府，兼沿海制置使）刊刻于庆元六年（1200）（已佚）。通行者为《四库全书》本、民国初年南城李氏宜秋馆《宋人集》本。《中国农学书录》《中国农业古籍目录》未著录。

2.《橘录》

三卷[4]，韩彦直撰，成书于淳熙五年（1178）。因所述为温州柑橘，故亦名《永嘉橘录》，后世亦有引称《橘谱》者。在书序中，韩彦

---

① （宋）陈舜俞：《都官集》卷14，《景印文渊阁四库全书》第1096册，第548—549页。

② （宋）陈舜俞：《都官集》卷14，《景印文渊阁四库全书》第1096册，第549页。

③ 薛瑞生疑其吉州任后或曾官颍州（《周邦彦别传——周邦彦生平事迹证稿》，西安：三秦出版社，2008年，第11页）。

④ 《文献通考》记为一卷，四库馆臣已指陈其误（《四库全书总目》卷115《谱录类》，第993页）。

直以答客问的方式自述作意云："客曰：'橘之美当不减荔子。荔子今有谱，得与牡丹、芍药花谱并行，而独未有谱橘者。子爱橘甚，橘若有待于子，不可以辞。'予因为之谱，且妄欲自附于欧阳公、蔡公之后，亦有以表见温之学者足以夸天下而不独在夫橘尔。"①可见其为创新意识驱动的产物。该书自产生以来，一直被视为历史上第一部柑橘专著，即使我们因《山中咏橘长咏》取消其这一桂冠，但它仍可拥有多项第一，《山中咏橘长咏》在农学上的成就是无法与之相提并论的。

《橘录》最重要的成就有以下三点。一是首次根据柑橘生理性状第一次将之分为柑、橘、橙子三大类，其中柑包括真柑、生枝柑、海红柑、洞庭柑、朱柑、金柑、木柑、甜柑 8 个品种；橘包括黄橘、塌橘、包橘、绵橘、沙橘、荔枝橘、软条穿橘、油橘、绿橘、乳橘、金橘、自然橘、早黄橘、冻橘 14 个品种；橙子包括橙子、朱栾、香栾、香圆、枸橘 5 个品种。当今柑橘（桔）植物学分类亦分三属：金柑属包括山金豆、金枣、圆金柑、长叶金柑、金弹、月月桔 6 种，柑橘（桔）属，包括柑桔、柚、橙、酸橙、甜橙、宽皮桔、葡萄柚、柠檬、枸橼、檫檬等；枳壳属仅枸桔 1 种。两相对照，虽不尽相同（柑橘本身也在演化），但仍然是前所未有的科学认识，因此被美国柑桔学家斯文格（W. T. Swingle）称为世界上最早的柑橘分类学专著。② 二是首次记载了柑橘的嫁接繁育技术：

> 始取朱栾核，洗净，下肥土中，一年而长，名曰"柑淡"。其根荄蔟蔟然，明年移而疏之。又一年，木大如小儿之拳，遇春月乃接。取诸柑之佳与橘之美者，经年向阳之枝以为贴，去地尺余，细锯截之，剔其皮，两枝对接，勿动摇其根。拨掬土实其

① （宋）韩彦直撰，彭世奖校注：《橘录校注·序》，第 2 页。

② 《橘录》1923 年英文版序言。转引自华南农学院农业历史遗产研究室：《世界上最早的一部柑橘专著——〈橘录〉》，《中国柑橘》1979 年第 1、2 期合刊，第 6 页。按：梁家勉、黄昌贤、彭世奖合撰，后彭世奖《橘录校注》收代序言。

> 中以防水，蒻护其外，麻束之，缓急高下俱得所，以候地气之应。接树之法，载之《四时纂要》中（非嫁接柑橘），是盖老圃者能之。工之良者，挥斤之间，气质随异，无不活者。过时而不接，则花实复为朱栾。①

虽然《山中咏橘长咏》也提到了嫁接繁育，但仅“辛勤种接时”一句，准确地说仅“接”一字而已；据前揭，《山中咏橘长咏》时代采用的繁育方式主要还是橘苗移植。而据《橘录》所记，南宋时温州地区则基本上都是“以柑淡子著土，俟其婆娑作树，以枝接之为柑、为橘、为多种，俱非天也”②。仅“自然橘”一种非嫁接者：“自然橘，谓以橘子下种，待其长历十年始作花结实。味甚美，由其本性自然，不杂之人为，故其味全，故是橘以自然名之。”且其并不受种户欢迎，因为“谁能迟十年之久，以收效耶?”③三是首次指出了关于柑橘贮藏的一些科学认识，如采摘时果皮破损喷出的“香雾”会影响其贮藏时间：“及经霜二三夕才尽翦。遇天气晴霁，数十辈为群，以小翦就枝间平蒂断之。轻置筐筥中，护之必甚谨，惧其香雾之裂则易坏，雾之所渐者亦然。”酒气对柑橘贮藏也有影响：“尤不便酒香，凡采者竟日不敢饮”，“采藏之日，先净扫一室，密糊之，勿使风入。布稻藁其间，堆柑橘于地上，屏远酒气”。④ 科学研究表明，柑桔果皮受损喷出的挥发性油（即《橘录》所称“香雾”）可导致“油胞病”，酒气也确会降低柑桔类果实的耐贮性。⑤ 再如所记掩埋保鲜法也是首次：“掘地作坎，攀枝条之垂者覆之以土，至明年盛夏时开取之，色味犹新。但伤动枝苗，次年不生耳。”⑥

---

① (宋)韩彦直撰，彭世奖校注：《橘录校注》卷下，第23—24页。

②③ (宋)韩彦直撰，彭世奖校注：《橘录校注》卷中，第17页。

④ (宋)韩彦直撰，彭世奖校注：《橘录校注》卷下，第25页。

⑤ 华南农学院农业历史遗产研究室：《世界上最早的一部柑橘专著——〈橘录〉》，《中国柑橘》1979年第1、2期合刊，第7页。

⑥ (宋)韩彦直撰，彭世奖校注：《橘录校注》卷下，第25页。

《橘录》是一部内容丰富的著作，方方面面都有前此未有的记述。如病害防治方面，韩彦直指出“木之病有二，藓与蠹是也。树稍久则枝干之上苔藓生焉，一不去则蔓衍日滋，木之膏液荫藓而不及木，故枝干老而枯”，必须“用铁器时刮去之”；如果“木间时有蛀屑流出，则有虫蠹之。相视其穴，以物钩索之，则虫无所容。仍以真杉木作钉，窒其处，不然则木心受病，日以枝叶自凋。异时作实，瓣间亦有虫食。柑橘每先时而黄者，皆其受病于中，治之以早乃可”。[①] 与《山中咏橘长咏》所载祈禳法相比，不啻云泥之别。再如柑橘产品加工方面，一是以柑橘花蒸治香料：“朱栾作花，比柑橘绝大而香。就树采之，用笺香细作片，以锡为小甑，每入花一重，则实香一重，使花多于香。窍花甑之旁，以溜汗液，用器盛之。炊毕，彻甑去花，以液浸香。明日再蒸，凡三换花，始暴（同‘曝’）干，入瓷器密盛之。他时焚之，如在柑林中。”二是蜜渍糖熬作脯：“柑橘并金柑皆可切瓣，勿离之，压去核，渍之以蜜。金柑著蜜尤胜他品。乡人有用糖爊（同‘熬’）橘者，谓之‘药橘’，入箬之灰于鼎间，色乃黑，可以将远。”三是烟熏加糖作脯：“橘微损，则去皮，以肉瓣安灶间，用火熏之曰‘熏柑’。置之糖蜜中，味亦佳。”[②]《山中咏橘长咏》所谓的药橘、熏柑与此完全不同。

《橘录》还记载温州地区有“洞庭柑”品种：“皮细而味美，比之他柑，韵稍不及。熟最早，藏之至来岁之春，其色如丹。乡人谓其种自（太湖）洞庭山来，故以得名。”[③]据此，有学者认为两宋柑橘栽培名区有一个从长江上中游、太湖流域到以温州为中心的浙江东南部的地域转移。[④] 韩彦直为官一任造福一方，《橘录》对温州柑

① （宋）韩彦直撰，彭世奖校注：《橘录校注》卷下，第24页。

② （宋）韩彦直撰，彭世奖校注：《橘录校注》卷下，第25—26页。

③ （宋）韩彦直撰，彭世奖校注：《橘录校注》卷上，第8页。

④ 徐建国、林显荣：《泥山乳柑何以成为韩彦直〈橘录〉中的“第一”》，《浙江柑橘》2004年第4期，第40页；曾雄生：《从洞庭橘到温州柑——宋代柑橘史的考察》，《中国农史》2018年第2期，第30—33页。

橘赞赏有加：

> （温州）乳柑推第一，故温人谓乳柑为真柑，意谓他种皆若假设者，而独真柑为柑耳。然橘亦出苏州、台州，西出荆州而南出闽广，数十州皆木橘耳，已不敢与温橘齿，矧敢与真柑争高下耶？且温四邑俱种柑，而出泥山者又杰然推第一。泥山盖平阳一孤屿，大都块土不过覆釜，其旁地广袤只三二里许……出三二里外，其香味辄益远益不逮。[①]

这种说法或许确有过誉之处，因此受到毗陵温州的台州人陈景沂的反对："韩但知乳柑出于泥山，独不知出于天台之黄岩也。出于泥山者固奇也，出于黄岩者尤天下奇也！"[②]金华人陈亮表示听说过黄岩乳柑"味颇胜温州者"，只是他本人无法分辨："亮亦不能别也。"[③]但无论如何，随着《橘录》的传播，"永嘉之柑，为天下冠"[④]的名头越来越响，必然促进当地柑橘产业进一步发展。今日温州仍然是柑橘著名产区，所产瓯柑是中国国家地理标志产品，著名园艺学家吴耕民认为《橘录》所记海红柑与瓯柑性状相近，应即瓯柑的祖先品种。[⑤]

韩彦直《宋史》有传，其字子温，延安肤施县（治今陕西延安市）人。为韩世忠长子，生于绍兴元年（1131），生满周岁即以父荫补右承奉郎，寻授直秘阁。6岁时从父入见高宗，命作大字，跪书"皇帝万岁"四字，高宗大喜，以为"令器"，亲解孝宗丱角之繻傅其首，并

---

① （宋）韩彦直撰，彭世奖校注：《橘录校注·序》，第1页。

② （宋）陈景沂撰，程杰、王三毛点校：《全芳备祖·后集》卷3《柑》，第694页。

③ （宋）陈亮：《陈亮集》卷28《又乙巳春（与朱熹）书之一》，邓广铭：《邓广铭全集》第5册，第276页。

④ （宋）张世南撰，张茂鹏点校：《游宦纪闻》卷5，第45页。

⑤ 吴耕民：《浙江柑桔栽培史考》，《浙江农史研究集刊》第1辑，杭州：浙江农业大学、浙江农业科学院农业遗产研究室，1965年，第8—30页。

赐金器、笔研、鞍马有差。年十二，赐三品服。绍兴十八年(1148)中进士，时仅18岁，初授太社令。二十一年父丧，服阙出为浙东安抚司主管机宜文字，二十五年(1155)拜光禄寺丞，二十九年迁屯田员外郎兼权右曹郎官、工部侍郎。三十一年八月，韩彦直刚获命知蕲州[①]即遇完颜亮南侵，遂改充泗宿州招讨司、随军转运副使。乾道二年(1166)迁户部郎官、主管左曹，总领淮东军马钱粮，因干练有绩升司农少卿，进直龙图阁、江西转运使兼权知江州(治今江西九江市)，任上搜奸剔匿，为岳(飞)家追还家资。复总领湖北、京西军马钱粮，寻兼发运副使，不久迁知襄阳府(治今湖北襄樊市)、充京西南路安抚使。七年(1171)，授鄂州驻扎御前诸军都统制，在任备器械、增战马、选练士卒，很有成效。八年充敷文阁待制、知台州，又迁刑部侍郎，次年兼工部侍郎。同年底使金贺金主生辰[②]，守节不辱，淳熙元年(1174)归国后获升吏部侍郎，寻权工部尚书，复改工部尚书兼知临安府。淳熙四年[③]知温州，任上奏免民间积逋，大力缉捕海寇，秩满进为敷文阁学士，移知泉州。淳熙十年(1183)再为户部尚书，寻提举万寿观。尝摭宋朝事类成《水心镜》一百六十七卷(已佚)，光宗览之称善，进龙图阁学士、提举万寿观，后转光禄大夫致仕。[④] 约卒于嘉泰(1201—1204)年间[⑤]，封蕲春郡公，葬浙江长兴县二界岭乡云峰村白杨岕。[⑥]

---

① (宋)李心传撰，辛更儒点校：《建炎以来系年要录》卷192绍兴三十一年八月戊申，第3431页。

② 《宋史》卷34《孝宗本纪二》，第656页。

③ (宋)韩彦直撰，彭世奖校注：《橘录校注·序》，第2页。按：韩彦直自序系时"淳熙五年"，而文中云"予北人……去年秋，把麾此来"，据以知。

④ 《宋史》卷364《韩世忠传附子彦直传》，第11370—11371页。

⑤ 参见韩彦直撰，彭世奖校注：《橘录校注·韩彦直生平简介》，第2页。

⑥ 徐建国：《寻访韩彦直墓》，《柑桔与亚热带果树信息》2004年第4期，第48页。

韩彦直二弟韩彦朴官终右奉议郎、直显谟阁，为张俊女婿；三弟韩彦质，官终工部尚书[①]、兼知临安府；四弟韩彦古，官终户部尚书，儿媳为孝宗宠臣曾觌女[②]。

《橘谱》主要传世版本有宋刻《百川学海》本、明弘治十四年无锡华珵刻《百川学海》本、嘉靖十五年郑氏宗文堂刻《百川学海》本、万历间汪氏刻《山居杂志》本、明末清初宛委山堂刻《说郛》本、清《四库全书》本、光绪六年山西浚文书局刻《植物名实图考长编》本、光绪末上海农学会编刊《农学丛书》石印本、民国上海商务印书馆《丛书集成初编》本等。

第三节　蔬菜类农书

今所谓蔬菜包括古代的蔬和蓏(瓜、瓠、茄等草本植物果实)，是粮食作物之外最重要的食物，故古人谓“谷不孰为饥，蔬不孰为馑”[③]，甚至将“夏之兴”归因为“柱能植百谷百蔬”[④]。历代综合性农书也都将蔬菜排位于果、茶之前，如《齐民要术》云：“蔬果之实助谷。”[⑤]王祯《农书》云：“夫养生必以谷食，配谷必以蔬茹，此日用之常理，而贫富所不可阙者”，“夫蔬蓏，平时可以助食，俭岁可以救饥”[⑥]。

---

① 《建炎以来系年要录》《宋会要辑稿》等诸书皆记韩彦质为工部尚书，《建炎以来朝野杂记·乙集》独谓“韩(世忠)之子彦直、彦质、彦古皆为户部尚书”(卷12，第688页)，恐误。

② (宋)赵与时(旹)撰，齐治平校点：《宾退录》卷2，上海：上海古籍出版社，1983年，第23页。

③ 周祖谟：《尔雅校笺》卷中，第77页。

④ (元)刘埙：《隐居通议》卷27《礼乐》，《丛书集成初编》第215册，上海：商务印书馆，1937年，第278页。

⑤ (北魏)贾思勰著，缪启愉校释：《齐民要术校释》卷1，第54页。按：原文标点作“蔬、果之实，助谷各二十”，误。

⑥ (元)王祯著，孙显斌、攸兴超点校：《王祯农书·农桑通诀》集之二，第85页。

《二如亭群芳谱》云："谷以养民，菜以佐谷，两者盖并重焉。"[①]宋代蔬菜产业发达，如北宋开封附近"皆是园圃，百里之内，并无闲地"[②]，南宋杭州东门外"绝无民居，弥望皆菜圃"[③]。其他一些城市蔬菜种植业亦较发达，如建康府蔬菜基地丁家洲"阔三百里，只种萝卜"，故杨万里诗云："岛居莫笑三百里，菜把活他千万人。"[④]当时的蔬菜专业户种植规模一般都不小，如开封老圃纪生"一锄芘（通'庇'）三十口。病笃，呼子孙戒曰'此二十亩地，便是青铜海也'"[⑤]，王奭"每年止种火苗玉乳萝卜、壶城马面菘，可致千缗"[⑥]，菜园王祚向开封繁塔一次即布施"菠稜贰仟把、萝卜贰拾考老（即栲栳，一种用柳条编成的筐，亦名笆斗）"[⑦]。种菜之利如此，以致有的官员也在治所经营菜圃，如福州无职田，知州皆"鬻园蔬收其直，自入常三四十万"[⑧]。当然，大多数种植者还是靠数亩菜园为生的普通菜农。[⑨]

宋代蔬菜品种较前代更为丰富。《四民月令》记载蔬菜 20 余

---

① （明）王象晋：《二如亭群芳谱·蔬谱》小序，《故宫珍本丛刊》第 471 册，海口：海南出版社，2000 年影印本，第 245 页。

② （宋）孟元老撰，伊永文笺注：《东京梦华录笺注》卷 6，第 613 页。按：但随着东京城市建设发展，土地资源趋于紧张，不少蔬菜园地被挤占（参见李天石、王淳航：《北宋东京种植蔬菜土地分布影响因素之分析》，《中国社会经济史研究》2012 年第 3 期，第 10—17 页），开封的蔬菜种植当向郊县转移。

③ （宋）周必大撰，王蓉贵、（日）白井顺点校：《周必大全集》卷 182《二老堂杂志四》，第 1712 页。

④ （宋）杨万里撰，辛更儒校笺：《杨万里集校笺》卷 33《从丁家洲避风，行小港出荻港大江》，第 1684 页。

⑤ （宋）陶穀撰，孔一点校：《清异录》卷上，第 12 页。

⑥ （宋）陶穀撰，孔一点校：《清异录》卷上，第 46 页。

⑦ 转引自周宝珠：《〈清明上河图〉与清明上河学》，开封：河南大学出版社，1997 年，第 53 页。

⑧ 《宋史》卷 319《曾巩传》，第 10391 页。

⑨ 参见漆侠：《中国经济通史（宋代经济卷）》，第 178 页。

种，但调味类占了很大一部分；[①]《齐民要术》所记有31种[②]。据《养生杂类》《梦粱录》《本草图经》《淳熙三山志》《本心斋蔬食谱》等文献记载，宋人食用的常见蔬菜就有芥菜、生菜、苋菜、大白菜、菘菜（即小白菜）、雍菜（即空心菜）、莼菜、葵菜、芹菜、藜菜、蕨菜、䓪菜、菠菜、苔心、矮黄、大白头、小白头、黄芽、莴苣、苦荬、萝卜、蔓菁、茄子、胡瓜（即黄瓜）、越瓜、冬瓜、梢瓜、葫芦、瓠、芋、山药、牛蒡、甘露子、笋、藕、茭白、茨菇、白蒌荷、芸薹、苜蓿、茼蒿、紫苏、白苏、茵陈、东风菜、苦薏、马兰、水靳（即水芹菜）、莙荙、木耳、菌、蕈、平菇、香菇、百合、豌豆、白豆、扁豆、昆布（俗亦以称海带）、紫菜、鹿角菜、姜、韭、韭黄、葱、薤、大蒜、小蒜、胡荽、兰香（即薄荷）等60多种，丝瓜、胡萝卜等国外蔬菜也在此期传入中国。在创新意识驱动下，宋人自然将研究眼光聚焦到前代未曾注意过的蔬菜品种上，这就是宋代以《笋谱》《菌谱》为代表的蔬菜谱出现的原因。

1.《笋谱》

《崇文总目》《直斋书录解题》均记为一卷、释赞宁撰[③]，《郡斋读书志》谓三卷、僧惠崇撰[④]，《麈史》《续谈助》等笔记亦记作者为赞宁[⑤]。以赞宁撰为确。

《笋谱》是存世的最早竹笋专著，分为一之名、二之出、三之食、四之事、五之杂说几个部分。第一部分记叙笋的各种别名，有萌、箬竹、篬、虇、竹胎、竹牙、茁、初篁、竹(之)子等；并记种竹方法："谚曰：'东家种竹，西家理地。'谓其滋蔓而来生也。其居东北隅者，老竹也。老种不生，生亦不滋茂矣。宜用稻麦糠粪之，不可饶沃植

① 吴存浩：《中国农业史》，北京：警官教育出版社，1996年，第840页。

② 陈文华编著：《中国古代农业科技史图谱》，北京：中国农业出版社，1991年，第423页。

③ （宋）王尧臣等编，（清）钱东垣辑释：《崇文总目》卷3，第162页；（宋）陈振孙撰，徐小蛮、顾美华点校：《直斋书录解题》卷10，第297页。

④ （宋）晁公武撰，孙猛校证：《郡斋读书志校证》卷12，第539页。

⑤ （宋）王德臣撰，俞宗宪点校：《麈史》卷中，第44页；（宋）晁载之：《续谈助》卷3，《丛书集成初编》第272册，长沙：商务印书馆，1939年，第57页。

之。开坑深二尺许，覆土，厚五寸，除瓦石，软柔之土为嘉。”[①]第四部分叙记与笋有关的人物典故，从神农、周公、庄子、列子至于朱温、何光远、程崇雅、范旻（范质子）等五代宋初之人，计60人。第五部分既名“杂说”，可见内容驳杂，包括民间说竹有生日（五月十三日），以笋皮制作扇子、鞋屐，王子猷爱竹（有“何可一日无此君”语），“只将笋为命”的僧人等等。“恭敬不如从命”一语即典出此书。[②]

《笋谱》最重要的贡献有两个方面。一是在第二部分叙记各地所产之笋及其特点。一般认为竹笋品种单一，仅按季节有春笋、冬笋之分，实际上竹有100多个属、1000多个品种，因此《笋谱》能够列出近百个竹笋品种毫不奇怪[③]。有些竹笋因产地得名，如天目笋，“五月生……其笋色黄，出天目山。端午后方采鬻。旱岁则无”；卬竹笋，“其笋春生……竹笋中实，食美”；少室竹笋，“其笋长伟，堪食”；罗浮笋，“笋甚膹（大）直”，及渭川笋、鄠杜竹笋、卫丘竹笋等等。[④] 其余大多都是因品种而名。有的味道甘美，如服伤笋，“四月已后方出，味甚美”；鸡胫竹笋，“食之肥美”。有的则味道一般，如狗竹笋，“宁海已来多，三寸围，节间有毛。笋三月生，可食，诸邑皆有之”；旋味笋，“春则生笋，乡人煮食，甚苦而且涩。及停久，则味还可食，故曰‘旋味笋’”，当即今之苦竹笋。有的不可食，如桃枝竹笋，“其笋丛生，其皮生毛，聚虫蚁而不可食”；方竹笋，“其笋茎方二寸。已来，彼封人多为台卓（同‘桌’）衣架等。其笋硬不

① (宋)释赞宁:《笋谱》,《丛书集成初编》第1353册,北京:中华书局,1991年,第1—2页。

② (宋)释赞宁:《笋谱》,《丛书集成初编》第1353册,第31页。

③ 其中匾竹笋重出,笆竹笋与棘竹笋、郿竹笋与簹笋、箟竹笋与簩竹笋、卫丘竹笋与云丘帝笋、鸡头竹笋与鸡胫竹笋、挲摩笋与沙麻竹笋、篻竹笋与篛竹笋名异而实同。参见徐春琴:《赞宁〈笋谱〉研究》,华东师范大学硕士学位论文,2010年,第29—32页。

④ (宋)释赞宁:《笋谱》,《丛书集成初编》第1353册,第5、8、10、14页。

堪食”。[①] 有的食用后会导致疾病，如钓丝竹笋，“笋下广上锐，味甘可食，发病”；有的则可治病，如镛竹笋，“出广州，此本竹，绝大内空……其内出黄，可疗风痫疾……笋功可见也”。[②] 有的较为奇特，如笆竹笋，“竹与笋俱有刺芒”；孤竹笋，“襄阳薤山下有孤竹，三年方生一笋，及笋成竹，竹母已死矣”；篔竹笋，“竹本根长千丈，断节为大船，生海畔山。其竹萌，可数丈，犹为笋也”；利竹笋，“其竹蔓生，若藤蔓属，实中而坚韧。笋随竹蔓而生，亦实韧也”。[③] 这实在相当于一份宋代全国性竹、竹笋分布报告。

二是在第三部分记载了当时竹笋采挖、烹饪、深加工及贮藏方法。《笋谱》指出采笋宜在日出之后，并且挖出之后要投放“密竹器中”，并“以油单覆之，勿令见风……又不宜见水”，因为风、水会让笋生长、老化；在日出后采笋也是为避免沾上露水。采回的竹笋不能放太久，否则就不新鲜，需尽快带壳煮一周时，因为“脱壳煮则失味”，煮熟（或略生）之后换水再重煮一周时，然后以盐渍之：“淡竹安盐中一宿。煮糠令冷，藏之。再出，别煮糠加盐，藏之五日可食。”至于鲜笋的烹饪方法，赞宁指出：“笋不可生，生必损人，苦笋最宜久（煮）。甘笋出汤后去壳，澄，煮笋汁为羹茹，味全，加美。不然，蒸最美，味全。煻灰中煨后，入五味，尤佳。”[④]对于竹笋深加工，《笋谱》记载了 5 种方法。一为菹法，此法《周礼》即已言之而未详其实，赞宁认为就是宋人所做“笋笴”之法：“盐出水后，加盐、糯米粥，藏可以过暑月，到无笋时食，暴藏或盐酢而已。”二为鲊法：“煮，用盐、米粥藏之。加以椒辛物，或炒熟油藏为醢，食极美矣。”三为干法：“将大笋生去尖锐头，中折之，多盐渍，停久曝干。用时，久浸，易水而渍，作羹如新笋也。”笋干做法因地区不

① (宋)释赞宁：《笋谱》，《丛书集成初编》第 1353 册，第 15、16、15、6、11、17 页。

② (宋)释赞宁：《笋谱》，《丛书集成初编》第 1353 册，第 8、11 页。

③ (宋)释赞宁：《笋谱》，《丛书集成初编》第 1353 册，第 4、6、7、9 页。

④ (宋)释赞宁：《笋谱》，《丛书集成初编》第 1353 册，第 21 页。

同而略有不同，如会稽箭笋干做法是“将小笋蒸后，以盐酢焙干。凡笋宜蒸，味全。今越箭干为美啖也”；秦陇结笋干做法“用土盐盐干，结之，市于山东道，浸而为臛菜，甚美”。四是脯法：“作熟脯，捶碎姜酢渍之，火焙燥后，盎中藏，无令风犯。”[①]五为针对个别品种的灰煮法，如缙云笙笋，“山人采剥，以灰汁熟煮之，都为金色，然后可食。苦味减而甘食，甚佳也”；江南慈竹笋，人亦“多以灰煮食之”。[②] 还有两种贮藏法则可久藏，其一是“将陶器一口可受一石者，选肥笋覆之，密泥塞之，勿令风入。到无笋时，揭器则宛转器中取其弱处剪之，勿令见风，入汤便瀹后方脱皮”；其二是“将笋截其尖锐，用盐汤煮之，停冷入瓶，用前冷盐汤同封，瓶口令密，后沉于井底。至九月井水暖旱，取出如生，五味治之而食”。[③]原理与今之贮藏方法相同，即通过密封隔绝空气以抑制微生物生长和冷藏保鲜。

《笋谱》还叙记了竹笋的药用功能，认为甜笋“损脾而逆胃”，苦笋“补肝而助胆”，两者均“利大小肠”或“滑利大肠”。笋汁“可除丹砂毒”，豉汁浸渍后的竹笋则“能解酒毒”。哕呕尤其是小儿呕吐，取笋“中酒服之”亦有效果。当然，笋虽美味，也不能多吃，“久食亦发风，苦笋冷毒尤甚”。[④]

《笋谱》作者释赞宁是宋代著名高僧、佛教史家，生平事迹见于诸多佛典及王禹偁《左街僧录通惠大师文集序》一文，然彼此多所抵牾，兹在已有研究基础上详加辨正以整齐之。赞宁俗姓高，湖州德清县人。生于吴越天祐十六年（行用唐年号，梁贞明五年，919），天成（926—930）中出家于杭州龙兴寺（真宗时改祥符寺）。[⑤] 清泰（934—936）初入天台山受具足戒，习四分律（佛教戒律），后声誉日

①③　（宋）释赞宁：《笋谱》，《丛书集成初编》第1353册，第22页。

②　（宋）释赞宁：《笋谱》，《丛书集成初编》第1353册，第16页。

④　（宋）释赞宁：《笋谱》，《丛书集成初编》第1353册，第20页。

⑤　（宋）释宗鉴：《释门正统》卷8，《卍续藏经》第130册，台北：新文丰出版公司，1994年，第900页。

隆，有“律虎”之称。[①] 吴越忠懿王钱俶赐号明义宗文大师，使任监坛、两浙僧统。[②] 宋立国后，吴越自居藩臣而贬省制度，赞宁之职遂降称(两浙)僧正，其自述云：“自尔朱梁……洎今大宋，用(僧)录而无(僧)统矣。偏霸诸道，或有私署，如吴越以令因(钱镠幼子)为僧统，后则继有，避僭差也，寻降称僧正。”[③]然辖境各州亦有僧正之设，必然带来不便，因此遂改称(两浙)都僧正。[④] 太平兴国三年(978)三月吴越纳土，时年六十的赞宁随钱俶入朝，太宗赐其通慧

① (宋)王禹偁：《小畜集》卷20《左街僧录通惠大师文集序》，《景印文渊阁四库全书》第1086册，第196—197页。

② (元)释觉岸：《释氏稽古略》，《大正新修大藏经》第49册第2037部，台北：新文丰出版公司，1983年，第861页(原文“两街”应为“两浙”)；(宋)释宗鉴：《释门正统》卷8，《卍续藏经》第130册，第900页。

③ (宋)释赞宁撰，富世平校注：《大宋僧史略校注》卷中，北京：中华书局，2015年，第100页。

④ 《宋高僧传》卷13《大宋天台山德韶传》、卷16《汉钱塘千佛寺希觉传》、卷27《唐天台山福田寺普岸传附弟子全亮传》都有“都僧正赞宁”的记载(第289、368、624页)。按：金建锋认为“释赞宁入宋后，因僧制转换，由两浙僧统变为两浙僧正，后来设有都僧正之后，自然就担任了两浙都僧正这一要职”(《宋僧释赞宁生平事迹考》，《法音》2010年第10期，第28页)，误，都僧正始设于英宗之世(详参刘长东：《论宋代的僧官制度》，《世界宗教研究》2003年第3期，第54页)，故赞宁之“都僧正”必非入宋之官，这也正是北宋前期仅有赞宁一人担任过该职务的原因。又，释圣圆认为赞宁任职两浙僧正、都僧正的时间在960—978年，也就是宋朝立国之后到吴越归地之前，只是具体时间难以确考(《赞宁官职考》，《中国佛学》2014年第1期，第70—73页)。笔者推测，开宝四年(971)南唐有上表去国号，改中书、门下为左、右内史府等贬省制度的行动，南唐既已感受到压力，吴越作为小国应该更早就已感受到压力，很可能在宋刚建立的建隆元年、二年就已开始贬省制度，僧官名称自如上揭赞宁说“寻降称僧正”。至少不会晚于南唐采取行动的开宝四年，因为据《宋高僧传》卷13系时，开宝五年(972)赞宁职务已经称为“都僧正”了。

大师之号，[①]敕住开封天寿寺（在相国寺东，真宗时改景德寺），[②]奉诏撰《大宋僧史略》。[③] 次年，奉诏奉迎明州阿育王寺释迦真身舍利塔入朝。[④] 七年[⑤]《大宋僧史略》成[⑥]，又命撰《宋高僧传》，赞宁乞归杭州撰述，端拱元年（988）书成。淳化元年（990）复与苏易简等奉敕撰《三教圣贤事迹》，赞宁典佛教部分，成《鹫岭圣贤事迹》[⑦]以进，敕充左街讲经首座，次年加史馆编修。至道二年（996），迁知西京教门事。[⑧] 咸平元年（998）真宗继位后命其任右街僧录，次年迁左

---

① (宋)王禹偁:《小畜集》卷 20《左街僧录通惠大师文集序》,《景印文渊阁四库全书》第 1086 册,第 197 页;(宋)释志磐著,释道法校注:《佛祖统纪校注》卷 43,上海:上海古籍出版社,2012 年,第 1028 页。

② (元)释觉岸编:《释氏稽古略》卷 4,《大正新修大藏经》第 49 册第 2037 部,第 860 页。并参见姚潇鸫:《赞宁大师驻锡地天寿寺小考》,《法音》2020 年第 10 期,第 55—57 页。

③ (宋)释赞宁撰,富世平校注:《大宋僧史略校注》自序,第 1 页。按:原文为“太平兴国初,叠奉诏旨,《高僧传》外别修《(大宋)僧史(略)》”。

④ (宋)释赞宁撰,范祥雍点校:《宋高僧传》卷 23,第 554 页。按:《释门正统》《佛祖统纪》《释氏稽古略》等均系于三年,悉承王禹偁《左街僧录通惠大师文集序》文而误。

⑤ (元)释觉岸编:《释氏稽古略》卷 4,《大正新修大藏经》第 49 册第 2037 部,第 860 页;(宋)释赞宁撰,范祥雍点校:《宋高僧传》卷首《进高僧传表》,第 1 页。按:《释门正统》《佛祖统纪》等均系于八年,悉承王禹偁《左街僧录通惠大师文集序》文而误。

⑥ 参见苏晋仁:《佛教文化与历史》,北京:中央民族大学出版社,1998 年,第 173—174 页。

⑦ 参见金建锋:《宋僧释赞宁生平事迹考》,《法音》2010 年第 10 期,第 28—29 页。

⑧ (宋)释志磐著,释道法校注:《佛祖统纪校注》卷 44,第 1037—1042 页;(宋)释赞宁撰,范祥雍点校:《宋高僧传》卷末《后序》,第 698 页。按:据传世文献记载,赞宁似于太平兴国八年归杭潜心述事,但据 1970 年代在龙门石窟发现的镌于咸平三年(1000)的《石道记》碑刻,他并非一直待在杭州,如雍熙四年(987)至端拱二年他就在洛阳主持石道修复工程。详参张乃翥:《龙门〈石道记〉碑与宋释赞宁》,《文物》1988 年第 4 期,第 27—29 页。

街僧录。咸平四年五月，赞宁卒，享寿83岁。[①] 归葬杭州西湖龙井坞。[②]

赞宁与钱昱、钱俨、钱亿、慎知礼、李昉、徐铉、王禹偁等显宦、名士多所往还，《笋谱》就是集录其与钱昱（吴越第三位国君忠献王钱佐长子）论谈之语而成的，《宋史》云："（昱）从俶入朝……多与中朝卿大夫唱酬。尝与沙门赞宁谈竹事，迭录所记，昱得百余条，因集为《竹谱》三卷。"[③]以上下文观之，释赞宁著《笋谱》似在入宋之后。但《玉壶清话》记载此事却明确地说："（钱昱）在故国与赞宁僧录迭举竹数束，得一事抽一条，昱得百余条，宁倍之。昱著《竹谱》三卷，宁著《笋谱》十卷（当为一卷）。"[④]可见释赞宁之撰《笋谱》实为其入宋之前。当然，以本书所立断代标准，《笋谱》亦得视为宋代农书。

《笋谱》传世版本主要有宋刻《百川学海》本、明钮氏世学楼抄《说郛》本（以上题名《笋谱》）、弘治十四年无锡华珵刻《百川学海》本、嘉靖十五年郑氏宗文堂刻《百川学海》本、万历间汪氏刻《山居杂志》本、明末清初宛委山堂刻《说郛》本、明末刻《说郛》板重编《唐宋丛书》本、清《四库全书》本、光绪间归安陆氏刻《十万卷楼丛书》本（以上题名《筍谱》）、中华书局《丛书集成初编》本等。除前文所揭，赞宁著作还有《律钞音义旨归》《宝塔传》《护塔灵鳗菩萨传》《驳董仲舒繁露》《难王充论衡》《论语陈说》《要言》《物类相感志》等，大多都已佚亡。[⑤]

---

① （宋）释志磐著，释道法校注：《佛祖统纪校注》卷45，第1044页。并参见陈垣：《释氏疑年录》卷6，《陈垣全集》第17册，合肥：安徽大学出版社，2009年，第189—190页。

② （宋）释宗鉴：《释门正统》卷8，《卍续藏经》第130册，第900页。

③ 《宋史》卷480《世家三·钱昱传》，第13915页。

④ （宋）释文莹撰，郑世刚、杨立阳点校：《玉壶清话》卷1，第7页。

⑤ 参见金建锋：《释赞宁著述考》，《古籍整理研究学刊》2010年第3期，第11—15页。

2.《菌谱》

一卷，陈仁玉撰。友人刘克庄谓其字“德公”[①]，《南宋中兴馆阁续录》记作“悳公”[②]，“悳”为“德”之异体字，应以“德”为正。清代台州地方志又云其“一字德翰”[③]，然用前字者，盖依玉有仁、义、智、勇、洁五德之说而谓怀玉之人即有德之公；彼“德翰”则不辞，焉得为字？且其说清以前所无，必明清家谱阑入志书者也。

《菌谱》是历史上第一部真菌专著，全书分别记载了仙居天台山、括苍山中所产的11类食用大型真菌。每一品种皆详记产地自然环境条件、生理性状、烹饪方法及相关佚闻风俗，如合蕈生长在邑极西韦羌山，其地“高夐秀异，寒极雪收，林木坚瘦”，每当春气欲动、土松芽活，就是合蕈萌生的时候。该品种“菌质外褐色，肌理玉洁，芳薌（同‘香’）韵味发斧鬲，闻百步外”，可见即今之香菇。陈仁玉认为菌类品种虽多，但通常皆无香，惟此“香与味称”，故置卷首“尊之以冠诸菌”。再如邑西北孟溪山“秋中山气重，霏雨零露浸酿，山膏木腴”，所产稠膏蕈多生山顶高树之杪，“初如蕊珠，圆莹类轻酥，滴乳浅黄白色，味尤甘胜。已乃伞张大几掌，味顿渝矣。春时亦间生，不能多。稠膏得名，土人谓稠木膏液所生耳”，此品种当为乳菇属。陈仁玉对之颇感自豪，感叹云：“合蕈他邦犹或有之，此菌独此邑此山所产，故尤可贵。”其烹饪方法也有不同于他菌之处：“当徐下鼎湳，伺湆沸漉起，谨勿匕挠，挠则涎腥不可食。性参和众味而特全于酒，烹齐既调，温厚滑甘，雉尾莼不足道也。或欲致远，

---

① (宋)刘克庄撰，王蓉贵、向以鲜校点：《后村先生大全集》卷92《碧栖山房记》，第2373页。

② (宋)佚名撰，张富祥点校：《南宋馆阁续录》卷8《官联二》，第309页。

③ 光绪《黄岩县志》卷21《人物志五》，台北：成文出版社，1975年影印本，第1695页；仙居县地方志编纂委员会标注：《光绪仙居县志》卷14《人物志中》，上海：同济大学出版社，1990年，第270页。

则复汤蒸熟,贮之瓶罂,然其味去出山远矣。"[1]书中所记其他品种,栗壳蕈可能是今称之冻菇(构菌、金菇),松蕈即今称之松茸(松口蘑、鸡丝菌),[2]竹蕈即今称之竹荪(网纱菰),麦蕈即今称之松露,玉蕈今亦称玉蕈(蟹味菇),黄蕈可能是金顶侧耳、黄伞之类,鹅膏蕈即今鹅膏属品种如红鹅膏(凯撒鹅膏、帝王菇)、草鸡纵等,紫蕈、四季蕈因描述简略无法判断。[3]《菌谱》所记食用菌当然大多是野生品种,有没有人工栽培的呢?张寿橙认为被陈仁玉推为诸菌之冠的合蕈即香菇就是当时山民用砍花法栽培出来的。[4]

《菌谱》还记载了有毒菌种杜蕈,此蕈"生土中,俗言毒蠚气所成,食之杀人",陈仁玉认为其"甚美有恶,宜在所黜",不能食用。此品种记于鹅膏蕈目下,当指外形与之相似而有者。鹅膏属中不可食用的毒菌有 20 多种,著名的有春生鹅膏、鬼笔鹅膏、毒鹅膏等。至于解毒方法,陈仁玉指出:"凡中其毒者必笑,解之宜以苦茗杂白矾,勺新水并咽之,无不立愈。"[5]其虽有一定效果,但陈氏"中其毒者必笑"的说法则是不准确的。所述症状仅是食用某一种毒菌中毒后的表现,典型的如毒蝇伞(亦名高脚红菇,鹅膏属毒菌)因其毒素有毒蝇碱、毒蝇母、基斯卡松以及豹斑毒伞素等,误食后会产生幻觉、神

① (宋)陈仁玉:《菌谱》,《丛书集成初编》第 1353 册,北京:中华书局,1991 年,第 1—2 页;芦笛:《〈菌谱〉的校正》,《浙江食用菌》2010 年第 3 期,第 54—59 页。

② 参见(宋)陈仁玉著,聂凤乔注释:《菌谱(连载四)》,《中国食用菌》1990 年第 3 期,第 43 页。

③ 参见(宋)陈仁玉著,聂凤乔注释:《菌谱(连载五)》,《中国食用菌》1990 年第 4 期,第 45—47 页。按:亦有研究者认为竹蕈应该是朱红蜡伞(陈士瑜、陈启武:《竹蕈考——〈菌谱〉名称考订之一》,《中国农史》2003 年第 1 期,第 5 页),玉蕈可能是小马勃,紫蕈可能是多孔菌科某种紫红色革质菌(芦笛:《〈菌谱〉的研究》,《浙江食用菌》2010 年第 4 期,第 51 页)。

④ 黄年来主编:《中国香菇栽培学》,上海:上海科学技术出版社,1994 年,第 16—17 页。

⑤ (宋)陈仁玉:《菌谱》,《丛书集成初编》第 1353 册,第 3 页。

经错乱，因而会笑。这也反证《菌谱》所载毒菌确为鹅膏属品种。

《菌谱》对后世产生了很大的影响，推动了传统农学对食用真菌的研究。元王祯《农书》、忽思慧《饮膳正要》都有菌之专目，明清则相继出现了《广菌谱》《吴蕈谱》等高水平专著。《菌谱》传世版本较多，主要有宋刻《百川学海》本、明弘治十四年无锡华珵刻《百川学海》本、嘉靖十五年郑氏宗文堂刻《百川学海》本、万历间汪氏刻《山居杂志》本、国家图书馆藏明刻本、明末清初宛委山堂刻《说郛》本、清《四库全书》本、嘉庆十三至十六年海虞张海鹏刻《墨海金壶》本、道光间金山钱氏刻《珠丛别录》本、光绪六年山西浚文书局刻《植物名实图考长编》本、民国二十四年铅印《仙居传世》本等。

作者陈仁玉是台州仙居县人，祖父陈括、父亲陈清卿均武进士出身，叔父陈正大更为嘉定十三年(1220)榜武状元，母郭氏为理宗谢皇后姨母，舅父郭磊卿是“端平六君子”之一，又与曹豳、王万、徐清叟号为“嘉熙四谏”。[①] 其家在天台山西南南峰篁村建有别业碧栖山房：“初繇小涧为濮桥以通村，稍进至雪崖、松岭、柳湾、莲沜，弥望皆沧波，山房在焉。”陈仁玉出仕前就居住在这里：“其寝息游观之处，经营朴斫之制甚简素然，极极天下之幽邃。又攀缘而上，曰高斋、曰丹砂硋、曰竹坨、曰梅崦、曰月馆、曰石龟池、曰渔矶、曰白鹭滩、曰桃花山，凡二十所。”可见规模很大，不愧是皇亲国戚、世宦之家。“德公栖遁其间久矣……茹芝绝粒，不预人家国者”，颇有隐士之风。陈氏号亦为“碧栖”，刘克庄说是“采太白诗语”而得。[②] 所采者何？白有“朝饮苍梧泉，夕栖碧海烟”“问余何意栖碧山，笑而不答心自闲”之句，然前者接下来两句是“宁知鸾凤意，远托椅桐前”，故明朱谏解云：“以鸾凤自比也……以喻已之周流四方、奔走

① 《宋史》卷416《曹叔远传附族子豳传》，第12482页。

② (宋)刘克庄撰，王蓉贵、向以鲜校点：《后村先生大全集》卷92《碧栖山房记》，第2373—2374页。

于南北者，将求可亲之人以为他日之宗主耳。”[①]这显然与陈氏前期隐居遁世之意迥然不合，则其必取意于后者也。惟其如此，方与刘氏后来叹其“寤寐旧栖之志，本末不渝”[②]语相合。所以深考此者，欲以明陈氏前后期思想之转换也。

淳祐三年（1243），陈仁玉辑成《游志编》（名士胜地游记之纂集）。[③] 五年，撰成《菌谱》，目的“繄欲尽菌之性而究其用、第其品”。[④] 九年，受知临安府赵与簒延聘纂修《（淳祐）临安志》，次年书成。[⑤] 因其个人学识及身份背景，十一年（1251）陈仁玉以“白身”而召为经筵讲官，遂撰进史论及《皇朝禋异》《行都志》等书，理宗颇“恨相见晚”，乃御书“碧栖”二字以赐之。又亲自让时任史馆同修撰的刘克庄“辟以自助”，即与馆职，遂为史馆检阅文字。登朝章奏凛然如法家拂士，论著粹然至言妙义，“上闻其名非一日，诸老荐其才非一人”，理宗又欲以为将作监丞，然其力辞，遂“进直小龙”即为龙图阁直学士。[⑥] 虽遭物议，如“陈仁玉、林光世辈皆以杂儒

① 詹锳主编:《李白全集校注汇释集评》卷8《赠饶阳张司户璲》，天津:百花文艺出版社，1996年，第1392页。

② （宋）刘克庄撰，王蓉贵、向以鲜校点:《后村先生大全集》卷92《碧栖山房记》，第2374页。

③ （清）张金吾撰，柳向春整理:《爱日精庐藏书志》卷17，上海:上海古籍出版社，2014年，第286页。按:《全宋文》误为“游去编”（第343册，第297页）。

④ （宋）陈仁玉:《菌谱·序》，《丛书集成初编》1353册，第1页。

⑤ 参见陈杏珍:《〈淳祐临安志〉的卷数和纂修人》，《文献》1981年第3期，第185—187页。按:宋代临安修过三次志书，即《乾道临安志》《淳祐临安志》《咸淳临安志》，但《淳祐临安志》成书末世，故佚而不为人知。明代始渐有著录，清后期陈鳣又发现残帙数卷，然悉谓纂者为施谔，或作施愕、施锷。20世纪中期北京图书馆方据新发现陈仁玉佚文《淳祐临安志序》搞清楚该书实为赵与簒修、陈仁玉等纂。

⑥ （宋）刘克庄撰，王蓉贵、向以鲜校点:《后村先生大全集》卷92《碧栖山房记》，第2374—2375页。按:《光绪仙居县志》记为其入史馆后“补常州文学，历将作监丞”（卷14《人物志中》，第270页），误。

流修史，所谓伪定一时，后世谁知？”[①]云云，但开庆元年（1259）理宗又赐其同进士出身，迁军器监丞兼国史实录院校勘。同年九月除秘书郎兼国史院编修官、实录院检讨官兼崇政殿说书，十月兼权礼部郎官，十一月除直秘阁、提点两浙东路刑狱兼知衢州。[②] 次年（景定元年，1260）五月，特升直华文阁，八月升直敷文阁，九月离任。[③] 在郡重刊《赵清献公文集》并为序记其事。[④] 两年之内六七迁，不仅说明南宋末年政治的腐坏，更说明了南宋灭亡之前已无人可用的窘境。此后陈仁玉应即去官里居，不再见于史载。[⑤]

---

① （宋）刘辰翁：《须溪集》卷6《曾季章家集序》，《景印文渊阁四库全书》第1186册，第538页。

② （宋）佚名撰，张富祥点校：《南宋馆阁续录》卷8《官联二》，第309页。

③ （宋）张淏纂修：《宝庆会稽续志》卷2，《宋元方志丛刊》第7册，第7115页。

④ （清）陆心源：《皕宋楼藏书志》卷74，第838—839页。

⑤ 弘治《赤城新志》卷9云陈仁玉“德祐初”与“以太学博士权知台州”的王珏“筑城浚濠，倡民义坚壁以守，城既陷，（王珏）遂赴泮桥水死之”，卷14则云：“（王珏）德祐二年以太学博士权知台州。时台已奉谢太后旨附降于元，珏与陈仁玉筑城浚濠，倡民义坚壁以守。城既陷，（王珏）遂赴泮桥水死之”（《四库全书存目丛书·史部》第177册，济南：齐鲁书社，1996年影印本，第285、326页）。后者增添了台州降元事实，但当时知州是杨必大，杨奉旨降元是以州降元（建德军、婺州、处州等地情况皆如此），而不是一个人跑去降元，如此，王珏何以能“权知台州”？且其时宋廷已降元，王珏“权知台州”的职务任命又自何而来？到光绪《仙居县志》，则收之入《忠义传》：“（陈仁玉）景定元年九月后赴都供职，历浙东安抚使、兵部侍郎，告归寓郡城。德祐元年，谢太后诏天下州郡降元，仁玉与权知州事王珏募民死守，兵败隐黄岩海中石塘山，戒子孙世世无仕元。”（卷14《人物志中》，第270页。）继康熙《临海县志》为陈仁玉增加兵部侍郎职务（卷7《人物志一》，台北：成文出版社，1983年影印本，第615页）后再为增浙东安抚使新职，陈仁玉的形象也越来越正面，光绪《仙居县志》为此还在序中专门作了解释：陈仁玉“虽未身殉其难……”（卷14《人物志中》，第269页）。然据李昌宪考，景定元年至宋亡历年浙东安抚使并无其人（《宋代安抚使考》，第420—421页）；其次，身历其事的台州人舒岳祥《阆风集》备载元军入台之事，而未言及郡城有抗元之举；复次，万历（注转下页）

3.《蔬品谱》

当为一卷，陈元靓撰。仅明司马泰《文献汇编》收之，与《酒曲谱》《食物本草》《果食谱》《汤水谱》合编为第五十四卷。《中国农业古籍目录》未著录。司马泰(1492—1563)是明代著名藏书家、出版家，字鲁瞻，号西虹、龙广山人，江宁(治今江苏南京市)人，妻沈氏为明代巨富沈万三后裔。嘉靖二年(1523)进士及第授南京云南道监察御史，后历知怀庆、嘉兴、济南。[①]致仕归里筑“怀洛园”，藏书极富，“尤多秘牒”[②]，刻印了很多书籍。《文献汇编》即其一种，已佚，据《千顷堂书目》可知其收书大概。明人是好作伪书的，且《文献汇编》明代即已亡佚，无从判断其真伪，估计当为司马泰自陈氏《岁时广记》《事林广记》辑录汇编而成。

陈元靓生平参见本书第一章第二节。

4.《食物本草》

陈元靓撰，与上书同收于《文献汇编》中，当为一卷。同样可能是自陈氏《岁时广记》《事林广记》辑得，故冠以陈氏之名。《中国农学书录》《中国农业古籍目录》未著录。

(续上页注)《黄岩县志》台州黄岩乡人曾在黄土岭攻击过元军，其旗帜上大书“赤城虽已降为虏，黄山不愿为之氓”(卷6,《天一阁藏明代方志选刊》第18册，上海：上海古籍书店，1963年影印本，叶二b)，亦可证台州(即“赤城”)降元之事实——同期所编万历《仙居县志》忠义传也并没有陈仁玉。总之，清代方志所增陈仁玉官职、忠行忠言逻辑扞格难通，必明清家谱阑入志书者也，因此笔者不取。

① 详参邵磊：《明代文献学家司马泰及其弟司马嵩墓志考释》，《文献》2017年第5期，第110—117页。

② (明)顾起元撰，谭棣华、陈家禾点校：《客座赘语》卷8，第253页。

第七章　宋代畜牧类农书

宋代官方和民间畜牧业跟前代一样，主要是牧马、养牛、养羊、养猪。牧马业虽不如唐代，但也远超五代。[①] 养牛北方以京西最多，南方以两浙、江南东路、福建、广南西路为多。北方一般养黄牛，南方则水牛、黄牛皆有。[②] 马、牛在古代主要用于军事、生产方面，其重要性不言而喻，因此宋代畜牧类农书多为关于马、牛者，尤其是马，马书占到宋代畜牧著作的三分之二以上。猪、羊主要用于食用，羊肉是深受宋人喜爱的肉品，宫廷"御厨止用羊肉"[③]，真宗时"御厨岁费羊数万口"[④]，神宗熙宁中御厨羊肉年用量达 43 万多斤[⑤]；各级官员每年消费食料羊更多达 500 万口左右[⑥]；民间亦以为佳，从"苏文熟，吃羊肉；苏文生，吃菜羹"[⑦]一类谚语可想见其时风尚。因此，宋代除官方大量养羊外，民间养羊业也殊为发达。虽然如此，但羊肉还是供不应求、价格昂贵，《夷坚志》记在哲、徽两朝历任刑部、户部、吏部尚书的虞策之女下嫁林又，她惯食羊肉而从不吃猪肉，林又兄林乂诮之曰："吾家寒素，非汝家比，安得常有羊肉？"[⑧]林家是一个低级官员家庭，尚不能丰享羊肉，更不要说普通

① 张显运：《宋代畜牧业研究》，河南大学博士学位论文，2007 年，第 29 页。

② 魏华仙：《宋代四类物品的生产和消费研究》，第 79—89 页。

③ (宋)李焘：《续资治通鉴长编》卷 480 元祐八年正月丁亥，第 11417 页。

④ (宋)李焘：《续资治通鉴长编》卷 53 咸平五年十二月丙戌，第 1171 页。

⑤ (清)徐松辑：《宋会要辑稿》方域四之一〇，第 7375 页。

⑥ 张显运：《宋代畜牧业研究》，第 124 页。

⑦ (宋)陆游撰，李剑雄、刘德权点校：《老学庵笔记》卷 8，北京：中华书局，1979 年，第 100 页。

⑧ (宋)洪迈撰，何卓点校：《夷坚志·丙志》卷 9《鄷都宫使》，第 3 页。

民众了，换言之，一般家庭还是以猪肉为主的。两宋人口激增，养猪业也随之获得空前发展。北宋开封南熏门“民间所宰猪须从此入京，每日至晚，每群万数”[①]，南宋杭州“城内外，肉铺不知其几……每日各铺悬挂成边猪，不下十余边。如冬(至)、年两节，各铺日卖数十边……至饭前，所挂之肉、骨已尽矣”[②]，其余各路尤其是南方地区亦很兴盛，除普通农户养殖外，出现了专业养殖户，如江陵莫氏“世以圈豕为业”，秀州韦十二“豢豕数百”[③]。因此颇有“淮南猪肉不论钱”[④]、“(饶州)猪羊满圈，不知金贵”[⑤]之类说法，可见苏轼“黄州好猪肉，价贱如泥土，贵者不肯吃，贫者不解煮”[⑥]诗句并非纯粹文学表达。猪羊期年宰杀，又无马、牛之用，虽为民众提供了丰富的营养，但竟不得重视，职是之故，宋代畜牧类农书中没有一部猪、羊专著。

第一节　饲育类农书

1.《辨养良马论》

一卷，已佚。《崇文总目》《通志・艺文略》均著录为“《辨养良马论》”[⑦]，《宋史・艺文志》著录为“谷神(一作‘鬼谷’)子《辨养马(一作‘养良马’)论》”[⑧]，则《辨养良马论》当为本名，《辨养马论》为

---

① (宋)孟元老撰，伊永文笺注：《东京梦华录笺注》卷2，第100页。

② (宋)吴自牧著，符均、张社国校注：《梦粱录》卷16《肉铺》，第245—246页。

③ (宋)何薳撰，张明华点校：《春渚纪闻》卷3《杂记》，第51页。

④ (宋)虞俦：《尊白堂集》卷4《戏书》，《景印文渊阁四库全书》第1154册，第85页。

⑤ (宋)张世南撰，张茂鹏点校：《游宦纪闻》卷8，第74页。

⑥ 孔凡礼点校：《苏轼文集》卷20《猪肉颂》，第597页。

⑦ (宋)王尧臣等编，(清)钱东垣辑释：《崇文总目》卷3，第194页；(宋)郑樵：《通志》卷66《艺文略四》，第784页。

⑧ 《宋史》卷206《艺文志五》，第5252页。

后起之省称。王毓瑚博引晁公武、胡应麟、余嘉锡等人研究力证谷神子"是唐代后期的人"，因此"暂时把本书当成唐人的著作"。[①] 这一结论的问题在于：宋志著录作者为谷神子或鬼谷子，何以就认为是谷神子所作而非鬼谷子呢？不能因为伪托后者的书太多就在径将之排除吧？当然笔者并非想说《辨养良马论》是鬼谷子作，而是认为《宋史》所题谷神子或鬼谷子，皆为流传过程中书肆为广其售之伪托而已。原因一是早期两种书目皆阙署作者，表明其时已佚其名；二是宋代以前从未见诸著录。因此，《辨养良马论》为宋人著作无疑。既见载于《崇文总目》，则书必成于仁宗庆历元年(1041)以前。

2.《马经》

一卷，已佚。《崇文总目》著录于"艺术类"[②]，《宋史·艺文志》著录于"杂艺术类"[③]，皆不著撰人。可能是养马之书。既为《崇文总目》所著录，则必成书于仁宗庆历元年(1041)以前。

3.《马经》

三卷，已佚。见载于及元陆有仁《研北杂志》，陆氏记作者名为"李明仲诚"[④]，误，"明仲"当作"仲明"，"诚"当作"诫"——即管城(治今河南郑州市管城回族区)人、著《营造法式》之李诫[⑤]——李

---

① 王毓瑚：《中国农学书录》，第44页。

② (宋)王尧臣等编，(清)钱东垣辑释：《崇文总目》卷3，第194页。

③ 《宋史》卷207《艺文志六》，第5292页。

④ (元)陆有仁：《研北杂志》卷上，《景印文渊阁四库全书》第866册，第575页。

⑤ 关于李氏名讳，余嘉锡已详为考定(《四库提要辨证》卷9《政书类一》，第485—486页)。今学者仍有据宋绍定本《营造法式》所刻作者名(原字漫漶不清)力证为"李诚"者，以曹汛为代表，详参氏撰《中国建筑史基础史学与史源学真谛》(《建筑师》1996年第1期，第67—68页)、《李诚本名考正》(《中国建筑史论汇刊》第3辑，北京：清华大学出版社，2010年，第3—37页)等文。成丽《李诫？李诚？——南宋"绍定本"〈营造法式〉所刻作者名辨析》辨绍定本《营造法式》所刻模糊之作者名应该是"诫"而非"诚"字(《中国建筑史论汇刊》第4辑，北京：清华大学出版社，2011年，第23—30页)，坚实可信。

诚墓志铭亦记其撰此书[1]。以李诫知识结构及其仕履看,《马经》当为牧养之书。

梁思成考李诫生于嘉祐五年(1060)至治平二年(1065)间[2]。元丰八年(1085)哲宗继位,诫父李南公时任河北转运副使,乃使诫“奉表致方物”,遂获补为郊社斋郎,寻调为曹州济阴(治今山东曹县西北)县尉,任上因捕盗有功,进承务郎。元祐七年(1092)以本官入朝为将作监主簿,绍圣三年(1096)迁将作监丞。[3] 元符中因主持修建五王府成,迁官宣义郎,并受哲宗之命著《营造法式》一书,书成不久丁母忧去职。崇宁元年(1102)起任将作少监,二年底出为京西转运判官。时徽宗大兴土木,复诏其任将作少监,修辟雍成,晋为将作监。后每以修造之功迁,累官至中散大夫。大观初父丧守制,徽宗为赐钱百万。服除知虢州(治今河南灵宝市),大观四年(1110)初因病卒于任。

李诫性友孝、乐善赴义,而博学多能,兼擅书画。所为著述甚富,除《马经》《营造法式》外,尚有《续山海经》《续同姓名录》《琵琶录》《六博经》《古篆说文》等,多佚。[4] 绍圣三年(1096),哲宗继承实施了其父神宗熙宁年间在陕西路短期推行过的给地牧马政策,[5]李诫《马经》当作于其时——徽宗大观四年(1110)废止该法,后虽于政和二年(1112)复行,但李诫已逝。

---

① (宋)程俱著,徐裕敏点校:《北山小集》卷33《宋故中散大夫、知虢州军州、管勾学事兼管内劝农使、赐紫金鱼袋李公墓志铭》,第586页。

② 梁思成:《梁思成全集》第7卷《〈营造法式〉注释·序》,北京:中国建筑工业出版社,2001年,第7页。

③ (宋)程俱著,徐裕敏点校:《北山小集》卷33《宋故中散大夫、知虢州军州、管勾学事兼管内劝农使、赐紫金鱼袋李公墓志铭》,第585页。按:点校本误“绍圣”为“绍兴”。

④ (宋)程俱著,徐裕敏点校:《北山小集》卷33《宋故中散大夫、知虢州军州、管勾学事兼管内劝农使、赐紫金鱼袋李公墓志铭》,第585—586页。

⑤ (元)马端临:《文献通考》卷160《兵考十二》,第1393页。

4.《马书》

一卷,佚名撰,已佚。仅《秘书省续编到四库阙书目》于“农家”类著录,[①]《中国农学书录》《中国农业古籍目录》未载。《秘书省续编到四库阙书目》编纂于徽宗政和中,据此可知书成于北宋中后期。

5.《骐骥须知》

一卷,佚名撰。宋元书志仅《通志·艺文略》于“豢养”类著录,[②]据此可知其为南宋初年以前作品。

6.《育骏方》

三卷,已佚。《郡斋读书志》于“艺术类”著录其为“相马术及医治、畜牧之方”,且云“未详撰人”,[③]则宋人已不知作者,可能书并未署名。明《世善堂藏书目录》题名“马医撰”[④],是推断作者为一宋代畜牧医生,的确很有可能。

7.《牛会》

一卷,佚名撰,已佚。仅《秘书省续编到四库阙书目》于“农家”类著录,[⑤]则书当成于北宋中后期,余无可考。《中国农学书录》《中国农业古籍目录》未载。

8.《晋牛经》

一卷,佚名撰。仅《秘书省续编到四库阙书目》于“农家”类著录[⑥],已佚。据书名看,所记为今山西之牛即黄牛。《中国农学书录》《中国农业古籍目录》未载。

9.《牛马书》

《牛马书》,一卷,已佚。宋元史志书目仅《通志·艺文略》于

---

①⑤⑥　(宋)佚名:《秘书省续编到四库阙书目》卷2,《丛书集成续编》第3册,第309页。

②　(宋)郑樵:《通志》卷66《艺文略四》,第784页。

③　(宋)晁公武撰,孙猛校证:《郡斋读书志校证》卷15,第700页。

④　(明)陈第编:《世善堂藏书目录》卷下,《丛书集成初编》第34册,上海:商务印书馆,1937年,第69页。

“豢养”类著录，[①]则其为饲育牛马之书无疑。《通志》书目例著作者，然此书不记，是郑樵即不知其为谁何。或为某士人为“商业出版”而撰，或为某畜牧养殖户记录之经验谈，但以致用，并不视为著书，故不署名。但既为郑樵所见，则至晚必成书于南宋初期。

10.《牛书》

一卷，贾朴撰，已佚。宋元史志书目仅《宋史·艺文志》于“农家类”著录。[②] 正德《建昌府志》记云：“《牛经方》，贾朴集。已上书俱收贮本府暨南城县（治今江西南城县）儒学。”[③]《明史》清钞本亦载：“贾朴集（原文漫漶，据正德《建昌府志》著录补）《牛经》四卷。”[④]可知此书明代仍存，惟已被后人增编或割裂为4卷，书名也改作《牛经方》或《牛经》。万历《保定府志》卷十一《选举表》唐县下列贾樸或即其人[⑤]，该书详记历代有出身人及其官职，然贾樸仅列名而已，是当时已不确知——所可确知者，为保定唐县（治今河北唐县）人而已。

---

① （宋）郑樵：《通志》卷66《艺文略四》，第784页。

② 《宋史》卷205《艺文志四》，第5205页。

③ 正德《建昌府志》卷8《典籍》，《天一阁藏明代方志选刊》第34册，叶七a。

④ 《明史》卷134《艺文志二》，清钞本，原书无页码。按：此内容为中华书局点校本所无。《明史》清钞本（416卷）旧题“万斯同撰”，李晋华校读后认为其“既不同于万（斯同）稿，复不同于王（鸿绪）稿张（廷玉）稿……今细勘四百十六卷本，其纪传二部，乃增损万稿而来，而王稿又从四百十六卷本增损而来，是四百十六卷本乃介于万稿和王稿之间也，特为何人所核定，则尚未能断定耳”（《明史纂修考》，《民国丛书》第4编第74册，上海：上海书店出版社，1992年影印本，第85页）；朱端强推断其“很可能就是经熊赐履修改过的《明史》万稿”（《布衣史官——万斯同传》，杭州：浙江人民出版社，2006年，第284页）。

⑤ 万历《保定府志》卷11《选举表》，北京：书目文献出版社，1992年影印本，第329页。

11.《辨五音牛栏法》

一卷，佚名撰，仅《宋史·艺文志》著录[1]。《说郛》百二十卷本目录有《牛栏经》一书（书阙），王毓瑚认为即此书，如果确实的话，则该书在明代即已亡佚。元《居家必用事类全集》在“牧养择日法”目下引用的“五音牛栏吉方：宫音庚癸，商音庚亥，角音亥丁，徵音申庚，羽音未庚”[2]之文，应即源于此书。古人认为天人相应，即万事万物皆与人事相联系，声音也不例外，比如声音与五行的关系是：宫为土声，商为谓声，角为木声，徵为火声，羽为水声；声音与方位的关系是：宫居中央，商居西方，角居东方，徵居南方，羽居北方。那么，用声音来预测人事也就是理所当然之事，如《史记》载：“武王伐纣，吹律听声，推孟春以至于季冬，杀气相并，而音尚宫。同声相从，物之自然，何足怪哉？”[3]《辨五音牛栏法》以律声预测牛栏建于何处为吉亦不足怪。因此，“五音牛栏吉方”的意思就是，如于某地测得宫音，牛栏当建在西方、北方，测得商音建在西方、西北方，测得角音除西南至正西方外皆宜，测得徵音建在西南偏西、西偏西南，测得羽音建在西南方、西偏西南——如此养牛则可得吉。

12.《牛黄经》

一卷，不知作者，书亦佚。元《居家必用事类全集》在“牧养择日法”目下“作牛牢（即牛栏）吉日”条引录云“……《牛黄经》又有戊申、戊午、辛未、辛酉、己酉，又戊、己、庚、辛、壬、癸日吉，又初一、初五、初六、十二、十三、十五日吉”，则该书包括与养牛相关的占卜内容。[4] 清《协纪辨方书》亦引此条[5]，文字略异，当自《居家必用事类

① 《宋史》卷205《艺文志四》，第5205页。

② （元）佚名：《居家必用事类全集·丁集》，《北京图书馆古籍珍本丛刊》第61册，北京：书目文献出版社，1989年影印本，第162页。

③ 《史记》卷25《律书》，第1474页。

④ （元）佚名：《居家必用事类全集·丁集》，《北京图书馆古籍珍本丛刊》第61册，第162页。

⑤ （清）允禄等：《协纪辨方书》卷35《附录》，《景印文渊阁四库全书》第811册，第979页。

全集》转引。历代书志仅《宋史·艺文志》著录，书名作《牛皇经》[1]，当系同音而讹。牛黄即牛的干燥胆结石，生于胆囊者称胆黄、蛋黄，生于胆管者称管黄，生于肝管者称肝黄。天然牛黄是名贵中药材。据书名推断，或当包括培植牛黄的方法。

13.《论驼经》

一卷。《崇文总目》《宋史·艺文志》均著录于"艺术类"，[2]《通志·艺文略》著录于"豢养"类[3]，均未记作者，当时应已佚其名。既见载于《崇文总目》，则书必成于仁宗庆历元年(1041)以前。

14.《东川白氏鹰经》

一卷。最早见载于《崇文总目》"艺术类"[4]。《通志·艺文略》[5]著录于"豢养"类，作"《东川白鹰经》"[6]，脱"氏"字。《中国农学书录》《中国农业古籍目录》未载。书既已佚，且未见他书转引，故只能据书名估计为养鹰之书。作者东川白氏，北宋前期人。

15.《牧养志》

陈元靓撰。仅见于明司马泰《文献汇编》(亦名《皇明文献类编》)卷五十二(同卷还录有他书10种)，应为一卷。[7] 司马泰是明代著名藏书家，"尤多秘牒"[8]，刻印了很多书籍，《文献汇编》即其一种，已佚，据《千顷堂书目》可知其收书大概。王毓瑚认为该书前代未见著录，而"明代后期的文人是好作伪书的，因此不能无疑"，但又"没有任何反证"证明不是陈元靓所撰，[9]所以只好姑从之。笔者认为可能是司马氏为广其书，自陈氏《岁时广记》《事林广记》辑出，因署其名。除此而外，司马泰《文献汇编》《广说郛》所收《食

① 《宋史》卷205《艺文志四》，第5205页。

② 《宋史》卷207《艺文志六》，第5292页。

③⑤⑥ (宋)郑樵：《通志》卷66《艺文略四》，第784页。

④ (宋)王尧臣等编，(清)钱东垣辑释：《崇文总目》卷3，第194页。

⑦ (明)黄虞稷撰，瞿凤起、潘景郑整理：《千顷堂书目》卷15，上海：上海古籍出版社，2001年，第402页。

⑧ (明)顾起元撰，谭棣华、陈家禾点校：《客座赘语》卷8，第253页。

⑨ 王毓瑚：《中国农学书录》，第102—103页。

品谱》《山居饮食谱》《汤水谱》《食物本草》《果食谱》《酒曲谱》应当都是这种情况。

作者陈元靓生平参见本书第二章第三节。

第二节　兽医类农书

1.《疗马集验方》

卷帙不明，朱峭集定。历代史志书目不载，亦不见他书征引，惟见于《宋会要辑稿》："（大中祥符元年正月）群牧制置使言：'兽医副指挥使朱峭定《疗马集验方》及《牧马法》，望颁下内、外坊监，仍录付诸班、军。'帝（真宗）虑传写差误，令本司镂板，模本以给之。"该书已佚，据《宋会要辑稿》同卷所记大中祥符四年（1011）五月群牧都监张继能奏事可略知其内容："左右骐骥院、六坊监、养马务等处常用药，先据兽医指挥使朱峭等所定医马药方十道，内二道常使，嚾（'灌'之讹字）啗（同'啖'）有备，遇阙绝时即配买；余八道非常用，自来诸坊监计料预备，久积尘裛（同'浥'），致损官物，虚有扰民，欲令约用时收买供给。"[①]朱峭生平亦仅据此稍有所知。

2.《景祐医马方》

一卷，已佚，宋元书志仅《通志·艺文略》于"豢养"类著录。[②]景祐（1034—1037）是仁宗第三个年号，书既以此冠名，则必成于其间。王毓瑚认为"大约是当时官方颁行的一种兽医书"[③]，进一步推断，应是群牧司官员所撰。《续资治通鉴长编》即记载真宗时群牧制置使奏请刻印医马诸方并牧法颁示坊监及诸军之事[④]，上揭群牧司兽医指挥使朱峭定《疗马集验方》是又一例。

---

① (清)徐松辑:《宋会要辑稿》兵二四之七至八，第 7182 页。

② (宋)郑樵:《通志》卷 66《艺文略四》，第 784 页。

③ 王毓瑚:《中国农学书录》，第 68 页。

④ (宋)李焘:《续资治通鉴长编》卷 68 大中祥符元年春正月甲戌，第 1520 页。

3.《医马经》

一卷,已佚。《崇文总目》著录于"艺术类"[1],《通志・艺文略》著录于"豢养"类[2],《宋史・艺文志》著录于"杂艺术类"[3]。然皆不记作者,应是当时即不确知。书既见载于《崇文总目》,则必成于仁宗庆历元年(1041)以前。

4.《绍圣重集医马方》

一卷,佚名撰。仅见于《宋史・艺文志》,[4]《中国农学书录》《中国农业古籍目录》未著录。书已佚,据书名可知为哲宗绍圣年间官方编集之作。

5.《蕃牧纂验方》

《蕃牧纂验方》,二卷。历代书志仅明《文渊阁书目》于"医书"类著录云"一部一册"[5]。该书被编入《司牧安骥集》作为第八卷,主要有万历二十一年张世则刻本。又有元刻本传世,卷前亦有"卷八"字样,说明该书在元代就被收入《司牧安骥集》了。书前署款为"奉议郎提举京西路给地牧马王愈编集"[6],《中国农学书录》说"给地牧马的制度是宋哲宗绍圣三年建立的,本书一定是作于那个时期"[7],这是不正确的。给地牧马神宗熙宁年间即已在陕西路推行,惟未几而止,[8]绍圣三年只是哲宗绍述乃父之政而已。徽宗大观四年(1110)复罢京东、西路给地牧马,政和二年(1112)又诏诸路

① (宋)王尧臣等编,(清)钱东垣辑释:《崇文总目》卷3,第194页。

② (宋)郑樵:《通志》卷66《艺文略四》,第784页。

③ 《宋史》卷207《艺文志六》,第5293页。

④ 《宋史》卷207《艺文志六》,第5318页。

⑤ (明)杨士奇等:《文渊阁书目》卷15,《丛书集成初编》第30册,上海:商务印书馆,1935年,第201页。

⑥ (宋)王愈编集,刘寿山校补:《蕃牧纂验方》卷上,南京:江苏人民出版社,1958年,第8页。

⑦ 王毓瑚:《中国农学书录》,第79页。

⑧ (宋)陈均编,许沛藻等点校:《皇朝编年纲目备要》卷28政和二年冬十一月戊寅,第707页。

复行，其后宣和二年(1120)又罢，三年再复至于北宋灭亡。[①]《宋通鉴长编纪事本末》恰好有一条记载给出了王愈提举京西路给地牧马的准确时间：

> (政和)三年七月壬辰，提举京西路给地牧马王愈言："乞依提举陕西路给地牧马奏请已得指挥，应县、镇、城、寨每给地牧马及三百户，管勾官与减二年磨勘；一州通管给地牧马一千户，检点官与减磨勘二年。岁终，仍委提举官取给地牧马最多处保明闻奏，乞自朝廷旌赏。"[②]

因此，《蕃牧纂验方》应成书于此时而非王毓瑚所推断的绍圣年间。

《蕃牧纂验方》收载药方57种，上卷包括四季调适法、四季通用喂马法及治疗心部、肝部疾病的药方。调适法是基于"治未病"思想的调理保健的方法，包括茵陈散、木通散、消黄散、理肺散、白药子散、大茴香散、猪脂药，其中由山茵陈、甘草、黄连、防风配伍组成的茵陈散用于治疗马匹猝热、吃草慢、口眼黄、精神不佳、微喘粗气等症状，春夏均宜，"五七日一次常嚾('灌'之讹字)"[③]，是古代著名的兽医验方，为后世所常用。下卷为治疗脾部、肺部、肾部疾病及其他杂病的药方。即使治疗杂疾病，书中药方亦颇效验，如治疗马驹奶泄或湿热下痢的乌梅散[④]，《元亨疗马集》等明清兽医书均收载之。宋代立国饱受来自周边政权的军事压力，马的重要性不言而喻。《蕃牧纂验方》是宋代兽医书中保存下来的最早的一种，同时又是出自官方畜牧管理机构，兹将其方剂、配伍、所治疾病都为下表(表11)，以见宋代兽医水平的发展高度。

---

① 《宋史》卷198《兵志十二》，第4945—4946页。

② (宋)杨仲良撰，李之亮校点：《宋通鉴长编纪事本末》卷138《徽宗皇帝·马政》，第2323—2324页。

③ (宋)王愈编集，刘寿山校补：《蕃牧纂验方》卷上，第9页。

④ (宋)王愈编集，刘寿山校补：《蕃牧纂验方》卷下，第35页。

表11 《蕃牧纂验方》医马方一览表

	方名	药物配伍	所治疾病
四季调适法	茵陈散	山茵陈、甘草、黄连、防风	马猝热、草慢、口眼黄、精神短慢、微觉喘粗
	木通散	木通、干山药、山栀子、牛蒡子、瓜蒌根	治马肺黄病、口眼黄色、精神短慢、牵动似醉、或时喘粗
	消黄散	黄药子、贝母、知母、大黄、白药子、黄芩、甘草、蔚金	马喘粗、汗出
	理肺散	蛤蚧、知母、贝母、秦艽、紫苏子、百合、干山药、天门冬、马兜铃、枇杷叶、汉防己、白药子、山栀子、瓜蒌根、麦门冬、川升麻	马前探、鼻内脓出、前后脚虚肿、遍身生毒疮病
	白药子散	白药子、当归、芍药、桔梗、桑白皮、瓜蒌根、贝母、香白芷	马腰背硬、气把腰背、低头不得，或眼涩腹紧
	茴香散	茴香、川楝子、青皮、陈皮、当归、芍药、荷叶、厚朴、玄胡索、牵牛、木通、益智	马腰背紧硬、拽胯、气把腰胯病
	猪脂药	陈猪脂、盐、豉、葱白	毛焦、腹紧之病
四季通用喂马法		贯众、皂角。已上二味，入料内同煮熟喂饲。三五日一次骑习，率脚放卧。每煮豆一石，用皂角五挺、贯众五两，四时调匀。控御行步，须放头平，免损马肺。草罢，少时须绛脚，使起卧稳便，不得久立，免伤马筋骨	
治心部	麻黄散	天南星、干蝎、白附子、白殭蚕、麻黄、干蛇、川芎、白蒺藜、海铜皮、防风、黑附子、甘草、藁本、天麻、桂心	马心脏虚热、中风
	天麻散	天竹黄、天麻、防风、桔梗、黄药子、甘草、知母、大黄、干地黄、黄耆、黄芩、贝母、蔚金、黄连、牛膝	马心风。初得，心胸双紧如弩，自奔冲，信脚自行
	人参散	甘草、吴蓝、大青、蔚金、黄药子、板蓝根、人参、茯苓	马心黄病、多睡饶惊
	防风散	蔚金、黄芪、干地黄、知母、没药、天门冬、黄药子、沙参、防风、桔梗、晚蚕沙、桑螵蛸、大黄、人参、贝母、紫参、麦门冬	马心有风气。初得时两耳紧，头直，头高，狂走咬人

续表

	方　名	药物配伍	所治疾病
治心部	黄药子散	黄药子、白药子、知母、贝母、大黄、黄连、石决明、山栀子、蔚金、黄芪、山药、黄芩、没药、胡黄连、升麻、地黄	马惊心、汗出、头垂、舌热如火、口色白干
	红芍药散	红芍药、没药、人参、茯苓、木通、麒麟竭	马心气伤、惊多卧少、草嘴捃土、伭头、吊胸、吐涎沫
	四黄散	黄蘗、黄连、黄芩、大黄、款冬花、白药子、贝母、蔚金、黄药子、秦艽、甘草、山栀子	马心脏热、草慢，并鼻内血出
治肝部	洗肝散	青箱子、石决明、草决明、井泉石、石膏、草龙胆、旋复花、防风、菊花、黄连、甘草、黄芩	马眼内有青白晕，并眼肿、泪出、肝热
	凉肝散	菊花、防风(去芦头)、白蒺藜、羌活(去芦头)	马眼昏暗、翳膜遮障
	仓术散	苍木、蝉壳、木贼、黄芩、甘草	马肝积热、眼生翳膜
	蝉壳散	蝉壳、宣黄连、菊花、地骨皮、甜瓜子、白术、苍术、草龙胆	马瞉晕、眼肿
	泻肝散	黄连、蔚金、山栀子、石决明、草决明、旋复花、青相子、草龙胆、甘草	马内障。眼睛先青色，后变绿色
	黄连散	黄连、黄耆、黄芩、知母、天门冬、贝母、蔚金、川大黄、山栀子、麦门冬、黄药子	马肝黄病。初得自硬气，四脚如柱，牵动到坐而倒
	补肝散	黄药子、白药子、石决明、大黄、知母、贝母、秦艽、白芜荑、干地黄、草龙胆、草决明	马虫食肝病。初得时两目如腄，伸头垂耳，频搐项似惊
	消肝散	蔚金、汉防己、山栀子、甘草、青黛、萆薢、细辛、大黄、玄参、紫参、人参、茯苓、沙参、草豆蔻、青皮	马肝胀。初得时先伸前二脚如虎，频频回头看(前)[后]脚
	石决明散	石决明、大黄、黄连、蔚金、黄芩、山栀子、没药、黄药子、黄芪、白药子、草决明	马眼昏。初得时如醉，脚弱欲倒，头垂向下
	黄连膏	黄连、青盐、蕤仁、楮叶、乌贼鱼骨	马肝热、瞉晕及眼热有泪。点之

续表

	方　名	药物配伍	所治疾病
治脾部	当归散	当归、厚朴、陈皮、青皮、白牵牛、益智子、赤芍药	马脾胃冷、伤水痛，因成泄泻之病
	黄栢散	黄栢、知母、贝母、蔚金、大黄、山栀子、黄芩、白芷、桔梗、瓜蒌根、山药	马脾黄病，外肾棚上，延及两肷浮肿
	大白药子散	当归、五味子、没药、细辛、藁本、厚朴、香白芷、牵牛子、青皮、芍药、白药子、陈皮	马脾黄，初得时精神少，头垂，鼻出冷气，或起卧慢，病回头返者①
	厚朴散	陈皮、麦蘖、五味子、官桂、牵牛、缩砂、厚朴、青皮	马脾不磨草、口色黄白
	秦艽散	秦艽、当归、马兜铃、贝母、枇杷叶、瓜蒌根、芍药、桔梗	马伤冷、脾寒打颤、水草慢、腹痛
	桂心散	桂心、厚朴、当归、细辛、青皮、牵牛、陈皮、桑白皮	马饮冷过多，伤脾作泄泻
治肺部	紫苏散	紫苏叶、马兜铃、贝母、木通、汉防已、苦葶苈、白牵牛、桔梗、当归、甘草	马鼻温、喘粗、毛焦、煎擦、胸中痛、一切肺病
	贝母散	大腹子、贝母、山栀子、紫菀、桔梗、杏仁、牛蒡子、瓜蒌根、甘草、百部根	马肺热、喘麄及喉
	汉防已散	汉防已、陈皮、知母、款冬花、黄药子、白牵牛、杏仁、桑白皮、甘草、木通	马肺劳伤，奔走气粗，鼻内气猛，出泄不及，逼促损肺，鼻内出白脓
	知母散	知母、大黄、贝母、枳壳、茯苓、青皮、菖蒲、破故纸、红芍药、瓜蒌根、白芷、枇杷叶	马肺拖膊

① 刘寿山校补本作“马脾黄，初得时，精神小头垂，鼻出冷气，或起卧、慢草、回头返者”《蕃牧纂验方》卷下，第24页)，此据明万历二十一年张世则刻《司牧安骥集》本(卷8下，叶五二b)改，并自为句读。

续表

	方　名	药物配伍	所治疾病
治肺部	人参散	人参、沙参、玄参、丹参、贝母、麦门冬、天门冬、知母、甘草、紫苏子、马兜铃、苦参	马肺燥、揩擦
	硼砂散	硼砂、胆矾、砒霜、铜绿	马肺风、发毒疮
	洗肺散	人参、甜参、紫参、苦参、秦艽、何首乌、沙参	马肺风、揩擦及热剥疥疖等疾
	凉肺散	甘草、甜葶苈、桔梗、贝母、板蓝根、木猪苓	马肺喘及非时热喘
	半夏散	半夏、川升麻、防风	治马肺风、热痰、吐涎沫
治肾部	茴香散	茴香、知母、苦练子、甘草、贝母、干姜、秦艽、官桂、山栀子、青皮	马肾黄病、外肾肿硬、水草进退抽拽、后肾
	荜澄茄散	荜澄茄、木通、破故纸、茴香、金铃子、桂心、青皮、牵牛、细辛、甜瓜子、陈皮、葫芦(巴)[把]	马抽肾病
	葱豉散	葱、椒、豉、朴消	马肾伤气拖腰胯
	破故纸散	破故纸、厚朴、葫芦把、茴香、肉豆蔻、青皮、川楝子、陈皮	马肾冷腰胯痛
	槟榔散	槟榔、肉豆蔻、干山药、贝母、秦艽、细辛、款冬花、牵牛、芭戟、没药、当归	马抽肾病、腰背硬、拖拽后脚、水草慢
杂治部	牵牛散	白牵牛、川大黄、葳灵仙、大腹子、甘遂、陈皮、藁本、当归、丁香皮、萆薢	马低头难、腰背肾、化滞气、消膨胀
	消黄散	黄芩、白药子、款冬花、黄蘗、蔚金、秦艽、大黄、贝母、甘草、黄药子、黄连、山栀子	马热毒、草结
	白矾脂散	猪脂(半斤)、白矾(一两)。已上二味同研细，草饱，嚯之	马喉骨胀硬、低头难、鼻内脓出、喉内作声、水草慢
	白及散	白及、朴消、木鳖子、芸台子、苦葶苈、白芥子、川大黄、白蔹	马因踏虚闪着筋骨，腰胯等处肿痛
	大黄散	川大黄、郁李仁、甘草、牵牛子	马粪头紧硬、抛脂里粪(“里粪”应互乙)、脏腑热秘及气拖腰
	黄蘗膏	黄蘗、蜜(拖)[陀]僧、龙骨、白蔹、乌鱼骨、杜仲、木律	马恶疮

续表

	方　名	药物配伍	所治疾病
杂治部	红花子散	红花子、当归、芍药、荆芥、槐花、甜瓜子	马闪着，内痛尿血，止痛
	乌梅散	乌梅、蔚金、黄连、诃子	马驹子(妳)[痢]泻
	升麻散	蔚金、川升麻、苏子、黄连、干地黄、黄药子	马驹子肺病、不食草
	蔚金散	蔚金、黄芩、白矾	马驹子喉骨胀、鼻温、出白脓
	胆矾膏	胆矾、硼砂、黄丹、砒霜	马因踏硬蹄热，怕着地
	乌金散	蜜陀僧、黄丹、乌龙肝、铜青、轻粉、皂儿	马五黏燥蹄

《蕃牧纂验方》下卷还有用针灸治疗马疾的方法，涉及的穴位有胸堂穴、肾堂穴、眼脉穴、鹘脉穴、点膝穴、蹄头穴、血堂穴，并对这些穴位的具体位置和针法及出血量多少都有精确的描述——这种针灸实质上是一种放血疗法[①]。书中还强调了进行针灸治疗的注意事项。[②]

作者王愈父墓志铭为同乡汪藻作，元洪焱祖(1267—1329)作有《王修撰愈传》，可以两文为基础勾稽出王愈生平。王愈初名悰，字原道。祖籍歙州婺源(治今江西婺源县)，故有称其“婺源人”者，实为饶州德兴(治今江西德兴市)人。先世本农家，至其祖父“始释耒为儒家”。[③] 王愈少慧，14 岁试于国学，《以腐草化为萤赋》名擅一时。绍圣元年(1094)登进士第，调建昌(治今江西永修县)令，会岁饥，乃立法赈济，活人数万。政和二年(1112)任满赐对，徽宗御

① 参见符振英、杨爱玲:《浅谈对放血疗法的认识》,《中兽医学杂志》1995 年第 1 期,第 38—39 页。

② (宋)王愈编集:《蕃牧纂验方》,(唐)李石等:《司牧安骥集》卷 8,明万历二十一年张世则刻本,叶五七 b 至五八 b。

③ (宋)汪藻:《浮溪集》卷 27《朝散郎致仕王君墓志铭》,《丛书集成初编》第 1960 册,上海:商务印书馆,1935 年,第 330 页。

笔改名愈，[①]迁除提举京西路给地牧马，任上就本职工作建言外，还曾奏请八行取士“许添差诸州教授”。[②] 后出知信州(治今江西上饶市西北)，宣和二年(1120)方腊变乱来攻，其父王汝平出积蓄“白金数千两，间道资愈饷军，且戒之死，闻者无不感奋”[③]，故信州免于陷落。事定王愈获除秘阁修撰，因忤时相王黼，后被废罢。[④] 王愈在信州建有示喜、后乐二堂，汪藻有碑记详述其抵抗方腊之经过。[⑤] 绍兴元年(1131)四月，因和州无为军镇抚使赵霖之请，获命为朝请大夫、知无为军，“时愈未复官，寻以为承务郎”。[⑥] 半年后即告老致仕，归乡六年乃卒，[⑦]则其卒在绍兴七年(1137)。王愈父王汝平卒在建炎元年(1127)，寿 83 岁，有子二人，王愈居长，以其父 22 岁生王愈计，其生年在治平四年(1067)。准此，王愈绍圣元年(1094)登第时年龄为 28 岁，其虽少有才名，魁龄仍算正常；绍兴元年 65 岁，以告老请，亦为合理。因此《续资治通鉴长编》所记元

---

① (元)洪焱祖:《王修撰愈传》，(明)程敏政辑撰，何庆善、于石点校:《新安文献志》卷 77，合肥:黄山书社，2004 年，第 1878 页。

② (宋)杨仲良撰，李之亮校点:《宋通鉴长编纪事本末》卷 126《徽宗皇帝·八行取士》，第 2117 页。

③ (宋)汪藻:《浮溪集》卷 27《朝散郎致仕王君墓志铭》，《丛书集成初编》第 1960 册，第 331 页。按:其父名据洪焱祖《王修撰愈传》(《新安文献志》卷 77，第 1787 页)知。

④ (元)洪焱祖:《王修撰愈传》，(明)程敏政辑撰，何庆善、于石点校:《新安文献志》卷 77《行实》，第 1879 页。

⑤ (宋)汪藻:《浮溪集》卷 20《信州二堂碑》，《丛书集成初编》第 1959 册，第 223—225 页。

⑥ (宋)李心传撰，辛更儒点校:《建炎以来系年要录》卷 43 绍兴元年四月乙亥，第 810 页。按:洪焱祖《王修撰愈传》云系受吕颐浩荐(《新安文献志》卷 77，第 1879 页)。又，汪师泰《畈上丈人汪君绍传》云因汪绍于徽宗前为讼冤，王愈方得“复知无为军”(《新安文献志》卷 87，第 2123 页)，误，王愈知无为军已入南宋，非徽宗之时也。

⑦ (元)洪焱祖:《王修撰愈传》，(明)程敏政辑撰，何庆善、于石点校:《新安文献志》卷 77，第 1879 页。

丰二年坐受进士陈雄请托升舍，被追一官勒停的国子监丞、秘书丞王愈[①]就绝不可能是《蓄牧纂验方》之作者王愈，李心传《建炎以来系年要录》所谓王愈“以赃败”[②]恐将两王愈误为一人，彼与康定二年(1041)至庆历三年(1043)知海盐县[③]、官光禄丞而苏辙为制[④]之王愈方为一人。至于韩世忠有部下亦名王愈，较易分别，兹不赘言。

6.《马经五脏论》

七卷，佚名撰。仅《秘书省续编到四库阙书目》于“农家”类著录[⑤]，北宋末年已佚，内容无可考。《中国农学书录》《中国农业古籍目录》未载。

7.《明堂灸马经》

二卷，已佚，仅《宋史·艺文志》著录于“杂艺术类”。[⑥] 书名之“明堂”，非人所熟知的儒家典籍所载上古天子居处、致祭之明堂。医学上明堂一词最早指鼻[⑦]，后引申指鼻部之明堂穴[⑧]，后乃代指人身之穴位：“今医家记针灸之穴，为偶人，点志其处，名明堂。”[⑨]

① (宋)李焘:《续资治通鉴长编》卷299元丰二年八月丙辰，第7286页。

② (宋)李心传撰，辛更儒点校:《建炎以来系年要录》卷43绍兴元年四月乙亥，第810页。

③ 天启《海盐县图经》卷9，《中国方志丛书·华中地方》第589号，台北:成文出版社，1983年影印本，第713页。

④ (宋)苏辙撰，陈宏天、高秀芳校点:《苏辙集·栾城集》卷30《王悆光禄丞》，第510页。按:“王悆”一作“王愈”。

⑤ (宋)佚名:《秘书省续编到四库阙书目》卷2，《丛书集成续编》第3册，第309页。

⑥ 《宋史》卷207《艺文志六》，第5292页。

⑦ (明)马莳撰，田代华主校:《黄帝内经灵枢注证发微》卷6，北京:人民卫生出版社，1994年，第270页。

⑧ (宋)王执中编著:《针灸资生经》，上海:上海科学技术出版社，1959年，第3页。

⑨ (宋)张杲撰，王旭光、张宏校注:《医说》卷2，第43页。按:一说因黄帝在明堂授雷公经络腧穴之学，故以名之。

因此,据书名看,《明堂灸马经》应为以针灸方法治疗马疾之书,并且应绘有马身经络、穴位之图。

8.《相马病经》

三卷,已佚。仅见于《宋史·艺文志》"五行类"[①],未记作者姓名,应是当时已不确知。从书名看,内容可能是通过观察马匹外形特点以了解其病史的方法,类似于中医之"望"理论。这当然是具有科学性的,因为罹患某种疾病可能在身体上形成某种疾病表征。

9.《医牛经》

《通志·艺文略》著录于"豢养"类,然未记作者;《宋史·艺文志》于"农家类"著录云"贾躭《医牛经》",然标"卷亡"。[②] 唐有贾耽,为德宗宰相,两唐书均有传,此"贾躭"当"贾耽"之误,因此《中国农学书录》视之为唐代农书。但两唐书艺文志、北宋前期《崇文总目》均未著录,故笔者认为其为宋代兽医书,贾耽托名而已。事实上,直到明清依然有人托名于他造作伪书,如《贾相公图像牛经方论》等。为何牛医书会托于一位唐代宰相名下呢?可能因为他"阴阳杂数罔不通"[③]的缘故吧。该书已佚,最早之引用见于宋代著名医学家唐慎微《经史证类备急本草》——初稿完成于元丰五年(1082),修订稿完成于元符元年(1098),已是宋建国一百二十三十年之后了——兹移录于此以斑窥豹:

> 贾相公进过《牛经》:"牛粪血者,取灶中黄土二两,酒一升煎,候冷,灌之差。"[④]
>
> 贾相公进过《牛经》:"牛有尿血病,当归、红花各半两为

① 《宋史》卷206《艺文志五》,第5252页。

② 《宋史》卷205《艺文志四》,第5205页。按:《中国农学书录》误为"《宋史·艺文志》……注明书已不存"(第42页)。

③ 《新唐书》卷166《贾耽列传》,第5084页。

④ (宋)唐慎微:《经史证类备急本草》卷5《玉石部下品》,宋嘉定四年刘甲刻本,叶三b。

末，以酒半升煎，候冷，灌之差。”[1]

贾相[公]《牛经》：“牛马有漏蹄，以紫矿少许，和猪脂内（同‘纳’）入漏迹，烧铁篦烙之。”[2]

贾相公进过《牛经》：“牛有卒疫，动头打肋者，以巴豆两个去皮捣末，生油三两，淡浆水半升，灌之差。”[3]

贾相公《牛经》：“牛有非时吃着杂虫，腹胀满，取燕子粪一合，以水浆二升相和，嚾（‘灌’之讹字）之效。”[4]

贾相公云（进过《牛经》）：“牛生，衣不下，取六月六曲末三合、酒一升，灌便下。”[5]

则《医牛经》亦名《牛经》。此外，《岁时广记》亦引“牛生，衣不下”条。又明《本草纲目》“引据古今医家书目”列“贾相公《牛经》”一书[6]，王毓瑚认为可能即此《医牛经》，但“更可能是后来的人编写的一部牛医书而假托了贾眈的名号”[7]。以《本草纲目》引用的以巴豆治牛疫条内容与上揭文比较[8]，可知其为《医牛经》无疑。李时珍可能即自《经史证类备急本草》引用。

---

① （宋）唐慎微：《经史证类备急本草》卷8《草部中品之上》，宋嘉定四年刘甲刻本，叶一九a。

② （宋）唐慎微：《经史证类备急本草》卷13《木品中部》，宋嘉定四年刘甲刻本，叶一九b。

③ （宋）唐慎微：《经史证类备急本草》卷14《木部下品》，宋嘉定四年刘甲刻本，叶四b。

④ （宋）唐慎微：《经史证类备急本草》卷19《禽部三品》，宋嘉定四年刘甲刻本，叶一二b。

⑤ （宋）唐慎微：《经史证类备急本草》卷25《米谷部中品》，宋嘉定四年刘甲刻本，叶一六b。

⑥ （明）李时珍编纂，刘衡如、刘山永校注：《新校注本〈本草纲目〉》卷1《序例》，第14页。

⑦ 王毓瑚：《中国农学书录》，第42页。

⑧ （明）李时珍编纂，刘衡如、刘山永校注：《新校注本〈本草纲目〉》卷35《乔木类》，第1380页。

10.《医驼方》

一卷。见载于《崇文总目》"艺术类"、《通志·艺文略》"豢养"类、《宋史·艺文志》"杂艺术"类，均未记撰人姓名。既见于《崇文总目》，则书必成于仁宗庆历元年(1041)以前。一般认为该书已佚，然继宋元之后，明清书志亦载之，如《宋史新编》《国史经籍志》《古今图书集成·经籍典》等。今所见明代著名兽医学家喻仁、喻杰兄弟所撰《元亨疗马集》四卷后附有一卷《医驼方》(在有的版本中亦被称为《驼经》《驼经大全》)，而最早的《元亨疗马集》版本明万历三十六年金陵唐少桥汝显堂刻本(因有丁宾序常被称为"丁序本")并无此附录[①]，故笔者认为此《医驼方》即宋之《医驼方》，后人因喻氏兄弟之盛名，故以附其书。

宋代骆驼是北方常见的大牲口，如韩绛言太原府"驼与羊，土产也，家家资以为利"[②]、元丰六年(1083)朝廷曾在陕西路调发"官私橐驼二千与经略司"[③]、日本僧人成寻在河东路旅行时"每日见骆驼三四十匹"[④]，陕西路、河东路、开封府、京东路、京西路等地尤为常见[⑤]。因此宋代产生较多的骆驼医书自是理所当然，可惜大多亡佚，所以《医驼方》作为存世最早专论骆驼疾病治疗的医书就更显珍贵。该书对每种疾病的病因、症状及治疗方法均以歌诀形式加以概述，共记载骆驼疾病 47 种，包括黑疮、水泄病、伤热病、伤重病、急偏风病、肺破病、夺黄病、裹草病、肠黄病、肾黄气不和、肷黄、肺痰、肺痈病、百掌疔、疳尾病、肾冷病、口疮病、肺膊病、肝黄病、心黄病、肺黄、肾黄病、脾黄病、力吊风、肺破喘、肺痛跨脚、肾气

① 丁宾序亦不言其有疗驼之内容。参见于船等校注：《元亨疗马集校注(明代丁宾序本)》，北京：北京农业大学出版社，1999 年，第 3—4 页。

② (宋)李焘：《续资治通鉴长编》卷 279 熙宁九年十二月丙申，第 6836 页。

③ (清)徐松辑：《宋会要辑稿》四三之三，第 5574 页。

④ (日)释成寻撰，王丽萍点校：《参天台五台山记》，上海：上海古籍出版社，2009 年，第 385 页。

⑤ 详参程民生：《〈清明上河图〉中的驼队是胡商吗——兼谈宋朝境内骆驼的分布》，《历史研究》2012 年第 5 期，第 177—180 页。

注腰、肚黄、到哨病、脾寒病、木舌病、龟项风、弩丝虫、胸黄病、赤疮病、丁喉病、水衣不下、小便秘涩、肝胆胀病、草豆胀病、遍身肺花疮、眼晕热病、百叶干病、燥蹄百掌疮、失节病、膝黄病、五劳七伤等。比如“驼患黑疮第一”的内容是：

> 驼患黑疮伤食迟，热在皮肤是根基。曾因热饱伤五脏，多时不疗步难移。黑疮元是肺家管，火烙疮口药敷之。大血两针须要放，消黄京药灌相宜。①

“驼患肺痛跨脚二十六”的内容是：

> 驼患肺痛要治调，肺家疼痛不能当。元因饱上行路急，针烙时时细看伤。百合瓜蒌蛤蚧散，桔梗树药蜜和汤。捣就将来同为末，灌下有效显名方。②

“驼患弩丝虫第三十三”的内容是：

> 驼患目中有虫生，弩丝变化作中行。目中虫生金家病，金能克木眼青盲。此虫点药难得效，开天穴内浅针行。后代医人须记此，盐汤酒洗是功亨。③

书中还专门记载了治七伤药子散(春)、治七伤槐花散(夏)、治七伤菊花散(秋)、治七伤款冬花散(冬)、桑白皮散、千金子散、猪膏散、柏子仁散、石燕子散、沥青散、石灰膏、天仙子散、紫金石散、白米散、龙肝散、木灰散、贝母散、寒水石散、消黄散、黄药子散、鬼臼散、青盐散、木香散、蔚金散、宿砂散、黄丹散、菩萨石散、当归散、半夏

① 于船等校注：《元亨疗马集校注(明代丁宾序本)》，第443页。

② 于船等校注：《元亨疗马集校注(明代丁宾序本)》，第465页。

③ 于船等校注：《元亨疗马集校注(明代丁宾序本)》，第472页。

散、四政散、木通散、定粉散等32个药方。并强调骆驼患病与马有不同之处，这是作为医生尤其要注意的。书中也指出了19种不可能治愈的骆驼病症：

> 吃着苦醋水草，不可治。肺黄发热，口鼻白沫或生变黑色，不可治。或腹胀、血脉不行，不可治。若生产，血聚胎衣不下，不可治。粪干，不可治。血脉壅滞生肿，不可治。心黄、大小便不通，不可治。若丁喉生水、黄至臆，不可治。阴黄生血，不可治。伤水，粪沫从口鼻孔中出，不可治。若黑汗出，风黄及眼，不可治。若脑黄发、眼赤，不可治。脏腑虚及呕粪出，不可治。脑热及鼻干，不可治。泖泻十日，不可治。颡黄及眼赤，不可治。驼眼赤发黄、粪干涩，不可治。苦泄或似灰汁，不可治。驼二十里吐血，不可治。[①]

喻仁字本元，喻杰字本亨，故二人书称《元亨疗马集》。清乾隆时李玉书加入其《元亨疗牛集》（改称《图像水黄牛经大全》。清人又名之曰《牛经》）及他书材料重编为《牛马驼经大全集》（亦名《元亨疗牛马驼经》《牛马驼经》。书有许锵序，常被称为“许序本”）。除前述明代版本，清版本非常多，题名《元亨疗马集》的有清初刻本（四卷）、嘉庆二十五年南京经国堂刻本（六卷）、同治九年京都文益堂刻本（六卷）、光绪二十四年上海扫叶山房刻本（六卷）、清苏州绿荫堂刻本（六卷）、光绪二十五年上海江左书林石印本（六卷）；题名《纂图元亨疗马集》的有乾隆五十八年刻本（六卷）、道光二十三年经余堂刻本（八卷）、道光二十八年锦云阁刻本（六卷）、光绪十一年扫叶山房刻本（六卷）、光绪十七年致文堂刻本（六卷）、清三益堂刻本（六卷）、清善成堂刻本（六卷）；题名《新刻绣像疗牛马经》的有乾隆三十五年宝旭斋刻本（五卷）、嘉庆十五年本立堂刻本（五卷）。

① 于船等校注：《元亨疗马集校注（明代丁宾序本）》，第486页。按：笔者重为标点。

此外还有乾隆元年许氏有秩书屋刻本(题名《疗马集》,六卷)、乾隆元年刻本(题名《新刊纂图元亨疗马集》,六卷)、光绪十五年三义堂刻本(题名《新刻纂图元亨疗马集》,六卷)、清敦化堂刻本(题名《牛马驼经》)。[①] 以上各种版本,《医驼方》皆可见之。

11.《疗驼经》

一卷,已佚。《宋史·艺文志》著录于"杂艺术"类[②],未著撰人姓名。《中国农学书录》谓"此书也见于《通志·艺文略》食货类豢养门",并据此推断为"北宋时人所作"。[③] 然笔者检核《通志》并无其书,《宋史·艺文志》为该书所仅见之宋元史志书目,则作者仅能定为宋人矣。

12.《鹰鹞五脏病源方论》

一卷,佚名撰。《宋史·艺文志》著录于"五行类"[④],《崇文总目》"艺术类"、《通志·艺文略》"豢养"类著录为"《鹰鹞五脏病源》"。[⑤] 可能北宋时该书仅论鹰鹞五脏病源,南宋时有人又增入了治疗药方,故将书名也改成了《鹰鹞五脏病源方论》。《中国农学书录》《中国农业古籍目录》未著录。

第三节 相畜类农书

相术在中国渊源甚早,如春秋战国伯乐、九方皋之相马,姑布子卿、唐举之相人。[⑥] 但《史记》载相吕后、孝惠、刘邦者仅称之曰

---

① 版本流传系统参见吴学聪:《元亨疗马集的版本类型》,《中国兽医学杂志》1958年第10期,第362—368页。

② 《宋史》卷207《艺文志六》,第5292页。

③ 王毓瑚:《中国农学书录》,第79页。

④ 《宋史》卷206《艺文志五》,第5252页。

⑤ (宋)王尧臣等编,(清)钱东垣辑释:《崇文总目》卷3,第195页;(宋)郑樵:《通志》卷66《艺文略四》,第784页。

⑥ (清)王先谦撰,沈啸寰、王星贤点校:《荀子集解》卷3《非相》,北京:中华书局,1988年,第72页。

“老父”[1]，可见至史迁时代尚无“相者”“相士”之称，相术仍未流行。相术的流行是在东汉曹魏时期人物品评之风兴盛、道教兴起之后，是所谓“形法学”，并成为道教五术之一。此后方有相人相畜之书，历代史志形法类书目所收大多即此类著作，最早的是《汉书》所载《相人》《相六畜》《相宝剑刀》《宫宅地形》四种[2]。宋代相畜类著作除了有一部《相犬经》，全部都是相马之书。

1.《相马经》

一卷，已佚。《郡斋读书志》“艺术类”著录云：“未详撰人。述相马法式，并著马之疾状及治疗之术。李氏书目有之。”[3]清姚振宗献疑云：“不知即此一卷（《隋书·经籍志》著录之‘《相马经》一卷’）否也？”[4]然隋志不系作者的一卷本《相马经》两唐志已不录，《旧唐书·经籍志》所录不系撰人者为“（《相马经》）二卷”[5]、《新唐书·艺文志》为“《相马经》三卷”[6]、《宋史·艺文志》为“《相马经》三卷”[7]，王毓瑚推测三书或为一书，不过流传中有增集而已，[8]确实很有可能。而《郡斋读书志》著录此《相马经》仍为一卷，则其当为宋人所撰之别一书。晁公武所谓“李氏”，王毓瑚考当为宋代真、仁之际著名藏书家李淑（李若谷子）[9]，则该书之作当在北宋前期。

2.《周穆王相马经》

三卷，已佚。周穆王显为伪托，以其有驭八骏西巡事也。历代

---

① 《史记》卷8《高祖本纪八》，第346页。

② 《汉书》卷30《艺文志》，第1774—1775页。

③ （宋）晁公武撰，孙猛校证：《郡斋读书志校证》卷15，第699页。

④ （清）姚振宗撰，刘克东、董建国、尹承整理：《隋书经籍志考证》卷36《五行家》，王承略、刘心明主编：《二十五史艺文经籍志考补萃编》第15卷，北京：清华大学出版社，2014年，第1533页。

⑤ 《旧唐书》卷47《经籍志下》，第2035页。

⑥ 《新唐书》卷59《艺文志三》，第1535页。

⑦ 《宋史》卷206《艺文志五》，第5242页。

⑧ 王毓瑚：《中国农学书录》，第45页。

⑨ 王毓瑚：《中国农学书录》，第59页。

书志仅《崇文总目》于“医书类”著录、《通志·艺文略》于“豢养”类著录。显然，该书当为北宋人著作。

3.《辨马图》

一卷，已佚。《崇文总目》著录于“艺术类”[①]，《通志·艺文略》著录于“豢养”类[②]，《宋史·艺文志》著录于“杂艺术类”[③]，均未记撰人。从书名看，所记当为辨马、识马的方法——即相马之术，并且主要通过绘图说明，如历来相马书中的良马图、旋毛图、口齿图之类。

4.《马口齿诀》

一卷，已佚。此书名为《宋史·艺文志》之著录[④]，《崇文总目》“艺术类”著录为《马齿口诀》[⑤]，《通志·艺文略》“豢养”类著录为《辨马口齿诀》[⑥]，均未记作者。据唐宋同类著作看，书名应以宋志《马口齿诀》为是。看牲畜牙口是通过其判断牲畜年龄，就马而言，一般分为白口驹儿、刚札牙、两牙、四牙、边牙口、五岁口、六岁口、七岁口、八岁口等等。两牙至七岁口为马的青壮年时期，买卖价格要贵一些。此书虽佚，但这类知识在民间并未中断，一直流传至今。

5.《集马相书》

一卷，《直斋书录解题》于“形法类”著录云“光禄少卿孙珪撰”[⑦]，《文献通考》据录而误“陈氏曰”为“晁氏曰”[⑧]。明《世善堂藏书目录》尚著录之（书名作《集马相经》）[⑨]，其后则未再见，当于明代亡佚。

孙珪父为孙祖德，官终吏部侍郎，《宋史》有传。庆历四年

①⑤ （宋）王尧臣等编，（清）钱东垣辑释：《崇文总目》卷3，第194页。

②⑥ （宋）郑樵：《通志》卷66《艺文略四》，第784页。

③④ 《宋史》卷207《艺文志六》，第5292页。

⑦ （宋）陈振孙撰，徐小蛮、顾美华点校：《直斋书录解题》卷12，第380页。

⑧ （元）马端临：《文献通考》卷220《经籍考四十七》，第1785页。

⑨ （明）陈第编：《世善堂藏书目录》卷下，《丛书集成初编》第34册，第64页。

(1044),孙珪召试学士院,获仁宗特赐同进士出身[1],则此前其必以父荫出仕。治平四年(1067)因群牧司奏请于河北、河东、陕西有都总管处设置马监,神宗诏“遣官同逐路帅臣度地置监”[2],时任河北屯田郎中的孙珪调赴河东主其事,《集马相书》当撰于此时。熙宁二年(1069)因制置三司条例司请行均输法,神宗命东南六路发运使薛向领均输平准事,孙珪与刘忱等同为其属官。[3] 三年八月,孙珪时任屯田郎中、权淮南转运副使,因奏事不称,神宗乃将之与太常博士、集贤校理、权开封府判官刘瑾对调,[4]旋又以之与湖北转运副使孔延之对调[5]。任上孙珪落实合并厢军军额政策迅速,受到神宗降敕奖谕。[6] 熙宁七年(1074)迁夔州路转运副使,任上因招纳蛮夷功被赏,[7]次年升任江南东路转运使。元丰元年(1078)底,孙珪被命与权发遣江南东路提点刑狱王安上(王安石弟)等同鞫吕嘉问(吕夷简曾孙)“修建精义堂奸赃不法”事,[8]更奏论“前宰相(指王安石)女婿蔡卞朋党”[9]。元丰三年因与王安上交

① (清)徐松辑:《宋会要辑稿》选举九之一〇,第4401页。

② (清)徐松辑:《宋会要辑稿》职官二三之八,第2886页。

③ 《宋史》卷186《食货志下》,第4556页。

④ (宋)李焘:《续资治通鉴长编》卷214熙宁三年八月癸亥,第5200页。

⑤ (宋)李焘:《续资治通鉴长编》卷215熙宁三年九月辛丑,第5239—5240页。按:原文作“孙珪为湖北转运使”,然与之对调者孔延之之职为湖北转运副使,并且一年多后朝廷降敕奖谕他时系衔为“荆湖路转运副使”(见下注),故李焘此处必误,当作“孙珪为湖北转运副使”。

⑥ (宋)李焘:《续资治通鉴长编》卷234熙宁五年六月辛未,第5683页。

⑦ 《宋史》卷496《蛮夷传四》,第14243页。按:系时参见《续资治通鉴长编》卷245熙宁六年五月癸丑(第5950—5951页)、卷249七年春正月甲子日记事及李焘注文(第6073页)。

⑧ (宋)李焘:《续资治通鉴长编》卷295元丰元年十二月壬戌,第7188页。按:孙珪升任江南东路转运使系时参见同书卷264熙宁八年五月甲戌记事(第6464页)。

⑨ (宋)李焘:《续资治通鉴长编》卷391元祐元年十一月壬申,第9517页。

讼不实，两人俱被“追两官勒停”[①]。此后孙珪不再见于史籍，当未再出仕而卒。孙珪岳父王冲为刘敞、刘攽兄弟之舅父。[②]

6.《相马经》

一卷，萧绎撰，已佚。《中国农学书录》著录云书名“原题《管辂、李淳风法萧绎相马经》”[③]，误，“管辂李淳风法”数字为上一书“《相笏经》一卷”之夹注。该书前代书志均未著录，仅见于《宋史·艺文志》，因此很可能是宋人托名梁元帝萧绎之书。至于何以要伪托于他，可能是因为其“于伎术无所不该”[④]之故。

7.《相马经》

陈元靓撰，当为一卷。清黄虞稷《千顷堂书目》据明司马泰《广说郛》著录[⑤]，然该书仅见于此，故王毓瑚认为“书的来历也似有问题”[⑥]。但书既已佚，无从确考，姑从之。陈元靓生平参见本书第二章第二节。

8.《相犬经》

一卷，佚名撰。仅见于《宋史·艺文志》“五行类”[⑦]，《中国农学书录》《中国农业古籍目录》未载。该书为中国古代已知的唯一一部关于狗的专著，已佚。

---

① (清)徐松辑:《宋会要辑稿》职官六六之一二，第3874页。

② (宋)刘敞:《公是集》卷53《尚书屯田郎中、提举兖州仙源县景灵宫王公墓志铭》，《景印文渊阁四库全书》第1095册，第877页；(宋)刘攽:《彭城集》卷39《舅氏华夫人墓志铭》，《景印文渊阁四库全书》第1096册，第381页。

③⑥ 王毓瑚:《中国农学书录》，第103页。

④ 《南史》卷8《元帝本纪》，第245页。

⑤ (明)黄虞稷撰，瞿凤起、潘景郑整理:《千顷堂书目》卷15，第406页。

⑦ 《宋史》卷206《艺文志五》，第5252页。

第八章 宋代水产类农书

宋代水产业非常发达，有学者认为中国古代水产业“以两宋时期为最”[①]。据《东京梦华录》《梦粱录》记载，当时开封的新郑门、西水门、万胜门每天早晨都有“生鱼有数千担入门”，冬季鱼价亦“每斤不上一百文”；[②]杭州鱼行、蟹行、海鲜行总计达414行，[③]卖干鱼的鲞铺就“不下一二百余家”，此外还多有“盘街叫卖，以便小街狭巷主顾”者。[④] 除见载于《齐民要术》的《陶朱公养鱼经》外，宋代《蟹谱》《蟹略》《鱼书》是中国古代最早的水产类专著，这也是宋代水产业发展的反映和表现之一。

1.《蟹谱》

二卷，傅肱撰。《中国农学书录》未著录。《蟹谱》分总论、上篇、下篇三个部分，总论略述了螃蟹的名称、性状等；上篇采撷前人著述，包括“离象”“有匡”“仄行”“蛸蠌”“走迟”等，共42条。引书既有《易》《诗》《庄子》《荀子》《国语》《南史》《说文》《尔雅》等常见典籍，也有《唐韵》《晋春秋》等今已亡佚之书，还有《混俗颐生录》等本朝书；下篇为作者自撰，主要是关于螃蟹的趣闻轶事，共24条。《蟹谱》提到的螃蟹品种有蟛朗、蟹匡、蝤蛑、蟛蜞、蝑、鬼面蟹、泖蟹、石蟹等。

书中指出螃蟹“多生于陂塘沟港秽杂之地”，“至秋冬之后，即自江顺流而归海”；又有海蟹“出于海涂”，“生海中”。生于济郓者“其色绀紫”，生于江浙者“其色青白”。对于螃蟹的采捕方法作者也讲得很全面：

---

①③ 韩学忠：《宋代的水产商业》，《中国水产》1983年第3期，第30页。
② （宋）孟元老撰，伊永文笺注：《东京梦华录笺注》卷4，第447—448页。
④ （宋）吴自牧著，符均、张社国校注：《梦粱录》卷16《鲞铺》，第247页。

今之采捕者，于大江浦间，承峻流环纬帘而障之，其名曰簖(音锻)。于陂塘小沟港处，则皆穴沮洳而居。居人盘黑金作钩状置之竿首，(蟹)自探之。夜则燃火以照，咸附明而至焉(若鱼以饵而钓之)。①

都是针对螃蟹生活习性的特定方法，这说明宋人对螃蟹的生活习性是非常了解的。在宋代螃蟹主要产区山东、江浙两地，捕捞方式又别是一番"壮观"景象：

济、郓居人，夜则执火于水滨，纷然而集，谓之蟹浪。②

吴人于港浦间，用篙引小舟，沉铁脚网以取之，谓之荡浦。于江侧相对引两舟，中间施网，摇小舟徐行，谓之摇江。③

螃蟹确然是当地渔民的重要收获之一："江浙诸郡皆出蟹，而苏尤多。苏之五邑，娄县为美(即昆山也)；娄县之中，生郁洲吴塘者又特肥大"④，"旁蟹盛育于济郓，商人辇负轨迹相继，所聚之多不减于江淮"⑤。值得指出的是《蟹谱》还记载了过度捕捞造成生物资源毁坏："(秀州华亭县)亭林湖(近顾野王宅，乡人亦号为顾亭林)于天圣末忽生白蟹，濒江之人以价倍常，靡有孑遗，止一年而种绝。"⑥

对于螃蟹的食用方法，《蟹谱》也有记载：一种名洗手蟹，"北人以蟹生析之，酤以盐梅，芼以椒橙，盥手毕即可食，目为洗手蟹"⑦。即今之蟹生。一种叫酒蟹，"酒蟹须十二月间作。于酒瓮间撇清酒，

① (宋)傅肱：《蟹谱》下篇，钱仓水校注：《〈蟹谱〉〈蟹略〉校注》，第50页。
② (宋)傅肱：《蟹谱》下篇，钱仓水校注：《〈蟹谱〉〈蟹略〉校注》，第63页。
③ (宋)傅肱：《蟹谱》下篇，钱仓水校注：《〈蟹谱〉〈蟹略〉校注》，第65页。
④ (宋)傅肱：《蟹谱》下篇，钱仓水校注：《〈蟹谱〉〈蟹略〉校注》，第54页。
⑤ (宋)傅肱：《蟹谱》下篇，钱仓水校注：《〈蟹谱〉〈蟹略〉校注》，第52页。
⑥ (宋)傅肱：《蟹谱》下篇，钱仓水校注：《〈蟹谱〉〈蟹略〉校注》，第64页。
⑦ (宋)傅肱：《蟹谱》下篇，钱仓水校注：《〈蟹谱〉〈蟹略〉校注》，第55页。

不得近糟，和盐浸蟹，一宿却取出，于厣中去其粪秽，重实椒盐讫，叠净器中。取前所浸盐酒，更入少新撇者，同煎一沸，以别器盛之。隔宿候冷，倾蟹中，须令满。蟚蜞亦可依此法。二三月间止用生干煮酒”[①]。一种叫糟蟹，“凡糟蟹，用茱萸一粒，置厣中，经岁不沙”[②]。

《蟹谱》卷首署款为“怪山傅肱子翼”[③]。《水经注》有云：“浙江又北径山阴县西，西门外百余步有怪山，本琅邪郡之东武县山也，飞来徙此，压杀数百家。”[④]陈振孙据此认为“怪山者，越之飞来山也”[⑤]，《四库全书总目提要》进一步指出傅肱“则会稽人也”。宋人除了比较正式的文体署名时格式一般为“籍贯＋姓名”，如“眉山苏轼”“临川王安石”外，自作序跋署款一般是“号＋姓名（＋字）”的格式，如“松窗郑域中卿”“窠庵周守忠”等。从傅肱的署款“怪山傅肱子翼”看，可以肯定怪山是其号，子翼为其字（即便假定他是前一种格式，也应该是“会稽傅肱”），当然他可以用家乡山水地名为号（如林洪号“可山”，可山即其乡邑山名），换言之，他的确可能是“会稽人”。傅肱自序系时于“嘉祐四年冬”[⑥]，卷下又记“神宗朝有大臣赵氏者”性贪墨，上特令人以戏喻之之事。则其为仁宗、神宗朝人本绝无可疑，然四库馆臣却横生枝节：“考之宋史，惟神宗熙宁初枢密使、参知政事赵槩尝出知徐州，似即其事。则‘嘉祐’当为‘元祐’之讹，然《书录解题》载是序亦作‘嘉祐四年’……或刊本‘神’字误也。”有学者又据四库馆臣之说，认为元祐非神宗年号，“嘉祐”不可能为“元祐”之误，则“神”字必为“仁”之误，点校时遂将原文“神宗”

---

① (宋)傅肱：《蟹谱》下篇，钱仓水校注：《〈蟹谱〉〈蟹略〉校注》，第63页。

② (宋)傅肱：《蟹谱》下篇，钱仓水校注：《〈蟹谱〉〈蟹略〉校注》，第63—64页。

③ (宋)傅肱：《蟹谱》，宋刻《百川学海》本，叶一a。

④ (北魏)郦道元著，陈桥驿校证：《水经注校证》卷40《浙江水》，北京：中华书局，2007年，第943页。

⑤ (宋)陈振孙撰，徐小蛮、顾美华点校：《直斋书录解题》卷10，第301页。

⑥ (宋)傅肱：《蟹谱》序，钱仓水校注：《〈蟹谱〉〈蟹略〉校注》，第1页。

改为"仁宗"。[①] 复误矣！因即使傅肱身历而记神宗朝事，亦尽可作序于"嘉祐四年冬"(书、序成后又增补)，不必改"嘉祐"为"元祐"或疑"神"为"仁"之误也。成书于元丰七年的《吴郡图经续记》中有史载中惟一一条关于傅肱的记载：嘉祐年间韩正彦宰昆山"开松江之白鹤汇"，后论水者益多。"儒者"傅肱建议"决松江之千墩、金城诸浦汇，涤去迂滞"；又欲"开无锡之五泻堰，以减太湖而入于北江；导海盐之芦沥浦，以分吴淞而入于浙水；于昆山、常熟二县深辟浦港，遇东南风，则水北下于扬子；遇西北风，则水南下于吴淞，庶可纾患"。[②] 可见傅肱虽然只是一个未取得科考功名的"儒者"，但在治水方面是有真知灼见的。

《蟹谱》是我国古代第一部关于蟹的专书，对后来高似孙《蟹略》、孙之騄《晴川蟹录》《晴川后蟹录》《晴川续蟹录》等皆有影响。传世版本主要有宋刻《百川学海》本、明弘治十四年华珵刻《百川学海》本、嘉靖十五年郑氏宗文堂刻《百川学海》本、明末坊刻《百川学海》本、万历间汪氏刻《山居杂志》本、明末清初宛委山堂刻《说郛》本、清《四库全书》本、民国上海商务印书馆《丛书集成》本。

2.《蟹略》

《蟹略》，四卷，高似孙撰。《中国农学书录》未著录。此书因高氏以"傅肱《蟹谱》征事太略"而作，故采摭繁富，遗篇佚句所载尤多，《四库全书总目提要》评其"视傅《谱》终为胜之云"[③]。全书分"蟹原""蟹象""蟹乡""蟹具""蟹品""蟹占""蟹贡""蟹馔""蟹牒""蟹雅""蟹志""蟹赋咏"12门，卷首载自撰螃蟹传《郭索传》。每门之下再立条目，共计 133 目。此外还有关于螃蟹的诗文 37 首

---

① (宋)傅肱：《蟹谱》下篇，钱仓水校注：《〈蟹谱〉〈蟹略〉校注》，第 49 页。

② (宋)朱长文纂修，李勇先校点：《吴郡图经续记》卷下，《宋元珍稀地方志丛刊·乙编》第 1 册，第 84—85 页。按：明姚文灏《浙西水利书》载《朱秘书长文〈治水篇〉》一文将傅肱建议列于熙宁三年郏亶上书言苏州水利事之后(《浙西水利书校注·宋书》，第 22 页)，未省何据。

③ 《四库全书总目》卷 115《谱录类》，第 995 页。

(篇)。主要内容包括螃蟹的品名、性状、产地、采捕工具、食用等,兹都为下表(表12)以概见之:

表12　《蟹略》内容分析表

品　名	蝤蛑、蟳、蟛蜞、蟛蜞、蟛蛸、拥剑、桀步、江蜥、簄、虮、虾、蛹螭、鳍
性　状	匡箱、甲壳斗、膏、脐、二螯、虎蟹、爪、目、无肠、心躁、香、沫、肥、性味、风味、仄行、走、朝魁、治疗、治疟、食忌、毒
产　地	洛蟹、吴蟹、越蟹、楚蟹、淮蟹、江蟹、湖蟹、溪蟹、潭蟹、渚蟹、泖蟹、水中蟹、石蟹、潮蟹、海蟹、缸蟹、沙蟹、石蟹
采捕工具	蟹簖、蟹帘、蟹簄、蟹篝、蟹簻、蟹网、蟹钓、蟹火
食　用	洗手蟹、酒蟹、蟹蝑(盐蟹)、蟹鲊、蟹羹、糟蟹、糖蟹、蟹齑、蟹黄、蟹饆饠、蟹包、蟹饭

然其分类颇有繁琐重复之处。是书征引83种典籍、76位诗人诗作,可以说是"对宋前蟹文化的集中检阅"①。

高似孙,字续古,号疏寮。庆元府鄞(治今浙江宁波市鄞州区)人,高文虎子。孝宗淳熙十一年(1184)进士,曾任会稽县主簿。为程大昌、楼钥所赏。庆元五年(1199)除秘书省校书郎,对韩侂胄极尽阿谀奉承之能事,为上祝寿诗九首,"皆暗用'锡'字,寓九锡之意,为时清议所不齿"②。次年通判徽州。嘉泰三年(1203)被命知信州,放罢。开禧元年(1205)知严州,与祠禄。嘉定元年(1208)知江阴军。后历官秘书郎、著作佐郎、权兼礼部右侍郎。宝庆元年(1225)知处州。高氏为官贪酷媚上,而颇风流自任:"高疏寮守括日,有籍妓洪渠者,慧黠过人。一日,歌《真珠帘》词,至'病酒情怀犹困懒',使之演其声若病酒而困懒者,疏寮极称赏之。适有客云:'卿自用卿法。'高因视洪云:'吾亦爱吾渠。'遂与脱籍而去,以此得啧言者。"③晚年居于绍兴。"其读书以隐僻为博,其作文以怪涩为

① 钱仓水校注:《〈蟹谱〉〈蟹略〉校注》前言,第9页。

② (宋)陈振孙撰,徐小蛮、顾美华点校:《直斋书录解题》卷20,第608页。

③ (宋)周密撰,吴企明点校:《癸辛杂识·续集》卷上,第119页。

奇,至有甚可笑者"[1],刘克庄认为其诗犹可观,"曾参诚斋,警句往往似之"[2],"有石湖、放翁、诚斋之风"[3]。著作除《蟹略》外,还有《剡录》《史略》《子略》《纬略》《骚略》《文苑英华纂要》《文选句图》《疏寮小集》《砚笺》《竹史》等。

《蟹略》传世版本有明嘉靖十年柳佥抄本、明钮氏世学楼抄《说郛》本、清《四库全书》本、民国十六年上海商务印书馆涵芬楼铅印《说郛》本等。

3.《鱼书》

一卷,佚名撰。仅《秘书省续编到四库阙书目》于"农家"类著录。[4]《秘书省续编到四库阙书目》编纂于徽宗政和中,仅可据知该书约成于北宋中后期,余则无可考。《中国农学书录》《中国农业古籍目录》未著录。

宋代养鱼业主要分布在淮水以南地区,普遍采用的养殖方法是开掘池塘养鱼,所养鱼种主要是草鱼、鲤鱼、青鱼、鲢鱼、鳙鱼、鲫鱼等。据魏华仙研究,宋代养鱼较多的地区有两浙路、江南东西路、福建路、四川路等。[5] 如会稽诸暨以南,"大家多凿池养鱼为业。每春初,江州有贩鱼苗者,买放池中,辄以万计。方为鱼苗时饲以粉,稍大饲以糠糟,久则饲以草。明年卖以输田赋,至数十百缗"。[6] 惜乎《鱼书》已佚,不能一窥宋人对鱼类生物性状及养殖知识的系统认识。

---

① (宋)陈振孙撰,徐小蛮、顾美华点校:《直斋书录解题》卷20,第608页。

② (宋)刘克庄撰,王蓉贵、向以鲜校点:《后村先生大全集》卷97《茶山诚斋诗选》序,第2516页。

③ (宋)刘克庄撰,王蓉贵、向以鲜校点:《后村先生大全集》卷180《诗话·续集》,第4559页。

④ (宋)佚名:《秘书省续编到四库阙书目》卷2,《丛书集成续编》第3册,第309页。

⑤ 详参魏华仙:《宋代四类物品的生产和消费研究》,第34—36页。

⑥ (宋)施宿等纂:《嘉泰会稽志》卷17《鱼部》,《宋元方志丛刊》第7册,第7039页。

第九章　宋代食品加工类农书

农产品要通过加工烹制才能食用，中国农业文明本质上是饮食文明，或者说是在饮食之上成长起来的文明。国家政权以鹿（食物）、鼎（烹饪器）象征，故争夺政权称逐鹿、政权转移称鼎革。天子、诸侯地位以食器多寡、食物品类数量来区分，天子九鼎、诸侯七鼎、卿大夫五鼎。祭祀天地、神鬼、祖先，亦是享以美食、酒醴。治理天下谓之“烹小鲜”，早期设官多有烹食之人，如《周礼·天官》所载膳夫、庖人、宰人、内饔、外饔、亨人、腊人、酒人、浆人、醢人、醯人等，有学者统计全书食官合计达 2294 人[①]。百官之首称大宰，宰者何？本宰杀畜禽之厨师也，故宰相理政称“和羹调鼎”。甚至于认为伏羲又名“庖羲”是因为其“养牺牲以庖厨，故曰庖羲”[②]。整个社会则以礼治，这个礼就是在饮食之礼的基础上发展起来的，并且饮食之礼本身也是礼治的重要内容。《仪礼》很多内容都是饮食燕飨之礼，如“宰夫授公饭粱，公设之于湆西。宾北面辞，坐迁之。公与宾皆复初位。宰夫膳稻于粱西。士羞庶羞，皆有大、盖，执豆如宰。先者反之，由门入，升自西阶。先者，一人升，设于稻南，簋西，间容人。旁四列，西北上。膷，以东臐、膮、牛炙。炙南醢，以西，牛胾、醢、牛鮨。鮨南羊炙，以东羊胾、醢、豕炙。炙南醢，以西豕胾、芥酱、鱼脍”[③]；礼器鼎、鬲、彝、簋、簠、豆、盂、尊、罍、卣、壶、爵、斝、盉、盘、觚等，悉为食器、酒器；就连礼（禮）字本义也是以饮

① 龚鹏程：《中国传统文化十五讲》，北京：北京大学出版社，2006 年，第 35 页。

② 《史记》附录二《三皇本纪》，第 4023 页。

③ （汉）郑玄注，（唐）贾公彦疏，王辉整理：《仪礼》卷 25《公食大夫礼》，上海：上海古籍出版社，2008 年，第 784 页。

食祭祀。故《礼记》云:“夫礼之初,始诸饮食。”①

饮食既如此重要,讲述烹饪、酿酒的知识自然由来已久。十三经等先秦典籍中已多所涉及,其余子书亦在在而有,如《吕氏春秋》中的《本味》篇,即可为上揭饮食文明之又一证,亦可谓最早的烹饪文献:

> (伊尹)说汤以至味。汤曰:“可对而为乎?”对曰:“君之国小,不足以具之,为天子然后可具。夫三群之虫,水居者腥,肉玃者臊,草食者膻,臭恶犹美,皆有所以。凡味之本,水最为始。五味三材,九沸九变,火为之纪。时疾时徐,灭腥去臊除膻,必以其胜,无失其理。调和之事,必以甘酸苦辛咸,先后多少,其齐甚微,皆有自起。鼎中之变,精妙微纤,口弗能言,志不能喻。若射御之微,阴阳之化,四时之数。故久而不弊,熟而不烂,甘而不哝,酸而不酷,咸而不减,辛而不烈,澹而不薄,肥而不膑(下文接述肉之美者、鱼之美者、菜之美者、和之美者、水之美者、果之美者)。”②

下逮魏晋隋唐,其书渐多,然往往失传。宋代烹饪、食疗、酿酒专著较前代数量大增,又赖雕版印刷之普及,故多传于今。至于向被视为医书的食疗著作,实际上内容其他食法书并无大异,因此本书将食品加工类农书分为食谱食疗类农书与酿造类农书两个二级类目,惟宋代酱、醋等调味品酿造并无专著,故本章第二节节目径标为“酿酒类农书”。

① (清)朱彬撰,饶钦农点校:《礼记训纂》卷9《礼运》,北京:中华书局,1996年,第334页。

② 许维遹集释,梁运华整理:《吕氏春秋集释》卷26《审时》,第313—315页。

第一节　食谱食疗类农书

随着坊市制度的废止，宋代城市中饮食、娱乐等服务非常发达。市面上各种饮食品类应有尽有，正所谓“集四海之奇珍，皆归市易；会寰区之异味，悉住庖厨”①。各具特点的不同菜系就是在此期初步形成的，开封、杭州开了很多川饭店、南食店、北食店。宋代烹饪专著以叙记极尽奢华的宫廷御食和极致清雅的文人素食为两大趋向，对后世著作产生了很大影响。中国自古以来就有医食同源之说，且认为食治胜于医治；同时又将食疗养生与养老孝亲相联系，因此有的以养老奉亲为名的书实际上也是食疗、烹饪著作。在此要说明的是，很多服食之书内容是服食丹药、“仙草”之类，如《摄生服食禁忌》《丁晋公服食方》《养生诸神仙方》《经食草木法》《仙茅根方》等等，不能视之为食疗著作，本书当然一概摈之。

1.《馔林》

《崇文总目》著录于“医书类”，《通志·艺文略》著录于“食经类”，均云“五卷”。②《宋史·艺文志》于“医书类”著录，记为“四卷”。③《中国农学书录》《中国农业古籍目录》未载。该书作者既佚，书复失传，故难知其详。刘一止(1078—1161)《允迪以羊膏瀹茗饮，吕景实有诗叹赏，仆意未然，辄次元韵》诗云：“乳花粥西(面?)名已非，荐以羊肪何太俗。山林钟鼎异天性，难遣华腴偶穷独。森森正味苦且严，玉质无瑕谁敢戮。君家《馔林》多错本，读罢流涎谁枯吻。”④所提《馔林》或即此书。

---

① (宋)孟元老撰，伊永文笺注：《东京梦华录笺注·序》，第1页。

② (宋)王尧臣等编，(清)钱东垣辑释：《崇文总目》卷3，第219页；(宋)郑樵：《通志》卷69《艺文略七》，第814页。

③ 《宋史》卷207《艺文志六》，第5311页。

④ (宋)刘一止：《苕溪集》卷4，《景印文渊阁四库全书》第1132册，第17页。按：《两宋名贤小集》“西”作“茗”(卷134，《景印文渊阁四库全书》第1363册，第237页)。

2.《萧家法馔》

三卷，佚名撰，已佚。《崇文总目》《宋史·艺文志》著录于“医书类”[①]，《通志·艺文略》著录于“食经类”[②]。《中国农学书录》《中国农业古籍目录》未收。

3.《江飧馔要》

一卷，黄克明撰，已佚。《崇文总目》著录于“医书类”[③]，《通志·艺文略》著录于“食经类”[④]。《中国农学书录》《中国农业古籍目录》未收载。

4.《侍膳图》

一卷，佚名撰，已佚。《崇文总目》《宋史·艺文志》均著录于“医书类”[⑤]，《通志·艺文略》著录于“食经”类[⑥]。《中国农学书录》《中国农业古籍目录》未收载。

5.《蔬食谱》

一卷，郭长儒撰。《中国农学书录》《中国农业古籍目录》未著录。书已佚，内容无从考之。郭氏成都人，躬自劳作，事父母极孝谨。平生嗜书，丹铅点勘，笔不去手。上自经史百氏之书、浮屠黄老之教，下暨阴阳、地理、医卜之艺，吐纳、煅炼之术，皆研尽其妙。终日剧谈，无驳杂戏慢之语，以此故乡人皆亲附、尊惮之。又著有《易解》十卷、《书解》七卷、《老子道德经解》一卷、《三教合辙论阙》□卷、歌诗杂文十卷及《孝行图》《高逸图》《阴德杂证图》等。其殁，友人谥曰乐善先生，杨天惠为作诔文[⑦]。杨天惠乃成都府郫县（治今四川成都市郫都区）人，神宗时中第，哲宗元符三年（1100）曾任

① （宋）王尧臣等编，（清）钱东垣辑释：《崇文总目》卷3，第219页；《宋史》卷207《艺文志六》，第5311页。

②④⑥ （宋）郑樵：《通志》卷69《艺文略七》，第814页。

③ （宋）王尧臣等编，（清）钱东垣辑释：《崇文总目》卷3，第219页。

⑤ （宋）王尧臣等编，（清）钱东垣辑释：《崇文总目》卷3，第219页；《宋史》卷207《艺文志六》，第5308页。

⑦ （宋）杨天惠：《乐善郭先生诔》，（宋）袁说友等编，赵晓兰整理：《成都文类》卷50，第981—982页。

双流县令。据此可推知郭长儒为北宋人。

6.《珍庖馐录》

一卷，佚名撰。仅《秘书省续编到四库阙书目》著录[①]，已佚。《中国农学书录》《中国农业古籍目录》未收。

7.《诸家法馔》

一卷，佚名撰。《秘书省续编到四库阙书目》《通志·艺文略》著录，分别列于"医书""食经"类[②]。《中国农学书录》《中国农业古籍目录》未收。

8.《续法馔》

曹子休撰，已佚，卷帙不详。《秘书省续编到四库阙书目》《通志·艺文略》著录，分别列于"医书""食经"类。[③]《中国农学书录》《中国农业古籍目录》未收。

9.《古今食谱》

三卷，佚名撰，已佚。《秘书省续编到四库阙书目》《通志·艺文略》著录，分别列于"医书""食经"类。[④]《中国农学书录》《中国农业古籍目录》未收。

10.《食法》

王易简撰，已佚。《秘书省续编到四库阙书目》《通志·艺文略》均著录为"《王易简食法》，十卷"[⑤]，《宋史·艺文志》又记有"《王氏食法》五卷"，列于"医书类"，[⑥]学者多视二者为一书。然明

---

① (宋)佚名:《秘书省续编到四库阙书目》卷2，《丛书集成续编》第3册，第313页。

② (宋)佚名:《秘书省续编到四库阙书目》卷2，《丛书集成续编》第3册，第313页;(宋)郑樵:《通志》卷69《艺文略七》，第814页。

③ (宋)佚名:《秘书省续编到四库阙书目》卷2，《丛书集成续编》第3册，第316页;(宋)郑樵:《通志》卷69《艺文略七》，第814页。

④⑤ (宋)佚名:《秘书省续编到四库阙书目》卷2，《丛书集成续编》第3册，第314页;(宋)郑樵:《通志》卷69《艺文略七》，第814页。

⑥ (宋)佚名:《秘书省续编到四库阙书目》卷2，《丛书集成续编》第3册，第314页;《宋史》卷207《艺文志六》，第5310页。

焦竑《国史经籍志》仍记为"《王易简食法》十卷"，则《王易简食法》一直都是十卷，或五卷之《王氏食法》为另一王氏所著之另一食谱。《中国农学书录》《中国农业古籍目录》未收。

宋代有三王易简，一为主要活动于五代者，字国宝，京兆万年(治今陕西西安市)人。历仕五代，积至后周任礼部尚书，周祖晏驾为山陵副使。宋初召加少傅，建隆四年(963)卒。《宋史》有传，生平、著述甚明[①]，非《食法》作者。一为山阴(治今浙江绍兴市)王易简，字理得，号可竹。南宋末年登进士第，除瑞安主簿不就。入元隐居不仕，与张炎、周密、王沂孙、戴表元、唐震、黄虞等交游。[②] 有诗集《山中观史吟》，不传。倘《食法》为其所作，则《秘省书目》编者、郑樵当不得见。三为活动于两宋之交者，九江人。大观年间欧阳修弟子王莘荐之[③]，自布衣拜崇政殿说书[④]。宣和元年(1119)由秘书监迁中书舍人，后任礼部侍郎，七年"为显谟阁直学士充詹事兼侍读"[⑤]。《宋会要辑稿》载靖康元年(1126)四月，其以资政殿学士、朝散大夫迁中大夫、中书舍人[⑥]，旋除资政殿大学士[⑦]、提举龙德宫[⑧]。五月，因王易简是东宫讲读官，钦宗诏"其请给、人从、恩数，并依签书枢密院例"[⑨]。王易简子王寓靖康元年九月除尚书左丞，命使于金国军前。寓惧不行，责授单州团练副使，新州安置。

① 《宋史》卷262《王易简》，第9064—9065页。

② (宋)周密选，(清)查为仁、厉鹗笺注，徐文武、刘崇德点校：《绝妙好词笺》卷7，保定：河北大学出版社，2005年，第220页；(宋)戴表元著，陈晓冬、黄天美点校：《戴表元集》卷19《题王理得〈山中观史吟〉后》，第395页。

③④ (宋)王明清：《挥麈录·前录》卷3，第24页。

⑤ (宋)徐梦莘：《三朝北盟会编》卷228《炎兴下帙一百二十八》，第1640页。

⑥ (清)徐松辑：《宋会要辑稿》礼五之三，第466页。

⑦ (宋)汪藻著，王智勇笺注：《靖康要录笺注》卷5，第678页。

⑧ (宋)陈傅良著，周梦江点校：《陈傅良先生文集》卷25《奏事后申三省枢密院札子》，第342页。

⑨ (清)徐松辑：《宋会要辑稿》职官七之二一，第2545页。

王易简亦与宫祠。[①] 建炎四年(1130)，高宗诏为中大夫、提举亳州明道宫。[②] 次年，流寇李成入江州，搜寻现任寄居官二百多人，悉杀之。王氏父子死于乱兵之中。[③] 此王易简应即《食法》之作者。

11.《膳夫录》

一卷，《中国农学书录》未加著录。有明宛委山堂刻《说郛》本、宣统二年至民国二年上海国学扶轮社铅印《古今说部丛书》本传世。前者题郑望撰，后者题唐郑望之撰。又有学者指出"《古今图书集成》题郑望撰"[④]，实际上《古今图书集成·食货典》虽记作"郑望《膳夫录》"[⑤]，而《草木典》《经籍典》则均记为"郑望之《膳夫录》"[⑥]；且书中"厨婢"条云："蔡太师京厨婢数百人，庖子亦十五人"[⑦]，因此应以宋郑望之为确，故日本学者筱田统推断该书"为北宋末到南宋的作品"[⑧]。

郑望之(1078—1161)，《宋史》有传，字顾道，徐州彭城(治今江苏徐州市)人。徽宗崇宁五年(1106)进士，临事劲正，不畏权贵。靖康元年(1126)金人攻汴京，屡次出使金军，盛言"敌势强大，我兵削弱，不可不和"。后金兵退，朝廷乃罢之，使提举亳州明道宫。建

① (宋)徐梦莘:《三朝北盟会编》卷52《靖康中帙二十七》，第393—394页。

② (宋)李心传撰，辛更儒点校:《建炎以来系年要录》卷35建炎四年秋七月乙丑，第699页。

③ (宋)李心传撰，辛更儒点校:《建炎以来系年要录》卷41绍兴元年春正月戊申，第777页。

④ 姚伟钧、刘朴兵、鞠明库:《中国饮食典籍史》，第168页。

⑤ (清)陈梦雷纂:《古今图书集成·食货典》卷259《饮食部汇考三》，第2509、2511页。

⑥ (清)陈梦雷纂:《古今图书集成·草木典》卷279《樱桃部汇考》，第2577、2579页；《古今图书集成·经籍典》卷500《杂著部汇考四》，第5104页。

⑦ (宋)郑望[之]:《膳夫录》，(元)陶宗仪等编:《说郛三种》弓95，第4344页。

⑧ (日)筱田统著，高桂林、薛来运、孙音译:《中国食物史研究》，北京:中国商业出版社，1987年，第123页。

炎初年李纲任相，主张查处北宋末年误国、失节官员，郑望之因“张皇敌势，沮损国威，以致祸败”，责授海州团练副使、连州（治今广东连州市）居住。不久李纲离朝，郑氏重被起用，寻以言章罢职。绍兴二年（1132），因大赦复徽猷阁待制致仕。绍兴三十一年（1161）卒，年八十四。[①] 据《直斋书录解题》，郑望之尚有《靖康奉使录》一卷[②]。

《膳夫录》收载“羊种”“樱桃有三种”“鲫鱼鲙”“食檄”“五生盘”“王母饭”“食品”“八珍”“食次”“食单”“汴中节食”“厨婢”“牙盘食”“名食”14 目。其中“鲫鱼鲙”“羊种”“樱桃有三种”袭自唐杨晔《膳夫经手录》（亦名《膳夫录》），“五生盘”“王母饭”袭自唐韦巨源《食谱》（又名《韦巨源食谱》[③]）——故有学者认为该书“是宋人随手抄录有关烹饪的一些记录，作为备忘录之”[④]——因此该书保留了一些隋唐时期的上层贵族的名贵菜式，如“食品”条云“隋炀帝有镂金龙凤蟹、萧家麦穗生、寒消粉、辣骄羊、玉尖面”，“食檄”条云“有摩舭、牛朦、炙鸭、鳙鱼、熊白、摩脯、糖蟹、车螯”。当然，书中亦有反映宋代饮食习俗的内容，如“汴中节食”条介绍了京师开封不同节日要吃各种不同的食品：“上元：油饞；人日：六一菜；上巳：手里行厨；寒食：冬凌；四月八：指天馂餡；重五：如意圆；伏日：绿荷包子；二社：辣鸡脔；

---

① 《宋史》卷 373，第 11554—11555 页。

② （宋）陈振孙撰，徐小蛮、顾美华点校：《直斋书录解题》卷 5，第 152—153 页。

③ 即该书后文“食单”条所云韦巨源“烧尾宴食单”，然仅寥寥数字，具体内容可参见陶谷《清异录·馔馐门》。陶仅“择奇异者略记”，就有 58 种之多，所以有学者认为食单“代表了唐前期餐饮发展的最高水平”（刘冬梅、王永平：《从“烧尾宴”看唐代饮食的发展水平》，《饮食文化研究》2004 年第 1 期，第 32 页。）

④ 戴云：《唐宋饮食文化要籍考述》，《农业考古》1994 年第 1 期，第 227 页。

中秋:玩月羹;中元:盂兰饼餡;重九:米锦;腊日:萱草面。”①

12.《玉食批》

一卷,宋司膳内人撰。“批”即“批评”,书名意为美食食谱的批注评点,看来应是宋室宫中某司膳内人对当时宫廷美食食谱的记录和评注,皇帝还常以之颁赐太子。该书叙记的菜式有酒醋白腰子、三鲜笋、炒鹌子、烙润鸠子、熻石首鱼、辣羹海盐蛇鲊、煎卧乌、熓湖鱼、糊炒田鸡、鸡人字焙腰子、糊燠鲇鱼、蝤蛑签、麂膊、浮助酒蟹、江珧、青虾、辣羹燕鱼干、酒醋蹄酥片、生豆腐百宜羹、燥子炸白腰子、酒煎羊、二牲醋脑子、清汁杂烒胡鱼、肚儿辣羹、酒炊淮白鱼等。烹饪方式多样,所用食材水产品丰富,可见南宋皇室饮食习惯已经本地化了,也反映了统治者“追求奢费之作的饮食特点”②。《玉食批》还记载了绍兴二十一年(1151)“高宗幸清河王张俊第供进御筵”的菜单,包括“垂手八盘子、下酒十五盏”“厨劝酒十味”等各色名目,这份菜单《武林旧事》中有更为详细的记载③。值得一提的是,《玉食批》对皇室饮食的奢靡在某种程度上抱有一种批评态度,指出“受天下之奉必先天下忧,不然素餐有愧”④。无论如何,该书“是研究南宋宫廷饮食和两宋之际饮食文化的珍贵史料”⑤无疑。

是书有明宛委山堂刻《说郛》本传世,《随隐漫录》亦见载⑥。《中国农学书录》未著录。

---

① (宋)郑望[之]:《膳夫录》,(元)陶宗仪等编:《说郛三种》弓95,第4343页。

② 陈伟明:《唐宋饮食文化发展史》,台北:台湾学生书局,1995年,第213页。

③ (宋)四水潜夫(周密)辑:《武林旧事》卷9,第139—152页。

④ (宋)司膳内人:《玉食批》,(元)陶宗仪等编:《说郛三种》弓95,第4344页。

⑤ 姚伟钧、刘朴兵、鞠明库:《中国饮食典籍史》,第170页。

⑥ (宋)陈世崇:《随隐漫录》卷2,第18页。

13.《珍庖备录》

一卷，佚名撰，已佚。宋元史志书目仅《通志·艺文略》著录于“食经”类[①]。《中国农学书录》《中国农业古籍目录》未收。

14.《食鉴》

四卷，郑樵撰，已佚。《宋史·艺文志》著录于“医书类”[②]，郑氏本人在《献(高宗)皇帝书》中亦言之[③]。《中国农学书录》《中国农业古籍目录》未收叙。

15.《山家清供》

二卷，林洪撰。《中国农学书录》未予著录。“山家”意指山居人家，“清供”意指清雅的食供。全书共收膳食方104首，上卷47首，下卷57首。涵盖的膳食种类有饭、粥、糕、饼、面、馄饨、粉、羹、菜、脯、茶、酒、浆等，烹饪方法则有煎、煮、烹、炸、烤、煨、蒸、涮、渍、腌、拌等。

《山家清供》中的膳食虽以素食居多，但烹制精美，符合文人饮食特点。如饭有青精饭、雕胡饭、金饭、玉井饭、蟠桃饭之目，系配以旱莲草、雕胡米、黄菊花、山桃、莲子、藕等制成；粥有豆粥、梅粥、荼蘼粥、真君粥、河祇粥之目，系配以赤豆、梅花片、荼蘼叶、杏子、鱼干等煮成。其余羹、饼、馄饨等亦名目繁多。[④] 书中食品所涉食材非常丰富，包括主粮、蔬菜、豆类、肉类、水产、干果等10类，详见下表(表13)：

① (宋)郑樵：《通志》卷69《艺文略七》，第814页。

② 《宋史》卷207《艺文志六》，第5316页。

③ (宋)郑樵：《夹漈遗稿》卷2，《丛书集成初编》第1985册，上海：商务印书馆，1936年，第11页。

④ 参见于文忠：《〈山家清供〉的食疗特点》，《中医杂志》1991年第3期，第53页。

表 13　《山家清供》所用食材表①

粮油类	米(粳米等)、黄米、菰米、面、油(麻油等)
蔬菜类	芹、苜蓿、荸菜、苋、茄、芼、笋、瓠、槐叶、椿根、萝卜、葫芦、芋头、韭、元修菜、凫茨、蒌蒿、苍耳、蕨、枸杞头、蕈、藕、橘叶、木香、白蓬、荠、芎、芋、油菜、葵、菘、萱草、莴笋、菊苗、薄荷
豆　类	赤豆、黑豆、绿豆、扁豆、豆腐、豆芽
肉　类	鸡、雉、鸳鸯、兔、羊、獐、狐、狸
水产类	鱼(鳜鱼等)、虾、蟹
花果类	桃、樱桃、梨、李、杏、松黄、橙、莲房、香圆、甘蔗、棕鱼、梅花、锦带花、菊花、栀子花、荼蘼花、芙蓉花、桂花、牡丹花
干果类	黑芝麻、松子、核桃、栗子、榧子、罂粟仁、橄榄、杏仁
佐　料	盐、酱、糖、酒、醋、椒、姜、葱、蜜、茴香、檀香、胭脂、红曲、莳萝
饮品类	茶、酒、浆
药　材	薏苡仁、青精、黄精、地黄、甘草、白术、石菖蒲、山药、栝蒌、麦门冬、牛蒡

《山家清供》不仅详记每一食物的配料、烹饪方法，还常叙及相关人物轶事、诗文掌故。如“冰壶珍”条云：

太宗问苏易简曰：“食品称珍，何者为最？”对曰：“食无定味，适口者珍。臣心知齑汁美。”太宗笑问其故。曰：“臣一夕酷寒，拥炉烧酒，痛饮大醉，拥以重衾。忽醒，渴甚，乘月中庭，见残雪中覆有齑盎。不暇呼童，掬雪盥手，满饮数缶。臣此时自谓：‘上界仙厨，鸾脯凤脂，殆恐不及。’屡欲作《冰壶先生传》记其事，未暇也。”太宗笑而然之。后有问其方者，仆(指林洪)答曰：“用清面菜汤浸以菜，止消醉渴一味耳。或不然，请问之

① 据魏怀宇、章原《〈山家清供〉食材列表》(《〈山家清供〉与宋代食疗文化》,《中医药文化》2018 年第 1 期，第 77 页)改制。

‘冰壶先生’。”①

又如“山海羹”条引许棐诗“趁得山家笋蕨春，供厨烹煮自炊薪。倩谁分我杯羹去，寄与中朝食肉人”②，“蜜渍梅花”条引杨万里诗“瓮澄雪水酿春寒，蜜点梅花带露餐。句里略无烟火气，更教谁上少陵坛”③。这些都体现出作者的饮食观念和生活审美情趣，同时也让读者读来兴味盎然。

《山家清供》作者林洪主要活动于理宗时期，本书第一章第三节已详考其生平，这里不再重复。该书传世版本主要有明宛委山堂刻《说郛》本，明万历二十五年金陵荆山书林刻《夷门广牍》本，清同治间刻《小石山房丛书》本，《说林》清抄本，民国上海商务印书馆《景印元明善本丛书》本、《丛书集成初编》本。

16.《本心斋蔬食谱》

一卷，亦名《蔬食谱》。历来著述皆归之陈达叟名下，如《说郛》收载其书题曰“《蔬食谱》，宋陈达叟”④，《山居杂志》收载其书题曰“清漳陈达叟撰”⑤。此固出于南宋咸淳九年（1273）左圭《百川学海》初收是书时题笺“门人清漳友善书堂陈达叟编”，然正如《四库全书总目提要》所指出：“《百川学海》所刻其序自称本心翁，而书前标题乃作‘门人清漳友善书堂陈达叟编’，则达叟乃编其师之书，非所自撰也。”⑥所以，陈达叟只是《本心斋蔬食谱》的编者，“本心翁”才是该书的作者。然则“本心翁”究为何人？

《本心斋蔬食谱》卷首本心翁自撰小序仅“本心翁斋居宴坐，玩先天易，对博山炉，纸帐梅花，石鼎茶叶，自奉泊如也。客从方外

① (宋)林洪:《山家清供》卷上，《丛书集成初编》第1473册，上海：商务印书馆，1936年，第4页。

② (宋)林洪:《山家清供》卷上，《丛书集成初编》第1473册，第11页。

③ (宋)林洪:《山家清供》卷下，《丛书集成初编》第1473册，第13页。

④ (元)陶宗仪等编:《说郛》卷106上，第4874页。

⑤ (宋)陈达叟编:《蔬食谱》，明万历汪氏刻《山居杂志》本，叶一a。

⑥ 《四库全书总目》卷116《谱录类存目》，第1001页。

来，竟日清言，各有饥色，呼山童，供蔬馔，客尝之，谓无人间烟火气。问食谱，予口授二十品，每品赞十六字，与味道腴者共之”[①]数十字，不能提供关于他本人的更多信息。虽据书题笺“门人清漳友善书堂陈达叟编”可知他是陈达叟的老师，惜陈达叟仅明陈耀文辑《花草粹编》收其词一首[②]，余亦无考。所幸宋末何梦桂写有一篇《序本心先生蔬食谱》，其中说“客有问本心先生《疏食谱》于门人何某者”[③]，据此可知“本心翁”也是何梦桂的老师。

何梦桂“号潜斋……咸淳乙丑进士第三人，与吾乡阮菊存（阮登炳号）秘监同榜，阮为状元，何为探花”[④]。明成化时其八世孙何淳重刊乃祖《潜斋集》所作《家传》颇记其事：

> 公讳梦桂，字严叟。幼名应祈，字申甫，别号潜斋。姓何氏，世居严州淳安县安乐乡安定里之富昌村。自幼颖悟，读书过目即成诵，必精研其义理之所在。宋度宗咸淳乙丑省试，考官得其文，深异之，擢寘首选。时罢临轩，比廷唱，以第一甲三

---

① （宋）陈达叟编：《本心斋蔬食谱》，《丛书集成初编》第1473册，第1页。

② （明）陈耀文编：《花草粹编》卷5，《景印文渊阁四库全书》第1490册，第220页。按：此词《尊前集》（不著撰人，前有万历间嘉兴顾梧芳序，故毛晋以为顾编；后有朱彝尊跋，朱以为宋初人编，《四库全书总目》卷199复考云“彝尊定为宋本亦未可尽凭”，实际上南宋《新安志》《直斋书录解题》等均已提及，今学界一般认为成书于北宋前中期）归入李白名下；《历代御选诗余》卷9则署名陈以庄。陈以庄字敬叟，号月溪，建安人（康熙《建安县志》卷7《文苑传》，清康熙五十二年刻本，叶七b），与刘克庄多有交往（《后村先生大全集》卷94《陈敬叟集序》，第2426页）。“敬叟”与“达叟”近而易淆，则此词究为何人所作，无从确考。陈耀文说既不能证其必非，本书故从引之。

③ （宋）何梦桂著，赵敏、崔霞点校：《何梦桂集》卷5，第146页。

④ （元）俞琰：《读易举要》卷4，《景印文渊阁四库全书》第21册，第470页。

名进士及第，时俗所谓状元、探花郎是也。[①]

后《嘉靖淳安县志·儒林传》中记之亦详，云其“幼颖悟，从乡先生夏讷斋游，所得良深”[②]。参较两书，可知《嘉靖淳安县志》对何淳《家传》多有取资，但所本当不止此——《嘉靖淳安县志》记何梦桂“从乡先生夏讷斋游”即为何淳所不言，而这一条记载对考明《本心斋蔬食谱》作者“本心翁”至关重要。

根据《嘉靖淳安县志》的记载，可有如下推断：夏讷斋可能只是何梦桂的蒙师，也可能何梦桂只有夏讷斋一个老师。到底是哪一种情况呢？在此需要先对何梦桂的生年做一番考证。对于何氏生年，何淳《家传》及《嘉靖淳安县志》虽皆未记，何梦桂本人却在《王石涧临清诗稿跋》一文中作了间接说明：“石涧兄，我先人甥也。长予六年，幼学时随吾先姑归吾家，予方童丱……以年考之，石涧八十一矣……大德癸卯正月既望，潜斋何梦桂敬序。”[③]大德为元成宗铁木耳第二个年号，癸卯年为大德七年（1303），时其表兄王石涧“八十一矣”，则王氏生于宋宁宗嘉定十六年（1223），王长何“六年”，则何梦桂生于宋理宗绍定二年（1229）。

知道了何梦桂的生年，就可推知他的魁龄。据前引《读易举要》言何梦桂系咸淳乙丑阮登炳榜进士第三人，何淳《家传》也说他于“宋度宗（淳熙）[咸淳]乙丑省试……一甲进士及第，时俗所谓状元、探花郎是也”；而《嘉靖淳安县志·儒林传》说他“咸淳元年廷试第三”。咸淳元年（1265）干支正是乙丑，所以何梦桂于1265年中进士无疑，则他中进士时年已37岁。何梦桂在《本心先生蔬食谱序》中说“予从师门久”，从其中举时年龄来看，所谓“从师门久”应

---

① （明）何淳：《何先公潜斋先生传》，（宋）何梦桂著，赵敏、崔霞点校：《何梦桂集》附录，第260页。

② 嘉靖《淳安县志》卷11，《天一阁藏明代方志选刊》第16册，叶七a。

③ （宋）何梦桂著，赵敏、崔霞点校：《何梦桂集》卷10《王石涧临清诗稿跋》，第240—241页。

非谓从于蒙师三五年者，则夏讷斋绝不只是何梦桂的蒙师，就是说何梦桂从启蒙至中举只有夏讷斋一个老师。如果说这尚只是间接推断的话，嘉靖《淳安县志》"何景文"条所记则提供了更加坚实有力的证据："何景文，字俊翁，字毅斋，潜斋之从侄也。同受学讷斋，又同年登第。帝赐一联云：'一门等两第，百里足三元。'以黄蜕榜眼、方逢辰状元、何梦桂探花郎为三元也。"[①]言何景文与何梦桂"同受学讷斋，又同年登第"，可确证二人登第之前的老师就是夏讷斋。所以，何氏叔侄只有夏讷斋一个老师。那么，《本心斋蔬食谱》作者本心翁即夏讷斋，陈达叟与何氏叔侄为同窗。夏讷斋既被称为"乡先生"，说明他与二何同贯，也是建德府淳安县(治今浙江淳安县)人。[②]

《本心斋蔬食谱》记载了啜菽、羹菜、粉餈、荐韭、贻来、玉延、琼珠、玉砖、银齑、水团、玉版、雪藕、土酥、炊粟、煨芋、采杞、甘荠、菉粉、紫芝、白粲等20种素食。所用食材原料包括大豆、荠菜、米粉、麦粉、粉丝、韭菜、山药、龙眼、栗、笋、萝卜、芋头、藕、菌、枸杞、绿豆等。以山菜为主，亦有少量水生菜。书中对每品食物都记载了烹饪方法，并于其后作四言赞诗一首。其法简易，其味清淡，其赞典雅。反映了作者"自奉泊如"的饮食观，实为林洪之流亚。

宋以前羹本为肉羹，该书所载则为菜羹，并云"凡畦蔬根叶花实皆可羹也"，反映了宋代以蔬菜作羹已成羹汤主流。书中面糕类食品亦不少，在其中添加蔗糖作为调味剂的方法也较普遍。如"粉餈"条云"粉米蒸成，加糖曰饴"；"水团"条云"秫粉包糖，香汤浴之"。[③] 说明南宋时期甘蔗种植业与制糖业有了较大发展，蔗糖已成为常用的甜食原料。西欧国家"在十六世纪以前，食糖还作为一

① 嘉靖《淳安县志》卷11，《天一阁藏明代方志选刊》第16册，叶九a。

② 这一部分据拙文《〈本心斋蔬食谱〉作者考略》修改，原刊于《中国农史》2011年第1期，第139—142页。

③ (宋)陈达叟编：《本心斋蔬食谱》，《丛书集成初编》第1473册，第2页。

种奢侈品”[1]。另外豆腐是中国人民喜爱的日常食品，汉代虽已出现[2]，但到宋代才“风行大江南北”[3]，可谓国人食品结构的一个较大变化。《本心斋蔬食谱》“啜菽”条“菽，豆也。今豆腐条切淡煮，蘸以五味”[4]的记载正是这一变化的反映。

该书《中国农学书录》未著录，传世版本主要有宋刻《百川学海》本、明弘治十四年无锡华珵刻《百川学海》本、嘉靖十五年郑氏宗文堂刻《百川学海》本、《百川学海》明抄本、明末清初宛委山堂刻《说郛》本、清嘉庆间虞山张氏刻《借月山房丛钞》本、民国上海商务印书馆《丛书集成初编》本。

另外，据杨守敬《增订丛书举要》，陈达叟还有《中朝食谱》一书[5]。笔者查检所据明沈津《欣赏编》各种版本，均无见，应系杨氏误记。

17.《食品谱》

陈元靓撰，仅见于明著名藏书家司马泰编刻《广说郛》(已佚)。[6]《中国农学书录》《中国农业古籍目录》未著录。

18.《山居饮食谱》

陈元靓撰，已佚。与上书同列于《广说郛》卷四十八之中(其外尚有六书)，可见篇幅必小，皆当为一卷。《中国农学书录》《中国农业古籍目录》未著录。

---

① 陈伟明:《唐宋饮食文化发展史》，第 214 页。

② 详参陈文华:《小葱拌豆腐——关于豆腐问题的答辩》，《农业考古》1998 年第 3 期，第 277—291 页。

③ 陈文华:《豆腐起源于何时?》，《农业考古》1991 年第 1 期，第 245—248 页。

④ (宋)陈达叟编:《本心斋蔬食谱》，《丛书集成初编》第 1473 册，第 1 页。

⑤ 杨守敬:《增订群书举要》卷 14，《杨守敬集》第 7 册，第 253 页。

⑥ (明)黄虞稷撰，瞿凤起、潘景郑整理:《千顷堂书目》卷 15，第 409 页。

19.《汤水谱》

陈元靓撰，仅见于司马泰所刻《文献类编》（已佚）。[①]《中国农学书录》《中国农业古籍目录》未著录。

20.《果食谱》

陈元靓撰，已佚。与上书同列于《文献类编》卷五十四，其外尚有二书，亦可知篇幅不大，皆当为一卷。以上四书当辑自陈氏《岁时广记》《事林广记》。

21.《粥品》

一卷，东溪遁叟撰，已佚。清初曹寅以前代所传饮膳之法，编成《居常饮馔录》一书。卷一为宋王灼《糖霜谱》，卷二、三分别为东溪遁叟《粥品》及《粉面品》，卷四为元倪瓒《泉史》，卷五为元海滨逸叟《制脯鲊法》，卷六为明王叔承《酿录》，卷七为释智舷《茗笺》，卷八、九分别为灌畦老叟《蔬香谱》及《制蔬品法》。[②] 曹寅（1658—1712），字子清，号楝亭、荔轩，镶蓝旗汉军。康熙二十九年任苏州织造，后移江宁织造。是曹雪芹祖父。曹氏后来再编《楝亭藏书十二种》，《粥品》《粉面品》未获选入，随着《居常饮馔录》的亡佚遂不可见。然是书宋代公私书目不载，元明亦不见著录，不知曹氏何据。然既无反面证据，姑录此备考。《中国农学书录》《中国农业古籍目录》未收叙。

22.《粉面品》

一卷，已佚，亦东溪遁叟撰，援据同上。《中国农学书录》《中国农业古籍目录》未著录。

23.《四时颐养录》

五卷，赵自化撰，已佚。《世善堂藏书目录》误记作者为“刘自化”[③]。《中国农学书录》《中国农业古籍目录》未著录。赵自化，德

---

① （明）黄虞稷撰，瞿凤起、潘景郑整理：《千顷堂书目》卷15，第403页。

② 《四库全书总目》卷116《谱录类存目》，第1002页。

③ （明）陈第编：《世善堂藏书目录》，《丛书集成初编》第34册，第69页。

州平原(治今山东平原县)人,《宋史》有传。祖上举家陷契丹,其父赵嵓始脱身南归,寓居洛阳习医,并亲授二子自正、自化。后周显德年间,赵嵓迁居京师。赵自化曾为秦国长公主治病,疾愈被表为医学,再加尚药奉御。淳化五年(994)授医官副使,后升医官使。景德二年(1005)卒,年五十七。遗表以所撰《四时养颐录》为献,真宗改名《调膳摄生图》并为制序。除此书外,还有《名医显秩传》三卷、《汉沔诗集》五卷。[①]

24.《养身食法》

三卷,佚名撰,已佚。《崇文总目》《宋史·艺文志》均列于"医书类"。[②]《中国农学书录》《中国农业古籍目录》未著录。

25.《混俗颐生录》

刘词撰。《崇文总目》于"道书类"、《通志·艺文略》于"修养"类均著录为"二卷",[③]《宋史·艺文志》于"道家"类著录为"一卷"[④]、于"医书类"著录为"二卷"[⑤]。可能是因为其"上、下同卷"[⑥]即一卷又分上、下之故,有人视之为一卷,有人视之为二卷。《中国农学书录》《中国农业古籍目录》未著录。

全书包括饮食消息、饮酒消息、春时消息、夏时消息、秋时消息、冬时消息、患劳消息、患风消息、户内消息、禁忌消息十篇,对养生原则和具体方法都有论述。刘词认为养生不一定要隐居山林,只要在"饮食、嗜欲、行住、坐卧间"即饮食起居方面注意调养,就可以延年益寿。此即其书名"混俗颐生"之由。在书中,刘氏提出了

---

① 《宋史》卷461《方技传上·赵自化传》,第13508—13509页。

② (宋)王尧臣等编,(清)钱东垣辑释:《崇文总目》卷3,第219页;《宋史》卷207《艺文志六》,第5311页。

③ (宋)王尧臣等编,(清)钱东垣辑释:《崇文总目》卷4,第285页;(宋)郑樵:《通志》卷67《艺文略五》,第794页。

④ 《宋史》卷205《艺文志四》,第5196页。

⑤ 《宋史》卷207《艺文志六》,第5307页。

⑥ (明)白云霁:《道藏目录详注》卷3《洞神部·方法类》,《景印文渊阁四库全书》第1061册,第698页。

"食为命之基"的说法。此外，一些具体观点，如"当以饮食先吃暖物，后吃冷物为妙"，"大渴不大饮，大饥不大饱"，饭后不可马上睡觉，"必须冲融少时，行三五十步使食消化、心腹空悬，乃可寝卧"等，[①]也是正确的。

刘词是一名隐士[②]，据《混俗颐生录》自序可知其早年嗜于物欲，"五味酒食过度"，以致疾病缠身。遂"栖心附道，肆志林泉"，着意于养生之道，"二十年来，颇获其验"[③]——也就是说该书并非架空高论，而是作者的经验之谈——余则无可考。有学者以五代著名武将[④]、后周时官至永兴节度使兼侍中、行京兆尹的元城（治今河北大名县）人刘词（891—955）即此刘词[⑤]，显误。又，北宋末年亦有名刘词者[⑥]，然修于北宋中期的《崇文总目》既著录本书，则此人亦非是。

该书传世版本有明《正统道藏》本、1940年上海商务印书馆影印《道藏举要》本。

---

① （宋）刘词：《混俗颐生录》卷上，《中华道藏》第23册，北京：华夏出版社，2004年，第720页。

② 《宋史》卷205《艺文志四》，第5196页。

③ （宋）刘词：《混俗颐生录》卷上，《中华道藏》第23册，第719页。

④ 北宋张预《十七史百将传》选入刘词，可见其为宋人心目中的"史上百大名将"之一。

⑤ 如李云主编：《中医人名词典》，北京：国际文化出版公司，1988年，第207页；丁青艾、伍后胜主编：《养生保健大辞典》，北京：科学技术文献出版社，1997年，第57页；孙晓生：《从〈混俗颐生录〉看五代时期的养生习俗》，《孙晓生中医养生文丛》第2辑，北京：中国中医药出版社，2015年，第38页；邓铁涛主编：《中国养生史》，南宁：广西科学技术出版社，2017年，第216页。

⑥ （宋）丁特起：《靖康纪闻》，《丛书集成初编》第3893册，上海：商务印书馆，1939年，第2页。

26.《东坡养生集》

十二卷，苏轼撰，明末王如锡编[①]。《中国农学书录》《中国农业古籍目录》未著录。该书与饮食密切相关者为第一卷，计99篇（首）。涉及的食材可分为八类：一是蔬菜及野菜，包括荠菜、芥菜、菘（白菜）心、元修菜（巢菜、大巢菜，即《诗经》“采薇”之“薇”）、蔓菁（大头菜、盘菜，即《诗经》“采葑”之“葑”）、芦菔（萝卜）、瓜、茄、莼菜、韭、嫩姜、苦笋、棕笋、笋脯、蕈、龙鹤菜、青蒿、槐芽、鸡肠菜等；二是水产，包括白鱼、黄鱼、鳆鱼、鲈鱼、鲫鱼、鲤鱼、松江鲙、游鯈、泥鳅、青虾、螃蟹、江瑶；三是畜禽及野味，包括猪肉、羊肉、羊脊骨、鹅、竹鼬、野鸡等；四是水果，如柑、荔枝、槟榔、枇杷、梨；五是粮油，包括糯米、粳米、麦心面/白面（面粉）、小麦、大麦、绿豆、小豆（赤小豆）、豌豆，生油；六是酒水饮料，包括米酒、黄柑酒、松脂酒、蜜酒、天门冬酒、姜蜜酒、生姜肉桂酒（药酒）、矿泉水、山泉水、茶；七是点心小吃，包括杏酪、油果酥、煨芋；八是调料及腌制品，包括盐、米醋、葱白、萝卜汁、橘皮、菊花、枸杞、黄芪及酱、米醋、鲊脯、蚕蛹醢等。从烹饪方法上看，苏轼经常烹制粥、羹，如豆粥、豌豆大麦粥、黄芪粥、姜粥，玉糁羹、蔓菁芦菔羹、荠羹、谷董羹、鸡肠菜羹、荠菜青虾羹等。因其法“不用醯酱而有自然之味”，易做而可常享。其集菜蔬之大成的“东坡羹”更是被其自许为“天真味”，具体制法如下：

> 东坡羹，盖东坡居士所煮菜羹也。不用鱼肉五味，有自然之甘。其法以菘，若蔓菁，若芦菔，若荠，皆揉洗数过，去辛苦汁。先以生油少许，涂釜缘及瓷碗。下菜汤中，入生米为糁，及少生姜。以油碗覆之，不得触，触则生油气，至熟不除。其上置

---

① 《四库全书总目》称“国朝王如锡编”（卷174《别集类存目一》，第1537页），《中国中医古籍总目》据书为“（清）王如锡（武工）编”（上海：上海辞书出版社，2007年，第770页），不确，成书于明末，崇祯八年已有刊本。详参张志斌、吴文清：《〈东坡养生集〉文献学考察》，《中华医史杂志》2010年第6期，第351—354页。

甑，炊饭如常法。碗不可遽覆，须生菜气出尽，乃覆之。羹每沸涌，遇油辄下，又为碗所压，故终不得上。不尔，羹上薄饭，则气不得达而饭不熟矣。饭熟，羹亦烂，可食。若无菜，用瓜、茄。皆切破，不揉洗，入罨，熟赤豆与粳米相半为糁，余如煮菜法。应纯道人将适庐山，求其法以遗山中好事者，(余)以颂问之：

甘苦尝从极处回，咸酸未必是盐梅。问师此个天真味，根上来么尘上来？[①]

东坡并不要求食材要如何高档，但他非常注意烹饪方法，如其"煮鱼法"：

子瞻在黄州，好自煮鱼。其法以鲜鲫鱼或鲤治斫，冷水下入，盐如常法。以菘菜心芼之，仍入浑葱白数茎，不得搅。半熟入生姜、萝卜汁及酒各少许，三物相等，调匀乃下。临熟入橘皮线，乃食之。其珍食者自知，不尽谈也。[②]

再如其食猪肉法对"火候"的强调[③]，确能见其"每出意制之，自在寻常调剂之外"[④]的烹饪大师风范，无怪乎"东坡肉""东坡肘子""东坡羊蝎子""东坡豆腐"等美味佳肴借其名以行。

苏轼不仅注意食补、食疗，也强调饮食有节，一则曰"已饥方食，未饱先止"[⑤]，再则曰"养生者不过慎起居饮食，节声色而

---

① (宋)苏轼撰，(明)王如锡编，吴文清、张志斌校点：《东坡养生集》卷1，第5页。

② (宋)苏轼撰，(明)王如锡编，吴文清、张志斌校点：《东坡养生集》卷1，第23—24页。

③ (宋)苏轼撰，(明)王如锡编，吴文清、张志斌校点：《东坡养生集》卷1，第6页。

④ 明王如锡评语(《东坡养生集》卷1，第24页)。

⑤ (宋)苏轼撰，(明)王如锡编，吴文清、张志斌校点：《东坡养生集》卷9，第232页。

已”[1]。他自己的确也是身体力行的，在黄州曾作书云：“东坡居士自今已往，早晚饮食不过一爵一肉。有尊客盛馔，则三之，可损不可增。”他认为这样可以“宽胃以养气”，[2]从而保持身体健康。

苏轼(1037—1101)字子瞻、和仲，号东坡居士、老泉山人、老泉居士、铁冠道人、海上道人等，眉州眉山(治今四川眉山市)人。人称苏东坡、苏仙，《宋史》有传。苏轼幼负才名，嘉祐二年(1057)进士及第，恰值其母逝世，因返乡守制。五年服除，获任西京福昌县(治今河南宜阳县西韩城镇福昌村)主簿。欧阳修以其才识兼茂，推荐他参加秘阁试，被录为第三等，“自宋初以来，制策入三等，惟吴育与轼而已”，因除大理评事、签书凤翔府判官。治平二年(1065)，入判登闻鼓院。英宗素闻其名，欲召入翰林任知制诰，宰相韩琦建议先与馆职，但须先考试。英宗说：“试之未知其能否，如轼有不能邪？”[3]及试，复入三等，遂授直史馆。又值其父去世，于是再次归里丁艰。

等到他熙宁二年(1069)还朝，已是神宗、王安石当政之时代。苏轼与安石政见不合，每上书论新法弊病。四年，乃自请通判杭州。后历知密州(治今山东诸城市)、徐州、湖州等地。元丰二年(1079)，御史告发其在谢表、诗文中讥刺朝政，对熙丰变法不满，遂系狱(史称“乌台诗案”)，被贬为黄州团练副使。苏轼到黄州后筑室东坡，自题“东坡雪堂”，因号“东坡居士”。七年迁汝州团练副使，上书“自言饥寒，有田在常”，求常州居住。次年神宗崩，元祐更化，六月起知登州(治今山东蓬莱市)。旋被召还朝为礼部郎中，继迁起居舍人、中书舍人、翰林学士知制诰。二年(1087)兼侍读，三年权知礼部贡举。然苏轼与旧党政见并不一致，遂连章请郡。四年以龙图阁学士充两浙西路兵马钤辖、知杭州，期间开浚西湖修

---

① (宋)苏轼撰，(明)王如锡编，吴文清、张志斌校点：《东坡养生集》卷11，第275页。

② (宋)苏轼撰，(明)王如锡编，吴文清、张志斌校点：《东坡养生集》卷1，第27页。

③ 《宋史》卷338《苏轼传》，第10802页。

堤，是为苏堤。六年回京任翰林承旨，未几复以龙图阁学士出知颍州(治今安徽阜阳市)。七年移知扬州，旋回朝任端明殿学士兼翰林侍读学士、礼部尚书。

八年，高太后逝世，哲宗绍述，苏轼出知定州。绍圣元年，因讥斥先朝之罪贬知英州(治今广东英德市)，未至复贬宁远军节度副使、惠州安置。三年后再贬琼州别驾、昌化军(治今海南儋州市西北新州镇)安置。绍圣七年(1100)哲宗崩，徽宗立，苏轼迁廉州(治今广西合浦县)安置，得以离开海南。建中靖国元年(1101)七月回到常州，二十八日卒于常州。一代天才走到了人生终点，他曾留下遗言："吾生不恶，死必不坠。"[①]本年所作《自题金山画像》诗"身似已灰之木，心如不系之舟，问汝平生功业，黄州惠州儋州"[②]，亦可视为他的另一遗言。苏轼逝后二十九年(建炎四年，1130)，高宗赵构赐谥文忠公；六十九年(乾道六年，1170)，孝宗为《苏文忠公全集》赐序。

《东坡养生集》编者王如锡，字武工，江宁(治今江苏南京市)人。[③] 据其自序知他少时多病，事举子业不顺，遂"谈神仙吐纳之术"，自视为"木食涧饮之人"。[④] 由盛宾《序》知其性格沉静，"于世无所嗜，独嗜书"[⑤]，尤喜读东坡书，而东坡"饮有饮法，食有食法，睡有睡法"[⑥]，遂汇集苏轼"诗文巨牍至简尺填词，以及小言别集，凡有关于养生者"[⑦]而成此编。书成于明崇祯八年(1635)，有明崇祯八年王如锡自刻本、清康熙三年刻本、康熙间箬庵刻本、康熙间陈道生刻本等传世。

---

① (宋)苏辙撰，程宏天、高秀芳校点：《苏辙集·栾城后集》卷22《亡兄子瞻端明墓志铭》，第1126页。

② (清)王文诰辑注，孔凡礼点校：《苏轼诗集》卷48，第2641页。

③⑥ (明)王思任：《叙》，(宋)苏轼撰，(明)王如锡编，吴文清、张志斌校点：《东坡养生集》，第3页。

④⑦ (明)王如锡：《序》，(宋)苏轼撰，(明)王如锡编，吴文清、张志斌校点：《东坡养生集》，第2页。

⑤ (明)盛宾：《序》，(宋)苏轼撰，(明)王如锡编，吴文清、张志斌校点：《东坡养生集》，第1页。

27.《奉亲养老书》

一卷，陈直撰。《直斋书录解题》“医书类”、《文献通考》“医家”类、《宋史·艺文志》“医书类”著录。[①]《中国农学书录》《中国农业古籍目录》未收。元明刊本亦有作《养老奉亲书》的，《四库全书总目》据此云《文献通考》“传写倒置”，日本学者冈西为人考证指出此乃认流作源，“不可从焉”。[②] 作者陈直，仅知其元丰（1078—1085）中[③]曾任承奉郎、泰州兴化县（治今江苏兴化市）令[④]，余无可考。

《奉亲养老书》一书，是陈直在唐《食医心鉴》《食疗本草》、宋《诠食要法》《诸家法馔》《太平圣惠方》诸书基础上撰成。一卷又分上、下籍，上籍为食治方，据统计有162个[⑤]；下籍偏于食疗理论。陈氏认为“主身者神，养气者精，益精者气，资气者食。食者生民之天，活人之本也”[⑥]，故力主食疗。他在书中反复强调“以食治疾，胜于用药”，“凡老人有患，宜先以食治之，食治未愈，然后命药。此养老人之大法也”，又说“善治病者，不如善慎疾；善治药者，不如善治食”，“人若能知其食性，调而用之，则倍胜于药也”。[⑦] 同时，陈直指出老年人饮食调养要随四季气候变化而变：

---

① 《文献通考》云“陈氏曰泰州兴化令陈真撰”（卷223《经籍考五十》，第1798页），抄误，《直斋书录解题》本作“陈直”（卷13，第389页）；《宋史》卷207《艺文志六》，第5320页。

② （日）冈西为人：《宋以前医籍考》，第472页。按：南宋周紫芝曾作《书〈奉亲养老书〉后》（《太仓稊米集》卷66，《景印文渊阁四库全书》第1141册，第472页）可证。

③ （宋）陈振孙撰，徐小蛮、顾美华点校：《直斋书录解题》卷13，第389页。

④ （宋）陈直撰，陈可冀、李春生订正评注：《奉亲养老书·序》，上海：上海科学技术出版社，1988年，第5页。

⑤ 参见姚伟钧、刘朴兵、鞠明库：《中国饮食典籍史》，第197页。

⑥ （宋）陈直撰，陈可冀、李春生订正评注：《养老奉亲书·序》，第223页。

⑦ （宋）陈直撰，陈可冀、李春生订正评注：《养老奉亲书·序》，第5页。

当春之时，其饮食之味，宜减酸益甘，以养脾气。[①]

当夏之时，[其饮食之味]，宜减苦增辛，以养肺气。[②]

当秋之时，其饮食之味，宜减辛增酸，以养肝气。[③]

当冬之时，其饮食之味，宜减咸增苦，以养心气。[④]

他还指出老年人在饮食方面要注意节制："尊年之人，不可顿饱，但频频与食，使脾胃易化，谷气长存……此养老人之大法也。"[⑤]

书中食疗方剂剂型及所用食材、药材见下表（表 14）：

表 14　《奉亲养老书》食疗方剂剂型及所用食材、药材表

	品　名	食　材	佐　料	药　材
软食类	粥、羹、臛、馄饨、馎饦（面条）等	山药、乌鸡肝、猪肝、猪肾、羊脊骨、羊肾、羊肉、鹿肾、鲤鱼脑髓、乌鸡脂、黄母鸡、乌鸡、野鸡、鸡肝、雀儿（麻雀）、鸲鹆（八哥）、鲫鱼、鲤鱼、鳗鲡鱼（鳗鱼）、猫狸（野猫）、貒肉（獾肉）、熊肉、鸡蛋、粳米、粟米、糯米、青粱米、黍米、白面、小麦、青豆（绿豆）、赤小豆、干柿、山药粉、甘蔗、枣、莼菜（莼菜）、葵菜、萝藦菜（羊角菜）、藿菜、铁苋菜、冬瓜、桑耳（桑木耳）	胡麻油、豆豉、豉汁、椒酱、葱、葱白、韭白、蒜、姜、椒、蜀椒、酒、盐、五味末、神曲、莲实、枸杞、槟榔、沙糖、酥、蜜	马齿实（马齿苋）、苍耳、竹叶、石膏、栀子仁、鸡头实（芡实）、蔓菁子、蓼子、人参、防风、薯蓣、阿魏、肉苁蓉、兔丝子、橘皮、黄芪、白茯苓、桑白皮、薏苡仁、郁李仁、桃仁、杏仁、桂心、苣藤子、赤石脂、阿胶、紫苏子、通草、杜苏、冬麻子（火麻仁）、白蒺藜、鲜茅根、高良姜、刺猬皮、荆芥、薄荷叶、牛蒡根

---

① （宋）陈直撰，陈可冀、李春生订正评注：《养老奉亲书 · 序》，第 352 页。

② （宋）陈直撰，陈可冀、李春生订正评注：《养老奉亲书 · 序》，第 372 页。按："其饮食之味"数字据明万历二十年胡氏文会堂刻《寿养丛书》本、《四库全书》本（邹铉增补《寿亲养老新书》本）等补。

③ （宋）陈直撰，陈可冀、李春生订正评注：《养老奉亲书 · 序》，第 393 页。

④ （宋）陈直撰，陈可冀、李春生订正评注：《养老奉亲书 · 序》，第 408 页。

⑤ （宋）陈直撰，陈可冀、李春生订正评注：《养老奉亲书 · 序》，第 233 页。

续表

	品名	食材	佐料	药材
硬食类	索饼(面饼)、乳饼(加牛奶制成)、果脯等	羊髓、白面、牛乳、羊尾骨、羊肉、鸡蛋、黄梨、大枣、栗	姜、蜜、酥、酒、汉椒、葱白、陈皮	附子、神曲、曲、桂心、五味子、肉苁蓉、兔丝子、荆芥、杜苏
菜肴类	用煎、炙、脍、煮、炖、腌等烹饪方法作出的各种菜品	猪肪(肥猪肉)、猪肝、猪肚、猪肾、猪脾、羊脊膜肉(里脊)、羊脊骨、羊头、羊蹄、羊肉、羊肝、羊血、鲫鱼、鲤鱼、鲇鱼、虎肉、熊肉、鹿头、牛肉、牛头、驴头、胎盘、鸳鸯、大豆、藕、枣、马齿菜(马齿苋)、乌鸡、鸡蛋、糯米、粳米、白面	生姜、干姜、椒、蜀椒、胡椒、葱白、蒜、酒曲、盐、醋、豆豉、豉汁、椒酱、枸杞、莳萝(小茴香)、蜜、饧	荜茇、人参、橘皮、白术、杜苏、杏仁、胡桃仁、当归、麻子(火麻仁)
饮料类	汤、饮、酒、浆、乳、茶、汁	牛乳、油、白米、小麦、大麦、粳米、青粱米、大豆、乌豆(黑豆)、大豆黄、青豆(绿豆)、梨汁、藕汁、葛粉、猪颐(即胰脏)、鹿髓、猪肺、猪胆、雁脂、野驼脂	椒、胡麻仁、生姜、蒜、韭白、酒、白蜜、赤饧、沙糖、豆豉、酱、枸杞、糖、盐、栝蒌根	人参、甘草、干地黄、生地黄、黄芪、杜仲、杜苏、肉苁蓉、茯苓、麦门冬、桃仁、杏仁、郁李仁、薏苡仁、桂心、薯蓣、石斛、橙叶、党参、白术、白石英、磁石、苣藤子、车前子、芦根、樟柳根、桑白皮、麻黄、细辛、附子、陈皮、蒲桃汁、茱萸末、麻子(火麻仁)、生牛蒡根、巨胜子、苍耳、槐叶

表中软食类食物很多,非常适宜于老年人肠胃消化。特别值得一提的是,陈氏指出喝牛奶对老年人大有益处,有“补血脉,益心,长肌肉,令人身体康强、润泽,面目光悦,志不衰”之功,强调其

"胜肉远矣"。[1] 故建议"为人子者,常须供之,以为常食"。大量使用动物头蹄、内脏等动物"杂碎"食物则是其又一特点。陈氏认为经常食用上述食物对治疗各种老年疾病、对老年人的身体健康很有好处。大多食疗方并不一定加入药物,或者所加入的"药物"在今天也已经成为百姓人家烹饪美食的调料,如枸杞、大枣、莲子、薏苡仁、党参、当归等。当然,食疗既为疗疾,故将药物加入食物一起烹煮的方法亦为题中应有之义。元泰宁(治今福建泰宁县)总管邹铉[2]家族世用此书之法敬养老人,多年过九十者。因其"有益于人子大矣……以尽事亲之道"[3],遂续增三卷,与此书合编为《寿亲养老新书》(故有人自此书析出第一卷陈书时又将之称为《寿亲养老书》)。元日用类书《居家必用事类全集》也收入了《奉亲养老书》,但易书名为《养老奉亲书》。弘治三年明人将《寿亲养老新书》改名为《安老书》重刻,数年后刘宇又将之与娄子贞《怀幼书》合编为《安老怀幼书》四卷。嘉靖年间洪楩也将《奉亲养老书》中的食疗方编为《食治养老方》一书,作为《医药摄生类八种》中的一种。明高濂《遵生八笺·四时调摄笺》所录诸药品,"大抵本于是书"[4]——可见陈直此书影响甚大。西方最早讨论老年健康问题的是13世纪拉丁文著作《老人治疗和永葆青春》,英语世界最早的专著则是弗洛耶(Floyer)撰于1724年的《老年保健医学》,[5]这些都比《奉亲养老书》要晚。

《奉亲养老书》传世版本有元至正二年刻本、清道光二十八年瓶花书屋校刻本、同治九年河南聚文斋刻本,明万历二十年胡氏文

---

① (宋)陈直撰,陈可冀、李春生订正评注:《养老奉亲书·食治养老益气方第一》,第7—8页。

② 明刊本讹为"邹铉",叶德辉据以言阮元《范氏天一阁书目》云"邹铉续编"误(《郎园读书志》卷6,第299页),是指误反误。

③ (元)张士弘:《序》,(宋)陈直原著,(元)邹(铉)[铉]增补,叶子、张志斌、张心悦校点:《寿亲养老新书》,福州:福建科学技术出版社,2013年,第19页。

④ 《四库全书总目》卷103《医家类一》,第1339页。

⑤ 潘天鹏等主编:《中华老年医学》,北京:华夏出版社,2009年,第6页。

会堂刻《寿养丛书》本(即所谓映旭斋刻本,书名为《新刻寿亲养老书》)、万历三十一年胡氏文会堂刻《格致丛书》本(即所谓万历三十一年癸卯虎林文会堂刻本,书名为《新刻寿亲养老书》)、清《四库全书》本,以及《寿亲养老新书》的各种版本(主要有明初刻本、明成化十二年徐礼刻本、明万历四年刻本、明末刻本等)。

28.《诠食要法》

卷帙不明,佚名撰,已佚。陈直《养老奉亲书序》中谈到自己所参考的著作时说:"今以《食医心鉴》《食疗本草》《诠食要法》《诸家法馔》,洎是注('是注'二字衍)《太平圣惠方》食治诸法,类成养老食治方。"[①]据知。《中国农学书录》《中国农业古籍目录》未著录。

29.《食医纂要》

卷帙不详,仅见于《宋会要》:"(政和)五年(1115)试殿中监、详定六尚供奉敕令兼详定一司敕令高伸等言:'昨奉朝旨,以尚食局《食医纂要》淆杂不可奉行,令将食饮禁忌及不可同食者编修为《食禁经》。寻以诸家医经讨论参酌,创行详定,修成《食禁经》一部。'"[②]可知《食医纂要》为宫廷图书,因此流传不广。是书很可能亡于靖康兵燹,故不被晁公武、陈振孙辈所知。据其书名,又为尚食局掌用,自属食疗著作无疑。《中国农学书录》《中国农业古籍目录》未著录。

30.《食禁经》

《宋史·艺文志》著录于"农家类"[③],已佚。《中国农学书录》《中国农业古籍目录》未收叙。据上揭《宋会要》记载可知,该书成于政和五年,为高伸等奉敕撰,计三卷,亦称《政和食禁经》,当时官方曾镂板颁行。[④]

① (宋)陈直撰,陈可冀、李春生订正评注:《养老奉亲书·序》卷1,第5页。

②④ (清)徐松辑:《宋会要辑稿》职官一九之一一,第2816页。

③ 《宋史》卷205《艺文志四》,第5207页。

高伸，高俅之弟[①]，开封人。景德元年（1004）九月时任右司谏[②]。大中祥符二年（1009）二月时任直史馆[③]，大中祥符七年八月时任荆湖北路转运使[④]。政和初任朝请郎、殿中监[⑤]，编定《六尚供奉式》[⑥]。三年初因参与撰修《殿中省六尚供奉敕令》书成转一官[⑦]，四年底由保和殿学士、提举上清宝箓宫兼侍读升为保和殿大学士[⑧]，重和元年（1118）闰九月时任户部尚书[⑨]。靖康元年（1126）四月，时任资政殿大学士的高伸因擅离职守，降为延康殿学士、领祠禄；[⑩]次年（建炎元年）大年初一，因开封尹徐秉哲奉诏征用犒劳金军钱物，高伸藏匿金银于兄高杰家而为婢所告，落职。[⑪]

31.《食治通说》

一卷，《直斋书录解题》《宋史·艺文志》均著录于"医书类"。作者娄居中，东虢（治今河南荥阳市）人。在临安开药肆卖药，店中有金药臼为人所共知。其子登进士第，以恩得初品官。[⑫] 娄书六

---

① (宋)章定:《名贤氏族言行类稿》卷 20,《景印文渊阁四库全书》第 933 册,第 284 页。

② (清)徐松辑:《宋会要辑稿》职官五九之六,第 3720 页。

③ (清)徐松辑:《宋会要辑稿》礼十八之六,第 735 页。

④ (清)徐松辑:《宋会要辑稿》方域一〇之一,第 7474 页。

⑤ (清)徐松辑:《宋会要辑稿》礼一四之七二、职官一九之一〇,第 623、2815 页。

⑥ 《宋史》卷 164《职官志四》,第 3881 页。

⑦ (清)徐松辑:《宋会要辑稿》刑法一之二七,第 6475 页。

⑧ (宋)岳珂:《宝真斋法书赞》卷 2《徽宗皇帝传旨御批》,《丛书集成初编》第 1628 册,第 18 页。

⑨ (宋)陈均:《九朝编年备要》卷 28 政和六年闰九月,《景印文渊阁四库全书》第 328 册,第 772 页。

⑩ (宋)汪藻著,王智勇笺注:《靖康要录笺注》卷 5,第 695 页。

⑪ (清)徐松辑:《宋会要辑稿》职官六九之三〇,第 3944 页;(宋)李心传撰,辛更儒点校:《建炎以来系年要录》卷 1 建炎元年正月壬辰,第 20 页。

⑫ (宋)陈振孙撰,徐小蛮、顾美华点校:《直斋书录解题》卷 13,第 385 页。

篇①,大要以为食治则身治,是良医攻未病之一术。书已佚,《医说》《养生类纂》(即《养生杂类》)多所引用。《中国农学书录》《中国农业古籍目录》未著录。

《文献通考》云"赵忠定丞相"为之作跋,有"君自幼业医,至是历八十一寒暑矣"②语。赵汝愚任相在绍熙五年(1194)八月,次年(庆元元年)二月即被罢,又次年初卒于贬途。故娄居中生当徽宗政和三年(1113)或四年。据赵汝愚跋,可知娄氏不仅医术高超,且医德高尚:

> 钱唐行都多贵人,君未尝出谒卿相王侯之家,屡迎之不可致。每旦,肩舆至药肆,群儿已四集,悲啼叫号,嚣然满室,君皆调护委曲。坐良久,徐起枚视之,一以至之先后为序。辄为言:"儿本无疾,爱之者害之也。"如言儿下利(通"痢")时,此为脾虚、乳食过伤所致,惟苦节其乳食,微以参术药温其胃即愈矣。而爱之者曰:"儿数利,气且乏,非强食莫补其所丧;于是胃虚不能摄化,其气重伤,参术弗效;增以姜附,姜附不已,重以金石,而儿殆矣。"胡不以身喻之?方吾曹盛壮时,日食二升米饭几不满欲。一日意中微不佳,则粒米不堪向口。何况儿乎?予每视君持药欲授时,必谆谆为人开说,口几欲破。又为纸囊贮药,各著其说于上,使归而勿忘焉。③

第二节　酿酒类农书

中国最早的酿酒专著为南朝梁《仙人水玉酒经》,其书虽已亡佚,但同时代的《齐民要术》亦辟专章叙记了当时的酿酒技术,不过非专著而已(从体量上看其实和专著差不多,甚至比后代很多酒

① 《文献通考》记为"十六篇"(卷223《经籍考五十》,第1798页)。
②③ (元)马端临:《文献通考》卷223《经籍考五十》,第1798页。

经、酒谱篇幅还大）。宋代酿酒业发达，产生了很多制曲酿酒之书，数量居于历代之冠，其中朱肱《酒经》则是成就最高的作品。

1.《酒谱》

一卷，窦苹撰。《通志・艺文略》著录于"食经"类[①]，《遂初堂书目》著录于"谱录"类[②]，《直斋书录解题》著录于"杂艺类"[③]，《宋史・艺文志》著录于"农家类"[④]。《中国农学书录》未收叙。

《酒谱》分内外两篇，内篇包括酒之源、酒之名、酒之事、酒之功、温克、乱德、诫失 7 目，外篇包括神异、异域酒、性味、饮器、酒令、酒之文、酒之诗（存目）、总论 8 目。该书的成就主要有两点，一是对酒之物理、化学性状及饮酒益害的认识，并记载有特殊酒品的酿造方法，如松脂酒：

> 松脂蠲百病疾。每糯米一斛，松脂十四两。别以糯米二升煮如粥，稍冷，着小麦麴一片半，每片重二三两，火曝干，捣为末，搅作酵。五日以来，候起办炊，饭米须薄之，更以曲二十片，火焙干作末。用水六斗五升、酵及麴末、饭等一时搅和，入瓮，瓮暖和如常。春冬四日，秋夏三日成。[⑤]

又载使酸酒变甘的方法："酒之酸者可变使甘：酒半斗，黑锡一斤，炙令极热，投中，半日可去之矣。"[⑥]酒酸是因为发酵过度生成了乙酸（俗称醋酸），黑锡是中医对铅的称呼。铅是两性金属，在有氧条件下可与乙酸反应，生成醋酸铅。因此窦苹所记方法是有效果的，

---

① （宋）郑樵：《通志》卷 69《艺文略七》，第 814 页。

② （宋）尤袤：《遂初堂书目》，《丛书集成初编》第 32 册，第 24 页。

③ （宋）陈振孙撰，徐小蛮、顾美华点校：《直斋书录解题》卷 14，第 419 页。

④ 《宋史》卷 205《艺文志四》，第 5206 页。

⑤ （宋）窦苹著，石祥编著：《酒谱》，北京：中华书局，2010 年，第 160—161 页。按：据明刻《说郛》百二十卷本、《说郛》四库本校订，并自为标点。

⑥ （宋）窦苹著，石祥编著：《酒谱》，第 162 页。

但铅是有毒的，饮用酸酒返甘之酒会导致铅中毒。书中还记载了几种解酒之方，如鲭鲊、葡萄、柘浆（甘蔗汁）等[①]。

二是对其他国家的酒作了介绍，对了解当时世界酒业提供了珍贵史料。如天竺国谓酒为“酥”，亦称“般若汤”；波斯国有三勒浆，“类酒”，当为一种含酒饮料；诃陵国用柳花、椰子酿酒；大宛国用葡萄酿酒，“多者藏至万石，数十年不坏”；顿孙国用安石榴酿酒；扶南有椰浆、甘蔗及土瓜根酒，“色微赤”。[②]《酒谱》还对酒的起源作了考证，认为传统所谓仪狄造酒等说法皆不足为据，酒大约产生于夏禹之前。

窦苹，字子野[③]，东平府中都县（治今山东汶上县）人。熙宁（1068—1077）末任大理寺详断官，却因一宗刑事案件卷入新旧党争[④]：相州（治今河南安阳市）曾判三名抢劫杀人犯死刑，中书刑房堂后官周清在检核旧案时认为两名从犯杀人系依主犯平时教导而行，不应被判死刑，事下大理寺，窦苹与同事认为原判决正确。周清再驳，复下刑部审定，刑部认为周清所议有理，原判决有误。正在双方争论未定之时，相州方面入京打点关系事发，在蔡确锻炼之下，窦苹最终受到追一官、勒停的处罚。[⑤] 据《酒谱·总论》“甲子

① （宋）窦苹著，石祥编著：《酒谱》，第163—165页。

② （宋）窦苹著，石祥编著：《酒谱》，第149—155页。

③ 《涑水纪闻》记其名为“窦平”（卷16，北京：中华书局，1989年，第327页），《东都事略》（卷99《上官均传》，第848页）记其名为“窦莘”，《直斋书录解题》云其字“叔野”（卷14，第419页），均误。石祥《酒谱》校注《前言》谓《续资治通鉴长编》记其名为“窦革”（北京：中华书局，2010年，第2页），则是承四库本之误。

④ 相州案原主审官是殿中丞陈安民，其外甥文及甫（文彦博子）妻为时任首相吴充幼女（长女为欧阳修儿媳、次女为吕公著儿媳，子安持为王安石女婿）。

⑤ （宋）李焘：《续资治通鉴长编》卷287元丰元年正月、卷290元丰元年六月辛酉，第7025—7027、7090页；（宋）司马光撰，邓广铭、张希清点校：《涑水记闻》卷16，第326—329页。

六月既望，在衡阳，(次)[氿]公窦子野题"[①]的署款可知该书撰成于其免官之后的元丰七年(1084)，又知窦苹自号"氿('酒'之俗体字)公"。元祐六年(1091)，窦苹时任大理寺司直[②]，重新回到了法官岗位上。除《酒谱》外，窦苹著述尚有《(新)唐书音训》《载籍讨源》《举要》三种。

《酒谱》主要传世版本有宋刻《百川学海》本、明弘治十四年无锡华珵刻《百川学海》本、嘉靖十五年郑氏宗文堂刻《百川学海》本、明末刻《百川学海》本、明末《说郛》板编印《唐宋丛书》本、明末清初宛委山堂刻《说郛》本、清《四库全书》本等。诸本皆一卷，惟北京大学图书馆藏缪氏云自在龛抄本分为二卷。

2.《酒经》

亦名《东坡酒经》，一卷，苏轼绍圣二年谪居惠州时作[③]。有明刻《陈太史重订百川学海》本、明末刻《百川学海》本、明刻《重订欣赏编》本、明末清初宛委山堂刻《说郛》本传世。《中国农学书录》未加著录。

该书所记为坡公在南方糯米酒基础上自创的改良酒法：

(南方)以糯与秔(同"粳")杂以卉药而为饼。嗅之香，嚼之辣，揣之枵然而轻，此饼之良者也。吾始取麫(同"麵")而起肥之，和之以姜液，烝之使十裂，绳穿而风戾之，愈久而益悍，此曲之精者也。米五斗以为率，而五分之，为三斗者一，为五

---

① (宋)窦苹著，石祥编著：《酒谱》，第207页。按：石祥校注本将"总论"改作"后记"，兹从原貌。又，石注本"次公"沿所选底本《说郛》百卷本之误(《说郛三种》卷66，第1003页)，实应为"氿公"(《说郛三种》弓94，第4295页)。

② (宋)李焘：《续资治通鉴长编》卷元祐六年正月甲申，第10886页。按：《郡斋读书志校证》谓窦苹因相州狱"废死"(卷7，第300页)，据此可见其误，余嘉锡已指陈之。

③ 参见李之亮笺注：《苏轼文集编年笺注》卷64，成都：巴蜀书社，2011年，第575页。

> 升者四。三斗者以酿，五升者以投。三投而止，尚有五升之赢也。始酿以四两之饼，而每投以二两之曲，皆泽以少水，取足以散解而匀停也。酿者必瓮按而并泓之，三日而井溢，此吾酒之萌也。酒之始萌也，甚烈而微苦，盖三投而后平也。凡饼烈而曲和，投者必屡尝而增损之，以舌为权衡也。既溢之，三日乃投，九日三投，通十有五日而后定也。既定乃注以斗水，凡水必熟而冷者也。凡酿与投，必寒之而后下，此炎州之令也。既水五日乃篘，得二斗有半，此吾酒之正也。先篘，半日，取所谓赢者为粥，米一而水三之，揉以饼曲，凡四两，二物并也。投之糟中，熟撋而再酿之，五日压得斗有半，此吾酒之少劲者也。劲正合为四斗，又五日而饮，则和而力、严而不猛也。篘绝不旋踵而粥投之，少留，则糟枯中风而酒病也。酿久者酒醇而丰，速者反是，故吾酒三十日而成也。[①]

其工艺概括起来一是制醪的混合发酵法，即将酒药与面粉风曲相结合，实质是以根霉与米曲霉混合发酵，酿制出来的酒氨基酸种类多且含量高，产品风味得到提升。当今绍兴酒所用草包曲是产生米曲霉的麦曲，即东坡面粉风曲发展而来。风曲酒在北宋晚期很多酒店尚直接用之为酒名以广招徕[②]，可见此法即使不是苏轼首创，也必属其时代之新发明。二是三次投料法。将曲、饭分三次投入，使发酵微生物的密度得到了保证，换言之即提供了持续的发酵动力。这与原来仅将米饭分批投入的方法相比更为科学，所起作用和现代发酵工艺中的流加技术效果完全相同。三是低温培养酒母法，即所谓“凡酿与投，必寒之而后下”。其优点在于保持酵母顺利增殖，从而在开放条件下制作出优质酒母。[③] 总之，东坡《酒经》

---

① 孔凡礼点校：《苏轼文集》卷64，第1987—1988页。

② (宋)张能臣：《酒名记》，(明)陶宗仪等编：《说郛三种》弓94，第4337页。

③ 参见包启安：《从〈东坡酒经〉看目前黄酒的生产工艺》，《中国酿造》1995年第6期，第5—7、4页。

虽然篇幅不大，介绍的却是宋酒最先进的生产工艺，因此被著名酿造专家包启安誉为宋代酿酒技术的两部代表性著作之一（另一部是朱肱《酒经》）。

作者苏轼生平参见上节。

3.《酒经》

朱肱撰，亦名《北山酒经》，有三卷、一卷两个本子。《郡斋读书志》著录于"农家类"[1]，《遂初堂书目》著录于"谱录类"[2]，《直斋书录解题》著录于"杂艺类"[3]，《宋史·艺文志》著录于"农家类"，惟既载"无求子《酒经》一卷"，又载"大隐翁《酒经》一卷"，[4]重出。《中国农学书录》未加著录。

《酒经》卷上为总论。首述酒的社会功用，朱肱认为酒作为饮食之一，是"礼天地、事鬼神、射乡之饮、鹿鸣之歌"必有之物，"上至缙绅，下逮闾里，诗人墨客，渔夫樵妇，无一可以缺此"，[5]在社会生活中意义很大。因此，酒虽然会移人性情、引发疾病，但不必像佛教那样戒酒，只要饮酒适度就可以了。次述酿酒的一般理论，朱肱指出酿酒的关键在于酒曲，"曲之于黍，犹铅之于汞"；而要酿出好酒，工艺也很重要："酒甘易酿，味辛难酝……投（饭再酿）者，所以作辛也……酒以投多为善，要在曲力相及。"[6]酿酒过程中，"著水无多少，拌和黍麦以匀为度……要之，米力胜于曲，曲力胜于水，即善矣"。还指出了不同季节、不同原料、不同地区酿酒应注意的问题：

> 春夏及黍性新软则先汤而后米酒，酒人谓之"倒汤"（去声）；秋冬及黍性陈硬则先米而后汤酒，酒人谓之"正汤"。酝

---

① （宋）晁公武撰，孙猛校证：《郡斋读书志校证》卷12，第542页。

② （宋）尤袤：《遂初堂书目》，《丛书集成初编》第32册，第24页。

③ （宋）陈振孙撰，徐小蛮、顾美华点校：《直斋书录解题》卷14，第419页。

④ 《宋史》卷205《艺文志四》，第5205页。

⑤ （宋）朱肱撰，宋一明、李艳译注：《酒经译注》卷上，第5页。

⑥ （宋）朱肱撰，宋一明、李艳译注：《酒经译注》卷上，第12、14页。

> 酿须酴米偷酸,投醹偷甜。淛(同"浙")人不善偷酸,所以酒熟入灰。北人不善偷甜,所以饮多令人膈上懊侬。
>
> 北人不用酵,只用刷案水,谓之信水。然信水非酵也……凡酝不用酵即酒难发……用酵四时不同,寒即多用,温即减之。酒人冬月用酵紧,用曲少;夏月用曲多,用酵缓。天气极热,置瓮于深屋;冬月温室,多用毡毯围绕之。

总之,酿酒方法要在实践中加以摸索,因为"夫心手之用,不传文字"。[①]

卷中为制曲方法。所记酒曲按照制造方法的不同分为三类:一是罨曲,包括顿递祠祭曲、香泉曲、香桂曲、杏仁曲 4 种。所谓罨曲,就是把不同曲料制成的曲坯放入密闭环境中发酵而成的酒曲。二是风曲,包括瑶泉曲、金波曲、滑台曲、豆花曲 4 种。所谓风曲,就是把曲坯挂在通风处发酵而成的酒曲。三是曝曲,包括玉友曲、白醪曲、小酒曲、真一曲、莲子曲 5 种。所谓曝曲,就是先用罨曲法发酵,再用风曲法发酵制成的酒曲。另外卷下附记了妙理曲、时中曲两种酒曲,均为风曲。酒曲曲料多为小麦面粉,其次是糯米粉,也有面粉混合糯米粉的,还有糯米混合粳米粉(白醪曲)、面粉混合豆粉(豆花曲)的。个别风味酒品则会加入特殊物质,如杏仁曲即以杏仁为汁和面。添加的酒药即中草药主要有苍耳、蛇麻、白术、川芎、川乌头、白附子、瓜蒂、木香、官桂、防风、槟榔、胡椒、峡椒、桂花、丁香、人参、天南星、甘草、茯苓、香白芷、肉豆蔻、肉桂、青蒿、蓼叶、桑叶、生姜等。酒曲制造要在六月三伏中进行,一般工艺流程是:

> 先造峭汁:每瓮用甜水三石五斗,苍耳一百斤,蛇麻、辣蓼各二十斤,剉碎、烂捣,入瓮内同煎五七日,天阴至十日。用盆盖覆,每日用杷子搅两次,滤去滓,以和面。此法本为造曲多处设,要之,不若取自然汁为佳。若只造三五百斤面,取上三

① (宋)朱肱撰,宋一明、李艳译注:《酒经译注》卷上,第 16、17 页。

> 物烂捣，入井花水（清晨第一汲），裂取自然汁，则酒味辛辣……曲用香药，大抵辛香发散而已。每片可重一斤四两，干时可得一斤。直须实踏，若虚则不中。造曲水多则糖心，水脉不匀则心内青黑色；伤热则心红，伤冷则发不透而体重。惟是体轻、心内黄白或上面有花衣（曲霉），乃是好曲。自踏造日为始，约一月余日出场子，且于当风处井栏垛起。更候十余日打开，心内无湿处，方于日中曝干，候冷乃收之。收曲要高燥处，不得近地气及阴润，屋舍盛贮仍防虫鼠、秽污。四十九日后方可用。①

当然，具体到不同酒曲，技术细节仍略有不同。李华瑞将《酒经》中的顿递祠祭曲、白醪曲制曲过程与现代大曲、桂林酒曲丸制曲过程比较后认为，“除了制曲设备和所用术语因所处时代不同而相异外，其基本工序如出一辙。这说明我国制曲技术远在宋代已比较成熟”②。

《酒经》卷下叙记了整个酿酒工艺流程，兹图示如下（图 24）：

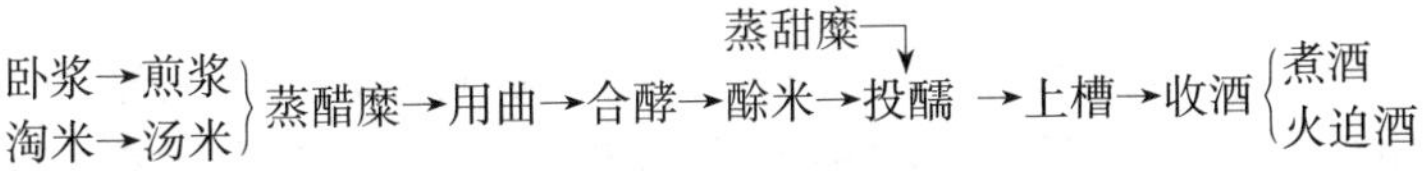

卧浆→煎浆 / 淘米→汤米 } 蒸醋糜→用曲→合酵→酴米→投醹（←蒸甜糜）→上槽→收酒 { 煮酒 / 火迫酒

图 24　朱肱《酒经》酿酒工艺流程图

这一流程与现代黄酒酿造工艺基本相同。卧浆、煎浆是制作酸浆水，酸浆富含乳酸、氨基酸等成分，可以保护酵母菌的繁殖即促进发酵，提高酒精浓度；抑制杂菌生长，防止酒的酸馊；同时对形成黄酒风味也有独特作用。酸浆应用本为古之成法，《齐民要术》即已言之，但《酒经》首次对造浆方法作了详细记载并将其提到一个前

① （宋）朱肱撰，宋一明、李艳译注：《酒经译注》卷中，第 20 页。按：“自踏造日为始，约一月余日出场子，且于当风处井栏垛起”原文标点为“自踏造日为始，约一月余，日出场子，且于当风处井栏垛起”，很多点校本均同此，皆误。

② 李华瑞：《宋代酒的生产和征榷》，第 16 页。

所未有的高度，如云："造酒最在浆"，"造酒以浆为祖"，"看米不如看曲，看曲不如看酒，看酒不如看浆"。卧浆的具体方法是："六月三伏时，用小麦一斗煮粥为脚，日间悬胎盖，夜间实盖之，逐日浸热，麦浆或饮汤不妨给用，但不得犯生水……其浆不可才酸便用，须是味重。酴米偷酸，全在于浆。大法，浆不酸即不可酝酒。"如果确实没有酸浆，可以水稀释醋，再加入葱、椒等同煎，谓之"合新浆"。也可以水稀释已浸米浆加入葱、椒同煎，谓之"传旧浆"。[①]煎浆的具体方法是："米一石，用卧浆水一石五斗……先煎三四沸，以笊篱漉去白沫，更候一两沸，然后入葱一大握……椒一两、油二两、面一盏。以浆半碗调面，打成薄水，同煎六七沸。煎时不住手搅，不搅则有偏沸及有焦着处。葱熟即便漉去葱、椒等。如浆酸，亦须约分数以水解之；浆味淡，即更入酽醋。要之，汤米浆以酸美为十分，若用九分味酸者，则每浆九斗入水一斗解之，余皆仿此。寒时用九分至八分，温凉时用六分至七分，热时用五分至四分。"[②]

淘米、汤米是处理酿酒原料的方法。淘米不仅是用水淘洗尘土，还要加以拣择，去除砂石、鼠粪，尤其是商人可能掺入的粳米，所以最好用自种糯米。"造酒洽糯为先"[③]，是因为糯米淀粉含量高，酿成的酒酒精含量才会高。然后要旋、舂、簸之，进行精加工，目的在于除去米粒表面的种皮层、糊粉层，使之更易分解糖化、发酵酒化。汤米即用热水浸米，新米倒汤，即先注入前制酸浆再下米；陈米正汤，即先下米再注浆。"春间用插手汤，夏间用宜似热汤，秋间即鱼眼汤(比插手差热)，冬间须用沸汤。"汤米时浆汤要不断注入并搅拌，至"米滑及颜色光粲乃止。如米未滑，于合用汤数外，更加汤数斗汤之……如早辰汤米，晚间又搅一遍；晚间汤米，来早又复再搅。每搅不下一二百转。次日再入汤又搅，谓之'接汤'。接汤后渐渐发起泡沫，如鱼眼、虾跳之类，大约三日后必醋矣"。一

① (宋)朱肱撰，宋一明、李艳译注：《酒经译注》卷下，第45页。

② (宋)朱肱撰，宋一明、李艳译注：《酒经译注》卷下，第49页。

③ (宋)朱肱撰，宋一明、李艳译注：《酒经译注》卷下，第47页。

般汤米后第二日生浆泡，第三日生浆衣，第四日便尝若已酸美有涎，“要之，须候浆如牛涎，米心酸，用手一捻便碎，然后漉出，亦不可拘日数也”。[①]

蒸醋麋（当作“糜”）即用上一步漉出的汤米（因味酸故称“醋糜”）蒸治脚饭（酒母）。蒸熟后“用棹篦拍击，令米心匀破成糜”，然后出糜冷却。[②] 再加入酒曲搅拌，朱肱指出宋代用曲方法与古不同：“炊饭，冷，同曲搜拌入瓮。曲有陈新，陈曲力紧，每斗米用十两，新曲十二两或十三两”，另外，“大约每斗用曲八两，须用小曲一两，易发无失。善用小曲，虽煮酒，亦色白”。如果想要酒要辛辣够劲，则“更于酘饭（即投饭）中入曲”[③]——此即苏轼《酒经》所言之加曲投料法——酒曲所生霉菌使糯米淀粉转化为葡萄糖，然后经过发酵作用使葡萄糖转化成乙醇。《酒经》记载的发酵方法是干酵法：

> 用酒瓮正发（酵的）醅（酒醪），撇取面上浮米糁，控干，用曲末拌，令湿匀，透风阴干，谓之干酵。凡造酒时，于浆米中先取一升已来，用本浆煮成粥，放冷，冬月微温。用干酵一，合曲末一斤，搅拌令匀，放暖处。候次日搜（搅拌）饭时，入酿、饭瓮中同拌。大约申时欲搜饭，须早辰先发下酵……用酵四时不同，须是体衬天气，天寒用汤发，天热用水发，不在用酵多少也。[④]

发酵不能太慢，否则就要想办法提高温度，如“用热汤汤臂膊入瓮搅掩，令冷热匀停。须频蘸臂膊，贵要接助热气。或以一二升小瓶贮热汤，密封口，置在瓮底，候发则急去之”。[⑤]

蒸甜糜即蒸制再次投料用的米饭（亦称酘糜、酘饭）。向酒母中加入酘饭称“投醹”（今称“喂饭”，绍兴加饭酒即强调以此工艺酿

① （宋）朱肱撰，宋一明、李艳译注：《酒经译注》卷下，第51—52页。
② （宋）朱肱撰，宋一明、李艳译注：《酒经译注》卷下，第55—56页。
③ （宋）朱肱撰，宋一明、李艳译注：《酒经译注》卷下，第58—59页。
④ （宋）朱肱撰，宋一明、李艳译注：《酒经译注》卷下，第62页。
⑤ （宋）朱肱撰，宋一明、李艳译注：《酒经译注》卷下，第65页。

制之酒)，投醽要掌握好时机，若投太晚，“(脚饭)发(酵已)过无力方投，非特酒味薄、不醇美；兼曲末少，咬甜糜不住，头脚不厮应，多致味酸”；如投太早，甜糜温度低会影响发酵。因此必须发酵正猛时投饭，“寒时四六酘，温凉时中停酘，热时三七酘……若发得太紧，恐酒味太辣，即派入米一二斗；若发得太慢，恐酒味大甜，即派入曲三四斤——定酒味全在此时也”。[①] 汉唐时期所谓九酝酒就是投醽九次，宋代一般投醽三次。发酵结束后便以封泥密封瓮口，“夏月十余日，冬深四十日，春秋二十三四日”[②]即可上榨收酒。接下来最后一道工序是煮酒(其实是蒸)，目的是杀灭、破坏酒液中存留有的微生物(酒曲霉菌就是微生物)及酶的活力，将酒的品质固定下来，防止其酸坏，延长其保存时间；同时也能促进蛋白质的凝结，使酒体看起来色泽清凉、透明。除了煮酒之外，《酒经》还记载了另外一种杀菌方法：将榨收的酒液装入瓮中再于窑室中文火加热七天，称为“火迫酒”，亦称烧酒(非今之蒸馏白酒)。这种方法虽然费时费事，但品质胜于煮酒。《酒经》还记载了一种仅适用于夏天的快速酿酒方法，称为“曝酒法”。又附记“真人变髭发方”一则，据内容观之，实为地黄酒。在中医看来，熟地黄有补血滋阴、益精填髓之效，可治须发早白，此应其称“常服尤妙”[③]的理论依据。

上述很多技术细节都说明黄酒酿造技术在宋代已经发展到相当成熟的阶段，尤其是生料制曲、曲母接种、干酵法、对酸浆的认识和应用均为前代所无且沿用至今。[④] 这些技术当然并不都是《酒经》作者朱肱的个人发明，但他能深知个中三昧则与其酿酒实践紧密相关。

---

① (宋)朱肱撰，宋一明、李艳译注：《酒经译注》卷下，第70页。

② (宋)朱肱撰，宋一明、李艳译注：《酒经译注》卷下，第71页。

③ (宋)朱肱撰，宋一明、李艳译注：《酒经译注》卷下，第93页。

④ 参见傅金泉：《从〈北山酒经〉论传统黄酒酿造技术的进步》，《酿酒科技》1991年第1期，第48—49页。

朱肱字翼中，号无求子，湖州人。约出生于皇祐二年(1050)[①]，元祐三年(1088)登第[②]。哲宗末年任雄州(治今河北雄县)防御推官，后迁邓州(治今河南邓州市)录事参军，建中靖国元年(1101)曾为新任知州盛次仲疗疾，以小柴胡汤治之而旋愈。[③] 崇宁元年(1102)初，河东路地震不止，朱肱乃直言上奏，矛头直指独柄相权的曾布，指其助成章惇之恶、尸位素餐，[④]因被罢职，以奉议郎致仕，[⑤]故人多以"朱奉议"称之。又因其致仕后寓居杭州大隐坊造酒、著书，遂改号大隐翁。大观二年(1108)，朱肱撰成《活人书》(亦名《南阳活人书》)二十卷[⑥]。不久在此基础上再撰《伤寒百问》(一

① 张海鹏:《朱肱生卒年考》,《中华医史杂志》2017年第1期,第36页。

② 《嘉泰吴兴志》所载湖州籍元祐三年登科名录有李肱而无朱肱(卷17《进士题名》,《宋元方志丛刊》第5册,第4829页),笔者搜检宋代载籍,所谓湖州"李肱"仅此一见;而朱肱又确有中第之事,不惟时人多言,其《活人书》自序"大观元年正月上元日前进士朱肱"(朱肱撰,万友生、万兰清等点校:《活人书》,北京:人民卫生出版社,1993年,第20页)署款更是铁证,此"李肱"必当"朱肱"之误。

③ (宋)方勺撰,许沛藻、杨立扬点校:《泊宅编》卷7,第41页。

④ (宋)杨仲良撰,李之亮校点:《皇宋通鉴长编纪事本末》卷130《久任曾布》,第2202—2203页。按:《萍州可谈》有"季父出其门,因以书切责之"(卷1,北京:中华书局,2007年,第117页)之语,有研究者据此认为朱肱曾"师事曾布,得其真传",甚至认为其医学亦出曾布,"青出于蓝而胜于蓝"(刘玉贤、王瑞华、王素芳:《朱肱家世及医学渊源考》,中国中医科学院中国医史文献研究所主办"医家传记研究的继承与创新"学术研讨会论文,2010年,第42、45页)。然据《皇宋通鉴长编纪事本末》所载朱肱奏札及致曾布书信看,二人恐无师弟之谊,所谓"出其门"者,或为曾受荐迁官之意。

⑤ (宋)朱肱撰,陆振平整理:《类证活人书·进表》,《中华医书集成》第2册《伤寒类》,北京:中医古籍出版社,1999年,第5页。

⑥ (宋)晁公武撰,孙猛校证:《郡斋读书志校证》卷15,第717页。按:原文为"作于己巳,成于戊子",此与朱肱自云"首尾几二十一年"(《类证活人书·青词》,第4页)相合。《泊宅编》云朱氏"进士登科,喜论医……潜心二十年而《活人书》成"(卷7,第41页),盖言其约数也。

名《无求子伤寒百问方》)三卷,[1]相当于前书之精编版。是时徽宗大兴学校,除了儒学还创设了医学等专科学校,政和元年(1111)正月朱肱乃遣子朱遗直将前书献之朝廷,希望"宣付国子监应造颁行"。[2] 遂于政和四年(1114)被起用为直秘阁[3]、医药博士。然次年七月又因书苏轼诗被劾以"党元祐奸臣及为元祐学术"[4]而被贬至达州,六年以朝奉郎提点洞霄宫,还归于杭。[5] 政和八年,已69岁的朱肱又利用崇宁五年(1106)政府主持的人体解剖实验最新成果《存真图》著成《内外景图》(一作《内外二景图》)三卷[6];并重新校证《活人书》,改名《类证活人书》"于杭州大隐坊镂板,作中字印行"[7]。三书对中医伤寒学及针灸学均有重大贡献。此后史籍即未再见有关朱肱的记载,或不久逝世。

朱肱父朱临,皇祐元年(1049)进士,官至著作佐郎,与乃师胡瑗等并称湖学三先生、五先生。兄朱服,熙宁六年(1073)榜眼,官至礼部侍郎,后坐与苏轼游,卒于贬所。侄朱彧(朱服子),所著《萍州可谈》"夜则观星,昼则观日,阴晦则观指南针"[8]云云是指南针应用于

---

① (宋)晁公武撰,孙猛校证:《郡斋读书志校证》卷15,第716页。

② (宋)朱肱撰,陆振平整理:《类证活人书·进表》,《中华医书集成》第2册《伤寒类》,第5页。

③ (宋)陈振孙撰,徐小蛮、顾美华点校:《直斋书录解题》卷13,第390页。

④ (清)徐松辑:《宋会要辑稿》职官六八之三四,第3925页。

⑤ (宋)李保:《读〈北山酒经〉》,(宋)朱肱撰,宋一明、李艳译注:《酒经译注》附录三,第102页。

⑥ (清)钱曾著,管庭芬、章珏校证,余彦焱标点:《读书敏求记校证》卷3下《医家》,上海:上海古籍出版社,2007年,第317页。按:书今佚,《内景图》元王好古《医家大法》、明杨珣《针灸集书》有征引,朱氏本人的《南阳活人书》卷1《经络图》当引自《外景图》。参见申玮红:《朱肱"经络图"源流考》,中国中医科学院博士学位论文,2003年,第33—34页。

⑦ (宋)朱肱撰,万友生、万兰清等点校:《活人书·后序》,第24页。

⑧ (宋)朱彧撰,李伟国点校:《萍州可谈》卷2,第133页。

航海的最早记录。侄女(朱服次女)为沈括儿媳(后离婚)。[①]

《酒经》传世版本主要有宋刻本(钱谦益跋),明万历四十三年刻本(与《觞政》合刻),万历四十三年程百二、胡之衍刻《程氏丛刻》本,明末毛氏汲古阁影宋抄本,乾隆五十年钱塘鲍氏刻本,《四库全书》本(书名为《北山酒经》),道光间蒋氏别下斋抄本,中华书局1991年补出《丛书集成初编》本(以上署名朱翼中),清乾隆三十七年至道光三年长塘鲍氏刻《知不足斋丛书》本(署名朱肱)、清光绪至民国间南陵徐氏刻《随盦徐氏丛书》本(署名大隐翁),以上为三卷本;明万历二十五年金陵荆山书林刻《夷门广牍》本(署名朱翼中),明末清初宛委山堂刻《说郛》本(署名朱肱),以上为一卷本。

4.《酒谱》

一卷,葛澧撰。仅见于《宋史·艺文志》[②],已佚。《中国农学书录》《中国农业古籍目录》未加著录。葛澧亦无考,仅知其为丹阳(治今江苏丹阳市)人。《舆地纪胜》《梦粱录》谓其有《帝都赋》(亦作《钱塘帝都赋》《钱塘赋》),全文存于《咸淳临安志》中。据文中所记,葛澧当为两宋之交人。[③] 此外其尚有《经史摭微》四卷。

5.《酒名记》

一卷,张能臣撰。历代史志书目不载,《中国农学书录》未予著录。本为其《郧乡集》(已佚)中的一篇,此据明孙云翼笺注其《贺李运史》"宜介羔酒兕觥之寿"语可知:"宋张能臣《郧乡集》记天下酒名:姜宅园子正店羊羔酒。"[④]宋张尧同《月波楼》诗自注亦云:"张能

① (宋)朱彧撰,李伟国点校:《萍州可谈》卷3,第157页。

② 《宋史》卷205《艺文志四》,第5206页。

③ (宋)潜说友纂修:《咸淳临安志》卷94,《宋元方志丛刊》第4册,第4217—4222页。研究者多据光绪《重修丹阳县志》"葛澧,咸淳时人"(卷20,《中国方志丛书·华中地方》第409号,台北:成文出版社,1983年影印本,第896页)一语谓其为南宋末年人,误,盖全文除文末"当今明天子将圣在上"一语,无一及于南宋;且"明天子"当指高宗,若葛氏为南宋末年人,焉得谓此?

④ (宋)张能臣撰,(明)孙云翼笺注:《郧乡集》卷40,《景印文渊阁四库全书》第1177册,第858页。

臣《名酒记》曰:'月波,秀州酒名。'"[①]明陶宗仪编《说郛》方析为一书,故传世版本仅《说郛》诸本及明末据《说郛》板编印的《五朝小说》本。

该书共记名酒153种(此数据在全国范围内剔除重复,下表按路分统计时仅剔除管内重复,故加总为198种),[②]虽仅记酒名而未涉及酿造方法,但可据以略见宋代名酒的地理分布,兹都为下表(表15)以供管窥:

表15 宋代名酒地理分布表

类 别	酒 名	小计
后妃家	高太皇:香泉 向太后:天醇 张温成皇后:醽醁 刘明达皇后:瑶池 朱太妃:琼酥 郑皇后:坤仪 曹太后:瀛玉	7
宰相家	蔡(京)太师:庆会 王(黼)太傅:膏露 何(执中)太宰:亲贤	3
亲王家	郓王:琼腴 肃王:兰芷 五[王]正位:椿龄[③] 嘉[王]:琬醑 濮安懿王:重酝 建安郡王:玉沥	6

① (宋)张尧同:《嘉禾百咏》,《丛书集成初编》第3163册,长沙:商务印书馆,1939年,第15页。按:与《溆水志》《金华游录》合刊。

② (宋)张能臣:《酒名记》,(明)陶宗仪等编:《说郛》卷94,第4336—4337页。

③ 五王指哲宗所封五皇弟,即申王佖、端王佶、莘王俣、简王似、永宁郡王偲。"五王正位"当指元符元年三月诸王府(赐名懿亲宅)建成后举行的出阁大典,"椿龄"喻长寿,五王出阁典礼用此酒,正其宜也。如不作此理解,则"五正位"当作"五王"("正"字误、"位"字衍),此恐非是。孔凡礼点检《曲洧旧闻》作"五王(赵)位"(卷7,第177页),误,宋代并无名赵位之亲王,亦未有宗室获封"五王"或被称为"五王"者。至于王赛时将"肃王兰芷五正位椿龄嘉琬醑濮安懿王重酝……张驸马敦礼醽醁曹驸马诗字公雅成春郭驸马献卿香琼"标点为"(亲王家酒包括)郓王琼腴,懿王重醖……肃王家酒品种最多,有兰芷、五正、位椿、龄嘉、琬醑、濮安等名号……(戚里家酒包括)张驸马敦礼、酾醲,曹驸马诗字、公雅、成春,郭驸马献卿、香琼"〔《中国酒史》,济南:山东大学出版社,2010年,第172页;《中国酒史(插图版)》,济南:山东画报出版社,2018年,第231页〕,不仅把著名的"濮安懿王"点成"濮安"和"懿王",把"(曹)诗字公雅"点成"诗字""公雅",还把"濮安""诗字""公雅"都当成酒名;把张驸马的名字"敦礼"、郭驸马的名字"献卿"也都当成酒名,实在是不应有的错误。

续表

类　别		酒　名	小计
戚里家		李和文驸马:金波　王晋卿(驸马):碧香　张(敦礼)驸马:醽醁　曹(诗)驸马:成春　郭(献卿)驸马:香琼　大王(贻永)驸马:瑶琮　钱(景臻)驸马:清醇	7
内臣家		童贯宣抚:褒公、光忠　梁(师成)开府:嘉义　杨(戬)开府①:美诚	4
府寺		开封府:瑶泉	1
市　店	开封	丰乐楼:眉寿、和旨　忻乐楼:仙醪　和乐楼:琼浆　遇仙楼:玉液　(玉)[王]②楼:玉酝　铁薛楼:瑶醽　仁和楼:琼浆　高阳店:流霞、清风、玉髓　会仙楼:玉酺　八仙楼:仙醪　时楼:碧光　班楼:琼波　潘楼:琼液　千春楼:仙醇　中山园子店:千日春　银王店:延寿　蛮王园子正店:玉浆　朱宅园子正店:瑶光　邵宅园子正店:法清　大桶张宅园子③正店:仙醁　方宅园子正店:琼酥　姜宅园子正店:羊羔　梁宅园子正店:美禄　郭小齐园子正店:琼液　杨皇后园子正店:法清	24
	三京	北京:香桂、法酒　南京:桂香、北库　西京:玉液、酴醾香	6
	四辅	澶州:中和堂　许州:潩泉　郑州:金泉　(拱州缺)	3
	河北	真定府:银光　河间府:金波、玉酝　保定军:知训堂、杏仁　定州:中山堂、九酝、瓜曲、错著水　保州:巡边、银条、错著水　德州:碧琳　滨州:石门、宜城　博州:宜城、莲花　卫州:柏泉　棣州:延相堂　恩州:拣米、细酒　洺州:玉瑞堂、夷白堂、玉友　邢州:沙醅、金波　磁州:风曲、法酒　深州:玉醅　赵州:瑶波　相州:银光　怀州:宜城、香桂	28

① 杨戬虽拜节度使,但寄禄官未至太尉而亡,本不得谓"开府",然有宋再无杨姓宦官超过其位者,故必其人,则此为过呼。

② 据《曲洧旧闻》校(卷7,第178页)。

③ 孔凡礼《曲洧旧闻》标点为"邵宅园子正店,法清,大桶,张宅园子正店仙醁"(卷7,第178页),误,大桶张家是开封豪富。

续表

类别		酒名	小计
市店	河东	太原府:玉液、静制堂　汾州:甘露堂　隰州:琼浆　代州:金波、琼酥	5
	陕西	凤翔府:橐泉　河中府:天禄、舜泉　陕府:蒙泉　华州:莲花、冰堂、上尊　邠州:静照堂、玉泉　庆州:江汉堂、瑶泉　同州:清洛、清心堂	13
	淮南	扬州:百桃　庐州:金城、金斗城、杏仁	4
	江南	宣州:琳腴、双溪　江宁府:芙蓉、百桃、清心堂　处州:谷帘　洪州:双泉、金波　杭州:竹叶清、碧香、白酒　苏州:木兰堂、白云泉　明州:金波　越州:蓬莱　润州:蒜山堂　湖州:碧兰堂、霅溪　秀州:月波	18
	三(州)[川]①(四川又称)	成都府:忠臣堂、玉髓、锦江春、浣花堂　梓州:琼波、竹叶清　剑州:东溪　汉州:帘泉　合州:金波、长春　渠州:葡萄　果州:香桂、银液　阆州:仙醇　峡州:重麋、至喜泉　夔州:法醽、法酝	18
	荆湖南北	荆南:金莲堂　鼎州:白玉泉　辰州:法酒　归州:瑶光、香桂	5
	福建	泉州:竹叶(清?)	1
	广南	广州:十八仙　韶州:换骨、玉泉②	3
	京东	青州:拣米　齐州:舜泉、近泉、清燕堂、真珠泉　兖州:莲花清　曹州:银光、三酘、白羊、荷花　郓州:风曲、白佛泉、香桂　潍州:重酝　登州:朝霞　莱州:玉液　徐州:寿泉　济州:宜城　濮州:宜城、细波　单州:宜城、杏仁	20
	京西	汝州:拣米　滑州:风曲、冰堂　金州:清虚堂　郢州:汉泉、香桂　随州:白云楼　唐州:淮源、泌泉　蔡州:银光、香桂　房州:琼酥　襄州:金沙、宜城、檀溪、竹叶清　邓州:香泉、寒泉、香菊、甘露　颍州:银条、风曲　均州:仙醇　河外府州:岁寒堂	22

① 据《曲洧旧闻》校(卷7,第179页)。

② 孔凡礼《曲洧旧闻》标点为“换骨玉泉”(卷7,第179页),误,唐代已有“换骨醪”。

传世《酒名记》最早见于《曲洧旧闻》，陶宗仪很可能即据此转录。朱弁在文前对张能臣有简要介绍："张次贤，名能臣，官至奉议郎。文懿公诸孙、朝奉大夫德邻之子也。好学，喜缀文，有《郧乡》《涪江》二集。"[1]文懿公指仁宗朝宰相张士逊，光化军阴城县（治今湖北老河口市西北）人。淳化三年（992）进士，曾任均州郧乡县（治今湖北十堰市郧阳区）主簿、知射洪县（治今四川射洪市，位于涪江中游），张能臣著作集名《郧乡》《涪江》，则纪念其从祖也。张士逊《宋史》本传载其二子一名友直字益之，一名友正字义祖，张能臣父德邻（"德不孤，必有邻"）无考，以此度之，盖名友仁也。[2]

6.《桂海酒志》

一卷，本是范成大《桂海虞衡志》中的一篇，陶珽增辑《说郛》为之立目，后被视为一书单行。有明末清初宛委山堂刻《说郛》本、明末《说郛》板编印《唐宋丛书》本传世。《中国农学书录》未加著录。

该书载广西地方名酒3种及金国名酒1种。一是广南西路帅司公厨所酿瑞露，据说该酒"尽酒之妙，声震湖广"，连当时北方金国宫廷名酒金兰酒也"未必能相颉颃"（范成大使金时亲自品尝过，因此这一评语并非虚誉之辞）。二名古辣泉。古辣是宾州、横州间的一个墟集名，古辣泉即以墟中泉水酿造，"既熟不煮，埋之地中。日足取出，色浅红，味甘而致远，虽行烈日中不致坏"。[3]酒之所以呈浅红色，是因为用古辣墟山上所出藤药酿造的缘故。[4]三名老酒。以麦曲酿成，"密封藏之可数年"，是当地普通民众年节、婚娶

① （宋）朱弁撰，孔凡礼点校：《曲洧旧闻》卷7，第177—180页。

② 元人张德邻字友仁，亦差为佐证。

③ （明）陶宗仪等编：《说郛三种》弓62《桂海酒志》，第2859页；（宋）范成大原著，胡起望、谭光广校注：《桂海虞衡志》，第50—51页。

④ （宋）周去非著，杨武泉校注：《岭外代答校注》卷6《食用门》，第232—233页。

宴席上的大众酒。[①] 饮食方面，当地人还喜食槟榔，“其法用石灰或蚬灰并扶留藤同咀，则不涩。土人至以银锡作小合，如银锭样，中为三室，一贮灰，一贮藤，一贮槟榔”。又盛行鼻饮：“南边人习鼻饮，有陶器如杯碗，旁植一小管若瓶嘴，以鼻就管吸酒浆。暑月以饮水。云：‘水自鼻入咽，快不可言。’”[②]

范成大生平参见本书第二章第三节。

7.《酒尔雅》

一卷，何剡撰。历代史志书目不载，《中国农学书录》未加著录。明陶宗仪编《说郛》方析为一书，有明末清初宛委山堂刻《说郛》本、康熙二年吴江沈氏刻《艺林汇考》本、雍正四年《古今图书集成》铜活字本传世。

《酒尔雅》是历史上第一部酒文化辞典，全书罗列与酒有关的术语及典故加以训释，包括酿造术语、各种酒品、酒的社会功能等，共计 27 个辞条。利用该书可以对他书记载不明的内容求得确切解释，如《酒名记》中的“醽醁”酒本来完全不了解，据“醽(同‘醽’)，绿酒也”[③]的释义则可知是一种绿色的酒。再如“醴，一宿酒也”“醆，酒微清而浊也”“醧，清而甜也”“醑，苦酒也”“醍，红酒也”等辞条均是非常有价值的说明。书中还记载了宋代视糯米酒为上尊、稷米酒为中尊、粟米酒为下尊，这表明宋人对糯米淀粉含量，比稷、粟更适于造酒是非常了解的。

宋代载籍所记有三何剡，一为淳熙八年(1181)进士[④]，一为靖康二年(1127)被包围在开封城中的忠义太学生[⑤]，一为《东原录》[⑥]、

---

① (宋)范成大原著，胡起望、谭光广校注：《桂海虞衡志》，第 52 页。

② (宋)范成大原著，胡起望、谭光广校注：《桂海虞衡志》，第 74、76 页。

③ (宋)何剡：《酒尔雅》，(明)陶宗仪等：《说郛三种》弓 94，第 4333 页。

④ (宋)佚名撰，张富祥点校：《南宋馆阁续录》卷 8《官联二》，第 282 页。

⑤ (宋)陈均：《九朝编年备要》卷 30 靖康二年正月，《景印文渊阁四库全书》第 328 册，第 962 页。

⑥ (宋)龚鼎臣：《东原录》，《丛书集成初编》第 280 册，第 19 页。

《南阳集》[①]、《华阳集》[②]等书所记仁宗朝御史何剡。然后者实为何郯之误，虽然《宋会要辑稿》《皇宋通鉴长编纪事本末》等“何剡”“何郯”并书，但《续资治通鉴长编》一律记作“何郯”，且按其字“圣從”（有的书又讹作“圣徒”）来看，当以“何郯”为是。龚鼎臣、韩维、王珪均是何郯同僚，龚鼎臣还是其同年〔景祐元年（1034）榜〕，自不会误记其名，故三人文集之讹必是流传过程中手民误植所致。不过，虽已明确仁宗朝御史名何郯而非“何剡”，但在笔者看来，他并非就已完全排除掉是《酒尔雅》作者的可能性，理由有两点，一是《古今源流至论》载云：“何剡（即何郯）语：‘太祖酒坊火发，本坊兵士就便作过，以本坊使田处岩等不能部辖，处极典。’”[③]此或即《酒尔雅》佚文。二是其人好饮：“文潞公知成都，喜行乐，有飞语至京师。会御史何（剡）[郯]，字圣（徒）[從]，蜀人，当归，上（仁宗）遣察之……圣（徒）[從]至成都，颇严重。潞公一日宴圣（徒）[從]，迎其妓杂府妓中，歌其词以酌圣（徒）[從]，圣（徒）[從]每为之醉。”[④]因此，即使《酒尔雅》为何郯作，陶宗仪也会像其他宋人著作一样误书其

① (宋)韩维:《南阳集》卷18《翰林学士兼端明殿学士、翰林侍读学士、右谏议大夫、知制诰、充史馆修撰王珪，可朝请大夫、给事中，依前充翰林学士兼端明殿学士、翰林侍读学士、知制诰、充史馆修撰，加食实封二百户；龙图阁直学士、尚书刑部侍郎吕居简，可尚书兵部侍郎，依前龙图阁直学士，进封开国公，加食邑五百户食、实封二百户；枢密直学士、尚书刑部侍郎李参，可尚书兵部侍郎，依前枢密直学士，加食邑五百户；龙图阁直学士、给事中、权知开封府傅求，可尚书工部侍郎，依前龙图阁直学士、权知开封府，加食邑五百户、食实封二百户；龙图阁直学士、尚书吏部员外郎赵抃，可尚书户部郎中，依前充龙图阁直学士，加上护军、进封开国侯，食邑五百户》，《景印文渊阁四库全书》第1101册，第678—679页。

② (宋)王珪:《华阳集》卷16《赐枢密使文彦博免恩命第一札子不允诏》，《景印文渊阁四库全书》第1093册，第153页。

③ (宋)林駉、黄履翁:《古今源流至论·续集》卷1《畿兵》，《景印文渊阁四库全书》第942册，第346页。

④ (宋)谢维新编:《古今合璧事类备要·前集》卷53《倡优门》，《景印文渊阁四库全书》第939册，第419页。

名为“何烼”。只是这毕竟是推测，既无《说郛》误书之证据，则只能视之为正确，即《酒尔雅》的作者是“何烼”。准此，淳熙八年进士何烼最有可能。

何烼，字楫臣，江宁县(治今江苏南京市)人。深通《周礼》，庆元五年(1199)六月任严州(治今浙江建德市)州学教授，嘉泰二年(1202)八月召除学官。[①] 开禧三年(1207)时任枢密院编修官，主持解试别试。嘉定元年(1208)初任进士考试参详官，五月除秘书郎，次年初除著作佐郎，年底除著作郎。三年二月时任户部员外郎，主持铨试、公试、类试，八月主持国子监发解试，[②]十月出知泰州[③]。嘉定六年(1213)入朝任朝散郎、兵部员外郎[④]，九年迁将作监兼国史院编修官，十一年兼秘书少监、起居舍人。[⑤] 十二年(1219)任权刑部侍郎兼太子右谕德[⑥]，因久病“间至曹局”[⑦]而“弗为去就”[⑧]被弹奏，遂领宫观。假定其在宋代进士平均魁龄 30 岁[⑨]登第，此时何烼已 69 岁，不久亦应致仕矣。

8.《新丰酒法》

一卷，林洪撰。本为林氏《山家清供》中的一篇短文，陶宗仪始析出为书，有明末清初宛委山堂刻《说郛》本传世。《中国农学书录》未加著录。

---

① (宋)郑瑶、方仁荣纂:《景定严州续志》卷 3,《宋元方志丛刊》第 5 册，第 4371 页。

② (清)徐松辑:《宋会要辑稿》选举二一之一〇、一一，第 4591 页。

③ (宋)佚名撰，张富祥点校:《南宋馆阁续录》卷 8《官联二》，第 296、282 页。

④ (清)阮元主编:《两浙金石志》卷 11《宋鹿昌运墓志铭》，第 258 页。

⑤ (宋)佚名撰，张富祥点校:《南宋馆阁续录》卷 8《官联二》，第 373 页。

⑥ (清)徐松辑:《宋会要辑稿》职官七之四五，第 2557 页。

⑦ (清)徐松辑:《宋会要辑稿》职官七三之五三，第 4043 页。

⑧ (宋)刘克庄，王蓉贵、向以鲜校点:《后村先生大全集》卷 83《玉牒初草·宁宗皇帝》，第 2194 页。

⑨ 参见本书第 99 页注释②。

该书所记据林洪自述，为传自唐代的新丰（治今江苏镇江市丹徒区辛丰镇）酒法：

初用面一斗、糟醋三升、水二担煎浆，及沸，[投]以麻油、川椒、葱白，候熟，浸米一石。越三日，蒸饭熟，(及)[乃]以元浆煎强半，及沸去[沫]，又浸以川椒及油，候熟，注缸面，入斗许饭及(面)[曲]末十斤、酵半升。暨(晚)[晓]，以元饭贮别缸，却以元酵饭同下，入水(一)[二]担、曲二斤，熟踏覆之。既[晚]，[搅]以木欇（同“耙”），越三日止。四五日可熟。其初余浆，又加以水浸米，每值酒熟，则取酵以相接续，不必灰其曲，只磨麦和皮用清水搜作饼，令坚如石，初无他药。仆尝从危巽斋（危稹）子骖之新丰，故知其详。危(君)[居]此时尝禁窃酵，以[专]所酿；[戒怀生粒]，以今（通“金”）所酿；且给新[屦]，以洁所酿；诱客舟，以通所酿。故所酿日[佳]而利不亏。是以知一酒政之微，危亦究心矣。[1]

与朱肱《酒经》等书所载宋代典型酿酒工艺流程比较，所谓新丰酒法相对较为简单，也许确有可能为古之成法。林洪《山家清供》还记有“胡麻酒”“碧筩（同‘筒’）”之法，但均非酿酒方法，而是在成品酒基础上的深加工。

林洪生平参见本书第一章第三节。

9.《酒曲谱》

陈元靓撰。仅见于明代著名藏书家司马泰编刻的《文献类编》[2]，与《蔬品谱》《果食谱》《食物本草》《汤水谱》《文献类编》同为

① （宋）林洪：《新丰酒法》，（明）陶宗仪等编：《说郛三种》弓94，第4327页。按：以《山家清供》（《丛书集成初编》第1473册，第23页）校正。又，“曲二斤”“诱客舟，以通所酿”任仁仁点校本作“面二十斤”“通风，以通所酿”（《北山酒经（外十种）》，上海：上海书店出版社，2016年，第78页），误。

② （明）黄虞稷撰，瞿凤起、潘景郑整理：《千顷堂书目》卷15，第403页。

一卷,可见篇幅不大。《文献类编》已佚,该书内容虽不复可知,然辑自陈氏《岁时广记》《事林广记》无疑。《中国农学书录》《中国农业古籍目录》未著录。

第十章　宋代灾害防治类农书

中国历来水旱、瘟疫、地震等灾害频发，以宋代而言，据李华瑞统计，两宋发生水灾 743 次、旱灾 281 次、蝗螟 149 次、地震 125 次、地灾 31 次、风灾 174 次、雹灾 157 次、潮灾 95 次、寒冷 85 次、疫灾 83 次、鼠害 8 次，共计 1931 次；[①]据张全明统计，两宋共发生各类生态环境灾害约 2280 次，其中水灾 1039 次、旱蝗灾 507 次、地震 198 次、风灾与沙尘暴 151 次、雹灾 168 次、霜雪灾 43 次、山崩与泥石流灾害 16 次、疫灾 158 次。[②] 尤其浙江、河南、江苏、河北、安徽、山东、陕西、四川、福建、江西、湖北等宋代经济发达地区，更是灾害高发区。[③] 灾害严重，政府、士绅、民众自然要想办法救灾赈灾，此即所谓"（救）荒（之）政"。记录、研讨历代灾害及防治赈济政策、措施的书籍就是救荒书或曰荒政书。救荒书虽然内容十分繁杂，然要为救灾赈灾亦即"治"灾，故历来被归为灾害防治类农书。此外，野菜谱功用在于救荒，捕蝗书以生物灾害防治、植保为内容，亦可视为专门之救荒书，自然也属于灾害防治类农书。

第一节　病虫防治类农书

蝗虫俗称"蚱蜢""蚂蚱"，幼虫称"蝻""蝝""蝝"。宋代蝗灾频

① 李华瑞：《宋代救荒史稿》，天津：天津古籍出版社，2014 年，第 32 页。

② 张全明：《两宋生态环境史》，北京：中华书局，2015 年，第 548 页。

③ 邱云飞：《中国灾害通史（宋代卷）》，郑州：郑州大学出版社，2008 年，第 14—15 页。

仍，据邱云飞统计总共达168次[①]，据康弘统计总共达108次[②]，张全明最近的统计是237次或219次[③]，平均每3.5年就要发生一次蝗灾[④]。从地域上看，京畿路、京东路、河北路、淮南路是重灾区，其余两浙路、河东路、秦凤路、江南路等相对较轻。[⑤] 蝗虫对农作物危害非常巨大，徐光启认为"种种灾伤，此为最酷"[⑥]。跟前代一样，宋人非常重视捕治蝗虫。如建隆元年（960）澶州蝗灾，太祖"遣使督官吏分捕"[⑦]；大中祥符九年（1016），真宗"令诸路转运使督民焚捕蝗蝻，无使滋育"[⑧]；熙宁七年（1074），神宗"诏赐淮南路常平米二万石，下淮南西路提举司，易饥民所掘蝗种"[⑨]。宋代捕蝗书中记载了当时人们消灭蝗虫的种种办法。

1.《捕蝗法》

《救荒活民书·拾遗》载于《除蝗条令·淳熙敕》后，《中国农学书录》《中国农业古籍目录》未予著录。

《宋史》载孝宗淳熙九年（1182）曾命"定诸州官捕蝗之罚"，十四年（1187）曾"命临安府捕蝗"，[⑩]显然《淳熙敕》即孝宗所定"诸州官捕蝗之罚"。据此可知，《捕蝗法》应制定于淳熙九年，是为存世最早的官方捕蝗书，极具史料价值且全文不长，兹移录于下：

一、蝗在麦苗、禾稼、深草中者，每日侵晨尽聚草梢食露，

① 邱云飞：《中国灾害通史（宋代卷）》，第104页。

② 康弘：《宋代灾害与荒政论述》，《中州学刊》1994年第5期，第125页。

③ 张全明：《两宋生态环境变迁史》，北京：中华书局，2015年，第644页。

④ 邓云特：《中国救荒史》，第51页。

⑤ 张全明：《两宋生态环境变迁史》，第644页。

⑥ （明）徐光启撰，石声汉校注：《农政全书》卷27《蓏部》，《徐光启全集》第7册，第561页。

⑦ （宋）李焘：《续资治通鉴长编》卷1建隆元年秋七月戊午，第19页。

⑧ （宋）李焘：《续资治通鉴长编》卷88大中祥符九年九月甲寅，第2016页。

⑨ （宋）李焘：《续资治通鉴长编》卷257熙宁七年冬十月癸巳，第6282页。

⑩ 《宋史》卷35《孝宗本纪三》，第687页。

体重不能飞跃，宜用筲箕、褡栲之类左右抄掠，倾入布袋，或蒸或焙或浇以沸汤或掘坑焚火倾入其中。若只瘗埋，隔宿多能穴地而出，不可不知。

一、蝗最难死，初生如蚁之时，用竹作搭非惟击之不(救)[尽]，且易损坏。莫若只用旧皮鞋底或草鞋、旧鞋之类，蹲地掴搭，应手而毙，且狭小不损伤苗稼。一张牛皮，或裁数十枚，散与甲头，复收之。北人闻亦用此法。

一、蝗有在光地者，宜掘坑于前，长阔为佳，两旁用板及门扇接连，八字铺摆，却集众用木板发喊赶逐入坑；又于对坑用扫帚十数把，俟有跳跃而上者，复扫下，覆以干草，发火焚之。然其下终是不死，须以土压之，过一宿乃可(**一法，先燃火于坑，然后赶入**)。

一、捕蝗不必差官下乡，非惟文具，且一行人从未免蚕食里正，其里正又只取之民户。未见除蝗之利，百姓先被捕蝗之扰，不可不戒。

一、附郭、乡村即印捕蝗法作手榜告示：每米一升换蝗一斗，不问妇人、小儿，携到即时交支。如此，则回环数十里内者可尽矣。

一、五家为甲，姑且警众，使知不可不捕，其要法只在不惜常平、义仓钱米博换蝗虫。虽不驱之使捕，而四远自辐凑矣。然须是稽考钱米必支，倘或减克邀勒，则捕者沮矣。国家贮积，本为斯民，今蝗害稼，民有饿殍之忧，譬之赈济，因以捕蝗，岂不胜于化为埃尘、耗于鼠雀乎。

一、烧蝗法：掘一坑，深阔约五尺，长倍之。下用干柴茅草，发火正炎，将袋中蝗虫倾下坑中，一经火气，无能跳跃。此《诗》所谓“秉畀炎火”是也。古人亦知瘗埋可复出，故以火治之。“事不师古，鲜克有济”，诚哉是言！[①]

① (宋)董煟：《救荒活民书·拾遗》，《景印文渊阁四库全书》第662册，第301—302页。

《捕蝗法》的主要灭蝗措施除了继承自前代的焚烧、瘗埋、扑打外，还发明了挖掘蝗虫卵的新方法。李华瑞认为这是“我国古代防治蝗虫方法上的一大飞跃”①，换言之，中国古代病虫害防治技术在宋代有了一个巨大的新进展。

2.《捕蝗法》

据《续资治通鉴长编》，神宗熙宁八年(1181)有诏云：

> 有蝗处委县令佐亲部夫打扑。如地里广阔，分差通判、职官、监司提举。仍募人得蝻五升或蝗一斗给细色谷一升；蝗种一升给粗色谷二升。给价钱者，依中等实直。仍委官视烧瘗，监司差官覆案以闻。即因穿掘打扑损苗种者，除其税，仍计价，官给地主钱谷，毋过一顷。②

是当时亦颁《捕蝗法》。③

3.《捕蝗法》

《续资治通鉴长编》载，哲宗元符元年(1098)户部亦上《捕蝗法》。④

4.《捕蝗法》

据《宋大诏令集》，徽宗政和八年(1118)、重和二年(1119)都曾榜揭《捕蝗法》谕民⑤。后者很可能是上年《捕蝗法》之重申。

---

① 李华瑞：《宋代救荒史稿》，第552页。

② (宋)李焘：《续资治通鉴长编》卷267熙宁八年二月癸巳，第6543—6544页。

③ (清)陈芳生：《捕蝗考》，《丛书集成初编》第1472册，北京：中华书局，1991年，第2页。

④ (宋)李焘：《续资治通鉴长编》卷504元符元年十一月戊申，第11999页。

⑤ 司羲祖整理：《宋大诏令集》卷126《政和八年正月月令》、卷128《重合二年正月月令》，第438、447页。按：原文已佚，但政和、重和相连，所颁当同。

以上诸《捕蝗法》不传，但应该与孝宗《捕蝗法》内容相差无几。

5.《答朱寀捕蝗诗》

宋代文人士大夫常常在诗中描述捕蝗的各种方法，如苏轼《次韵章传道喜雨（祷常山而得）》①、郑獬《捕蝗》②、章甫《分蝗食》③等，其中以欧阳修《答朱寀捕蝗诗》最详细最有代表性：

捕蝗之术世所非，欲究此语兴于谁？
或云丰凶岁有数，天孽未可人力支。
或言蝗多不易捕，驱民入野践其畦。
因之奸吏恣贪扰，户到头敛无一遗。
蝗灾食苗民自苦，吏虐民苗皆被之。
吾嗟此语只知一，不究其本论其皮。
驱虽不尽胜养患，昔人固已决不疑。
秉蟊投火况旧法，古之去恶犹如斯。
既多而捕诚未易，其失安在常由迟。
诜诜最说子孙众，为腹所孕多蝝蚳。
始生朝亩暮已顷，化一为百无根涯。
口含锋刃疾风雨，毒肠不满疑常饥。
高原下隰不知数，进退整若随金鼙。
嗟兹羽孽物共恶，不知造化其谁尸？
大凡万事悉如此，祸当早绝防其微。
蝇头出土不急捕，羽翼已就功难施。
只惊群飞自天下，不究生子由山陂。
官书立法空太峻，吏愚畏罚反自欺。

① （清）王文诰辑注，孔凡礼点校：《苏轼诗集》卷13，第622—624页。

② （宋）郑獬：《郧溪集》卷26，《景印文渊阁四库全书》第1097册，第345页。

③ （宋）章甫：《自鸣集》卷3，《景印文渊阁四库全书》第1165册，第399—400页。

盖藏十不敢申一，上心虽恻何由知。
不如宽法择良令，告蝗不隐捕以时。
今苗因捕虽践死，明岁犹免为蝝菑。
吾尝捕蝗见其事，较以利害曾深思。
官钱二十买一斗，示以明信民争驰。
敛微成众在人力，顷刻露积如京坻。
乃知孽虫虽其众，嫉恶苟锐无难为。
往时姚崇用此议，诚哉贤相得所宜。
因吟君赠广其说，为我持之告采诗。①

诗中除了述及扑打、焚烧、瘗埋、掘虫卵等“捕蝗之术”，还指出不要因为“蝗多不易捕”就消极怠工，要认识到即使“驱虫不尽”也“胜养患”。强调捕蝗“当早绝防其微”，否则一旦蝗虫“羽翼已就”则其“功难施”。较可注意者是诗中还提到了“官书立法空太峻，吏愚畏罚反自欺”，反证董煟“本朝捕蝗之法甚严”②的说法确为事实。

蝗虫而外，老鼠也是毁损庄稼的一害，从北宋到南宋均有记载。如建隆元年(960)春“均、房、商、洛鼠食苗”③、夏“相、金、均、房、商五州鼠食苗”④，庆历二年(1042)永兴军路“黄鼠食稼”⑤，绍兴十六年(1146)“清远、翁源、真阳三县鼠食稼，千万为群”⑥，乾道九年(1173)江西南路“隆兴府鼠千万为群，害稼”⑦，淳熙五年(1178)“通、泰、楚州，高邮军田鼠伤禾”⑧。宋人常用灭鼠方法除了使用捕鼠工具、养猫狗捕鼠外，还用烟熏捕鼠，如《陈旉农书》记

---

① (宋)欧阳修著，李逸安点校:《欧阳修全集》卷53，第751页。

② (宋)董煟:《救荒活民书·拾遗》，《景印文渊阁四库全书》第662册，第301页。

③ 《宋史》卷1《太祖本纪一》，第1页。

④ (元)马端临:《文献通考》卷314《异物考》，第2465页。

⑤ (宋)李焘:《续资治通鉴长编》卷138庆历二年十二月乙丑，第3330页。

⑥⑦ 《宋史》卷65《五行志三》，第1432页。

⑧ 《宋史》卷35《孝宗本纪三》，第669页。

春耕秋收时农民因“久居中田之庐，则鄘居荒而不治，于是‘穹窒熏鼠，塞向墐户’也”[①]。这些方法前代都已行用，宋人傅肱《蟹谱》所记用螃蟹加狗血诱捕老鼠的方法却前所未见：“以黑犬血灌蟹，三日烧之，诸鼠毕集。”[②]宋代还有种植牛蒡驱鼠的方法：牛蒡“外壳如栎梂，小而多刺，鼠过之，则缀惹不可脱，故谓之鼠粘子”[③]，王质“我取友兮得牛蒡，稠丛捷鼠走不上”[④]亦可证。此法亦为宋代灭鼠方法上的新创。

第二节　救荒类农书

宋代各种文献，如《续资治通鉴长编》、《通志》之“灾祥略”“食货略”、《历代制度详说》、《文献通考》等史书，《咸平集》、《东坡全集》、《二程文集》、《元丰类稿》、《尽言集》、《豫章文集》等文集，《东轩笔记》、《鸡肋编》、《能改斋漫录》等笔记，《册府元龟》、《宋朝事实类苑》、《事物记原》、《玉海》等类书中均有大量救荒内容。在此基础上，产生了中国历史上第一部综合性救荒专著《救荒活民书》，并对后世形成深远影响——开创了救荒书或荒政书这一农书体裁、政书体裁。比如元张光大增补该书而成的《救荒活民类要》，明朱熊增补该书而成的《救荒活民补遗书》、王崇庆评点朱书而成的《救荒补遗》、朱橚《救荒本草》、张陛《救荒事宜》、何淳之《荒政汇编》、俞汝为《荒政要览》等 30 多种。清代救荒书更多，有学者统计至少在 60 种以上[⑤]，

---

① (宋)陈旉著，万国鼎校注：《陈旉农书校注》，北京：农业出版社，1965年，第 32 页。

② (宋)傅肱：《蟹谱》上篇，钱仓水校注：《〈蟹谱〉〈蟹略〉校注》，第 29 页。

③ (宋)苏颂撰，胡乃长、王致谱辑注：《图经本草・草部中品之下》，福州：福建科学技术出版社，1988 年，第 192 页。

④ (宋)王质：《林泉结契》卷 3《牛蒡》，《丛书集成初编》第 2255 册，长沙：商务印书馆，1937 年，第 14 页。

⑤ 邵永忠：《中国古代荒政史籍研究》，北京师范大学博士学位论文，2005 年，第 26 页。

其中著名的有乾隆《钦定康济录》、俞森编纂《荒政丛书》等。

一、《救荒活民书》

《救荒活民书》，后亦省称《活民书》，董煟撰。《中国农学书录》未予著录。陈振孙《直斋书录解题》记为“三卷”①，《宋史·艺文志》记作“《活民书》三卷，又《活民书》拾遗一卷”②。该书存世最早版本台湾“国家图书馆”藏明蓝格钞本及四库本均为上、中、下三卷加“拾遗”一卷。一般而言，四库本版本质量较差，但有学者对此两本加以对比研究后认为反以“四库本最高”③，故本书即以四库本为据。

《救荒活民书》针对的灾害主要是水、旱、霜、蝗。上卷“考古以证今”④，汇编先秦至孝宗淳熙九年（1182）的重要救荒材料，并于每条之后以按语形式加以评点；中卷“条陈今日救荒之策”⑤，列叙当时通行的救荒措施，包括常平、义仓、劝分、禁遏籴、不抑价、检旱、减租、贷种、恤农、遣使、驰禁、鬻爵、度僧、治盗、捕蝗、和籴、存恤流民、劝种二麦、通融有无、借贷内库、守臣到任预讲救荒之政、赈粜、赈济、赈贷、节食替代之方等；下卷“备述本朝名臣贤士之所议论、施行可为矜式者”⑥，包括从中央到地方各级机构的职责，田锡、毕仲游、滕达道、吴遵路、文彦博、韩琦、彭思永、吕公著、鲁巩、范祖禹、苏轼、程珦、王鲁、谢绛、范镇、程颐、李之纯、王尧臣、刘彝、晁补之、刘安世、范纯仁、折克柔、苏杲、上官均、王孝先、黄寔、张咏、向经、扈称、富弼、程迥、赵抃、冯檝、洪(浩)[皓]、赵令良、徐宁

---

① (宋)陈振孙撰，徐小蛮、顾美华点校：《直斋书录解题》卷10，第221页。

② 《宋史》卷203《艺文志二》，第5104页。

③ 详参张吉寅：《台图藏明钞本〈救荒活民书〉考述》，《文献》2017年第3期，第152—153页。

④⑤⑥ (宋)董煟：《救荒活民书·序》，《景印文渊阁四库全书》第662册，第234页。

孙、赵雄、苏次参39人的救荒措施或相关言论。这些人有的是宋朝名臣，有的只是普通州县官员，但他们在灾难面前都积极赈灾救灾，挽救过无数生命，千载之下依然令人肃然起敬。补遗卷是对全书的补遗，内容范围涵盖前三卷。

史籍每谓宋行仁厚之政、宽仁之政，然仁厚之泽所以著在人心者何也？马端临的答案是："盖虽愧于取民有制之事，而每有视民如伤之心，故奉行之者不敢亟疾，所谓不从其令而从其意者是也。虽不免季世征敛之法，而能行之以士君子忠厚之心，故蒙被者不见其苛娆，所谓不任法而任人者是也。"[①]王夫之亦推许宋治过于文景、贞观："三代以下称治者三：文景之治，再传而止；贞观之治，及子而乱；宋自建隆息五季之凶危、登民于衽席，迨熙宁而后法以斁、民以不康。繇此言之，宋其裕矣。"认为其致治之由"非其子孙之克绍、多士之赞襄"——"即其子孙之令，抑家法为之檠括；即其多士之忠，抑其政教为之熏陶也"——而在于自太祖至仁宗统治者慈、俭、简的仁善之心。[②] 笔者认为宋朝政府的救荒政策、制度正是其统治者以仁善之心行仁厚之政的一个很好表现，故《宋史》云："水旱、蝗螟、饥疫之灾，治世所不能免，然必有以待之……宋之为治，一本于仁厚，凡振贫恤患之意，视前代尤为切至。"[③]宋代"振贫恤患"的救荒之政学界已有深入探讨[④]，笔者在这些研究基础上，将《救荒活民书》所载概述如下，主要揭示董煟的防灾赈灾主张。

防灾措施方面，宋朝建立了全国性的常平仓、义仓、广惠仓、惠

---

① (元)马端临：《文献通考》卷24《国用考二》第238页。

② (清)王夫之著，舒士彦点校：《宋论》卷1《太祖》，北京：中华书局，1964年，第25—26页。

③ 《宋史》卷178《食货志上》，第4335页。

④ 主要有王德毅：《宋代灾荒的救济政策》，台北：中国学术著作奖助委员会，1970年；梁庚尧：《南宋的社仓》，《宋代社会经济史论集》，台北：允晨文化实业股份有限公司，1997年；张文：《宋朝社会救济研究》，重庆：西南师范大学出版社，2001年；李华瑞：《宋代救荒史稿》，天津：天津古籍出版社，2014年；杨芳：《宋代仓廪制度研究》，上海：上海古籍出版社，2019年。

民仓及地方性的社仓、平籴仓、平粜仓、广济仓、兼济仓、均惠仓、通惠仓等备荒仓库。[①] 虽然董煟也高度评价当时备荒仓库建设卓有成效，如其云："本朝常平之法遍天下，盖非汉唐之所能及也。"[②]但他认为，这些备荒仓库由于设置、管理上弊端致其不能充分发挥作用，需要加以改革。一是挪用严重，如常平仓因"州县窘匮，往往率多移用"[③]，朝廷虽屡下令"不得侵用"但并未全面落实[④]；义仓虽为民众自筹之地方性备荒仓库，亦多被"官吏移用"，甚至"转充军食，或资颁费"，诸路提举司"申户部数目……徒存虚名"[⑤]，因此董煟建议禁止挪用备荒钱谷，如云"常平钱物不许移用不知，他费不许移用"。二是备荒仓库多集中于城市，农村居民少能受惠，如"常平赈粜，其弊在于不能遍及乡村。今委隅官、里正监视，类多文具，无实惠及民"。再如义仓由始留于乡转而入县后再输郡，则又不能及于乡村矣。连高宗也承认："近世拯济，止及城郭市井之内，而乡村之远者未尝及之。"[⑥]因此董煟建议"义仓合于民间散贮，逐都择人掌之，不当输于州县"，因为"憔悴之民多在乡村，于城郭颇少……一有饥馑，人民岂能委弃庐舍远赴州郡请求？"[⑦]常平赈粜宜"将米豆就乡

---

① 张文：《宋朝社会救济研究》，第41—78页。

② （宋）董煟：《救荒活民书》卷上，《景印文渊阁四库全书》第662册，第241页。

③ （宋）董煟：《救荒活民书》卷上，《景印文渊阁四库全书》第662册，第253页。按：《宋会要辑稿》亦有"天下常平仓多所移用，而不足以支凶年"的类似记载（食货五三之八，第5723页）。

④ （宋）董煟：《救荒活民书》卷中，《景印文渊阁四库全书》第662册，第257—259页。

⑤ （宋）董煟：《救荒活民书》卷中，《景印文渊阁四库全书》第662册，第256—257页。按：《宋会要辑稿》亦有"与元数不同，显是虚桩"的类似记载（食货五三之三二，第5735页）。

⑥ （宋）董煟：《救荒活民书》卷上，《景印文渊阁四库全书》第662册，第250页。

⑦ （宋）董煟：《救荒活民书》卷中，《景印文渊阁四库全书》第662册，第254—256页。

村分置。所苦水脚般运之费无出，不知饥荒之年人患无米，不患无钱……则何患赈粜之米不能遍及村落哉？但当逐保给历零卖，以防近、上户人频买兴贩之弊”[1]。最后要指出的是，《救荒活民书》“（救荒）今州县有常平仓、有义仓，朝廷诸路又有封桩米斛。至于大军仓、丰储仓、州仓、县仓皆不与焉”[2]的说法是不正确，实际上宋朝京师诸仓、大军仓（转般仓）、州县仓等非专设救荒仓库在灾害到来时也承担有救灾赈灾任务[3]，惟作为低级官员的董煟所不知耳。

临灾救济措施是为了保障受灾民众基本生活而采取的临时应急性措施，王德毅将宋朝政府的临灾救济措施归纳为蠲减各种赋税或积欠，赈济、赈粜和赈贷，以工代赈，宽减刑罚，劝分，严禁闭粜和遏籴，不抑米价，鬻卖祠部度牒八个方面。[4]《救荒活民书》基本都有涉及，着重论述者则为劝分、禁遏籴、不抑价、捕蝗等。因所记捕蝗法已于本章第一节叙论，兹仅对前三者加以论述。

劝分指政府“以爵位官职、优惠价格、免疫等条件为号召，鼓励或激励富民、士人、商贾等有力之家将储积的粮食拿出来赈济、赈贷和赈粜灾民的一种救荒补助办法”[5]。用宋人的话说就是：“盖以豪家富室储积既多，因而劝之赈发以惠穷民、以济乡里”[6]，“损有余而补不足，天道也，国法也。富者种德，贫者感恩，乡井盛事也”[7]。但劝分自真宗后期开始逐渐由自愿走向强制，“名劝而实

① (宋)董煟:《救荒活民书》卷中,《景印文渊阁四库全书》第 662 册,第 254 页。

② (宋)董煟:《救荒活民书》卷上,《景印文渊阁四库全书》第 662 册,第 236 页。

③ 参见李华瑞:《宋代救荒史稿》,第 627—646 页。

④ 详参王德毅:《宋代灾荒的救济政策》,第 131—162 页。

⑤ 李华瑞:《宋代救荒史稿》,第 525 页。

⑥ (宋)董煟:《救荒活民书》卷中,《景印文渊阁四库全书》第 662 册,第 258—259 页。

⑦ (宋)黄震著,张伟、何忠礼主编:《黄震全集》第 7 册《黄氏日抄》卷 78《(咸淳七年)四月十三日到州请上户后再谕上户榜》,第 2201 页。

强之”[①]。《救荒活民书》云：

> 民户有米得价粜钱，何待官司之劝？只缘官司以户等高下一例科配，且不测到场检点，故人户忧恐，借以为名，闭籴深藏，以备不测。其往还道路与无历头之人反无告籴之所……州县劝谕赈粜，乃有不问有无，只以户等高下科定数目，俾之出备赈粜，于是吏乘为奸，多少任情。至有人户名系上等，家实贫窭，至鬻田籴米以应期限，而豪民得以计免者。其余乘日中之急济其奸利，缘此多受其害。[②]

同时政府的劝分赏格有时也未真正兑现[③]。董煟认为当时实行的按户等认米的强制劝分“非惟抑配扰民，且适启闭籴”。因此建议：首先，“莫若责隅官交领常平钱，逐都给与所保土户，每都数千缗，随都分大小增损，令于丰熟处循环收籴米豆归乡，置场随时价出粜，麦熟日以本钱还官”。[④] 其次，劝分要找准对象，中下之家不必劝，所劝者必须真正是田亩跨连阡陌、蓄积红腐相因的上户及富商巨贾，“俾之出钱，官差牙吏于丰熟去处贩米豆各归乡里，以济小民，结局日以本钱还之。村落无巨贾处，许十余家率钱共贩，或乡人不愿以钱输官而愿自粜贩者听，官不抑价。利之所在，自然乐趋”。复次，若山路不通舟楫处，则实行“抄札赈给、就食、散钱之法”[⑤]。最后，官府应

① (宋)袁燮：《絜斋集》卷13《龙图阁学士通奉大夫尚书黄公行状》，《丛书集成初编》第2029册，上海：商务印书馆，1935年，第211页。

② (宋)董煟：《救荒活民书》卷中，《景印文渊阁四库全书》第662册，第257页。

③ 详参李华瑞：《宋代救荒史稿》，第541—543页。

④ (宋)董煟：《救荒活民书·拾遗》，《景印文渊阁四库全书》第662册，第303页。

⑤ (宋)董煟：《救荒活民书》卷中，《景印文渊阁四库全书》第662册，第258页。

严格兑现赏格。[①]

遏籴义为禁籴、闭籴，禁遏籴即禁止禁籴、闭籴。换言之，即开放市场，允许粮食买卖。董煟认为禁遏籴理由有二：其一，基于道义，“天下一家，饥荒亦有路分，今邻郡以吾境内丰稔而来告籴，义所当恤”。其二，邻郡籴于吾境，吾境又可于“上流丰熟去处劝诱大姓或本州发钱差人转籴”，如此循环粜贩，“非惟可活吾境内之民，又且可活邻郡邻路之饥民”。否则若“使此间之米不许出吾界，他处之米亦不许入吾界，一有饥馑，环视壁立无告籴之所，则饥民必起而作乱，以延旦夕之命。此祸乱之尤速者也”。因此建议将禁止遏籴的圣旨“札付诸路帅漕司，各检坐条法，遍行所部州军，恪意奉行。如敢违戾，仰逐司觉察按劾”。[②] 如此方能推动救荒工作有序进行。

不抑价，即政府不强制抑价。当时在救荒过程中强抑粮价是一种常见措施，董煟奏陈：“臣在村落尝见蓄积之家不肯粜米与土居百姓，而外县牙人在乡村收籴其数颇多。既是邻邑救荒，官司自不敢辄加禁遏。止缘上司指挥不得妄增米价，本欲少抑兼并、存恤细民；不知四境之外，米价差高，小民欲增钱籴于上户，辄为小人胁持。独牙侩乃平立文字，私加钱于粜主，谓之‘暗点’。人之趋利，如水就下，是以牙侩可籴而土民阙食。今若不抑其价，彼将由近而及远矣，安忍专粜于外邑人哉！”他指出，抑价作法实际上是地方官员不懂法、乱作为：“常平令文，诸粜籴不得抑勒。谓之不得抑勒，则米价随时低昂，官司不得禁抑可知也。比年为政者不明立法之意，谓民间无钱，须当籍定其价。不知官抑其价，则客米不来。若他处腾涌，而此间之价独低，则谁肯兴贩？兴贩不至，则境内乏食，

① (宋)董煟：《救荒活民书》卷中，《景印文渊阁四库全书》第 662 册，第 264 页。

② (宋)董煟：《救荒活民书》卷中，《景印文渊阁四库全书》第 662 册，第 259—260 页。

上户之民有蓄积者愈不敢出矣。”[①]因此建议朝廷申严不抑价的规定，提高地方政府救灾赈灾水平。

临灾救济过程中相关人员的滥权徇私，不仅严重影响救荒效果，还会增加受灾民众不满情绪，甚至引发社会动荡，因此需要严加重视、管理。主要弊端如：

> 抄札之时里正乞覔（同“觅”），强梁者得之，善弱者不得也；附近者得之，远僻者不得也；胥吏里正之所厚者得之，鳏寡孤独疾病无告者未必得也。赈或已是深冬，官司疑之，又令覆实，使饥民自备糇粮数赴点集，空手而归，困踣于风霜凛冽之时，甚非古人视民如伤之意。[②]
>
> 粜卖米斛，本谓接济艰食之民。今访闻州县，却是在市牙侩与有力强猾之人借倩人力，假为褴褛之服，与卖所合幹人通同搀夺，不及乡村无食之民。[③]

又如里正抄札，“每家覔钱，无钱者不与抄名。逮至官司散米，皆陈腐沙土不可食之物。得不偿失，极为可恨”[④]。这些弊端其他官员也多有指陈，可见是普遍问题：“公吏非贿赂不行，或虚增人口，或镌减实数，致奸伪者得以冒请，饥寒者不沾实惠……赈粜常平米

① （宋）董煟：《救荒活民书》卷中，《景印文渊阁四库全书》第662册，第261、260页。

② （宋）董煟：《救荒活民书》卷中，《景印文渊阁四库全书》第662册，第257页。

③ （宋）董煟：《救荒活民书》卷下，《景印文渊阁四库全书》第662册，第295页。

④ （宋）董煟：《救荒活民书》卷中，第268—269页。按：《宋会要辑稿》亦有类似记载，如乾道二年臣僚言：“国家置常平、义仓，为水旱凶荒之备。近来州县循习借用，多存虚数。其间或未至侵支，亦不过堆积在仓，缄縢惟谨，初未尝以新易陈，经越十数年，例皆腐败而不可食用。”（食货五三之三〇，第5734页。）

斛，比市价低小，既粜者不分等第，不限口数，则公吏、仓斗人家等多立虚名盗粜。”[1]对此董煟有极具体的建策：

> (县)宜每乡委请一土户、平时信义为乡里推服官员一名为提督赈济官，令其逐都择一二有声誉、行止公幹之人为监司。每月送朱墨点心钱。县道委令监里正分团抄札，不许邀阻乞觅，如有乞觅，可径于提督官投状，申县断治。如更抑遏可自于本县或佐官厅陈诉，当痛惩一二以励其余。
>
> (村)各委本土公正有望为乡闾所信服者〔不可信凭公人所举，须参寄居及土人贤者之论，(庶)[素]人望稍服〕。任先延见委谕之，因察其人物(不许子弟代名出官)。时以杯酒、礼貌激动使乐为效命。又须有术察其任私不职者略责一二，以警其余。[2]

他还指出：

> (赈济)多以支米为便，不知支米最为重费，弊倖又多。不系沿流及产米去处，搬运极为费力，往往夫脚与米价相等；更有在路减窃、拌和之弊。若是大荒年分，谷米绝无，民间艰食，不容不措置移运米斛。若不是十分荒歉，米斛流通，物价不涌，不如支钱最省便，更无伪滥之弊。小民将钱可以抽赎典过斛斗；或是一㪷米钱可买二㪷杂斛，以三二升拌和菜茄煮以为食，则是二㪷之粜斛，可供一家五七口数日之费。然恐官于支钱所委不得其人，亦有减克之弊，不若钱米兼支，实为两利益。[3]

---

① (清)徐松辑：《宋会要辑稿》食货五七之二一，第5730页。

② (宋)董煟：《救荒活民书》卷中，《景印文渊阁四库全书》第662册，第257、269页。

③ (宋)董煟：《救荒活民书》卷中，《景印文渊阁四库全书》第662册，第257页。

灾后重建措施方面，主要是流民安置（就地安置、帮助其返乡复业），通过税赋减免、赈贷、贷种等办法帮助灾民恢复生产。

董煟之作《救荒活民书》，自言是“幼尝窃慕先朝富弼活河朔饥民五十余万”[①]，其实更是受到当时大讲荒政时代政风影响的结果。宋朝特别是董煟生活的南宋中后期“是汉唐以来迄清初历代中最讲求荒政的历史时期”[②]，故董煟幼年即得以熟睹“州县施行之善否”[③]，因此其书才能做到指摘弊病则切中肯綮、建言献策则独出机杼。总之，《救荒活民书》体现了董煟坚持惠及真正困难的受灾民众，重视官方、民间力量并举，尊重经济规律，重视赈灾救灾工作的过程管理等思想，对元明清荒政及荒政著作产生了重大影响，其价值是相当巨大的。

董煟，字季兴。因《直斋书录解题》记云“从政郎鄱阳董煟编进”[④]，《四库全书总目》遂称之为“鄱阳人”[⑤]。据程珌《董知县墓志铭》“至君九世祖，始家德兴之海口”[⑥]，可知董煟为饶州德兴县（治今江西德兴市）人。则陈振孙所谓“鄱阳”，实指饶州（郡号鄱阳），非如今研究者理解之饶州附郭鄱阳县（治今江西鄱阳县）。《直斋书录解题》又记其为“绍熙五年（1194）进士”[⑦]，程珌则云“某与君同为癸丑（绍熙四年陈亮榜）进士”[⑧]，正德《饶州府志》亦记董煟为

---

① （宋）董煟：《救荒活民书·序》，《景印文渊阁四库全书》第662册，第234页。

② 李华瑞：《略论南宋荒政的新发展》，何忠礼主编：《南宋史及南宋都城临安研究》，北京：人民出版社，2009年，第54页。

③ （宋）董煟：《救荒活民书·序》，《景印文渊阁四库全书》第662册，第234页。

④⑦ （宋）陈振孙撰，徐小蛮、顾美华点校：《直斋书录解题》卷10，第221页。

⑤ 《四库全书总目》卷82《政书类二》，第709页。

⑥⑧ （宋）程珌：《洺水集》卷10《董知县墓志铭》，《景印文渊阁四库全书》第1171册，第362页。

绍熙四年进士[①]，显然《直斋书录解题》误记。董煟入仕初授筠州新昌(治今江西宜丰县)县尉，不久丁父艰，起复除成都征商，任上“猾吏屏息，征课自裕”。期间与在成都担任佥书剑南西川节度判官厅公事的魏了翁相识。秩满蜀人留之，会年饥，乃赴行在献上所著《救荒活民书》。朝廷颁之诸路，在救荒工作中发挥了很大的作用。董煟本人受到宁宗的召见褒奖：“尔忠惟报国、诚在爱民。”[②]遂迁为德安府应城(治今湖北应城市)县令，旋改授郢州(治今湖北钟祥市)文学。嘉定七年(1214)调任温州瑞安县(治今浙江瑞安市)县令，期间与奉祠家居的叶适相识。然当年即因“常平使者行部……慢于走趋”被劾罢官归里。不久又出任辰州辰溪(治今湖南辰溪县)县令，任上大力兴学，积极招抚蛮夷。但由于“出入溪谷，厉气侵薄，得呕泄之疾日甚，遂请挂冠。既日正冠危坐，从容而逝。(嘉定)十年(1217)十二月七日也”。董煟妻为乃师沙随先生程迥女，又与宋代著名藏书家张大训为姻亲(长子董甄娶张氏女，女又嫁张氏长子张世美)。[③]

据上揭，董煟献上《救荒活民书》最初三卷是在其成都税监秩满之时，即嘉泰元年(1201)；献书前其曾自叹云：“吾尝为活人书，条贯悉备，使其书行天下，无捐瘠矣。”[④]则是书之成必在此年之前。《拾遗》一卷撰成于嘉定二年(1209)或稍晚[⑤]。陈振孙著录该

① 正德《饶州府志》卷2《学校》，《天一阁藏明代方志选刊续编》第44册，上海：上海书店，1990年影印本，第298页。

② 正德《饶州府志》卷4《人物》，《天一阁藏明代方志选刊续编》第44册，第640页。

③ (宋)程珌：《洺水集》卷10《董知县墓志铭》，《景印文渊阁四库全书》第1171册，第361—362页。并参见陈华龙：《〈救荒活民书〉作者生平及成书时间考》，《农业考古》2015年第4期，第262—263页。

④ (宋)程珌：《洺水集》卷10《董知县墓志铭》，《景印文渊阁四库全书》第1171册，第361页。

⑤ 陈华龙：《〈救荒活民书〉作者生平及成书时间考》，《农业考古》2015年第4期，第263—265页。

书“三卷”，盖所见乃嘉泰初年刻本耳；《宋史》著录四卷，则《拾遗》已与前三卷合刻矣。《救荒活民书》传世版本除前揭台湾“国家图书馆”藏明钞本、《四库全书》本，主要有清嘉庆间海虞张海鹏刻《墨海金壶》本、道光间钱熙祚刻《珠丛别录》本、咸丰四年新昌庄氏过客轩刻《长恩书室丛书》本、同治间新建吴氏皖城刻《半亩园丛书》本、民国二十四至二十六年上海印书馆《丛书集成初编》本（以上题名《救荒活民书》，三卷加拾遗一卷）、康熙二十九年刻《荒政丛书》本、道光二十四年金山钱氏刻《守山阁丛书》本、道光间刻二十八年汇印《瓶华书屋》本（以上题名《救荒全书》，一卷）。除《救荒活民书》外，董煟还撰有《寿国脉书》一书，已佚。

二、其他救荒类农书

宋代救荒类农书除了董煟之作，还有 6 种，兹列述如下。

1.《青社赈济录》

《直斋书录解题》著录于“典故类”，记为一卷，富弼撰。[①]《遂初堂书目》著录于“本朝故事”类，但记书名为《富文忠青州赈济录》。[②]《宋史·艺文志》亦著录于“故事类”，但记作“富弼《救济流民经画事件》一卷”。[③] 苏轼《富郑公神道碑》则记其有“《青州赈济策》三卷”[④]，虽与前揭卷帙不同，但此四书必为同一书。《中国农学书录》《中国农业古籍目录》未著录。一般认为该书已佚[⑤]，实际尚存于《救荒活民书》之中。

据《救荒活民书》所录，《青社赈济录》包括《擘画屋舍安泊流民

---

① （宋）陈振孙撰，徐小蛮、顾美华点校：《直斋书录解题》卷 5，第 165 页。

② （宋）尤袤：《遂初堂书目》，《丛书集成初编》第 32 册，第 10 页。

③ 《宋史》卷 203《艺文志二》，第 5105 页。

④ 孔凡礼点校：《苏轼文集》卷 18，第 536 页。

⑤ 如李文海、夏明方、朱浒主编：《中国荒政书集成》第 12 册，天津：天津古籍出版社，2010 年，第 8702 页；曾枣庄：《苏辙交游考》，《三苏姻亲后代师友门生论集》，成都：巴蜀书社，2018 年，第 208—209 页。

事指挥》《晓示流民许令诸般采取营运事指挥》《约束事件逐一指挥》《支散流民斛㪷画一指挥》《宣问救济流民事札子》五篇公文。其所述救荒措施主要有以下几点，一是对流民的居住安置：坊郭户一等户须腾置房屋5间、二等户3间、三等户2间、四五等户1间，乡村户一等户须腾置房屋7间、二等户5间、三等户3间、四五等户2间，以供流民居住。二是禁止擅添物价，并令乡村人户分等量出粮食以赈济灾民：一等户2石、二等户1石5斗、三等户1石、四等户7斗、五等户4斗、客户3斗，以上米、豆各半送纳。三是加强对救荒工作的监管，严禁工作人员以赈济为名勒索钱物，确保流民所支米豆15岁以上每人日支1升、15岁以下每人日给5合（5岁以下男女不支），尤其要保证对老、残、病、孤、独、贫等重点人口的保障。四是驰山泽之禁，并为灾民划拨桑土及贷种粮，助其自救。五是给付流民盘缠，助其返乡复业。[①]

据上，富弼既有《青社赈济录》之书，严格讲则《救荒活民书》是中国历史上第一部救荒专著的旧说是不正确的[②]，该书只是中国历史上第一部综合性救荒专著，《青社赈济录》才是第一部救荒专著。当然，从根本上说，后者虽可视为第一部救荒著作，然究为一时一地有关文件之汇编，殊非著书之体，故成就与影响远不可能与前者相提并论。

富弼，字彦国，原名富皋，号昆台真人。河南府（治今河南洛阳市）人。生于景德元年（1004）大年初一，幼获吕蒙正称许。天圣元年（1023），弱冠往谒在海陵西溪镇监仓的范仲淹，二人自是订交。五年，赴京初试进士，未第。改应制举，天圣八年（1030）中茂才异等科，初授将作监丞、知河南府长水县（治今河南洛宁县西长水镇）。次年丁父艰，景祐元年（1034）服除通判绛州（治今山西新绛县）。秩满回京，召试馆职，授太子中允、直集贤院，旋出通判郓州

① （宋）董煟：《救荒活民书》卷下，《景印文渊阁四库全书》第662册，第282—289页。

② 最早指出此点者为邵永忠《中国古代荒政史籍研究》（第21页）。

(治今山东东平县西北)。宝元二年(1039)底迁为开封府推官、知谏院。庆历元年(1041)改右正言、知制诰,纠察在京刑狱。次年使辽,宋增岁币与契丹议和,翌年升任枢密副使(范仲淹同升为参知政事)。时范仲淹、富弼、杜衍等被指为党,欧阳修作《朋党论》辨之。四年,出为河北宣抚使,平定保州(治今河北保定市)军乱。次年迁京东西路安抚使、知郓州,旋落安抚使职;欧阳修亦贬知滁州,而自号醉翁。七年(1047),移京东东路安抚使、知青州(治今山东寿光市北)。次年六月六日,河决商胡埽,河北流民奔走青州,富弼措置救灾赈灾:

> 劝所部民出粟,益以官廪,得公私庐舍十余万区,散处其人,以便薪水。官吏自前资、待缺、寄居者,皆赋以禄,使即民所聚,选老弱病瘠者廪之,仍书其劳,约他日为奏请受赏。率五日,辄遣人持酒肉饭糗慰藉……山林陂泽之利可资以生者,听流民擅取。死者为大冢葬之……明年,麦大熟,民各以远近受粮归,凡活五十余万人,募为兵者万计。[①]

《青社赈济录》即其时"捄(同'救')荒施行文牍也"[②]。

皇祐二年(1050)底拜礼部侍郎、知郑州,范仲淹继为青守。次年,移知蔡州(治今河南汝南县)。四年五月,范仲淹卒于徐州,富弼为撰《祭范文正公文》《范文正公仲淹墓志铭》。至和二年(1055)正月,岳父晏殊卒,二月除宣徽南院使、判并州(治今山西太原市)、兼河东路经略安抚使,六月拜同中书门下平章事、集贤殿大学士(文彦博同拜,再相)。嘉祐二年(1057),苏轼进士及第,富弼以国士待之。次年加礼部尚书、昭文馆大学士,其三妹夫田况同升枢密使。江南东路提点刑狱王安石入朝为度支判官,向仁宗皇帝上万

① 《宋史》卷313《富弼传》,第10253—10254页。

② (宋)陈振孙撰,徐小蛮、顾美华点校:《直斋书录解题》卷5,第165页。

言书。六年，以母丧去位，司马光知谏院，王安石知制诰。治平元年(1064)，曹太后命其还政，迁户部尚书。次年，以镇海节度使、同平章事出判河阳(治今河南孟州市南)，封祁国公。四年，神宗继位改武宁军节度使，进郑国公。熙宁元年(1068)，改判汝州。二年，向神宗上尊号，神宗不允。不久复拜相，然因神宗信用王安石，常称病不视事，遂罢相判河南府，旋改判亳州。四年底，归家养病，五年初以司空、同平章事、武宁节度使致仕，进韩国公。元丰五年(1082)与文彦博、司马光等组织“洛阳耆英会”。次年卒，享寿 80 岁，谥文忠。[①] 父富言，字应之，咸平三年(1000)进士。祖父富令荀，官至商州马步使。曾祖父富处谦，举家自汴迁洛，曾任大名府内黄(治今河南内黄县)县令。

2.《仁政活民书》

二卷，丁锐编集。已佚。《直斋书录解题》著录于“传记类”，题名为《仁和活民书》。清卢文弨在四库本基础上以元本校订而成的《新订直斋书录解题》(通称卢校本)书名则为《仁政活民书》[②]，《文献通考》亦作《仁政活民书》。[③] 救荒素称仁政，自以马、卢所考为是。《中国农学书录》《中国农业古籍目录》未加著录。

丁锐，会稽人，生平不详。《直斋书录解题》载其曾为“秀州司户”[④]，万历《嘉兴府志》载其熙宁(1068—1077)中为参军[⑤]，据此可知其曾于熙宁间在秀州(治今浙江嘉兴市)担任过司户参军一职。又曾任鄂州(治今湖北武汉市武昌区)司理参军一职，任上编集《明

---

① 参见曹清华:《富弼年谱》，四川大学硕士学位论文，2002 年。

② (宋)陈振孙撰，徐小蛮、顾美华点校:《直斋书录解题》卷 10，第 221 页。

③ (元)马端临:《文献通考》卷 199《经籍考二十六》，第 1668 页。

④ (宋)陈振孙撰，徐小蛮、顾美华点校:《直斋书录解题》卷 7，第 221 页。

⑤ 万历《嘉兴府志》卷 9，《中国方志丛书·华中地方》第 505 号，台北：成文出版社，1983 年影印本，第 569 页。

刑尽心录》二卷,[①]还担任过翰林医官。[②] 是一名技术型官员。

丁锐著作尚有《孔传东家杂记》《宗忠简公遗事》[③]及题名《好生之德》的短文一篇。前二书均佚,后者被宋陈录《善诱文》收入,《善诱文》又被收入《百川学海》《说郛》中,故得传世。明《宝子纪闻类编》"饮食类"又收丁锐《放生文》一篇,文首云:"丁锐《放生文》曰:天地以好生为德,故羽毛鳞介五一不遂其性……"[④]考之《百川学海》《说郛》,实即《好生之德》一文,惟文首无"丁锐《放生文》曰"数字,文尾易"何惮而不为乎"为"会稽丁锐撰"数字。[⑤]

3.《刘忠肃救荒录》

书已佚,《中国农学书录》《中国农业古籍目录》未收。《直斋书录解题》著录于"典故类":"五卷,王居仁撰。淳熙乙未(二年,1175),枢密刘珙共父帅江东救荒本末。嘉定乙亥(八年,1215)真景元刻之漕司,以配富郑公《青社》之编,而以刘公行状、谥议附录于后。"[⑥]《宋史·艺文志》于"故事类"著录:"《江东救荒录》,五卷,刘珙撰。"[⑦]两书都记刘珙江东救荒,又同为五卷,是必一书。陈振

① (宋)陈振孙撰,徐小蛮、顾美华点校:《直斋书录解题》卷7,第221页。

② (宋)慕容彦逢:《摛文堂集》卷7《西绫锦副使兼翰林医官副使盖演,医官副使卢德诚,翰林医官、赐绯丁锐,翰林医学李师老可各转一官制》,《景印文渊阁四库全书》第1123册,第383页。

③ 嘉靖《浙江通志》卷54《艺文志八之二》,《天一阁藏明代方志选刊续编》第26册,第472页。

④ (明)宝文照辑:《宝子纪闻类编》卷4,《四库全书存目丛书·子部》第93册,济南:齐鲁书社,1995年,第143—144页。

⑤ (宋)陈录:《善诱文》,(宋)左圭编:《百川学海》第13册《丁集下》,民国十六年武进陶氏景宋咸淳刊本,叶三b至四b;(明)陶宗仪等编:《说郛三种》弓73,第3410—3411页。

⑥ (宋)陈振孙撰,徐小蛮、顾美华点校:《直斋书录解题》卷5,第169页。

⑦ 《宋史》卷203《艺文志二》,第5104页。

孙叙录如此详细，盖书经其手。则《宋史》必误，所记书名当因该书由真德秀刻印、真氏本人又著《江东救荒录》而误；所记作者当因事出刘珙而误。

刘珙，字恭父，亦作共父，建宁府崇安县（治今福建武夷山市）开耀乡五夫里人。《宋史》有传。刘珙幼年即以祖父刘韐恩荫补为承务郎，与朱熹（珙父刘子羽为朱熹义父）同受学于其叔刘子翚及刘勉之、胡宪（三人并称武夷三先生）。绍兴十二年（1142）中进士，授监绍兴府都税务。十六年丁父忧，继又服祖母之丧，二十四年（1154）服除后任诸王宫大小学教授兼权秘书省校勘、权中书舍人等职。秦桧为收买人心，"欲追谥其父，召礼官会问，珙不至，桧怒，风言者逐之。桧死，召为大宗正丞"[①]，后迁任秘书丞、吏部员外郎。三十一年（1161），任秘书少监、试中书舍人。金完颜亮南侵，高宗御驾亲征，诏檄多出其手，真除中书舍人。

孝宗即位后出使金国，不至而还。寻出知泉州，未赴改知衢州。乾道元年（1165）湖南大旱，兼有李金之乱，朝廷乃以刘珙为潭州（浙江湖南长沙市）知州、湖南安抚使经略其事。其间，刘珙重修岳麓书院并聘请张栻主持之，又邀义弟朱熹赴湘，促成了著名的"朱张会讲"。越明年李金事定，回朝任翰林学士、知制诰兼侍读，陈"圣王之学所以明理正心，为万事之纲"[②]之说，旋擢中大夫、同知枢密院事、兼参知政事。后以劾殿前指挥使王琪檄郡增筑新城故，出知隆兴府（治今江西南昌市）、江南西路安抚使。五年除资政殿学士，移知荆南府（治今湖北江陵县），兼湖北安抚使。[③] 不久丁继母忧去职，八年（1172）底服阕以资政殿大学士再知潭州、湖南安抚使，抚定流窜茶盗数千。淳熙二年（1175），移为知建康府（治今

---

① 《宋史》卷386《刘珙传》，第11849页。

② 《宋史》卷386《刘珙传》，第11851页。

③ （宋）朱熹：《晦庵先生朱文公文集》卷94《刘枢密墓记》，《朱子全书》第25册，第4345页。

江苏南京市)、江南东路安抚使、行宫留守,时"会水且旱",于是有《刘忠肃救荒录》所记救荒之事:"首奏蠲夏税钱六十万缗、秋苗米十六万六千斛。禁止上流税米遏籴,得商人米三百万斛。贷诸司钱合三万,遣官籴米上江,得十四万九千斛。籍主客户高下,给米有差。又运米村落,置场平价振粜,贷者不取偿。"在刘珙主持下,救荒卓有成效:"起是年九月,尽明年四月,阖境数十万人,无一人捐瘠流徙者。"[①]因除观文殿学士再任。五年(1178),刘珙因病请致仕,寻卒,谥忠肃。其享年朱熹撰行状谓"五十有五"[②],而朱熹撰神道碑又云"五十有七"[③],《宋史》本传则说"年五十七"[④],故当以后者为是,则刘珙生于宣和六年(1124)。

刘珙父子羽曾为张浚参议军事,官终知镇江府兼沿江安抚使。除刘子翚刘珙尚有叔子翼,知建州时爆发了范汝为农民起义,后将州治迁到家乡崇安县。刘珙妻三人,元配吕氏为绍兴初兵部尚书吕祉女,续娶韩氏姊妹为韩琦四世孙女。嗣子学雅(本兄刘坪长子[⑤])、学裘[⑥],均官至知州以上。

4.《救荒录》

卷帙不明,赵彦覃撰。已佚。仅见于真德秀《跋江西赵漕救荒录》,历代史志书目不载,《中国农学书录》《中国农业古籍目录》亦

① 《宋史》卷386《刘珙传》,第11852页。

② (宋)朱熹:《晦庵先生朱文公文集》卷97《观文殿学士、大中大夫、知建康军府事兼管内劝农使,充江南东路安抚使马步军都总管、营田使兼行宫留守,彭城郡开国侯,食邑一千六百户、食实封二百户,赐紫金鱼袋,赠光禄大夫,刘公行状》,《朱子全书》第25册,第4501页。

③ (宋)朱熹:《晦庵先生朱文公文集》卷88《观文殿学士刘公神道碑》,《朱子全书》第24册,第4127页。

④ 《宋史》卷386《刘珙传》,第11853页。

⑤ 参见王小珍:《宋代崇安五夫里刘氏家族及其文学研究:以刘子翚为中心》,福建师范大学博士学位论文,2007年,第37页注④。

⑥ 詹继良纂:《五夫子里志》卷11《人物志·政绩》,《中国地方志集成·乡镇志专辑》第26册,上海:上海书店,1992年影印本,第241页。

未加著录。

据真跋所叙，其于嘉定七年(1214)出任江东转运副使，次年江南东路遭遇旱蝗灾，遂被朝命救灾赈灾。该路“桐川(广德军，治今安徽广德市)地素瘠，至是艰险尤甚”，真德秀乃派时任主管账司的赵彦覃先往筹划。赵氏很有干才，宣力甚多，并将“江东捄荒之事……本末”录为一书，即《救荒录》。后赵彦覃擢知“庐陵郡”(吉州，治今江西吉安市)，继以饥馑，又推行前法，并将《救荒录》予以刊行[①]——可见书中必有灭蝗、放赈等具体方法，否则徒增骂名而已。

赵彦覃，魏王赵德昭后裔。生平不详，仅可考知其任职江东转运司之前曾任鄂州(治今湖北武汉市武昌区)录事参军[②]，嘉定四年知筠州高安县(理宗即位改瑞州，治今江西高安市)[③]。任职江东转运司之后“不数岁入官于朝”[④]，宝庆元年(1225)尚在京任幹办诸司粮料院[⑤]，绍定初时任江南西路转运判官[⑥]，大概在绍定二

① (宋)真德秀:《西山文集》卷36,《景印文渊阁四库全书》第1174册，第574页。

② (宋)真德秀:《西山文集》卷12《荐洪运管等官状》,《景印文渊阁四库全书》第1174册,第187页。

③ 正德《瑞州府志》卷6《秩官志·高安县》,明正德十年刻本,叶二a。按:原文记于嘉定四年离任的吴灏之后。又,嘉靖《江西通志》亦记于吴灏之后,惟吴灏在任时间仅云“嘉定间”(卷31《瑞州府》,《四库全书存目丛书·史部》第183册,第493页),乾隆《高安县志》则明记赵氏“嘉定四年任”(卷6《秩官》,清乾隆十九年刻本,叶四a)。

④ (宋)真德秀:《西山文集》卷36,《景印文渊阁四库全书》第1174册，第574页。

⑤ 汪圣铎点校:《宋史全文》卷31《宋理宗一》,第2627页。按:据原文,既有廷对,所奏又为“州县折色病民”,故知其时当自地方入朝初任此官。

⑥ 嘉靖《江西通志》卷2《藩省》,《四库全书存目丛书·史部》第182册,第48页。按:原文作“绍定间”,据后揭知在初年。

年(1229)或三年升副使[①]。后曾任直焕章阁、湖南安抚使[②],都大坑冶等职[③]。

5.《江东救荒录》

卷帙不明,真德秀撰。已佚。仅见于刘克庄《西山真文忠公行状》[④]及《宋史》真德秀本传[⑤],《中国农学书录》《中国农业古籍目录》未加著录。然前揭真德秀为赵彦覃《救荒录》(所述即真德秀江东救荒事)所作跋文作于其主持江东救荒15年之后,文中并未表明已有是作[⑥],笔者颇疑刘克庄误以赵彦覃《救荒录》为真氏作,或误以真德秀刻印前揭王居仁《江东救荒录》为其作,《宋史》则据刘文而误,然在没有其他反证的情况下也只能存疑。如刘克庄不误,真氏果有是书,当即其嘉定八年江东救荒之文牍,内容与赵书大体相同。

真德秀,建宁府浦城(治今福建浦城县)人。本姓慎,以避孝宗

① (宋)刘克庄,王蓉贵、向以鲜校点:《后村先生大全集》卷154《胡藤川墓志铭》,第3947页。按:据原文"帅李公寿朋、漕赵公彦覃、宪陈公恺、仓黄公炳合辞论公(抚州金溪知县胡余潜)桑洲、飞鸢、沙溪、暖水剿贼之功,暴露经理之劳,不报"可知;又其时转运使阙置,故知赵氏为副使。又,天启《赣州府志》云绍兴二年(1132)赣州石城县张玉龙等反,安抚李寿明、通判赵彦覃督兵讨平之(卷18《纪事志》,《四库全书存目丛书》第202册,济南:齐鲁书社,1996年影印本,第624页),误,李寿明应为李寿朋、通判当为运判、绍兴二年当为绍定二年。

② (宋)赵若槸:《赵时淌及妻曹氏圹记》,陈柏泉编著:《江西出土墓志选编》,南昌:江西教育出版社,1991年,第202页。

③ (宋)洪咨夔著,侯体健点校:《洪咨夔集》卷17《直秘阁新成都府路提刑赵彦覃除都大坑冶制》,杭州:浙江古籍出版社,2015年,第418页。按:成都府路提刑当未之任。

④ (宋)刘克庄撰,王蓉贵、向以鲜校点:《后村先生大全集》卷168,第4292页。

⑤ 《宋史》卷437《儒林传》,第12964页。

⑥ (宋)真德秀:《西山文集》卷36,《景印文渊阁四库全书》第1174册,第574页。

讳改"真"姓；初字实夫，后改景元，楼钥又为改希元[①]。真氏生于淳熙五年(1178)，4 岁从父嵩学，有过目成诵之能。绍熙三年(1192)父丧，年十五。庆元五年(1199)，第二次应举登第(魏了翁同年登第)，授南剑州军事判官。开禧元年(1205)中博学宏词科，次年入福州安抚使萧逵幕，不久入朝为太学正。寻迁太学博士，为礼部点检试卷官(楼钥知贡举)，又召试学士院，除秘书省正字，差充御试编排官兼玉牒所检讨官。嘉定二年(1209)任秘书省校书郎兼沂王府小学教授，教导后来被史弥远陷害而死的皇子赵竑。次年迁秘书郎，兼权直学士院。四年除著作佐郎，兼礼部郎官，次年底摄吏部侍郎。六年除起居舍人，兼太常少卿，使金不至而返。七年底除秘阁修撰、江东转运副使，次年管内遭遇旱蝗灾，遂有救灾赈灾之事。九年(1216)除右文殿修撰、知泉州，任上复多旱，屡次祈雨并兴修水利，劝民力耕，又大力缉捕海盗，多有政声。十二年(1219)除集英殿修撰、知隆兴府。次年母丧返乡忧居，创建西山精舍，号西山居士、西山翁，人遂称西山先生。十五年服阕除宝漠阁待制、知潭州、湖南安抚使，在任期间多旱，屡次设醮祈雨。十七年(1224)理宗继位，诏入朝为礼部侍郎兼侍读，旋又兼同修国史、实录院同修撰。宝庆元年(1225)六月始至，八月底即被史弥远同党劾以"舛论纲常，简节上语，曲为济王(即赵竑)地"[②]，随即被罢免，以焕章阁待制提举隆兴府玉隆万寿宫。继被追劾，落职罢祠返乡，次年建成粤山新居迁入，又建梦笔书堂。绍定五年(1232)宋与蒙古联合攻金都汴京，诏起为徽猷阁待制、知泉州。次年迁显漠阁待制、知福州兼福建安抚使。寻史弥远死，金亡，入朝为翰林学士、知制诰，兼侍读，以所著《大学衍义》进理宗。端平二年(1235)，知贡举，除参知政事。寻因病请辞，遂罢政以资政殿学士提举万寿观，

---

① (宋)叶绍翁撰，沈锡麟、冯惠民点校：《四朝闻见录·甲集》，第38页。

② 《宋史》卷41《理宗本纪一》，第787页。

兼侍读。不久病亟，守资政殿学士致仕，是夕竟薨，年五十八，谥文忠。[1]

真德秀以道德、文章享名，为学尊崇程朱，擅四六，有词名，与魏了翁并称。著作有《大学衍义》《西山读书记》《文章正宗》《西山文集》《献忠集》《西山甲乙藁》《对越甲乙集》《经筵讲义》《端平庙议》《翰林词草四六》《四书集编》《政经》《心经》《卫生歌》《清源杂志》《星沙集志》等。妻杨氏为真德秀老师兼同年杨圭之女，子真志道，字仁夫，初名正则，字诚之，师事嘉定七年状元袁甫（其父絜斋先生袁燮与杨简、舒璘、沈焕并称"淳熙四先生"，俱陆九渊弟子，为四明学派代表人物），后以父荫补官，累迁至户部侍郎。刘克庄为其及门高弟。

6.《茹草纪事》

野菜是人们因灾荒、战争导致大饥荒时借以果腹的无奈选择，宋人也不例外。如徽宗末年，"时转粮以给燕山，（山东）民力疲困，重以盐额科敛，加之岁凶荒，民食榆皮，野菜不给，至自相食"[2]。孝宗淳熙年间浙东诸州民情嗷嗷，"鱼虾螺蚌久已竭泽，野菜草根取掘又尽。百万生齿饥困支离，朝不谋夕。其尤甚者，衣不盖形，面无人色，扶老携幼，号呼宛转，所在成群。见之使人酸辛怵惕，不忍正视。其死亡者，盖亦不少"[3]。当然，有些人特别是文人隐士平素偶亦食用野菜，如"香粳新炊野菜肥，一饱令人百忧散"[4]、"北牖清风正满床，东坡野菜漫充肠"[5]诗句所咏。野菜谱即教人识别

---

① 参见林日波：《真德秀年谱》，华中师范大学硕士学位论文，2006年。

② （宋）陈均编，许沛藻等点校：《皇朝编年纲目备要》卷29甲辰宣和六年，第756页。

③ （宋）朱熹：《晦庵先生朱文公文集》卷16《奏救荒事宜状》，《朱子全书》第21册，第762—763页。

④ （宋）郭祥正：《青山集》卷4《铜山寺》，《北京图书馆古籍珍本丛刊》等90册，北京：书目文献出版社，1988年影印本，第29页。

⑤ （宋）苏辙撰，程宏天、高秀芳校点：《苏辙集·栾城集》卷12《次韵子瞻临皋新葺南堂五绝》，第233页。

可以食用的无毒野生植物之书。宋代关于食用野菜之法多于各书略一提及，专门著述仅《茹草纪事》一书。

《茹草纪事》，一卷，见载于《说郛》。《中国农学书录》不收，《中国农业古籍目录》著录于园艺作物类，标明作者为“（宋）林洪”[①]。洪字龙发，号可山，福建泉州人，主要活动于理宗朝。本书第一章第三节详考其生平，兹不复赘。《茹草纪事》篇幅短小，正如书题所揭标实为宋以前人食用野菜的事例汇编。如记舜“饭糗茹草”，秦方士韩终服菖蒲三十年而身生毛，新莽末年南方大旱，饥民“入野泽掘凫茈食之”；《荆楚岁时记》称“菰菜、地菌之流，作羹甚美”；李雄克成都，部众饥馁，乃掘野芋而食。周颙隐钟山，所食为“赤米、白盐、绿葵、紫蓼”。不过并非全涉野菜，晋张翰因莼鲈之思而辞官，唐卢怀慎召客食有“烂蒸去毛，莫拗折项”之语，客以为非鹅即鸭，食时乃见为粟米饭、葫芦之类轶事也包括在内。[②] 古人所食野菜宋人自可为食，另外林洪还著有食谱《山家清供》，所以虽然本书和后世野菜谱体例相去甚远，但从作意看，林洪打算写一部有关食用野菜之书的目的是非常明确的。后世著野菜谱中也有名为《茹草编》的（书中还专设《茹草纪事》一卷），可见林书在开辟畛域方面的奠基作用。

---

① 张芳、王思明主编：《中国农业古籍目录》，第 79 页。

② （元）陶宗仪等编：《说郛三种》弓 106，第 4891—4892 页。

第十一章　宋代最重要的代表性农书——陈旉《农书》

宋代农书宏富，数量远超前代，其中重要农书有《禾谱》（曾安止）、《农器谱》、《吴门水利书》、《耕织图》、《蚕书》（秦观）、《琐碎录》、《东溪试茶录》、《品茶要录》、《桐谱》、《荔枝谱》、《橘录》、《菌谱》、《洛阳花木记》、《金漳兰谱》、《百菊集谱》、《全芳备祖》、《糖霜谱》、《酒经》（朱肱）、《岁时广记》（陈元靓）、《事林广记》等等，而价值最大、最有影响、最具代表性的则是陈旉《农书》。中华人民共和国成立后有关部门组织学者集体撰写的最早的两部综合性农学史巨著《中国农学史（初稿）》《中国农业科学技术史稿》都给予其很高的评价，前者认为"陈旉《农书》在农业技术与理论上，比《齐民要术》有很大的进步"，"具有相当完整而有系统的理论体系"[①]；后者将之与元《农桑辑要》、王祯《农书》、《农桑衣食撮要》并称为"我国传统农学中的四部传世佳作"[②]。因此，历来研究者甚众，如中国农史学科奠基人万国鼎、石声汉，著名农史专家李长年、范楚玉、李根蟠，以及著名日本学者天野元之助、周藤吉之、寺地遵等都曾倾注精力于其间。[③] 万国鼎、天野元之助、寺地遵更推许该书是"和

---

① 中国农业遗产研究室编著：《中国农学史（下）》，第39、38页。

② 梁家勉主编：《中国农业科学技术史稿》，第461页。按：据上下文，当指"我国宋元时代传统农学"。

③ （宋）陈旉撰，万国鼎校注：《陈旉农书校注》，北京：农业出版社，1965年；石声汉：《以"盗天地之时利"为目标的农书——陈旉农书的总结分析》，《生物学通报》1957第5期，第23—27页；李长年：《陈旉及其〈农书〉》，《农史研究》第8辑，北京：农业出版社，1989年；范楚玉：《陈旉的农学思想》，《自然科学史研究》1991年第2期，第169—176页；李根蟠：《〈陈旉农书〉与"三才"理论——与〈齐民要术〉比较》，《华南农业大学学报》2003年第2期，（注转下页）

《氾胜之书》、《齐民要术》、王祯《农书》、《农政全书》等并列”的“我国第一流古农书之一”[①]、“是继《齐民要术》之后第一部真正的、划时代的著作”[②]、“是宋代农书中值得特笔大书的”[③]。近年又有学者对该书重加校释。可以说，陈旉《农书》是宋代农书中研究最为充分的一种。本章在吸收已有成果的基础上，着重论述陈旉生平、《农书》的版本流变及其主要农学贡献三个方面内容。

第一节　陈旉生平及《农书》的版本流传

一、陈旉生平考辨

陈旉《农书》虽见录于《直斋书录解题》《玉海》《宋史·艺文志》，然均无一言而及陈旉其人其事，他书率亦不载。对陈旉生平的考述，所可据者仅《农书》所附诸序跋而已。其洪兴祖跋云：“绍兴己巳，(陈旉)自西山来访予于仪真，时年七十四，出所著《农书》三卷。”[④]绍兴十九年(1149)陈氏 74 岁，则其生年为熙宁九年(1076)，正当熙丰变法时期。又据陈旉自跋，知《农书》“成于绍兴

(续上页注)第 101—108 页；(日)天野元之助：《中国農業史研究》，東京：御茶の水書房，1962 年，第 171—388 页〔初以《陳敷の〈農書〉と水稲作技術の展開》(上、下)为题发表于《東方学報》1950 年第 19 册、1952 年第 21 册，第 23—64、37—133 页〕；(日)周藤吉之：《宋代経済史研究》，第 1—72 页；(日)寺地遵撰，曹隆恭译：《陈旉〈农书〉版本考》，《中国农史》1982 年第 1 期，第 91—101 页；(日)寺地遵撰，姜丽蓉译、唐小青校：《陈旉〈农书〉与南宋初期的诸状况》，《农业考古》1984 年第 1 期，第 285—291 页。

① (宋)陈旉撰，万国鼎校注：《陈旉农书校注》，第 20 页。

② 寺地遵撰，姜丽蓉译、唐小青校：《陈旉〈农书〉与南宋初期的诸状况》，《农业考古》1984 年第 1 期，第 285 页。

③ (日)天野元之助：《中国農業史研究》，第 171 页。

④ (宋)陈旉著，刘铭校释：《陈旉农书校释》，第 149 页。

十九年”。该跋文系时为“(绍兴十九年)后五年甲戌元日”,[1]即绍兴二十四年(1154),则其卒必在此年之后,当时陈旉已79岁,恐享年不逾高宗之世。

《农书》自序云“躬耕西山”,署款为“西山隐居全真子陈旉”,[2]跋文则署作“如是庵全真子”[3]。杨德泉认为此“西山”乃真州(治今江苏仪征市)西山,遂推断陈氏为苏北人。[4] 万国鼎认为此“西山”为扬州西山,遂推测陈氏为江苏人。[5] 二说并不矛盾,扬州西山即真州西山。李长年则认为陈旉“全真子”之自号显然“和‘全真教’有相当的联系”,并进一步指出:“全真教创教在靖康之后,教徒多是‘河北之士’……他们凭借耕田凿井,自食其力。陈旉的行径,正是如此,他‘平生读书,不求仕进,所至即种药治圃以自给’(《陈旉农书·洪兴祖后序》)。在此,‘所至’二字,很值得推敲,这二字有‘在中途停留过’的含意。”因此他推测:“陈旉是华北人〔很可能就是‘华(河)北之士’〕,因为‘避金’,参加了全真教,取名‘全真子’。并辗转南下,中途曾有所停留,最后到达江苏,在江苏住了一段相当长的时期,才完成了这部杰作。”[6]但李长年所谓“全真教创教在靖康之后”却是不准确、混淆是非的,全真教教主王重阳于金正隆四年(宋绍兴二十九年,1159)得遇异人方出家习道[7],全真教之创立自不可能早于该年;而陈旉书成于绍兴十九年(1149),序文已署作“全真子”,其号必非源自全真教。则李谓“陈旉是华北人〔很可能就是‘华(河)北之士’〕,因为‘避金’,参加了全真教,取名‘全真子’。并辗转南下……最后到达江苏”云云绝然错误。陈旉

---

①③ (宋)陈旉著,刘铭校释:《陈旉农书校释》,第151页。

② (宋)陈旉著,刘铭校释:《陈旉农书校释》,第6、8页。

④ 杨德泉:《陈旉及其〈农书〉》,《江海学刊》1962年第2期,第25页。

⑤ 万国鼎:《〈陈旉农书〉评介》,(宋)陈旉撰,万国鼎校注:《陈旉农书校注》,第7—8页。按:初刊于《图书馆》1963年第1期,第28—35页。

⑥ 李长年:《陈旉及其〈农书〉》,《农史研究》第8辑,第69页。

⑦ 详参张广保:《全真教的创立与历史传承》,北京:中华书局,2015年,第18页。

即非江苏人，亦为南方人无疑——洪兴祖所言陈旉“所至”之迁徙，尽可在南方地区范围之内。《农书》中还记载“浙人”“湖中安吉人”的养蚕之法[①]，有研究者据此认为陈氏躬耕之“西山”应为杭州西山[②]，意其为浙江人。但按其逻辑，陈旉既可指为浙人，自亦可更确切地指为湖州安吉县（治今浙江安吉县）人——湖州改名安吉州晚在理宗宝庆二年（1226），但安吉县两宋一直存在，南宋初陈旉言“安吉”自指县名——不能因为安吉无“西山”一地即舍之，杭州有“西山”即采之。实际上，《农书》作为南宋“全国性”著作，提到“浙人”“安吉人”自属当然。再者杭州西山至真州直线距离达约 250 千米，绍兴十九年（1149）陈旉已 74 岁，此路程恐嫌太远。又有学者认为陈旉所居西山可能是洞庭湖之西山[③]（亦称夫椒山、苞山、包山、洞庭西山、西洞庭，实为湖心一岛），其地距真州近 170 千米，恐亦过远。而真州西山在州城东北郊，距离仅 10 多千米，陈旉居于此而有入城拜访知州洪兴祖之举显然更为可能。

总之，因陈旉自号“全真子”而推论其为全真道士、自北方流寓南方之说是为无根之论，进一步称之为一名“道教学者”“道教农学家”[④]更是错误——当然，陈旉思想受到道家影响则是无疑的，此据洪兴祖“西山陈居士，于六经诸子百家之书，释老氏黄帝神农氏之学……下至术数小道亦精其能”[⑤]语可知。

---

① （宋）陈旉著，刘铭校释：《陈旉农书校释》卷下，第 130、126 页。

② 姜义安：《陈旉〈农书〉中两个问题的商榷》，《农史研究》第 4 辑，北京：农业出版社，1984 年，第 108 页。

③ 盖建民：《全真子陈旉农学思想考述》，《宗教学研究》2000 年第 4 期，第 49 页。

④ 如盖建民：《全真子陈旉农学思想考述》，《宗教学研究》2000 年第 4 期，第 53 页；袁名泽：《陈旉〈农书〉之农史地位考》，《农业考古》2013 年第 3 期，第 316 页。

⑤ （宋）洪兴祖：《洪真州题后》，（宋）陈旉著，刘铭校释：《陈旉农书校释》，第 148 页。

二、《农书》的版本流传

绍兴十九年(1149)陈旉《农书》书成,乃携往拜访洪兴祖,对他说:"此吾闲中事业,不足拈出,然使沮溺耦耕之徒见之,必有忻然相契处。樊迟请学稼,子曰:'吾不如老农。'先圣之言,吾志也。樊迟之学,吾事也。是或一道也。"洪兴祖字庆善,镇江丹阳(治今江苏丹阳市)人,以易学名家,著有《周易通义》《系辞要旨》《古易考异》《古今易总志》[①]等书。而陈旉所"尤精者"正是易学[②]。洪兴祖绍兴十八年赴知真州[③],为官重视农田水利事业,颇有善政,前知广德军(治今安徽广德市)时就曾修筑陂塘六百余所[④]。因此他对陈氏《农书》非常重视,"取其书读之三复",并称誉陈旉说:"如居士者,可谓士矣!"因作《仪真劝农文》"附其后,俾属邑刻而传之",[⑤]这就是陈旉《农书》最早的刻本。

绍兴二十四年(1154)十二月初,洪兴祖被秦桧党羽陷以文字狱,编管昭州(治今广西平乐县西南)而卒,年六十六。[⑥] 陈旉此年又为《农书》作一跋文,其中说道:

---

① 《宋史》卷433《儒林传三·洪兴祖传》,第12856页;(宋)刘宰撰,王勇、李金坤校证:《京口耆旧传校证》卷4,镇江:江苏大学出版社,2016年,第136—137页。按:《京口耆旧传校证》记《周易通义》为《周易义》。

② (宋)洪兴祖:《洪真州题后》,(宋)陈旉著,刘铭校释:《陈旉农书校释》,第148页。

③ (宋)李心传撰,辛更儒点校:《建炎以来系年要录》卷158绍兴十八年十一月癸卯,第2725页;(宋)沈立方:《宋真州重建学记》,隆庆《仪真县志》卷14,《天一阁藏明代方志选刊》第15册,1963年影印本,叶三四a。

④ 《宋史》卷433《儒林传三·洪兴祖传》,第12856页。

⑤ (宋)洪兴祖:《洪真州题后》,(宋)陈旉著,刘铭校释:《陈旉农书校释》,第149—150页。

⑥ (宋)李心传撰,辛更儒点校:《建炎以来系年要录》卷167绍兴二十四年十二月丙戌,第2895页。

> (《农书》)真州虽曾刊行,而当时传者失真,首尾颠错,意义不贯者甚多。又为或人不晓旨趣,妄自删改,徒事绨章绘句,而理致乖越。是书也,将以晓农事之大使人人心喻志解,今乃反惑其说,使老于农圃而视效于斯文者,方且嗤鄙不暇,其肯转相读说、劝勉而依仿之耶?仆诚忧之。[①]

对洪兴祖刊本深致不满。倘洪兴祖刊本确实质量低劣,付梓之初陈旉应即知之,何以要等五年后洪氏即将面临政治打击时才作文怨之呢?因此有学者怀疑陈旉此说是为了免受牵连作出的一种政治姿态,洪刊本未必果如陈旉之言。[②] 这种怀疑确有一定道理——洪氏除精通易学外,著名的《楚辞补注》亦其作品,以其大知识分子的修养,又究心于农事,对陈旉其人其书也非常推崇,他何以要对《农书》"妄自删改"以致"首尾颠错,意义不贯者甚多"呢?惜洪刊本早佚,原貌到底如何已无由知之,但不管怎样,陈旉因此而"取家藏副本,缮写成帙",这就是通常所称的陈旉改定本。他自己一介寒士,当然无力私刻,只能希望"当世君子采取以献于上,然后锲版流布,必使天下之民咸究其利,则区区之志愿毕矣"。[③]

此后直到南宋晚期,《农书》方再度付梓。嘉定七年(1214)二月,通直郎、知绍兴府余姚县(治今浙江余姚市)、主管劝农公事朱拔撰《姚江劝农文》"附诸卷末",且刻其书。其跋文自述了刻书缘由:"守令以劝农为职……予家藏全真子《农书》,纤悉备具,每爱其切于农务。朅来姚江,两出郊劝,且相刻此书,以示邑

① (宋)陈旉著,刘铭校释:《陈旉农书校释》,第151页。

② 参见姜义安《陈旉〈农书〉中两个问题的商榷》(《农史研究》第4辑,第105—106页)、《〈陈旉农书·后记〉质疑》(《中国农史》1991年第1期,第101—105页)。

③ (宋)陈旉著,刘铭校释:《陈旉农书校释》,第151页。

人。”又云:“由是而广其传,使天下咸究其利,斯全真子之志也。”[①]此语显承陈旉改定稿本跋语“必使天下之民咸究其利,则区区之志愿毕矣”而来,换言之,朱拔刊本底本必为绍兴二十四年陈旉改定本。[②]

同年底,知高邮军(治今江苏高邮市)汪纲又刻《农书》。汪纲与朱拔同乡,俱为徽州(治今安徽黄山市)人。汪氏出身士大夫家庭,曾祖父汪勃绍兴中任签书枢密院事兼权参知政事,是朱熹外祖父祝确的妹夫,祖父汪作砺淳熙末曾任湖北路提点刑狱(又娶祝确弟祝砕女),父汪义和庆元初累官至侍御史。汪纲本人极富干才,为学“兵农、医卜、阴阳、律历诸书,靡不研究”[③]。因高邮土旷人稀,而人不尽力于农桑之务,汪纲乃欲“使种艺有其方,耕获得其便”,又恰“得《农书》一帙,凡耕桑种植之法,纤悉无遗”,遂将之与秦观《蚕书》合编,“急锓诸木,以为邦人劝”。[④]汪纲所得《农书》应即该年初朱拔刊刻之本。嘉定十四年(1221)底至绍定元年(1228)底,汪纲时知绍兴府,[⑤]于宝庆(1225—1227)

① (宋)朱拔:《跋》,(宋)陈旉著,刘铭校释:《陈旉农书校释》,第155页;(日)寺地遵撰,曹隆恭译:《陈旉〈农书〉版本考》,《中国农史》1982年第1期,第94页注释①。

② 寺地遵一方面说“绍兴二十四年改稿本,只是停留在稿本的原来状态,并没有刊行”;另一方面又说“朱拔家藏的《农书》是陈旉自己的改稿本,而绍兴二十四年本则用稿本的原文传播没有出版”(《陈旉〈农书〉版本考》,《中国农史》1982年第1期,第93、94页)。两处说法似颇矛盾,其意实谓绍兴二十四年陈旉改定稿本当时未刊,但以抄本形式在传播,朱拔家藏本就是“陈旉自己的改稿本”的抄本(而非洪兴祖刊本)。

③ 《宋史》卷408《汪纲传》,第12309页。

④ (宋)汪纲:《跋》,(宋)陈旉著,刘铭校释:《陈旉农书校释》,第153页。

⑤ (宋)张淏纂修:《宝庆会稽续志》卷2,《宋元方志丛刊》第7册,第7103、7113页。

末年再度刊刻《农书》，并附以楼璹《耕织图诗》。[①] 然以上诸本均已亡佚。

今传世版本主要有明末毛氏汲古阁影宋抄本、清初钱氏述古堂抄本、乾隆三十七年至道光三年长塘鲍氏刻《知不足斋丛书》本、乾隆五十九年石门马氏大西山房刻《龙威秘书》本、清末世德堂刻《龙威秘书》本、同治间刻《艺苑捃华》本、光绪二十一年南京石印本（以上均附录《蚕书》《耕织图诗》），《四库全书》本、日本静嘉堂藏清苏州吴翊凤抄本（以上均附录《蚕书》），民国上海商务印书馆《丛书集成初编》本（与《耕织图诗》合印）、乾隆间绵州李氏万卷楼刻《函海》本、嘉庆十四年李鼎元校刻《函海》本、道光五年李朝夔补刻《函海》本、光绪末上海农学会编刊《农学丛书》石印本（以上单行）等。据寺地遵研究，今存世诸本均以朱拔刻本、汪纲刻本为祖本，除《函海》本和保存于日本内阁文库的《蒹葭堂》本、《四库全书》无版本承自朱拔刻本外，其余均承自汪纲刻本。[②] 为了清楚呈现《农书》版本之间的源流关系，兹图示如下（图 25）。

① 参见（日）周藤吉之：《宋代経済史研究》，第 32—33 页。

② （日）寺地遵撰，曹隆恭译：《陈旉〈农书〉版本考》，《中国农史》1982 年第 1 期，第 97—100 页。并参见刘铭：《前言》，（宋）陈旉著，刘铭校释：《陈旉农书校释》，第 15—20 页；肖克之：《农业古籍版本丛谈》，北京：中国农业出版社，2007 年，第 36—39 页。

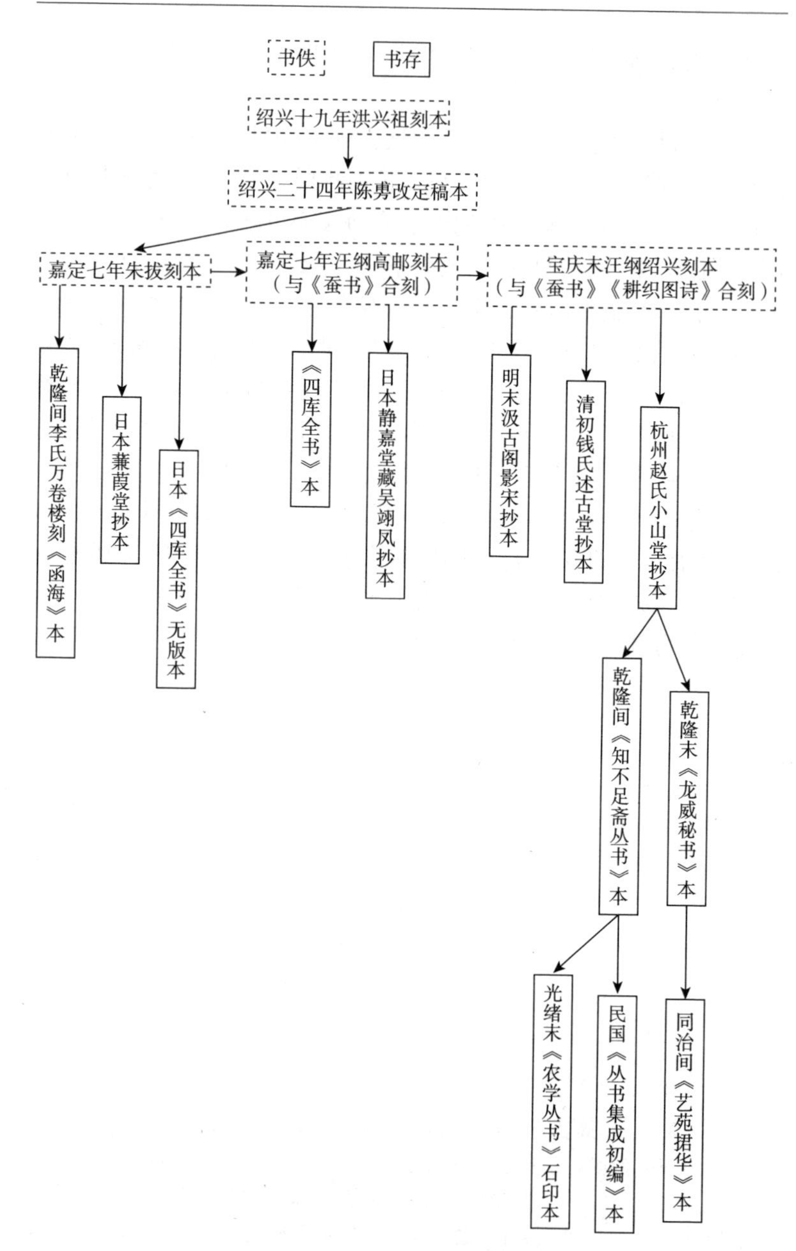

图 25　陈旉《农书》版本流变图

第二节　陈旉《农书》的内容及重大贡献

《农书》分为上、中、下 3 卷，除序跋外计 23 篇。卷上综论农业生产诸环节，包括《财力之宜》《地势之宜》《耕耨之宜》《天时之宜》《六种之宜》《居处之宜》《粪田之宜》《薅耘之宜》《节用之宜》《稽功之宜》《器用之宜》《念虑之宜》《祈报》《善其根苗》14 篇；卷中论牧养兽医，包括《牛说》《牧养役用之宜》《医治之宜》3 篇；卷下论蚕桑，包括《蚕桑叙》《种桑之法》《收蚕种之法》《育蚕之法》《用火采桑之法》《簇箔藏繭之法》6 篇。陈旉学识渊博，年寿又高，长期躬自耕作，故书中所述率经其本人实践检验。他本人也颇以此自高，在书序中自信地说道：

> 是书也，非苟知之，盖尝允蹈之，确乎能其事，乃敢著其说以示人。孔子曰："盖有不知而作者，我无是也。多闻，择其善者而从之；多见而识之。"……若徒知之，虽多，曾何足用？……仆之所述，深以孔子不知而作为可戒……固非腾口空言，夸张盗名。①

因此他不仅讥嘲葛洪之论神仙、陶弘景之疏本草为"谬悠之说""荒唐之论"，徒以"取诮后世"；也批评《齐民要术》《四时纂要》等农学名著"迂疏不适用"②——虽然有"中国古代农业百科全书"之称的《齐民要术》因为篇幅大、范围广，"自然不能全出自己的经验，范围广自有它的用处，不能因此就说《要术》迂疏不适用"③，但从陈旉所抱持的"实践"标准看，其批评是完全可以理解的——或即缘此，四库馆臣乃对《农书》大张挞伐："今观其书……大抵泛陈大要，引

①② (宋)陈旉著，刘铭校释：《陈旉农书校释》，第 6 页。

③ 万国鼎：《〈陈旉农书〉评介》，(宋)陈旉撰，万国鼎校注：《陈旉农书校注》，第 8 页。

经史以证明之。虚论多而实事少，殊不及《齐民要术》之典核详明。遽诋前人，殊不自量！”[①]这完全是瞄错了箭靶，正如万国鼎所说："《陈旉农书》不抄书，着重在写他自己的心得体会；即使引用古书，也是融会贯通在他自己的文章内……他的这部《农书》，在体例上确实比《要术》谨严，出自实践的成分比《要术》多。实践性可以说是《陈旉农书》的一个显著特色。”[②]总之，陈旉重视实践，《农书》在中国传统农学史上具有突出地位，兹对其学术贡献略述如下（所载种桑养蚕技术已于本书第五章第二节论之，兹不复赘）。

一、首次对南方地区农业生产技术进行系统总结

中国古代社会前期，全国经济、文化重心在黄河流域，这一时期农书反映的是北方旱作农业技术知识，而以《齐民要术》集大成。到了南宋时期，经济、文化重心彻底转移到了长江流域。就全国来看，汉唐时代粮食结构以粟、麦为主，到宋代演变成以稻、麦为主。南方地区农业生产更以稻作为主，“江、淮民田，十分之中，八九种稻”[③]、“东南之田，所植惟稻”[④]。因此产生于南宋东南地区的《农书》虽也涉及旱作，自以稻作技术为主，“纂述其源流，叙论其法式，诠次其先后，首尾贯穿，俾览者有条而易见，用者有序而易循，朝夕从事有条不紊”[⑤]，第一次全面总结了当时高度成熟的南方水田农业技术知识体系。

如《耕耨之宜》结合提高复种指数详论了整地技术，强调“耕耨之先后迟速，各有宜也”。对于旱田，要求收获一结束就要耕治暴

---

① 《四库全书总目》卷102《农家类》，第852页。

② 万国鼎：《〈陈旉农书〉评介》，（宋）陈旉撰，万国鼎校注：《陈旉农书校注》，第8—9页。

③ （清）徐松辑：《宋会要辑稿》食货七之一三，第4912页。

④ （宋）范仲淹撰，李勇先、王蓉贵校点：《范仲淹全集·范文正公文集》卷11《上吕相公并呈中丞咨目》，第265页。

⑤ （宋）陈旉：《后序》，（宋）陈旉著，刘铭校释：《陈旉农书校释》，第6页。

晒，施肥壅培，种上豆、麦、蔬、茹之类作物，因豆类作物有固氮功能，可以“熟土壤而肥沃之，以省来岁功役。且其收足又以助岁计”。[1] 对于晚田，收获后不及种豆麦等越冬作物，应等到来年开春翻耕，因为稻茬柔韧，待其腐烂后再整地可以节省牛力。对于山脚河畔低湿之地，因其性寒，故须经冬排水深耕，这样严寒可以冻干土块使之酥碎；开春后又用火焚烧所积腐草败叶，“则土暖而苗易发”。[2] 对于平原之地，翻耕后蓄深水浸田，如此即“草不生而水亦积肥”。[3]

《善其根苗》详细阐述了秧田整治管理和育秧壮苗的各种措施。陈旉首先强调水稻种植的根本是秧苗培育，“本不善而末善者鲜矣”。而培育壮苗须遵从三条原则：种之以时、择地得宜、用粪得理，同时还要勤加管理，使无水旱、虫兽之害。具体地说，修治秧田头年秋冬就要“再三深耕之，俾霜雪冻冱，土壤苏（同‘酥’）碎”，然后积枯枝败叶腐草朽根于其上烧之。来年春天又再三耕耙，并施以麻枯（胡麻榨油后的残渣）或粪肥。麻枯肥效最好，但施用前须发酵三四次待其不发热乃可用，否则将“烧死”秧苗；如用粪肥，切忌不能用大粪（人粪便），最好是用火粪（详见后文）及糠粪（亦需沤熟）。下种时间则视气候早晚寒暖而定，万不可才暖即下种，不然忽然转寒必至冻坏秧苗，而这时其田已不复可下种，只能别择白田以为秧田，秧苗当然不可能壮好。同时，秧田水位深浅控制也非常关键：如刚下种即遇暴风，则须尽快放干秧水，以免风吹浪淘将谷种荡聚到一起。如遇暴雨，则须稍为增水，以免雨滴注击水面，摇荡浮起谷根。如遇天晴，则须降低秧水水位，使其晒暖——当然不可太浅，太浅会导致泥皮干坚；亦不可太深，太深浸没秧苗会导致其苗萎黄甚至腐死。[4]

---

① (宋)陈旉著，刘铭校释：《陈旉农书校释》卷上，第 23 页。

② (宋)陈旉著，刘铭校释：《陈旉农书校释》卷上，第 24 页。

③ (宋)陈旉著，刘铭校释：《陈旉农书校释》卷上，第 25 页。

④ (宋)陈旉著，刘铭校释：《陈旉农书校释》卷上，第 99—102 页。

《薅耘之宜》备记中耕除草、烤田、灌溉等水稻田间管理技术。指出耘田时不能将耘除之草抛弃他处，而应“和泥渥浊，深埋之稻苗根下”，这样，其沤烂后可使泥土肥美、嘉谷蕃茂。耘田须与烤田、灌溉相结合，其原则可概括为八个字——“自下及上，旋干旋耘”。具体方法是先在最高处收止积水，然后从最下一丘田放水“令干而旋耘”，不管田间是否有草，均须将稻根处耘成泥浆。耘完后在田中间及四周开挖深大沟洫使水流干，直到泥土干裂，再作起沟缺放水灌溉，“干燥之泥骤得水即蘇（同‘酥’）碎，不三五日间，稻苗蔚然，殊胜于用粪”。耘完最下一丘田，再按同样方法从下往上耘，这样做的好处是，可使“田干水暖，草死土肥，浸灌有渐”而“水不走失”。陈旉批评当时有的农民不自下耘上，而是一下子放干所有待耘田块中的蓄水，此田未已而彼田已干，待耘彼田时其泥已过干而坚以至难以耘扒，只有草草了事，如此则土未及干、草未及死而水已走失，如果不幸无雨，欲水灌溉已不可得，遂致稻苗旱涸焦枯，造成重大损失。[①]

《农书》记载的水稻栽培技术可归纳为育秧技术与大田管理技术两大类别及种、管、收三大环节，反映了当时的水稻栽培已普遍实行精耕细作，形成了一整套完整而复杂的技术程序。将之与明清时代相比，可以见出中国古代水稻栽培技术在宋代已经定型。[②]

二、对土地利用、土壤改良的系统论述和传统肥料科学的新进展

陈旉认为“山川原隰，江湖薮泽，其高下之势既异，则寒燠肥瘠各不同”，乃将农业用地分为高田、下地、坡地、葑田、湖田五种类

---

① （宋）陈旉著，刘铭校释：《陈旉农书校释》卷上，第61—63页；并参见万国鼎：《〈陈旉农书〉评介》，（宋）陈旉撰，万国鼎校注：《陈旉农书校注》，第17页。

② 详参陈伟明：《宋元水稻栽培技术的发展与定型——宋元农书研究之一》，《中国农史》1988年第3期，第31—35页。

型，强调应对不同类型的土地加以规划利用。对于高田，要视其地势，勘察高处来水会归之处凿为陂塘蓄水，陂塘堤岸要高大，并种上桑柘。如此，树荫之下可系牛，“牛得凉荫而遂性，堤得牛践而坚实，桑得肥水而沃美，旱得决水以灌溉，潦即不致于弥漫而害稼”。在高田种旱稻，自种至收不过五六个月，其间只需灌溉四五次，即可致其熟稔。对于下地，因其易被雨水、山洪冲刷，故须在其水势冲突趋向之处修筑高大的圩岸，圩岸倾斜的坡地可种蔬、茹、麻、麦、粟、豆，两傍亦可种桑牧牛。这样，牛得水草之便，“用力省而功兼倍也”。在湖泽水面之上，则可缚木置土其上以为葑田，葑田“随水高下浮泛”，自无淹溺之忧。湖岸四周，亦可造为湖田。芒种节时夏季汛期已过，可于节后种植黄绿谷，这样就避开了夏湖水漫溢之患。[①] 黄绿谷亦称黄绿稻、黄穋稻、黄六稻、黄陆稻，是一种生长期只有六七十天的早稻品种。[②]

《农书》中这种与山争田、与水争地的土地利用规划反映了宋代人口激增（在中国历史上首次超过1亿）给当时农业带来的巨大压力，解决之道除了尽量扩大耕地总面积，另一方面还要尽量提高复种指数即提高土地利用效率，这两种措施都使得改善、保持、提高土壤肥力即土壤改良问题在宋代变得更为迫切。陈旉指出：虽然“土壤气脉，其类不一。肥沃硗埆，美恶不同”，但“治之得宜”，则“皆可成就”。即从宏观上明确肯定了各种土壤类型只要改良得法都适合种植庄稼。《农书》给出的具体土壤改良方法非常全面，包括水利改良（如修筑陂塘等）、工程改良（如修造葑田等）、生物改良（如秸秆还田、种植豆类前作等）、耕作改良（如薅耘、轮作等）等，但最重要的方法还是施肥以提高土壤肥力。

虽然施肥技术在中国所起甚早，如甲骨卜辞载：“庚辰[卜]，□

---

① （宋）陈旉著，刘铭校释：《陈旉农书校释》卷上，第14—19页。

② 详参曾雄生：《中国历史上的黄穋稻》，《农业考古》1998年第1期，第292—306页。

贞:翌癸未𡲬(屎)西单田,受㞢(有)年。十三月"[①],"𡲬(屎)㞢(有)足,乃垦田"[②]。《孟子》载:"凶年粪其田而不足。"[③]《荀子》载:"掩地表亩,刺中殖谷,多粪肥田,是农夫众庶之事也。"[④]但陈旉将施肥提高到了一个新的理论高度,指出须根据不同的土壤类型增施不同的肥料:

> 别土之等差而用粪治。且土之骍刚者,粪宜用牛;赤缇者,粪宜用羊。以至坟壤用麋,竭泽用鹿,咸泻用貆,埶壤用狐,埴垆用豕,强檃用蕡,轻𤐫用犬。皆相视其土之性类,以所宜粪而粪之,斯得其理矣。俚谚谓之"粪药",以言用粪犹用药也。[⑤]

以此法改良土壤,土壤"益精熟肥美,其力当常新壮矣!"而绝无"种三五年,其力已乏"之弊。[⑥] 他还举例说:瘠薄的"硗埆之土",只要以"粪壤滋培",也会"苗茂盛而实坚栗";而即便是肥沃的黑土,过肥也可能在种植某些作物时致其"苗茂而实不坚",需"取生新之土以解利之,即疏爽得宜"。总之,"虽土壤异宜,顾治之如何耳"。[⑦]

施肥既如此重要,自需积极拓展肥源,《农书》记载了四类肥料。一是火粪,其积制方法和用途如下:

---

① 郭沫若主编、胡厚宣总编辑:《甲骨文合集》,北京:中华书局,1979年,第1389页9572片;胡厚宣主编:《甲骨文合集释文》第1册,北京:中国社会科学出版社,2009年,第512页。

② 郭沫若主编、胡厚宣总编辑:《甲骨文合集》,第1369页9480片;胡厚宣主编:《甲骨文合集释文》第1册,第507页。

③ (清)焦循正义,沈文倬点校:《孟子正义》卷10《滕文公上》,第338页。

④ (清)王先谦撰,沈啸寰、王星贤点校:《荀子集解》卷6《富国篇第十》,第183页。

⑤ (宋)陈旉著,刘铭校释:《陈旉农书校释》卷上,第55页。

⑥ (宋)陈旉著,刘铭校释:《陈旉农书校释》卷上,第57页。

⑦ (宋)陈旉著,刘铭校释:《陈旉农书校释》卷上,第54页。

凡扫除之土，烧燃之灰，簸扬之糠粃，断稿落叶，积而焚之，沃以粪汁，积之既久，不觉其多。凡欲播种，筛去瓦石，取其细者，和匀种子，疏把撮之。待其苗长，又撒以壅之。何患收成不倍厚也哉！[①]

二是沤粪，其积制方法和用途如下：

于厨栈下深阔凿一池，结甃使不渗漏，每舂米即聚砻簸谷壳及腐稿败叶，沤渍其中，以收涤器肥水，与渗漉泔淀沤，久自然腐烂浮泛。一岁三四次出以粪苎(苎麻)，因以肥桑，愈久而愈茂，宁有荒废枯摧者。作一事而两得，诚用力少而见功多也。[②]

三是堆粪，今一般称堆肥，是将杂草、树叶、秸秆、污泥、生活垃圾、污泥、人畜粪便等堆置在一起发酵腐解而成的有机粪肥。《农书》着重记叙了肥效“尤善”的“高级肥料”麻枯的堆置方法和用途：

麻枯难使。须细杵碎，和火粪窖罨，如作曲样；候其发热，生鼠毛，即摊开，中间热者置四傍，收敛四傍冷者置中间，又堆窖罨。如此三四次，直待不发热，乃可用，不然即烧杀物矣……渥漉(秧)田精熟了……荡平田面，乃可撒谷种。[③]

四是秸秆和草粪。《农书》记载了以秸秆直接还田施作基肥，如云：“晚田宜待春乃耕，为其藁秸柔韧必待其朽腐。”[④]又如：

---

① (宋)陈旉著，刘铭校释：《陈旉农书校释》卷上，第56页。

② (宋)陈旉著，刘铭校释：《陈旉农书校释》卷下，第128页。

③ (宋)陈旉著，刘铭校释：《陈旉农书校释》卷上，第100页。

④ (宋)陈旉著，刘铭校释：《陈旉农书校释》卷上，第24页。

记礼者曰:“仲夏之月,利以杀草,可以粪田畴,可以美土疆。”今农夫不知有此,乃以其耘除之草抛弃他处,而不知和泥渥浊,深埋之稻苗根下。沤罨既久,即草腐烂而泥土肥美,嘉谷蕃茂矣。①

若桑圃在旷野处,即每岁于六七月间,必锄去其下草,免引虫援上蚀损。至十月又并其下腐草败叶,锄转蕴积根下,谓之罨萚,最浮泛肥美也。②

草粪等于是野生绿肥。四类肥料中,火粪、沤粪前代农书中均未及见;堆粪虽久已有之,但以麻枯制作堆肥却是宋人的创造。此外,对于粪肥的保存,《农书》也记载了前代所无的新方式,即设置专门的粪屋以免肥效走失:“凡农居之侧,必置粪屋,低为檐楹,以避风雨飘浸。且粪露星月,亦不肥矣。粪屋之中,凿为深池,甃以砖甓,勿使渗漏。”③上文所说的火粪就保存在粪屋中。

至于具体的施肥方法,上文已可概见,需要强调指出者,是《农书》非常重视施用追肥,如记种麦“宜屡耘而屡粪,麦经两社即倍收而子颗坚实”④;种大麻须“间旬一粪”,则“五六月可刈矣”⑤;种苎麻一年追肥三四次⑥;种桑“锄开根下粪之,谓之开根粪……每岁两次”⑦。总之,宋代制肥、施肥技术均发展到一个新阶段,在这些技术的指导下,土壤改良成就卓著,绝大部分地区农田再也无须像汉唐时代那样需要休耕了。

三、提出了系统的农业经营管理理论

陈旉认为农业生产既是一个生产过程,也是一个经营管理过

① (宋)陈旉著,刘铭校释:《陈旉农书校释》卷上,第59页。
②⑦ (宋)陈旉著,刘铭校释:《陈旉农书校释》卷下,第125页。
③ (宋)陈旉著,刘铭校释:《陈旉农书校释》卷上,第56页。
④ (宋)陈旉著,刘铭校释:《陈旉农书校释》卷上,第45页。
⑤ (宋)陈旉著,刘铭校释:《陈旉农书校释》卷上,第41页。
⑥ (宋)陈旉著,刘铭校释:《陈旉农书校释》卷下,第128页。

程，对农业生产必须全面规划、通盘考虑，在中国历史上第一次提出了系统的农业经营管理理论。主要有以下几点：一是农业生产规模要和自身财力相当，否则必将难以为继，最终导致农业生产经营失败：

> 凡从事于务者，皆当量力而为之……先度其财足以赡，力足以给，优游不迫，可以取必效，然后为之。倘或财不赡，力不给，而贪多务得，未免苟简灭裂之患……虽多其田亩，是多其患害，未见其利益也。①

二是注重制定生产计划、统筹安排。《六种之宜》按照时序先后，从正月种麻枲（大麻）到七月治地、八月种麦，以及蔬菜种植，都有周密的计划。照之而行，"则相继以生成，相资以利用。种无虚日，收无虚月。一岁所资，绵绵相继，尚何匮乏之足患、冻馁之足忧哉！"②陈旉不仅注重生产上统筹计划，还将生产与生活联系起来规划安排。比如要求住宅近田修建："民居去田近，则色色利便，易以集事。俚谚有之曰：'近家无瘦地，遥田不富人。'岂不信然。"③再如前揭以生活垃圾烧制、沤制、堆制肥料，甚至将吃剩的鳗鲡鱼头骨留待种萝卜、菘菜时"煮汁渍种"。④

三是注重开展多种经营。除种植业外，陈旉还非常重视牧养业及蚕桑等家庭副业，他指出：

> 十口之家，养蚕十箔。每箔得茧一十二斤。每斤取丝一两三分。每五两丝织小绢一匹。每一匹绢易米一硕四斗，绢与米价常相侔也……以一月之劳，贤于终岁勤动，且无旱干水

① （宋）陈旉著，刘铭校释：《陈旉农书校释》卷上，第9页。
② （宋）陈旉著，刘铭校释：《陈旉农书校释》卷上，第40页。
③ （宋）陈旉著，刘铭校释：《陈旉农书校释》卷上，第50页。
④ （宋）陈旉著，刘铭校释：《陈旉农书校释》卷上，第43页。

溢之苦，岂不优裕也哉？[1]

种桑养蚕、种麻织布，具有较高的比较经济效益，也使得家庭收入来源多样化，极大增强了农户对灾害、风险的抵抗能力。

四是注重“节用”。“节用”最早为先秦时墨家学派的主张之一，本义指国家应节省财政支出。唐代以前的农书也多言之，不过主要指个人或家庭应节约俭省，如《齐民要术》云：“夫财货之生，既艰难矣，用之又无节。”再加上“或由年谷丰穰，而忽于蓄积；或由布帛优赡，而轻于施与”，必然会招致穷困。[2] 但《农书》所谓的“节用”，主要指的是却是“量入以为出”的理财之道：

> 量入以为出……丰年不奢，凶年不俭……各有条叙，不相互用，此理财之道，故有常也。国无九年之蓄曰不足，无六年之蓄曰急，无三年之蓄曰国非其国也。治家亦然。今岁计常用，与夫备仓卒(通“促”)非常之用，每每计置。万一非常之事出于意外，亦素有其备，不致侵过常用，以至阙乏，亦以此也。[3]

陈旉认为家庭开支并不应一味“省俭”，而应在“量入以为出”的原则下“用之适中”，“俾奢不至过泰，俭不至过陋。不为苦节之凶，而得甘节之吉，是谓称事之情而中理者也”。[4] 从根本上说，《农书》把“节用”提高到了一个前所未有的高度——即包括农业生产在内的家庭经济管理原则和方法的高度。

---

① (宋)陈旉著，刘铭校释：《陈旉农书校释》卷下，第126页。
② (北魏)贾思勰著，缪启愉校释：《齐民要术校释·序》，第17页。
③ (宋)陈旉著，刘铭校释：《陈旉农书校释》卷上，第66页。
④ (宋)陈旉著，刘铭校释：《陈旉农书校释》卷上，第70页。

四、对传统农学哲学的发展

农业是人们利用动植物生理机能和自然环境条件对动植物加以培育从而获得产品的社会生产部门，包括植物栽培业和动物饲养业。从这一定义展开可以清楚回答什么是农业、农业与宇宙万有的关系，农业何以可能以及如何发展等哲学层次的基本问题。但这一定义使用的是现代科学术语或概念，在中国古代则是以三才理论加以阐释的。

先秦时期，中国先民即已认识到宇宙、大自然、人类社会三者各有其规律："有天道焉，有人道焉，有地道焉。兼三才而两之，故六。六者非它也，三才之道也。"[①]并对这些规律有一定的理解和把握："立天之道，曰阴与阳。立地之道，曰柔与刚。立人之道，曰仁与义。"[②]在此基础上，《吕氏春秋》首次明确提出了三才理论："夫稼，为之者人也，生之者地也，养之者天也"[③]，指出农业则是天、地、人三才共同作用的结果，为传统农学奠定了哲学基础，提供了理论阐释工具。

汉代铁制农具和牛耕基本普及，以区种法为代表的精耕细作的农业生产技术取得了显著进步，出现了《氾胜之书》《四民月令》等影响深远的农学专著。三才理论因之得以进一步深化，如云"得时之和，适地之宜"[④]、"凡耕之本，在于趣（通'趋'）时，和土，务粪泽"。再比如论耕地对天时的"利用"："春冻解，地气始通，土一和解。夏至，天气始暑，阴气始盛，土复解。夏至后九十日，昼夜分，

---

① (清)李道平纂疏，潘雨廷点校：《周易集解纂疏》卷9《系辞下》，第675页。

② (清)李道平纂疏，潘雨廷点校：《周易集解纂疏》卷10《说卦》，第691—692页。

③ 许维遹集释，梁运华整理：《吕氏春秋集释》卷26《审时》，第696页。

④ 万国鼎：《氾胜之书辑释》，第27页。

天地气和。以此时耕，田一而当五，名曰膏泽，皆得时功。”[①]此为北魏贾思勰《齐民要术》继承吸收，并提炼为“顺天时，量地利”的新表述：

> 凡谷，成熟有早晚，苗秆有高下，收实有多少，质性有强弱，米味有美恶，粒实有息耗……地势有良薄(良田宜种晚，薄田宜种早。良地非独宜晚，早亦无害；薄地宜早，晚必不成实也)，山、泽有异宜(山田，种强苗以避风霜；泽田种弱苗，以求华实也)。顺天时，量地利，则用力少而成功多。任情返道，劳而无获。[②]

用今天的话说就是因时制宜、因地制宜、因物制宜。这段话虽然是贾思勰为当时最主要的农作物之一“谷”而发，但在全书中却是具有普遍意义的指导思想，正如研究者所言：“三才思想贯穿于《齐民要术》全书。”[③]

陈旉对传统农学哲学基础三才理论的推动主要体现在三个方面：一是在天时、地利因素中更加重视地利因素，如《农书》一反传统将《地势之宜》列在《天时之宜》之前加以论述[④]。这无疑是宋人

---

① 万国鼎：《氾胜之书辑释》，第 21 页。按：“凡耕之本，在于趣时，和土”原文标点为“凡耕之本，在于趣时和土”，据石声汉句读〔《氾胜之书今释(初稿)》，第 3 页〕改。又，“……天地气和。以此时耕，田一而当五，名曰膏泽”万氏标点为“……天地气和。以此时耕田，一而当五，名曰‘膏泽’”，石氏标点为“……天地气和。——以此时耕，一而当五，名曰‘膏泽’”(第 3 页)，皆误，此佚文出《齐民要术》。

② (北魏)贾思勰著，缪启愉校释：《齐民要术校释》卷 1《种谷第三》，第 65 页。

③ 董恺忱、范楚玉主编：《中国科学技术史：农学卷》，北京：科学出版社，2000 年，第 234 页。

④ 详参范楚玉：《陈旉的农学思想》，《自然科学史研究》1991 年第 2 期，第 170 页。

“相对天时人类更有能力改变地利”认识的体现。固然孟子已有“天时不如地利”之语，但其针对战争胜负的论证显然不能透显命题的“绝对正确性”与普遍性：“天时不如地利，地利不如人和。三里之城，七里之郭，环而攻之而不胜。夫环而攻之。必有得天时者矣；然而不胜者，是天时不如地利也。”[①]另一方面，农业越是远古越是完全地“靠天吃饭”，故宋以前三才论的核心主张是适应或顺应自然，当然就重天时甚于地利。贾思勰“三宜”观点亦是如此，其“顺天时，量地利”六字即是明证。宋朝人口在中国历史上首次超过1亿，人口压力迫使人们努力促进农业发展，因此一方面追求提高单产，故而大修水利工程，讲求农业技术、精耕细作；另一方面致力于开荒辟土，提高耕地总面积，故有与山争地（修筑梯田等）、与水争田（围湖造田、围海造田等）之举，因此，宋人深刻认识到了在农业生产中主动改变自然环境条件的重要性。但改变天时至难，改变地利则相对要容易得多，从这一角度出发，“天时不如地利”自为理之必然。二是认识到天时、地利因素是通过构成一个统一体即自然环境来影响农业生产发展的，故《农书》虽承前而分论《地势之宜》《天时之宜》，但在全书甚至《天时之宜》《地势之宜》篇中更常将天、地统一起来合称为“天地时宜”“天地时利之宜”：

> 故农事必知天地时宜，则生之、蓄之、长之、育之、成之、熟之，无不遂矣。
>
> 顺天地时利之宜，识阴阳消长之理，则百谷之成，斯可必矣。[②]

最为重要的是，《农书》在天、地、人三才因素中非常重视人的因素，由前代先秦秦汉“趣时”“适地”、南北朝“顺天时，量地利”进

---

① （清）焦循正义，沈文倬点校：《孟子正义》卷8《公孙丑下》，第251页。

② （宋）陈旉著，刘铭校释：《陈旉农书校释》卷上，第33、37页。并参见范楚玉：《陈旉的农学思想》，《自然科学史研究》1991年第2期，第170页。

到“盗天地之时利”的新阶段。陈旉《农书》“盗天地之时利”一语虽然源自《列子》:“吾闻天有时,地有利。吾盗天地之时利,云雨之滂润,山泽之产育,以生吾禾,殖吾稼,筑吾垣,建吾舍。陆盗禽兽,水盗鱼鳖,亡非盗也。”[①]但正如石声汉、李根蟠所指出,不能将之归结为对前人论述的简单沿袭、归结为道家影响[②]。其实为陈旉农学哲学核心思想,涵义是人类积极主动地凭借智慧和劳动,利用大自然提供的光热、水土资源以取得农业产品。这一思想的本质是赋予了人类在农业生产活动中更高的主体性地位——由消极地适应、顺应自然环境条件变为积极主动地改造自然环境条件。可以说,此观念是整个中国传统农学发展史上取得的最高成就之一。因此,陈旉极其强调劳动者的主观努力:

> 常人之情,多于闲裕之时,因循废事。惟志好之,行安之,乐言之,念念在是,不以须臾忘废,料理缉治,即日成一日,岁成一岁,何为而不充足备具也。[③]
>
> 好逸恶劳者,常人之情。偷惰苟简者,小人之病。殊不知勤劳乃逸乐之基也。[④]

也正是从这一角度出发,陈旉指出对农业生产劳动加强管理是非常必要和重要的:

> 彼小人务知小者、近者,偷惰苟简,狃于常情。上之人倘不知稽功会事,以明赏罚,则何以劝沮之哉!譬之驾驭驽蹇,

---

① 杨伯峻:《列子集释》卷1《天瑞》,北京:中华书局,1979年,第36页。

② 参见石声汉:《以“盗天地之时利”为目标的农书——陈旉农书的总结分析》,《生物学通报》1957第5期,第26—27页;李根蟠:《〈陈旉农书〉与“三才”理论——与〈齐民要术〉比较》,《华南农业大学学报》2003年第2期,第101—102页。

③ (宋)陈旉著,刘铭校释:《陈旉农书校释》卷上,第83页。

④ (宋)陈旉著,刘铭校释:《陈旉农书校释》卷上,第73页。

> 鞭策不可弛废也……劳之，乃所以逸之；扰之，乃所以安之也……先王之于民，困之如此，轭之又如此（指《周礼》所记对懒惰者所加的处罚措施），夫孰为厉己哉？……此其所以地无遗利，土无不毛……斯民也，宁复有饿莩、流离、困苦之患哉？[1]

如果在"盗天地之时利"的基础上进一步张扬人的主体性，必然进至"人定胜天"观念——这就是"人定胜天"一词在南宋中期开始出现的原因。如陈造《答乔秀才启》云："士当尚志，人定胜天，惟精于勤、成于思。"[2]祝泌《观物篇解》云："位之称否，德之厚薄系焉，况又有人定胜天之理哉！"[3]此后，明王象晋《二如亭群芳谱》、马一龙《农说》进而发展为"人力夺天工"、"力足以胜天"之说。不过，在看到其由"盗"进至"夺"、"胜"的同时，更应当注意到，王、马之说是在一定前提下说的：前者的限定条件是"若事事合法，时时着意"[4]，后者的限定条件是"知其所宜，用其不可弃；知其所宜，避其不可为"[5]——于此等处，正见中国传统农学的科学性追求以及古代农学学者客观、自省的学术态度。

---

① (宋)陈旉著，刘铭校释：《陈旉农书校释》卷上，第74—75页。

② (宋)陈造：《江湖长翁集》卷37，《景印文渊阁四库全书》第1166册，第466页。

③ (宋)祝泌：《观物篇解》卷3，《景印文渊阁四库全书》第805册，第99—100页。

④ (明)王象晋：《二如亭群芳谱·花部》卷2，《故宫珍本丛刊》第472册，第230页。

⑤ (明)马一龙：《农说》，《丛书集成初编》1468册，上海：商务印书馆，1936年，第1页。

第十二章　宋代农书的时空分布、传播方式与农业发展

从长时段看，宋代农书相较前代激剧增加，1950年代王毓瑚《中国农学书录》即著录115种（剔除误收并计入书中提到而未单独立目者）①，21世纪初的《中国农业古籍目录》著录136种（剔除误收及重出后），据本书研究统计，更多达255种。而唐代农书不足30种，包括唐在内的前此历代农书亦仅70多种（含可能属于唐以前者），可见宋代是传统农学迅猛发展的时代。另一方面，从宋朝内部看，不同时间、不同地区的农学发展水平显然是不一样的，对此可通过考察宋代农书的时间、空间分布情况加以认识。在此基础上，本章将进一步回答宋代农书是如何传播的，宋代农书的时空分布、传播方式与农业经济发展关系如何等问题。

第一节　宋代农书的时空分布与农业发展

一、宋代农书的地域分布

所谓宋代农书的地域分布，可以有两种界定，一是以作者生活地点或成书地点为据（可以说明宋代各地教育、文化事业发展情况），一是以其研究对象的地域分布为据。为了揭示宋代农书产生与宋代各地区农业生产发展之间的关系，本书以后者为划分依据。

---

① 方健《南宋农业史》谓其“著录的宋代农书凡114种”（第350页注①），赖作莲在《试论宋元农学发展的社会因素》中的统计为“收入宋代以前的农书仅有六十多种，宋代农书有105种”（《农业考古》2001年第3期，第108页）。

本书搜讨的255种宋代农书中，有的不仅书佚，且作者亦不知为谁，因此不能确定所属地域；有的是在全国范围内适用的农书，对于了解地区差异无意义（其中有的虽具有全国性指导意义，但内容本身主要是以某一地区农业生产实践为研讨对象的，如陈旉《农书》、朱肱《酒经》等，则归入相应地区之中），除此而外，可确定研究对象属地的宋代农书有103种，约占宋代农书总数的40%，兹都为下表（表16），同名农书于括号内标注作者以加区分。两宋320年间，地方行政区划变动不居，这里以北宋实行最久的、较少升降废并的真宗天禧四年（1020）分江南为东、西路后的十八路为基准。

表16　宋代农书地域分布表

地　区	书　名	数量	占确定地域农书比例	占全部农书比例
开封府	《冀王宫花品》	1	0.97%	0.39%
京东路	《彭门花谱》《青社赈济录》	2	1.94%	0.78%
京西路	《花木录》《洛阳花木记》《花品（稿）》《（欧阳修）洛阳牡丹记》《范尚书牡丹谱》《洛阳贵尚录》《牡丹荣辱志》《（周师厚）洛阳牡丹记》《花谱》《陈州牡丹记》《（刘蒙）菊谱》	11	10.68%	4.31%
河北路				
河东路	《晋牛经》	1	0.97%	0.39%
陕西路	《秦农要事》	1	0.97%	0.39%
荆湖南路				
荆湖北路				
益州路	《剑南风物三十八种》《益部方物略记》《雅州蒙顶茶记》《天彭牡丹谱》《（胡元直）牡丹谱》《海棠记》	6	5.83%	2.35%
利州路				
梓州路	《（王灼）糖霜谱》	1	0.97%	0.39%
夔州路	《紫云坪植茗灵园记》	1	0.97%	0.39%

续表

地　区	书　名	数量	占确定地域农书比例	占全部农书比例
淮南路	《(陈旉)农书》《(秦观)蚕书》《江都花谱》《(刘颁)芍药谱》《(王观)芍药谱》《(孔武仲)芍药谱》《琼花记》	7	6.8%	2.75%
江南东路	《(陈翥)桐谱》《刘忠肃救荒录》《救荒录》《江东救荒录》	4	3.88%	1.57%
江南西路	《(曾安止)禾谱》《农器谱》	2	1.94%	0.78%
两浙路	《耕织图》《〈蚕织图〉注》《乾淳岁时记》《吴中风俗占》《梦溪忘怀录》《吴门水利书》《水利书略》《吴郡图经续记》《吴中水利书》《三十六浦利害》《治田三议》《四明它山水利备览》《张约斋种花法》《越中牡丹花品》《吴中花品》《(史正志)菊谱》《菊图》《(范成大)菊谱》《图形菊谱》《(沈荘可)菊谱》《百菊集谱》①《阆风菊谱》《(范成大)梅谱》《梅品》《玉蕊辨证》②《山中咏橘长咏》《橘录》《菌谱》《蟹谱》《玉食批》《本心斋蔬食谱》《(朱肱)酒经》《新丰酒法》	33	32.04%	12.94%
福建路	《北苑茶录》《补茶经》《北苑拾遗》《(蔡襄)茶录》《东溪试茶录》《北苑总录》《品茶要录》《建安茶记》《建安茶录》《大观茶论》《斗茶记》《壑源茶录》《龙焙美成茶录》《宣和北苑贡茶录》《北苑煎茶法》《北苑修贡录》《北苑别录》《金漳兰谱》《王氏兰谱》《莆田荔枝谱》《荔枝谱》《荔枝故事》《荔枝录》《续荔枝谱》	24	23.3%	9.41%
广南东路	《番禺纪异》《广中荔枝谱》《增城荔枝谱》《(苏轼)酒经》	4	3.88%	1.57%
广南西路	《耕桑治生要备》《桂海虞衡志》《桂海花木志》《岭外代答》《桂海酒志》	5	4.85%	1.96%

① 该书虽为汇编，但亦收入史氏自撰的新谱，所叙为“越中品类”，这里相当于统计史氏自撰之谱。

② 周必大所观察之玉蕊引种自镇江府，故归入本路。

淮南路，江南东、西路，两浙路，福建路是宋代经济最发达的“东南六路”[①]，两浙路更“是两宋300年农业生产最发达的地区”[②]，此外，益州路（后改为成都府路）“人口密度与两浙不相上下”[③]，农业生产水平也很高。而农书数量最多的正是两浙路，为33种，占确定地域农书总数的32.04%，占宋代农书总数的12.94%；其次是福建路，24种，占确定地域农书总数的23.3%，占宋代农书总数的9.41%。两浙路33种农书中有13种都是关于花卉的，福建路24种农书中有17种都是关于建茶的，可见花卉栽培业、茶叶生产分别在两路的地位与影响。两浙路还有7种为农田水利专著，这正是宋代熙丰以降大力推动农田水利尤其是吴中水利建设的一个结果与反映。再次是京西路、淮南路、益州路、江南东西路，为11种、7种、6种、6种，分别占分别确定地域农书总数的10.68%、6.8%、5.83%、5.83%，占宋代农书总数的4.31%、2.75%、2.35%、2.35%。宋代区域经济“如果以淮水为界，淮水以北的北方地区的生产不如淮水以南的南方地区，即北不如南……如果以峡州（湖北宜昌）为中心，北至商洛山秦岭，南至海南岛，划一南北直线，在这条线的左侧——宋代西部地区，除成都府路、汉中盆地以及梓州路遂宁等河谷地（即所谓的‘坝子’）的生产都相当发展、堪与两浙等路比美外……（其余地区）远远落后于该线的右侧——宋代广大东方地区”，即“西不如东”[④]，京西路正处于北部、西部，经济发展水平是比较低的，就在北方五路中比较，以元丰年间户口数和垦田数来看，它都居倒数第二的位置，然而何以它的农书数量竟能占到第三位呢？略加审视就会发现，它的11种农书全是花卉园艺著作，仅牡丹专著就有8种，其中7种又是关于洛阳牡丹的。宋人非常喜欢牡丹，至以本为通名的“花”作为牡丹专称，也就是说宋人所说

① 淮南路后析为东、西路，是为六路。
② 漆侠：《中国经济通史（宋代经济卷）》，第147页。
③ 漆侠：《中国经济通史（宋代经济卷）》，第146页。
④ 漆侠：《中国经济通史（宋代经济卷）》，第48页。

的"花"很多时候指的就是牡丹,洛阳牡丹又为天下第一,京西路农书数量第三的地位正是其发达的花卉种植业的反映。需要指出的是,由于不是每一个农业生产部门都一定撰有农书或者说有农书保存下来,再加上保存下来的农书除去全国性农书外,有些无法确定其研究对象属地,所以宋代农书的地域分布只能在一定程度上反映宋代农业的地区差异。只有在全面掌握史实的基础上才能得出较正确的看法,比如,不能因为两浙路农书中花谱是大宗就认为花卉种植业是该地区最主要的农业生产部门——事实上该区的稻米生产才是主体产业;更不能因为京西路11部农书全为花卉园艺著作就得出花卉种植业是该地区唯一农业生产部门这样荒谬的结论。

二、宋代农书的时间分布

宋代历史可有不同分期,如果以社会变革为标准,一般将其分为北宋前期(太祖、太宗、真宗)、北宋中期(仁宗、英宗、神宗、哲宗)、北宋末期(徽宗、钦宗)、南宋前期(高宗、孝宗)、南宋中期(光宗、宁宗)、南宋末期(理宗、度宗、恭帝、端宗、末帝)。依此划分,从时间分布角度考察宋代农书就能揭示出其与社会发展、变革的关系。缺点是个别农书不易呈现其较为具体的产生时间,如《农书》(陈安节)、《岁中记》、《续竹谱》、《郊居草木记》、《北苑煎茶法》、《四时栽接记》、《骐骥须知》、《珍庖备录》等成书于北宋末期或南宋初期,但只能归入更大的时间单位"宋代",完全丧失了统计意义。单纯从有利于农书断代而言,是以成书于庆历元年(1041)的《崇文总目》,成书于徽宗政和(1111—1118)中《秘书省续编到四库阙书目》,分别成书于绍兴二十一年(1151)、三十一年(1161)的《郡斋读书志》、《通志》,约成书于淳祐(1241—1252)初年的《直斋书录解题》及元代成书的《宋史》为界限将宋代分为北宋前期(太祖、太宗、真宗、仁宗)、北宋后期(神宗、哲宗、徽宗政和以前)、南北宋之交(徽宗政和以后、钦宗、高宗)、南宋中期(孝宗、光宗、宁宗、理宗淳祐之前)、南宋末期(理宗淳祐之后)5个时间段。譬如《农子》一书，虽知作者为熊寅亮，不过完全无考，加之书复亡佚，但据其最早出现于《崇文总目》，则可将之归入“北宋前期”。而按照是第一种分期法，则只能归入更大的时间单位“宋代前、中期”，不惟辞繁，更让人觉得该书也可能成书于神、哲之世。不过，这一分期法虽有此缺点（后一分期法的优势就在于避免了这一缺点），却可以通过阅读本书相关章节加以弥补，而其优点却是后一分期法所不具备的，因此本书采取第一种分期法对宋代农书加以统计（表 17）。同名农书于括号类标注作者以加区分，少数同名农书作者均佚，标注“佚名”仍不能区别，则揭以地名或年代。

表 17　宋代农书时间分布表

<table>
<tr><th colspan="5">写作时间</th><th>书　名</th><th>数量</th><th colspan="2">占全部农书比例</th></tr>
<tr><td rowspan="7">宋代</td><td rowspan="7">北宋</td><td rowspan="7">前中期</td><td rowspan="4">前期</td><td>太祖</td><td>《大农孝经》《（徐锴）岁时广记》《清异录》《荈茗录》《（孙光宪）蚕书》《广中荔枝谱》</td><td>6</td><td>2.35%</td><td rowspan="4">8.24%</td></tr>
<tr><td>太宗</td><td>《本书》《番禺纪异》《（钱昱）竹谱》《笋谱》《养蚕经》《越中牡丹花品》</td><td>6</td><td>2.35%</td></tr>
<tr><td>真宗</td><td>《真宗授时要录》《耒耜岁占》《农器图》《北苑茶录》《补茶经》《疗马集验方》《四时颐养录》</td><td>7</td><td>2.75%</td></tr>
<tr><td></td><td>《（释惠崇）竹谱》《（佚名）相马经》</td><td>2</td><td>0.78%</td></tr>
<tr><td rowspan="3">中期</td><td>仁宗</td><td>《（延春阁）耕织图》《剑南风物三十八种》《益部方物略记》《（陈翥）桐谱》《茶说》《述煮茶泉品》《北苑拾遗》《茶录》《花品（稿）》《冀王宫花品》《（欧阳修）洛阳牡丹记》《洛阳贵尚录》《牡丹荣辱志》《吴中花品》《海棠记》《莆田荔枝谱》《荔枝谱》《荔枝故事》《景祐医马方》《答朱寀捕蝗诗》《青社赈济录》</td><td>21</td><td>8.24%</td><td rowspan="3">23.53%</td></tr>
<tr><td>英宗</td><td></td><td></td><td></td></tr>
</table>

续表

写作时间					书　　名	数量	占全部农书比例	
宋代	北宋	前中期	中期	神宗	《吴门水利书》《吴郡图经续记》《茶苑总录》《品茶要录》《(秦观)蚕书》《洛阳花木记》《范尚书牡丹谱》《牡丹记》《(周师厚)洛阳牡丹记》《(刘颁)芍药谱》《(王观)芍药谱》《(孔武仲)芍药谱》《增城荔枝谱》《荔枝录》《集马相书》《蟹谱》《(窦苹)酒谱》《(熙宁八年)捕蝗法》《仁政活民书》	19	7.45%	
				哲宗	《农历》《梦溪忘怀录》《吴中水利书》《(曾安止)禾谱》《建安茶记》《(吕仲甫)建安茶录》《茶论》《花谱》《(李诫)马经》《绍圣重集医马方》《(苏轼)酒经》《(元符元年)捕蝗法》	12	4.71%	
					《(吴良辅)竹谱》《东溪试茶录》《(文保雍)菊谱》《山中咏橘长咏》《医牛经》《蔬食谱》《奉亲养老书》《诠食要法》	8	3.14%	
					《农子》《农家切要》《十二月纂要》《四序总要》《四时总要》《淮南王养蚕经》《花木录》《辨养良马论》《(佚名)马经》《论驼经》《东川白氏鹰经》《医马经》《医驼方》《鹰鹞五脏病源方论》《周穆王相马经》《辨马图》《马口齿诀》《馔林》《萧家法馔》《江飧馔要》《侍膳图》《养身食法》《混俗颐生录》《东坡养生集》	24	9.41%	
		末期	徽宗		《岁时杂记》《水利书略》《三十六浦利害》《雅州蒙顶茶记》《大观茶论》《紫云坪植茗灵园记》《斗茶记》《壑源茶录》《龙焙美成茶录》《宣和北苑贡茶录》《陈州牡丹记》《(刘蒙)菊谱》《蕃牧纂验方》《食法》《食禁经》《北山酒经》《酒名记》《(政和、重和)捕蝗法》	18	7.06%	7.45%

续表

写作时间				书名	数量	占全部农书比例	
宋代			钦宗				
				《岁时杂录》	1	0.39%	
				《田经》《秦农要事》《鄗记》《时镜新书》《十二月镜》《茶山节对》《茶谱遗事》《四时栽接花果图》《牡丹芍药花品》《江都花谱》《马书》《牛会》《晋牛经》《马经五脏论》《鱼书》《珍庖馐录》《诸家法馔》《续法馔》《古今食谱》《食医纂要》	20	7.84%	
	南宋	前期	高宗	《耕织图》《田夫书》《(陈旉)农书》《耕桑治生要备》《琐碎录》《糖霜谱》《(朱胜非)茶录》《〈蚕织图〉注》《玉食批》《食鉴》《(葛澧)酒谱》	11	4.31%	
		中期	孝宗	《(刘清之)农书》《(陈峻)农书》《时令书》《桂海虞衡志》《桂海花木志》《岭外代答》《治田三议》《水利编》《北苑别录》《北苑修贡录》《天彭牡丹谱》《(胡元质)牡丹谱》《(史正志)菊谱》《菊图》《(范成大)菊谱》《橘录》《桂海酒志》《(淳熙九年)捕蝗法》	18	7.06%	20.78%
			光宗	《图形菊谱》《(范成大)梅谱》《梅品》《琼花记》	4	1.57%	
			宁宗	《节序故事》《夏时志别录》《养生月览》《养生杂类》《(陈元靓)岁时广记》《事林广记》《农器谱》《(陆游)禾谱》《(沈竞)菊谱》《玉蕊辨证》《蔬品谱》《食物本草》《牧养志》《(陈元靓)相马经》《食品谱》《山居饮食谱》《汤水谱》《果食谱》《酒尔雅》《酒曲谱》《救荒活民书》《刘忠肃救荒录》《救荒录》《江东救荒录》	24	9.41%	
				《吴中风俗占》《续琐碎录》《张约斋种花法》《(沈莊可)菊谱》《续荔枝谱》《蟹略》《食治通说》	7	2.75%	

续表

<table>
<tr><th colspan="4">写作时间</th><th>书　　名</th><th>数量</th><th colspan="2">占全部农书比例</th></tr>
<tr><td rowspan="8">宋代</td><td rowspan="7">南宋</td><td rowspan="6">末期</td><td>理宗</td><td>《耕禄藁》《山家清事》《全芳备祖》《四明它山水利备览》《(马楫)菊谱》《百菊集谱》《阆风菊谱》《金漳兰谱》《王氏兰谱》《海棠谱》《菌谱》《山家清供》《本心斋蔬食谱》《新丰酒法》《茹草纪事》</td><td>15</td><td>5.88%</td><td rowspan="6">7.06%</td></tr>
<tr><td>度宗</td><td></td><td></td><td></td></tr>
<tr><td>恭帝</td><td></td><td></td><td></td></tr>
<tr><td>端宗</td><td></td><td></td><td></td></tr>
<tr><td>末帝</td><td></td><td></td><td></td></tr>
<tr><td></td><td>《种艺必用》《乾淳岁时记》《菊花百咏》</td><td>3</td><td>1.18%</td></tr>
<tr><td colspan="2"></td><td>《(佚名)××》《竹史》《(丁黼)桐谱》《粥品》《粉面品》</td><td>5</td><td colspan="2">1.96%</td></tr>
<tr><td colspan="3"></td><td>《(陈安节)农书》《岁中记》《续时令故事》《鹰鹞候诀》《续竹谱》《郊居草木记》《北苑煎茶法》《茶苑杂录》《茶杂文》《四时栽接记》《彭门花谱》《骐骥须知》《育骏方》《牛马书》《牛书》《辨五音牛栏法》《牛黄经》《明堂炙马经》《相马病经》《疗驼经》《(托名萧绎)相马经》《相犬经》《膳夫录》《珍庖备录》</td><td>24</td><td colspan="2">9.41%</td></tr>
</table>

分别有 2 种、8 种、24 种、1 种农书只能确定作于北宋前期、中期、前中期、末期，有 20 种农书只能确定作于北宋时期；有 7 种农书只能确定作于南宋中期，有 3 种农书只能确定作于南宋末期，有 5 种农书只能确定作于南宋时期；有 24 种农书更只能确定作于宋代，无法进一步推断。北宋中期农书最多，60 种，占宋代全部农书的 23.53%；其次是南宋中期，53 种，占 20.78%；再次是北宋前期，21 种，占 8.24%。北宋前期、中期两者相加，再加上只能大致归于前中期的 24 种农书，总计 105 种，几占宋代全部农书的一半，

达41.18%。宋代诸帝，宁宗、仁宗时期最多，分别为24种、21种，各占宋代农书的9.41%、8.24%；其次是神宗、徽宗、孝宗，分别为19种、18种、18种，各占7.45%、7.06%、7.06%；第三是理宗、哲宗、高宗，各15种、12种、11种，分别占5.88%、4.71%、4.31%。宋朝有“享国长久号称太平者，莫如仁宗”[①]，“四十余年，号称极治”[②]之说，高宗亦言“以复庆历、嘉祐之治，是国家之福也”[③]。虽然正如张邦炜、李华瑞、曹家齐等学者所指出，“嘉祐之治”是宋人制造出来的一个盛世幻象，不能与文景之治、贞观之治等量齐观，不应对之估计过高，[④]但就宋代历史来看，仁宗朝经济、政治、社会确有可观之处，因此曹家齐同时也承认“仁宗之嘉祐是两宋政治最好的时期，其突出表现为政局安定、人才兴盛、政治清明”[⑤]。北宋四传至于仁宗而享国百年，邵雍称为前代所无，南宋至宁宗，亦四传而享国九十八年。宁宗朝虽然权奸韩侂胄、史弥远相继用事，但其上继孝宗之治，社会经济继续发展，人口数量达到南宋峰值，可以说是暴风雨来临前的宁静阶段。且仁宗是两宋皇帝在位时间最久者，临御天下达42年；宁宗在位时间位列第三，31年。所以，宁宗、仁宗两朝在位期间农书数量最多实属当然。

---

① 《宋史》卷346《陈师锡传》，第10972页。

② (明)黄淮、杨士奇：《历代名臣奏议》卷182建炎三年赵元镇上奏，上海：上海古籍出版社，1989年影印本，第2392页。

③ (宋)李心传撰，辛更儒点校：《建炎以来系年要录》卷152绍兴四年九月庚申，第2594—2595页。

④ 张邦炜：《“嘉祐之治”：一个叫不响的命题》，《四川师范大学学报》2021年第1期，第166—174页；李华瑞：《论南宋政治上的“法祖宗”倾向》，《宋夏史研究》，天津：天津古籍出版社，2006年，第216页；曹家齐：《赵宋当朝盛世说之造就及其影响》，《中国史研究》2007年第4期，第69—89页。

⑤ 曹家齐：《赵宋当朝盛世说之造就及其影响》，《中国史研究》2007年第4期，第87页。并参见氏撰《“嘉祐之治”问题讨论》，《学术月刊》2004年第9期，第60—66页。

神宗矢志变法以图富国强兵，元丰年间，岁入达6000余万贯[①]，“中外府库无不充盈，小邑所积钱米亦不减二十万”[②]，“诸路……之钱粟积于州县者，无虑十百巨万，如一归地官（户部），以为经费，可以支二十年之用”[③]，是北宋国家财政状况最好的时期；孝宗“卓然为南渡诸帝之称首”[④]，在位期间，“比年以来，五谷屡登，蚕丝盈箱”[⑤]，国家财政岁入达8000万贯[⑥]；徽宗上承神宗变法经济成果，为了满足自己骄奢淫逸的欲求，又继续打着变法旗号巧取豪夺，仅盐法改革就“使当权者集团每年攫得2000万贯的盐利”[⑦]、其茶法改革岁收利息即达400多万贯[⑧]，因此李纲感叹道：“祖宗之时，茶盐之利在州县，则州县丰饶；崇（宁）、（大）观以来，茶盐之利在朝廷，则朝廷富实，其后悉归于御府，以为玩好、宴游、赐予之物。”[⑨]这当然会对农书的产生有影响，如宋代28种茶书中徽宗一朝就有7种，占总数的四分之一。同时，神宗、徽宗、孝宗在位亦不短，分别为19年、26年、27年，是故神宗、徽宗、孝宗三朝农书数量亦名列前茅。

理宗前期史弥远“内擅国柄，外变风俗，纲常沦斁，法度堕驰，

① （元）马端临：《文献通考》卷24《国用考二》，第235页。

② 《宋史》卷328《安焘传》，第10568页。

③ （宋）毕仲游撰，陈斌校点：《西台集》卷7《上门下侍郎司马温公书》，郑州：中州古籍出版社，2005年，第93页。

④ 《宋史》卷35《孝宗本纪三》，第692页。

⑤ 《宋史》卷174《食货志上》，第4219页。

⑥ （宋）叶适撰，刘公纯、王孝鱼、李哲夫点校：《叶适集·水心别集》卷15《上殿札子（上孝宗皇帝札子）》，第834页。

⑦ 漆侠：《中国经济通史（宋代经济卷）》，第968页。

⑧ （宋）李心传撰，徐规点校：《建炎以来朝野杂记·甲集》卷14，第303页。

⑨ （宋）李纲：《宋丞相李忠定公奏议》卷25《乞修茶盐之法以三分之一与州县札子》，《续修四库全书》第474册，上海：上海古籍出版社，2002年影印本，第627页。

贪浊在位，举事弊蠹，不可涤濯"[①]，他只能"渊默十年无为"[②]。史弥远死后理宗虽得以亲政，但内宠妃嫔，外用奸邪，"至宝祐、景定，则几于政、宣矣"[③]，甚至有人在朝门上书写"国势将亡"[④]——的确，理宗崩逝十年后南宋就灭亡了——国势如此，经济发展自然大受影响；但理宗在位 41 年，跟仁宗同为两宋在位时间最长的皇帝，这是其临御期间农书数量较多的主要因素。哲宗以冲龄践阼而宣仁垂帘，亲政后绍述乃父改革，社会经济取得了较大发展，但哲宗在位时间不长，仅 16 年。高宗虽然在位时间很长，仅次于仁宗、理宗，达 36 年之久，但毕竟处于战乱之世，基本上还是一个战时政府。所以，理宗、哲宗、高宗三朝农书数量位列第三。

除去不能确定者，北宋 168 年间产生了 144 种农书，南宋 152 年间共产生了 87 种农书，南、北宋统治期长度差不多，而北宋农书几近南宋的两倍，这主要与南宋与金、蒙(元)之间长期在腹地进行战争、农业生产及社会秩序遭到破坏有关。当然，南、北宋农书最根本的差异是内容方面的不同，这有两个明显的表现：北宋农书既有讲北方农业的，也有讲南方农业的，而南宋农书总体上都是讲南方农业的；北宋有 21 种畜牧、兽医书，而南宋只有 1 种(这也是前一差异的一项具体反映)。显然，南、北宋农书内容差异是宋朝北方领土沦陷造成的结果。

综上所述，可得出这样一个结论：宋代农书的空间分布既是宋代区域农业经济发展的产物，也是宋代区域农业经济发展的表现，哪一个地区经济发达，该地区的农书就占有较大比例；宋代农书的时间分布则是宋代历朝皇帝统治期间农业经济发展的产物和表

---

① 《宋史》卷 437《魏了翁传》，第 12968 页。

② (宋)黄震：《古今纪要逸编》，张伟、何忠礼主编：《黄震全集》第 10 册，第 3295 页。

③ (宋)四水潜夫(周密)辑：《武林旧事・序》，第 1 页。

④ (元)佚名撰，王瑞来点校：《宋季三朝政要》卷 2 理宗宝祐三年，第 31 页。

现，哪一位帝王政治清明、关注经济发展，该帝王统治期间的农书就占有较大比例，当然，这也与帝王在位时间长短有关。

第二节　宋代农书的传播方式与农业发展

一、宋代农书的传播方式

宋以前书籍主要以写本形式流传，宋代雕版印刷非常发达，被称为雕版印刷的黄金时代，农书的传播自以刊本为主；同时也还有着其他多种方式，有些方式对引导缺乏文化的农民发展生产来说甚至是更重要的。就古代社会条件言，宋代农书的传播方式可谓多种多样，传播效果是其前代不可企及的。

(一) 官刻

由官方刊刻传世的主要是政府机构编纂的农书。真宗大中祥符七年(1014)诸州牛疫，“诏民买卖耕牛勿算。继令群牧司选医牛古方，颁之天下”[①]，《景祐医马方》“也是当时官方颁行的一种兽医书”[②]，《真宗授时要录》“也是真宗时的一部官书”[③]。这些书既欲“颁之天下”，则必官为刊刻。再如神宗、哲宗、徽宗、孝宗多次刊刻《捕蝗法》指导受灾诸州捕蝗；宁宗时董煟在成都任职时撰成《救荒活民书》奏上，朝廷立即刊刻颁之诸路，在救荒工作中发挥了很大的作用。一些农业管理机构的官员因职责所在撰写的农书也常由官方刊行，如大中祥符元年正月群牧制置使建议：“兽医副指挥使朱峭定《疗马集验方》及《牧马法》，望颁下内、外坊监，仍录付诸班、军。”真宗“虑传写差误，令本司镂板，模本以给之”。[④] 这是宋代官刻农书最早的明确记载。哲宗时提举京西路给地马牧事王愈编集

① 《宋史》卷173《食货志上》，第4162页。

② 王毓瑚：《中国农学书录》，第68页。

③ 王毓瑚：《中国农学书录》，第62页。

④ (清)徐松辑：《宋会要辑稿》兵二四之七至八，第7182页。

的《蕃牧纂验方》当同此例。宋代朝廷不仅刊刻颁行本朝农书，对前代优秀农书也下诏刊刻，如天禧四年(1020)即“诏并刻(《齐民要术》及《四时纂要》)二书以赐劝农使者”[①]。现存《齐民要术》最早刊本是天圣年间(1023—1031)崇文院刻本，天圣上距天禧四年不过数年，因此王毓瑚认为该本“大约就是那次决定的实现”[②]。

更多的农书则由地方政府刊刻印行，如著名的陈旉《农书》。绍兴十九年(1149)陈旉完成其《农书》后，到真州(今江苏仪征)拜访朋友、知真州洪兴祖。其时真州为宋、金交兵冲要之地，疮痍满目，洪兴祖正招抚难民垦辟荒地，以期恢复农业，当即“俾属邑刻而传之”[③]；南宋后期地方官员朱拔、汪纲又多次予以刊行。汪纲还刊刻了秦观《蚕书》。再如何先觉高宗末年撰成《耕桑治生要备》，孝宗初年迁知廉州(治今广西合浦县)时即刊行其书“与士庶习之”[④]。宁宗末年赵彦覃知吉州(治今江西吉安市)，时遇饥馑，遂将此前其所身历的江东救荒之事编为《救荒录》一书予以刊行。

(二) 私刻

私刻包括家刻和坊刻。著名文人士大夫所写的农书大都在生前自己手定或逝世后由其子嗣编入文集刊刻传世，如陆游《天彭牡丹谱》在其逝世不久的嘉定十三年(1220)即被收入家刻《渭南文集》传世，周必大《唐昌玉蕊辨证》开禧间(1205—1207)由其子周纶等收入《周益国文忠公集》付梓印行。[⑤] 其余如苏轼《酒经》收入《东坡后集》、蔡襄《茶录》《荔枝谱》收入《端明集》、秦观《蚕书》收入《淮海集》、朱胜非《茶录》收入《绀珠集》等等，不一而足。也有由倾

① (元)马端临:《文献通考》卷218《经籍考四十五》，第1773页。

② 王毓瑚:《中国农学书录》，第30页。

③ (宋)洪兴祖:《后序》，(宋)陈旉撰，万国鼎校注:《陈旉农书校注》，第63页。

④ 崇祯《廉州府志》卷9《名宦志》，《日本藏中国罕见地方志丛刊》第25册，第131页。

⑤ 周莲弟:《彭元瑞藏知圣道斋本〈周益公集〉编校考述》，《古籍整理研究学刊》2000年第1期，第54页。

慕前贤者刻印的，如欧阳修《洛阳牡丹记》收入《居士外集》中，周必大以其“一代文宗，其集遍行海内，而无善本”，解相印后复为编成《欧阳文忠公文集》“刊之于家塾”[①]。即使一般官员、文人的著作，也多有私刻本，如唐庚《斗茶记》收入《唐先生文集》，周守忠《养生杂类》《养生月览》有临安书坊刻本。我国最早的刻印丛书咸淳左氏《百川学海》也辑刊过欧阳修《洛阳牡丹记》，王观《扬州芍药谱》，刘蒙、史正志二氏《菊谱》，范成大梅、菊二谱，陈思《海棠谱》，丘濬《牡丹荣辱志》，蔡襄《荔枝谱》《茶录》，宋子安《东溪试茶录》，韩彦直《橘录》，赞宁《笋谱》，陈仁玉《菌谱》，陈达叟《本心斋蔬食谱》等农书。《北苑修贡录》《北苑别录》等书也均有坊刻本。一般来说，宋代坊刻之书质量固不如官刻、家刻本，但远非明代坊刻本之类所可比拟，坊刻是宋代农书相当重要的一个传播方式。曾安止曾说：“近时士大夫之好事者，尝集牡丹、荔枝与茶之品为经及谱，以夸于市肆。”[②]表明了当时谱录类农书在书肆的畅销。市场力量的加入进一步刺激这类农书发展，因为会吸引文人士大夫竞写这类“畅销书”以“夸于市肆”驰名邀利，这也是宋代谱录类农书发达的具体原因之一。同样，宋代私刻本不仅刊刻本朝农书，前代农书也多有私刻本，甚至官刻之后仍有私刻，如上言真宗本已诏刻《齐民要术》，而复有“市人辄抄《要术》之浅近者摹印”——刊者既系“市人”，则为坊刻无疑；到南宋时又有孙公(名佚)“以稽古余力，悉发其隐，合并刻焉”[③]。

（三）抄本

宋代虽是雕版印刷黄金时代，但刊刻书版花费不小，如果一部

---

① (宋)陈振孙撰，徐小蛮、顾美华点校：《直斋书录解题》卷17，第496页。

② (宋)曾安止：《禾谱》序，曹树基：《〈禾谱〉校释》，《中国农史》1985年第3期，第76页。

③ (元)马端临：《文献通考》卷218《经籍考四十五》引李焘《齐民要术音义解释序》文，第1773页。

农书没有官府、书坊刻印，对下层文人而言家刻是其承受不了的——他们的农学著作就多以抄本形式传世。如《农历》一书，作者邓御夫生当北宋晚期，读书不求仕进，隐居乡间，籍种地维持生活。《墨庄漫录》言其"今未见传于世，尝访于藏书之家或有见者"——显然邓本人无力付梓，该书是以抄本形式流传的，并且"传抄的本子不会是很多"[①]，所以才知者甚少。其余如《农器图》《吴中水利书》《桐谱》《全芳备祖》等也以抄本传世，《养蚕经》《农器谱》等书应当也是以抄本传世，故而早佚。不仅没有刻本的农书是以抄本形式传世的，有的农书本有刻本，却也有一个传世抄本系统。这些抄本除了抄自传世刻本不论外，有的抄自原稿本，有的抄自初刻本，比传世刻本更近于原书；甚至于有的原刊本早已不传，惟赖抄本后世方得以复刻，因此抄本就不仅有版本校勘方面的价值，有时还关系到一部农书的存亡绝续。典型如前揭陈旉《农书》，宋代本有两个地方政府官刻本，但都亡佚了，今存《农书》最早刊本是乾隆四十一年(1776)长塘鲍氏根据"仁和赵氏小山堂钞本"刊印的。陈旉《农书》还有一个抄本(今藏日本内阁文库)，其中有一段文字又是他本所无者。[②] 如果没有这些钞本，可以说今天就看不到陈旉的《农书》。又如曾安止《禾谱》明代即已亡佚，却因抄在曾氏族谱中，20 世纪 80 年代中期而得以重新发现[③]，虽不能窥其完帙，也可鼎尝一脔了。

(四) 揭榜

揭榜一作揭牓，即在大街闹市、城门关津、交通要道张贴文告。宋代也用这种方法来传播农业生产知识。如真宗大中祥符五年，"上以江、淮、两浙路稍旱即水田不登，乃遣使就福建取占城稻三万

① 王毓瑚:《中国农学书录》，第 78 页。

② (日)天野元之助著，彭世奖、林广信译:《中国古农书考》，第 85—86 页。

③ 曹树基:《〈禾谱〉及其作者研究》，《中国农史》1984 年第 3 期，第 84 页。

斛，分给三路，令择民田之高仰者莳之，盖旱稻也。仍出种法付转运使揭牓谕民”。[①] 再如前揭神宗、哲宗、徽宗、孝宗刊刻的《捕蝗法》也是揭榜示民的，《救荒活民书》中就有灾伤州郡“附郭、乡村即印《捕蝗法》作手榜告示”[②]的记载。地方官员更是常常采用揭榜的方法传播农业生产技术知识——因为这是传统社会发布政令的主要渠道之一，如淳熙七年(1180)，朱熹知南康军时就颁印《申谕耕桑榜》“发下三县贴挂”，向农民推广其下属“星子知县王文林种桑等法”及“种田方法”，晓示乡村人户“依此方法及时耕种”。[③] 宋代州县官员例兼劝农之职，每年春天都会下乡劝农，将所撰劝农文揭榜张贴，俾农民知悉学习，高斯得、吴泳、黄震、张栻、陆九渊、真德秀、陈造都是著例。这些人传播的农业生产技术知识当然有源自自身实践者，如苏轼说自己是“识字耕田夫”[④]，吴泳说自己“特识字一农夫耳”[⑤]，高斯得说自己“起田中，知农事为详”[⑥]，黄震说自己“是浙间贫士人，生长田里，亲曾种田”[⑦]，陈造说自己“以农起

---

① (宋)李焘:《续资治通鉴长编》卷77大中祥符五年五月戊辰，第1764页。

② (宋)董煟:《救荒活民书·拾遗》，《景印文渊阁四库全书》第662册，第302页。

③ (宋)朱熹:《晦庵先生朱文公文别集》卷9《公移》，《朱子全书》第25册，第5000页。

④ (清)王文诰辑注，孔凡礼点校:《苏轼诗集》卷30《庆源宣义王丈，以累举得官，为洪雅主簿、雅州户掾，遇吏民如家人，人安乐之。既谢事，居眉之青神瑞草桥，放怀自得，有书来求红带，既以遗之，且作诗为戏。请黄鲁直、秦少游各为赋一首，为老人光华》，第1581页。

⑤ (宋)吴泳:《鹤林集》卷39《宁国府劝农文》，《景印文渊阁四库全书》第1176册，第381页。

⑥ (宋)高斯得:《耻堂存稿》卷5《宁国府劝农文》，《丛书集成初编》第2041册，上海:商务印书馆，1935年，第99页。

⑦ (宋)黄震著，张伟、何忠礼主编:《黄震全集》第7册《黄氏日抄》卷78《咸淳八年春劝农文》，第2222页。

家"[①];但往往亦来自宋代农书尤其是重要农书,对比朱熹《南康军劝农文》陈旉与《农书》,可知前者差为后者之节略版。宋代官员士大夫从农书中汲取农学知识的例子比比皆是。揭榜最著名的例子可能当数楼璹在於潜县治所大门东西壁编绘的《耕织图》,详绘《耕图》凡21事、《织图》凡24事,并于每图配诗一首加以说明,"一时朝野传诵几遍"[②]。元虞集说"前代(指宋代)郡县所治,大门东西壁皆画耕织图,使民得而观之"[③],可见楼氏这种做法在宋代又不惟其一人而已,是较为普遍的。事实上,宋代皇宫里也画有《耕织图》,高宗曾说"祖宗时,于延春阁两壁画农家养蚕、织绢甚详"[④],只是这种画在皇宫里的《耕织图》不是给老百姓看的而是警醒帝王知稼穑艰难用的。此风流被之下,宋代画家乃以入画——以画《中兴四将图》闻名的刘松年就画有《耕织图》,这些都强化了宋代农书所载技术知识的传播。

(五) 口头宣讲

农学是一门实践性科学,传统社会农业知识的传承最主要的渠道应该说还是口头宣讲,农民们在生产生活中父子相授相袭即是。即便是农业生产新技术,其落实在生产过程中也应是通过先掌握者的言传身教实现普及的,如花匠之师徒授受。口头宣讲这种传播方式当然并非起自宋代,其由来久矣。如《糖霜谱》就明确记载遂宁地区冠擅天下的制糖霜之法源自口授:

> 唐大历间有僧号邹和尚,不知所从来。跨白驴,登繖(同"伞")山,结茅以居。须盐、朱、薪、菜之属,即书付纸,系钱遣

① (宋)陈造:《江湖长翁集》卷30《房陵劝农文》,《景印文渊阁四库全书》第1166册,第377页。

② (宋)楼璹:《耕织图诗》,《丛书集成初编》第1461册,第7页。

③ (宋)虞集:《道园学古录》卷30《题楼攻媿织图》序,《景印文渊阁四库全书》第1207册,第435页。

④ (宋)李心传撰,辛更儒点校:《建炎以来系年要录》卷87绍兴五年三月甲午,第1487页。

> 驴负至市区。人知为邹也,取平直挂物于鞍,纵驴归。一日驴犯山下黄氏者蔗苗,黄请偿于邹。邹曰:"汝未知窨蔗糖为霜,利当十倍。吾语汝塞责可乎?"试之果信。自是就传其法。[①]

宋代地方行政官员在劝农时也常据已有农书,特别是朝廷作为官方文件颁行的农书向农民口头宣授农业技术,如前述天禧四年诏刻"赐劝农使者"的《齐民要术》和《四时纂要》等。又如大中祥符五年(1012)诏于江、淮、两浙推广占城稻,对这些地区的农民而言此为新品种新技术(其实对官员而言也是如此),则自转运使以下特别是基层行政人员必以诏付之"种法"向农民宣讲无疑。至于官员本人撰写的劝农文,除予揭榜外,也是要向农民口头宣讲的,刘爚诗"是州皆有劝农文,父老听来似不闻"[②]可证——只是这次宣讲的劝农文内容似乎不太受欢迎——刘埙《劝农》诗"劝农文在墙壁头"[③]、利登《野农谣》"村村镂榜粘春风"[④]句等都可为证。不过,虽然大部分劝农文都能做到语言简明,但难免也有分不清受众对象而以"古语杂奇字"者,以至"田夫莫能读,况乃识其意"[⑤],不识字者更只觉"行行蛇蚓字相续"[⑥]。

(六) 辑入他书

有的农书在宋代就被收入他书,这等于多了一条传播途径。

---

① (宋)王灼著,李孝中、侯柯芳辑注:《王灼集·糖霜谱》,第315页。按:后文接叙"邹末年弃而北走通泉县灵鹫山龛中,其徒追蹑及之,但见一文殊石像,始知大士化身",虽涉灵异,要当在"糖霜户犹画邹像事之"的过程中衍生之说——因追怀感念神其人而神其技也。

② (宋)刘爚:《云庄集》卷1《长沙劝耕》,《景印文渊阁四库全书》第1157册,第338页。

③ (宋)刘埙:《隐居通议》卷8,《丛书集成初编》第215册,第88页。

④⑥ (宋)利登:《野农谣》,陈起编:《江湖小集》卷82,《景印文渊阁四库全书》第1357册,第630页。

⑤ (宋)真德秀:《西山文集》卷40《泉州劝农文》,《景印文渊阁四库全书》第1174册,第631页。

如韩彦直《橘录》、蔡襄《荔枝谱》等被陈景沂收入其《全芳备祖》;周师厚《洛阳花木记》中关于菊者,刘蒙、史正志、范成大、沈竞、马揖等人之《菊谱》及胡融《图形菊谱》,悉被史铸收入其《百菊集谱》;李英《吴中花品》被吴曾收入其《能改斋漫录》等等。对有的宋代农书而言,这更是一种额外的幸运,因为其惟赖被收入他书才得以传世,就是说随他书传播成了其唯一的传播途径,如沈竞、马揖、胡融之书皆赖《百菊集谱》以传,王庠《雅州蒙顶茶记》惟赖《新刊国朝二百家名贤文粹》以传。如果不幸只是部分被采入他书,今天也就只能看到被采入的这一部分了,如陈思《海棠谱》收沈立《海棠记》部分内容、吕希哲《岁时杂记》被陈元靓《岁时广记》收入等。当然,有的农书是被后代书所收入的,如大部分宋代农书均被收入元陶宗仪《说郛》,并借其较强的可读性而广为流传;再如曾之谨《农器谱》被元王祯收入其《农书》、吴怿《种艺必用》被明俞贞木《种树书》抄录、张逢辰《菊花百咏》被明类书《诗渊》收入等都是著例。

二、宋代农书的传播效果及其对宋代农业发展的影响

由于史料限制,虽然不可能建立起一个宋代农书传播效果和农业经济发展的数量关系模型,但笔者以为,通过如下几个方面事实的考察应能得出大致合乎实际的结论。

(一) 新物种及技术、虫害防治新方法的传播与宋代农业的稳产丰产

宋代疆域只有汉唐的一半,人口却是汉唐的两倍以上,农业稳产丰产问题尤显重要。种子对农业稳产增产的关键性不言而喻,宋代引进了很多新物种,最著名的当然是占城稻。这种稻"比中国者穗长而无芒,粒差小,不择地而生"[①],真宗前期已在广南、福建路普遍种植。大中祥符五年(1012),真宗决定推广占城稻,并出"种法"付转运使揭牓谕民。该种法计 134 字,包括浸种、育秧、成熟的时间及技术细节,今尚保存在《宋会要辑稿》中:

---

① 《宋史》卷 173《食货志上》,第 4162 页。

> 其法曰:“南方地暖,二月中下旬至三月上旬,用好竹笼,周以稻秆,置此稻于中外,及五斗以上,又以稻秆覆之,入池浸三日,出置宇下。伺其微熟如甲坼状,则布于净地,俟其萌与谷等,即用宽竹器贮之。于耕了平细田停水,深二寸许,布之,经三日,决其水。至五日,视其苗长二寸许,即复引水浸之一日,乃可种莳。如淮南地稍寒,则酌其节候下种,至八月熟。”①

淮南、江南、两浙等数路农民经地方行政人员的晓谕宣示,很快掌握了这一“种法”,当年便引种成功,从此不再稍旱便“不登”。如果不是占城稻“种法”传播广泛有效,至少不会这么快就大面积引种成功。②

蝗虫之害在中国由来已久,宋代捕蝗书记载了当时人们消灭蝗虫的种种办法。宋代治蝗技术上的一个重要进步就是知道了掘蝗虫卵的办法,神宗熙宁、孝宗淳熙年间发生蝗蝻灾害时,政府便将这个方法以诏书的形式颁下。《救荒活民书》还记载说如有百姓因迷信不敢这样做,地方政府宜急刊开晓愚俗之言“作手榜散示,烦士夫父老转相告谕”③,以利将掘卵断种的方法落到实处。这种灭蝗法的传播对防治蝗灾、确保作物收成的作用自勿待言,此后一直到中华人民共和国建立初期都是最主要的灭蝗方法,并成为每年开春后农业生产的一个惯例。如明景泰二年(1451)诏南、北直

---

① (清)徐松辑:《宋会要辑稿》食货一之一七至一八,第4810页。

② 后占城稻虽然在江西、荆湖被普遍推广,但因其米质不佳,故在“精品农业区”两浙路等处未得到普及,不过“也无法否认其在宋代江南确实是一个不可或缺的品种,在遭受水旱等灾荒的特殊年份尤其如此”〔方健:《关于宋代江南农业生产力发展水平的若干问题研究》,高荣盛主编:《江南社会经济研究(宋元卷)》,北京:中国农业出版社,2006年,第550页〕。

③ (宋)董煟:《救荒活民书·拾遗》,《景印文渊阁四库全书》第662册,第301页。

隶并山东、河南巡抚官及各提督所司“掘灭蝗虫遗种”[①]，新中国成立初曹雨晴《掘卵工作介绍》也介绍了洛阳地区掘蝗虫卵的经验：“（蝗虫卵）在向阳坡硬地有荒草处……卵块外面是由土粒粘接而成，与土色差不多，形状如树根，长约寸余，较一般铅笔为细，一触即断，所以很难得到一个完整的卵块。折断后中间露出淡茶色卵籽，比麦子细而长，交互排列，甚为整齐。平均每卵块内约含卵籽四、五十粒，卵块两端内面，均有灰白色泡沫状物，用以固结卵籽，多在地表皮下二、三寸处，用掘头或铁锹掘一下即可，无须在原处重掘。”[②]宋代情形当与此相同。

（二）劝农文的传播与南方地区先进农作技术的推广

宋代农业经济发展水平很高，总的来讲，以江南、四川地区尤其是两浙路农业生产技术最先进，发展水平最高，故有“江南农业革命”[③]之说。南宋很多劝农文所着力传播的就是两浙路的先进

---

① 《明英宗实录》卷200景泰二年春正月甲寅，台北：“中央研究院历史语言研究所”，1962年影印本，第4254页。

② 华北科学研究所编译委员会：《国内农业虫害》第1辑，北京：中华书局，1951年，第35—36页。

③ 李伯重在《“选精”、“集粹”与“宋代江南农业革命”——对传统经济史研究方法的检讨》一文认为“宋代江南农业革命”是一个“虚像”（《中国社会科学》2000年第1期，第177—192页），他认为如果说江南有“经济革命”的话，“应当是发生在明代后期的大约一个世纪内”（《历史上的经济革命与经济史的研究方法》，《中国社会科学》2001年第6期，第175页）。对此，梁庚尧（《宋代太湖平原农业生产问题的再检讨》，《宋史研究集》第31辑，台北：兰台出版社，2002年）、李根蟠（《长江下游稻麦复种制的形成和发展——以唐宋时代为中心的讨论》，《历史研究》2002年第5期，第3—28、190页）等学者在不同程度上提出了批评意见，而以方健《关于宋代江南农业生产力发展水平的若干问题研究》一文尤为全面深入。方健认为李伯重“《选精》一文对宋代农业生产力水平评估过低的原因主要有四：一是轻信‘倍计地租即为产量’的定论；二是误据明量相当于南宋的1.6倍为计量换算标准；三是认为反映宋代农业精耕细作制的仅陈旉《农书》等；四是正如梁庚尧教授已指出的那样，未对宋代史料作一缜密的考证，而轻信转手资料；尤其是完全信（注转下页）

耕作技术，如高斯得《宁国府劝农文》即说“浙人治田，比蜀中尤精”，将两浙先进的水稻栽培技术引入今安徽地区：

> 浙人治田，比蜀中尤精。土膏既发，地力有余，深耕熟犁，壤细如面，故其种入土坚致而不疏。苗既茂矣，大暑之时，决去其水，使日曝之，固其根，名曰靠田。根既固矣，复车水入田，名曰还水。其劳如此。还水之后，苗日以盛，虽遇旱暵，可保无忧。其熟也，上田一亩收五六石。①

吴泳、黄震在今江西地区为官，也在当地大力推广两浙耕作技术。黄震《咸淳八年春劝农文》云：

> 浙间无寸土不耕，田垄之上又种桑种菜。今抚州多有荒野不耕，桑麻菜蔬之属皆少……浙间才无雨便车水，全家大小日夜不歇。去年太守到郊外看水，见百姓有水处亦不车……

(续上页注)从及采择大泽正昭等个别学者未必正确的一家之言”〔高荣盛主编:《江南社会经济研究(宋元卷)》,第586页〕。他通过对史料的深入考辨得出了如下结论:宋代江南亩产史料从分布时间、地域来讲,“决非什么‘选精’”,完全具有统计学意义〔高荣盛主编:《江南社会经济研究(宋元卷)》,第533页〕;“宋代江南每亩产米两石……略超过明清的亩产量”〔高荣盛主编:《江南社会经济研究(宋元卷)》,第536—537页〕。“因此,就迄今的研究而言,‘宋代经济革命’或‘宋代农业革命’之类的主流观点,仍不足以动摇,更无法轻易否定”,“决非什么幻景或‘虚像’”〔高荣盛主编:《江南社会经济研究(宋元卷)》,第548页〕。其后李伯重虽仍不赞同“农业革命”这一提法,但也承认“宋代江南农业确实达到了相当高的水准。在农业技术、亩产量、商业化、劳动生产率等主要方面,江南无疑都走在当时世界大多数地区的前面”(《从新视角看中国经济史——重新认识历史上的江南农业经济及其变化》,《理论、方法、发展趋势:中国经济史研究新探》,北京:清华大学出版社,2002年,第231页)。

① (宋)高斯得:《耻堂存稿》卷5,《丛书集成初编》第2041册,第99页。

> 浙间三遍耘田，次第转折，不曾停歇。抚州勤力者耘得一两遍，懒者全不耘。太守曾亲行田间，见苗间野草反多于苗……浙间终年备办粪土，春间夏间常常浇壅。抚州勤力者斫得些少柴草在田，懒者全然不管……浙间秋收后便耕田，春二月又再耕，名曰耖田。抚州收稻了，田便荒版。去年见五月间方有人耕荒田，尽被荒草抽了地力。[1]

吴泳更是苦口婆心，其《隆兴府劝农文》云：两浙“稻一岁再熟，蚕一年八育”，而江西则“禾大小一收，蚕早晚二熟而已”。吴中之民“开荒垦洼，种粳稻又种菜、麦、麻、豆，耕无废圩，刈无遗陇”，而江西所种占城稻“率数日以待获，而自余三时则舍穑不务，皆旷土、皆游民也”。因此他指出两浙有谚“苏湖熟，天下足”，实际上是“勤所致也”；江西有谚“十年九不收，一熟十倍秋”，实际上是“惰所基也”。故而他一则曰“勤则民富，惰则民贫”，再则曰“耕而卤莽之则其实亦卤莽而报，耘而灭裂之则其实亦灭裂而报”，劝勉大家向两浙学习。[2]

再如今湖北地区，“虽有陆地，不桑不蚕、不麻不绩，而卒岁之计惟仰给于田。缘其地广人稀，故耕之不力、种之不时，已种而不耘、已耘而不粪，稊稗苗稼，杂然并生，故所艺者广，而所收者薄。丰年乐岁仅可以给，一或不登，民且狼顾，非江、浙、闽中之比也”[3]。陈造在湖北任职时，即要求当农民“取法江浙之人”，农器之制“必访诸浙耕者，蚕者亦取法于浙”。[4] 可以想见，随着劝农文的行政强力传播，江南地区尤其是两浙路的先进耕作技术必将在

① (宋)黄震著，张伟、何忠礼主编：《黄震全集》第7册《黄氏日抄》卷78，第2222—2223页。

② (宋)吴泳：《鹤林集》卷39，《景印文渊阁四库全书》第1176册，第383页。

③ (宋)王炎：《双溪类稿》卷19《上林鄂州》，《景印文渊阁四库全书》第1155册，第645页。

④ (宋)陈造：《江湖长翁集》卷30《房陵劝农文》，《景印文渊阁四库全书》第1166册，第377页。

更广大的范围得到推广，这些地区的精耕细作水平、单产总产必然会得到较大提高。

实际上，陈旉《农书》、高宗吴皇后《〈蚕织图〉注》等优秀宋代农书所反映、总结的先进的江南农业生产技术不仅在南方地区得到推广，南方的水稻种植技术还推广了北方地区。早在北宋初年，四川人陈尧叟认为“陆田命悬于天，人力虽修，苟水旱不时，则一年之功弃矣。水田之制由人力，人力苟修，则地利可尽，且虫灾之害亦少于陆田”，就建议在陈、许、邓、颍、蔡、宿、亳、寿春等地修造水田种稻，以得其“兼倍”之利。[①] 其后仁宗时湖北人张士逊在许州（治今河南许昌市）召募农民推广水稻种植，神宗时江西人侯叔献在汴水流域引淤推广水稻种植，江西人王韶在甘肃洮河流域推广水稻种植，哲宗时苏轼在定州推广水稻种植，其他如浙江人沈括在河北西路推广水稻种植，沈披（沈括兄）在保州（治今河北保定市）推广水稻种植，浙江人杨琰在开封附近推广水稻种植，福建人黄懋在河北宋辽边界推广水稻种植，福建人江翱在汝州推广水稻种植，福建人沈厚载在怀、卫、磁、相、邢、洺、镇、赵等州推广水稻种植，福建人陈襄在孟州推广水稻种植，都取得了不错的成绩。[②]

（三）农器类农书的传播与宋代先进农业生产工具的推广

宋代由于钢刃熟铁农具的推广，前代犁、耧车等重要农具的创新改良，耧锄、耘荡、耘爪、趟头等高效、省力的专用农具的发明，农具种类尤其是南方水田农具的增多和配套，水力、风力在农业上较广泛的应用，被学者誉为“中国传统农具发展中十分辉煌的一个时期”[③]。新农具的推广可以提高劳动生产率，减轻劳动者体力消耗，宋代新农具中比较著名的是神宗时京湖北路农民发明的秧马（图 26）。关于秧马的功能，早期一般都认为是插秧农具，如王家琦、萠伯赞、蔡美

① 《宋史》卷 176《食货志上》，第 4264 页。

② 参见曾雄生：《宋代士人对农学知识的获取和传播——以苏轼为中心》，《自然科学史研究》2015 年第 1 期，第 15—16 页。

③ 梁家勉主编：《中国农业科学技术史稿》，第 381 页。

彪、周昕、曾枣庄、王若昭等①，改革开放后王瑞明、刘崇德、李群三位学者首开秧马为拔秧农具之说②，逐渐成为学界共识③。

a 王祯《农书》所绘秧马④

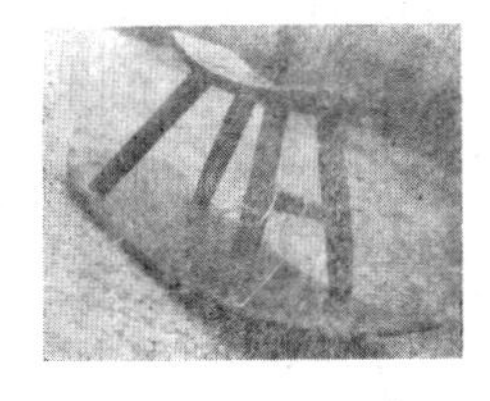

b 现代秧马实物⑤

图 26　古今秧马对比图

① 王家琦：《水转连磨、水排和秧马》，《文物参考资料》1958 年第 7 期，第 34—36 页；翦伯赞主编：《中国史纲要》，北京：人民出版社，1963 年，第 3 册第 19 页；蔡美彪主编：《中国通史》，北京：人民出版社，1978 年，第 5 册第 65 页；周昕编著：《农具史话》，北京：农业出版社，1980 年，第 28 页；曾枣庄：《苏轼评传》，成都：四川人民出版社，1981 年，第 153 页；王若昭：《我国古代的插秧工具——秧马》，《农业考古》1981 年第 2 期，第 92—94、133 页。

② 王瑞明：《宋代秧马的用途》，《社会科学战线》1981 年第 3 期，第 243 页；刘崇德：《关于秧马的推广及用途》，《农业考古》1983 年第 2 期，第 199—200 页；李群：《"秧马"不是插秧的农具》，《中国农史》1984 第 1 期，第 50—53 页。

③ 如周晓陆：《"秧马"之实物例证——致刘崇德同志的信》，《农业考古》1985 年第 1 期，第 88—89 页；章楷编著：《中国古代农机具》，北京：人民出版社，1985 年，第 42 页；尹美禄：《〈秧马歌〉碑及秧马的流传》，《农业考古》1987 年第 1 期，第 174—178、428 页；梁家勉主编：《中国农业科学技术史稿》，第 386 页；彭世奖编注：《中国农业传统要术集萃》，北京：中国农业出版社，1998 年，第 14 页。当然，仍有个别学者持保留意见，或调和两说云秧马既可用于拔秧又可用于插秧。前者如王颋、王为华：《桐马禾云——宋、元、明农具秧马考》，《中国农史》2009 年第 1 期，第 7—15 页；张蓝水：《秧马：兼拔秧运秧功能之原始插秧机》，《农业技术与装备》2020 年第 4 期，第 5—6、9 页。后者如周昕：《农具史话》，第 43 页；周昕：《中国农具发展史》，济南：山东科技出版社，2005 年，第 636 页；陈伟庆：《宋代秧马用途再探》，《中国农史》2012 年第 4 期，第 118—122 页。

④ 引自（元）王祯：《农书·农器图谱》集之二，明嘉靖九年山东布政使司刻本，叶四九 a。按：一些学者认为此图出于王祯想象，并不正确。

⑤ 引自李群：《"秧马"不是插秧的农具》，《中国农史》1984 第 1 期，第 51 页。

秧马之所以有名，和苏轼参与传播是分不开的。东坡在贬往惠州途中见曾安止《禾谱》不记农具，遂撰《秧马歌并引》叙述秧马形制及使用方法。到惠州后，他又把《秧马歌》抄给林抃、翟东玉等地方官员，向他们推介秧马，林抃"躬率田者制作阅试……惠州民皆已施用，甚便之"。后衢州进士梁琯返乡，苏轼又让其"传之吴人"。[1] 楼璹《耕织图·插秧》一诗写道："晨雨麦秋润，午风槐下凉，溪南与溪北，啸歌插新秧。抛掷不停手，左右无乱行，我将教秧马，代劳民莫忘。"[2]说明官方也进入了秧马推广工作。陆游谓东坡"一篇《秧马》传海内"[3]，随着《秧马歌》和《耕织图》的不断传播及各地地方官员的推广，秧马的普遍使用是必然的，宋代很多诗人都写到了农村使用秧马的情形[4]，有学者全面考察宋代秧马使用地域后认为，至南宋末期"整个南方的水稻生产区域，几乎都有了秧马的使用。这些区域，包括淮东、西，江东、西，浙东、西，湖北、南，广东、西，福建和四川"[5]。高斯得《官田行》云："咸淳三年之秋大有年。近自淛（同'浙'）河东西江与淮，远及七闽二广连四川。黄云一望千万里，莫辨东西南北阡。瓯窭汗邪满沟塍，秧马折轴担赪肩……只道伸眉得一笑，酒肉淋漓浑舍喜。谁知一粒不入肠？总是公家主家米。"[6]可见在宋人心目中，秧马等新农具的推广应

---

① 孔凡礼点校：《苏轼文集》卷 68《题秧马歌后四首》，第 2152 页。

② （宋）楼璹：《耕织图诗》，《丛书集成初编》第 1461 册，第 2 页。

③ （宋）陆游著，钱仲联、马亚中主编：《陆游全集校注》第 10 册《剑南诗稿校注》卷 67《耒阳令曾君寄〈禾谱〉、〈农器谱〉二书求诗》，第 234 页。

④ . 如曹勋《台城杂诗》、陆游《题斋壁》《春日小园杂赋》《出游》《故里》《夏日》《山园杂咏》《孟夏方渴雨忽暴热雨遂大作》、张孝祥《将至池阳，呈鲁使君》、郑清之《田家》、黎廷瑞《次韵张龙使君十首》、赵蕃《秋陂道中》、林希逸《寄呈恕斋》、释居简《如意院干涂田疏》等。

⑤ 王颋、王为华：《桐马禾云——宋、元、明农具秧马考》，《中国农史》2009 年第 1 期，第 9—12 页。

⑥ （宋）高斯得：《耻堂存稿》卷 7，《丛书集成初编》第 2041 册，第 134 页。

用，跟稻米总产量的提高是相联系的。

(四) 园艺类农书的传播与宋代园艺经济的发展

宋代园艺业尤其是花卉园艺业非常引人注目，一些城市还在历史基础上形成了"专业化"种植。开封"四时花木繁盛可观……大抵都城左近，皆是园圃，百里之内，并无闲地"[①]；洛阳牡丹"为天下第一"[②]，"凡园皆植牡丹"[③]；扬州以"芍药名于天下……与洛阳牡丹俱贵于时……种花之家园舍相望，最盛于朱氏、丁氏、袁徐氏、高氏、张氏，余不可胜纪。畦分亩列，多者至数万根"[④]；广州则"花多外国名"[⑤]。一些中、小城市花卉种植业的发展也已达到相当规模，如陈州的牡丹种植向称比洛阳还"盛且多也……园户植花如种黍粟，动以顷计"[⑥]；益州路的彭州亦盛产牡丹，"连畛相望"[⑦]，"号小西京"[⑧]。不同品种的花当然贵贱不同，如"魏花一枝千钱"，姚黄无论多少钱也"无卖者"，[⑨]"双头红初出时一本花取直至三十

① (宋)孟元老撰，伊永文笺注：《东京梦华录笺注》卷6，第613页。

② (宋)欧阳修著，李逸安点校：《欧阳修全集》卷75《洛阳牡丹记》，第1096页。

③ (宋)李格非：《洛阳名园记》，(宋)邵博撰，刘德权、李剑雄点校：《邵氏闻见后录》卷25，第196页。

④ (宋)孔武仲：《芍药谱·序》，(宋)孔文仲、孔武仲、孔平仲著，孙永远校点：《清江三孔集》卷18，第287页。

⑤ (宋)余靖：《武溪集》卷1《寄题田待制广州西园》，《景印文渊阁四库全书》第1089册，第6页。

⑥ (宋)张邦基撰，孔凡礼点校：《墨庄漫录》卷9，第251页。

⑦ (宋)陆游著，钱仲联、马亚中主编：《陆游全集校注》第17册《天彭牡丹谱》，第302页。

⑧ (宋)陆游著，钱仲联、马亚中主编：《陆游全集校注》第17册《天彭牡丹谱》，第308页。

⑨ (宋)李格非：《洛阳名园记》，(宋)邵博撰，刘德权、李剑雄点校：《邵氏闻见后录》卷25，第196页。

千，祥云初出时亦直七八千”[①]，好的海棠也是“每一本不下数十金”[②]。出于收益或审美上的需求，养花者不仅要扩大种植规模，也必然或引种、或嫁接以培植名贵品种，“四方之人赍携金币来市（扬州芍药花）种以归者多矣”[③]、“姚黄一接头直钱五千……魏花初出时，接头亦直五千，今尚直一千”[④]等记载可证。则欧阳修《洛阳牡丹谱》、周师厚《洛阳花木记》等以谈论品种、种护之法、嫁接之法为内容的谱录必然受到广泛欢迎，这正是前引士大夫竞相“集牡丹、荔枝与茶之品为经及谱，以夸于市肆”售卖的原因。反过来看，正见宋代花卉园艺著作传播对宋代园艺经济发展的影响。

果谱类农书的传播不仅在嫁接、养护、采摘、保鲜储藏、加工等各个环节为果农提供技术支持，是否被收入名家果谱还对其经济收益产生直接影响。因为被名家果谱收入，随着其在社会上广泛传播，就意味着成为“名牌”水果，单价可以有大幅度提升。如兴化军（治今福建莆田市）方氏种植荔枝，为了打造自家果品品牌，于是精选最大的上品荔枝二百颗送给蔡襄，并欺骗蔡襄说一年仅产此数。蔡襄为之命名曰“方家红”，并著录入《荔枝谱》中，为评语云：“可径二寸，色味俱美，言荔枝之大者皆莫敢拟。岁生一二百颗，人罕得之。”[⑤]于是“方家红”随着蔡书流布一跃而为天下名品，至南宋末年仍享有盛誉。[⑥] 更进一步说，整个福建路荔枝产业在宋代

① （宋）陆游著，钱仲联、马亚中主编：《陆游全集校注》第17册《天彭牡丹谱》，第309页。

② （宋）陈思纂：《海棠谱》卷上《叙事》引沈立《海棠记》，（清）丁丙编：《武林往哲遗著》（二），《杭州文献集成》第15册，第199页。

③ （宋）孔武仲：《芍药谱·序》，（宋）孔文仲、孔武仲、孔平仲著，孙永远校点：《清江三孔集》卷18，第287页。

④ （宋）欧阳修著，李逸安点校：《欧阳修全集》卷75《洛阳牡丹记》，第1102页。

⑤ （宋）蔡襄：《荔枝谱》，彭世奖校注：《历代荔枝谱校注》，第19页。

⑥ （宋）黄岩孙纂：《宝祐仙溪志》卷1，《宋元方志丛刊》第8册，第8280页。

越过广南、四川而为天下冠，甚至远销漠北、西夏、新罗、日本、流求、大食，“一岁之出不知几千万亿”，[①]众多相关荔枝谱录及诗文的广泛传播亦是最重要的原因之一。正是基于这一点，明清时代粤籍文人士大夫兴起了著录、歌咏广东荔枝的诗文“运动”，以期望夺回荔枝天下第一的名头。这些都说明宋代园艺类农书大量涌现是有深刻社会需要这个内在原因的。

(五) 经济作物类农书的传播与经济作物产业发展

宋代经济作物产业中发展最突出是茶业，而茶书亦为宋代农书大宗。唐代茶叶陆羽《茶经》列举了当时的 8 个茶叶主产区，共计 43 个州级行政区，东南地区两浙、江南东西、福建路合计才 14 个州[②]，其余主要分布在以四川为中心的西部地区。而至南宋前期东南 10 路产茶州则增加至 36 个[③]。就茶叶名品而言，在唐代默默无闻的福建茶陡然成为天下第一，“一朝团焙成，价与黄金逞”[④]，“一夸之值四十万，仅可供数瓯之啜耳”[⑤]。而以建茶为记录、研究对象的茶书则多达 17 种，占宋代全部茶书的 61%。这当然并非巧合，而是明白昭示：宋代数量众多的茶书的产生既是宋代茶业发展的产物，其产生、传播又助推宋代茶叶产业向更高经济水平、更高专业化水平发展。宋代建茶茶书作者多名公巨卿、文章大家，如陶穀、丁谓、蔡襄、沈括、唐庚等人，甚至徽宗以帝王之尊，亦为撰《大观茶论》，他们撰写的建茶著作比之普通作者，传播、影响力又不可同日而语。总之，宋代以论建茶为主的茶书的传播不仅助力建茶享天下之名、擅天下之利，还使得汉代以来逐渐形成的饮

---

① (宋)蔡襄：《荔枝谱》，彭世奖校注：《历代荔枝谱校注》，第 9—10 页。

② 参见(唐)陆羽等撰，宋一明译注：《茶经译注(外三种)》，第 69—79 页。

③ (宋)李心传撰，徐规点校：《建炎以来朝野杂记·甲集》卷 14，第 303 页。

④ (宋)梅尧臣著，朱东润编年校注：《梅尧臣集编年校注》卷 27《吕晋叔著作遗新茶》，第 944 页。

⑤ (宋)四水潜夫(周密)辑：《武林旧事》卷 2，第 35 页。

茶之风在宋代臻于极盛——宋人屡云茶在日常生活中不可或缺，如王安石云“夫茶之为民用，等于米盐，不可一日以无”[1]；刘弇云“（茶）百年以来，极于嗜好、略与饮食埒者，莫今日乎？”[2]——从而促进了宋代茶业的整体发展水平。

综上可见，宋代农学的进步，农书的撰写、传播和宋代农业发展之间关系密切，深刻揭示了“经济搭台、文化唱戏”和“文化搭台、经济唱戏”二者之间的辩证关系。具体讲，可以说宋代农书之所以取得如此巨大的成就，是和宋代农业发展分不开的，宋代农书时空分布特征是宋代不同时期、不同地域农业发展的产物和表现；反过来，宋代农学进步、宋代农书大量产生又促进了宋代农业经济进一步发展，而宋代农书多样且有效的传播方式则是其对宋代农业生产实践产生影响的关键因素。质言之，在传统社会中，经济发展为科学研究提供条件和契机，科学进步反作用于经济发展，而科学进步在多大程度上推动经济发展则取决于其传播是否广泛有效。[3]

---

① （宋）王安石撰，王水照主编：《王安石全集》第6册《临川先生文集》卷70《议茶法》，第1258页。

② （宋）刘弇：《龙云集》卷28，《景印文渊阁四库全书》第1119册，第303页。

③ 本章据拙文《宋代农书的时空分布及其传播方式》修改，原刊于《自然科学史研究》2011年第1期，第55—72页。

第十三章　宋代农书对后世农书的影响

宋代农书数量多，类型全，在技术内容、农学哲学、编撰体例等方面都取得了巨大的成就，对后世农书产生了巨大的影响。本章在整体考察的同时，亦通过个案加以具体分析，以期对此作出全面而又详实、从而较为客观的论述。

第一节　对元代农书的影响

元代农书不多，仅40多种，且基本集中产生于元代前期，如著名的《农桑辑要》和王祯《农书》。这既反映了元初战乱兵燹之余农业生产亟待恢复的客观现实，如中统元年(1260)元世祖诏令“各路宣抚司择通晓农事者，充随处劝农官”，次年又“立劝农司，以陈邃、崔斌等八人为使”；[①]复“命行中书省、宣慰司、诸路达鲁花赤、管民官，劝诱百姓，开垦田土，种植桑枣，不得擅兴不急之役，妨夺农时”[②]。至元七年(1270)，又设司农司“劝课农桑，兴举水利。凡滋养栽种者，皆附而行焉。仍分布劝农官及知水利人员，巡行劝课，举察勤惰”。[③] 也是对宋代众多民间农书的一次官方结集。换言之，元代最著名的两部农书大量内容都移录自宋代及同时期的金代农书(所叙实为原北宋治下的北方农业技术)，仅此已足见宋、金农书对元代农书的决定性影响——元代农书多承袭而少新创。

---

① 《元史》卷93《食货志一》，北京：中华书局，1976年点校本，第2354页。

② 《元史》卷5《世祖本纪二》，第84页。

③ 陈高华等点校：《元典章》卷2《圣政一》，天津、北京：天津古籍出版社、中华书局，2011年，第53页。

一、《农桑辑要》对宋金农书的承袭

《农桑辑要》初刊于至元十年(1273),署名为“大司农司”,实际编撰者明清以来颇有分歧,徐光启以为是孟琪,王圻、柯劭忞以为是畅师文[①]等。对此,著名农史研究学者石声汉、王毓瑚、缪启愉等均曾加以考辨,石氏认为王磐是主编[②],显然是误将作序者视为编撰者了;王氏认为当是孟琪、畅师文、苗好谦三人[③];缪氏认为除此三人可能还有张文谦[④]。《农桑辑要》全书分为7卷,各卷主题分别为典谟,耕垦、播种,栽桑,养蚕,瓜菜、果实,竹木、药草,孳畜、禽鱼等,基本上辑自前人著述。除《齐民要术》外[⑤],余所引基本为宋金农书(只有极少数是非农书宋人著作)。从内容看,其实为宋金农书之结集;从成书时间上看,其时南宋政权尚存,因此在一定意义上讲该书可以视为宋代农书。当然,其既为元代表性农书之一,自不必强纳入宋,但指出其并非产生于“宋代之后的元代”还是很有必要的。换言之,研究宋代尤其是北宋(或金代)农业生产技术时,《农桑辑要》是为当然的史料渊薮。

《农桑辑要》引用的宋金著作有《种莳直说》《韩氏直说》《务本

---

① (明)王圻:《续文献通考》卷179《经籍考》,《续修四库全书》第765册,上海:上海古籍出版社,2002年影印本,第448页。按:王氏同时又说苗好谦亦著《农桑辑要》,是误以之为同名之另一书。

② 石声汉:《从〈齐民要术〉看中国古代的农业科学知识——整理〈齐民要术〉的初步总结(续)》,《西北农学院学报》1957年第1期,第96页。按:后收入《石声汉农史论文集》时有修订(第326页)。

③ 王毓瑚:《关于〈齐民要术〉》,《王毓瑚论文集》,第40—41页。初刊于《北京农业大学学报》1956年第2期,第77—84页。

④ 缪启愉:《元刻〈农桑辑要〉的优越——代序》,(元)大司农司编撰,缪启愉校释:《元刻农桑辑要校释》,第1页。

⑤ 所引《周官》《月令》《孝经援神契》《吕氏春秋》《氾胜之书》《淮南子》《列仙传》《四民月令》《师旷占术》《杂阴阳书》《龙鱼河图》《家政法》《博物志》《陶朱公养鱼经》诸书实转录自《齐民要术》,所引《山居要术》《地利经》转录自《四时纂要》。参见王毓瑚:《关于〈齐民要术〉》,《王毓瑚论文集》,第44页。

新书》《士农必用》《农桑要旨》《桑蚕直说》《蚕经》《四时类要》《琐碎录》《梦溪忘怀录》《博闻录》《岁时广记》《本草图经》《东坡志林》等14种，其中前12种为农书。据王毓瑚统计，引用最多的是《务本新书》50节，其次是《士农必用》36节、《四时类要》33节、《博闻录》20节（除《四时类要》外，以上三书均少计1节）、《韩氏直说》13节、《农桑要旨》8节（应为9节），其余均在3节以下。下面笔者将该书引用最多的金佚名《务本新书》《士农必用》及南宋陈元靓《博闻录》之文检出，然后标记其内容分布（表18），以概见宋金农书对《农桑辑要》影响之深巨。

表18　《农桑辑要》引用《务本新书》《士农必用》《博闻录》之内容分布表

<table>
<tr><th colspan="2">来源
出处</th><th>务本新书</th><th>士农必用</th><th>博闻录</th></tr>
<tr><td rowspan="16">农桑辑要</td><td>卷1</td><td>劝农</td><td></td><td></td></tr>
<tr><td rowspan="5">卷2</td><td>播种·黍穄</td><td rowspan="5">播种·大小麦</td><td rowspan="5"></td></tr>
<tr><td>播种·豌豆</td></tr>
<tr><td>播种·薥黍</td></tr>
<tr><td>播种·麻子</td></tr>
<tr><td>播种·区田</td></tr>
<tr><td rowspan="10">卷3</td><td></td><td>栽桑·论桑种</td><td>栽桑·论桑种</td></tr>
<tr><td>栽桑·种椹</td><td>栽桑·种椹</td><td rowspan="4"></td></tr>
<tr><td>栽桑·地桑</td><td>栽桑·地桑</td></tr>
<tr><td>栽桑·移栽</td><td>栽桑·移栽</td></tr>
<tr><td>栽桑·压条</td><td>栽桑·压条</td></tr>
<tr><td>栽桑·栽条</td><td>栽桑·栽条</td><td>栽桑·柘</td></tr>
<tr><td></td><td>栽桑·布行桑</td><td rowspan="4"></td></tr>
<tr><td>栽桑·修莳</td><td>栽桑·修莳</td></tr>
<tr><td>栽桑·义桑</td><td>栽桑·科斫</td></tr>
<tr><td>栽桑·桑杂类</td><td>栽桑·接换</td></tr>
</table>

续表

出处 \ 来源		务本新书	士农必用	博闻录
农桑辑要	卷4		养蚕·论蚕性	
		养蚕·收种	养蚕·收种	
		养蚕·浴连	养蚕·浴连	
		蚕事预备·收干桑叶	蚕事预备·收干桑叶	
		蚕事预备·制豆粉、米粉		
		蚕事预备·收牛粪	蚕事预备·收牛粪	
		蚕事预备·收蓐草	蚕事预备·蒿梢	
			蚕事预备·修治苫荐	
			蚕事预备·治蚕具	
		修治蚕室等法·蚕室	修治蚕室等法·蚕室	
		修治蚕室等法·火仓	修治蚕室等法·火仓	
			修治蚕室等法·安槌	
		变色生蚁下蚁等法·变色	变色生蚁下蚁等法·变色	
			变色生蚁下蚁等法·生蚁	
		变色生蚁下蚁等法·下蚁	变色生蚁下蚁等法·下蚁	变色生蚁下蚁等法·下蚁
		凉暖饲养分抬等法·凉暖总论	凉暖饲养分抬等法·凉暖总论	
		凉暖饲养分抬等法·饲养总论	凉暖饲养分抬等法·饲养总论	
		凉暖饲养分抬等法·分抬总论	凉暖饲养分抬等法·分抬总论	

续表

出处＼来源		务本新书	士农必用	博闻录
农桑辑要	卷4	凉暖饲养分抬等法·初饲蚁	凉暖饲养分抬等法·初饲蚁	
			凉暖饲养分抬等法·头眠抬饲	
			凉暖饲养分抬等法·停眠抬饲	
		凉暖饲养分抬等法·大眠抬饲	凉暖饲养分抬等法·大眠抬饲	
		蚕事杂录·十体		
		蚕事杂录·杂忌	蚕事杂录·杂忌	
		簇蚕缫丝等法·簇蚕	簇蚕缫丝等法·簇蚕	
		簇蚕缫丝等法·择茧	簇蚕缫丝等法·缫丝	
		夏秋蚕法	夏秋蚕法	
	卷5	瓜菜·芋		瓜菜·区种瓜法
		瓜菜·茄子		瓜菜·韭
		瓜菜·蔓青		瓜菜·胡荽
		瓜菜·蜀芥、芸苔、芥子·芥子		瓜菜·菠薐
		瓜菜·蒜		
		瓜菜·蓝菜		果实·桃(樱桃蒲萄附)
		瓜菜·甘露子		果实·银杏
		果实·木瓜		果实·诸果

续表

来源 出处		务本新书	士农必用	博闻录
农桑辑要	卷6	竹木·榆树		竹木·种竹
		竹木·诸树		竹木·柳
		药草·种紫草		竹木·皂荚
		药草·椒		
		药草·茴香		药草·罂粟
		药草·薯蓣		药草·决明
		药草·枸杞		药草·枸杞
		药草·菊花		药草·菊花
		药草·牛蒡子		
	卷7			孳畜·马(驴骡附)
				孳畜·牛(水牛附)

二、王祯《农书》对宋金农书的承袭

(一)王祯《农书》成书时间考论

王祯生平不详于载籍,历来学者对其仕履的考述颇有抵牾讹谬之处,而这关系到《农书》成书时间的确定,故在此稍为梳理。祯字伯善,一般均认为他是东平(治今山东东平县)人,据新发现史料,其实为泰安州(治今山东泰安市)人。[1] 王祯曾任宁国路旌德县(治今安徽旌德县)、吉州路永丰县(治今江西永丰县)县尹。此

① 详参邱树森、周郢:《农学家王祯生平的重要发现》,《西北第二民族学院学报》1991 年第 1 期,第 90—92 页;周郢:《王祯及其〈农书〉史证二题》,《农业考古》2019 年第 4 期,第 207—210 页。

据戴表元《王伯善〈农书〉序》可知：

> （余）丙申岁客宣城县（治今安徽宣城市宣州区），闻旌德宰王君伯善儒者也，而旌德治。问之，其法岁教民种桑若干株，凡麻苎、禾黍、牟麦之类，所以莳艺芟获，皆授之以方。又图画所为钱、镈、耰、耧、耙、杴诸杂用之器，使民为之……如是三年，伯善未去旌德，而旌德之民利赖而诵歌之……后六年，余以荐得官信州（治今江西上饶市西北），伯善再调来宰永丰（治今江西永丰县）。丰、信近邑……伯善之政……大抵不异居旌德时……于是伯善自永丰橐其书，曰《农器图谱》《农桑通诀》示余。阅之，纲提目举……因为序发其大指……令是书行，而长民者一以伯善为法，虽人颂子产，邑歌《豳风》可也。①

戴氏既谓"余以荐得官信州，伯善再调来宰永丰"，《元史》戴氏本传又记"大德八年，表元年已六十余，执政者荐于朝，起家拜信州教授"②，故缪起愉认为戴表元"以荐得官信州"之年"也就是王祯调任永丰县令之年"，即大德八年（1304）。由此逆推六年是大德二年（1298），再上推三年是元贞元年（1295），此即王祯莅任旌德县尹之年③——可见，缪氏是将戴表元所谓的"后六年"理解为"如是三年"之后六年——准此则王祯旌德县尹任期为10年。缪氏此说，其误有二：一是所据《元史》大德八年戴表元官信州教授的记载乃袭袁桷《戴先生墓志铭》之说而误："大德甲辰（八年），先生年六十

① （元）戴表元著，陆晓东、黄天美点校：《戴表元集》卷7《王伯善〈农书〉序》，第174页。

② 《元史》卷190《儒学传二·戴表元传》，第4336页。

③ （元）王祯撰，缪启愉、缪桂龙译注：《东鲁王氏农书译注·前言》，上海：上海古籍出版社，2008年，第1、6页。按：初以《王祯的为人、政绩和〈王祯农书〉》为题刊于《农业考古》1990年第2期，第326—335页。

一矣，会执政荐于朝，起家拜信州教授。”[①]戴表元出任信州教授之确年，据其自撰《安阳胡氏考妣墓志铭》《游南岩诗序》等文可知实为大德六年(1302)。[②] 二是戴序所谓“后六年”实指其丙申岁(元贞二年，1296)客居宣城之后六年即大德六年，此与其自述居官信州之年正相合。又，按戴序“余以荐得官信州，伯善再调来宰永丰”语，似王祯之调永丰在其得官信州之年或之后，实际上康熙《永丰县志》明记王祯“大德四年(1300)尹永丰”[③]，乾隆《旌德县志》亦记其“莅任六载，山斋萧然，尝著《农器图谱》《农桑通诀》，教民勤树艺。又兼施医药，以救贫疾”[④]，故王祯初尹旌德之年必元贞元年(1295)。此与戴序自谓元贞二年客居宣城时已颇闻彼教民种艺事相合，亦与王祯《农书·杂录》所记相合：

> 前任宣州旌德县县尹时，方撰《农书》。固字数甚多，难于刊印，故用己意命匠创活字，二年而工毕。试印本县志书……一如刊版，始知其可用。后二年，予迁任信州永丰县，挈而之官，是时《农书》方成，欲以活字嵌印。今知江西见行命工刊版，故且收贮，以待别用。[⑤]

---

① (元)袁桷撰，杨亮校注：《袁桷集校注》卷 28《戴先生墓志铭》，第 1349 页。

② 前文云：“大德壬寅岁……诸公怜余老而加穷，荐授之一官，将行别士谦……”；后文云：“余既弃故业，以文学掾至信州……乃季秋二十有八日，日高春，约朋客出关，驾轻舟……是为岁大德壬寅六年良月朔日序。”(《戴表元集》卷 15、10，第 314、226—227 页)并参见彭世奖：《也谈〈王祯农书〉的成书年代——兼与郝时远同志商榷》，《中国农史》1986 年第 2 期，第 132 页。

③ 康熙《广永丰县志》卷 18 上《贤牧传》，《清代孤本方志选》第 2 辑第 12 册，北京：线装书局，2001 年影印本，第 403 页。

④ 乾隆《旌德县志》卷 6《秩官》，《故宫珍本丛刊》第 107 册，海口：海南出版社，2001 年影印本，第 89 页。

⑤ (元)王祯撰，缪启愉、缪桂龙译注：《东鲁王氏农书译注·杂录》，第 743—744 页。

王祯既云“前任宣州旌德县县尹时，方撰《农书》”，自然其初任之年元贞元年（1295）时尚无书，则“固字数甚多，难于刊印，故用己意命匠创活字，二年而工毕”之二年显然不能从元贞元年算起，以次年计，“工毕”之年为大德二年（1298），再“后二年……迁任信州永丰县”，正是大德四年（1300）。因此，樊树志“（王祯）1295 年在安徽的旌德县作县尹（就是县官），在任六年；1300 年调到江西的永丰县作县尹”[1]之说虽未加考证，无疑是正确的。缪启愉虽亦推定王祯初官旌德之年为元贞元年，但却是在将其旌德任期延长 4 年、调任永丰之年推后 4 年基础上得出的，因此是错误的。

至于王祯《农书》成书时间，因其自序署款为“皇庆癸丑（二年，1313）三月望日东鲁王祯书”[2]，故王毓瑚认为“书大约就是那一年全部完成的”[3]。但据《农书》今存最早版本嘉靖九年刻本卷首载《抄白》：

> 皇帝圣旨里江南等处儒学提举司准本司副提举祝将仕牒……切见承事郎信州路永丰县尹王祯，东鲁名儒，年高学博，南北游宦，涉历有年。尝著《农桑通诀》《农器图谱》及《谷谱》等书……若不锓梓流布，恐失其传。若将前项文书发下学院钱粮优羡去处，依例刊刻流布，诚为有益，牒请施行。准此议。得前项农书，委是该载详备，考索的当。其于世道，良非小补，若于学院钱粮优羡去处刊行流布。相应申奉到江西湖东道肃政廉访司，书吏张龄承行旨挥。该宪司看详……将农书三部随此发去，合下仰照验为，唤匠依上刊刻完备，印刷样本申司，仍将用过梨版公食价钞一就开申……右下龙兴路儒

① 樊树志：《王祯和农书》，张习孔等编写：《中国古代农业科学家》，北京：北京出版社，1963 年，第 21 页。

② （元）王祯撰，缪启愉、缪桂龙译注：《东鲁王氏农书译注・王祯自序》，第 1 页。

③ 王毓瑚校：《王祯农书・校者说明》，第 2 页。

学教授司准此。大德八年九月日。[①]

可知大德八年(1304)元政府已刊刻该书,并且明记王祯《农书》所含"《农桑通诀》《农器图谱》及《谷谱》"三个部分皆具,则至少在该年《农书》已成。又前揭戴表元《王伯善〈农书〉序》云:"伯善自永丰橐其书,曰《农器图谱》《农桑通诀》示余。阅之,纲提目举。"则戴氏在信州作序时所见王书尚无《谷谱》(这说明戴序必作于大德六年至八年间)。由于王毓瑚亦据戴表元本传定其出官信州之年为大德八年,这样一来戴表元所记就与同为大德八年的《抄白》所言发生矛盾。对此,王氏则以为《抄白》"可疑",真实性"需要进一步研究",并进而认为《抄白》所言官方刊行之事"是否确实实现,还是疑问";[②]对于清康熙《广永丰府志》记"(王祯)著有《农书》,刻于卢陵(即庐陵,吉安路倚廓县,治今江西吉安市)"[③],王氏亦疑其无据,云:"大约是因袭的旧志,也不知道是什么根据。"对于清末莫友芝《郘亭知见传本书录》所列《农书》元刊本,复以为"恐怕未必是他所见"。[④] 王氏对《抄白》及可为之佐证的一切材料均取怀疑态度,当然是为了解决上述矛盾不得不尔,但如此怀疑也当然是不正确的,《抄白》及相关材料是可信赖的——诚如前揭,戴表元出官信州之年并非大德八年实为大德六年,因此,实际上并没有什么矛盾。换言之,至晚在大德八年,王祯《农书》已全部成书。

又王祯《农书》前揭自序云:"后二年,予迁任信州永丰县,挈而之官,是时农书方成。"似乎大德四年(1300)《农书》已成。准此,即与大德六年戴表元《王伯善〈农书〉序》谓仅见《农器图谱》《农桑通

① (元)王祯:《农书》卷首,日本国立公文书馆内阁文库藏嘉靖九年刻本,叶一 a 至二 b。

② 王毓瑚校:《王祯农书·校者说明》,第 3、14、2 页。

③ 康熙《广永丰府志》卷 18 上,《清代孤本方志选》第 2 辑第 12 册,第 403 页。

④ 王毓瑚校:《王祯农书·校者说明》,第 2 页。

诀》之说矛盾。但实际上，王祯《农书》初本非一书，实各自为作，此据前揭《抄白》可知："（王祯）尝著《农桑通诀》《农器图谱》及《谷谱》等书，考究精详，训释明白。"甚至到明清时人们仍保留有此种认识，如嘉靖九年（1530）山东布政使司刊行王祯《农书》移文云："前元丰城县尹王祯所著农书三部，曰《农桑通诀》、曰《农器图谱》、曰《谷谱》等书。"[①]乾隆《广信府志》云："王（正）［祯］，字伯善，东平人……著有《农器图谱》《农桑通诀》。"[②]今传《农书》诸本三个部分皆各自分卷亦为显证。可见，王祯自序"是时农书方成"语，实将其已成之《农器图谱》《农桑通诀》统称为"农书"而已。惟其后再著《谷谱》，元政府大德八年（1304）首次刊印时乃都三书为一书，今人得此印象后再览其序时，自然将"是时农书方成"一语理解为"是时《农书》方成"，遂以为与戴序矛盾，实际上二者不矛盾。显然，王毓瑚"《谷谱》是后来（戴表元作序之后）才续作的"[③]、彭世奖"《农桑通诀》和《农器图谱》大致成于大德四年或五年（1300 或 1301），《谷谱》则稍为后出，大致成于大德七年（1303）前后"[④]的看法是正确的。更准确地说，《农桑通诀》《农器图谱》撰成于大德四年，《谷谱》成书在大德六年至八年间。

---

① （元）王祯：《农书》卷末，日本国立公文书馆内阁文库藏嘉靖九年刻本，叶三八 a 至 b。

② 乾隆《广信府志》卷 10《名宦》，哈佛大学燕京图书馆藏乾隆四十八年刻本，叶三八 b。

③ 王毓瑚校：《王祯农书·校者说明》，第 2 页。按：王氏以为戴之作序在大德八年，且其作序"可能就是为了那次付刊"的看法当然是错误的。

④ 彭世奖：《也谈〈王祯农书〉的成书年代——兼与郝时远同志商榷》，《中国农史》1986 年第 2 期，第 133 页。按：有研究者认为"二年而工毕"之"二年"为元贞二年，"后二年"即指从元贞二年算起之后二年，即大德二年（1298），则王祯调任永丰在此年，也就是说《农书》"于大德二年告成"。至于为何王祯专程橐送戴表元之书阙《谷谱》，则是因有某种原因"故未向戴表元出示"（郝时远：《元〈王祯农书〉成书年代考》，《中国农史》1985 年第 1 期，第 96 页）。这完全是错误理解基础上的毫无根据的臆测，自毋庸多言。

为与陈旉《农书》相区别，后世多称王祯《农书》为《王祯农书》。该书之成就，前揭《抄白》已作出了很好的概括“考究精详，训释明白；备古今圣经贤传之所载，合南北地利人事之所宜……旧有《齐民要术》《务本(新书)》《(农桑)辑要》等书，皆不若此书之集大成也”①，亦即第一次全面总结、反映了中国传统社会南、北两个区域的农业生产技术。因此学者皆不吝予其高度评价，如王毓瑚云：“可以说是第一次对所谓的广义的农业的生产知识作了较全面的、系统的论述，提出来一个中国传统的农学的体系。”②缪启愉称此书是古代农书中“前所未有的、篇幅最大的一部综合性农书”③。但即使是这样一部元代农书的标杆之作，其所受宋代农书的影响仍然是非常深巨的。

(二) 王祯《农书》对宋代农书的承袭

王祯《农书》分为《农桑通诀》《百谷谱》《农器图谱》三个部分，“为集(相当于卷)三十有七，为目(二)[三]百有七十”④。《农桑通诀》6集26目，总论耕耙、播种、除草、施肥、灌溉、收获、储藏、蚕桑、畜牧、养鱼、养蜂等内容；《百谷谱》11集83目，分述稻、麦、粟、黍、梁、豆、麻等粮油作物，葵、芥、莴苣、菠薐、茼蒿、蓝菜、芹菜、胡荽、薤、韭、葱、蒜、甜瓜、西瓜、冬瓜、萝卜、茄子、瓠、芋、藕等蔬菜瓜属，梨、桃、李、梅、杏、柿、橘、橙、石榴、枣、栗、荔枝、龙眼、橄榄等果树，松、柏、杉、榆、柞、柳、漆、皂荚、楝等树木，苎麻、棉、茶、枸杞、红花、紫草、蓝等经济作物的栽培技术，还包括饮食、备荒等内容。《农器图谱》20集261目，叙记农具，既有文字介绍也有图样(共

① (元)王祯：《农书》卷首，日本国立公文书馆内阁文库藏嘉靖九年刻本，叶一b。

② 王毓瑚校：《王祯农书·校者说明》，第1页。

③ (元)王祯撰，缪启愉、缪桂龙译注：《东鲁王氏农书译注·前言》，第2页。

④ (元)王祯撰，缪启愉、缪桂龙译注：《东鲁王氏农书译注·王祯自序》，第1页。

310幅[①]),这在传统农书中是难能可贵的。

和《农桑辑要》一样,王祯《农书》对前代农书多有引录;与其不同的是,王祯《农书》的征引除了明确标注者外——如《齐民要术》有59节——还有很多未加标注。这当然是错误的,尤其是放在中国传统农学领域很早就已确立的学科规范背景下观照,因此很多学者就此提出了严厉的批评。如石声汉云:“引书不注出处的地方很多,而且往往任意增删,把要术和辑要责任分明、来历清楚的优良传统都抛弃了。”[②]缪启愉云:“忠实地一一标明出处并不妄改一字的优良作风,在古农书中《齐民要术》首创典范,其后《农桑辑要》继承其传统,但到《王氏农书》全被破坏了,他的随心所欲是首开先例的。”[③]将两种情况通计考虑,则王祯《农书》亦和《农桑辑要》一样,没有提供多少新内容。正因此点,王毓瑚才说:“《农桑通诀》和《百谷谱》两个部分,基本上是就以前的几部农书改写的。”[④]石声汉也说:“从科学技术知识方面的纪录成绩,来衡量王祯《农书》,评价也许不应当太高。”[⑤]就宋代农书而言,王祯《农书》更多所取资,如《禾谱》、《农器谱》、《蚕书》(秦观)、《琐碎录》、《耕织图》等。《四时类要》《务本新书》《种莳直说》《韩氏直说》《士农必用》《农桑要旨》《蚕桑直说》等金代农书则据自《农桑辑要》。他还关注到一般认为非农书中的著作,如《百谷谱》集之二、四、七、八对苏颂《本草图经》、寇宗奭《本草衍义》所记胡麻、葵、荔枝、橄榄有关内容的收录。[⑥] 至于宋代表性农书陈旉《农书》,王祯《农书》更是从农业技

---

① 据缪启愉统计(《东鲁王氏农书译注·前言》,第2页)。

② 石声汉:《元代的三本农书》,《生物学通报》1957年第10期,第23页。

③ (元)王祯撰,缪启愉、缪桂龙译注:《东鲁王氏农书译注·前言》,第12页。

④ 王毓瑚校:《王祯农书·校者说明》,第2页。

⑤ 石声汉:《元代的三本农书》,《生物学通报》1957年第10期,第23页。

⑥ (元)王祯撰,缪启愉、缪桂龙译注:《东鲁王氏农书译注》,第165、200、272、278页。并请参见同书第13、14页。

术到农学思想都深受其影响。

农业技术方面，如《农桑通诀集之一·授时篇》引陈旉《农书·天时之宜篇》“万物因时授气……冒昧以作事，其克有成者，幸而已矣”1节；[①]《农桑通诀集之二·耕垦篇》引有2节，分别来自《耕耨之宜篇》《财力之宜篇》；[②]《农桑通诀集之二·播种篇》引有《天时之宜篇》1节；[③]《农桑通诀集之四·蓄养篇·养牛类》全据陈书《牧养役用之宜篇》《医治之宜篇》撰写，所增仅“若夫北方，陆地平远，牛皆夜耕……”数句；[④]《农桑通诀集之四·蓄积篇》引有《节用之宜篇》3节；[⑤]《农器图谱集之一·田制门·架田》引有《地势之宜篇》1节；[⑥]《农器图谱集之六·杌杷门·田荡》引有《善其根苗篇》1节，但改篇名为《种植篇》；[⑦]《农器图谱集之十二·舟车门·田庐》引有《居处之宜篇》1节；[⑧]《农器图谱集之十六·蚕缫门·火仓》引有《用火采桑之法篇》1节；[⑨]《农桑通诀集之六·蚕缫篇》基本据陈旉《农书》《务本新书》《士农必用》《韩氏直说》有关内容改写而成。[⑩]

王祯《农书》中还有标称引自他书而实来自陈旉《农书》者。如

---

① (元)王祯撰，缪启愉、缪桂龙译注：《东鲁王氏农书译注》，第9—10页。

② (元)王祯撰，缪启愉、缪桂龙译注：《东鲁王氏农书译注》，第37、38页。

③ (元)王祯撰，缪启愉、缪桂龙译注：《东鲁王氏农书译注》，第47页。

④ (元)王祯撰，缪启愉、缪桂龙译注：《东鲁王氏农书译注》，第68—69页。

⑤ (元)王祯撰，缪启愉、缪桂龙译注：《东鲁王氏农书译注》，第87—88页。

⑥ (元)王祯撰，缪启愉、缪桂龙译注：《东鲁王氏农书译注》，第364页。

⑦ (元)王祯撰，缪启愉、缪桂龙译注：《东鲁王氏农书译注》，第456页。

⑧ (元)王祯撰，缪启愉、缪桂龙译注：《东鲁王氏农书译注》，第559页。

⑨ (元)王祯撰，缪启愉、缪桂龙译注：《东鲁王氏农书译注》，第648页。

⑩ (元)王祯撰，缪启愉、缪桂龙译注：《东鲁王氏农书译注》，第119—120页。

《农桑通诀集之三·锄治篇》一节文字谓引自“曾氏农书《耘稻篇》”[①]，内容实全同于陈旉《农书·薅耘之宜篇》（文字略省）；且其中陈旉引《礼记》“季夏之月……利以杀草……可以粪田畴，可以美土疆”[②]误为“仲夏之月，利以杀草，可以粪田畴，可以美土疆……”[③]，王祯《农书》不仅省略之文相同，所误亦同。考虑到王书张冠李戴触处可见，此必王氏误记陈旉《农书》为“曾氏农书”。此外，《农桑通诀集之三·粪壤篇》差不多完全来自陈书《粪壤之宜篇》《善其根苗篇》《种桑之法篇》等[④]，惟将《粪壤之宜篇》改称“农书·粪壤篇”而已。其中复引“仲夏之月，利以杀草，可以粪田畴，可以美土疆……”之文，而且是直接引用原文，可见《农桑通诀集之三·锄治篇》引自“曾氏农书《耘稻篇》”云云确属错误。再如《农桑通诀集之六·祈报篇》谓所引来自“曾氏农书”[⑤]，然通篇与陈旉《农书·祈报篇》全同，惟文字稍俭省而已。当然，王祯书中亦偶有征引标称“《农书》”但并非陈旉《农书》之处。如《农桑通诀集之一·地利篇》引“《农书》云：‘谷之为品不一，风土各有所宜’”[⑥]一句，实出自《农桑辑要》[⑦]。又如《农桑通诀集之三·灌溉篇》“《农书》云：‘惟南方

---

① (元)王祯撰，缪启愉、缪桂龙译注：《东鲁王氏农书译注》，第57—58页。

② (清)朱彬撰，饶钦农点校：《礼记训纂》卷6《月令》，第252—253页。

③ (宋)陈旉著，刘铭校释：《陈旉农书校释》卷上，第59页。

④ (元)王祯撰，缪启愉、缪桂龙译注：《东鲁王氏农书译注》，第62—64页。

⑤ (元)王祯撰，缪启愉、缪桂龙译注：《东鲁王氏农书译注》，第128—134页。

⑥ (元)王祯撰，缪启愉、缪桂龙译注：《东鲁王氏农书译注》，第15页。

⑦ (元)大司农司编撰，缪启愉校释：《元刻农桑辑要校释》，第143—144页。按：缪启愉认为“谷之为品不一，风土各有所宜”一语为《农桑辑要》所独有，故这里的《农书》当指《农桑辑要》；王毓瑚认为是否指“曾氏农书”不得而知，总之“是把出处弄错了”(《王祯农书》，第16页校记〔五〕)；曾雄生认为“《王祯农书》中多处引用《农桑辑要》，并没有将《农桑辑要》称为“农书”的迹象，因此，‘农书’指……‘曾氏农书’的可能性比较大”〔《〈王祯农(注转下页)

熟于水利……'"①一节，也非陈旉《农书》之内容。

需要指出的是，即使是获得学者高度赞誉的《农器图谱》部分——如石声汉云："我以为王祯《农书》中，关于农业生产技术科学知识的记载，即农桑通诀和百谷谱部分，没有什么十分特别的地方；远不如农器图谱这一个新瓶的局面重要。"②王毓瑚云："(《农器图谱》)尤其是一种突出的贡献。"③——除了对前揭陈旉《农书》的引录，更多对南宋曾之谨《农器谱》的承袭。曾雄生对二者比较研究后认为，王祯《农书》中《农器图谱》的耒耜门除"牛"一节引自周必大《曾氏〈农器谱〉题辞》的200多字外，可能都来自《农器谱》的"耒耜"目；䦆臿门除"劐"一节来自《农桑辑要》外，其余可能都来自《农器谱》的"耒耜"和"耨镈"两目；钱镈门中除"耧锄"外，其余可能也都来自《农器谱》。在《农器图谱》所列耒耜、杵臼、灌溉等20门中，真正属于王祯增加的只有利用、牟麦、蚕缫、麻苎等7门与粮食加工和纺织业有关的农器。总之，"王祯的《农器图谱》中不仅沿用了曾氏《农器谱》的名目，而且也大量地保留了曾氏书中内容"④。此外，《农器图谱》每图皆附诗一首，此编纂方法显然受到南宋《耕织图诗》之影响。

(续上页注)书〉中的'曾氏农书'试探》，《古今农业》2004年第1期，第66页〕。实际上，除此之外，王祯《农书》是有将《农桑辑要》称作"农书"的例子的，如《农桑通诀集之二·播种篇》"按《农书》：九谷之种……"即引自《农桑辑要》卷2《播种·收九谷种》(大司农司编撰，缪启愉校释：《元刻农桑辑要校释》，第49页)；并且，《地利篇》包括"谷之为品不一，风土各有所宜"一语在内约一半的内容皆录自《农桑辑要》卷2《九谷风土及种莳时月》，因此，三者意见当以缪启愉为是。

① (元)王祯撰，缪启愉、缪桂龙译注：《东鲁王氏农书译注》，第68—69页。

② 石声汉：《元代的三本农书》，《生物学通报》1957年第10期，第23页。

③ 王毓瑚校：《王祯农书·校者说明》，第1页。

④ 曾雄生：《〈王祯农书〉中的"曾氏农书"试探》，《古今农业》2004年第1期，第74页。

农学思想方面，陈旉非常重视农(种植)、牛、蚕三大内容，故其《农书》卷上专言种植诸事，卷中专言牛之畜养、医治，卷下则言蚕桑诸事；而王祯《农书》开卷所论亦为《农事起本》《牛耕起本》《蚕桑起本》。陈旉《农书》强调"盗天地之时利"，标志着中国传统农学哲学发展到一个崭新的阶段；王祯《农书》紧接"起本"三论的就是《授时篇》《地利篇》。再比如陈旉把施肥以改良土壤提到了一个前所未有的高度，强调"用粪犹用药"，如此方可使"地力常新壮"。此思想亦为王祯《农书》所承继，不仅多所引录，还辟有专篇予以详论，再三强调："田有良薄，土有肥硗，耕农之事，粪壤为急。粪壤者，所以变薄田为良田、化硗土为肥土也……所有之田，岁岁种之，土敝气衰，生物不遂。为农者必储粪朽以粪之，则地力常新壮而收获不减。"[①]正是因为这些原因，所以石声汉才说："(王祯《农书》)农桑通诀部分，主要内容和主要材料，都和《齐民要术》《农桑辑要》相同；贯串着的'中心思想'则和陈旉《农书》有极密切的关系。"[②]

第二节　对明清农书的影响

随着明清时期包括农学在内的西方近现代科学技术不断传入，中国传统农学受其影响逐渐向现代农学转型，如明清时期代表性农书《农政全书》不仅专置两卷述《泰西水法》，也是徐光启在上海、天津等地进行农学实验的产物。[③] 因此从总体上讲，宋代农书对明清农书、农学的影响显然不如对元代影响之大；但其时接受西方近现代科学技术的毕竟只是少数知识精英，因此宋代农书对明清仍然具有较大影响——虽然这种影响随着时间推移愈来愈小。

---

① (元)王祯撰，缪启愉、缪桂龙译注：《东鲁王氏农书译注》，第 62 页。

② 石声汉：《元代的三本农书》，《生物学通报》1957 年第 10 期，第 22 页。

③ 详参胡道静：《徐光启研究农学历程的探索》，《历史研究》1980 年第 6 期，第 118—134 页。

一、宋代农书影响明清农书的四个阶段

包括农学在内的西方近现代科学技术的传入既是宋代农书对明清农书影响减弱的根本原因，其传入与宋代农书影响减弱又是同一过程的两个不同面向。因此，本节将通过对包括农学在内的西方近现代科学技术传入的过程性考察，从宏观上揭显宋代农书对明清农书影响衰减的阶段性特征。

基督教早在唐初即已传入中国（当时称景教），元代亦在统治阶级中传播。自明代后期起，以天主教耶稣会为主的传教士再次向中国传教，最早抵达中国的即是耶稣会创始人之一沙勿略（Francis Xavier，1506—1552，西班牙人）。由于明朝的闭关政策，沙勿略未能进入内地。此后，意大利人范礼安（Alessandro Valignano，1539—1606）等均以失败告终。万历十三年（1585），意大利人罗明坚（Michele Ruggieri）受肇庆（治今广东肇庆市）知府郑一麟邀请赴其家乡绍兴为人施洗，这是传教士第一次进入内地。[①]第一位成功进入内地传教的是罗明坚的同事、意大利人利玛窦（Matteo Ricci，1552—1610），他先后在肇庆、韶州（治今广东韶关市）、南昌等地待了15年，然后于万历二十七年（1599）到达南京，两年后进入北京，一直待到去世。利玛窦在北京期间深受万历皇帝礼遇，“所需皆由朝廷供给”[②]，与冯应京、叶向高、徐光启、李之藻、杨庭筠等很多官员士大夫都有很深的交往。[③] 利玛窦的成功是传教士在明朝传教的一个很好的缩影，在这一过程中，西方近现代科学随之传入中国。据张荫麟统计，明代传入的西学图籍，仅西

① 详参刘大椿等：《西学东渐》，北京：中国人民大学出版社，2018年，第29—30页。

② （意）利玛窦、（比）金尼阁著，何高济、王尊仲、李申译：《利玛窦中国札记》，桂林：广西师范大学出版社，2001年，第139页。

③ 详参蒋栋元：《利玛窦与中西文化交流》，徐州：中国矿业大学出版社，2008年，第29—31页。

人所撰译者即有 62 种。[①] 这些西方科学技术必然对中国传统农学产生影响。则宋代农书对明清代农书的影响可据此作一分划，此前即明代前中期为第一个阶段，这一阶段跟元代一样，是宋代农书影响较大的阶段。

清人入主中原后，对传教士和西学的政策与明朝后期大体相同，这使得利玛窦肇始的西学东渐潮流继续发展。明末已到中国并与徐光启等一起编修《崇祯历书》的汤若望(Johann Adam Schall von Bell，1592—1666)同样受到清初统治者的高度礼遇，还被任命为钦天监监正、太常寺卿。汤若望将编成后未及行用的《崇祯历书》删为 103 卷，改名《西洋新法历书》献与清廷。他与顺治关系非常密切，后者甚至以满语呼之为“玛法”，这差不多是儿子对父亲、学生对老师的称谓。龚鼎孳为其七十大寿所作贺寿文亦可为证：“我世祖章皇帝(顺治)蕴剖轩图，悟兼性道……赐之师号，爵以上卿……鱼水之合，鹓行所稀。先生(汤若望)因是感激恩知，誓捐行迹。睹时政之得失，必手书以密陈……随时匡建，知无不言。”[②]据研究者统计，在 1656—1657 年间，顺治亲临汤若望馆邸即达 24 次。[③] 两人常就科学技术、政事得失作竟夕之谈，故陈垣以“魏徵之于唐太宗”[④]拟之。康熙更以酷爱科学著称，再加上其患疟疾中医久治不效，服用法国传教士张诚(Jean-François Gerbillon，1654—1707)献上的西药金鸡纳霜后数日即愈，遂对传教士非常信任，尤其亲信南怀仁(Ferdinand Verbiest，1623—1688，比利时人)、白晋

① 张荫麟：《明清之际西学输入中国考略》，(美)陈润成、李欣荣编：《张荫麟全集》，第 740—749 页。

② (清)龚鼎孳著，孙克强、裴喆编辑校点：《龚鼎孳全集·定山堂文集》卷 8《汤道未七十寿序》，北京：人民文学出版社，2014 年，第 1718 页。

③ (德)魏特著，杨丙辰译：《汤若望传》，台北：台湾商务印书馆，1960 年，第 277 页。

④ 陈垣：《汤若望与木陈忞》，《陈垣全集》第 2 册，第 775 页。

(Joachim Bouvet, 1656—1730，法国人)等。[①] 上之所好，下必甚焉，清前期在统治者的倡导、示范之下，涌现出杜知耕、陈言于、黄百家、梅文鼎、王锡阐、明安图、王宏翰等一大批精通西学者，“一时鸿硕，蔚成专家”[②]。据周寿昌统计，清初西人所撰译的西学图籍有40余种[③]。明后期至此时是现代科学技术传入潮流兴起、发展阶段，受此潮流冲击，跟上一阶段明代前中期相比，宋代农书的影响力大为减弱，这是宋代农书影响明清农学、农书的第二个阶段。

康熙六十一年(1722)，雍正继位，因此前有传教士支持康熙第八子允禩为君，故而其随即厉行禁教。此后乾隆、嘉庆两朝亦上承故事继续实行禁教政策，西方近现代科学技术传入潮流基本中断，据钱存训统计，自明后期至乾隆末年，耶稣会传教士译述西方科学技术著作、人文社会科学著作有131种、55种，而雍正、乾隆统治期间分别只有10种、6种。[④] “西学少有人关注，中国科技基本回到自己原来的发展轨道”[⑤]，人文社会科学也回向汉学传统(乾嘉考据学)。这是宋代农书影响明清农书的第三个阶段，既然西方近现代科学技术冲击不再，彼消此长，这一阶段宋代农书的影响自然随之增强。

清朝统治者的闭关锁国政策使中国迅速落后于世界，鸦片战争以后，为了救亡图存国人开始了主动向西方学习的过程，这就是洋务运动、戊戌变法兴起的时代背景。在这一过程中，西方科学技

① 详参宝成关:《西方文化与中国社会——西学东渐史论》，长春:吉林教育出版社，1994年，第111—113页。

② 《清史稿》卷502《艺术传一·序》，北京:中华书局，1977年点校本，第13866页。

③ 周寿昌:《译刊科学书籍考略》，胡适、蔡元培、王云五编:《张菊生先生七十生日纪念论文集》，上海:商务印书馆，1937年，第416—420页。

④ (美)钱存训撰，戴文伯译:《近世译书对中国现代化的影响》，《文献》1986年第2期，第178—179页。按:原题为《译书对中国现代化的影响》，初刊于《远东季刊》1954年第3期;中译文初刊于《明报月刊》1974年第8期。

⑤ 刘大椿等:《西学东渐》，第380页。

术再次传入，用《清史稿》的话说即："泰西艺学诸书，灌输中国。"① 因此，清代农学所受西方农学的冲击与影响之大显然是明后期至清前期这一阶段所无法比拟的。这一阶段是宋代农书影响明清农书的第四个阶段，当然也是影响力最小的阶段。及至民国初年清代传统农学转型为现代农学之后，包括宋代农书在内的传统农书对农业生产实践的影响当然也渐告消亡——中国传统农书业已完成自己的历史使命，为中华民族的发展作出了无可替代的、巨大的贡献。

按《中国农业古籍目录》著录，明代农书约770种，除去重出和误收，计292种，再加上失收，共计502种（存世303种），其中真正原创的仅为282种。② 换言之，有44%的明代农书是完全抄录自前代农书，而唐以前（含唐）农书不足80种，元代农书仅40多种且基本承袭前代（主要是宋、金），宋代农书则达到255种，因此这个"前代农书"中宋代农书显然占多数——仅从此点已可概见宋代农书对明代农书的影响。明代前中期农书尚未接触西方近现代科学技术，所受宋代农书影响最大，但这一阶段农书数量并不多。据葛小寒统计，明存世303种农书中成书时间可考者有247种，明前中期（洪武至嘉靖）农书仅63种，占总数的25.5%。这些农书中以《种树书》（"种树"是种植树艺之意）、《便民图纂》、《农说》等为代表。明代后期七八十年间，农书数量竟有184种，占总数的74.5%——与清后期不到百年间农书数量同样激增对照而观，可知此现象本身即是受西方近现代科学技术冲击的一个结果——清前期（顺治至康熙）受西学影响情况同于明后期，这一阶段的代表性农书当然是《农政全书》。

清中期（雍正至嘉庆）西学东渐中断，学术返归传统，农书相应受到宋代农书较大影响，代表性农书是《授时通考》。清后期主动向西方学习，尤其到清朝末年，其时农书所受西学影响至大。据统计，1810—1867间，仅新教传教士译述的西方近现代科学技术著

---

① 《清史稿》卷502《艺术传一·序》，第13866页。

② 葛小寒：《明代农书研究：文本与知识》，南京农业大学博士学位论文，2018年，第47—60页。

作即达47种，其中多有介绍植物学、农业机械者。此后英国传教士傅兰雅(John Fryer，1839—1928)、李提摩太(Timothy Richard，1845—1919)，美国传教士丁韪良(William Alexander Parsons Martin，1827—1916)及贝德礼(J. A. Beutel，德国人)等更是积极述译西方近现代农学知识，并大力提倡设立农学学校及农学学科、加强农学教育，诸人《农事略论》《农学新法》《西学考略》等论著在当时均有广泛影响。[①] 再如光绪二十四年(1898)，江南制造局翻译馆汇译西书，尽管不以农学为主，但亦有英旦尔恒理《农学初级》、仲斯敦《农务化学问答》、恒理汤纳耳《农学津梁》、傅兰雅《农务要书简明目录》，意大利丹吐鲁《意大利蚕书》，美金福兰格令希兰《农务土质论》、固来纳《农务化学简法》、德怀特·福利斯《农学理说》、施妥缕《农务全书》、赫思满《种葡萄法》等10部著作。[②] 当然，此阶段最称代表者是上海农学会所编《农学丛书》。下文即对《种树书》《农政全书》《授时通考》《农学丛书》四种代表性农书成果加以分析，以揭显四个阶段中宋代农书对明清农书的具体影响。但《种树书》完全承袭南宋《种艺必用》《琐碎录》的情况已分别于第一章第一、三节论及，故这里仅以后三者为论。

二、个案分析

(一)《农政全书》

徐光启(1562—1633)，字子先，号玄扈，上海人。万历九年(1581)在华亭县金山卫(治今上海市金山区金山卫镇)考中县学秀才，同年娶妻吴氏。二十五年(1597)中应天府(治今江苏南京市)乡试解元，期间与影响他一生的利玛窦初次相晤，不久受洗为天主

① 详参李尹蒂：《传教士与近代中国农学的兴起》，《华南农业大学学报》2018年第1期，第134—136页；《“农学新法”与晚清农学》，《福建师范大学学报》2015年第3期，第133—135页。

② 详参王晓霞：《江南制造局翻译馆与近代西方农学著作的译介》，《保定学院学报》2016年第3期，第56—58页。

教徒。三十二年(1604)进士及第，充翰林院庶吉士，后授翰林院检讨，与利玛窦译成《几何原本》。不久父丧扶柩归里，期间开始农学实验，试种甘薯(今称红薯)、芜菁，研译西学。三十八年(1610)起复，回京后与熊三拔(Sabbatino de Ursis，1575—1620，意大利人)相识，一起试制天文仪器多种，并与之及汤若望等同修《崇祯历书》。万历四十年与熊三拔译成《泰西水法》，次年因病告假，在天津营田，继续从事农学实验。四十四年(1616)复职，旋迁詹事府左春坊左赞善，在天津试种水稻成功。后多次告病、辞职。崇祯二年(1629)任礼部左侍郎，次年升礼部尚书兼翰林院学士。五年以礼部尚书兼东阁大学士、参预机务、知制诰，次年加太子太保、文渊阁大学士。同年(1633)卒，享寿 72 岁，归葬上海徐家汇。[①] 徐光启一生在数学、天文学、历法、测量学、水利学、农学等方面都取得了巨大成就，著述甚多，《农政全书》是其最重要的著作。

《农政全书》成书于天启五年至崇祯元年(1625—1628)间，共 60 卷，50 多万字。全书"裒古今田里沟恤之制，黍稷桑麻之宜，下至于蔬果渔牧之利，以荒政终焉"[②]，分为农本(下分经史典故、诸家杂论、国朝重农考 3 目)、田制(下分玄扈先生井田考、《农桑诀·田制篇》[③]2 目)、农事(下分营治、开垦、授时、占候 4 目)、水利(下分总论、西北水利、东南水利、浙江水利、灌溉图谱、利用图谱[④]、泰西水法 7 目)、农器(下分图谱一、二、三、四 4 目，包括耕作、播种、收获、加工、储藏等农具)、树艺(下分谷部、蓏部、蔬部、果部 4 目)、蚕桑(下分总论、养蚕法、栽桑法、蚕事图谱、桑事图谱 5 目，附录织纴图谱)、蚕桑广类(下分木棉、麻 2 目)、种植(下分种法、木部、杂

---

① 详参王重民著，何兆武校订:《徐光启》，上海:上海人民出版社，1981 年;梁家勉原编，李天纲增补:《增补徐光启年谱》，《徐光启全集》第 10 册，上海:上海古籍出版社，2011 年。

② (明)陈子龙著，王英志编纂校点:《陈子龙全集·陈忠裕公全集》卷 31《陈子龙(自撰)年谱》，北京:人民文学出版社，2011 年，第 943 页。

③ 即《王祯农书·农器图谱·田制门》。

④ 即《王祯农书·农器图谱》之《灌溉门》及《利用门》。

种3目）、牧养（下分六畜1目，附录家禽、鱼、蜂）、制造（下分食物、营室2目）、荒政（下分北荒总论、备荒考、救荒本草、野菜谱4目）十二门。体系庞大、内容赅博，被学者誉为“一部系统的、全面性的农学大百科全书”①。

从上述《农政全书》纲目已可略见该书所受宋元农书之影响。具体讲，《农政全书》引用的宋金农书有《清异录》、《救荒活民书》、《诸蕃志》、《通志·昆虫草木略》、《本草图经》、《本草衍义》、《博闻录》、《溪蛮丛笑》（引作《溪蛮丛话》）、《遯斋闲览》、《务本新书》、《务本直言》、《种莳直说》、《韩氏直说》、《士农必用》、《四时类要》、《农桑要旨》、《农桑直说》、《蚕经》等18种（其中《务本新书》等金代农书通过《农桑辑要》转引）。还引用了1种类书，即《事类赋》。对王祯《农书》几乎是全书引录（《齐民要术》亦差不多全引，惟文字均有删节）。对元代另一农学巨著《农桑辑要》征引也非常多：引序1篇，播种2节、瓜菜3节、果树1节、竹木3节，未说明出处但实见于《农桑辑要》或其引书者39节，共计49节。② 而据本章第一节所论，王祯《农书》、《农桑辑要》的影响实亦可看作宋金农书的影响。《农政全书》明确征引的包括宋代在内的前代农书共计更多达225种③。

但另一方面，徐光启是与利玛窦合译《几何原本》、与熊三拔合译《泰西水法》之人，是准备与伽利略（Galileo Galilei，1564—1642）友人邓玉函（Johann Terrenz 或 Johann Schreck，1576—1630，德国人）一起建造伽利略发明的天文望远镜之人④，如阮元所亟称：“自利（马窦）氏东来，得其天文、数学之传者，光启为最

① 胡道静：《徐光启研究农学历程的探索》，《历史研究》1980年第6期，第134页。

② 康成懿编著：《〈农政全书〉征引文献探原》，北京：农业出版社，1960年，第25—28页。

③ 康成懿编著：《〈农政全书〉征引文献探原》，第25—28页。

④ （明）徐光启撰，李天纲编：《徐光启诗文集》卷4《条议历法修正岁差疏》，《徐光启全集》第9册，第161—164页。

深”,“迄今言甄明西学者,必称光启”。[①] 则其《农政全书》必然与前代农书截然不同,书目录中“泰西水法”四字就是一个标志。西方近现代科学技术对徐光启最大的影响就在于研究态度和研究方法,就前者言,徐光启在农学研究上养成了“怀疑一切,证而后信”的思维习惯,正因为这样,他不迷信古书,不迷信权威。比如,《氾胜之书》所记区种法种粟:上农夫区“一亩三千七百区,一日作千区……区种粟二十粒……亩用种二升。秋收区别三升粟,亩收百斛……丁男长女治十亩,十亩收千石”;种麦:“凡种一亩,用子二升,覆土厚二寸,以足践之,令种、土相亲……至五月收,区一亩得百石以上,十亩得千石以上。”[②]汉代 1 升合今 0.2 升,则所种粟、麦亩产量分别为 1350 千克、1450 千克,[③]显然是不可能的。对此,贾思勰是相信的,他在《齐民要术》中写道:“西兖州刺史刘仁之,老成懿德,谓余言曰:‘昔在洛阳,于宅田以七十步之地试为区田,收粟三十六石。’然则一亩之收,有过百石矣。”[④]徐光启则深表怀疑[⑤],仅认为“北土多苦春旱,区种者,尤便灌水”而已,并认为“今作畦种法,其便宜倍胜区也”。[⑥] 他对大名鼎鼎的王祯《农书》更是多所纠驳,并认为王祯“诗学胜农学”[⑦],颇有名不符实之处。从这

① (清)阮元:《畴人传》卷 32,上海:商务印书馆,1935 年,第 407 页。

② 万国鼎:《氾胜之书辑释》,第 68—69、112—114 页。

③ 以粟、麦每升分别为 0.675、0.725 千克计,万国鼎所计亩产量更高达 1949、2093.5 千克(《氾胜之书辑释》,第 92 页),他是将汉代 1 升折为今 0.2885 升计算的。

④ (北魏)贾思勰著,缪启愉校释:《齐民要术校释》卷 1《种谷第三》,第 83 页。

⑤ (明)徐光启撰,石声汉点校:《农政全书》卷 5《农桑诀田制篇》,《徐光启全集》第 6 册,第 101—102 页。

⑥ (明)徐光启撰,石声汉点校:《农政全书》卷 26《谷部下》,《徐光启全集》第 7 册,第 527 页。

⑦ (明)徐光启撰,石声汉点校:《农政全书》卷 5《农桑诀田制篇》,《徐光启全集》第 6 册,第 115 页。

些地方也可看出，同样是引用前人著作、继承前人经验，从根本上讲，徐光启跟王祯、贾思勰等都不相同——他对前人的征引只是作为一种研究材料，并不天然认同，只有通过实践或科学论证无误者才具有正确性。正因为这一点，《农政全书》才能做到“杂采众家”而又“兼出独见”①。因此，《农政全书》对包括宋代农书在内的前代农学遗产的继承，不是盲从而是批判地继承。这正是科学精神的体现，正是徐光启接受西方近现代科学技术影响的体现，正如何兆武所说：“近代科学的思想方法论的萌芽……特别鲜明地表现在徐光启的身上。”②

就农学研究方法而言，徐光启非常重视农学实验，用他自己话说就是“盖古人制度，必征实乃信。非可以揣摩定，非可以口舌争”③、“谚云千闻不如一见，未经目击而以口舌争、以书数传，虽唇焦笔秃，无益也”④。16 世纪初，原产美洲的甘薯自海、陆两路传入中国后最早在云南、福建种植。徐光启认识到甘薯具有易于生长、灌溉及“一亩收数十石”的高产特性等“十三胜”⑤，他便三次托人从福建带回种苗，经过试验，成功将甘薯引种到上海地区。他将来自实践的种薯技术要点写成《甘薯疏》，引导农民种植。后来在天

---

① (明)陈子龙：《凡例》，(明)徐光启撰，石声汉点校：《农政全书》卷首，《徐光启全集》第 6 册，第 7 页。

② 何兆武：《徐光启论》，《何兆武文集·中西文化交流史论》，武汉：湖北人民出版社，2007 年，第 170 页。

③ (明)徐光启撰，石声汉点校：《农政全书》卷 4《玄扈先生井田考》，《徐光启全集》第 6 册，第 82 页。

④ (明)徐光启等：《新法算书》卷 2《日食分数非多略陈义据以待候验疏》，《景印文渊阁四库全书》第 788 册，第 24 页。

⑤ (明)徐光启撰，石声汉点校：《农政全书》卷 27《蓏部》，《徐光启全集》第 7 册，第 563 页。按：朝鲜王朝徐有榘《种薯谱》引徐光启《甘薯疏》亦作“十三胜”(北京：农业出版社，1982 年影印本，第 244—245 页。与《金薯传习录》合刊)，明王象晋《二如亭群芳谱·蔬谱》卷 2 引作“十二胜”，无第十三胜“根在深土，食苗至尽，尚能复生，虫蝗无所奈何”(《故宫珍本丛刊》第 471 册，第 284—285 页)。

津营田期间又屡次试验，解决了薯种越冬问题，又将之成功引种到北方地区。[①] 甘薯对“中国山地和瘠土的利用，对杂粮种植的多样化，起了极深刻的影响”[②]，对满足明、清人口激增后大幅增加的粮食需求发挥了重大的作用，当今中国甘薯产量占全世界总产量的85％[③]，这其中是有徐光启一份功劳的。再如宋《本草图经》云：“菘菜不生北土，有人将子北种，初一年半为芜菁，二年菘种都绝”；而“将（北方）芜菁子南种”，“初年相类，至二三岁，则变为菘矣”。芜菁是一种高产的蔬菜，徐光启打算将其引种到南方，同样开始了实验，结果表明《本草图经》之说是错的：“余家种蔓菁（芜菁又名）三四年，亦未尝变为菘也；独其根随地有大小，亦如菘有厚薄。”他还根据实验知识对错误成因作了合理的解释：

> 菘与芜菁本相似，但根有大小耳。北人种菜，大都用干粪壅之，故根大。南人用水粪，十不当一。又新传得芜菁种，不肯加意粪壅；二三年后，又不知择种，其根安得不小？如此便似芜菁变为菘也。吾乡诸菜，种大概不若京师，病皆坐此。徒恨土之瘠薄，或言种类不宜，皆谬矣。[④]

遂总结技术要点写成《芜菁疏》一书加以推广。时至今日，浙江、上海一些带尚普遍种植，并视之为本地特产（俗名“盘菜”）。万历三十八年（1610），因江南水灾，居家守制的徐光启告诉乡邻，被淹没

① 详参王国忠：《徐光启的〈甘薯疏〉》，《中国农史》1983 年第 3 期，第 73 页。

② 何炳棣：《美洲作物的引进、传播及其对中国粮食生产的影响（二）》，《世纪农业》1979 年第 5 期，第 25 页。按：全文连载于《世界农业》1979 年第 4—6 期。

③ 马代夫：《世界甘薯生产、现状和发展预测》，《世界农业》2001 年第 1 期，第 17—18 页。

④ （明）徐光启撰，石声汉点校：《农政全书》卷 28《蔬部》，《徐光启全集》第 7 册，第 577 页。

的稻田要“要车去积水，略令湿润”，这样“稻苗虽烂，稻根在土，尚能发生，培养起来反多了稻苗。一番肥壅，尽能成熟”，而这一方法其亦“亲验之”。[①] 后来，徐光启在天津开展农学实验，又致力于将水稻引种到北方。[②] 很多作物徐光启都作过试验，《农政全书》目录所记作物品种为159种[③]，其中黍、稷、高粱、稻、稗、大小麦、大小豆、蚕豆、豌豆、油菜、芋、甘薯、棉花、甘蔗、芝麻；黄瓜、冬瓜、西瓜、茄、葫芦、山药、芜菁、芹、胡荽、苜蓿；李、梨、桔 、栗、柿、葡萄、石榴、荔枝、杨梅、龙眼；榆、柳、槐、杉、柏、椿、楝、梧桐、女贞、冬青、乌桕；竹、茶、菊、红花、五加、百合、薏苡、灯心草等近80种作物都以“玄扈先生曰”的形式写有注释或专文。[④] 据统计，《农政全书》中此类注文总字数有6.14万字之多，还不包括卷十九、二十《泰西水法》部分。[⑤]

除了“躬执耒耜之器，亲尝草木之味”，徐光启还“兼之访问”，[⑥]“遇一人辄问，至一地辄问，问则随闻随笔，一事一物，必讲究精研，不穷其极不已”[⑦]，间接获取他人的实践经验。如他采访山中老圃，了解到“臼树不须接博，但于春间将树枝一一捩转，碎其心无伤其肤，即生子，与接博者同”的说法，遂“试之”，结果确实；又

① (明)徐光启撰，石声汉点校：《农政全书》卷9《告乡里文》，《徐光启全集》第9册，第372页。

② 详参胡道静：《徐光启研究农学历程的探索》，《历史研究》1980年第6期，第125—127页。

③ 详参辛树帜、王作宾：《〈农政全书〉一百五十九种栽培植物的初步探讨》，《徐光启全集》第8册《农政全书》附录二，第1472—1499页。

④ 游修龄：《从大型农书体系的比较试论〈农政全书〉的特色和成就》，《中国农史》1983年第3期，第17页。

⑤ 参见康成懿编著：《〈农政全书〉征引文献探原》，第34—35页。

⑥ (明)陈子龙：《凡例》，(明)徐光启撰，石声汉点校：《农政全书》卷首，《徐光启全集》第6册，第7页。

⑦ (明)徐骥：《文定公行实》，(明)徐光启撰，王重民辑校：《徐光启集》附录一，第560页。

“恐他树木亦然”，认为“宜逐一试之”。[1]

徐光启在农学研究中还非常重视数学方法。例如用统计方法探寻蝗灾发生规律：徐氏搜集了春秋至万历2000多年间111次蝗灾记录材料，以及元代遭受蝗灾的近400个路郡州县记录材料。通过研究，他得出了两个结论，一是蝗灾发生时间“最盛于夏秋之间，与百谷长养成熟之时正相值也”[2]；二是蝗灾发生地点基本上在“大泽之涯”，特别是其“骤盈骤涸处，如幽涿以南，长淮以北，青兖以西，梁宋以东(都)[诸]郡之地，湖漅广衍，暵溢无常”的沼泽地区，所以说“涸泽者，蝗之原本也。欲除蝗，图之此其地也”。[3] 有了科学的认识，再有针对性地采取相应灭蝗措施就有效多了。再如曾任天津巡抚、后官至南京兵部尚书的汪应蛟曾奏请“以闽浙濒海治地之法”在天津海滨屯田，“以资兵饷，以永固重地”，“如地方十里，为田五百四十顷。一面滨河，三面开渠，与河水通，深广各一丈五尺。四面筑堤以防水涝，高厚各七尺。又中间沟渠之制，条分缕析，大约用夫六十万人，而后可以成功”。徐光启计算后认为完全是荒谬之论，他在书中反问道：“河中起土，筑堤之余，四倍于堤又四十九分堤之五，不知安在何处？”[4]

对于徐光启的科学研究方法，竺可桢概括为“广泛地搜集基本资料，使其精而确”，“综合和分析所搜集的材料，合理地找出自然规律”，“从客观的自然规律追踪过去的发展趋势来预告将来的变

① (明)徐光启撰，石声汉点校：《农政全书》卷38《木部》，《徐光启全集》第7册，第821页。

② (明)徐光启撰，石声汉点校：《农政全书》卷44《备荒考中》，《徐光启全集》第7册，第987页。

③ (明)徐光启撰，石声汉点校：《农政全书》卷44《备荒考中》，《徐光启全集》第7册，第988页。

④ (明)徐光启撰，石声汉点校：《农政全书》卷8《开垦上》，《徐光启全集》第6册，第159页。

化”,“从所推得的未来趋向来谋利用、改造或防御的方针”四个步骤。[①] 正因为徐光启掌握了科学的研究方法,所以其《农政全书》“较之其他农书或本草专著……差错是异常地少见”[②]。综上,《农政全书》所受到的西方近现代科学技术的影响远大于来自宋代农书等中国传统农学的影响是显而易见的,可以说是中国传统农学向现代农学转型的嚆矢之作。总之,徐光启“一方面融会中西双方的科学传统,一方面又从思想理论上总结他本人的观察和实验;这就使得他的科学成就和思想成就突破了前人而达到一个划时代的新高度”[③]。

(二)《授时通考》

《授时通考》因系乾隆敕撰,故又名《钦定授时通考》。该书始撰于乾隆二年(1737),成书于乾隆七年。全书 78 卷,共 98 万字、插图 512 幅,[④]分天时(下分总论、春、夏、秋、冬 5 目)、土宜(下分汇考、方舆图说、辨方、物土、田制、田制图说、水利 7 目)、谷种(下分汇考、嘉禾瑞谷瑞麦、御稻米、稻、粱、稷、黍、粟、麦、豆、麻 11 目)、功作(下分汇考、垦耕、耙劳、播种、淤荫、耘耔、灌溉、泰西水法、收获、攻治、牧事 11 目)、劝课(下分汇考、诏令、章奏、官司、祈报、敕谕、祈谷、耕耤、御制诗文、耕织图 10 目)、蓄聚(下分汇考、常平仓、社仓、义仓、图式 5 目)、农余(下分汇考、蔬、果、木、杂植、畜牧 6 目)、蚕桑〔下分汇考、制居、浴种、饲养、分箔、入簇、择茧、缫丝、织染、桑政、桑余(木棉、麻)等 11 目〕8 门。

---

① 竺可桢:《〈徐光启纪念论文集〉序言》,《竺可桢全集》第 4 卷,第 259 页。

② 游修龄:《从大型农书体系的比较试论〈农政全书〉的特色和成就》,《中国农史》1983 年第 3 期,第 18 页。

③ 何兆武:《徐光启论》,《何兆武文集 · 中西文化交流史论》,第 158 页。

④ 马宗申校注,姜义安参校:《授时通考校注 · 前言》,北京:农业出版社,1991 年,第 1 页。按:初以《中国古代农学百科全书——〈授时通考〉》为题刊于《中国农史》1989 年第 4 期,第 93—95 页。

《授时通考》引书达553种，共计3575节。[1] 引用最多的10种农书是《齐民要术》、陈旉《农书》、《农桑辑要》、王祯《农书》、《种树书》、《便民图纂》、《农政全书》、《天工开物》、《农说》、《宝坻劝农书》，计800多节、14多万字。其中最多的是《齐民要术》《农政全书》，分别达244节、3万字，231节、4万字。引自《蚕书》《茶经》《橘录》等宋代专门性农书的共计30节以上。据此，已可见出宋代农书、清以前历代农书的巨大影响。此外，该书引录自十三经、诸子、二十四史等书的文字也非常多，仅十三经就达600余节。[2] 可以说，《授时通考》全书内容完全取自历代经史子集各类典籍，没有一点新的技术内容（泰西水法也是袭自《农政全书》的）。因此王毓瑚评价其云："纯粹是前人有关著述的汇辑，但体裁严整，征引周详，又附有很多插图，确是具有一定的优点。"[3]石声汉评价其云："没有什么特殊新颖材料，在指导生产方面没有多大作用。"[4]其优点只在作为中国古代最后一部官修农书，对前此历代农学文献进行的一次大规模整理和编集而已。

实际上，仅从《授时通考》书名四字也可见出该书回向传统的立场。"授时"是全书的宗旨，意思是"敬授人时"（人时指"耕获之候"[5]），故全书开篇乾隆御撰序文首句即云："孟子言：'不违农时，谷不可胜食。'盖民之大事在农，农之所重惟时……故先王之民，莫不震动恪恭于农，以修其事者，惧失时也。"[6]接着凡例首句又重申："敬授人时，农事之本。"[7]这等于重新把先秦时代"不违农时"

---

① 马宗申校注，姜义安参校：《授时通考校注·前言》，第1页。按：石声汉统计为427种（《中国古代农书评介》，第77页）。

② 马宗申校注，姜义安参校：《授时通考校注·前言》，第4—5页。

③ 王毓瑚：《中国农学书录》，第223页。

④ 石声汉：《中国古代农书评介》，第77页。

⑤ （宋）蔡沉撰，王先丰点校：《书集传》，北京：中华书局，2018年，第2页。

⑥ 马宗申校注，姜义安参校：《授时通考校注·原序》，第1页。

⑦ 马宗申校注，姜义安参校：《授时通考校注》，第3页。

“敬授人时”的认识看成是农业生产中最重要的因素、看成是“农事之本”而再三强调。在当时的社会条件下，显然是一种倒退，不仅是自《农政全书》时代的倒退，也是自陈旉《农书》时代的倒退。因为相当于说农业生产所需要的只是按时劳作而已，在专门讲述农业生产技术的农书中反而使农业生产技术知识“退到了附从地位”[①]。这正是清中期思想守旧、满足现状、限制开放、蔑视科学技术的时代氛围[②]的表现。如此一来，“授时”(安排生产计划)、“劝课”(组织监督生产)就变得重要起来，故而置天时为首门，又专列劝课一门。劝课门所收则为清初三朝皇帝的劝农诏旨敕谕、御制诗文，并记其躬行祈谷、耕耤之事，这样，三帝忧心黎元、系心农事的圣君形象就树立起来了。同时，再于谷种门设立“嘉禾瑞谷瑞麦”专目，辑录历代当然主要是清代嘉禾瑞谷瑞麦等祥瑞，彰显清世为太平盛世，故又撤去《农政全书》所立之救荒一门，并讥刺明统治者云：“使政事克修，自可无忧捐瘠；若令糠覈不饱，延喘须臾，何暇按图考传。”则清之代明上符天心，下合民意，合法性得到证明。这些内容在前此农书中基本上是没有的，是清前期的政治局势的产物和体现。当时康熙、雍正两朝所兴文字狱刚过，编纂者战战兢兢、深体圣意的纂述心态可以想见。

“通考”二字则表明了《授时通考》一书的编纂方法与体例，即模仿《文献通考》对“经史子集以及农家者流”中“凡言之关于农者”加以“汇萃成编”[③]，所施仅为文献考证而已。故而“《授时通考》处理辑录资料的方法，亦与《文献通考》全然相同。即将所有属于同一门、同一目的材料，分类集中，然后严格地按照时间先后顺序，排列于各个专题之下”[④]。这自然是在当时政治局势下形成的汉学

① 石声汉：《中国古代农书评介》，第 76 页。

② 陈锦华等：《开放与国家盛衰》，北京：人民出版社，2010 年，第 236 页。

③ 马宗申校注，姜义安参校：《授时通考校注·原序》，第 1 页。

④ 马宗申校注，姜义安参校：《授时通考校注·前言》，第 3 页。

考据之风影响的结果。而汉学是在清前中期“对外的闭关封锁与对内的‘钦定’封锁”[1]过程中产生发展起来的，《授时通考》采用汉学考据方法，“再加上编书人的畏首畏尾，不敢妄赞一词”[2]，必然决定了其不可能在前代农业技术基础上有什么新的推进。换言之，《授时通考》所受包括宋代农书在内的历代农书影响是很大的。

(三)《农学丛书》

晚清为了救亡图存，统治者迫不得已发起洋务运动、戊戌变法运动，由闭关锁国转向西方学习。光绪二十四年(1898)，光绪皇帝颁布《明定国是》诏，强调“农务为国家根本，亟宜振兴”，要求“各督抚督饬各该地方官劝谕绅民，兼采中西各法”切实发展农业，设立农学会，编译“外洋农学诸书”。[3] 同时还派出留学生到美、日、英、法等世界强国留学，截至清朝灭亡的1911年，其中的农科留学生达175人。[4] 在这种社会氛围之下，中国传统农书可以说基本上没有什么影响。比如罗振玉创立的上海农学会，章程即倡言“广树艺、兴畜牧、究新法(即西方农学)、浚利源”[5]。所主办的《农学报》，每期都附有大量翻译的国外农学论著，先后翻译农书百余种，《农学丛书》就是在此基础上编辑出版的。

《农学丛书》分7集、82册，包括译著235种[6]，总计645万字。第1、4集分别为20、12册，其余各集均为10册；第1、5集署“上海农学会译”，余署“江南总农会(译)印”。章楷对该丛书所收论著来

---

① 侯外庐：《中国思想通史》第5卷，北京：人民出版社，1957年，第411页。

② 马宗申校注，姜义安参校：《授时通考校注·前言》，第3页。

③ 光绪二十四年五月十六日上谕，中国第一历史档案馆编：《光绪朝上谕档》第24册，第228页。

④ 参见曹幸穗：《启蒙与体制化：晚清近代农学的兴起》，《古今农业》2003年第2期，第45—46页。

⑤ 《〈务农会章(程)〉编者按》，《知新报》第13册，光绪二十一年三月二十一日，叶四b。

⑥ 可能因标准不一，亦有说为233、238种者。

源作过一张统计表(表 19),兹移录于此以见其所受西方及日本近现代农学之影响:

表 19 《农学丛书》论著来源统计表[①]

集别\项目	国外农书		中国传统农书及调查报告	来源不明	合计
	日本	西方			
第 1 集	45	10	34	3	92
第 2 集	32	4	12		48
第 3 集	8		2		10
第 4 集	22	2	1		25
第 5 集	7	1	2	2	12
第 6 集	10		15		25
第 7 集	10	1	11	1	23
合计	134	18	77	6	235

据上表可见清末农书所受西方近现代农学的绝对影响,并且日本是当时一个重要的桥梁。[②]

《农学丛书》7 集中,以第 1 集中所收中国传统农书及调查报告为最多,达 34 种。除去 11 种农业调查报告、农学研究会馆章程等文书,所收农书有:宋陈旉《农书》、秦观《蚕书》,明俞贞木[③]《种树书》、王徵《代耕架图说》,清相国治述《檇李屠氏艺菊法》(摘录明

① 章楷:《务农会、〈农学报〉、〈农学丛书〉及罗振玉其人》,《中国农史》1985 年第 1 期,第 85 页。按:稍有改制。

② 这也跟上海农学会聘请日本学者藤田丰八为专职翻译人员有关系。参见李永芳:《藤田丰八——清末西方农学引进的先行者》,《社会科学》2012 年第 8 期,第 142—149 页。

③ 俞贞木(1331—1401),初名桢,字贞木,后以字行,遂更字有立。因曾参加靖难之役,故托名俞宗本。《农学丛书》署为"元俞宗本",虽署元署明皆可,但一般视为明代农书。

屠承爔《渡花居东篱集》第一部分《艺菊细叶十要》)、黄宗坚《种棉实验说》、刘敦焕述《蒲葵栽制法》、《种蓝略法》(罗振玉移录《工商杂志》所刊《栾平种靛法》而为改名)、孙福保《吴苑栽桑记》《植物近利志》、唐秉钧纂《人参考》、陈骧《炼樟图说》、评花馆主《月季花谱》(郁汝镛删订)、杨屾《人工孵卵法》、索佳宝奎《金鱼饲育法》(罗振常整理)[①]、汪曰桢《湖蚕述》、韩梦周辑《养蚕成法》、蒋斧编《粤东饲八蚕法》。可见,选入的清以前传统农书仅宋陈旉《农书》、秦观《蚕书》,明《种树书》、《代耕架图说》及相当于明人著作的《槜李屠氏艺菊法》数种而已。与移译国外的皇皇55种相比,不啻霄壤之别。其时大多数清人著述,亦多为受西方近现代农学影响之作,如陈启谦在其编纂的《农话》序中所述:“岁丁酉(1897),海上有志之士创译《农(学)报》。登高一呼,群谷响应,顾六稔以来,译报数百册矣,农夫之蚩蚩仍如故,蒙窃病焉。爰取昌黎提要钩元之法,萃自丁(酉)迄壬(寅)之《农(学)报》,度中国所能行者,达以俚语,名曰《农话》。”[②]

① 研究者多记此书作者为宝奎、宝使奎、宝五峰、奎五峰,皆误,其姓索佳,名宝奎,是索佳额勒布三子。详参拙文《清〈金鱼饲育法〉作者考》,《农业考古》2021年第6期,第236—238页。

② 陈启谦编:《农话·序》,上海:商务印书馆,1902年,第1页。

第十四章　宋代农书在东亚文化圈的影响

地理概念的东亚较为确然，文化概念的东亚或东亚文化圈则有一个形成过程。东亚文化圈“是以中国文明的发生及发展为基轴而形成的”[①]，因此在文字（汉字）、思想（儒家思想）、文化（农耕文化）、宗教（佛教）等方面都具有明显的同质性。中国和朝鲜半岛及日本列岛之间，很早就开始了交流活动。从考古上看，原产于中国的水稻在韩国无纹土器（即陶器）时代早期（约前1500—前850年）即已传入[②]，在日本绳文文化晚期（约前1000—前400年）也已传入[③]。从文献看，以大体成书于战国时期的《山海经》（秦汉时有所增附）所记为最早：“盖国在钜燕南，倭北。倭属燕。朝鲜在列阳东，海北山南。列阳属燕。”[④]而对三国间交流情况有明确记载的时代已是西汉，《史记》《汉书》均有《朝鲜传》，《史记》未及日本而

---

① （日）西嶋定生：《东亚世界的形成》，刘俊文主编：《日本学者研究中国史论著选译》第2卷，北京：中华书局，1992年，第88页。

② （日）鋳方貞亮：《朝鮮における稲栽培の起原——稲由来説批判》，《朝鮮学報》第18号，1961年，第1—31页；（韩）金元竜撰，金吉鎔訳：《韓国の稲作の起源に関する一考察》，《考古学雑誌》1966年第3号，第66—74页；（日）岡崎敬：《縄文時代晩期および弥生時代の遺跡の概況》，唐津湾周辺遺跡調査委員会編：《末盧国：佐賀県唐津市・東松浦郡の考古学的調査研究》，東京：六興出版，1982年，第175—177页。

③ （日）岡崎敬：《日本における初期稲作資料——朝鮮半島との関連にふれて》，《朝鮮学報》第49号，1968年，第72—73页。

④ 袁珂校注：《山海经校注》卷7《海内北经》，第374页。

《汉书》记有一条："乐浪海中有倭人，分为百余国，以岁时来献见云。"[①]在这些交流活动中，中国经典随之东传朝鲜半岛、日本列岛，此据日本传世最早的典籍，分别成书于元明天皇和铜五年(712)、元正天皇养老四年(720)的《古事记》、《日本书纪》记载可知"(天皇)又科赐百济国：'若有贤人者贡上。'故受命以贡上人名和迩吉师。即《论语》十卷、《千字文》一卷，并十一卷，付是人即贡进(此和迩吉师者，文首等祖)"[②]；"(应神天皇)十六年(285)春二月，王仁来之。则太子菟道稚郎子师之，习诸典籍于王仁，莫不通达。故所谓王仁者，是书首等之始祖也"[③]。此后这种以书籍为载体的学术文化交流规模日益扩大、交流途径日益多元，宋代农书自然也传播到日、韩等国，对所在国农业技术及文化发展产生了巨大的影响。

---

① 《汉书》卷28下《地理志下》，第1658页。又，《管子·轻重》记管仲语亦云："吴、越不朝，珠象而以为币乎？发、朝鲜不朝，请文皮毤服而以为币乎？"(黎翔凤撰，梁运华整理：《管子校注》卷23《轻重甲》，北京：中华书局，2004年，第1440页。)《管子》虽一般认为成书于战国后期，但此处所引《轻重》篇，王国维、罗根泽、马非百、陈连庆等均已从不同角度证其为汉代作品。其文多有汉代语汇，必为汉人所作无疑(参见马非百：《管子轻重篇新诠》，北京：中华书局，2004年，第9—28页；王东：《〈管子·轻重篇〉成书时代考辨》，《郑州大学学报》2010年第4期，第78—81页)。

② (日)太安万侶：《古事記》卷中，京都大学図書館藏大永二年(1522)抄本，原书无页码。

③ (日)舍人親王編：《日本書紀》卷10《譽田天皇(應神天皇)》，日本国立国会図書館藏慶長十五年(1610)刻本，叶八a。按：此书与上揭《古事記》多载神话、传说，系时亦不准确，一般认为應神天皇所处年代约当4世纪后期、5世纪前期。参见(日)丸山二郎：《日本書紀の研究》，東京：吉川弘文館，1955年，第85—270页。

第一节　在朝鲜半岛的传播及影响

从考古出土文化遗存看，旧石器时代朝鲜半岛即有人类居住[①]。其古代社会历史一般分为古朝鲜（前1世纪以前）、三国时代（前57—668）、统一新罗时代（668—901）、后三国时代（892—936）、高丽时代（918—1392）和朝鲜时代（1392—1910）。新罗（前57—935）、高句丽（前37—668）、百济（前18—660）在三国时代已深受中国汉字、儒家文化影响，新罗统一后进一步加强了和唐代中国的交往。在整个唐王朝统治期间，新罗派遣使团126次，唐朝派遣使团34次。朝贡贸易所交换的物品品类繁多，唐朝向新罗输出的有各种丝绸，成衣，金银铜器及首饰、工艺品，佛经、《道德经》、《孝经》、孔子及其弟子画像等书画[②]，及茶种[③]、牡丹[④]等园艺植物种子。9世纪后期，唐、新罗中央政权控制力均趋衰落，使节往来活动锐减，840—899年间新罗遣唐使团才仅6次，两国间交流需求遂转以民间为主。新罗商人购进的货物主要也是丝绸、金银器、茶叶、书籍等。[⑤] 可见，无论是官方还是民间贸易，书籍都是一个重要的商品种类。神文王二年（唐开耀二年，682），新罗仿效唐制建立了国学：

> 教授之法，《周易》《尚书》《毛诗》《春秋左氏传》《文选》分

---

① （韩）高丽大学校韩国史研究室著，孙科志译：《新编韩国史》，济南：山东大学出版社，2010年，第17—18页。

② 详参朴真奭：《中朝经济文化交流史研究》，沈阳：辽宁人民出版社，1984年，第33—34页。

③ （高丽）金富轼：《三国史记》卷10《兴德王本纪》，京城府：近泽书店，1941年，第121页。

④ （高丽）金富轼：《三国史记》卷5《善德王本纪》，第51页。

⑤ 赫治清：《历史悠久的中韩交往》，《韩国学论文集》第2辑，北京：北京大学出版社，1994年，第31页。

而为之业。博士若助教一人,或以《礼记》《周易》《论语》《孝经》,或以《春秋左传》《毛诗》《论语》《孝经》,或以《尚书》《论语》《孝经》《文选》教授之。诸生读书,以三品出身:读《春秋左氏传》,若《曲礼》若《文选》而能通其义,兼明《论语》《孝经》者为上;读《曲礼》《论语》《孝经》者为中;读《曲礼》《孝经》者为下。若能兼通五经、三史、诸子百家书者,超擢用之。或差算学博士若助教一人,以《缀经》《三开》《九章》《六章》教授之。[①]

可见,很多中国经典皆被引进到新罗国内。又据2017年新闻报道,韩国庆尚北道醴泉郡政府发现一册唐代农书《四时纂要》,系朝鲜时代采用最早的金属活字"癸未字"印刷之本。[②] 可见,一些农书虽未见诸文献记载,也流传到了朝鲜半岛。但是,到了10世纪,由于两宋未能统一中国而与契丹(辽)、西夏、金、蒙古(元)鼎立,在此政治局势之下,中国典籍在东亚文化圈的传播交流自然受到影响而呈现出不一样的特点,宋代农书也不例外。

一、两宋与高丽王朝的关系及书籍流通

(一)两宋与高丽王朝的关系

宋朝统治期间,朝鲜半岛正值高丽王朝时期。北宋建国后,统治者当然希望混一天下,至少要收复燕云,因为燕云不复,则"中国之险移于夷狄。燕蓟不收则河北之地不固,河北不固则河南不可高枕而卧也"[③]。所以,北宋自然期冀高丽能够予己帮助,建隆四年(963)春宋太祖在册封高丽国王的制书中就隐晦地表露了此意:"古先哲后,奄宅中区,曷尝不同文轨于万方,覃声教于四海?……

① (高丽)金富轼:《三国史记》卷38《职官志上》,第396页。

② 海外网:《中国唐代农书最古老版本现身韩国或被奉为国宝》,2017年6月15日,http://news.haiwainet.cn/n/2017/0615/c3541093-30968116.html,2020年6月8日。

③ 汪圣铎点校:《宋史全文》卷3《宋太宗一》,第112页。

载推柔远之恩，式奖拱辰之志。”[①]雍熙二年(985)[②]，宋太宗在第二次伐辽前更直接遣使赍诏谕之：

> 朕诞膺丕构，奄宅万方。草木虫鱼，罔不被泽；华夏蛮貊，固不率从。蠢兹北虏，侵败王略，幽蓟之地，中朝土疆，晋、汉多故，戎丑盗据。今国家照临所及，书轨大同，岂使齐民陷诸犷俗？今已董齐师旅，(殆)[殄]灭妖氛。元戎启行，分道间出，即期诛剪以庆混同。惟王久慕华风，素怀明略，效忠纯之节，抚礼义之邦。而接彼犬戎，罹于虿毒，舒泄积愤，其在兹乎。可申戒师徒，迭相掎角，协比邻国，同力荡平。奋其一鼓之雄，戡此垂亡之虏，良时不再，王其图之。应虏获生口、牛羊、财物、器械，并给赐本国将士，用申赏劝。[③]

虽然就高丽立场而言，其屡被契丹侵略，直视“契丹是禽兽之国”；再加上“旧慕唐风，文物礼乐悉遵其制”，[④]亦希望结好宋朝以牵制契丹，故在宋建立不久(建隆三年，962)，高丽光宗即遣广评侍郎李兴祐等至宋朝贡。但高丽必然也会顾忌辽朝强大的军事力量，因

① 《宋史》卷487《外国传三・高丽传》，第14036页。

② (元)陈桱：《通鉴续编》卷4雍熙二年九月，《景印文渊阁四库全书》第332册，第495页。按：下引《高丽史》亦系于此年，而《宋史》系于雍熙三年(卷487《外国传三・高丽传》，第14038页)。宋太宗此次伐辽雍熙三年正月即出兵，以理度之，联结高丽事自当在此前，故《宋史》必误。

③ (朝鲜)郑麟趾等：《高丽史》卷3成宗四年夏五月，《四库全书存目丛书・史部》第159册，第80页。按：《宋史》亦载此诏，两相对照，颇见清人改篡史籍之恶：“朕诞膺丕构，奄宅万方，华夏蛮貊，罔不率俾。蠢兹北裔，侵败王略，幽蓟之地，中朝土疆，晋、汉多虞，夤缘盗据……今已董齐师旅，殄灭妖氛。惟王久慕华风……而接彼边疆……可申戒师徒……奋其一鼓之雄，戡此垂亡之寇，良时不再，王其图之。应俘获生口……”(卷487《外国传三・高丽传》，第14038页。)

④ (朝鲜)郑麟趾等：《高丽史》卷2太祖二十六年夏四月，《四库全书存目丛书・史部》第159册，第66页。

此成宗"迁延不发兵"，直到宋使韩国华"谕以威德"后才勉强同意发兵。然雍熙三年(986)春正月契丹亦遣使至，请与结和好，[①]故高丽最终未出兵响应宋朝。同年十月，高丽复"遣使朝贡，又遣本国学生崔罕、王彬诣(宋)国子监肄业"[②]。可见高丽欲在宋、辽两国间取一较为中立之态度，以免得罪任何一方。对此，辽国统治者很不满意，从辽的立场看，其要牧马中原必须切断高丽和宋朝的交好，以免在宋攻辽时腹背受敌，国家安全受到威胁。因此，辽圣宗于统和十一年(宋淳化四年，993)投入数十万军队对高丽发动了侵略，在攻取原属高句丽、当时已为女真族所占的鸭绿江流域后又与高丽商定划江而治。[③] 高丽在获得现实利益又迫于军事压力的情况下倒向了辽国，改奉辽正朔，与宋朝断交。

辽圣宗对鸭绿江东安土地划归高丽颇为后悔，于是在侵宋并与之缔结澶渊之盟后的统和二十八年(宋大中祥符三年，1010)底，亲率四十万大军进攻高丽，但辽军遭到高丽军队顽强抵抗，遂在攻破其首都开京后焚掠而还。此后辽又数次进犯高丽边境，均被守军击败。[④] 1014年高丽遣使由登州(治今山东蓬莱市)入宋求援，因朝廷早对登州官员下达了"语以累年贡奉不入，不敢以达于朝廷"[⑤]之旨而不得进。后高丽复多次遣使求援均被拒绝，但其"请降皇帝尊号、正朔"的请求得到了允可，[⑥]高丽遂于1016年(宋大

---

① (朝鲜)郑麟趾等：《高丽史》卷3成宗五年春正月，《四库全书存目丛书·史部》第159册，第81页。

② 《宋史》卷487《外国传三·高丽传》，第14039页。

③ 详参杨通方：《五代至蒙元时期中国与高丽的关系》，《韩国学论文集》第3辑，上海：东方出版社，1994年，第25页。

④ 详参蒋非非等：《中韩关系史(古代卷)》，北京：社会科学文献出版社，1998年，第164—166页。

⑤ (宋)李焘：《续资治通鉴长编》卷74大中祥符三年十一月壬辰，第1695页。

⑥ (宋)李焘：《续资治通鉴长编》卷83大中祥符七年十二月丁卯，第1906页。

中祥符九年)起改奉宋正朔[1]。辽开泰九年(宋天禧五年,1021),圣宗无奈地与高丽达成和平,高丽又接受了辽的册封,复奉其正朔。[2]

熙宁元年(1068),宋神宗即位而思大有为,联丽抗辽战略再次出台,乃诏江、淮、两浙、荆湖南北路都大制置发运使罗拯曰:"高丽,古称君子之国。自祖宗之世,输款甚勤,暨后阻绝久矣。今闻其国主贤王也,可遣人谕之。"罗拯遂遣黄慎等往传宋神宗之意,高丽厚待之。后宋商人林宁、杨从盛、王宁等又多次至高丽"献土物"。[3] 高丽文宗极其钦慕唐宋文化,尝梦获宋帝宣召到京师开封观灯,醒后作诗有"宿业因缘近契丹,一年朝贡几多般。忽蒙舜日龙轮召,便待尧天佛会观"[4]之句,遂同意在不改变辽、丽藩属关系的前提下与宋发展友好关系。宋神宗亦表同意。1071 年春,高丽派出以民官侍郎金悌为首的朝贡使团。[5] 为免刺激辽国,宋、丽又将双方经由登州的交通航线改为经由明州(治今浙江宁波市)。元丰元年(1078),宋遣安焘、陈睦由明州出发往聘,既至,虽然文宗已被病,他们仍然受到了高规格的盛大接待。[6] 次年,宋神宗专门派

---

① (朝鲜)郑麟趾等:《高丽史》卷 4 显宗七年末,《四库全书存目丛书・史部》第 159 册,第 107 页。

② (朝鲜)郑麟趾等:《高丽史》卷 4 显宗十三年夏四月,《四库全书存目丛书・史部》第 159 册,第 115 页。

③ (朝鲜)郑麟趾等:《高丽史》卷 8 文宗二十二年秋七月辛巳,《四库全书存目丛书・史部》第 159 册,第 187 页。按:"黄慎"《宋史》作"黄真"(卷 487《外国传三・高丽传》,第 14046 页)。

④ (宋)叶梦得撰,(宋)宇文绍奕考异,侯忠义点校:《石林燕语》卷 8,第 28 页。

⑤ (朝鲜)郑麟趾等:《高丽史》卷 9 文宗三十二年,《四库全书存目丛书・史部》第 159 册,第 189 页。

⑥ 《宋史》卷 487《外国传三・高丽传》,第 14047 页;(朝鲜)郑麟趾等:《高丽史》卷 9 文宗三十二年夏四月甲子,《四库全书存目丛书・史部》第 159 册,第 199—201 页。

出了主要由医官组成的达88人之多的使团到高丽为文宗疗疾。[①] 这是自宋淳化五年(994)宋、丽外交关系中断近百年之后的再度恢复,此后双方往来不断。

北宋末期,徽宗虽荒淫腐朽却才疏志大,重新燃起宋朝"恢复燕云,克服汉唐旧疆"之梦。其时,同时臣属于辽和高丽的女真渐渐崛起于白山黑水之间,1115年,金正式建国,次年即攻占辽东京(治今辽宁辽阳市)。1117年金太祖尚称"高丽为父母之邦"[②],两年后金即改以宗主国自视,致书辄称"诏谕高丽国王"[③]。女真与辽、丽矛盾、战争不断,辽、丽均认识到女真才是自己真正的敌人。宋朝当然也看到了金国的力量,重和元年(金天辅二年,1118)徽宗遣马政、呼延庆等使金,约起兵夹攻辽国、宋得燕云之地等事,后双方达成盟约,史称"海上之盟"。1122年,高丽闻宋将用兵伐辽,遂命两名返宋医生禀告徽宗:"辽,兄弟之国,存之足为边捍。女真,狼虎耳,不可交也。"[④]然徽宗并未有所提防,次年尚口谕高丽改奉宋正朔,[⑤]殊不知两三年后亡国害民、殃及子孙之大错即铸成。靖康元年(1126)七月,宋再次遣使赴高丽求援,约其共同起兵抗金。[⑥] 然

① 《宋史》卷487《外国传三·高丽传》,第14047页;(朝鲜)郑麟趾等:《高丽史》卷9文宗三十三年秋七月辛未,《四库全书存目丛书·史部》第159册,第202页。

② (朝鲜)郑麟趾等:《高丽史》卷14睿宗十二年三月癸丑,《四库全书存目丛书·史部》第159册,第296页。

③ (朝鲜)郑麟趾等:《高丽史》卷14睿宗十四年二月丁酉,《四库全书存目丛书·史部》第159册,第300页。

④ 《宋史》卷487《外国传三·高丽传》,第14049页。

⑤ (朝鲜)郑麟趾等:《高丽史》卷15仁宗元年六月乙酉,《四库全书存目丛书·史部》第159册,第309页。按:徐兢作为此次使团成员之一,后作有著名的《宣和奉使高丽图经》。

⑥ (朝鲜)郑麟趾等:《高丽史》卷15仁宗四年秋七月丁卯,《四库全书存目丛书·史部》第159册,第314—316页。

此前数月高丽已奉表称臣成为金的藩属之国矣。[①] 尽管未同意宋使的出兵请求，高丽仍派出枢审院副使、著名史学家金富轼等入宋贺钦宗登极。[②] 他们抵达明州时被止于当地，直到次年北宋灭亡后才返回高丽。

南宋建立之次年(1128)，宋高宗遣刑部尚书杨应诚等请假途高丽入金劫迎徽、钦二帝，高丽恐构怒于金，未予同意。[③] 其后数年，宋又提出借道高丽伐金等要求，高丽亦不可能同意。[④] 从此，除宋孝宗隆兴北伐前后双方相互通过聘使外[⑤]，宋神宗所重新恢复起来的、维持在一定层级上的宋、丽外交关系完全终结。

(二) 宋、丽之间包括农书在内的书籍流通

政治上的对立必然会影响科学、文化的交流传播，两宋时期东亚世界的国际格局促使各国统治者纷纷从维护自身统治的角度出发，对向被视为国家“树风声，流显号，美教化，移风俗”[⑥]之重要渠

---

① (朝鲜)郑麟趾等:《高丽史》卷15仁宗四年夏四月丁未，《四库全书存目丛书·史部》第159册，第313页。

② (朝鲜)郑麟趾等:《高丽史》卷15仁宗四年九月乙丑，《四库全书存目丛书·史部》第159册，第316页。

③ (朝鲜)郑麟趾等:《高丽史》卷15仁宗六年六月丁卯，《四库全书存目丛书·史部》第159册，第321—323页。

④ 详参蒋非非等:《中韩关系史(古代卷)》，第200—201页。

⑤ 据《宋会要辑稿》记载，隆兴元年(1163)五月进武副尉徐德荣携国信出使高丽，次年四月偕高丽回使赵冬曦等返回到明州定海县港(蕃夷七之四九，第7864页)——此为宋朝史籍中双方使聘往来的最后一次记录；据《高丽史》记载，毅宗十六年(宋绍兴三十二年，1162)三月戊午宋都纲侯林等来使(第379页)，六月辛未宋都纲邓成等来使，六月庚寅宋都纲徐德荣、吴世全等来使，七月庚申宋都纲河(何?)富等来使(第380页)，次年(宋隆兴元年，1163)七月乙巳徐德荣第二次来使(此次带有宋孝宗密旨)，复次年三月壬寅高丽遣借内殿崇班赵冬曦等返聘(第382页)。又据《高丽史》载，明宗三年六月甲申(宋乾道九年，1173)，徐德荣第三次使高丽(第400页)——此为高丽史籍中双方使聘往来的最后一次记录。

⑥ 《隋书》卷32《经籍志一》，第903页。

道的书籍流通加以管制。如辽国书禁甚严，对传书入中国者皆处死刑。[①] 宋朝当然更不例外，天圣五年(1027)规定：

> 自今并不得辄行雕印，如有合雕文集，仰于逐处投纳一本附递闻奏，候到差官看详，别无妨碍，降下许令刊板，方得雕印。如敢违犯，必行朝典，仍毁印板。及令沿边州军严切禁止，不得更令将带上件文字出界。[②]

此禁令主要是针对辽国的。至和二年(1055)，又诏从欧阳修“京师近有雕市宋贤文集，其间或议论时政得失，恐传之四夷不便，乞焚毁”[③]之奏，此禁令已扩而针对“四夷”。高丽大部分时间都奉辽、金正朔，宋朝官员难免怀疑其转资辽、金，因此一旦特定时期宋、丽在一定层面上恢复交聘，官员们就纷纷奏请对高丽严格落实书禁规定，如哲宗初年苏轼就再三上言：

> 臣伏见熙宁以来，高丽人屡入朝贡……使者所至，图画山川，购买书籍。议者以为所得赐予，大半归之契丹。虽虚实不可明，而契丹之强，足以祸福高丽；若不阴相计构，则高丽岂敢公然入朝中国？[④]
>
> 高丽所得赐予，若不分遗契丹，则契丹安肯听其来贡……高丽名为慕义来朝，其实为利，度其本心，终必为北虏所用……今使者所至，图画山川形胜，窥测虚实，岂复有善意哉？……并乞依祖宗《编敕》，杭、明州并不许发舶往高丽，违

---

① (宋)沈括撰，胡道静校证：《梦溪笔谈校证》卷15中《艺文二》，第513页。

② (清)徐松辑：《宋会要辑稿》食货三八之三〇，第5481页。按：同书刑法二之一六(第6503页)、《续资治通鉴长编》(卷105天圣五年二月癸酉，第2436页)亦载，文字小异。

③ (宋)李焘：《续资治通鉴长编》卷179至和二年五月甲申，第4341页。

④ 孔凡礼点校：《苏轼文集》卷30《论高丽进奉状》，第847页。

> 者徒二年，没入财货充赏……臣闻河北榷场，禁出文书，其法甚严，徒以契丹故也。今高丽与契丹何异？若高丽可与，即榷场之法亦可废……今来高丽使所欲买历代史、《策（"册"古字）府元龟》及敕式并乞不许收买。①
>
> 高丽契丹之属国，不可假以书籍……（否则）中国书籍山积于高丽，而云布于契丹矣。②
>
> 臣所忧者，文书积于高丽，而流于北虏，使敌人周知山川险要边防利害，为患至大。③

在这种政治局势下，凡内容涉及国防、军事、朝政得失的书籍一律在禁止之列，即使是史书，因亦涉朝廷治道，故除少数年代久远的正史外也都在禁止范围内。这样宋朝政府层面允许流通到高丽的书籍就相当有限了，主要是佛经、儒家经典，还有个别史书、诸子书、医书。兹都为下表（表20、表21）以概见之：

---

① 孔凡礼点校：《苏轼文集》卷35《论高丽进买书利害札子三首（其一）》，第994—996页。

② 孔凡礼点校：《苏轼文集》卷35《论高丽进买书利害札子三首（其二）》，第999页。

③ 孔凡礼点校：《苏轼文集》卷35《论高丽进买书利害札子三首（其三）》，第1000页。

表 20　宋朝颁赐高丽书籍表

时间	类别	佛　经	四部典籍	医书	其他	资料来源
太宗	端拱二年(989)	《开宝藏》				《宋史》卷 487
	淳化二年(991)①	藏经及御制《秘藏诠》《逍遥咏》《莲花心轮》				
	淳化四年(993)		九经			
真宗	大中祥符九年(1016)		九经、《史记》、两汉书、《三国志》、《晋书》、《国朝登科记》、诸子书、御制诗	《圣惠方》	历日	《宋史》卷 487 《玉海》卷 154
	天禧三年(1019)	佛经一藏				《续资治通鉴长编》卷 94
	乾兴元年(1022)	释典一藏		《圣惠方》	《乾兴历》、阴阳二宅书	《高丽史》卷 4
哲宗	元祐元年(1086)		《文苑英华》			《宋史》卷 487
	元符二年(1099)		赐介甫新经(即《三经新义》)三十本			《朱子语类》卷 133

① 《玉海》系时于淳化元年(卷 154《朝贡》,第 2844 页)。

续表

时间 \ 类别		佛经	四部典籍	医书	其他	资料来源
徽宗	建中靖国元年(1101)		《太平御览》	《神医普救方》		《高丽史》卷11 《增补文献备考》卷242

表 21　宋朝允许高丽购买书籍表

类别 \ 时间		佛经	四部典籍	医书	其他	资料来源
仁宗	天圣八年(1030)①	新罗人来朝贡,因往国子监市书				《宋会要辑稿》蕃夷七
神宗	熙宁七年(1074)		诏国子监许卖九经、史、子诸书			《续资治通鉴长编》卷250
	元丰八年(1085)	买大藏经、《华严经》一部				同上书卷362
哲宗	元祐七年(1092)		《册府元龟》			《宋史》卷17、卷487

① 原文作"天圣中",引自范镇《东斋记事》,为今本范书所无。系年据自揭文上文。

上表中未见南宋记载，是因为南宋与高丽外交关系基本断绝，未有赐书之事。

但是诚如陈寅恪先生所指出，“华夏民族之文化，历数千载之演进，造极于赵宋之世”①，换言之，宋朝是当时东亚世界的文化大国，自然会向周围地区辐射。因此，政府的书籍管制政策并不能完全落实。同时，宋代是雕版印刷术的黄金时期，这使得刻书业在一种程度上“降格”为一个商业行业，牟利动机必然驱使民间商人冒着法律风险从事书籍的国际流通事业——其实即便是宋政府本身，对法律规定也时有违犯。据上列《宋朝颁赐高丽书籍表》《宋朝允许高丽购买书籍表》可知，至少元丰元年(1078)宋神宗“除《九经》外，余书不得出界”②的诏令就被突破了——据中韩学者研究，从大中祥符五年(高丽显宗三年，1012)第一次赴丽宋商算起至南宋灭亡，266 年间赴丽宋商总计有 140 次左右，每次人数少则数十人，多则二三百人，最多的一次达 330 人，总计 5000—7000 人。③ 实

① 陈寅恪:《邓广铭宋史职官志考证序》，《金明馆丛稿二编》，北京：生活·读书·新知三联书店，2001 年，第 277 页。

② 《宋史》卷 15《神宗本纪二》，第 295 页。

③ 据宋晞统计，赴丽宋商为 139 次、5000 余人(《宋商在宋丽贸易中的贡献》，《宋史研究论丛》第 2 辑，台北：中国文化学院出版部，1980 年，第 146—159 页)；据朴真奭统计，1012—1192 年间赴丽宋商为 117 次，其中知道具体人数的有 77 次，共计 4548 人(《11—12 世纪宋与高丽的贸易往来》，《中朝经济文化交流史研究》，第 51—55 页)；据杨渭生统计，北宋赴丽宋商为 96 次、3058 人，南宋赴丽宋商为 34 次、1897 人(《宋丽关系史研究》，杭州：杭州大学出版社，1997 年，第 269—279 页)；据王霞统计，赴丽宋商为 145 次、4999 人(如果加上人数未详批次的估计数，则为 8049 人)，其中北宋 102 次(约占 70%)、3120 人(约占 62%)，南宋 43 次、1879 人(《宋朝与高丽往来人员研究》，北京：中国社会科学出版社，2018 年，第 103—114 页)。据韩国学者金庠基(《韩国全史》第 2 册《高丽时代史》，서울：东国文化社，1961 年，第 189—193 页)、全海宗(《论丽宋交流》，《中韩关系史交流》，北京：中国社会科学出版社，1997 年，第 265—266 页)统计，赴丽宋商为 126 次(如将相同或相近日期赴丽的几个商团分别计算则约达 150 次)、4870 多人；朴玉杰统计(注转下页)

际上，这些数据只是见诸《高丽史》记载者，之所以被记载，一般是因为受到了高丽国王的接见，如果不与国王有关，便不会被记载。其理一同陈高华所言：元朝海商与高丽国王发生关联的机会很少，因此《高丽史》中有关元朝海商的记载也很少。[①]显然，上述数据虽然已颇可见出赴丽宋商之规模，却仍仅是一斑而非全豹，“宋商人来航高丽的次数肯定比记录超出很多”[②]。另外，据现有资料可知徐成、黄助两名宋人曾分别在140天、165天内两次自宋赴丽[③]；郭满、林林、徐德荣三人，陈诚、林大有二人分别4次、5次到达高丽[④]，由此亦可略窥宋丽民间贸易的利润回报率、对商人的吸引力及宋丽民间贸易的活跃程度。

宋朝民间商人赴高丽贸易贩销的商品种类非常多[⑤]，书籍也是其获取厚利的重要商品之一。如元祐(1086—1094)中泉州人徐戬“先受高丽钱物，于杭州雕造夹注华严经，费用浩瀚，印板既成，公然于海舶载去交纳，却受本国厚赏，官私无一人知觉者”，等于是

(续上页注)(《宋代商人来航高丽与丽宋贸易政策》，黄时鉴主编：《韩国传统文化·历史卷》，北京：学苑出版社，2000年，第51—57页)赴丽宋商为135次、4976人(如果包括人数未详批次的推测数据，则达7000人甚至大大超出7000人)。

① 陈高华：《元朝与高丽的海上交通》，《陈高华文集》，上海：上海辞书出版社，2005年，第375页。

② (韩)朴玉杰：《宋代商人来航高丽与丽宋贸易政策》，黄时鉴主编：《韩国传统文化·历史卷》，第58页。

③ 参见朴真奭：《11—12世纪宋与高丽的贸易往来》，《中朝经济文化交流史研究》，第52—53页；(韩)全海宗著，全善姬译：《论丽宋交流》，《中韩关系史交流》，第274页。按：全氏附注对黄助表示怀疑。

④ 参见王霞：《宋朝与高丽往来人员研究》，第117页。

⑤ 详参(韩)全海宗著，全善姬译：《论丽宋交流》，《中韩关系史交流》，第274页；杨渭生：《宋丽关系史研究》，第269—279页；(韩)朴玉杰：《宋代商人来航高丽与丽宋贸易政策》，黄时鉴主编：《韩国传统文化·历史卷》，第51—57页。

预收定金的模式。徐戬并不是个别现象，福建路商人"如徐戬者甚众"，[①]当时甚至有"儿郎伟，抛梁东，书籍高丽、日本通"[②]的说法。绍熙三年(1192)，宋商向高丽明宗献上《太平御览》，明宗赐其白金六十斤。[③] 天圣五年(1027)，江南人李文通等一次就向高丽显宗"献书册凡五百九十七卷"[④]。商人贩书为获利，自然要考虑买方市场需求，他们运销到高丽的书籍绝不会只是宋朝法律规定的九经、佛经一类。如高丽仁宗十七年(宋绍兴九年，1139)曾"召金富轼、崔溱等置酒，命富轼读司马光《遗表》及《训俭(示康)》文"[⑤]，两文显然不应是宋政府赐予或高丽使节所可购买者，只能是来自民间商人运售。所以，虽然宋朝有书籍管制规定，宣和(1119—1125)中宋朝到高丽的使节看到的却是"其国异书甚富，自先秦以后，晋、唐、隋、梁之书皆有之，不知几千家几千集"[⑥]的情形。到了南宋，书禁又"不似北宋执行严格，于是北宋时无法传入高丽、日本的书籍，此时多能东渡"[⑦]，则宋朝典籍在高丽流通的景象又非宣和宋使可想见矣。从这个意义看，黄宽重对宋朝赴丽商人在双方文化交流上"扮演着很重要的角色"、作出了"实质及永恒的贡献"[⑧]的

---

① 孔凡礼点校：《苏轼文集》卷30《论高丽进奉状》，第848页。

② (宋)熊禾：《熊勿轩先生文集》卷5《建同文书院上梁文》，《丛书集成初编》第2407册，上海：商务印书馆，1936年，第65页。

③ (朝鲜)郑麟趾等：《高丽史》卷20明宗二十二年八月癸亥，《四库全书存目丛书·史部》第159册，第424页。

④ (朝鲜)郑麟趾等：《高丽史》卷5显宗十八年八月丁亥，《四库全书存目丛书·史部》第159册，第120页。按：同书同卷载前一年有"宋广南人李文通来献方物"(第119页)，二者当为一人，"江南""广南"必有一误。

⑤ (朝鲜)郑麟趾等：《高丽史》卷17仁宗十七年三月乙巳，第351—352页。

⑥ (宋)张端义撰，李保民校点：《贵耳集》卷上，第93页。

⑦ 张琏：《宋明政府之域外赐书与书禁探研——以韩(高丽、朝鲜)日二国为例》，《第三届中国域外汉籍国际学术会议论文集》，台北：联合报文化基金会国学文献馆，1990年，第159页。

⑧ 黄宽重：《高丽与金、宋的关系》，《南宋史研究集》，台北：新文丰出版公司，1985年，第292、293页。

评价是非常到位的。

宋代民间商人到底贩运了哪些书籍销往高丽今天已无法确考——理由如上文所言，倘不与高丽国王发生关联，一般商贸活动是不会被记载的——但可举一例以供参照。高丽宣宗八年（元祐六年，1091），宋朝曾向高丽访书："（高丽）户部尚书李资义、礼部侍郎魏继庭等还自宋，奏云：'帝（哲宗）闻我国书籍多好本，命馆伴书所求书目授之，乃曰：'虽有卷第不足者，亦须传写附来。'"[①]《高丽史》《增补文献备考》均载有具体书目，包括经部28种、史部37种、子部42种、集部21种，共计128种、4993卷，其中不见于《宋史·艺文志》者多达90种，还有31种是书名或卷数不同的别本。[②]"这些书籍当然不会是宋代政府早年颁赠的，也不可能是前朝所赠，因为不但史书中未见任何记载，而且中国政府自古以来就不以史书和地理书赠给外邦，所以说这些书籍必是来自民间的交流，应是毫无疑义的。"[③]

另外，元朝建立后即与高丽完全恢复了亲善外交关系，元世祖女儿还嫁给了高丽忠烈王为后。元至元二十六年（1289），忠烈王、后、世子（即后来的忠宣王）等还亲朝入元。[④] 大德二年（1298），忠宣王被废后又入元长居大都。元朝具真正世界性大国之自信，宋朝的书籍管制规定被取消，如高丽儒学提举[⑤]安珦随忠烈王入朝

---

① （朝鲜）朴容大：《增补文献备考》卷242《艺文志》，日本国立公文书馆内阁文库藏朝鲜隆熙二年（1908）刊本，叶三b。《高丽史》亦载（卷10宣宗八年六月丙午，《四库全书存目丛书·史部》第159册，第221页），文字稍略。

② 详参刘兆祐：《宋代向高丽访求佚书书目的分析讨论》，《第三届中国域外汉籍国际学术会议论文集》，第281—283页。

③ 周彦文：《宋代以来中国书籍的外传与禁令》，《韩国学论文集》第3辑，第146页。

④ （朝鲜）郑麟趾等：《高丽史》卷30忠烈王十五年十一月壬子，《四库全书存目丛书·史部》第159册，第627页。

⑤ （朝鲜）金宗瑞：《高丽史节要》卷21忠烈王十五年夏四月，朝鲜总督府影印奎章阁本，昭和十三年（1938），页一三a。

元世祖时，即“录晦庵朱夫子书并画其真像以归”①——此是朱子学东传韩国之始——后又命人遍求“六经、诸子史以来”②。延祐元年（1314），高丽成均馆提举司遣博士柳衍等到江南一次性购书即达10800卷③，元仁宗一次性颁赐给高丽的书籍亦多达4371册、17000卷。④ 因此，退一步说如果宋代还有一些书籍未流通到高丽，那么通过元政府的颁赐及高丽自己的采购，应当说元初就基本上流传过去了。以上就是包括农书在内的宋代书籍传播到朝鲜半岛的总体和一般情形。

二、宋代农书对高丽的影响

朝鲜半岛大部分地区环境、气候同于中国北部，物产、风俗亦同，《三国志》云：“（弁辰）土地肥美，宜种五谷及稻，晓蚕桑，作缣布，乘驾牛马。”⑤《宋史》云：“（高丽）国封池濒东海，多大山深谷，崎岖峇崒而少平地，故治田多于山间，因其高下耕垦甚力，远望如梯磴然……其地宜黄粱、黑黍、寒粟、胡麻、二麦。其米有秔而无稉，粒特大而味甘。牛工农具（与宋）大同小异。”⑥唐代以前中国农书应即已传入并对其农业生产产生影响，韩国学者崔德卿认为：“新罗时代可

① （高丽）安珦：《晦轩先生实记》卷1《年谱》，早稻田大学图书馆藏朝鲜仁祖十七年（1639）安在默重刊本，叶一二b。

② （朝鲜）郑麟趾等：《高丽史》卷105《安珦传》，《四库全书存目丛书·史部》第161册，第629页。

③ （朝鲜）郑麟趾等：《高丽史》卷34忠肃王元年六月庚寅，《四库全书存目丛书·史部》第159册，第703页；（清）屠寄：《蒙兀儿史记》卷134《高丽传》，北京：中国书店，1984年影印本，第816页。

④ （朝鲜）郑麟趾等：《高丽史》卷34忠肃王元年秋七月甲寅，《四库全书存目丛书·史部》第159册，第703页。

⑤ 《三国志》卷30《东夷传附韩传》，北京：中华书局，1964年点校本，第853页。

⑥ （宋）徐兢：《宣和奉使高丽图经》卷23《杂俗二》，《丛书集成初编》第3238册，上海：商务印书馆，1937年，第79页。

能已经引进《齐民要术》而加以利用。”[①]《氾胜之书》也在朝鲜半岛流传，哲宗初年向高丽访求佚书所列书目中就有该书[②]。

到了宋代，很多农书流通到高丽，虽然由于史料限制今天已无法确考。据韩国学者研究，高丽时期基本上是直接利用中国农书，或者选择性地翻译某部农书[③]——其中主要是宋朝农书，如高丽毅宗十三年（宋绍兴二十九年，1159）就命人将北宋初《孙氏蚕书》加以翻译以推广养蚕技术[④]。此后元朝统治期间，陈旉《农书》等宋代农书与《农桑辑要》、王祯《农书》等元代农书继续向高丽传播[⑤]，一方面仍然被用于指导生产实践——直到朝鲜王朝统治时期也是如此，如1523年世宗传旨户曹，令“各道移荞麦耕种，考《农桑辑要》《四时纂要》及本国经验之方，趁时勤耕”[⑥]。另一方面，在宋元农书的影响下，韩国形成了本民族的传统农学。

一般认为韩国传统农学形成于朝鲜时期，1349、1372年高丽官方两次刊刻《农桑辑要》，朝鲜太宗十五年（1415），韩尚德（高丽名臣韩渥重孙）自《农桑辑要》抄录养蚕内容翻译为《养蚕经验撮要》一书。这一行为表明高丽末期开始对引进农业技术有意识地加以选择，以期更适合当地生产实际。稍后，朴兴生撰成《撮要新

---

① （韩）崔德卿：《韩国的农书与农业技术——以朝鲜时代的农书和农法为中心》，《中国农史》2001年第4期，第82页。

② （朝鲜）郑麟趾等：《高丽史》卷10宣宗八年六月丙午，《四库全书存目丛书·史部》第159册，第221页。

③ （韩）金荣镇、李殷雄：《조선시대 농업과학기술사(朝鲜时代农业科技史)》，서울：서울대학교 출판부，2000年，第69—70页。

④ （韩）李兰暎编：《韩国金石文追补·许洪材编写的林景和的墓地铭》，서울：中央大学校出版部，1968年，第148页。

⑤ （韩）李广麟：《论〈养蚕经验撮要〉》，《历史学报》第28号，1965年。转引自（日）渡部武撰，彭世奖译：《〈四时纂要〉日译稿前言》，《农书研究》第2辑，北京：农业出版社，1982年，第149页。

⑥ （日）京城帝国大学法文学部編：《李朝実録·世宗実録》卷20世宗五年六月庚戌朔，東京：学習院東洋文化研究所，1953年，第7册第296页。

书》,该书是一部日用类书,全书共2卷、26门。卷上包括胎产门、冠礼门、婚姻门、上官门、起造门、兴工门、动土门、造门门、造仓门、厨灶门、井泉门、起庙门、栏栈门,卷下包括入宅门、出行门、行船门、耕稼门、蚕桑门、祭祀门、病患门、医药门、丧事门、斩草门、安葬门、禳辟门、占候门。涉及农业生产者为耕稼、蚕桑二门,所载内容基本移录自《农桑辑要》等书。但《农桑辑要》本是辑录众书而成,包括《氾胜之书》《齐民要术》《四时纂要》《种莳直说》《韩氏直说》《务本新书》《士农必用》《农桑要旨》《桑蚕直说》《蚕经》《琐碎录》《梦溪忘怀录》《博闻录》《岁时广记》《本草图经》《东坡志林》等[①],换言之,《撮要新书》所录实际上颇多宋、金农书内容。如其云:

> 择茧种。开簇时,须择近上向阳或在(苦)[苫]草上者,此强梁好茧〔(苦)[苫]草,蚕箔也。《农桑要旨》云:"茧必雌雄相半,簇中在上者多雄,在下者多雌。"陈志弘云:"雄璽('茧'俗字)尖红紧小,雌璽圆槾厚大。"〕另摘出于通风凉房内净箔上,一一单排,日数既足,其蛾自生。若有拳翅、秃眉、焦脚、焦尾、重黄、赤肚、无毛、黑纹、黑身、黑头、先出末后生者,拣出不用,止留完全肥好者。用厚纸为连,候蛾生足,移下连。于屋内空处竖立柴草,散蛾于上。[②]

有研究者认为此引自《养蚕经验撮要》,证明《撮要新书》成书必在此书作年即1415年之后。[③]《撮要新书》晚于《养蚕经验撮要》固无问题,但《养蚕经验撮要》原文为:

---

① 参见王毓瑚:《关于〈农桑辑要〉》,《王毓瑚论文集》,第43页。

② (朝鲜)朴兴生:《撮要新書》,韩国奎章阁藏高宗三十一年(1894)刊本,叶一九a至b。

③ 朴延华:《论朝鲜王朝前期农学与农技术的发展——以农学著作为中心》,延边大学硕士学位论文,2001年,第12页。

> 收种。《务本新书》茧种：开簇时，须择近上向阳或在(苔)[苦]草上者，此乃强梁好(蚕)[茧](《农桑要旨》云："茧必雌雄相半，簇中在上者雄，下者多雌。"陈志弘云："雄茧尖细紧小，雌茧圆慢厚大。")摘取于通风凉厅中净箔上，一一单排，日数既足，其蛾自生。若有拳翅、秃眉、焦脚、焦尾、熏黄、赤肚、无尾、黑纹、黑身、黑头、先出末后生者，拣出不用，止留完全肥好者，均稀布于连上……候蛾生足，移蛾下连。屋内一角空处竖立柴草，散蛾于上。①

两相对比，二者显然来源不一。搜检载籍可知，《撮要新书》并非引自《养蚕经验撮要》，亦非引自《养蚕经验撮要》母本《农桑辑要》②，而是引自元代日用类书《居家必用事类全集》③。《撮要新书》对中国农书的引录更加注重选择符合本地情况的内容，同时还增入了一些朝鲜王朝当时口口相传的传统农业生产技术内容，这表明韩

---

① (朝鲜)韩尚德：《养蚕经验撮要》，转引自朴延华：《论朝鲜王朝前期农学与农技术的发展——以农学著作为中心》，第12页。

② 《农桑辑要》原文为："收种。……《务本新书》：……(今后)茧种，开簇时须择近上向阳或在苦草上者，此乃强梁好茧(《农桑要旨》云：'茧必雌雄相半，簇中在上者[多]雄，下者多雌。'陈志弘云：'雄茧尖红紧小，雌者圆慢厚大。')另摘出于透风凉房内净箔上，一一单排。日数既足，其蛾自生。免熏罨钻延之苦，此诚胎教之最先。若有拳翅、秃眉、焦脚、焦尾、熏黄、赤肚、无毛、黑纹、黑身、黑头、先出末后生者，拣出不用，止留完全肥好者，匀稀布于连上……候蛾生足，移蛾下连。屋内一角空处竖立柴草，散蛾于上。"(大司农司编撰，缪启愉校释：《元刻农桑辑要校释》，第217页)

③ 《居家必用事类全集》原文为："择茧种。开簇时，须择近上向阳或在苦草上者，此乃强梁好茧(《农桑要旨》云：'茧必雌雄相半，簇中在上者多雄，下者多雌。'陈志弘云：'雄茧尖红紧小，雌者圆慢厚大。')另摘出于透风凉房内净箔上，一一单排。日数既足，其蛾自生。若有拳翅、秃眉、焦脚、焦翅、焦尾、重黄、赤肚、无毛、黑纹、黑身、黑头、先出末后生者，拣出不用，止留完全肥好者，用厚藤纸为连，移下连。于屋内空处竖立柴草，散蛾于上。"(《居家必用事类全集·戊集》，《北京图书馆古籍珍本丛刊》第61册，第175页)

国传统农学在宋元农书的影响下开始萌蘖。

朝鲜世宗十一年(明宣德四年,1429),司农司又编印《农事直说》一书颁行各地。该书是在对南部忠清、全罗、庆尚三道农业生产实践经验全面调查的基础上纂成的,因此内容以水稻栽培为主,包括备谷种、耕地、种麻、种稻、种黍粟、种稷、种大豆小豆绿豆、种大小麦、种胡麻、种荞麦等十编。虽然仍然受到宋元农书一定影响[1],但对农业技术因地制宜重要性已经高度重视:"五方风土不同,树艺各有其宜,不可尽同古书",世宗"乃命诸道观察使逮访州县老农已验之术以闻,命(揔)[摠]制郑招就加诠次,书成名《农事直说》"。[2] 正因此点,《农事直说》与前此照搬、翻译诸书具有本质不同,是对当时朝鲜种植业技术的总结和反映。如书中所记"干耕"法即为极具本地特色的稻作方法,这种方法适用于晚稻:无水干田整地后直接播种,待稻种发芽长到一定程度时再引水注田使之成为水田。[3]《农事直说》的出现标志着韩国传统农学的产生,被誉为"朝鲜古典农学之杰撰"[4],对其后农书"发生了决定性影响,并成为后期种稻法技术的底本"[5]。

《农事直说》之后韩国传统农学迅速发展,涌现出的重要农书主要有《四时纂要抄》《衿阳杂录》《农家月令》《闲情录》等。《四时纂要抄》大约成书于1480年前后,从书名看似乎为抄撮唐末韩鄂《四时纂要》而成,实际上不过沿其体例故袭其名而已。所采择来

---

① 详参朴延华:《朝鲜〈农事直说〉与中国〈农桑辑要〉之比较》,《延边大学学报》2001年第3期,第94页。

② (朝鲜)申洬:《〈农家集成〉跋》,申洬编:《农家集成》,日本国立公文书馆内阁文库藏宽政六年(1794)写本,叶一a。

③ 详参(韩)李镐澈、朴宰弘:《朝鲜后期农书中的水稻品种分析》,《古今农业》2003年第1期,第33页。

④ 胡道静:《朝鲜汉文农学撰述的结集——述所见三个不同版刻的〈农学集成〉》,《胡道静文集:农史论集、古农书辑录》,第175页。

⑤ (韩)崔德卿:《韩国的农书与农业技术——以朝鲜时代的农书和农法为中心》,《中国农史》2001年第4期,第84页。

源甚广，宋《梦溪忘怀录》《梅谱》《琐碎录》、元《农桑辑要》等均被征引[①]。该书按月份及二十四节气详列载稻、谷等粮食作物及蔬菜、花卉等园艺作物的栽培方法，养蚕、养蜂以及各种酒、酱、醋、醢等食品加工方法，是一部符合韩国风土的"独创性综合农书"[②]。《四时纂要抄》作者与《衿阳杂录》同为世宗时名臣姜希孟。后书初刊于成宗二十二年(明弘治四年，1491)，因记载的是京畿道衿川一带的农业生产知识和农民生活状况故名，包括农家、农谈、农者对、诸风辨、种谷宜5篇，被誉为"真农家之指南"[③]。相较于《农事直说》仅分稻为早稻、次早稻、晚稻而言，《衿阳杂录》记载了早稻、次早稻、晚稻3大类27个水稻品种(包括3个糯稻品种、1个旱糯稻品种)，此外还著录了豆类作物20种、黍类7种、粟15种、稷5种、麦6种。更为重要的是，该书叙记各种作物的栽培技术之外，均详述其性状，这表明韩国传统农学经过半个世纪的发展，已经确立起较完善的学科研究范式。姜希孟之兄、朝鲜著名画家姜希颜所著《菁川养花小录》(亦名《养花小录》)，详细叙记松、菊、梅、兰、瑞香、山茶花、紫、石榴、栀子、桔树、石菖蒲等观赏植物的外形特征、栽培方法及盆景制作方法。此书的出现填补了韩国传统农学发展前期缺少花卉园艺书的空白，对朝鲜园艺学发展有较大影响。

《闲情录》成书于1618年，分隐遁、高逸、闲适、退休、游兴、雅致、崇俭、任诞、旷怀、幽事、名训、静业、玄赏、清供、摄生、治农16卷，实同唐《山居要术》、宋《梦溪忘怀录》、元《山居四要》之体，即胡道静所谓"山居系统"农书。其农业生产内容主要集中在最后一卷《治农》，涉及择地、资本、定居、种谷、种蔬、树植、蚕缫、牧养、顺时、

① 详参胡道静：《朝鲜汉文农学撰述的结集——述所见三个不同版刻的〈农学集成〉》，《胡道静文集：农史论集、古农书辑录》，第178页。

② (韩)金荣镇：《〈四时纂要抄〉与〈四时纂要〉的比较研究》，《农村经济》1985年第1号。转引自(韩)崔德卿：《韩国的农书与农业技术——以朝鲜时代的农书和农法为中心》，《中国农史》2001年第4期，第85页。

③ (朝鲜)姜希孟：《衿阳杂录》载曹伟序，(朝鲜)申洬编：《农家集成》，日本国立公文书馆内阁文库藏宽政六年(1794)写本，原书无页码。

务勤、习俭、养蚕、养牛、养鸡、养鱼等主题。作者许筠非常重视多种经营，强调要在粮作之外"栽种材木果核，以为财货器用之资"。特别是养殖业，他指出："治生之道，有定居，有常产，而牧养可兴矣。陶朱公告猗顿氏曰：'子欲致富，当畜五牸。'又曰：'治生之法有五，水、畜第一。'牧养其可缓乎！"[①]显见其农学概念义域较前此农书有了更大的扩展。此外，《闲情录》特别强调农业要因时制宜、因地制宜、因物制宜，为韩国传统农学奠定了坚实的哲学基础。如其云：

> 种莳之事，各有攸叙。能知时宜，不违先后之序，则相继以生盛、相资以利用，何匮乏之有？正月种麻枲；二月种粟；脂麻有早晚二种，三月种早麻；四月种豆；五月中旬种晚；七月以后种菜菔菘芥；八月社前即可种麦，经两社即倍收而坚好。如此，则种之有次第，所以顺天之时也。（引自陈旉《农书》）
>
> 地势有良薄，山泽有异宜，故良田宜种晚，薄田宜种早。良田非独宜晚，早亦无害；薄田种晚，必不成实。山田宜种强苗，以避风霜；泽田种弱苗，以求华实。（引自王祯《农书》，王书则承自《齐民要术》）
>
> 黄白土宜禾，黑坟宜麦，赤土宜粟，汙（同"污"）泉宜稻，所谓因地之宜也。（引自《农桑辑要》，《农桑辑要》则承自《孝经援神契》）[②]

朝鲜孝宗六年（清顺治十二年，1655 年），通政大夫、公州牧使申洬因居乡期间对《农事直说》"试之有念"，信为"农家之龟鉴"，然惜其"印本无传，知者盖寡"，遂打算别为刊版以行；又因"前参议臣宋时烈以朱文公《劝农文》请弁之，又得《衿阳杂录》《四时纂要[抄]》以附篇末"，故总为《农家集成》一书。这是韩国传统农学产

①② （朝鲜）许筠：《闲情录·治农第十六》，哈佛大学汉和图书馆藏钞本，原书无页码。

生、形成以来的第一次回顾和总结，因此，申泂对其纂集深感自信："其耕获之早暮、风霜之节候、谷品燥湿之宜、蚕桑树艺之方，各究其妙而靡所阙遗。"[①]但他却未收入《闲情录》，或因其不"似"农书，或因其不为所知，无论怎样都是一个遗憾，尤其是对《闲情录》而言——该书一直未曾公开刊行过，因此在韩国传统农学史上影响差小。而《闲情录》的学术价值非常高，除前揭内容外，比如在选种育种、施肥等方面均有独到之处，甚至在韩国传统农学史上首次明确记载籼稻、粳稻、糯稻植物特征的也是该书："水稻其名不一，大概为类有三：早熟而紧细者曰秈（同'籼'），晚熟而香润者为稉（同'粳'），早熟适中米白而粘者曰稬（同'糯'）。"[②]

《农家集成》编成后曾多次刊行，在朝鲜广为流传。此后，韩国传统农学基本上走上了本地化独立发展道路，涌现出了更多农书，著名的有朴世堂《穑经》、洪万选《山林经济》、朴趾源《课农小钞》、裴宜《应旨进农书》、徐浩修《海东农书》、徐有榘（徐浩修子）《种薯谱》《林园经济志》、安宗洙《农政新书》、李佑圭《蚕桑撮要》、金鑢《牛海异鱼谱》、丁若铨《兹山鱼谱》等。甚至还出现了女性农学家，如徐浩修儿媳李氏著有《山家乐》《酒食议》。跟前期相比，朝鲜后期农书总体上更多综合性农书。

第二节　在日本的传播及影响

从岩宿遗址、茂吕遗址、福井遗址、星野遗址等考古文化遗址

---

① （朝鲜）申泂：《〈农家集成〉跋》，申泂编：《农家集成》，日本国立公文书馆内阁文库藏本，叶一 a 至 b。按：胡道静以申跋系时"乙未"为中宗三十年，即明嘉靖十四年、公元 1535 年（《朝鲜汉文农学撰述的结集——述所见三个不同版刻的〈农学集成〉》，《胡道静文集：农史论集、古农书辑录》，第 178 页），误。

② （朝鲜）许筠：《闲情录 · 治农第十六》，哈佛大学汉和图书馆藏钞本，原书无页码。

看，旧石器时代日本列岛即有人类居住。[①] 此后之历史时期一般分为绳文时代（约前 12000—约前 300）、弥生时代（约前 300—约 250）、古坟时代（亦称大和时代，约 250—593）、飞鸟时代（593—710）、奈良时代（710—794）、平安时代（794—1192）、镰仓时代（1192—1333）、室町时代（1333—1573，其中 1336—1392 称南北朝时代、1467—1573 称战国时代）、安土桃山时代（1573—1603）、江户时代（1603—1867）、明治时代（1868—1912）。在古坟时代，日本逐渐由奴隶制小国林立的状态走向统一，中经邪马台国最终由大和国完成此一过程。统一后的日本于 369 年应百济之请前往攻伐新罗，百济成为其藩属。391 年又再度出兵击败百济、新罗，并与高句丽好太王发生战争。[②] 因此，日本最早的汉籍即经由朝鲜半岛传至：

> （应神天皇）又科赐百济国："若有贤人者贡上。"故受命以贡上人名和迩吉师。即《论语》十卷、《千字文》一卷，并十一卷，付是人即贡进（此和迩吉师者，文首等祖）。又贡上人手韩锻名卓素，亦吴服西素二人也。又秦造之祖、汉直之祖，及知酿酒人名仁番，亦名须须许理等参（同"叁"，简作"三"）渡来也。[③]

① 详参吴廷璆主编：《日本史》，天津：南开大学出版社，1994 年，第 3—4 页；陈国庆编著：《日本旧石器——古坟时代考古学》，北京：科学出版社，2016 年，第 4—6 页。

② 王建群：《好太王碑研究》，长春：吉林人民出版社，1984 年，第 202—229 页；朴真奭：《高句丽好太王碑研究》附录 2，延吉：延边大学出版社，1999 年，第 53—92 页；（日）坂本太郎著，汪向荣、武寅、韩铁英译：《日本史概说》，北京：商务印书馆，1992 年，第 31—39 页。

③ （日）太安万侣：《古事記》卷中，京都大学図書館藏大永二年（1522）抄本，原书无页码。按：日本国立国会図書馆藏明治三年（1870）柏悦堂刻本"又贡上人手韩锻名卓素"一语作"又贡上手人韩锻名卓素"（叶六五 b）；又，《千字文》成书于南朝梁武帝（502—549 在位）时期，故此处所记似有误，不过有学者据奈良东大寺《东大寺献物帐》"王羲之书卷五十一《真草千字文》二百三行"之记载指出，此《千字文》可能并非指人所熟知的周兴嗣所撰者（郑樑生：《中日关系史》，台北：五南图书出版公司，2000 年，第 27 页）。

> （应神天皇）十五年（284）秋八月壬戌朔，丁卯，百济王遣阿直岐贡良马二匹……阿直岐亦能读经典，即太子菟道稚郎子师焉。于是天皇问阿直岐曰："如胜汝博士亦有耶？"对曰："有王仁者是秀也。"时遣上毛野君祖荒田别、巫别于百济，仍征王仁也。其阿直岐者，阿直岐史之始祖也。
>
> 十六年春二月，王仁来之。则太子菟道稚郎子师之，习诸典籍于王仁，莫不通达。故所谓王仁者，是书首等之始祖也。[①]

此后新罗还多次向日本派遣五经博士，一直到6世纪中期，朝鲜半岛都是中华文化、中国典籍向日本传播的重要桥梁。[②]

7世纪初，摄政的天皇侄儿圣德太子发动了"推古朝改革"，制定了《冠位十二阶》（推古天皇十一年，603），以儒家德目命名官称（大德、小德、大仁、小仁、大礼、小礼、大信、小信、大义、小义、大智、小智）；次年又制定《宪法十七条》，倡导"以和为贵"、"以礼为本"及忠君（"君则天之，臣则地之"）、仁政（"使民以时"）、信义（"信是意本，每事有信"）等儒家政治哲学。[③] 文词大多取自五经、《论语》、《孝经》、庄、韩、《史记》、《说苑》、《文选》等书，[④]足见中国典籍在当时日本的传播已较普遍。

不久，日本革新派通过政变上台（大化元年，唐贞观十九年，645），实行了一系列革新措施，史称"大化改新"。[⑤] 此时中国正值

① （日）舍人親王編：《日本書紀》卷10《譽田天皇（應神天皇）》，日本国立国会図書館藏慶長十五年（1610）刻本，叶七b至八a。

② 严绍璗、（日）源了圆主编：《中日文化交流史大系（思想卷）》，杭州：浙江人民出版社，1996年，第27—28页。

③ 北京大学哲学系东方哲学史教研组编：《日本哲学》第1集《古代之部》，北京：商务印书馆，1962年，第16—18页。

④ 严绍璗：《汉籍在日本的流布研究》，南京：江苏古籍出版社，1992年，第8页。

⑤ 关于大化改新之后日本社会的性质，日本学者一般认为仍为奴隶制度，中国学者则多认为进入封建制度。参见（日）石母田正：《中世（注转下页）

唐王朝统治，两国进入一个交流的黄金时期。从舒明天皇二年（唐贞观四年，630）第一次到承和元年（唐太和八年，834）最后一次[①]，日本共派遣唐使15次（其中3次因故中止）[②]。遣唐使团（尤其是中后期[③]）的主要任务是学习唐朝制度文化，包括农书在内的各种典籍一批一批地被运回日本。因此奈良时代被称为“唐风文化”时期，可以说“八九世纪的日本简直就是唐朝的缩影”[④]。200年的遣唐使（日本称“西海使”“入唐使”）历史可分为四个阶段，第三个阶段正当唐开元盛世，唐朝文治臻于极盛，日本对中国的学习不再满足于形式主义的模仿，而是“进一步深入地探索其精髓”。然而唐朝随后爆发了安史之乱，民众流离，藩镇割据，屡致外侮，荣光不

（续上页注）的世界の形成》，東京：岩波書店，1985年，第318—376页（伊藤書店1946年初版）；（日）永原慶二：《日本封建制成立過程の研究》，東京：岩波書店，1961年，第491—492页；周一良、吴于廑主编：《世界通史（中古部分）》，北京：人民出版社，1963年，第119页；吴廷璆：《大化改新前后日本的社会性质问题》，《吴廷璆文集》，天津：南开大学出版社，2019年，第182—185页（初刊于《南开大学学报》1955年第1期）；张玉祥、禹硕基：《论日本奴隶制向封建制的过渡》，《历史研究》1982年第2期，第154—157页。

① 此后60年的宽平六年（唐乾宁元年，894），日本又拟遣菅原道真使唐，被其谏止，并正式停废了遣唐使制度。

② 另曾派“送唐客使”3次（分别送唐使刘德高、司马法聪、孙兴等人，其中送司马法聪止于百济而未入唐）、“迎入唐大使”1次（迎藤原清河）。余幼荪《隋唐五代中日关系史》对历次遣唐使情况有详细叙述（台北：台湾商务印书馆，1974年，第44—99页）；藤家礼之助《中日交流两千年》列有一览表（章林译，北京：北京联合出版公司，2019年，第97—100页），亦可参见。惟俱未述及天平十八年（唐天宝五年，746）所派遣唐使石上乙麻吕（因故中止），详参（日）東野治之：《天平十八年の遣唐使派遣計画》，《續日本紀研究》第155、156号合刊，1971年，第49—51页。

③ 前期两国处于接触阶段，继之又因在朝鲜半岛支持不同的国家而发生军事冲突。

④ 韩昇：《东亚关系的变动与遣唐使始末》，《郑州大学学报》2008年第5期，第99页。

再。在日本看来，“凡可汲取的唐代文化大致已经汲取”，因此对遣唐使不再有热情，第四个阶段60年中仅派了3次；更重要的变化，是视之不过为“祖传的成规，完成任务而已”。[①] 日本对唐朝的改观，不仅导致遣唐使制度最终废止，更对宋朝建立后两国关系和文化交流产生了重大影响。

一、两宋与日本的关系及书籍流通

(一) 两宋与日本的关系

北宋建立之初，宋太祖忙于国内统一事业，无暇虑及日本。太宗因其得位不正，亟思建立不世之功以取人心，故征辽以示武功，续成《开宝藏》后又修《太平御览》《太平广记》《文苑英华》三大类书以彰文治，登基建元则曰“太平兴国”，故而他颇有意于恢复与日本的外交关系。但当时日本上承废止遣唐使之制，“禁止邦人渡航海外，只是对有志巡礼中国圣地天台山、五台山的僧侣网开一面，作为例外，准许他们渡海入宋”[②]。太平兴国八年(983)，日本著名的清凉寺创建者、僧人奝然搭乘宋商船只至天台山礼佛后复来进谒太宗，太宗遂给予其高规格的礼遇。在听取奝然对日本风土、朝政的介绍后，太宗对日本天皇万世一系的政统颇为钦佩，表示“此盖古之道也……朕虽德惭往圣，常夙夜寅畏，讲求治本，不敢暇逸。建无穷之业，垂可久之范，亦以为子孙之计，使大臣之后世袭禄位，此朕之心焉”[③]。然卒未获日本政府回应。此后真宗与辽签订澶渊之盟，颇有

① (日)木宫泰彦著，胡锡年译：《日中文化交流史》，北京：商务印书馆，1980年，第74—75页。

② (日)木宮之彦：《入宋僧奝然の研究：主としてその随身品と将来品》，東京：鹿島出版会，1983年，第20页。

③ 《宋史》卷491《外国传七・日本国传》，第14134页。按：原文系时于雍熙元年(984)，据日本清凉寺释迦牟像封藏文书《奝然入宋求法巡礼行并瑞像造立记》记，奝然太平兴国八年(983)十二月十九日到达汴京，二十一日在崇圣殿觐见太宗。参见(日)鹈饲光昌：《关于入宋僧奝然的事迹》，《佛学研究》1996年号，第27页。

"城下之盟"之憾，乃东封西祀以洗刷之；大中祥符六年（日长和二年，1013）又派使者赍送文牒及礼物至日本欲复邦交，天皇仅命式部大辅高阶积善复书而已。[①] 天圣四年（日万寿三年，1026），日本太宰府又遣使至明州（治今浙江宁波市），宋因其未持国书而却之。[②] 熙宁五年（日延久四年，1072），日本又一名僧成寻率弟子赖缘等7人搭乘宋商孙忠船只由台州入宋。神宗是大有为之君，对此非常重视，乃"诏使赴阙"。[③] 宋政府详细了解了日本地理、历史及贸易需求等情况。次年恰好久旱不雨，神宗因命成寻祷之而三日雨降，遂赐其"善慧大师"之号，又敕加"译场监事"之职。[④] 不久成寻遣赖缘等人搭乘宋商孙忠船只回国，神宗遂致书日本天皇，并赠用金泥书写的《法华经》一部及蜀锦20匹。[⑤] 但由于神宗书信中有"赐日本国王"、牒状有"回赐日本国"之语[⑥]，日本官员为是否接受礼物掀起了一场长达数年之久的争论，直到承历元年（宋熙宁十年，1077）才决定以太宰府的名义回信，并赠送"六丈织绢二百匹、水银五千两"[⑦]由作为翻译人员的僧仲回随孙忠赴宋呈交。明州地方官认为仲回非使臣，遂不纳其牒，"答其物值"而使之归。处理情况

---

① 详参孙乃民：《中日关系史》第1卷，北京：社会科学文献出版社，2006年，第226页。

② 《宋史》卷491《外国传七·日本国传》，第14136页。

③ 《宋史》卷491《外国传七·日本国传》，第14137页。按：原文作"诚寻"，误。

④ （日）釋師錬：《元亨积書》，（日）経済雑誌社編：《国史大系》第14卷，東京：経済雑誌社，1901年，第904页。

⑤ （日）成寻撰，王丽萍点校：《新校参天台五台山记》，第534页。按：佚名《百錬抄》记为"十月，入唐（指宋）僧成寻归朝，大宋皇帝被献金泥《法华经》、《一切经》、锦二十段"（卷5延久五年十月，《国史大系》第14卷，第45页），当以成寻自记为确。

⑥ （日）藤原兼实：《玉葉》卷10承安二年九月二十二日，東京：国書刊行会，1907年，第226页。

⑦ （日）佚名：《百錬抄》卷5承历元年五月五日，（日）経済雑誌社編：《国史大系》第14卷，第47页。

上报后，神宗命赐仲回“慕化怀德大师”之号。[①] 次年(元丰元年，1078)，孙忠再次赴日贸易，神宗又命其带去“赐日本国大宰府令藤原经平”的文书和礼物，[②]反而引起日本官员的狐疑，仍然是久论不决。[③] 此后哲宗、徽宗因其“绍圣”“崇宁”，也命宋商向日本传递过书信，然而“矧尔东夷之长……隔阔弥年，久缺来王之义”[④]一类的言辞让日本觉得未受到平等对待故仍未回应。总之，宋神宗开创宋、日外交关系的努力完全付之东流了，直到南宋结束，两国也没有建立起官方外交关系。

日本虽然未与宋朝建立起官方外交关系，但对两国民间交流还是较为积极的。比如日本入宋巡礼求法的僧人非常多，特别是南宋，仅见诸史载者就在百人以上[⑤]。宋朝赴日贸易的商人很多，仅北宋就达 70 次以上[⑥]，在当时经济文化交流中发挥了巨大的作用，上揭孙忠就是一个著例。到了南宋，赴日商人更多：“贩海之商，无非豪富之民，江淮闽浙处处有之。”[⑦]同时，日本到宋朝经商者亦多，“倭人冒鲸波之险，舳舻相衔，以其物来售”[⑧]。因此，可以说宋朝和日本之间的文化交流、书籍传播完全是经由民间渠道完成的。

---

① 《宋史》卷 491《外国传七 · 日本国传》，第 14137 页。

② (日)瑞渓周鳳：《善隣国宝記》卷上，近藤瓶城編：《史籍集覧》第 21 册，東京：近藤出版部，1924 年，第 22 页。

③ (日)佚名：《百錬抄》卷 5 承历元年五月五日，(日)経済雑誌社編：《国史大系》第 14 卷，第 47 页。

④ (日)瑞渓周鳳：《善隣国宝記》卷上，近藤瓶城編：《史籍集覧》第 21 册，第 22 页。

⑤ 详参(日)木宫泰彦著，胡锡年译：《日中文化交流史》，第 306—334 页。

⑥ 详参(日)木宫泰彦著，胡锡年译：《日中文化交流史》，第 238—243 页。

⑦ (宋)包恢：《敝帚稿略》卷 1《禁铜钱申省状》，《宋集珍本丛刊》第 78 册，北京：线装书局，2004 年影印本，第 496 页。

⑧ (宋)梅应发、刘锡纂：《开庆四明续志》卷 8《蠲免抽博倭金》，《宋元方志丛刊》第 6 册，北京：中华书局，1990 年影印本，第 6010 页。

另一方面，日本始终也未与宋朝的对手辽、金、蒙古(元)建立外交关系，正如日本学者藤家礼之助所指出，这是因为对宋朝及其文化的认同，从而把宋朝视为中国的正统王朝，把宋朝仇视的“夷狄”也视为“夷狄”加以仇视，因此只与宋朝保持密切的民间交往。甚至在文永五年(宋咸淳四年，元至元五年，1268)当蒙古人灭掉金国、不断进攻南宋时，面对忽必烈以战争相威胁的招徕(“冀自今以往，通问结好，以相亲睦……以至用兵，夫孰所好，王其图之”[①])也予以拒绝并下令备战[②]。日本的这一观念实际上早有表现：在南北朝时，他们就只与南朝交往，而完全无视被南朝视为“索虏”的北朝。[③] 可见，日本的确深受以儒家学说为主的中国文化影响。

(二) 宋、日之间包括农书在内的书籍流通

元、明和宋朝类似，大部分时间亦未与日本建立官方外交关系外，但以僧侣、商人为主的民间经济文化交流同样十分繁荣。据日本学者木宫泰彦统计，入元僧有220多人，入明僧有110多人，[④]其中中岩圆月、绝海中津、汝霖良佐等亦为一代名僧。元朝主要是日商赴元，至少在40个批次以上[⑤]。明朝除个别时期与日本有官方贸易往来，民间贸易大部分时间都是禁止的，不过实际上禁而不止，尤其是万历以后海禁渐弛，私商规模更大。有的还绕航朝鲜赴日：“近年以来，中朝法禁解(通‘懈’)弛，故商船往来日本络绎不绝。”[⑥]书籍同样是元明商人获取厚利的重要商品之一。不过，虽

① 《元史》卷6《世祖本纪三》，第111页。按：原文系于至元三年，是为发书之时。

② 详参(日)藤家礼之助著，章林译：《中日交流两千年》，第205、162—163页。

③ 详参(日)藤家礼之助著，章林译：《中日交流两千年》，第66—70页。

④ (日)木宫泰彦著，胡锡年译：《日中文化交流史》，第408—410、587—604页。

⑤ (日)木宫泰彦著，胡锡年译：《日中文化交流史》，第389—393页。

⑥ (日)京城帝国大学法文学部編：《李朝実録・明宗實録》卷4明宗元年七月庚午，東京：學習院東洋文化研究所，1953年，第25册第168页。

然农书事关农业生产发展，事关民众衣食丰欠，事关国家安全稳定，其重要性不言而喻，但人类在满足生活需求后总是渴望追求形上之思考、审美之愉悦、情感之超越，故大多数在选择精神食粮时往往偏重于非实用性的哲学、史学、文学、艺术等书籍。这一偏好自然会影响到农书在东亚世界的传播，换言之，宋代农书在日本（也包括高丽）的流通量应当要小于经、史、集部书。

东传日本的农书有的见诸记载，如日本著名史书《善邻国宝记》作者瑞溪周凤(1392—1473)，他对每天看过的书籍都会加以记录，宝德元年（明正统十四年，1449）九月十八日他写道："此书（《百川学海》）永享(1429—1440)初来自大明者也。"[①]我们知道，《百川学海》是南宋末期的一部大型丛书，其中就收有多部农书，如《东溪试茶录》《菌谱》《橘录》《荔枝谱》《洛阳牡丹记》《扬州芍药谱》《海棠谱》《菊谱》《梅谱》等。当然很多书未必都见诸记载，亦未必都得到完好保存（尤其农书等实用性书籍）。不过，仍可通过考察其清以前刊本在日本的传世情况以概见之。借助澁江全善、森立之、严绍璗、王华夫等学者的研究成果[②]，可知宋元明农书在当今日本仍多有存世：宋代农书如《花果卉木全芳备祖》有宋刊本，《东溪试茶录》《橘录》等有较多明刊本，《耕织图》更得到广泛传播[③]。元代农书《农桑辑要》、王祯《农书》、《田家五行》等有明刊本。明代农书《农

① （日）瑞渓周鳳：《臥雲日件録拔尤》，近藤瓶城編：《続史籍集覧》第3册，東京：近藤出版部，1930年，第43页。

② （日）澁江全善、森立之撰，杜泽逊、班龙门校：《经籍访古志》，上海：上海古籍出版社，2017年；严绍璗编著：《日藏汉籍善本书录》，北京：中华书局，2007年；王华夫：《日本收藏中国农业古籍概况》，《农业考古》1998年第3期，1999年第1、3期，2000年第1、3期，2001年第1、3期，2002年第1、3期，2003年第1期，第330—335、337，322—324，326—328、334，299—303，321—323，289—291，235—239、249，341—346，312—316，287—290页。

③ （日）渡部武撰，曹幸穗译：《〈耕织图〉流传考》，《农业考古》1989年第1期，第162—164页；渡部武撰，陈炳义译：《〈耕织图〉对日本文化的影响》，《中国科技史料》1993年第2期，第11—13页。

圃四书》、《种树书》、《救荒本草》等，农书丛书《田园经济》、《二茹亭群芳谱》（并非只收花谱）等有较多明刊本；《农政全书》不仅有较多明刊本，而且直到江户晚期日本国内还在刊印该书。

二、宋代农书对日本的影响

事实上，在唐代《齐民要术》等就已传入日本，但因率皆叙论北方旱作农业技术，与日本以稻作为主的传统农业凿枘不投，故默然无响以至散佚。宋朝因为首次对南方水田农业技术进行了系统总结，同时农书数量激增，这些农书在除了在宋代，还在元明尤其是明代被大量刊刻出版，从而持续不断地东传日本（与元明农书一起），激发日本大量学者研究农学，从而在江户时代（1603—1867）创立起本民族的传统农学。[①] 因为江户时代在日本历史分期中称为“近世”，所以日本传统农学又被称为江户农学、近世农学。江户农学的创立对当时日本农业经济发展起到了重要推动作用，也为日本传统学术文化增添了新的内容。

宋元明东传农书对日本传统农学的影响可以概括为两个方面，一是具体农业技术层面，二是农业哲学层面。就前者言，可以江户农学奠基期集大成之作《农业全书》为例。《农业全书》撰成于1697年，全书10卷，首卷总论土壤、耕作、种子、施肥、收贮、水利，余卷分述五谷、蔬菜野菜、花果、经济林木、畜禽、药材、养生等。书中对宋陈旉《农书》、元王祯《农书》尤其是明徐光启《农政全书》多有引用借鉴。作者宫崎安贞自序坦承：“余既深究中国农书，又旁及于本草学。凡中华农法用于吾国而有益者，皆加集录。”[②]其友贝原乐轩亦称其“尝阅华夏之农书而穷耕芸（通‘耘’）之术，深造其

① 虽然宋代农书在清代仍被继续刊印东传日本，但日本传统农学兴起于江户初期，故不再将清刊宋代农书纳入考察范围。

② （日）宮崎安貞著，（日）貝原楽軒補：《農業全書・自序》，東京：学友館，明治二十七年（1894），第4—5页。

奥,默识其妙”[①]。据古岛敏雄研究,《农业全书》对《农政全书》的“集录”分为四种情况:全部引用(如绿豆、小豆、番薯、扁豆、菠菜等作物),全部引用并记载日本独特的栽培方法(如荞麦、大豆、芋、蒜等作物),引用栽培方法并记载当地播种期、收获期等差异(如麦、黍、豌豆、大麻、萝卜等作物),仅引用性状、用途等介绍文字(如稻、小麦、粟、胡麻、蚕豆等作物)。其余南瓜、胡萝卜、莴苣、烟草等作物对《农政全书》相应内容没有引用。[②]《农业全书》被称为“日本第一农书”,后之农书多受其笼罩。据德永光俊统计,明确称引该书的有45部[③],约占江户农书总数的六分之一。换言之,宋元明农书不仅直接对日本传统农书产生影响,还经由《农业全书》等间接产生影响。

茶书是宋代农书大宗之一,其所备载的种茶、制茶技术及饮茶技艺对日本茶道、茶书产生了巨大影响。日本关于饮茶的最早可靠记载见于《日本后纪》:“弘仁六年(唐元和十年,815)夏四月癸亥,(磋峨天皇)幸近江国滋贺韩崎,便过崇福寺……大僧都永忠自煎茶奉御。”[④]但这一源自唐朝的饮茶习惯(释永忠曾在长安生活达30年之久)主要限于个别僧侣之间,并未在日本形成风尚。南宋中期,有日本“禅祖”“茶祖”之称的僧人荣西(在宋朝被孝宗赐以“千光法师”之号)不仅把茶树苗木或茶籽带回日本,还大力推广种茶、饮茶,日本社会就此形成垂至于今的茶道文化。建保二年(宋嘉定七年,1214),荣西撰成《吃茶养生记》一书,书首为序言,重在强调饮茶的功效:“茶也,养生之仙药也,延龄之妙术也。山谷生之,其地神灵也。人伦采之,其人长命也……古今奇特仙药也,不

---

① (日)宮崎安貞著,(日)貝原楽軒補:《農業全書·后序》,第8页。

② 详参(日)古島敏雄:《日本農学史》第1卷,東京:日本評論社,1946年,第478—531页。

③ (日)德永光俊撰,韩健平译:《东亚日本农书的形成及特征》,《古今农业》2003年第2期,第62页。

④ (日)藤原冬嗣等:《日本後紀》,(日)経済雑誌社編:《六国史:国史大系》,東京:経済雑誌社,1916年,第177页。

可不摘乎……其示养生之术，可安五藏。五藏中，心藏为(王)[主]乎。建立心藏之方，吃茶是妙术也。”正文中亦予详论：“若心藏病时，一切味皆违，食则吐之，动不食。今吃茶则心藏强，无病也……我国多有病瘦人，是不吃茶之所致也。若人心神不快，尔时必可吃茶，调心藏，除愈万病矣”，“频吃茶则气力强盛也”。[①] 继则详述茶名、茶树及花叶外观、采茶、焙制、饮茶等项技术方法，如其述焙制云：“朝采即蒸，即焙之。懈倦怠慢之者，不可为事也。焙棚敷纸，纸不焦样。诱火工夫而焙之，不缓不急，竟夜不眠，夜内可焙毕也。即盛好瓶，以竹叶坚封瓶口，不令风入内，则经年岁而不损矣。”[②] 这些说法均可在《东溪试茶录》《大观茶论》《北苑别录》等宋代茶书中找到来源。其述饮茶云：“极热汤以服之，方寸匙二三匙，多少随意。但汤少好，其又随意云云。殊以浓为美。饭酒之次，必吃茶，消食也。”[③]这一饮茶法与宋朝一样属于点茶法，即用茶粉调成茶汤引用。

日本兽医学史最早可追溯到推古天皇三年(595)圣德太子命近臣向高句丽僧人惠慈学习疗马法，但真正奠定日本兽医学基础、在畜牧业发展中作出巨大贡献的是延历二十三年(804)留学唐朝的砚山左近将监平仲国，其回国后创立了“仲国流”兽医学派，并进而发展形成了“桑岛流”“安西流”等学派。[④] 平仲国 18 代孙藤原仲纲于天文二十年(1551)著成《马医醍醐》一书，深受唐宋世代累积型兽医书《司牧安骥集》影响。其他如《马医草纸》(文永四年，1267)、《仲国秘传集》(天文二十二年，1553)、《疗马图说》(天正元

① (日)释荣西等著，王建注译：《吃茶养生记：日本古茶书三种》，贵阳：贵州人民出版社，2003 年，第 1—2、5、7 页。

② (日)释荣西等著，王建注译：《吃茶养生记：日本古茶书三种》，第 16 页。

③ (日)释荣西等著，王建注译：《吃茶养生记：日本古茶书三种》，第 26 页。

④ (日)小佐々学：《日本在来馬と西洋馬——獣医療の進展と日欧獣医学交流史》，《日本獣医師会雑誌》2011 年第 64 卷第 6 期，第 422 页。

年,1573)等也对宋代医马书多有学习借鉴。[①]

中国传统农学的哲学基础一是“三才”论,由《吕氏春秋》首次提出“夫稼,为之者人也,生之者地也,养之者天也”[②];二是人所熟知的阴阳五行论。两者都对江户农书产生了深刻影响,奠定了日本传统农学的基本风貌。前者如《农业大全》开篇即说:“农耕之事,其理至深。夫稼,生之者天也,养之者地也。人居其中,因天之气,依地之宜,合天之时,方劳而有获。”[③]《会津农书》亦云:“用天之道,因地之利,极尽人事,可赞天地之化育。”[④]《耕作噺》进而谓:“夫天时不如地利,地利不如人和……不惧天时之寒气,不屈土地之贫瘠,稻之收获在于人事。”[⑤]后者如《会津歌农书》云:“五行既配五色……亦配五味……故具五色之黄、五味之甘者乃为上土。”[⑥]《农业自得》云:“暖地为阳,寒地为阴,然暖地亦有阴,寒地亦有阳……阳地宜早稻,阴土宜晚稻,中性地宜中稻。”[⑦]当然,很多都是既讲三才论,又讲阴阳五行。

江户时代产生的第一部农书是《亲民鉴月集》。该书是日本著名武将土居清良传记《清良记》中的一卷,由于较详细地记录了正亲

---

① 虽然广义的农学包括茶学、畜牧兽医学,但仅出现茶书、畜牧兽医书显然不能视作农学的兴起,故日本学界一般不将江户农学兴起的源头加以追溯。本书既然讨论宋代农书对日本的影响,自须于此述及,惟遵从主流观点亦不视之为日本传统农学兴起之始。

② 许维遹集释,梁运华整理:《吕氏春秋集释》卷26《审时》,第696页。

③ (日)宮崎安貞著,貝原楽軒補:《農業全書》卷1《農事総論》,東京:学友館,明治二十七年(1894),第1页。

④ (日)佐瀬与次右衛門:《会津農書·附錄》,山田龍雄等編:《日本農書全集》第19卷,東京:農山漁村文化協会,1982年,第361页。

⑤ (日)中村喜時:《耕作噺》,(日)小野武夫編:《近世地方経済史料》第2卷,東京:近世地方経済史料刊行会,1932年,第304页。

⑥ (日)佐瀬与次右衛門:《会津歌農書》,山田龍雄等編:《日本農書全集》第20卷,東京:農山漁村文化協会,1982年,第17—19页。

⑦ (日)田村吉茂:《農業自得》,明治十四年(1881)栃木県田村仁八郎刊本,第25—26页。

町天皇初期的农业技术及农民生活，故被视为一部农学专著。这和析自《礼记》的《夏小正》、析自《吕氏春秋》的《辨土》《审时》等中国早期农书情况相同。据山口常助、入交好修等考证，《亲民鉴月集》作者是土居清良的家臣土居水也，成书于1629—1654年间。[①] 该书详述粮食、蔬菜、观赏作物的品类与栽培技术及农业经营管理方面的内容。所记粮食作物以稻为主，有早稻、中稻、晚稻等5类98个品种。其中太米又称太唐米、大唐米、唐米，即越南占城稻，因宋时自江浙地区传入而得名。《亲民鉴月集》将土壤分为真土、音土、疑路三类九等二十七级，主张在不同土壤上种植适宜的作物，如音土虽不如真土肥沃，但以种麦植蔬反较真土为优。同时强调施肥改良土壤、增强肥力，并详细记载了沤粪方法。[②] 这些主张及技术细节和陈旉《农书》"地势之宜""粪田之宜"章颇有相似之处。

《亲民鉴月集》的产生是日本传统农学兴起的开端，其后较早的有《百姓传记》《汇津农书》《若林农书》《农业全书》等，这些著作构成了日本传统农学奠基期的主要骨架。此后日本传统农学得到蓬勃发展，共产生了300多部农书。日本学界一般将这些农书分为农事日记、特产、园艺、农产加工、畜产兽医、渔业、林业、农法普及、农村振兴、开发保全、灾害复兴、本草救荒、学者农书、绘图农书、地域农书15个类型[③]。这一分类法是综合考虑日本传统农书内容与编纂形式的结果。单纯从内容看，也可如本书对宋代农书的分类一样，分为综合性，耕作、农具、农田水利类，作物类，蚕桑类，园艺类，畜牧类，水产类，加工类，灾害防治类农书9类。

农史学者叶磊将日本传统农学的形成、发展历程分为初具规

---

① (日)古島敏雄:《日本農学史》第1卷，第102—115页；(日)入交好脩編著:《清良記:親民鑑月集》，東京:お茶の水書房，1955年，第39—46页。

② (日)松浦宗案(一作水居土也):《清良記》，滝本誠一編:《日本経済叢書·續》第1卷，東京:大鐙閣，1923年，第9—52页；曹幸穗:《日本最早的农书〈清良记·亲民鉴月集〉》，《农业考古》1986年第2期，第419—422页。

③ 参见叶磊:《日本江户时期的农学成就研究》，南京农业大学博士学位论文，2013年，第128页。

模、全面发展、达至鼎盛三个阶段[①]，从其受中国传统农学影响而成立的角度看，可分为引进与学习、整合与融汇、创新与发展三个阶段。此亦德永光俊将江户农书发展进路概括为"外来—传统—本地"[②]模式的内在逻辑。引进与学习阶段以前述《农业全书》为代表，兹不复赘。整合与融汇阶段学者纷纷强调因地制宜，如中村喜时《耕作噺》首章即论《风土》，指出"勘察各地气候、风土为耕作之第一要务"，著名藏书家木立守贞序亦云："国家、地区不同，东南西北四方有异，如果不结合当地气候与土地特点，耕作实难取得成绩。"[③]这一观点本质上是将引进农业技术理论与当地环境条件、已有传统技术加以整合融汇，以建立适合国情的、本地化的农学体系。本阶段代表性著作是成书于1788年的《农事辨略》，该书主要探讨麦、豆、棉、胡麻等旱地作物栽培技术。作者河野德兵卫在序言中坦承研究立场："余读《农业全书》，手不忍释，浸淫其间，渐通其术。然是书虽详赡该洽，颇不协此土之宜。遂执以为本，不顾遥路霜雪，必质诸精擅农法之老农，毫厘之差皆笔录之为日记，久而渐夥，董之成册，故名之曰《农事辨略》。"[④]《农事辨略》的出现标志着日本传统农业技术得到了全面的总结和反映。

创新与发展阶段代表性农书是田村吉茂撰于江户末期的《农业自得》，"自得"谓个人心得，即是说书中所论为非他人所知的创新内容。该书既讲水田农业技术，又讲旱地农业技术，包括稻、麦等粮食作物，胡麻、油菜等油料作物，棉花、烟草等经济作物的栽培方法，及气候、水利等方面内容。书中殊多原创性内容，其尤杰出者是首次提出了水稻、小麦等作物的稀播疏植法。长仓保对该技

① 叶磊：《日本江户时期的农学成就研究》，第126页。

② （日）德永光俊撰，韩健平译：《东亚日本农书的形成及特征》，《古今农业》2003年第2期，第63页。

③ （日）中村喜時：《耕作噺》，小野武夫編：《近世地方経済史料》第2卷，第300、298页。

④ （日）河野德兵衞：《農事辨略》，小野武夫編：《日本農民史料聚粋》第4卷，東京：巖松堂書店，1941年，第78页。

术的科学性与超前性作了很好的概括:"(稀播疏植法)罕见地提出了本该属于现代农学所有的'稀播''长育''疏植''少本栽插'等技术理念,这一科学举措无疑给'密播密植'的传统稻作栽培带来了一场深刻变革。"[①]此外,书中以7年为周期编制耕作帐即建立田间档案的做法已下开现代实验农学之路。可以说,《农业自得》代表了日本传统农学的最高水平。

日本传统农学形成、发展的不同阶段固然各有其主要学术任务和研究特点,但并非界然如划。如第一阶段虽以学习为主,但《农业全书》亦有移录《农政全书》内容而增注当地技术的整合融汇之举;第三阶段虽以创新发展为主,但亦有小西笃好《农业余话》对阴阳五行论的过度"学习",以致书中触处可见。日本传统农学形成后对农业经济发展无疑起到了巨大的推动作用,到江户末期,日本耕地面积增长至358万町步(1町步≈14.9亩),初期仅为150万町步。粮食总产量增长至3222万石,是初期的1.8倍;[②]单产也有较大幅度提高,以中等地来说,1反(1/10町步)收获量达到1.6石,而初期仅1.1石。[③]

最后要说明的是,在指出宋元明农书东传对日本传统农学形成产生重大影响的同时,也应看到以下两点。第一,日本传统农学之所以在江户时代产生并迅速发展,跟当时的社会历史背景分不开。日本人口在16世纪以前一直未超过1000万人,此后由于社会安定、生活水平提升而人口激增,至江户中期已逾3000万人。[④]

---

① (日)長倉保:《〈農業自得〉の成立とその時代的特質》,《栃木県史研究》1979年第15号。转引自叶磊、曾博涵、惠富平:《日本江户农书〈农业自得〉中的特色稻作技术考察》,《中国农史》2013年第2期,第118页。

② (日)安藤良雄編:《近代日本経済史要覧》,東京:東京大学出版会,1981年,第32页。按:前者为1872年数据,后者为1598年数据。

③ (日)山口和雄:《日本経済史》,東京:筑摩書房,1968年,第34页。按:前者为1873年数据,后者为1594年数据。

④ 李卓:《近代日本的人口状况与人口政策》,《日本学刊》2011年第4期,第50页。

这和宋代人口在中国历史上首次超过1亿时的情况类似，人口压力迫使人们努力发展农业。因此江户时代的日本自然也和宋朝当时采取的措施一样，一方面追求提高单产，故而大修水利，讲求农业技术、精耕细作；另一方面致力于开荒辟土，提高耕地总面积，故有与山争地（修筑梯田等）、与水争田（围海造田等）之举。质言之，社会发展压力是日本传统农学产生、形成的根本动力。第二，日本在接受宋元明农学影响时，非常重视因地制宜、与本国已有农业生产技术整合创新。正以此故，江户学者才能在现代农学曙光即将照亮整个天宇之际完成对古代农业技术的总结和发展，创立本民族的传统农学体系。换言之，除宋元明农书所承载的中国传统农学知识外，日本传统农学还有另一个理论来源，即日本古代以来口口相传的、在生产中起着指导作用的实践经验体系。

结语　宋代农学是中国传统农学的高峰

宋代是农书激增的时期，根据本书研究统计，有宋一代农书共计255种，较之《中国农学书录》著录增加140种，较之《中国农业古籍目录》著录增加119种。包括综合性农书54种，其中通论类农书18种，时令、占候类农书21种，方物、类书类农书15种；耕作、农具、农田水利类农书10种，其中耕作、农具类农书2种，农田水利类农书8种；作物类农书38种，其中粮食作物类农书2种，经济作物类农书36种（其中茶书28种）；蚕桑类农书5种；园艺类农书58种，其中花谱类农书45种，果谱类农书9种，蔬菜类农书4种；畜牧类农书35种，其中饲育类农书15种，兽医类农书12种，相畜类农书8种；水产类农书3种；食品加工类农书40种，其中食谱食疗类农书31种，酿酒类农书9种；灾害防治类农书12种，其中病虫防治类农书5种，救荒类农书7种。宋代农书在数量上远超前代，是唐代的9倍，是包括唐代在内的前此历代农书总和的3.3倍。[①] 跟后代相比亦不遑多让，是元代农书的5.9倍，[②]是明代全部农书的0.5倍，是清代全部农书的0.46倍。[③] 明、清农书如除去抄自前代者，则宋代农书数量与之大体相若。

宋代农书迅猛增长是各种因素共同作用的结果。从根本上

---

① 笔者据《中国农学书录》统计，唐代农书不足30种，包括唐代农书在内的前此历代农书为77种。参见拙文《宋代农书的时空分布及其传播方式》，《自然科学史研究》2011年第1期，第55页。

② 据笔者统计，元代农书仅43种。

③ 葛小寒据《中国农业古籍目录》统计，明代农书约773种，其去复补阙后为502种，除去抄自前代者，真正明人新撰的农书为282种；清代农书约767种（《明代农书研究》，南京农业大学博士学位论文，2018年，第56、60页），参照明代农书校正值，笔者以550种计之。

说，两宋人口激增，在中国历史上首次超过1亿，人地矛盾突出；同时一直处于强敌环伺之中，国家始终都保持着战备状态，需要强大经济力量支撑。这就迫使政府、民众积极发展农业生产，以满足不断增长的农产品需求。要实现这一目标，自然要讲求农业生产技术；反过来，农业极大发展的结果又进一步刺激农学全方位、多角度发展，从而使得农书数量大幅度增长。具体地讲，除理学格物致知治学方法的影响、印刷业发达等因素外，最重要的原因有三点：一是政府重视农业生产技术，奠定了政策基础。宋代劝农使之设自国初即为制度，熙丰变法亦以发展农业、富国强兵为旨归。宋中央和地方行政机构在组织、管理、推动农业发展方面，非常重视农业生产技术推广，如地方官员劝农文中就包括先进的水田耕作技术，稻麦复种轮作技术，粟、豆、胡麻等粮油作物种植技术，桑、棉、苎麻等经济作物种植技术，施肥制肥技术，耕牛牧养技术，农田水利工程建设技术等方方面面内容。二是宋代教育极大发展，奠定了人才基础。宋朝统治者大开文治之风，带来的巨大进步就是整个社会文化水平的提高。大多数读书人不良于场屋，遂成为一个“有文化的农民”；农家子弟亦有读书要求，“识字农”一词在宋代产生即为明证。这些“有文化的农民”在躬耕劳作中，必然会总结、研究农业生产技术以应用于农业生产，甚者则将实践中的所见所闻、所思所得撰成农书。三是宋人较具创新意识，提供了进步动力。宋人为学深具创见，哲学方面，新学、理学、心学等学派纷起林立；文学方面，宋词一代高标，宋诗也力避陈熟，以文为诗、以俗为雅，是唐诗之外的又一高峰；因此，宋人在研究农学、撰著农书时能够创新实为应有之义，很多宋代农书都是其作者有意识创新的产物。

从内容上看，宋代农书具有以下特点：一是内容分布广，每一类型的农书都有数量不等的著作。二是涌现出了很多新类型农书专著，如粮食作物类、农具类、农田水利类、灾害防治类等。三是部分农书类型数量增长突出，水利书、茶书、花谱、果谱、食谱、救荒书是为著例。四是创新性成果多。五是农书撰著体例有新发展，出现了较多韵文（或韵散结合）体、以图为主或图文结合的农书，前者如《山中咏橘长咏》《菊花百咏》等，后者如著名的《耕织图》以及《农器谱》《图形菊谱》等。六是在类书基础上发展出了很多包括大量农业生产技术内容的日用类书型农书，如《琐碎录》《事林广记》等。

从技术进步方面看，宋代农书涌现出了很多“第一”。如第一部农业气象专著《耒耜岁占》，第一部水稻专著曾安止《禾谱》，第一部柑橘分类学专著《橘录》，第一部荔枝专著《广中荔枝谱》，第一部牡丹专著《越中牡丹花品》，第一部芍药专著刘攽《芍药谱》，第一部梅花专著《范村梅谱》，第一部菊花专著文保雍《菊谱》，第一部海棠专著《海棠记》，第一部竹笋专著《笋谱》，第一部真菌专著《菌谱》，第一部泡桐专著陈翥《桐谱》，第一部甘蔗、制糖专著王灼《糖霜谱》，第一部螃蟹专著《蟹谱》，第一部综合性救荒专著《救荒活民书》，等等。尤其重要的是，宋以前农书所记主要是北方旱地农业技术，宋代南方水田农业技术成为农书最重要的内容，以陈旉《农书》为代表，首次对当时高度成熟的南方水田农业技术知识体系进行了系统论述。只有到了宋代，中国传统农学、传统农书始可称全面总结、反映了中国传统农业生产技术。

宋代传统农学哲学也取得了重大进展。中国传统农学哲学是运用“三才”理论来加以阐释的，先秦时期先民即已认识到宇宙、大自然、人类社会三者各有其规律，并对这些规律有一定的理解和把握。在此基础上，《吕氏春秋》首次明确提出了三才理论，此为北魏贾思勰《齐民要术》继承吸收，并提炼为“顺天时，量地利”的新表述，用今天的话说就是因时制宜、因地制宜、因物制宜。宋代三才理论获得了产生以来最重大的发展：一是在天时、地利因素中更加重视地利；二是认识到天时、地利因素是通过构成一个统一体即自然环境来影响农业发展的；三是在天、地、人三才因素中非常重视人的因素，由先秦秦汉“趣时”“适地”、南北朝“顺天时，量地利”进入到“盗天地之时利”的新阶段。这一思想的本质是赋予了人类在农业生产活动中更高的主体性地位——由消极地适应、顺应自然环境条件变为积极主动地改造自然环境条件。可以说，此观念是整个中国传统农学发展史上取得的最高成就之一。综上可见，宋代农学是北魏以来传统农学发展的一个新高峰。

通常将一门学科开始关注学科范围等自身问题时视为该学科成熟的标志，而宋代正是开始对传统农学学科范围加以认识并予以拓展的时期。宋初《崇文总目》仍仅将耕作"树艺之说"视为农书，其后目录书大都将畜牧、茶书、花谱等著作纳入农书范畴，其间虽仍有秉承"花木之流，可以悦目，徒有春华而无秋实，匹诸浮伪，盖不足存"[①]传统观点而持保留看法者，如曾安止称"集牡丹、荔枝与茶之品为经及谱"者为"好事者"，陆游感喟"欧阳公谱西都花，蔡公亦记北苑茶。农功最大置不录，如弃六艺崇百家"——但将园艺纳入农学谱系已成"共识"，《分门琐碎录》之类日用类书径将畜牧、花果列入《农艺门》即为明证；宋代大学者陈振孙虽视谱录为"浮末之病本者也"[②]，但仍将其列入"农家类"亦可为证。也就是说，宋人极大拓展了对农学学科范围的认识，已和今天大体相同，可见宋代农学是传统农学发展的成熟期。

降至元代，农书不仅数量较少，且基本集中产生于元代前期。元代最著名的两部农书《农桑辑要》和王祯《农书》大量内容都移录自宋代及同时期的金代农书，多承袭而少新创。后者虽第一次兼论南北农业技术，但只是在宋及前代农学基础上的综合，与宋代确立新的技术体系、开辟新的研究领域不同。明清时代，随着包括农学在内的西方近现代科学技术不断传入，中国传统农学受其影响逐渐向现代农学转型，如明清时期代表性农书《农政全书》不仅专置两卷述《泰西水法》，更是徐光启在上海、天津等地进行农学实验的产物。《农政全书》之用西学试验方法研究农学，明确昭示传统农学式微了。另一方面，清初为强化统治逐渐走上闭关锁国之路，至乾、嘉两朝西方近现代科学技术传入潮流基本中断，其时"西学少有人关注，中国科技基本回到自己原来的发展轨道"[③]。对于农

① (北魏)贾思勰著，缪启愉校释：《齐民要术校释·序》，第19页。

② (宋)陈振孙撰，徐小蛮、顾美华点校：《直斋书录解题》卷10，第295页。

③ 刘大椿等：《西学东渐》，第380页。

书、农学的认识较之于宋代，也大大退步了：如清初《千顷堂书目》等复摒茶书、花果谱录等于农书之外，清修《明史》作为官方支持的主流观点，“农家类”亦只收树艺、救荒之书[①]，《四库全书》踵此更是“逐类汰除，惟存本业”[②]。

因此，从总体上讲，宋代农书不仅是北魏以来传统农书的一个新发展期，还可以说是中国传统农书的鼎盛期；宋代农学不仅是北魏以来传统农学发展的一个新高峰，还可以说是中国传统农学的最高峰。当然，宋代农学虽然是中国传统农学的最高峰，但并不是中国古代农学的最高峰——正如上述，明代晚期迄清虽然在传统农学整体认识水平上较宋代退步了，但其作为中国古代社会的最后阶段，同时正向着现代农学转型，至晚清、民国初年建立起了现代农学学科，宋代农学水平显然不能与这一部分农学知识相比。换言之，中国古代农学的最高峰是晚清时期。

宋代农书的迅猛发展、宋代农学的巨大进步极大地促进了宋代农业经济发展，至有“农业革命”之说，这和宋代农书多样且有效的传播方式是分不开的，甚至可以说是其对宋代农业生产实践产生影响的关键因素。宋元明时期，宋代农书还经由以僧侣、商人为主的民间经济文化交流渠道不断东传朝鲜半岛和日本列岛。高丽对宋代农书的利用基本上是直接用以指导生产实践，朝鲜王朝则在宋元农书影响下孕育形成了本地化的传统农学。宋元明农书东传日本后，也激发了大量日本学者研究农学，从而在江户时代创立起本民族传统农学(称江户农学或近世农学)。江户农学的创立对当时日本农业经济发展起到了重要推动作用，也为日本传统学术文化增添了新的内容。质言之，宋代农书、宋代农学取得的成就和作出的贡献不仅是中国的，也是世界性的。

---

① 其中《群芳谱》不完全是关于粮食作物的。

② 《四库全书总目》卷102《农家类》，第852页。

附录一 《中国农学书录》《中国农业古籍目录》误收宋代农书考辨

1.《植杖闲谈》

《中国农业古籍目录》在综合性农书中著录“(宋)钱康功撰《植杖闲谈》”一书[①]，误。该书虽佚，他书尚多征引：《说郛》录“汉献帝”“吴会”“契丹”“谈命”“薛道衡”5条，《天中记》《说略》引其“温州作蠲纸”1条，《蟫精隽》引其“宋太后贤”1条，《奁史》引其“蘧蒢三娘善唱阿鹊盐曲”1条。可见该书乃侈谈故事之笔记——正符其“闲谈”书名——而绝非一农书。

书中称“今上旧封康王”[②]之语，则作者必两宋之交人。《事言要玄》称其为“吴越人”[③]，洪武《苏州府志》称其为郡人，则其为苏州人无疑。后者并略记其行止云：“双清亭，在洞庭东山社下里。建炎间，郡人钱康功避地所居。康功举进士，通判杨(‘扬’本字)、黄、滁三州，官至朝奉太夫。”[④]

2.《田间书》

一卷，林昉撰。《田间书》见收于《说郛》，连同附录之《杂言》共计27条。[⑤] 清代又有乾隆五十九年石门马氏大酉山房刻《龙威秘书》本(署名“林芳”)传世，亦摘自《说郛》者。是书虽名“田间”，实为笔记杂著，非农书也。《中国农业古籍目录》误收于“综合性”农

---

① 张芳、王思明主编：《中国农业古籍目录》，第222页。

② (明)陶宗仪等编：《说郛三种》弓28，第1335页。

③ (明)陈懋学辑：《事言要玄》卷首《引用诸书源流》，《四库全书存目丛书·子部》第202册，济南：齐鲁书社，1995年影印本，第18页。

④ 洪武《苏州府志》卷7《园第》，《中国方志丛书·华中地方》第432号，第318页。

⑤ (明)陶宗仪等编：《说郛三种》卷45，第736—737页。

书类[①]。作者林昉,字旦翁,三山(福州别称)人。[②] 以字按之,其名当以"昉"为是。《淳熙三山志》则记其字子扬,闽县(治今福建福州市)人,登淳熙十一年(1184)进士第,[③]曾任汀州武平县(治今福建武平县)尉。[④] 又南宋后期台州黄岩县半岭(属今浙江温岭市石桥头镇)有同名之林昉,字仲昉,号晓庵,与戴复古、吴大有、仇远、白珽等游,入元为国史检阅,著有《半山文集》(因其籍贯名集,亦其自署"半山后学"[⑤]之义,与王半山无涉)。清陶元藻谓"(林)昉字旦翁,号晓庵,先世闽人,徙家台州"[⑥],洪颐煊谓林昉有《田间书》《半山文集》[⑦]云云,皆是误两林昉为一人。

3.《禹贡山川地理图》

二卷,程大昌撰。程氏(1123—1195)字泰之,徽州休宁(治今安徽休宁县)人。绍兴二十一年(1151)进士,历官太平州教授、秘书省正字、提点浙东刑狱、江西转运副使、权吏部尚书、知泉州、知明州等。《宋史》有传。其为学长于古今名物考订,所著《禹贡山川地理图》是山川水道地理考证之作,并非农书,《中国农业古籍目录》误收于"农田水利"类[⑧]。

---

① 张芳、王思明主编:《中国农业古籍目录》,第 221 页。

② (宋)陈起编:《江湖后集》卷 9,《景印文渊阁四库全书》第 1357 册,台北:台湾商务印书馆,1986 年影印本,第 828 页。

③ (宋)梁克家纂修:《淳熙三山志》卷 30《人物类五》,《宋元方志丛刊》第 8 册,第 8067 页。

④ (明)黄仲昭修纂:《(弘治)八闽通志》卷 34《秩官》,上册第 974 页。

⑤ (宋)戴复古著,金芝山点校:《戴复古诗集》附录一,第 284 页。

⑥ (清)陶元藻辑,蒋寅点校:《全浙诗话》卷 23,杭州:浙江古籍出版社,2017 年,第 542 页。

⑦ (清)洪颐煊著,徐三见点校:《台州札记》卷 11,北京:中国文史出版社,2004 年,第 147 页。

⑧ 张芳、王思明主编:《中国农业古籍目录》,第 262 页。

4.《茶山集》

《中国农业古籍目录》于“竹木茶”类著录《茶山集》一书[①]，是书乃南宋曾几诗集，曾几号茶山，因以名其集，并非农书。曾几(1084—1166)字吉甫，河南府(治今河南洛阳市)人，少有神童之称，从刘安世、胡安国学。南宋初年曾任江南西路、两浙西路提刑，官终权礼部侍郎。为诗倡“活法”，诗风清新，著名的“梅子黄时日日晴，小溪泛尽却山行。绿阴不减来时路，添得黄鹂四五声”即其代表作。陆游为其弟子。

5.《园林草木疏》

一卷。《中国农业古籍目录》于“竹木茶”类著录为“(宋)王方庆撰”[②]，系承百二十回本《说郛》[③]而误。王方庆为唐雍州咸阳人，名綝，以字行。年十六为越王府参军，永淳(682—683)中累迁太仆少卿。武后临朝擢广州都督，颇有善政，时人以为有唐以来治广州者无出其右。万岁登封元年(696)拜相，后以老疾监修国史兼太子左庶子。长安二年(702)卒。王方庆是王羲之后裔，精于《三礼》，著述达二百余卷。[④]

6.《花经》

《中国农业古籍目录》著录《花经》一卷，云“(宋)张翊撰”[⑤]，实际上此张翊为五代南唐人。《花经》最早见载于陶穀《清异录》，前有其所加按语云：“张翊者，世本长安，因乱南来，先主(指南唐开国之君李昪)擢置上列，时拜西平昌(西平昌不在南唐辖区，‘平’字衍。西昌治今江西泰和县)令，卒。翊好学，多思致，尝戏造《花经》。”[⑥]张翊

---

① 张芳、王思明主编：《中国农业古籍目录》，第 244 页。

② 张芳、王思明主编：《中国农业古籍目录》，第 283 页。按：同书园艺作物类则作“(唐)王方庆撰”(第 237 页)。

③ (明)陶宗仪等编：《说郛三种》弓 105，第 4817 页。

④ 《旧唐书》卷 89《王方庆传》，第 2896—2901 页。

⑤ 张芳、王思明主编：《中国农业古籍目录》，第 85、240、278 页。

⑥ (宋)陶穀撰，孔一点校：《清异录》卷上，第 36 页。按：原标点作“时邦西平昌令卒，翊好学多思致”，谬甚。

有无可能入宋呢？恰好《江南野史》有较为详细的记载：

> （张翊）兄弟长力先业，能属文，入广陵，先主辅政，以射策中第，授武骑尉。先主移镇金陵，随渡江……嗣主（李璟）代立，例受庆恩，求以宁亲，授虔州观察判官、西昌令，假道还里，人荣之。在任多著政绩，然性褊躁，恃才靡有宽恕，每狎侮同寮，凌暴左右，致被鸩而卒。[①]

可见其卒时宋尚未立国。因此《中国农业古籍目录》著录是错误的，《花经》并非宋代农书。

7.《孙公谈圃》

孙升口述，刘延世笔录，成于建中靖国元年（1101）。刘氏曾自述原委："绍圣之改元也，凡仕于元祐而贵显者，例皆窜贬湖南、岭表……闽郡独孙公一人迁于临汀（汀州郡名，治今福建长汀县）。四年（1097）夏五月，单车而至……其后避谤，杜门不出。余时侍亲守官长汀县，窃从公游。闻公言皆可以为后世法，亦足以见公平生所存之大节。于是退而笔之，集为三卷，命曰《孙公谈圃》。"[②]该书所记为北宋政事、人物、习俗、诗文掌故等，《中国农业古籍目录》误收为"园艺作物类"农书[③]。

孙升（1037—1099），字君孚，高邮人。《宋史》有传。治平二年（1065）登进士第，授签书泰州判官，元祐中官至天章阁待制、知应天府。哲宗亲政后被置党籍，贬知房州（治今湖北房县）、归州（治今湖北秭归县），又贬为果州团练副使、安置汀州，不久卒。刘延

---

① （宋）龙衮：《江南野史》卷9，《金陵全书·乙编史料类》第6册，第154—155页。

② （宋）孙升口述、刘延世笔录，杨倩描、徐立群点校：《孙公谈圃·刘延世引》，北京：中华书局，2012年，第99—100页。按：与《孔氏谈苑》《丁晋公谈录》《国老谈苑》合刊。

③ 张芳、王思明主编：《中国农业古籍目录》，第237页。

世，字玉孟，一字述之，临江新喻（治今江西新余市）人。少有盛名，游太学不得志。[①] 工诗，善画竹。父刘孜为北宋名臣刘敞、刘攽之弟。

8.《老圃集》

本为一卷，今传本厘为二卷，《中国农业古籍目录》收入“园艺作物类”[②]，实为洪刍所撰诗集。刍字驹父，江西南昌人。与兄洪朋，弟洪炎、洪羽均以诗名，并称“豫章四洪”（洪皓、洪适、洪遵、洪迈父子亦称“四洪”）。“四洪”父母早亡，受教于舅父黄庭坚，故又被称为“山谷四甥”。洪刍于绍圣元年（1094）登第，历监黄州（治今湖北黄冈市）酒税、黄州录事参军、黄州军事推官、晋州（治今山西临汾市）州学教授、监汀州（治今福建长汀县）酒税、通判信州（治今江西上饶市西北）等职[③]，靖康中任试左谏议大夫[④]。南宋初因靖康“围城日括金银自盗，及私纳宫人”[⑤]事，流沙门岛而卒。洪刍是江西诗派重要诗人，与同属江西诗派的潘大临、谢逸等关系密切，大观中曾与汪藻、张元幹、徐俯（徐禧子，亦为山谷外甥）、李彭（李常从孙，山谷表侄）结成豫章诗社。洪刍著述除《老圃集》外，尚有《香谱》《豫章职方乘》《楚汉逸书》等。[⑥]

9.《艺圃折中》

六卷，已佚，郑厚（约1100—1160）撰。厚字景韦，一字叔友[⑦]，

---

① （宋）邓椿撰，李福顺校注：《画继》卷4，太原：山西教育出版社，2017年，第56页。

② 张芳、王思明主编：《中国农业古籍目录》，第237页。

③ 参见曾琴：《洪刍及其〈老圃集〉研究》，南昌大学硕士学位论文，2012年，第13—16页。

④ 陈柏泉：《从〈宋洪氏墓记〉谈诗人洪刍》，《文物》1987年第11期，第78页。

⑤ 《宋史》卷24《高宗本纪一》，第447页。

⑥ 本条倪根金已有短札揭标（《〈中国农业古籍目录〉误收宋代洪刍〈老圃集〉》，《古今农业》2016年第3期，第115页）。

⑦ （宋）陈振孙撰，徐小蛮、顾美华点校：《直斋书录解题》卷9，第283页。

莆田县霞溪人，人称溪东先生。登绍兴五年(1135)汪应辰榜，历泉州观察推官、广南东路茶盐司幹办公事、昭信军(即虔州，治今江西赣州市)节度推官等职，官终湘乡知县。故其又被称为湘乡先生，文集亦以“湘乡”冠名。郑厚是莆田历史上第一位进士，同乡、孝宗朝参知政事龚茂良有“吾浦文字以湘乡为开山祖”[①]之誉。其与堂弟郑樵(溪西先生、夹漈先生)并称“二郑”，侄郑侨为汪应辰(玉山先生)高足、佳婿，翁婿二人俱为状元。

在宋代载籍中《艺圃折中》书名本作《艺圃折衷》，明清乃讹作今名。据陶宗仪《说郛》所辑数条看，实为读书札记式著作而多发议论。该书与冯休《删孟》、李觏《常语》、司马光《疑孟》、晁说之《诋孟》等同为宋代反对孟学的代表性著作，因此被焚书毁板，本人也受到朝廷“自今不得差充试官及堂除”[②]的处罚。《中国农业古籍目录》误为“园艺作物类”农书。[③]

10.《画梅谱》

《中国农业古籍目录》误为“园艺作物”类农书[④]。该书一卷，撰者为北宋释仲仁。仲仁，号妙高，会稽(治今浙江绍兴市)人。有说其字超然，误，是将之与蜀僧超然混为一人。[⑤] 因住衡州花光山花光寺亦称花光长老、花光道人，故《画梅谱》又名《花光梅谱》。“花光”一作“华光”。全书分口诀、取象(又分画梅总论、华光指迷、画梅别理等)两个部分。仲仁“酷好梅花，方丈植梅数本。每花放时，移床其下，吟咏终日。偶月夜见窗间疏影横斜，萧然可爱，遂以

---

① (宋)李俊甫:《莆阳比事》卷3,《续修四库全书》第734册,第215页。按:其所谓郑厚“字景常、一字叔文”则误,或因传抄所致。

② (宋)李心传撰,辛更儒点校:《建炎以来系年要录》卷149,绍兴十三年五月辛未,第2533页。

③ 张芳、王思明主编:《中国农业古籍目录》,第237页。

④ 张芳、王思明主编:《中国农业古籍目录》,第280页。

⑤ 详参翁同文:《花光仲仁的生平与墨梅初期的发展》,《宋史研究集》第15辑,台北:“国立编译馆”中华丛书编审委员会,1984年,第477—479页。

笔规其状，因此好写，得其三昧”[①]。墨梅画法为其创始，宋代著名墨梅大师杨无咎即师之。总之，《画梅谱》不得称之为农书。

11.《梅苑》

十卷，黄大舆撰。《中国农业古籍目录》误于“园艺作物”类收之，又误标作者为“（宋）朱鹤龄”[②]，应沿《群贤梅苑》所致。四库馆臣对此已有驳斥：“（《群贤梅苑》）旧本题松陵朱鹤龄编……详勘其书，乃取宋黄大舆《梅苑》而颠倒割裂之。一卷、二卷即黄书之六卷、七卷，而三卷则如其旧，四卷后八调移为第五卷之首，而五卷中删除九调，六卷、七卷即黄书之一卷、二卷，至八卷则又如其旧，九卷后五调移冠十卷之首，而十卷删去十调。颠倒错乱，殆书贾售伪者为之。”[③]朱鹤龄字长儒，吴江（治今江苏苏州市吴江区）人。本前明诸生，入清屏居，锐意著述，以致“行不识路途，坐不知寒暑”[④]，人讥其愚，遂号“愚庵”。朱氏长于经学，又笺注杜诗、李商隐诗。与钱谦益、吴梅村、朱彝尊、徐乾学、万斯同、毛奇龄等名士宿儒都有交往。黄大舆字载万，号岷山耦耕，广都县（治今四川成都市双流区）人。[⑤] 建炎三年（1129），因“抱疾山阳，三径扫迹。所居斋前更植梅一株，晦朔未逾，略已粲然。于是录唐以来词人才士之作，以为斋居之玩”，所录即《梅苑》一书。自承书名“托物取兴”，

① （明）朱谋垔：《画史会要》，《景印文渊阁四库全书》第816册，第483页。按：对《画梅谱》的详细研究，可参见孔六庆：《中国画艺术专史（花鸟卷）》，南昌：江西美术出版社，2008年，第223—225页；陈滞冬：《中国书画与文人意识》，桂林：广西师范大学出版社，2017年，第180—184页。

② 张芳、王思明主编：《中国农业古籍目录》，第90页。

③ 《四库全书总目》卷200《词曲类存目》，第1833页。

④ （清）潘柽章：《松陵文献》卷10《人物志十》，《四库禁毁书丛刊》史部第7册，北京：北京出版社，1997年影印本，第103页。

⑤ 参见程杰：《〈梅苑〉编者黄大舆籍贯考》，《花卉瓜果蔬菜文史考论》，第194—195页。

与屈原制《骚》盛列芳草“同一揆”。[①]《梅苑》所录皆咏梅词，起于唐代止于南北宋之交。宋人周煇统计有“四百余阕”，又说自己“续以百余阕”。[②] 曹雪芹祖父曹寅辑刻《楝亭十二种》收入此书，存目508首，卷内实际上只有412首。《中国农业古籍目录》又重出“《苑梅》，(宋)黄大舆撰”[③]一条，则书名颠倒。总之，《梅苑》固为中国最早之专题咏物词选，但并非一梅谱，不能视之为农书。

12.《梅花喜神谱》

二卷，宋伯仁撰。“喜神”一词在宋代为“写真”“肖像”“画像”之意，故《梅花喜神谱》实即“梅花画像谱”。该书分上下两卷，将梅花从开到谢划分为蓓蕾、小蕊、大蕊、欲开、大开、烂漫、欲谢、就实8个阶段。每个阶段均画其像，蓓蕾4枝、小蕊16枝、大蕊8枝、欲开8枝、大开14枝、烂漫28枝、欲谢16枝、就实6枝，共计百图，基本上一图只画一朵梅花。每图均有名，如“麦眼”“丁香”“琴甲”“春瓮浮香”“彝”“开镜”“会星弁”“桔中四皓”等，并配以一首五言诗。这本来是花谱的极佳体例：名标其品，图绘其形，诗文述其性状，但《梅花喜神谱》图名并非梅花品种名，则其图只知为梅而不知为何梅，其诗又只是根据画名所作的联想而非据实描述不同梅花品种的外形或栽培技术。比如全书第1图《麦眼》诗为：“南枝发岐颖，崆峒占岁登。当思汉光武，一饭能中兴。”第50图《侧面》诗为：“相见是非多，但旁观便了。庶无人共知，鼻孔长多少。”因此，此书只能是中国历史上第一部梅花画谱，其目的是教授学生学画梅花从开到谢各个阶段的不同形状，而不是一部梅花花谱，《中国农业古籍目录》误收为“园艺作物”类农书[④]。《梅花喜神谱》初刻

① (宋)黄大舆：《梅苑》，《景印文渊阁四库全书》第1489册，第98页。按：原文“己酉之冬，予抱疾山阳”，四库馆臣误推为“建炎二年”(第97页)，应为建炎三年。

② (宋)周煇撰，刘永翔校注：《清波杂志校注》卷10，第455页。

③ 张芳、王思明主编：《中国农业古籍目录》，第241页。

④ 张芳、王思明主编：《中国农业古籍目录》，第90、314页。

于理宗嘉熙二年(1238),今存最早版本为景定二年(1261)金华双桂堂刻本。

作者宋伯仁生平参见下文《酒小史》条。

13.《小畜集》

三十卷,王禹偁撰。《中国农业古籍目录》于"畜牧兽医"类著录[①],但此书为王禹偁(945—1001)自编诗文集,并非农书。书名缘于王氏占卜得"小畜"卦,卦义是"君子以懿文德"[②],非指家畜。王禹偁《宋史》有传。

14.《小畜外集》

二十卷,《中国农业古籍目录》亦著录于"畜牧兽医"类[③]。此书同样是王禹偁诗文集,乃王氏曾孙王汾所编,苏颂为作序文。当然也不是农书。

15.《牧马法》

卷帙不明,朱峭定。《中国农学书录》《中国农业古籍目录》均收载此书,但其实非农书。《宋会要》载:"(大中祥符元年正月)二十一日,群牧制置使言:'兽医副指挥使朱峭定《疗马集验方》及《牧马法》,望颁下内、外坊监,仍录付诸班、军。'帝(真宗)虑传写差误,令本司镂板,模本以给之。"[④]《牧马法》的内容是给地募人养马之"法"(政策),并非牧马之"法"(技术),《皇朝编年纲目备要》记之甚明:"熙宁中尝诏给地牧马,才行于陕西,未几而止。是年(政和二年,1112)诏复行之,先自京东、河北以旧牧地募人养马,然后推之于诸路。受田一顷,仍蠲其税,令牧马一匹。诸路至九万匹。宣和二年罢之,以民户所养马填阙马禁军。五年复给地牧马法。"[⑤]朱

① 张芳、王思明主编:《中国农业古籍目录》,第245页。

② (清)李道平纂疏,潘雨廷点校:《周易集解纂疏》卷2《上经》,第150页。

③ 张芳、王思明主编:《中国农业古籍目录》,第246页。

④ (清)徐松辑:《宋会要辑稿》兵二四之七,第7182页。

⑤ (宋)陈均编,许沛藻等点校:《皇朝编年纲目备要》卷28政和二年冬十一月戊寅,第707页。

峭生平参见本书第七章第二节。

16.《马经》

三卷，常知非撰，已佚。仅见于《宋史·艺文志》“五行类”[①]。又据《日本国见在书目》“《相马经》一（卷），知非撰”[②]之著录，可知此《马经》内容当为相马之术。至于三卷、一卷之别，或为流传中有所阙佚。《中国农学书录》[③]、《中国农业古籍目录》[④]均认为常知非生平事迹虽无从查考，但当为宋朝人，因此视《马经》为宋代畜牧书。但《日本国见在书目》编者藤原佐世（847—898）为平安时代前期人，则该书必非宋代之书。

17.《相马统论》

许洞撰，《中国农业古籍目录》据《中国农业百科全书（农业历史卷）》所载《中国古农书存目》著录[⑤]。但这只是许氏《虎钤经》中的一篇短文，古籍中偶涉农学者甚多，关键是历代未有将之析出为书者。

18.《相马书》

一卷，《中国农业古籍目录》收载云“（宋）徐咸撰”[⑥]，系承百二十卷本《说郛》[⑦]而误，应为唐徐成所撰，即同书第121、287页所载之书（亦名《相马经》）。该书两唐志均见载，王毓瑚已有考证[⑧]，非宋代之书甚明。

19.《麟书》

一卷，北宋末年汪若海撰。书中自述曾见麒麟，并描绘麟之形状，又广征博引有关麟之典故，言勠力抗金之义。为对签书枢密院

---

① 《宋史》卷206《艺文志五》，第5252页。

② （日）藤原佐世：《影旧钞本日本国见在书目》，光绪十年黎氏日本东京刊《古逸丛书》本，叶三六b。

③ 王毓瑚：《中国农学书录》，第103—104页。

④ 张芳、王思明主编：《中国农业古籍目录》，第216页。

⑤⑥ 张芳、王思明主编：《中国农业古籍目录》，第122页。

⑦ （明）陶宗仪等编：《说郛三种》弓107，第4936页。

⑧ 王毓瑚：《中国农学书录》，第45—46页。

事曹辅之上书，当时作者还是一名太学生。汪氏字东叟，安徽歙县人，入南宋官终直秘阁、知江州（治今江西九江市）。[①]《宋史》有传。该书实非农书，《中国农业古籍目录》误收于“其他”类[②]。

20.《禽经》

一卷，题春秋时师旷撰、晋代张华注。《遂初堂书目》《直斋书录解题》《玉海》著录之，宋刻《百川学海》亦收，四库馆臣考定为宗王安石新学之学者所作[③]，可能为北宋作品。但书名之“禽”非谓家禽，乃指飞禽，记载70多种鸟类。因此该书固为中国历史上最早的鸟类学著作，却不得称之为农书，《中国农业古籍目录》于“畜牧兽医”类收载之[④]是不正确的。

21.《相鹤经》

《中国农业古籍目录》“其他”类著录王安石撰《相鹤经》一卷，又于“畜牧兽医”类著录浮丘公《相鹤经》一卷。[⑤] 今诸家所编《王安石全集》亦皆载《相鹤经》一文[⑥]。实际上，北宋黄伯思即考称：“(《相鹤经》)流俗误录著故相国舒王（王安石）集中，且多舛午（通‘忤’）。”[⑦]刘成国《王安石年谱长编》据此亦指出：“非公所撰，而误著集中。诸家书目通常著录为‘浮丘公撰’。”[⑧]《相鹤经》是否浮丘公所作？传承有自的浮丘公《相鹤经》何以会被误收入《王安石全集》？

---

① 《宋史》卷404《汪若海传》，第12217—12219页。

② 张芳、王思明主编：《中国农业古籍目录》，第301页。

③ 《四库全书总目》卷115《谱录类》，第994页。

④ 张芳、王思明主编：《中国农业古籍目录》，第246页。

⑤ 张芳、王思明主编：《中国农业古籍目录》，第301、128页。

⑥ 如沈卓然编校：《王安石全集》第5册《王安石文集》卷46，上海：大东书局，1935年，第170页（1974年台湾河图洛书出版社又予影印再版）；秦克、巩军标点：《王安石全集》卷33，上海：上海古籍出版社，1999年，第300页；王水照主编：《王安石全集》第6册《临川先生文集》卷70，第1262—1263页。

⑦ （宋）黄伯思：《东观余论》卷下《跋慎汉公所藏〈相鹤经〉后》，北京：人民美术出版社，2010年，第147页。

⑧ 刘成国：《王安石年谱长编》卷6，北京：中华书局，2018年，第1942页。

浮丘公《相鹤经》(或称《相鹤书》)一书,《隋书·经籍志》著录云:“浮丘公《相鹤书》……二卷”[①];两唐志著录云:“浮丘公《相鹤经》一卷”[②];《宋史·艺文志》亦加著录,但记作者为“赵浮丘公”[③];南宋类书《古今合璧事类备要》则记作者为“李浮丘伯”[④];《直斋书录解题》较审慎,谓“称浮丘公撰”[⑤]。浮丘公或作浮邱公、浮丘伯,最早见于刘向《列仙传》:“王子乔,周灵王太子晋也。好吹笙,作凤鸣。游伊洛间,道士浮丘公接上嵩山。三十余年后,来于山上,告桓良曰:‘告我家,七月七日待我缑氏山头。’果乘白鹤驻山颠,望之不得到,举手谢时人而去。”[⑥]然《列仙传》并不言其有相鹤之书。最早提到《相鹤经》一书的是唐初颜师古《汉书》注:“《相鹤经》云:‘鹤寿满二百六十岁则色纯黑。’”[⑦]然并未言该书为浮丘公作。最早记浮丘公撰《相鹤经》者是上揭《隋书·经籍志》,稍晚李善注《文选》讲得更加确切:“《相鹤经》者,出自浮丘公,公以自授王子晋。崔文子者,学仙于子晋,得其文,藏嵩高山石室。及淮南八公采药得之,遂传于世。”[⑧]

相术在中国虽渊源甚早,如春秋战国伯乐、九方皋之相马,姑

---

① 《隋书》卷34《经籍志三》,第1039页。

② 《旧唐书》卷47《经籍志下》,第2035页;《新唐书》卷59《艺文志三》,第1538页。

③ 《宋史》卷206《艺文志五》,第5257页。

④ (宋)谢维新编:《古今合璧事类备要·别集》卷64《飞禽门》,《景印文渊阁四库全书》第941册,第308页。

⑤ (宋)陈振孙撰,徐小蛮、顾美华点校:《直斋书录解题》卷12,第380页。

⑥ 《后汉书》卷82上《方术传上》注引,第2712页。并参见王叔珉:《列仙传校笺》卷上,北京:中华书局,2007年,第65—66页。

⑦ 《汉书》卷57上《司马相如传上》,第2543页。

⑧ (南朝梁)萧统编,(唐)李善注:《文选》卷14《舞鹤赋》,上海:上海古籍出版社,1986年,第631页。

布子卿、唐举之相人。[1] 但《史记》载相吕后、孝惠、刘邦者仅称之曰“老父”[2]，可见至史迁时代尚无“相者”“相士”之称，相术仍未流行。相术的流行是在东汉曹魏时期人物品评之风兴盛、道教兴起之后，是所谓“形法学”，并成为道教五术之一。此后方有相人相畜之书，历代史志形法类书目所收大多即此类著作，最早的是《汉书》所载《相人》《相六畜》《相宝剑刀》《宫宅地形》四种[3]。因此，笔者认为《相鹤经》大约成书于魏晋南北朝时期，撰者很可能为道流人士。由于此时道教兴盛，而鹤为道教仙禽，春秋时浮丘公又传为道士之成仙者，故撰者乃托其名下。这正是关于《相鹤经》的记载首见于唐初，而不见于先秦、秦汉时代的原因。《相鹤经》一书原名或为《相鹤书》，故成书于唐显庆元年(656)的《隋书·经籍志》所记为“《相鹤书》”；但既被托名于道教神仙浮丘公，可能人即因之改称其为“经”，故分别成书于贞观十五年(641)、显庆三年(658)的颜师古《汉书》注、李善《文选》注均记云“《相鹤经》”。

值得庆幸的是，《文选》注文引录了《相鹤经》，可以之与王安石文集中的《相鹤经》比较，考知黄伯思所谓“舛午”。为清眉目，兹将二者都为下表(表 22)，不同处以单下划线、双下划线标出：

表 22 《文选》注、《临川先生文集》所载《相鹤经》比较表

《文选》注之《相鹤经》	《临川先生文集》之《相鹤经》
鹤，阳鸟也。因金气，依火精，火数七，金数九，故十六年小变，六十年大变，千六百年形定而色白。又云：二年落子毛、易黑点，三年头赤，七年飞薄云汉，又七年学舞，复七年应节，昼夜十二鸣。六十年大	鹤者，阳鸟也。而游于阴，因金气、依火精以自养。金数九，火数七，六十三年小变，百六十年大变，千六百年形定。生三年顶赤，七年飞薄云汉，又七年夜十二时鸣。六十年大毛落、茸(宋龙舒本《王文公文集》作

[1] (清)王先谦集解，沈啸寰、王星贤点校：《荀子集解》卷 3《非相篇》，第 72 页。

[2] 《史记》卷 8《高祖本纪八》，第 346 页。

[3] 《汉书》卷 30《艺文志》，第 1774—1775 页。

续表

《文选》注之《相鹤经》	《临川先生文集》之《相鹤经》
毛落、茸毛生，色雪白，泥水不能污。百六十年雄雌相见，目精不转，孕千六百年饮而不食。食于水故喙长，轩于前故后短，栖于陆故足高而尾凋，翔于云故毛丰而肉疏。行必依洲屿，止必集林木，盖羽族之宗长、仙人之骐骥也。隆鼻短口则少眠，露眼赤精则视远，头锐身短则喜鸣，四翎亚膺则体轻，凤翼雀毛则善飞，龟背鳖腹则能产，轩前垂后则善舞，洪髀纤趾则能行。①	"茸")毛生，乃洁白如雪，泥水不能污。百六年雌雄相视而孕，一千六百年饮而不食，胎化产为仙人之骐骥也。夫声闻于天故顶赤，食于水故喙长，轻于前故毛丰而肉疏，修颈以纳新，故天寿不可量。所以体无青黄二色，土木之气内养，故不表于外也。是以行必依洲渚，止不集林木，盖羽族之清崇也。其相曰：隆鼻短喙则少瞑，露睛赤白则视远，长颈疏身则能鸣，凤翼雀尾则善飞，龟背鳖腹会舞，高胫促节足力。②

据上可见，两文虽然文字有异，大体仍同。因此可以肯定，所谓王安石撰《相鹤经》确即传为春秋浮丘公所著之《相鹤经》。而黄伯思所说的"舛午"，自是两文文字相异之处。那么，王安石《相鹤经》异于浮丘公《相鹤经》之处是王氏所改易吗？并不是。如前者所有而后者所无的"而游于阴"等语，唐初类书《艺文类聚》引淮南八公《相鹤经》即已见之："鹤，阳鸟也，而游于阴"③——淮南八公《相鹤经》即浮丘公《相鹤经》，为行文方便，后文再予论证。

既然如此，何以会将浮丘公《相鹤经》误为王安石撰呢？原来，王安石在熙宁十年(1077)元旦曾手书《相鹤经》，④因此后人在编刻王氏文集时即误以为是其所撰文章而将之编入集中。王氏文集最早版本为徽宗政和(1111—1118)年间其弟子薛昂所编纂稿本，

① (南朝梁)萧统编，(唐)李善注：《文选》卷14《舞鹤赋》注，第631页。

② (宋)王安石：《临川先生文集》卷70，宋绍兴二十一年两浙西路转运司王珏刻元明递修本，叶八a至b。

③ (唐)欧阳询：《宋本艺文类聚》卷90《鸟部一》，第2318页。

④ (宋)王安石撰，王水照主编：《王安石全集》第6册《临川先生文集》卷70，第1263页。

然未刊行,已佚。高宗绍兴十年(1140),知抚州(治今江西抚州市临川区)詹大和刻有《临川先生文集》(通称临川本),此本虽佚,但有明嘉靖三十九年(1560)何迁覆刻本,《相鹤经》载于此本卷七〇《杂著》。[①] 绍兴二十一年(1151),两浙西路提举常平茶盐公事、王安石孙王珏在杭州亦刻有《临川先生文集》,即所谓两浙西路转运司刻本(通称杭州本),今存元明递修本,此本《相鹤经》亦载于卷七〇《杂著》。[②] 绍兴初又有龙舒郡斋刻公文纸印本《王文公文集》(通称龙舒本。龙舒即舒州,治今安徽潜山市)。龙舒本《王文公文集》非常珍贵,国内外仅存两部,且均非完帙。一为刘启瑞食旧德斋原藏本,存卷一至三、八至三十六、四十八至六十、七十至一百,计76卷;二为日本宫内省图书寮藏本,存卷一至七十。1962年中华书局上海编辑所以两残帙配合影印出版了全帙的龙舒本《王文公文集》。食旧德斋藏本后收藏于上海博物馆,复佚去卷一七至二十,计4卷,因此中华书局1962年影印本遂在一定程度上有了原本不可替代之价值。《相鹤经》载于龙舒本《王文公文集》卷三三《杂著》。[③] 后世史志书目如清《八千卷楼书目》等云"《相鹤经》一卷,宋王安石撰"[④]显系据王氏文集著录,使此错讹流播更广。今人编王安石全集率上承诸本而不察,遂皆沿袭而误。事实上王书《相鹤经》结尾部分明确记叙了文章来历(当据自前揭《文选》李善注):"其文,李浮丘伯授王子晋,又崔文子学道于子晋,得其文藏嵩山石室,淮南公采药得之,遂传于近代(龙舒本脱'近'字)。熙宁十

① (宋)王安石:《临川先生文集》,明嘉靖三十九年何迁覆刻南宋临川本,叶八a至九a。

② (宋)王安石:《临川先生文集》,宋绍兴二十一年两浙西路转运司王珏刻元明递修本,叶八a至九a。

③ (宋)王安石:《王文公文集》,北京:中华书局,1962年影印本,叶一五b至一六a。

④ (清)丁立中编:《八千卷楼书目》,北京:国家图书馆出版社,2009年影印本,第88页。

年正月一日临川王某降。”[1]署款龙舒本作“临川王安石修”[2]，明覆刻宋临川本作“临川王某笔”[3]。看来读书不细心而致误者古人亦有。

前揭《艺文类聚》引有“淮南八公《相鹤经》”一书十数字，北宋前期类书《事类赋》亦略引其文[4]；而《隋书》《通志》又著录有“淮南八公《相鹄经》”[5]一书。清姚振宗指二书当即一书[6]，但系推测而未予证实。恰《太平御览》载有淮南八公《相鹤经》全文：

> 鹤者，阳鸟也。而游于(阳)[阴]，因金气、依火精以自养。金数九，火数七，故七年小变，十六年大变，百六十年变止，千六百年形定。体尚洁故其色白，声闻天故头赤，食于水故其喙长，轩于前故后指短，(楼)[栖]于陆故足高而尾凋，翔于云故毛丰而肉疏。大喉以吐故，修颈以纳新，故生天寿不可量。所以体无青黄二色者，木土之气内养，故不表于外。是以行必依洲屿，止不集林木，盖羽族之宗长、仙人之骐骥也。鹤之上相：瘦头朱顶，露眼黑精，高鼻短喙，鲑颊骶耳，长颈促身，燕膺凤翼雀(毛)[尾]，龟背鳖腹，轩前垂后，高[足]粗节，洪髀纤指，此相之备者也。鸣则闻于天，飞则一举千里。鹤二年落子毛、

① (宋)王安石:《临川先生文集》，宋绍兴二十一年两浙西路转运司王珏刻元明递修本，叶九 a。

② (宋)王安石:《王文公文集》，叶一六 a。

③ (宋)王安石:《临川先生文集》，明嘉靖三十九年何迁覆刻南宋临川本，叶九 a。

④ (宋)吴淑撰注，冀勤、王秀梅、马蓉校点:《事类赋注》卷 18《禽部一》，北京:中华书局，1989 年，第 374 页。按:原文标点作“《淮南八公相鹤经》”。

⑤ 《隋书》卷 34《经籍志三》，第 1039 页；(宋)郑樵:《通志》卷 66《艺文略四》，第 1592 页。

⑥ (清)姚振宗撰，刘克东、董建国、尹承整理:《隋书经籍志考证》卷 36《五行家》，王承略、刘心明主编:《二十五史艺文经籍志考补萃编》第 15 卷，第 1537 页。

> 易黑点，三年产伏，复七年羽翮具，复七年飞薄云汉，复七年舞应节，复七年昼夜十二时鸣，声中律。复百六十年不食生物，复大毛落、茸毛生，雪白或纯黑，泥水[不能]污。复百六十年雄雌相见，目精不转而孕，千六百年饮而不食。鸾凤同为群，圣人在位则与凤凰翔于甸。[①]

而据明谢肇淛《文海披沙》所记，淮南八公《相鹄经》亦有"百六十年雌雄相视，目精不转而孕"[②]一语。可见，姚振宗的推测是正确的，《相鹤经》《相鹄经》确为一书。前揭李善注《文选》有言"淮南八公采药得之（指浮丘公《相鹤经》），遂传于世"，此应即后世改易《相鹤经》作者"浮丘公"为"淮南八公"之由。至于又记《相鹤经》书名作《相鹄经》，当系古"鹄""鹤"二字音近义通所致，如《庄子》"夫鹄不日浴而白，乌不日黔而黑"[③]之"鹄"即通"鹤"。

将淮南八公《相鹤经》与浮丘公《相鹤经》、王安石《相鹤经》比较，三者内容大体相同（不同之处以波浪线标出，见上引文）。换言之，所谓淮南八公《相鹤经》、王安石撰《相鹤经》实皆传为浮丘公撰之《相鹤经》——《隋书·经籍志》虽同时著录了浮丘公《相鹤书》、淮南八公《相鹄经》二书，并不表示当时另有一本不同于宋人所见之淮南八公《相鹄经》，因隋志著录时即云二书皆佚，[④]这说明魏徵等未能亲睹两书而是据他书转录，故不知淮南八公《相鹄经》实即浮丘公《相鹤书》、二书本为一书。亦可知王安石《相鹤经》异于浮丘公《相鹤经》之处非出于其所改易，基本上乃袭自别本者。然以荆公大改革家、大文学家之识见自信，在书写过程中对个别讹误脱

---

① （宋）李昉等：《太平御览》卷916《羽族部三》，日本静嘉堂文库藏宋刊本，叶五a至b。按：据前揭《相鹤经》诸本校。

② （明）谢肇淛：《文海披沙》卷3，《北京图书馆古籍珍本丛刊》第65册，北京：书目文献出版社，2000年影印本，第405页。

③ （清）王先谦集解，沈啸寰点校：《庄子集解》卷4《天运》，第128页。

④ 《隋书》卷34《经籍志三》，第1039页。

衍之文字而径改之、对个别表述修辞不确不畅之处而手定之者可以想见。笔者以为,如“故天寿不可量”(《文选》载浮丘公《相鹤经》无此语,《太平御览》载淮南八公《相鹤经》作“故生天寿不可量”)、“盖羽族之清祟也”(浮丘公《相鹤经》、淮南八公《相鹤经》均作“盖羽族之宗长”)之类当是。

除前揭诸本,宋以后《相鹤经》传世版本颇多,主要有明刻《百川学海》本、明万历二十五年金陵荆山书林刻《夷门广牍》本、明刻《山林经济籍》本、明末清初宛委山堂刻《说郛》本、明末清初《水边林下》本(以《说郛》刻板编印)、清《惜寸阴斋丛抄》抄本、民国扫叶山房石印《五朝小说》本等。除明刻《百川学海》本署“□浮丘公撰”、民国扫叶山房石印《五朝小说》本署“宋浮丘公”外,余皆归之荆公名下或未署名。最后要指出的是,前揭《汉书》注引《相鹤经》之文、《文选》注引“一举千里,不祟朝而遍四方者也”[①]、《太平御览》所引“青田之鹤”[②]等引文,均不见于今传《相鹤经》各本,说明《相鹤经》在流传过程中颇多亡佚——这正是《隋书·经籍志》著录该书为“二卷”,五代、宋初两唐志著录为“一卷”的原因。据此,前揭李善注《文选》引录之文(不足300字)显非全文,确如黄伯思所言仅为“大略”[③]。则其中“又云”一词必非原书所有,乃李善节录之衔接语耳;反过来看,此适为《文选》注引录《相鹤经》为节文之内证。

22.《促织经》

二卷,亦名《秋虫谱》《虫经》。作者是把南宋带到亡国终点的

---

① (南朝梁)萧统编,(唐)李善注:《文选》卷14《舞鹤赋》,第631页。

② (宋)李昉等:《太平御览》卷171《州郡部十七》,日本静嘉堂文库藏宋刊本,叶四a。

③ (宋)黄伯思:《东观余论》卷下《跋慎汉公所藏〈相鹤经〉后》,第147页。原话是“今完书逸矣,特马总《意林》及李善注鲍照《鹤舞赋》钞出大略”。按:马总(?—823)《意林》成书在贞元二年(786)或三年(参见王天海、王韧:《意林校释》,北京:中华书局,2014年,第11页),晚《文选》注约128年,其应抄自《文选》注,换言之,《意林》所录亦非全文。该文今本《意林》已佚。

权相贾似道(1213—1275)。《促织经》总结了唐代以来斗蟋蟀的相关知识,分论赋、论形、论色、论养、论斗、论病、决胜七章,其下又分子目。该书固可谓中国历史上第一部昆虫学著作,但显然不能算作农书,《中国农业古籍目录》“其他”类收载此书[①]是不恰当的。

23.《鼠璞》

一卷(明《说郛》以后分为二卷)。宋刻《百川学海》本题作者为“桃源戴埴仲培父”,遂有研究者以其为今湖南桃源县人,非是。陆心源已据《宝庆四明志》、王应麟《戴氏桃源世谱引》、张即之《桃源志》考定其自署“桃源”乃鄞县桃源乡,非县之称。[②] 余嘉锡复指出楼钥《戴伯度(戴埴祖父戴机)墓志铭》明标“戴氏世为鄞人,居桃源乡”[③]之文。戴埴,字仲培,故被称为“仲培父”,又省称“培父”,庆元府鄞县(治今浙江宁波市鄞州区)人,嘉熙二年(1238)进士。其父戴璲、兄戴埙皆进士。

《鼠璞》为辨析经史疑义即名物异同之书,李慈铭誉之曰“宋说部之上乘也”[④]。书名非关老鼠,实源自《战国策》中应侯所说的一则寓言:“郑人谓玉未理者璞,周人谓鼠未腊者朴。周人怀璞(一作‘朴’)过郑贾曰:‘欲买朴乎?’郑贾曰:‘欲之。’出其朴,视之,乃鼠也。因谢不取。”[⑤]显然,“鼠璞”一名既有揭示主旨(辨名物异同)之义,又有自谦(自视为鼠璞)之义。该书非农书不言自明,《中国农业古籍目录》收录该书[⑥]是错误的。

---

① 张芳、王思明主编:《中国农业古籍目录》,第194页。

② (清)陆心源:《仪顾堂题跋》卷8,《清人书目题跋丛刊》第2册,北京:中华书局,1990年影印本,第100页。

③ 余嘉锡:《四库提要辨证》卷15《杂家类二》,第888页。

④ (清)李慈铭:《越缦堂读书记》,上海:上海书店出版社,2000年,第659页。

⑤ (汉)刘向集录,范祥雍笺证,范邦瑾协校:《战国策笺证》卷5《秦策三》,第341页。按:并参见笺证〔四〕、〔五〕(第341、342页)。

⑥ 张芳、王思明主编:《中国农业古籍目录》,第194页。

24.《曲本草》

一卷，署田锡撰。最早见于陶宗仪《说郛》，有明末清初宛委山堂刻《说郛》本、清《四库全书》本传世。《中国农业古籍目录》误收于“食品加工”类①。此书为明人伪托之作，兹考论如下。

《曲本草》记暹罗酒云：

> 暹罗酒，以烧酒复烧二次，入珍贵异香。每坛一个，用檀香十数斤烧烟熏之如漆脂，后入酒蜡封埋土中二三年，绝去烧气，取出用之。有带至船上者，能饮之人三四杯即醉。价值比常数十倍。有疾病者，饮一二杯即愈，且杀蛊。予亲见二人饮此酒，打下活虫长二寸许。谓之鞋底鱼蛊。②

黄时鉴指出这一条材料真实性值得怀疑，因为暹国1349年始降于罗斛，“在此以前，‘暹罗国’并不存在，自然也不会有‘暹罗酒’……‘暹罗’一词是入明后才常见的用词”③。书中“东阳酒”条下又云：“其酒自古擅名。《事林广记》所载酿法，曲亦入药，今则绝无，惟用麸曲、蓼汁拌造。”④《事林广记》是南宋类书，田锡焉得引此？李华瑞认为“据此可以断言《曲本草》不是田锡所作……应是元末明初

① 张芳、王思明主编：《中国农业古籍目录》，第157页。

② (明)陶宗仪等编：《说郛三种》弓94，第4332页。

③ 黄时鉴：《阿剌吉与中国烧酒的起始》，《黄时鉴文集》第2册《远迹心契——中外文化交流史(迄于蒙元时代)》，上海：中西书局，2011年，第187页(初刊于《文史》第31辑，1988年)。按：1349年前暹罗国不存在并不能说明此前必无“暹罗”一称，如宋末元初周达观1296—1297出使柬埔寨后(至晚不超过1312年)撰成的《真腊风土记》即有“暹罗”一词(周达观原著，夏鼐校注：《真腊风土记校注》，北京：中华书局，1981年，第16、76页)，盖暹、罗斛连称而已，则“暹罗酒”为“暹、罗(斛)酒”之意；当然也有可能原文作“暹酒”，“罗”字为后世掺入。因此黄氏也表示如果这条资料真实则(仅)“表示宋时暹国已有烧酒”(同书，第187页)。

④ (明)陶宗仪等编：《说郛三种》弓94，第4332页。

以后的作品”[①]。

明人编书率多增删改易，致有“明人刻书而书亡”之说；再加上今存《说郛》几经重编，《曲本草》“暹罗酒”“东阳酒”条相关内容确有可能为后世窜入。《曲本草》篇幅不大，仅载广西蛇酒、江西麻姑酒、淮安绿豆酒、南京瓶酒、山东秋露、苏州小瓶酒、处州金盆露、东阳酒、暹罗酒、枸杞酒、菊花酒、葡萄酒、桑椹酒、狗肉酒、豆淋酒 15 种酒。下面再看看其他 13 种酒的情况：除人尽皆知的葡萄酒，及具有药用价值的枸杞酒、菊花酒、桑椹酒、豆淋酒（实际上葡萄酒也被视为具有药用功能而同列本草医书）外，广西蛇酒、淮安绿豆酒、南京瓶酒、山东秋露、苏州小瓶酒、处州金盆露（亦作金盆露）、狗肉酒均以《说郛》所记为最早。换言之，这 7 种酒如果不是出于杜撰，则必为《说郛》初编、续编者陶宗仪（约 1320—约 1403）、陶珽（1575—约 1639[②]）当世之酒。检元明载籍，时人率多记之，确为元代后期、明朝前期名酒。如南京瓶酒在明代产量甚高，以致桂萼将之作为“十二事”之一奏请罢之：“免解瓶酒以省烦劳。臣会议得南京岁造瓶酒虽系旧规，但法久弊生，虚费钱粮，无补国用……”[③]至于书中的江西麻姑酒，虽宋代实有，但为南康军建昌县地方小酒，仅知者寥寥，仅乡人洪迈《夷坚志》笔触一涉[④]。到了明代，麻姑酒则卓然名产，乃有“天下驰名”[⑤]之号，陶氏即易知矣。如此，则所谓田锡《曲本草》三分之二的篇幅所记实皆明酒，其为伪作不可辩矣。

---

① 李华瑞：《宋代酒的生产和征榷》，第 47 页。

② 参见王玉超：《陶珽生平及交游考述》，《西南交通大学学报》2018 年第 5 期，第 115—117 页。

③ （明）桂萼：《修省十二事疏》，（明）陈子龙、徐孚远、宋征璧等辑：《明经世文编》卷 180，北京：中华书局，1962 年影印本，第 1841 页。

④ （宋）洪迈撰，何卓点校：《夷坚志・丙志》卷 6，第 414 页；《寰宇通志》卷 42《建昌府》，《玄览堂丛书续集》第 53 册，台北：“国立中央图书馆”，1947 年影印本，叶五 a。

⑤ （明）陈克昌编：《麻姑集》卷 5，《四库全书存目丛书集部》第 304 册，济南：齐鲁书社，1995 年影印本，第 123 页。

但伪作一书（尤其明人喜编印"大书"，常伪作充数）如果还要作伪者查阅资料并结合实践认识综合编写，这样作伪成本未免太高，因此作伪的常见手段是据他书抄缀成文。《曲本草》有没有这样的"母本"？笔者认为《食物本草》即是，该书不仅包括《曲本草》全部 15 种酒在内，且对每一种酒的介绍文字亦多同，[①]惟《曲本草》有所省略而已。这一省略工作是陶宗仪所作吗？也不是，因为《食物本草》除足本外还有一个简本，《曲本草》所载酒品顺序、文字与此简本悉同。[②]

《食物本草》卷帙有 2、4、7、22 卷之别，作者（编者）一般认为是明卢和（1440—1514），也有认为是薛己（1487—1559）、姚可成（生平不详，明末人）及"金元四大家"之一的李杲（1180—1251）等的。其中李杲之名直到姚可成增辑本（成书于崇祯十一年，1638）中才出现，当出姚氏伪托（从前证《曲本草》诸酒为明酒来看，《食物本草》作者也不可能是金元时代的李杲）。因此，无论《食物本草》作者是谁，《曲本草》既全同于《食物本草》简本，自不可能出自田锡之手。论证至此，伪作田锡《曲本草》的始作俑者也就可以确定并非《说郛》初编者陶宗仪，而是续编增辑者陶珽——前者卒在卢、薛、姚之前，不得《食物本草》而见。看来张宗详据明钞本影印涵芬楼版《说郛》序"《说郛》一百卷，明陶宗仪纂，今世通行本为一百二十卷，乃清顺治丁亥（四年，1647）姚安陶珽编次，其中错误指不胜屈"[③]之说确非泛泛之论。

---

① (元)李杲编辑，(明)李时珍参订，(明)姚可成补辑，郑金生等校点：《食物本草》卷 15《酒》，北京：中国医药科技出版社，1990 年，第 298—302 页；(明)姚可成汇辑，达美君、楼绍来点校：《食物本草》卷 15《酒》，北京：人民卫生出版社，1994 年，第 915—932 页。

② (明)卢和撰，晏婷婷、沈健校注：《食物本草》卷 4《酒》，北京：中国中医药出版社，2015 年，第 72—73 页；(明)卢和：《新刻食物本草》卷下，明万历间胡氏文会堂刻本，叶三六 a 至三八 a。

③ (明)陶宗仪等：《说郛三种》，第 1 页。

田锡初名继冲，字表圣，嘉州洪雅（治今四川洪雅县）人。[①]《宋史》有传。生于后蜀广政三年（940）[②]，太平兴国三年（978）登进士第并高中榜眼，初授将作监丞、通判宣州（治今安徽宣城市宣州区），官终左谏议大夫兼史馆修撰。卒于咸平六年（1003），享寿64岁。[③] 田锡与柳开、穆修同为宋初古文复兴运动先驱，著有《咸平集》一书。其“以儒术为己任，以古道为事业”[④]，“动必以礼，言必以法”，故为众所惮服，被范仲淹誉为“天下之正人”，[⑤]“故其没也，范仲淹作墓志，司马光作神道碑，而苏轼序其奏议亦比之贾谊。为之操笔者，皆天下伟人。则锡之平生可知也”[⑥]。声名如此，正是其被伪托的原因。

25.《酒翼》

历代史志书目不载，仅《中国农业古籍目录》于“食品与加工类”著录云“（宋）朱翼中撰”[⑦]，谓该书一卷、附录一卷，有明万历《夷门广牍》本传世。笔者检核发现所谓《夷门广牍》本实为一卷本朱肱《酒经》，卷首载李保《读〈北山酒经〉客谈》，附录一卷包括太平君子、天禄大夫、快活汤、祸泉、瓶盏病等16条酒名别称及其出典。附录内容全出于《清异录》卷下“酒浆”门，当为周履靖编刻《夷门广牍》时增入而易以《酒翼》之名，是为明人作伪之又一证。换言之，朱肱并无《酒翼》一书。

---

① （宋）范仲淹撰，李勇先、王蓉贵校点：《范仲淹全集·范文正公文集》卷13《赠兵部尚书田公墓志铭》，第317页。

② 《宋史》卷293《田锡传》，第9787页。

③ （宋）范仲淹撰，李勇先、王蓉贵校点：《范仲淹全集·范文正公文集》卷13《赠兵部尚书田公墓志铭》，第318页。

④ （宋）田锡撰，罗国威校点：《咸平集》卷3《贻杜舍人书》，第35页。

⑤ （宋）范仲淹撰，李勇先、王蓉贵校点：《范仲淹全集·范文正公文集》卷13《赠兵部尚书田公墓志铭》，第320、321页。

⑥ 《四库全书总目》卷152《别集类五》，第1306页。

⑦ 张芳、王思明主编：《中国农业古籍目录》，第156页。

26.《续北山酒经》

署李保撰，最早见于陶珽增编《说郛》百二十卷本，传世亦仅《说郛》本。《中国农业古籍目录》据收于“食品与加工”类[①]。该书内容前半部分为李保《读〈读北山酒经〉》，后半部分为“酿酒法”[②]，所记仅为46个酒法、曲法名称而已。然此“酿酒法”《说郛》又置之于朱肱《酒经》之中[③]。宋元既不见其文，世亦不传其书，史志书目复不载其目，仅《说郛》孤证而《说郛》又自相矛盾，可见是书必陶珽在李保《读北山酒经》(陶宗仪编《说郛》百卷本收录)一文基础上作伪略加附益(正因为是作伪，为图方便只能略加附益)而成，此实明人惯伎。且其中思春堂酒、醉乡奇法、蓝桥曲法等仅见于南宋末陈元靓《事林广记》一书(该书“醉乡奇法”作“醉乡奇酒”，“蓝桥曲法”作“蓝桥风月酒”[④])，生活于北末年、作为朱肱同事的李保是不可能知道的。

27.《酒小史》

一卷，宋伯仁撰。实际上是一篇酒名记，与张能臣《酒名记》区别在于不仅记当世名酒，也记历史上的名酒，故书名不称“记”而称“史”。该书最早见于百二十卷本《说郛》，署名“元宋伯仁”[⑤]。然宋伯仁实为宋人，故《中国农业古籍目录》著录时改署为“(宋)宋伯仁”[⑥]。

作者宋伯仁，因未历显宦而生平不显，清以前载籍仅《两宋名

---

① 张芳、王思明主编:《中国农业古籍目录》，第156页。

② (明)陶宗仪等编:《说郛三种》弓94，第4296—4297页。

③ (明)陶宗仪等编:《说郛三种》卷44，第727页。按:《中国古代科技名著译注丛书》中的《酒经译注》即据此而误收(第100页)。

④ (宋)陈元靓:《事林广记·癸集》卷2，(日)长泽规矩也编:《和刻本类书集成》第1辑，第436页。

⑤ (明)陶宗仪等编:《说郛三种》弓94，第4334页。

⑥ 张芳、王思明主编:《中国农业古籍目录》，第157页。

贤小集》"宋伯仁，字器之，苕川人。有《雪岩集》《马塍稿》"[1]、《自号录》"雪岩（宋伯仁，字器之）"[2]数字而已。最早考述其生平者，为四库馆臣及清代著名藏书家黄丕烈，前者较之《两宋名贤小集》，所增仅多"嘉熙中为盐运司属官，多与高九万、孙季蕃唱和"[3]一事；后者虽近百字，但除去虚饰之语，所增亦仅"举宏词科，历监淮扬盐课"[4]一事。今人研究涉其生平者多承此而简略介绍[5]，或径云事迹不详，稍为考详者似仅程杰、张东华二氏[6]，笔者在其基础上再为穷搜，略有所得，乃兼以理证，将宋氏生平整齐如下。

宋伯仁字器之，号雪岩、雪岩耕田夫，苕川（湖州别名）人。[7]据宋氏列于"嘉熙戊戌（二年，1238）家马塍稿"下的《四十》一诗："役役人间世，齐头四十年。读书虽未已，作事亦徒然。宦业蕉中鹿，生涯叶底蝉。愿逢时务好，一榻醉时眠。"[8]可知其生年为庆元五年（1199）。则《说郛》将《酒小史》署为"元宋伯仁"的确应予更

① （宋）陈思编：《两宋名贤小集》卷345《西塍稿》，《景印文渊阁四库全书》第1364册，第664页。

② （宋）徐光溥：《自号录》，《丛书集成初编》第3309册，第20页。

③ 《四库全书总目》卷164《别集类一七》，第1405页。

④ （清）黄丕烈：《跋》，（宋）宋伯仁：《梅花喜神谱》，景定二年金华双桂堂刻本，叶三b。

⑤ 如朱仲岳：《馆藏宋刊〈梅花喜神谱〉及诸版本》，《上海博物馆集刊》第7期，上海：上海书画出版社，1996年，第326页；徐建融、徐书城主编：《中国美术史（宋代卷）》，济南：齐鲁书社、明天出版社，2000年，第202页；曾枣庄、刘琳主编：《全宋文》第341册，第42页；顾志兴：《南宋临安典籍文化》，杭州：杭州出版社，2008年，第39页；王世襄：《中国画论研究》，北京：生活·读书·新知三联书店，2013年，第115页；邵晓峰：《中华图像文化史（宋代卷）》，北京：中国摄影出版社，2016年，第350页；张曼华：《中国画论史》，南宁：广西美术出版社，2018年，第257页。

⑥ 程杰：《中国梅花审美文化研究》，成都：巴蜀书社，2008年，第471页；张东华：《格致与花鸟画：以南宋宋伯仁〈梅花喜神谱〉为例》，杭州：中国美术学院出版社，2015年，第21—22页。

⑦⑧ （宋）宋伯仁：《雪岩吟草》，明末毛氏汲古阁景宋钞本，叶一a。

正——即使宋氏身入元朝，也已 78 岁高龄。有学者谓其为北宋人[①]，当然更属错误。致误之由可能是《诗衡》有云："宋伯仁《过烂溪有作》……措辞何等旷达。尝以诗献东坡，东坡云：'有才如此，独不令我一识面耶？'"[②]实际上苏轼此语是为晁补之堂弟曹咏之而发[③]。宋伯仁绍定六年(1233)曾任泰州拼桑鹾场税监，端平三年(1236)受代未得新任，[④]乃入京谋职。遂有其《雪岩吟草》卷首自注之事："嘉熙丁酉(元年，1237)五月二十一寓京遭焚，侨居西马塍，故曰《西塍》。"[⑤]宋氏虽锐意功名，始终位居下僚，故黄丕烈云："(宋伯仁)禄位不显，(国)事已难为，故语多慷慨。"[⑥]"(国)事已难为"不可理解为黄丕烈之意为南宋亡国、宋氏入元。倘已入元，焉能"语多慷慨"？至晚在宝祐三年(1255)，已有人在朝门上大书"阎马丁当，国势将亡"[⑦]，则南宋晚期人人皆知"(国)事已难为"矣。为昭己志，宋伯仁酷爱梅花，自谓有"梅癖"，乃作前揭《梅花喜神谱》一书。正如其自序所指出，不可徒视该书之作为以"闲功夫作闲事业"，而是有"动爱君忧国之士，出欲将入欲相，垂绅正笏，措天下于泰山之安"之意存焉。[⑧] 此外，宋伯仁还有《西塍集》(一作《西

---

① 如张哲永、陈金林、顾炳权主编《中国茶酒辞典》，长沙：湖南出版社，1991 年，第 547 页；王进玉主编：《中国少数民族科学技术史丛书(化学与化工卷)》，南宁：广西科学技术出版社，2003 年，第 646 页注④。

② (清)陶元藻辑，蒋寅点校：《全浙诗话》卷 18，第 421 页。

③ 《宋史》卷 444《文苑传·晁补之传附从弟咏之传》，第 13112 页。

④ 张东华：《格致与花鸟画：以南宋宋伯仁〈梅花喜神谱〉为例》，第 301 页。按：张书认为宋伯仁是主动"辞官"，非是。

⑤ (宋)宋伯仁：《雪岩吟草》，明末毛氏汲古阁景宋钞本，叶一 a。

⑥ 黄丕烈：《跋》，(宋)宋伯仁：《梅花喜神谱》，宋景定二年金华双桂堂刻本，叶三 b。

⑦ (元)佚名撰，王瑞来点校：《宋季三朝政要》卷 2 理宗宝祐三年六月，第 214 页。

⑧ (宋)宋伯仁：《梅花喜神谱·序》，宋景定二年金华双桂堂刻本，叶五 a、四 a 至 b。并参见韩丛耀：《图像论》，北京：中国摄影出版社，2017 年，第 416—428 页。

滕稿》,内容与《雪岩吟草》重复)、《烟波渔隐词》等著作及《烟波图》等画作。

较为清楚地了解了宋伯仁的生平,即可知《酒小史》断非其作,主要有三条依据。其一,《酒小史》记外国酒云:

> 苏禄国蔗酒。南粤蒙枸酱。高丽国林虑酱。诃陵国柳花酒。西域葡萄酒。乌孙国青田酒。彭坑酿浆为酒。东西竺以椰子为酒。北胡消肠酒。南蛮槟榔酒。答剌国酿茭樟为酒。真蜡国有酒五,一曰蜜糖酒,一曰朋牙四,一曰包稜角,一曰糖鉴酒,一曰茭浆酒。暹罗国酿秫为酒。假马里丁酿蔗为酒。[1]

其中真腊五酒最早出自元周达观《真腊风土记》:

> 酒有四等:第一等唐人(中国侨民)呼为蜜糖酒……其次者土人呼为朋牙四,以树叶为之。朋牙四者,乃一等树叶之名也。又其次以米或以剩饭为之,名曰包棱角。盖包棱角者,米也。其下有糖鉴酒,以糖为之。又入港滨水,又有茭浆酒。盖有一等茭叶,生于水滨,其浆可以酿酒。[2]

《真腊风土记》是周达观元贞二年(1296)至三年出使柬埔寨后撰成的(至晚不超过 1312 年)。假马里丁之名最早见于《星槎胜览》:"假马里丁……酿蔗为酒。"[3]《星槎胜览》是费信(约 1388—1436 年以后[4])随郑和下西洋(永乐三年至宣德八年,1405—1433)之后

① (明)陶宗仪等编:《说郛三种》弓 94,第 4335—4336 页。

② (元)周达观原著,夏鼐校注:《真腊风土记校注》,第 158 页。

③ (明)费信:《星槎胜览》卷 1,《影印元明善本丛书·景明刻本历代小史》第 31 册,上海:商务印书馆,1940 年,叶三 b。按:《星槎胜览》有初刊两卷本及四卷修订本两个版本,此见于修订本中,成书时间更晚。

④ 王杨红:《〈星槎胜览〉的版本、刊行及价值》,《国家航海》第 10 辑,上海:上海古籍出版社,2015 年,第 147—149 页。

撰成的，一般认为成书于正统元年(1436)。显然，《酒小史》中记载的部分外国酒是南宋人宋伯仁绝不可能知道的——宋氏要获知真腊五酒，须寿逾百岁。要获知假马里丁酒事更须寿至238岁；极而言之，就令《星槎胜览》成书于郑和下西洋首航之年，即永乐三年(1405)，宋伯仁也须寿至207岁，仍然绝无可能。

其二，酒之命名，各代皆有其风尚，如唐人多以"春"名酒：

> 《(唐)国史补》云：酒有……荥阳之土窟春、富平之石(梁)[冻]春、剑南之烧(香)春……云安曲米春……松醪春。唐人多以春名酒也。[1]
>
> 唐人多以春名酒。如曲米春……老春……抛青春……松醪春……金陵春……梨花春……又富平有石(梁)[冻]春。[2]

宋代酒名基本是两字雅名，且均不加"酒"字，如玉液、玉醞、玉髓、琼浆、琼液、琼波、仙醪、仙醇、金波、银光、银液、玉泉、瑶泉、舜泉。个别三字酒名基本上称为"××堂"，如玉瑞堂、甘露堂、清心堂等。[3] 而《酒小史》所记，除宋以前历史名酒及宋代后妃、宗室、戚里、公卿等上层阶级所造酒品有相同之处外(此部分酒名来自宋代及宋以前之书，自然相同)，其余所谓宋代各地名酒与张能臣《酒名记》有很大差异——两书所载地方名酒几不互见。张能臣为北宋后期人，宋伯仁为南宋中后期人，两宋之间不当有如此大的差异。更重要的是，《酒小史》所载宋酒中多有明代才产生的常见名酒，如平阳襄陵酒、淮南菉豆酒、淮安苦蒿酒、池州池阳酒、杭城秋露白、

---

① (宋)赵令畤撰，孔凡礼点校：《侯鲭录》卷8，北京：中华书局，2002年，第207页。按：与《墨客挥犀》《续墨客挥犀》合刊。

② (明)焦周：《焦氏说楛》卷5，《四库全书存目丛书·子部》第113册，济南：齐鲁书社，1995年影印本，第89页。

③ (宋)张能臣：《酒名记》，(明)陶宗仪等编：《说郛三种》弓94，第4336—4337页。

金华府金华酒（“金华府”亦明代才有其称）、处州金盘露、华氏荡口酒、顾氏三白酒、成都刺麻酒等。①

明酒基本上是三字俗名，顾起元（1565—1628）《客座赘语》恰好备载当时之酒，兹引录以见：

> 自余所耳目市酤所有，惟……曰细酒……士大夫所用曰金华酒……后始有市苏之三白酒者……
>
> 计生平所尝，若大内之满殿香，大官（《酒小史》作“燕京”）之内法酒，京师之黄米酒，蓟州之薏苡酒（《酒小史》作“薏苡仁酒”），永平之桑落酒……济南之秋露白酒（《酒小史》舍此而从下揭《说略》）……麻姑之神功泉酒，兰溪（《酒小史》作“处州”）之金盘露酒，绍兴之豆酒，粤西（《酒小史》作“苍梧”）之桑寄生酒（《酒小史》无“桑”字），粤东之荔枝酒，汾州（《酒小史》作“山西”）之羊羔酒，淮安之豆酒、苦蒿酒，高邮之五加皮酒……无锡之华氏荡口酒、何氏松花酒，多色味冠绝者。若市酤，浦口之金酒，苏州之坛酒、三白酒……皆品在下中。内苏之三白、徽之白酒间有佳者，其他色味俱不宜入杯勺矣。若山西（《酒小史》作“平阳”）之襄陵酒、河津酒，成都之郫筒酒，关中之蒲桃酒……博罗之桂酒（《酒小史》作“桂醑”），余皆未见……若四川之咂麻酒（《酒小史》作“成都刺麻酒”），勿饮可也。②

与此相同，《酒小史》所记地方酒名基本上也是三个字，且第三字为“酒”，名亦较“俗”，如苦蒿酒、五加皮酒、茅柴酒、擂酒、池阳酒

---

① 王世贞《弇州山人四部稿》卷49（明万历间刻本，叶一六a）、《凤洲笔记》卷2（《四库全书存目丛书·集部》第114册，济南：齐鲁书社，1997年影印本，第536页）均作“刺麻酒”，“刺”恐为手民误植。四库本《弇州四部稿》卷49即作“刺麻酒”（《景印文渊阁四库全书》第1279册，1986年，第627页）。

② （明）顾起元撰，谭棣华、陈家禾点校：《客座赘语》卷9，第304—305页。

等，绝异于宋酒之二字雅名；并且其中很多是明代才产生的名酒。即使有个别酒名宋代偶或一见，然实为地方小酒，几无知者，如产于南康军建（章）[昌]县的麻姑酒，宋代文献惟其乡人洪迈《夷坚志》一见[①]，至明代则发展成名特产品[②]，"天下驰名"[③]——以明代地方名酒冒充宋代地方名酒正是陶珽制造此类伪书之一贯手法，如上揭同样为其伪作的田锡《曲本草》中所载南京瓶酒即明代产量很高的官造名酒，《曲本草》中也载有淮安绿豆酒、处州金盆露（即金盘露）等。既知《酒小史》所谓"宋代地方名酒"多为明酒，则其为"三字酒名且俗"之由可知：

> （隆）庆、（万）历间，士大夫家间有开局造酒者，前此如王虚窗之真一、徐启东之凤泉、乌龙潭朱氏之荷花、王藩幕澄宇之露华清、施太学凤鸣之靠壁清，皆名佳酝。近日益多造者……又有号菊英者……金盘露者……于是市贾所酤，仅以供闾阎轰饮之用，而学士大夫无复有索而酤之者矣。[④]

也就是说，《酒小史》所记为明代市酤名酒，这些酒因缺乏士大夫参与，故不得佳名亦不能为佳名矣，这正是明代大多数酒名的特点——此点所揭示的社会分化加剧、社会下层凭借人口优势对文化发展趋势产生更大影响的宋明之变亦堪注意。

其三，《酒小史》所记宋代宫廷、宗室、外戚、官僚之酒及宋以前历史名酒亦有所本，与《焦氏说楛》《说略》《骈字冯（同"凭"）霄》等明人著述高度重合，换言之，即自三书抄录、综合而成。焦周

---

① （宋）洪迈撰，何卓点校：《夷坚志·丙志》卷6，第414页。

② 景泰《寰宇通志》卷42《建昌府》，《玄览堂丛书续集》第53册，叶五a。

③ （明）陈克昌编：《麻姑集》卷5，《四库全书存目丛书集部》第304册，第123页。

④ （明）顾起元撰，谭棣华、陈家禾点校：《客座赘语》卷9，第304—305页。按：原文标点作"庆历间，士大夫家间有开局造酒者……"，则诸酒悉成宋酒矣。

(1564？—1605，焦竑子)《焦氏说楛》辑录宋代皇室官僚之酒云(与《酒小史》相同之处以单下划线标示，地方名酒、外国酒相同亦标出)：

> 宋人小说酒有：若下，谓乌程也。九酝(《酒小史》作“九酝酒”)，谓宜城也。千日，中山也。蒲萄，西凉(《酒小史》作“西域”)也。竹叶，豫北也。土窟春，荥阳也。不冻春，富平也。烧(香)[春]，剑南也。桑落，陕右也。乌孙国，有青田核酒(《酒小史》作“青田酒”)……又以黄柑酝酒，曰洞庭春色(《酒小史》前加“安定郡王”)。此古人名酒者也。(宋)诸后殿、亲王府与王第勋戚之家例许造酝，间赐以美名：惠恭后殿曰仪德，宁德后殿曰坤仪，德隆殿曰月波，澜圣后殿曰坤珍，宣仁高后宅曰香泉，钦圣后宅曰天醇，钦成朱后宅曰璚绿，昭怀刘后宅曰玉腴，明达刘后宅曰瑶池……肃邸曰兰旨，昌王宫曰瑞露，潞王宫曰亲贤，李遵勗曰金波，王师约曰源瑶……曹诗曰成春，曹(成)[晟]曰保平，潘正夫曰源庆，曹湜曰介寿，蔡京曰君臣庆会酹(《酒小史》略作“庆会”)，蔡倏曰棣萃，童贯曰褒功。又官府所造，开封曰瑶泉，洛口曰金泉。①

顾起元《说略》则备述历史名酒与外国名酒(相同之处以波浪线标示)：

> 历代酿酒名家……春秋时有椒浆酒；汉时西京有金浆醪；晋时阮籍有步兵厨酒……宋昌王有八桂酒，一名瑞露；南唐时腊月酿酒，四月成，名曰腊酒。宋时有齐云清露，杭新城有秋露白，处州有金盘露，刘拾遗家造玉露春，宋德隆造酒名月波，曹湜有酒名介寿，曹晟名酒曰保平，宋刘后有酒名玉腴，秦桧

① (明)焦周：《焦氏说楛》卷5，《四库全书存目丛书·子部》第113册，第89—90页。

造酒名表勋，潞州烧酒名珍珠红。宋时有酒名银光，相州有酒名碎玉，宋开封有酒名瑶泉，王师约有酒名瑶源，刘后有酒名瑶池，东坡有酒名罗浮春，范至能酿酒于成都，用八桂法，名万里春……梁简文有酒名凫花……广南有香蚍酒，道士杨世昌造蜜（《酒小史》作"密"）酒，西凉（《酒小史》作"西域"）州造葡萄酒，肃王有兰香酒，汉武时有兰生酒，蔡攸造棣花酒，陆士衡有松醪。广西有风籐酒，又有椰子酒；淮南有菉豆酒，名曰绿珠香液。黄州有压茅柴（《酒小史》作"茅柴酒"）；孙思邈造酴酥酒；段成式有造醽醁法，为湘东美品……唐魏徵家有酒名醽醁翠涛，十年不败。宋高后有酒名香泉……

名酒最古者关中之桑落……

前酒名未备，今更疏之……隋炀帝得法于胡人，造酒曰玉薤。唐名酒有……新丰、南陵……又于和、五（般）[酘]、宜城之九酝（《酒小史》多"酒"字）、河东之桑落……汉大官有挏（《酒小史》作"桐"）马酒……又宋南渡御库有流香，三省缴赏库有碧香，殿司有凤泉，祠祭有玉练槌……

外夷之酒：……乌孙国有青田核酒……诃陵国有椰树花酒……南蛮有槟榔酒……扶南国有椰浆（《酒小史》作"石榴酒"），又有甘蔗、土瓜根酒，辰溪蛮有钓藤酒，赤土国有甘蔗酒，苏禄国有蔗酒，高丽国有林卢浆（《酒小史》作"林虑酱"）。真腊国有蜜糖酒；朋牙四酒，以树叶为之；有包稜角酒，包稜角，米也；有糖鉴酒；有茭浆酒，茭叶所成（《酒小史》仅言酒名）。①

徐应秋〔生卒年不详，万历四十四年（1616）进士〕《骈字冯（同"凭"）霄》亦多记包括宋酒在内的历代名酒（与《酒小史》相同之处以点下划线标示）：

① （明）顾起元：《说略》卷25，《景印文渊阁四库全书》第964册，台北：台湾商务印书馆，1986年，第786—788页。

> 凫花清(梁简文酒也)。琼瑄酧(岭南酒也)……玉薤(隋炀帝酒也)。醽醁翠涛(魏徵酒也)……霹雳春(闽中酒也)。挏马酒(汉大官酒也——《酒小史》作“桐马酒”)……李花酿(唐宪宗酒也)。昆仑觞(魏贾锵接黄河源水所酿也——《酒小史》“贾锵”作“贾将”)……九酝酒(张华以指星麦酿曲所制也……)。金浆醪(西京名酒也)。含春(冯翊酒也)……玉窟春(荥阳酒也)。不冻春(富平酒也)。玉露春(刘拾遗酒也)。腴玉(刘后酒也——《酒小史》“刘后”作“宋刘后”)。烧春(剑南酒也)……万国春(范至能)……棣花酒(蔡攸酒也)……林虑浆(唐时名酒也)……石榴酒(甘蔗酒、土瓜酒,扶南酒也)。梹榔酒(南蛮酒也——《酒小史》“梹榔”作“槟榔”)……唐时玉练槌(唐时名酒也……)。珍珠红(潞州酒也)。谢家红(汀州酒也)……荔枝绿(王公权酒也)。绿荔枝(谢侍郎酒也)……瓀珉膏(燕昭王酒也,见王子年《拾遗记》)。缥玉酒(梁孝王酒也,见《西京杂记》)……桂醑(博罗县酒也)。梨花酒(杭州酒也)……玉窟春(荥阳酒也)。……郫筒(郫县酒也)。香蛇酒(广南酒也)……兰生酒(汉武帝酒也)。干和(邠州酒也——《酒小史》“邠州”作“汾州”)。宜春(安成酒也)……竹叶(苍梧酒也)……酴醾香(西京酒也)。①

可见,《酒小史》必抄录自上述三书。

《酒小史》最早见于《说郛》,此前未见任何著录、征引。《说郛》初为百卷,编者为陶宗仪,其卒在焦周、顾起元、徐应秋出生之前,

① (明)徐应秋:《骈字冯霄》卷19,《四库全书存目丛书·子部》第205册,济南:齐鲁书社,1995年影印本,第134—137页。按:《酒小史》为产地在前、酒名在后。又,田艺蘅《留青日札》卷24《酒名》亦多记包括宋酒在内的历代名酒,但该书语脉混乱、文意不畅,当不为作伪者参据。田艺蘅为田汝成子,生卒年(1524—1583以后)据王宁考(《田艺蘅研究》,浙江大学硕士学位论文,2007年,第60—62页)。

显然他不可能是作伪者。明末陶珽(1575—约1639)增辑《说郛》为百二十卷,焦、顾、徐三书皆得为其所见,故伪作《酒小史》的必其人。这也正是《酒小史》见于百二十卷本而不见于百卷本的原因。陶珽为何要伪作《酒小史》?因为陶宗仪编《说郛》久佚,而杨维桢序有"陶九成取经、史、传记,下迨百氏杂说之书二千余家之说"[①],故不得不广采博收,甚至伪作以符其数。有学者早已指出:陶珽增辑的百二十卷本"明人之书或伪本窜入者有之;一书而分立数目者亦有之;甚或杜撰书名,诡标撰人,无其不有"[②]。《酒小史》不过是又一个例证而已。陶珽为何要伪托于宋伯仁名下?因其于同卷刚自林洪《山家清事》析出《新丰酒法》独立成书,可能由此了解到宋伯仁与林洪是好友,则其好酒、写酒当然不让人生疑。同时,宋氏也是较为著名的画家——完全伪托于籍籍无名之辈是没有什么价值的。正因为是伪作,所以该书篇幅较小且仅记酒名、产地,这当然是成本最低的作伪手法。

28.《酒乘》

历代史志书目不载,《中国农业古籍目录》著录于"食品与加工"类,云:"(宋)韦孟撰。清宛委山堂刻本《说郛》。"[③]然核以《说郛》原书,题名则为"元韦孟"。姚伟钧等《中国饮食典籍史》称《酒乘》为"宋代的酒学著作"[④],当承此而误。

29.《士大夫食时五观》

一卷,黄庭坚撰。传世版本主要有明宛委山堂刻《说郛》本、明万历二十五年金陵荆山书林刻《夷门广牍》本、民国商务印书馆《景印元明善本丛书》本、《丛书集成初编》本。该书自明以后历来被视

---

① (明)杨维桢:《说郛叙》,(明)陶宗仪等编:《说郛三种》百二十卷本卷首,第1页。按:杨氏本谓"千余家"(《说郛三种》百卷本卷首,第2页),陶珽所见为讹本。

② 朱仲岳:《馆藏〈说郛〉的两种版本》,《上海博物馆集刊》第5期,上海:上海古籍出版社,1990年,第175页。

③ 张芳、王思明主编:《中国农业古籍目录》,第157页。

④ 姚伟钧、刘朴兵、鞠明库:《中国饮食典籍史》,第188页。

为饮食烹饪著作，但实际上内容并不及此。所述为士君子食时当作之五种观想：一是“计功多少，量彼来处”，即一粥一饭皆垦殖、收获、舂碓、淘汰、炊煮乃成，用功甚多。并进一步指出仕宦之食禄“则食民之膏血”，尤需节俭。二是“忖己德行，全缺应供”，即具事亲、事君、立身三德者方应受食，缺则应知愧耻，不应尽味。三是“防心离过、贪等为宗”，即需防止贪（美食）、嗔（恶食）、痴（食而不知食之所从来）三种过错，方法就是“君子食无求饱”。四是“正事良药，为疗形苦”，即形苦（饥渴、四百四病）须食为医药，故“举箸常如服药”——其实就是《素问》主张的“谷肉果菜，食养尽之，无使过之，伤其正也”[①]之意。五是“为成道业，故受此食”，即“君子无终食之间违仁”“彼君子兮，不素餐兮”，[②]即“吃饭为了活着，活着不是为了吃饭”。总之，该书虽代表了宋代士大夫饮食观的最高水平，也是中华饮食文化的精髓所在，但非食品加工类农书甚明，《中国农业古籍目录》收之于“食品与加工”类[③]是不正确的。

作者黄庭坚（1045—1105），字鲁直，号山谷道人，晚号涪翁，洪州分宁（治今江西修水县）人。《宋史》有传。英宗治平四年（1067）进士。熙宁初教授北京国子监，后知吉州太和县（治今江西泰和县）。哲宗时曾任起居舍人；绍圣初贬涪州别驾，黔州安置。徽宗时除名，羁管宜州，卒于贬所。庭坚至孝，母病昼夜看视衣不解带，母亡哀毁几死，事迹收入“二十四孝”。黄庭坚善诗文，早年受知于苏轼，与张耒、晁补之、秦观合称“苏门四学士”；又与苏轼并称“苏黄”。其诗学杜甫，为江西诗派三宗之一。亦善书法，与苏轼、米芾、蔡襄合称“宋四家”。元妻孙觉（莘老）女，继室谢景初女。[④] 著

① 张灿玾、徐国仟、宗全和校释：《黄帝内经素问校释》卷20《五常政大论》，北京：中国医药科技出版社，2016年，第495页。

② （宋）黄庭坚：《士大夫食时五观》，《丛书集成初编》第2986册，上海：商务印书馆，1936年，第1—3页。

③ 张芳、王思明主编：《中国农业古籍目录》，第155页。

④ （宋）黄庭坚撰，刘琳、李勇先、王蓉贵校点：《黄庭坚全集·外集》卷22《黄氏二室墓志铭》，第1386页。

作有《类编增广黄先生大全文集》五十卷、《豫章黄先生文集》三十卷、《豫章黄先生外集》十四卷、《豫章黄先生别集》二十卷、《豫章黄先生简尺》二卷、《豫章黄先生词》一卷、《宜州乙酉家乘》一卷、《涪翁杂说》一卷、《山谷老人刀笔》二十卷等。

30.《糖霜谱》

此为洪迈阅读王灼《糖霜谱》时摘抄的一篇读书笔记，收在《容斋随笔·五笔》之中，《中国农学书录》仅于著录王灼《糖霜谱》时顺便提及，《中国农业古籍目录》乃于“食品与加工”类著录之[①]。然其内容仅为原书摘要，迥无新增，不能别视为一农书。

31.《捕蝗考》

《中国农业古籍目录》“植物保护”类著录《捕蝗考》一书云：“(宋)陈襄撰”，“为《州县提纲》一书中之一卷”。[②] 误，《州县提纲》四卷并无《捕蝗考》，且《州县提纲》作者亦非陈襄——书中有“绍兴二十八年”“昔吕惠卿”“昔刘公安世”等语，而陈襄卒于元丰三年(1080)。故《四库全书总目提要》指出《州县提纲》“非襄撰明甚”，当出于南宋某位“究心吏事、洞悉民情”的官员。[③]《中国农业古籍目录》所收《捕蝗考》一卷实际上是清陈芳生所撰，估计系因其中包含宋代内容而误[④]。

① 张芳、王思明主编：《中国农业古籍目录》，第156页。

② 张芳、王思明主编：《中国农业古籍目录》，第117页。

③ 《四库全书总目》卷79《职官类》，第686、687页。

④ 这一部分据拙文《当代传统农学目录著作误收宋代农书考辨》修改，原刊于《农业考古》2022年第1期，第239—247页。

附录二 《中国农学书录》《中国农业古籍目录》失收宋代农书一览表

表 23

序号	书　名	《中国农学书录》（未加著录标“○”）	《中国农业古籍目录》（未加著录标“○”）
1	《农子》	○	○
2	《田经》	○	○
3	延春阁《耕织图》	○	○
4	《农书》（陈安节）	○	○
5	《××》（佚名）	○	○
6	《耕禄藁》	○	○
7	《岁时广记》（徐锴）	○	○
8	《四序总要》	○	○
9	《四时总要》	○	○
10	《时镜新书》	○	○
11	《十二月镜》	○	○
12	《岁时杂记》	○	
13	《岁时杂录》	○	○
14	《岁中记》	○	○
15	《续时令故事》	○	○
16	《时令书》	○	○
17	《节序故事》	○	○
18	《夏时志别录》	○	○

续表

序号	书　名	《中国农学书录》（未加著录标“○”）	《中国农业古籍目录》（未加著录标“○”）
19	《养生月览》	○	○
20	《岁时广记》(陈元靓)	○	
21	《乾淳岁时记》	○	
22	《吴中风俗占》	○	○
23	《鹰鹞候诀》	○	○
24	《番禺纪异》	○	○
25	《剑南风物三十八种》	○	○
26	《益部方物略记》	○	
27	《岭外代答》	○	
28	《清异录》	○	○
29	《续琐碎录》		○
30	《养生杂类》	○	○
31	《山家清事》	○	○
32	《事林广记》	○	○
33	《农器图》	○	○
34	《吴门水利书》	○	○
35	《水利书略》	○	○
36	《吴郡图经续记》	○	○
37	《吴中水利书》	○	
38	《三十六浦利害》	○	○
39	《治田三议》	○	○
40	《水利编》	○	○
41	《四明它山水利备览》	○	

续表

序号	书　名	《中国农学书录》(未加著录标“○”)	《中国农业古籍目录》(未加著录标“○”)
42	《禾谱》(陆游)	○	○
43	《竹谱》(钱昱)	○	○
44	《续竹谱》(佚名)	○	○
45	《竹史》	○	○
46	《荈茗录》	○	○
47	《述煮茶泉品》	○	
48	《茶说》	○	○
49	《北苑拾遗》	○	○
50	《建安茶记》		○
51	《建安茶录》(吕仲吉)	○	○
52	《茶论》	○	○
53	《雅州蒙顶茶记》	○	○
54	《紫云坪植茗灵园记》	○	○
55	《斗茶记》	○	
56	《龙焙美成茶录》	○	○
57	《茶录》(朱胜非)	○	○
58	《北苑煎茶法》	○	○
59	《北苑修贡录》	○	○
60	《茶杂文》	○	○
61	《养蚕经》	○	○
62	《〈蚕织图〉注》	○	○
63	《张约斋种花法》	○	○
64	《花品》(稿)	○	○

续表

序号	书　名	《中国农学书录》（未加著录标“○”）	《中国农业古籍目录》（未加著录标“○”）
65	《牡丹记》	○	○
66	《江都花谱》	○	○
67	《牡丹谱》（胡元质）	○	
68	《菊谱》（文保雍）		○
69	《菊图》	○	○
70	《图形菊谱》		○
71	《菊谱》（沈荘可）	○	○
72	《菊谱》（沈竞）	著录作《菊名篇》	○
73	《菊谱》（马揖）		○
74	《阆风菊谱》	○	○
75	《菊花百咏》	○	○
76	《梅品》	○	
77	《海棠谱》	○	
78	《琼花记》	○	
79	《荔枝故事》	○	○
80	《荔枝录》	○	○
81	《续荔枝谱》	○	○
82	《山中咏橘长咏》	○	○
83	《蔬品谱》		○
84	《食物本草》	○	○
85	《马书》	○	○
86	《牛会》	○	○
87	《晋牛经》	○	○

续表

序号	书　名	《中国农学书录》（未加著录标“○”）	《中国农业古籍目录》（未加著录标“○”）
88	《东川白氏鹰经》	○	○
89	《绍圣重集医马方》	○	○
90	《马经五脏论》	○	○
91	《鹰鹞五脏病源方论》	○	○
92	《相犬经》	○	○
93	《蟹谱》	○	
94	《蟹略》	○	
95	《鱼书》	○	○
96	《馔林》	○	○
97	《萧家法馔》	○	○
98	《江飧馔要》	○	○
99	《侍膳图》	○	○
100	《蔬食谱》	○	○
101	《珍庖馐录》	○	○
102	《诸家法馔》	○	○
103	《续法馔》	○	○
104	《古今食谱》	○	○
105	《食法》	○	○
106	《膳夫录》	○	
107	《玉食批》	○	
108	《珍庖备录》	○	○
109	《食鉴》	○	○
110	《山家清供》	○	

续表

序号	书　名	《中国农学书录》（未加著录标“○”）	《中国农业古籍目录》（未加著录标“○”）
111	《本心斋蔬食谱》	○	
112	《食品谱》	○	○
113	《山居饮食谱》	○	○
114	《汤水谱》	○	○
115	《粥品》	○	○
116	《粉面品》	○	○
117	《四时颐养录》	○	○
118	《养身食法》	○	○
119	《混俗颐生录》	○	○
120	《东坡养生集》	○	○
121	《奉亲养老书》	○	○
122	《诠食要法》	○	○
123	《食医纂要》	○	○
124	《食禁经》	○	○
125	《食治通说》	○	○
126	《酒谱》（窦苹）	○	
127	《酒经》（苏轼）	○	
128	《酒经》（朱肱）	○	
129	《酒谱》（葛澧）	○	○
130	《酒名记》	○	
131	《桂海酒志》	○	
132	《酒尔雅》	○	
133	《新丰酒法》	○	○

续表

序号	书　名	《中国农学书录》（未加著录标“○”）	《中国农业古籍目录》（未加著录标“○”）
134	《酒曲谱》	○	○
135	《捕蝗法》(熙宁八年)	○	○
136	《捕蝗法》(元符元年)	○	○
137	《捕蝗法》(政和、重和中)	○	○
138	《捕蝗法》(淳熙九年)	○	○
139	《答朱寀捕蝗诗》	○	○
140	《救荒活民书》	○	
141	《青社赈济录》	○	○
142	《仁政活民书》	○	○
143	《刘忠肃救荒录》	○	○
144	《救荒录》	○	○
145	《江东救荒录》	○	○
146	《茹草纪事》	○	

征引文献

一、古籍、史料汇编

(汉)班固:《汉书》,北京:中华书局,1962年点校本。

(汉)崔寔著,缪启愉校释:《四民月令辑释》,北京:农业出版社,1981年。

(汉)崔寔著,石声汉校注:《四民月令校注》,北京:中华书局,1965年。

(汉)何休解诂,(唐)徐彦疏,刁小龙整理:《春秋公羊传注疏》,上海:上海古籍出版社,2013年。

(汉)刘向集录,范祥雍笺证,范邦瑾协校:《战国策笺证》,上海:上海古籍出版社,2006年。

(汉)司马迁:《史记》,北京:中华书局,2013年修订本。

(汉)司马相如著,朱一清、孙以昭校注:《司马相如集校注》,北京:人民文学出版社,1996年。

(汉)许慎撰,(宋)徐铉校定:《说文解字》,北京:中华书局,2013年。

(汉)袁康:《越绝书》,明嘉靖三十三年四川张氏双柏堂刻本。

(汉)郑玄注,(唐)贾公彦疏,王辉整理:《仪礼》,上海:上海古籍出版社,2008年。

(晋)陈寿:《三国志》,北京:中华书局,1964年点校本。

(晋)戴凯之:《竹谱》,《新编汉魏丛书》第6册,厦门:鹭江出版社,2013年。

(北魏)贾思勰著,缪启愉校释:《齐民要术校释》,北京:中国农业出版社,1998年。

(北魏)贾思勰著,石声汉校释:《齐民要术今释》,北京:中华书局,2009年。

(北魏)郦道元著,陈桥驿校证:《水经注校证》,北京:中华书局,2007年。

(南朝宋)范晔撰,(唐)李贤等注:《后汉书》,北京:中华书局,1965年点校本。

(南朝宋)刘义庆著,(南朝梁)刘孝标注,余嘉锡笺疏:《世说新语笺疏》,北京:中华书局,2007年。

(南朝梁)萧统编,(唐)李善注:《文选》,上海:上海古籍出版社,1986年。

(南朝梁)萧子显:《南齐书》,北京:中华书局,1972年点校本。

(唐)白居易原本,(宋)孔傅续撰:《唐宋白孔六帖》,明嘉靖间刻本。

(唐)白居易著,顾学颉校点:《白居易集》,北京:中华书局,1999年。

(唐)韩鄂原编,缪启愉校释:《四时纂要校释》,北京:农业出版社,1981年。

(唐)李白著,(清)王琦注:《李太白全集》,北京:中华书局,1977年。

(唐)李吉甫撰,贺次君点校:《元和郡县图志》,北京:中华书局,1983年。

(唐)李匡乂:《资暇集》,《丛书集成初编》第279册,长沙:商务印书馆,1939年。

(唐)李林甫等撰,陈仲夫点校:《唐六典》,北京:中华书局,1992年。

(唐)李隆基注,(宋)邢昺疏,金良年整理:《孝经注疏》,上海:上海古籍出版社,2009年。

(唐)李石等编著,邹介正、和文龙校注:《司牧安骥集校注》,北京:农业出版社,1982年。

(唐)李肇:《国史补》,上海:上海古籍出版社,1979年。

(唐)陆羽等撰,宋一明译注:《茶经译注(外三种)》,上海:上海古籍出版社,2017年。

(唐)罗隐:《谗书》,《丛书集成初编》第599册,上海:商务印书馆,1936年。

(唐)欧阳询:《宋本艺文类聚》,上海:上海古籍出版社,2013年影印本。

(唐)魏徵、令狐德棻:《隋书》,北京:中华书局,1973年点校本。

(唐)张又新:《煎茶水记》,宋刻《百川学海》本。

(唐)张鷟撰,赵守俨点校:《朝野佥载》,北京:中华书局,1979年。

(后晋)刘昫:《旧唐书》,北京:中华书局,1975年点校本。

(五代)孙光宪撰,贾二强点校:《北梦琐言》,北京:中华书局,2002年。

(宋)包恢:《敝帚稿略》,《宋集珍本丛刊》第78册,北京:线装书局,2004年影印本。

(宋)包拯撰,杨国宜校注:《包拯集校注》,合肥:黄山书社,1999年。

(宋)毕仲游撰,陈斌校点:《西台集》,郑州:中州古籍出版社,2005年。

(宋)边实纂:《咸淳玉峰续志》,《宋元方志丛刊》第1册,北京:中华书局,1990年影印本。

(宋)不著编人:《绍兴十八年同年小录》,《宋代传记资料丛刊》第46册,北京:北京图书馆出版社,2006年影印本。

(宋)不著撰人:《宋宝祐四年登科录》,《宋代传记资料丛刊》第46册,北京:北京图书馆出版社,2006年影印本。

(宋)不著撰人:《尊前集》,《景印文渊阁四库全书》第1489册,台北:台湾商务印书馆,1986年。

(宋)蔡沉撰,王先丰点校:《书集传》,北京:中华书局,2018年。

(宋)蔡戡:《定斋集》,《景印文渊阁四库全书》第1157册,台北:台湾商务印书馆,1986年。

(宋)蔡絛撰,冯惠民、沈锡林点校:《铁围山丛谈》,北京:中华书局,1983年。

(宋)蔡襄撰,陈庆元等校注:《蔡襄全集》,福州:福建人民出版社,1999年。

(宋)蔡襄:《茶录》,《丛书集成初编》第1480册,上海:上海商务印书馆,1936年。

(宋)蔡襄:《荔枝谱》,宋刻《百川学海》本。

(宋)蔡襄撰,唐晓云整理校点:《茶录(外十种)》,上海:上海书店出版社,2015年。

(宋)蔡正孙撰,常振国、(降)[绛]云点校:《诗林广记》,北京:中华书局,1982年。

(宋)晁补之:《鸡肋编》,《景印文渊阁四库全书》第1118册,台北:台湾商务印书馆,1986年。

(宋)晁公武撰,孙猛校证:《郡斋读书志校证》,上海:上海古籍出版社,1990年。

(宋)晁说之撰,黄纯艳整理:《晁氏客语》,《全宋笔记》第1编第10册,郑州:大象出版社,2003年。

(宋)晁载之:《续谈助》,《丛书集成初编》第272册,长沙:商务印书馆,1939年。

(宋)陈葆光:《三洞群仙录》,《续修四库全书》第1294册,上海:上海古籍出版社,2002年影印本。

(宋)陈达叟编:《本心斋蔬食谱》,《丛书集成初编》第1473册,上海:商务印书馆,1936年。

(宋)陈达叟编:《蔬食谱》,明万历间汪氏刻《山居杂志》本。

(宋)陈旉著,刘铭校释:《陈旉农书校释》,北京:中国农业出版社,2015年。

(宋)陈旉著,万国鼎校注:《陈旉农书校注》,北京:农业出版社,1965年。

(宋)陈傅良:《止斋先生文集》,《景印文渊阁四库全书》第1150册,台北:台湾商务印书馆,1986年。

(宋)陈傅良著,周梦江点校:《陈傅良先生文集》,杭州:浙江大学出版社,1999 年。

(宋)陈景沂编,程杰、王三毛点校:《全芳备祖》,杭州:浙江古籍出版社,2014 年。

(宋)陈景沂编:《全芳备祖》,《景印文渊阁四库全书》第 935 册,台北:台湾商务印书馆,1986 年。

(宋)陈景沂编辑:《全芳备祖》,北京:农业出版社,1982 年影印本。

(宋)陈敬:《陈氏香谱》,《景印文渊阁四库全书》第 844 册,台北:台湾商务印书馆,1986 年。

(宋)陈均:《九朝编年备要》,《景印文渊阁四库全书》第 328 册,台北:台湾商务印书馆,1986 年。

(宋)陈均编,许沛藻等点校:《皇朝编年纲目备要》,北京:中华书局,2006 年。

(宋)陈骙等撰,赵世炜辑考:《中兴馆阁书目辑考》,《中国历代书目丛刊》第 1 辑,北京:现代出版社,1987 年影印本。

(宋)陈骙撰,张富祥点校:《南宋馆阁录》,北京:中华书局,1998 年。

(宋)陈录:《善诱文》,(宋)左圭编:《百川学海》第 13 册《丁集下》,民国十六年武进陶氏景宋咸淳刊本。

(宋)陈宓:《复斋先生龙图陈公文集》,《续修四库全书》第 1319 册,上海:上海古籍出版社,2002 年影印本。

(宋)陈耆卿纂:《嘉定赤城志》,《宋元方志丛刊》第 7 册,北京:中华书局,1990 年影印本。

(宋)陈起编:《江湖后集》,《景印文渊阁四库全书》第 1357 册,台北:台湾商务印书馆,1986 年。

(宋)陈起编:《江湖小集》,《景印文渊阁四库全书》第 1357 册,台北:台湾商务印书馆,1986 年。

(宋)陈起辑:《宋高僧诗选》,清景宋钞本。

(宋)陈仁玉:《菌谱》,《丛书集成初编》第 1353 册,北京:中华书局,1991 年。

(宋)陈仁玉著,聂凤乔注释:《菌谱》,《中国食用菌》1989 年第 6 期、1990 年第 1、3、4 期。

(宋)陈师道:《后山居士文集》,上海:上海古籍出版社,1984 年影印本。

(宋)陈师道撰,李伟国点校:《后山谈丛》,北京:中华书局,2007 年。

(宋)陈世崇撰,孔凡礼点校:《随隐漫录》,北京:中华书局,2010 年。

(宋)陈舜俞:《都官集》,《景印文渊阁四库全书》第 1096 册,台北:台湾商务印书馆,1986 年。

(宋)陈舜俞:《庐山记》,日本国立公文书馆内阁文库藏宋绍兴间刻本。

(宋)陈思:《宝刻丛编》,《历代碑志丛书》第 1 册,南京:江苏古籍出版社,1998 年影印本。

(宋)陈思:《书小史》,《景印文渊阁四库全书》第 814 册,台北:台湾商务印书馆,1986 年。

(宋)陈思:《小字录》,《景印文渊阁四库全书》第 948 册,台北:台湾商务印书馆,1986 年。

(宋)陈思:《小字录》,明活字印本。

(宋)陈思编:《两宋名贤小集》,《景印文渊阁四库全书》第 1364 册,台北:台湾商务印书馆,1986 年。

(宋)陈思编纂:《海棠谱》,(清)丁丙编:《武林往哲遗著》(二),《杭州文献集成》第 15 册,杭州:杭州出版社,2014 年。

(宋)陈思编纂:《海棠谱》,宋刻《百川学海》本。

(宋)陈襄:《州县提纲》,《丛书集成初编》第 932 册,长沙:商务印书馆,1939 年。

(宋)陈应行编:《吟窗杂录》,北京:中华书局,1997 年影印本。

(宋)陈与义撰,(宋)胡穉注:《增广笺注简斋诗集》,《续修四库全书》第 1317 册,上海:上海古籍出版社,2002 年影印本。

(宋)陈元靓:《事林广记》,(日)长泽规矩也编:《和刻本类书集成》第1辑,上海:上海古籍出版社,1990年影印本。

(宋)陈元靓撰,许逸民点校:《岁时广记》,北京:中华书局,2020年。

(宋)陈造:《江湖长翁集》,《景印文渊阁四库全书》第1166册,台北:台湾商务印书馆,1986年。

(宋)陈振孙撰,徐小蛮、顾美华点校:《直斋书录解题》,上海:上海古籍出版社,2015年。

(宋)陈直:《养老奉亲书》,明万历二十年胡氏文会堂刻《寿养丛书》本。

(宋)陈直原著,(元)邹(铉)[铉]增补,叶子、张志斌、张心悦校点:《寿亲养老新书》,福州:福建科学技术出版社,2013年。

(宋)陈直撰,陈可冀、李春生订正评注:《奉亲养老书》,上海:上海科学技术出版社,1988年。

(宋)陈翥:《桐谱》,《丛书集成初编》第1352册,长沙:商务印书馆,1939年。

(宋)陈翥:《桐谱》,民国二至六年乌程张氏刻《适园丛书》本。

(宋)陈翥:《桐谱》,明末刻《说郛》板重编《唐宋丛书》本。

(宋)陈翥著,潘法连校注:《桐谱校注》,北京:农业出版社,1981年。

(宋)程珌:《洺水集》,《景印文渊阁四库全书》第1171册,台北:台湾商务印书馆,1986年。

(宋)范成大撰,陆振岳点校:《吴郡志》,南京:江苏古籍出版社,1999年。

(宋)程大昌撰,周翠英注:《〈演繁露〉注》,北京:中国社会科学出版社,2018年。

(宋)程俱著,徐裕敏点校:《北山小集》,北京:人民文学出版社,2018年。

(宋)程俱撰,张福祥校证:《麟台故事校证》,北京:中华书局,2000年。

（宋）崔敦诗:《崔舍人玉堂类稿》,《丛书集成初编》第1998册,上海:商务印书馆,1936年。

（宋）戴复古著,金芝山点校:《戴复古诗集》,杭州:浙江古籍出版社,2012年。

（宋）单锷:《吴中水利书》,《丛书集成初编》第3018册,上海:商务印书馆,1936年。

（宋）邓椿撰,李福顺校注:《画继》,太原:山西教育出版社,2017年。

（宋）丁特起:《靖康纪闻》,《丛书集成初编》第3893册,上海:商务印书馆,1939年。

（宋）董煟:《救荒活民书》,《景印文渊阁四库全书》第662册,台北:商务印书馆,1986年。

（宋）窦苹著,石祥编著:《酒谱》,北京:中华书局,2010年。

（宋）杜大珪编:《名臣碑传琬琰之集》,《景印文渊阁四库全书》第450册,台北:台湾商务印书馆,1986年。

（宋）范成大:《范村菊谱》,《景印文渊阁四库全书》第845册,台北:台湾商务印书馆,1986年。

（宋）范成大:《范石湖集》,上海:上海古籍出版社,1981年。

（宋）范成大:《菊谱》,宋刻《百川学海》本。

（宋）范成大等著,刘向培整理校点:《范村梅谱(外十二种)》,上海:上海书店出版社,2017年。

（宋）范成大原著,胡起望、谭光广校注:《桂海虞衡志》,成都:四川民族出版社,1986年。

（宋）范成大著,颜晓军点校:《吴船录》,杭州:浙江人民美术出版社,2016年。

（宋）范成大撰,孔凡礼点校:《范成大笔记六种》,北京:中华书局,2002年。

（宋）范处义:《诗补传》,《景印文渊阁四库全书》第72册,台北:台湾商务印书馆,1986年。

（宋）范纯仁:《范忠宣集》,《文渊阁四库全书》第1104册,台北:台湾商务印书馆,1986 年。

(宋)范公偁:《过庭录》,《丛书集成初编》第 2860 册,长沙:商务印书馆,1939 年。

(宋)范仲淹撰,李勇先、王蓉贵校点:《范仲淹全集》,成都:四川大学出版社,2002 年。

(宋)方回选评、李庆甲集评校点:《瀛奎律髓汇评》,上海:上海古籍出版社,2005 年。

(宋)方勺撰,许沛藻、杨立扬点校:《泊宅编》,北京:中华书局,1983 年。

(宋)方万里、罗濬纂:《宝庆四明志》,《宋元方志丛刊》第 5 册,北京:中华书局,1990 年影印本。

(宋)方万里、罗濬纂:《宝庆四明志》,宋刻本。

(宋)方信孺撰,刘瑞点校:《南海百咏》,广州:广东人民出版社,2010 年。

(宋)傅肱:《蟹谱》,宋刻《百川学海》本。

(宋)高承撰,金圆、许沛藻点校:《事物纪原》,北京:中华书局,1989 年。

(宋)高似孙著,左洪涛校注:《高似孙〈纬略〉校注》,杭州:浙江大学出版社,2012 年。

(宋)高似孙撰,司马朝军教释:《子略校释》,济南:山东人民出版社,2018 年。

(宋)高斯得:《耻堂存稿》,《丛书集成初编》第 2041 册,上海:商务印书馆,1935 年。

(宋)葛立方:《韵语阳秋》,上海:上海古籍出版社,1984 年影印本。

(宋)葛胜仲:《丹阳集》,《景印文渊阁四库全书》第 1127 册,台北:台湾商务印书馆,1986 年。

(宋)龚(熙)[颐]正:《续释常谈》,《丛书集成初编》第 324 册,上海:商务印书馆,1936 年。

(宋)龚鼎臣:《东原录》,《丛书集成初编》第 280 册,上海:商务印书馆,1936 年。

(宋)龚明之撰,孙菊园点校:《中吴纪闻》,上海:上海古籍出版社,1986 年。

(宋)郭若虚著,黄苗子点校:《图画见闻志》,北京:人民美术出版社,2003 年。

(宋)郭祥正:《青山集》,《北京图书馆古籍珍本丛刊》等 90 册,北京:书目文献出版社,1988 年影印本。

(宋)韩琦撰,李之亮、徐正英笺注:《安阳集编年笺注》,成都:巴蜀书社,2000 年。

(宋)韩维:《南阳集》,《景印文渊阁四库全书》第 1101 册,台北:台湾商务印书馆,1986 年。

(宋)韩彦直撰,彭世奖校注:《橘录校注》,北京:中国农业出版社,2010 年。

(宋)韩元吉:《南涧甲乙稿》,《景印文渊阁四库全书》第 1165 册,台北:台湾商务印书馆,1986 年。

(宋)何梦桂著,赵敏、崔霞点校:《何梦桂集》,杭州:浙江古籍出版社,2011 年。

(宋)何薳撰,张明华点校:《春渚纪闻》,北京:中华书局,1983 年。

(宋)何汶撰,常振国、绛云点校:《竹庄诗话》,北京:中华书局,1984 年。

(宋)何异:《宋中兴学士院题名》,《续修四库全书》第 748 册,上海:上海古籍出版社,2002 年影印本。

(宋)洪迈撰,何卓点校:《夷坚志》,北京:中华书局,2006 年。

(宋)洪迈撰,孔凡礼点校:《容斋随笔》,北京:中华书局,2005 年。

(宋)洪适:《盘洲文集》,《景印文渊阁四库全书》第 1158 册,台北:台湾商务印书馆,1986 年。

(宋)洪咨夔著,侯体健点校:《洪咨夔集》,杭州:浙江古籍出版社,2015 年。

(宋)胡宏撰,吴人华点校:《胡宏集》,北京:中华书局,1987年。

(宋)胡宿:《文恭集》,《景印文渊阁四库全书》第1088册,台北:台湾商务印书馆,1986年。

(宋)胡太初修,赵与沐纂:《临汀志》,福州:福建人民出版社,1990年。

(宋)胡锜:《耕禄藁》,《丛书集成初编》第2987册,上海:商务印书馆,1937年。

(宋)胡寅撰,容肇祖点校:《斐然集》,北京:中华书局,1993年。

(宋)胡仔纂集,廖德明校点、周本淳重订:《苕溪渔隐丛话·后集》,北京:人民文学出版社,1993年。

(宋)胡仔纂集,廖德明校点:《苕溪渔隐丛话·前集》,北京:人民文学出版社,1962年。

(宋)黄伯思:《东观余论》,北京:人民美术出版社,2010年。

(宋)黄大舆:《梅苑》,《景印文渊阁四库全书》第1489册,台北:台湾商务印书馆,1986年。

(宋)黄庭坚:《士大夫食时五观》,《丛书集成初编》第2986册,上海:商务印书馆,1936年。

(宋)黄庭坚撰,刘琳、李勇先、王蓉贵校点:《黄庭坚全集》,成都:四川大学出版社,2001年。

(宋)黄庭坚撰,(宋)任渊等注,刘尚荣校点:《黄庭坚诗集注》,北京:中华书局,2003年。

(宋)黄岩孙纂:《宝祐仙溪志》,《宋元方志丛刊》第8册,北京:中华书局,1990年影印本。

(宋)黄震著,张伟、何忠礼主编:《黄震全集》,杭州:浙江大学出版社,2013年。

(宋)姜夔著,陈书良笺注:《姜白石词笺注》,北京:中华书局,2009年。

(宋)金盈之:《新编醉翁谈录》,上海:古典文学出版社,1958年。

(宋)孔平仲撰,杨倩描、徐立群点校:《孔氏谈苑》,北京:中华书局,2012年。

(宋)孔平仲撰,池洁整理:《谈苑》,《全宋笔记》第2编第5册,郑州:大象出版社,2006年。

(宋)孔文仲、孔武仲、孔平仲著,孙永远校点:《清江三孔集》,济南:齐鲁书社,2002年。

(宋)孔延之编:《会稽掇英总集》,《景印文渊阁四库全书》第1345册,台北:台湾商务印书馆,1986年。

(宋)寇宗奭:《本草衍义》,北京:人民卫生出版社,1990年。

(宋)乐雷发撰,萧艾注:《雪矶丛稿》,长沙:岳麓书社,1986年。

(宋)乐史撰,王文楚等点校:《太平寰宇记》,北京:中华书局,2007年。

(宋)李昌龄:《乐善录》,《四库全书存目丛书·子部》第83册,济南:齐鲁书社,1995年影印本。

(宋)李昉等编:《文苑英华》,北京:中华书局,1966年影印本。

(宋)李昉等纂:《太平御览》,日本静嘉堂文库藏宋刊本。

(宋)李纲:《宋丞相李忠定公奏议》,《续修四库全书》第474册,上海:上海古籍出版社,2002年影印本。

(宋)李俊甫:《莆阳比事》,《续修四库全书》第734册,上海:上海古籍出版社,2002年影印本。

(宋)李石:《方舟集》,《景印文渊阁四库全书》第1149册,台北:商务印书馆,1986年。

(宋)李焘:《续资治通鉴长编》,北京:中华书局,1992年点校本。

(宋)李心传撰,辛更儒点校:《建炎以来系年要录》,上海:上海古籍出版社,2018年。

(宋)李心传撰,徐规点校:《建炎以来朝野杂记》,北京:中华书局,2000年。

(宋)李攸:《宋朝事实》,《丛书集成初编》第835册,上海:商务印书馆,1936年。

(宋)李幼武纂集:《宋名臣言行录外集》,《景印文渊阁四库全书》第449册,台北:台湾商务印书馆,1986年。

(宋)李之仪:《姑溪居士集前集》,《景印文渊阁四库全书》第1120册,台北:台湾商务印书馆,1986年。

(宋)李埴撰,燕永成校正:《皇宋十朝纲要校正》,北京:中华书局,2013年。

(宋)梁克家纂修:《淳熙三山志》,《宋元方志丛刊》第8册,北京:中华书局,1990年影印本。

(宋)林表民编:《赤城集》,《景印文渊阁四库全书》第1356册,台北:台湾商务印书馆,1986年。

(宋)林表民编:《天台续集别编》,《景印文渊阁四库全书》第1356册,台北:台湾商务印书馆,1986年。

(宋)林洪:《山家清供》,《丛书集成初编》第1473册,上海:商务印书馆,1936年。

(宋)林洪:《山家清事》,《丛书集成初编》第2883册,上海:商务印书馆,1936年。

(宋)林駉、黄履翁:《古今源流至论》,《景印文渊阁四库全书》第942册,台北:台湾商务印书馆,1986年。

(宋)凌万顷、边实纂:《淳祐玉峰志》,《宋元方志丛刊》第1册,北京:中华书局,1990年影印本。

(宋)刘攽:《彭城集》,《景印文渊阁四库全书》第1096册,台北:台湾商务印书馆,1986年。

(宋)刘才邵:《檆溪居士集》,《景印文渊阁四库全书》第1130册,台北:台湾商务印书馆,1986年。

(宋)刘敞:《公是集》,《景印文渊阁四库全书》第1095册,台北:台湾商务印书馆,1986年。

(宋)刘敞:《公是集》,清光绪二十五年广雅书局刻本。

(宋)刘辰翁:《须溪集》,《景印文渊阁四库全书》第1186册,台北:台湾商务印书馆,1986年。

(宋)刘词:《混俗颐生录》,《中华道藏》第23册,北京:华夏出版社,2004年。

(宋)刘过:《龙洲集》,上海:上海古籍出版社,1978年。

(宋)刘克庄撰,王蓉贵、向以鲜校点:《后村先生大全集》,成都:四川大学出版社,2008 年。

(宋)刘蒙:《菊谱》,《丛书集成初编》第 1356 册,北京:中华书局,1985 年。

(宋)刘学箕:《方是闲居小稿》,《景印文渊阁四库全书》第 1176 册,台北:台湾商务印书馆,1986 年。

(宋)刘弇:《龙云集》,《景印文渊阁四库全书》第 1119 册,台北:台湾商务印书馆,1986 年。

(宋)刘一止:《苕溪集》,《景印文渊阁四库全书》第 1132 册,台北:台湾商务印书馆,1986 年。

(宋)刘爚:《云庄集》,《景印文渊阁四库全书》第 1157 册,台北:商务印书馆,1986 年。

(宋)刘宰撰,王勇、李金坤校证:《京口耆旧传校证》,镇江:江苏大学出版社,2016 年。

(宋)龙衮:《江南野史》,《金陵全书·乙编史料类》第 6 册,南京:南京出版社,2011 年影印本。

(宋)楼璹:《耕织图诗》,《丛书集成初编》第 1461 册,长沙:商务印书馆,1939 年。

(宋)楼钥:《攻媿集》,《景印文渊阁四库全书》第 1153 册,台北:商务印书馆,1986 年。

(宋)楼钥撰,顾大朋点校:《楼钥集》,杭州:浙江古籍出版社,2010 年。

(宋)卢宪纂:《嘉定镇江志》,《宋元方志丛刊》第 3 册,北京:中华书局,1990 年影印本。

(宋)陆游著,钱仲联、马亚中主编:《陆游全集校注》,杭州:浙江古籍出版社,2016 年。

(宋)陆游撰,李剑雄、刘德权点校:《老学庵笔记》,北京:中华书局,1979 年。

(宋)罗泌:《路史》,《景印文渊阁四库全书》第 383 册,台北:台湾商务印书馆,1986 年。

(宋)罗愿纂:《新安志》,《宋元方志丛刊》第8册,北京:中华书局,1990年影印本。

(宋)吕本中:《东莱吕紫微师友杂志》,《丛书集成初编》第629册,长沙:商务印书馆,1939年。

(宋)吕惠卿撰,汤君集校:《庄子义集校》,北京:中华书局,2009年。

(宋)吕中撰,张其凡、白晓霞整理:《类编皇朝大事记讲义》,上海:上海人民出版社,2013年。

(宋)吕祖谦编,齐治平点校:《宋文鉴》,北京:中华书局,1992年。

(宋)马令:《南唐书》,《丛书集成初编》第3852册,上海:商务印书馆,1935年。

(宋)梅尧臣著,朱东润编年校注:《梅尧臣集编年校注》,上海:上海古籍出版社,1980年。

(宋)梅应发、刘锡纂:《开庆四明续志》,《宋元方志丛刊》第6册,北京:中华书局,1990年影印本。

(宋)孟元老撰,伊永文笺注:《东京梦华录笺注》,北京:中华书局,2006年。

(宋)慕容彦逢:《摛文堂集》,《景印文渊阁四库全书》第1123册,台北:台湾商务印书馆,1986年。

(宋)欧阳修、宋祁:《新唐书》,北京:中华书局,1975年点校本。

(宋)欧阳修:《欧阳文忠公集》,宋庆元二年周必大刻本。

(宋)欧阳修等著,王宗堂注评:《牡丹谱》,郑州:中州古籍出版社,2016年。

(宋)欧阳修等撰,王云整理校点:《洛阳牡丹记(外十三种)》,上海:上海书店出版社,2017年。

(宋)欧阳修著,李逸安点校:《欧阳修全集》,北京:中华书局,2001年。

(宋)欧阳修撰,(宋)徐无党注:《新五代史》,北京:中华书局,

1974年。

(宋)欧阳修撰,李伟国点校:《归田录》,北京:中华书局,1981年。

(宋)潘自牧:《记纂渊海》,《景印文渊阁四库全书》第930—932册,台北:台湾商务印书馆,1986年。

(宋)庞元英撰,金园整理:《文昌杂录》,《全宋笔记》第2编第4册,郑州:大象出版社,2006年。

(宋)彭百川:《太平治迹统类》,《景印文渊阁四库全书》第408册,台北:台湾商务印书馆,1986年。

(宋)彭百川:《太平治迹统类》,扬州:江苏广陵古籍刻印社,1981年影印本。

(宋)钱若水修、范学辉校注:《宋太宗皇帝实录校注》,北京:中华书局,2012年。

(宋)钱易撰,黄寿成点校:《南部新书》,北京:中华书局,2002年。

(宋)潜说友纂修:《咸淳临安志》,《宋元方志丛刊》第4册,北京:中华书局,1990年影印本。

(宋)秦观撰,徐培均笺注:《淮海集笺注》,上海:上海古籍出版社,1994年。

(宋)秦九韶撰,王守义释,李俨审校:《数书九章新释》,合肥:安徽科学技术出版社,1992年。

(宋)丘濬:《牡丹荣辱志》,《丛书集成初编》第1355册,上海:商务印书馆,1937年。

(宋)丘濬:《牡丹荣辱志》,宋刻《百川学海》本。

(宋)桑世存编:《回文类聚》,《景印文渊阁四库全书》第1351册,台北:台湾商务印书馆,1986年。

(宋)邵伯温:《易学辨惑》,《景印文渊阁四库全书》第9册,台北:台湾商务印书馆,1986年。

(宋)邵伯温撰,李剑雄、刘德权点校:《邵氏闻见录》,北京:中华书局,1983年。

(宋)邵博撰,刘德权、李剑雄点校:《邵氏闻见后录》,北京:中华书局,1983年。

(宋)邵雍撰,卫绍生校注:《皇极经世书》,郑州:中州古籍出版社,1993年。

(宋)沈括原著,杨渭生新编:《沈括全集》,杭州:浙江大学出版社,2011年。

(宋)沈括撰,胡道静校证:《梦溪笔谈校证》,上海:上海古籍出版社,1987年。

(宋)沈括撰,胡道静校注:《新校正梦溪笔谈》,北京:中华书局,1957年。

(宋)施宿等纂:《嘉泰会稽志》,《宋元方志丛刊》第7册,北京:中华书局,1990年影印本。

(宋)施元之、顾禧注:《施顾注东坡先生诗》,宋嘉泰六年淮东仓司刻景定三年郑羽补刻本。

(宋)施元之等注,(清)顾嗣立等删补:《施注苏诗》,康熙三十八年宋荦刻本。

(宋)史弥宁:《友林乙稿》,《景印文渊阁四库全书》第1178册,台北:台湾商务印书馆,1986年。

(宋)史能之纂修:《咸淳毗陵志》,《宋元方志丛刊》第3册,北京:中华书局,1990年影印本。

(宋)史容:《山谷外集诗注》,元至元二十二年万卷书堂刻本。

(宋)史正志:《菊谱》,《丛书集成初编》第1356册,长沙:商务印书馆,1939年。

(宋)史铸:《百菊集谱》,《景印文渊阁四库全书》第845册,台北:台湾商务印书馆,1986年。

(宋)史铸:《百菊集谱》,明万历间汪氏刻《山居杂志》本。

(宋)释文莹撰,郑世刚、杨立阳点校:《玉壶清话》,北京:中华书局,1984年。

(宋)释赞宁:《笋谱》,《丛书集成初编》第1353册,北京:中华书局,1991年。

(宋)释赞宁撰,范祥雍点校:《宋高僧传》,上海:上海古籍出版社,2017年。

(宋)释赞宁撰,富世平校注:《大宋僧史略校注》,北京:中华书局,2015年。

(宋)释志磐著,释道法校注:《佛祖统纪校注》,上海:上海古籍出版社,2012年。

(宋)释宗鉴:《释门正统》,《卍续藏经》第130册,台北:新文丰出版公司,1994年。

(宋)舒岳祥:《阆风集》,《景印文渊阁四库全书》第1187册,台北:台湾商务印书馆,1986年。

(宋)舒岳祥:《阆风集》,民国四年吴兴刘氏嘉业堂刻本。

(宋)司马光等:《资治通鉴》,北京:中华书局,1956年。

(宋)司马光撰,邓广铭、张希清点校:《涑水记闻》,北京:中华书局,1989年。

(宋)四水潜夫(周密)辑:《武林旧事》,杭州:西湖书社,1981年。

(宋)宋伯仁:《梅花喜神谱》,景定二年金华双桂堂刻本。

(宋)宋伯仁:《雪岩吟草》,明末毛氏汲古阁景宋钞本。

(宋)宋祁:《景文集》,《景印文渊阁四库全书》第1088册,台北:台湾商务印书馆,1986年。

(宋)宋祁:《益部方物略记》,明万历间刻《秘册汇函》本。

(宋)宋子安:《东溪试茶录》,《丛书集成初编》第1480册,上海:商务印书馆,1936年。

(宋)宋子安:《东溪试茶录》,宋刻《百川学海》本。

(宋)苏轼:《仇池笔记》,明天启六年刻《类说》本。

(宋)苏轼:《仇池笔记》,宋刻《类说》本。

(宋)苏轼:《东坡先生志林》,明万历商浚辑刻《稗海》本。

(宋)苏轼:《东坡先生志林集》,宋刻《百川学海》本。

(宋)苏轼:《东坡志林》,明万历二十三年赵开美刻本。

(宋)苏轼:《物类相感志》,《丛书集成初编》第1344册,上海:

商务印书馆,1937年。

(宋)苏轼撰,(明)王如锡编,吴文清、张志斌校点:《东坡养生集》,福州:福建科学技术出版社,2013年。

(宋)苏轼撰,(宋)王十朋注:《东坡诗集注》,《景印文渊阁四库全书》第1109册,台北:台湾商务印书馆,1986年。

(宋)苏轼撰,孔凡礼点校:《商刻东坡志林》,郑州:大象出版社,2003年。

(宋)苏颂著,王同策等点校:《苏魏公文集》,北京:中华书局,1988年。

(宋)苏颂撰,胡乃长、王致谱辑注:《图经本草》,福州:福建科学技术出版社,1988年。

(宋)苏易简等著,朱学博整理校点:《文房四谱(外十七种)》,上海:上海书店出版社,2015年。

(宋)苏辙撰,程宏天、高秀芳校点:《苏辙集》,北京:中华书局,1990年。

(宋)孙升口述、刘延世笔录,杨倩描、徐立群点校:《孙公谈圃》,北京:中华书局,2012年。

(宋)孙应时纂修,(宋)鲍廉增补,(元)卢镇续修:《琴川志》,《宋元方志选刊》第2册,北京:中华书局,1990年影印本。

(宋)谈钥纂修:《嘉泰吴兴志》,《宋元方志丛刊》第5册,北京:中华书局,1990年影印本。

(宋)唐庚撰,唐玲校注:《唐庚诗集校注》,北京:中华书局,2016年。

(宋)唐慎微:《经史证类备急本草》,宋嘉定四年刘甲刻本。

(宋)唐慎微撰,尚志钧等校点:《证类本草》,北京:华夏出版社,1993年。

(宋)陶穀撰,郑村声、俞钢整理:《清异录》,《全宋笔记》第1编第2册,郑州:大象出版社,2003年。

(宋)陶穀撰,孔一点校:《清异录》,上海:上海古籍出版社,2012年。

(宋)田况撰,张其凡点校:《儒林公议》,北京:中华书局,2017年。

(宋)田锡撰,罗国威校点:《咸平集》,成都:巴蜀书社,2008年。

(宋)汪藻:《浮溪集》,《丛书集成初编》第1960册,上海:商务印书馆,1935年。

(宋)汪藻著,王智勇笺注:《靖康要录笺注》,成都:四川大学出版社,2008年。

(宋)王安石:《临川先生文集》,明嘉靖三十九年何迁覆刻南宋临川本。

(宋)王安石:《临川先生文集》,宋绍兴二十一年两浙西路转运司王珏刻元明递修本。

(宋)王安石:《王文公文集》,北京:中华书局,1962年影印本。

(宋)王安石撰,王水照主编:《王安石全集》,上海:复旦大学出版社,2016年。

(宋)王称撰,孙言诚、崔国光点校:《东都事略》,济南:齐鲁书社,2000年。

(宋)王从谨:《清虚杂著补阙》,《丛书集成初编》第3892册,北京:中华书局,1991年。

(宋)王存撰,王文楚、魏嵩山点校:《元丰九域志》,北京:中华书局,1984年。

(宋)王得臣撰,俞宗宪点校:《麈史》,上海:上海古籍出版社,1986年。

(宋)王巩:《甲申杂记》,《全宋笔记》第2编第6册,郑州:大象出版社,2006年。

(宋)王观:《扬州芍药谱》,《丛书集成初编》第1356册,长沙:商务印书馆,1939年。

(宋)王珪:《华阳集》,《景印文渊阁四库全书》第1093册,台北:台湾商务印书馆,1986年。

(宋)王贵学:《王氏兰谱》,天一阁藏《三才广志》明抄本。

(宋)王明清:《挥麈录》,北京:中华书局,1964年。

(宋)王辟之撰,吕友仁点校:《渑水燕谈录》,北京:中华书局,1981年。

(宋)王十朋:《王十朋全集》,上海:上海古籍出版社,2012年。

(宋)王象之:《舆地纪胜》,北京:中华书局,1992年影印本。

(宋)王炎:《双溪类稿》,《景印文渊阁四库全书》第1155册,台北:台湾商务印书馆,1986年。

(宋)王洋:《东牟集》,《景印文渊阁四库全书》第1132册,台北:台湾商务印书馆,1986年。

(宋)王尧臣等编,(清)钱东垣辑释:《崇文总目》,上海:商务印书馆,1939年。

(宋)王应麟著,(清)翁元圻等注,栾保群、田松青、吕宗力校点:《困学纪闻》,上海:上海古籍出版社,2008年。

(宋)王应麟纂:《玉海》,南京、上海:江苏古籍出版社、上海书店,1987年影印本。

(宋)王栐撰,诚刚点校:《燕翼诒谋录》,北京:中华书局,1981年。

(宋)王禹偁:《小畜集》,《景印文渊阁四库全书》第1086册,台北:台湾商务印书馆,1986年。

(宋)王愈编集,刘寿山校补:《蕃牧纂验方》,南京:江苏人民出版社,1958年。

(宋)王愈编集:《蕃牧纂验方》,明万历二十一年张世则刻《司牧安骥集》本。

(宋)王执中编著:《针灸资生经》,上海:上海科学技术出版社,1959年。

(宋)王质:《林泉结契》,《丛书集成初编》第2255册,长沙:商务印书馆,1937年。

(宋)王铚撰,朱杰人点校:《默记》,北京:中华书局,1981年。

(宋)王灼:《糖霜谱》,《景印文渊阁四库全书》第844册,台北:台湾商务印书馆,1986年。

(宋)王灼著,李孝中、侯柯芳辑注:《王灼集》,成都:巴蜀书社,

2005 年。

(宋)王灼撰,岳珍校正:《碧鸡漫志校正》,成都:巴蜀书社,2000 年。

(宋)韦居安:《梅磵诗话》,《丛书集成初编》第 2572 册,上海:商务印书馆,1936 年。

(宋)委心子撰,金心点校:《新编分门古今类事》,北京:中华书局,1987 年。

(宋)卫泾:《后乐集》,《景印文渊阁四库全书》第 1169 册,台北:台湾商务印书馆,1986 年。

(宋)魏了翁:《鹤山集》,《景印文渊阁四库全书》第 1173 册,台北:台湾商务印书馆,1986 年。

(宋)魏齐贤、叶棻编:《圣宋名贤五百家播芳大全文粹》,宋刻本。

(宋)魏齐贤、叶棻编:《五百家播芳大全文粹》,《景印文渊阁四库全书》第 1353 册,台北:台湾商务印书馆,1986 年。

(宋)魏泰撰,李裕民点校:《东轩笔录》,北京:中华书局,1983 年。

(宋)魏岘:《四明它山水利备览》,《丛书集成初编》第 3018 册,上海:商务印书馆,1936 年。

(宋)吴曾:《能改斋漫录》,上海:上海古籍出版社,1979 年。

(宋)吴淑撰注,冀勤、王秀梅、马蓉校点:《事类赋注》,北京:中华书局,1989 年。

(宋)吴怿撰,(元)张福补遗,胡道静校录:《种艺必用》,北京:农业出版社,1963 年。

(宋)吴泳:《鹤林集》,《景印文渊阁四库全书》第 1176 册,台北:台湾商务印书馆,1986 年。

(宋)吴自牧著,符均、张社国校注:《梦粱录》,西安:三秦出版社,2004 年。

(宋)谢深甫等编纂,戴建国点校:《庆元条法事类》,《中国珍稀法律典籍续编》第 1 册,哈尔滨:黑龙江人民出版社,2002 年。

(宋)谢维新编:《古今合璧事类备要》,《景印文渊阁四库全书》第939—941册,台北:台湾商务印书馆,1986年。

(宋)谢维新编:《古今合璧事类备要》,宋刻本。

(宋)熊蕃:《宣和北苑贡茶录》,明万历四十一年喻政刻《茶书》本。

(宋)熊蕃:《宣和北苑贡茶录》,清嘉庆四年铜川顾氏刊《读画斋丛书》本。

(宋)熊蕃撰,熊克绘图:《宣和北苑贡茶录》,《景印文渊阁四库全书》第844册,台北:台湾商务印书馆,1986年。

(宋)熊禾:《熊勿轩先生文集》,《丛书集成初编》第2407册,上海:商务印书馆,1936年。

(宋)熊克:《中兴小纪》,《丛书集成初编》第3858—3860册,上海:商务印书馆,1936年。

(宋)徐光溥:《自号录》,《丛书集成初编》第3309册,上海:商务印书馆,1937年。

(宋)徐兢:《宣和奉使高丽图经》,《丛书集成初编》第3236—3239册,上海:商务印书馆,1937年。

(宋)徐梦莘:《三朝北盟会编》,上海:上海古籍出版社,1987年影印本。

(宋)许应龙:《东涧集》,《景印文渊阁四库全书》第1176册,台北:台湾商务印书馆,1986年。

(宋)杨冠卿:《客亭类稿》,《景印文渊阁四库全书》第1165册,台北:台湾商务印书馆,1986年。

(宋)杨杰著,曹小云校笺:《无为集校笺》,合肥:黄山书社,2014年。

(宋)杨万里撰,辛更儒校笺:《杨万里集校笺》,北京:中华书局,2007年。

(宋)杨亿口述、黄鉴笔录,(宋)宋祁重订,李裕民整理:《杨文公谈苑》,郑州:大象出版社,2017年。

(宋)杨仲良撰,李之亮校点:《皇宋通鉴长编纪事本末》,哈尔滨:黑龙江人民出版社,2006 年。

(宋)叶梦得:《避暑录话》,《全宋笔记》第 2 编第 10 册,郑州:大象出版社,2006 年。

(宋)叶梦得撰,(宋)宇文绍奕考异,侯忠义点校:《石林燕语》,北京:中华书局,1984 年。

(宋)叶清臣:《述煮茶泉品》,民国武进陶氏景宋咸淳刊《百川学海》本。

(宋)叶清臣:《述煮茶泉品》,宋刻《百川学海》本。

(宋)叶绍翁撰,沈锡麟、冯惠民点校:《四朝闻见录》,北京:中华书局,1989 年。

(宋)叶适撰,刘公纯、王孝鱼、李哲夫点校:《叶适集》,北京:中华书局,2010 年。

(宋)佚名:《秘书省续编到四库阙书目》,《丛书集成续编》第 3 册,台北:新文丰出版公司,1989 年。

(宋)佚名:《昭忠录》,《丛书集成初编》第 3355 册,长沙:商务印书馆,1939 年。

(宋)佚名编,汝企和点校:《续编两朝纲目备要》,北京:中华书局,1995 年。

(宋)佚名辑:《新刊国朝二百家名贤文粹》,《续修四库全书》第 1354、1653 册,上海:上海古籍出版社,2002 年影印本。

(宋)佚名撰,孔学辑校:《皇宋中兴两朝圣政辑校》,北京:中华书局,2019 年。

(宋)佚名撰,唐玲整理:《五色线》,《全宋笔记》第 8 编第 10 册,郑州:大象出版社,2017 年。

(宋)佚名撰,燕永成整理:《东南纪闻》,《全宋笔记》第 8 编第 6 册,郑州:大象出版社,2017 年。

(宋)佚名撰,张富祥点校:《南宋馆阁续录》,北京:中华书局,1998 年。

(宋)尹洙:《河南集》,《景印文渊阁四库全书》第 1090 册,台北:台湾商务印书馆,1986 年。

(宋)尤袤:《遂初堂书目》,《丛书集成初编》第 32 册,上海:商务印书馆,1935 年。

(宋)余靖:《武溪集》,《景印文渊阁四库全书》第 1089 册,台北:台湾商务印书馆,1986 年。

(宋)虞俦:《尊白堂集》,《景印文渊阁四库全书》第 1154 册,台北:台湾商务印书馆,1986 年。

(宋)虞集:《道园学古录》,《景印文渊阁四库全书》第 1207 册,台北:台湾商务印书馆,1986 年。

(宋)员兴宗:《九华集》,《景印文渊阁四库全书》第 1158 册,台北:台湾商务印书馆,1986 年。

(宋)袁说友等编,赵晓兰整理:《成都文类》,北京:中华书局,2011 年。

(宋)袁燮:《絜斋集》,《丛书集成初编》第 2029 册,上海:商务印书馆,1935 年。

(宋)岳珂:《宝真斋法书赞》,《丛书集成初编》第 1628 册,上海:商务印书馆,1936 年。

(宋)岳珂撰,吴企明点校:《桯史》,北京:中华书局,1981 年。

(宋)曾巩撰,陈杏珍、晁继周点校:《曾巩集》,北京:中华书局,1984 年。

(宋)曾巩撰,王瑞来校证:《隆平集校证》,北京:中华书局,2012 年。

(宋)曾敏行撰,朱杰人整理:《独醒杂志》,《全宋笔记》第 4 编第 5 册,郑州:大象出版社,2008 年。

(宋)曾慥:《类说》,明天启六年岳钟秀刻本。

(宋)曾慥撰,王汝涛等校注:《类说校注》,福州:福建人民出版社,1996 年。

(宋)张邦基撰,孔凡礼点校:《墨庄漫录》,北京:中华书局,2002 年。

(宋)张表臣:《珊瑚钩诗话》,《丛书集成初编》第 2550 册,长沙:商务印书馆,1939 年。

(宋)张端义撰,李保民校点:《贵耳集》,上海:上海古籍出版社,2012 年。

(宋)张方平撰,郑涵点校:《张方平集》,郑州:中州古籍出版社,2000 年。

(宋)张杲撰,王旭光、张宏校注:《医说》,北京:中国中医药出版社,2009 年。

(宋)张淏纂修:《宝庆会稽续志》,《宋元方志丛刊》第 7 册,北京:中华书局,1990 年影印本。

(宋)张津等纂修:《乾道四明图经》,《宋元方志丛刊》第 5 册,北京:中华书局,1990 年影印本。

(宋)张耒:《明道杂志》,《丛书集成初编》第 2860 册,长沙:商务印书馆,1939 年。

(宋)张耒撰,李逸安、孙通海、傅信点校:《张耒集》,北京:中华书局,1999 年。

(宋)张能臣撰,(明)孙云翼笺注:《郧乡集》,《景印文渊阁四库全书》第 1177 册,台北:台湾商务印书馆,1986 年。

(宋)张世南撰,张茂鹏点校:《游宦纪闻》,北京:中华书局,1981 年。

(宋)张栻著,杨世文点校:《张栻集》,北京:中华书局,2015 年。

(宋)张守撰,刘云军点校:《毗陵集》,上海:上海古籍出版社,2018 年。

(宋)张舜民:《画墁录》,《全宋笔记》第 2 编第 1 册,郑州:大象出版社,2006 年。

(宋)张尧同:《嘉禾百咏》,《丛书集成初编》第 3163 册,长沙:商务印书馆,1939 年。

(宋)张预撰,杨蓉蓉整理:《十七史百将传》,海口:海南国际新闻出版中心,1995 年。

(宋)张镃撰,吴晶、周膺点校:《南湖集》,北京:当代中国出版社,2014 年。

(宋)章炳文:《搜神秘览》,《续古逸丛书》第 39 册,上海:商务印书馆,1935年影印本。

(宋)章定:《名贤氏族言行类稿》,《景印文渊阁四库全书》第933册,台北:台湾商务印书馆,1986年。

(宋)章甫:《自鸣集》,《景印文渊阁四库全书》第1165册,台北:台湾商务印书馆,1986年。

(宋)章如愚辑:《群书考索》,扬州:广陵书社,2008年影印本。

(宋)赵令畤撰,孔凡礼点校:《侯鲭录》,北京:中华书局,2002年。

(宋)赵汝砺:《北苑别录》,《丛书集成初编》第1480册,上海:商务印书馆,1936年。

(宋)赵汝砺:《北苑别录》,《景印文渊阁四库全书》第844册,台北:台湾商务印书馆,1986年。

(宋)赵汝砺:《北苑别录》,民国扫叶山房石印《五朝小说》本。

(宋)赵汝砺:《北苑别录》,明万历四十一年明喻政刻《茶书》本。

(宋)赵师秀:《清苑斋诗集》,《景印文渊阁四库全书》第1171册,台北:台湾商务印书馆,1986年。

(宋)赵时庚:《金漳兰谱》,《景印文渊阁四库全书》第845册,台北:台湾商务印书馆,1986年。

(宋)赵时庚:《金漳兰谱》,明末刻《广百川学海》本。

(宋)赵时庚:《金漳兰谱》,清宣统间国学扶轮社铅印《香艳丛书》本。

(宋)赵时庚:《金漳兰谱》,天一阁藏《三才广志》明抄本。

(宋)赵时庚:《金漳兰谱》,明万历四十六年绿绮轩刻《花史左编》本。

(宋)赵闻礼选编,葛渭君校点:《阳春白雪》,上海:上海古籍出版社,1993年。

(宋)赵湘:《南阳集》,《景印文渊阁四库全书》第1101册,台北:台湾商务印书馆,1986年。

(宋)赵与时(旹)撰,齐治平校点:《宾退录》,上海:上海古籍出版社,1983 年。

(宋)真德秀:《西山文集》,《景印文渊阁四库全书》第 1174 册,台北:台湾商务印书馆,1986 年。

(宋)郑虎臣编:《吴都文粹》,《景印文渊阁四库全书》第 1358 册,台北:台湾商务印书馆,1986 年。

(宋)郑樵:《夹漈遗稿》,《丛书集成初编》第 1985 册,上海:商务印书馆,1936 年。

(宋)郑樵:《通志》,北京:中华书局,1987 年影印本。

(宋)郑樵:《通志》,元大德三山郡庠刻元明递修明弘治公文纸印本。

(宋)郑獬:《郧溪集》,《景印文渊阁四库全书》第 1097 册,台北:台湾商务印书馆,1986 年。

(宋)郑瑶、方仁荣纂:《景定严州续志》,《宋元方志丛刊》第 5 册,北京:中华书局,1990 年影印本。

(宋)周必大:《周益公文集》,明澹生堂钞本。

(宋)周必大撰,王蓉贵、(日)白井顺点校:《周必大全集》,成都:四川大学出版社,2017 年。

(宋)周淙纂修:《乾道临安志》,《宋元方志丛刊》第 4 册,北京:中华书局,1990 年影印本。

(宋)周煇撰,刘永翔校注:《清波杂志校注》,北京:中华书局,1994 年。

(宋)周麟之:《海陵集》,《景印文渊阁四库全书》第 1142 册,台北:台湾商务印书馆,1986 年。

(宋)周密选,(清)查为仁、厉鹗笺注,徐文武、刘崇德点校:《绝妙好词笺》,保定:河北大学出版社,2005 年。

(宋)周密撰,邓乔彬校点:《蘋洲渔笛谱》,上海:上海古籍出版社,1988 年。

(宋)周密撰,邓子勉点校:《志雅堂杂钞》,沈阳:辽宁教育出版社,2000 年。

(宋)周密撰,吴企明点校:《癸辛杂识》,北京:中华书局,1988 年。

(宋)周密撰,张茂鹏点校:《齐东野语》,北京:中华书局,1983年。

(宋)周去非著,杨武泉校注:《岭外代答校注》,北京:中华书局,1999年。

(宋)周守忠:《姬侍类偶》,上海图书馆藏明抄本。

(宋)周守忠:《历代名医蒙求》,宋嘉定十三年临安尹氏书棚本。

(宋)周守忠:《养生月览》,明成化十年谢颎刻本。

(宋)周守忠编撰,李文彬、薛凤奎点校:《养生月览》,北京:人民卫生出版社,1989年。

(宋)周应合纂:《景定建康志》,《宋元方志丛刊》第2册,北京:中华书局,1990年影印本。

(宋)周羽翀:《三楚新录》,《景印文渊阁四库全书》第464册,台北:台湾商务印书馆,1986年。

(宋)周紫芝:《太仓稊米集》,《景印文渊阁四库全书》第1141册,台北:台湾商务印书馆,1986年。

(宋)朱弁撰,孔凡礼点校:《曲洧旧闻》,北京:中华书局,2002年。

(宋)朱肱等著,任仁仁整理校点:《北山酒经(外十种)》,上海:上海书店出版社,2016年。

(宋)朱肱撰,宋一明、李艳译注:《酒经译注》,上海:上海古籍出版社,2010年。

(宋)朱肱撰,万友生、万兰清等点校:《活人书》,北京:人民卫生出版社,1993年。

(宋)朱肱撰,陆振平整理:《类证活人书》,《中华医书集成》第2册,北京:中医古籍出版社,1999年。

(宋)朱胜非:《绀珠集》,明天顺刻本。

(宋)朱栻:《史传三编》,《景印文渊阁四库全书》第459册,台北:台湾商务印书馆,1986年。

(宋)朱熹撰,朱杰人、严佐之、刘永翔主编:《朱子全书》,上海、合肥:上海古籍出版社、安徽教育出版社,2002 年。

(宋)朱翌:《猗觉寮杂记》,《丛书集成初编》第 284 册,长沙:商务印书馆,1939 年。

(宋)朱彧撰,李伟国点校:《萍州可谈》,北京:中华书局,2007 年。

(宋)朱长文:《乐圃余稿》,《文渊阁四库全书》第 1119 册,台北:台湾商务印书馆,1986 年。

(宋)朱长文:《琴史》,《文渊阁四库全书》第 839 册,台北:台湾商务印书馆,1986 年。

(宋)朱长文:《吴郡图经续记》,《守约篇·乙集》第 7 册,清同治广东李氏刻本。

(宋)朱长文纂修,李勇先校点:《吴郡图经续记》,《宋元珍稀地方志丛刊·乙编》第 1 册,成都:四川大学出版社,2009 年。

(宋)祝泌:《观物篇解》,《景印文渊阁四库全书》第 805 册,台北:台湾商务印书馆,1986 年。

(宋)祝穆:《古今事文类聚》,《景印文渊阁四库全书》第 926 册,台北:台湾商务印书馆,1986 年。

(宋)祝穆撰、祝洙增订,施和金点校:《方舆胜览》,北京:中华书局,2003 年。

(宋)庄绰撰,萧鲁阳点校:《鸡肋编》,北京:中华书局,1983 年。

(宋)宗晓编,王坚点校:《四明尊者教行录》,上海:上海古籍出版社,2010 年。

(宋)邹浩:《道乡集》,《景印文渊阁四库全书》第 1121 册,台北:台湾商务印书馆,1986 年。

(元)陈桱:《通鉴续编》,《景印文渊阁四库全书》第 332 册,台北:台湾商务印书馆,1986 年。

(元)陈世隆编,徐敏霞校点:《宋诗拾遗》,沈阳:辽宁教育出版社,2000 年。

(元)大德《南海志》,《宋元方志丛刊》第 8 册,北京:中华书局,1990 年影印本。

(元)大司农司编撰,缪启愉校释:《元刻农桑辑要校释》,北京:农业出版社,1988年。

(元)戴表元著,陈晓冬、黄天美点校:《戴表元集》,杭州:浙江古籍出版社,2014年。

(元)方回:《桐江续集》,《景印文渊阁四库全书》第1193册,台北:台湾商务印书馆,1986年。

(元)李杲编辑,(明)李时珍参订,(明)姚可成补辑,郑金生等校点:《食物本草》,北京:中国医药科技出版社,1990年。

(元)李衎:《竹谱》,《景印文渊阁四库全书》第814册,台北:台湾商务印书馆,1986年。

(元)刘埙:《隐居通议》,《丛书集成初编》第215册,上海:商务印书馆,1937年。

(元)刘应李辑:《新编事文类聚翰墨全书》,《续修四库全书》第1221册,上海:上海古籍出版社,2002年影印本。

(元)鲁命善著,王毓瑚校注:《农桑衣食撮要》,北京:农业出版社,1962年。

(元)陆友仁:《研北杂志》,《景印文渊阁四库全书》第866册,台北:台湾商务印书馆,1986年。

(元)马端临:《文献通考》,北京:中华书局,1986年影印本。

(元)释觉岸:《释氏稽古略》,《大正新修大藏经》第49册第2037部,台北:新文丰出版公司,1983年。

(元)脱脱等:《金史》,北京:中华书局,1975年点校本。

(元)脱脱等:《宋史》,北京:中华书局,1977年点校本。

(元)王厚孙、徐亮纂:《至正四明续志》,《宋元方志丛刊》第7册,北京:中华书局,1990年影印本。

(元)王礼:《麟原文集》,《景印文渊阁四库全书》第1220册,台北:台湾商务印书馆,1986年。

(元)王祯:《农书》,《景印文渊阁四库全书》第730册,台北:台湾商务印书馆,1986年。

(元)王祯:《农书》,南京图书馆藏嘉靖九年山东布政使司刻本。

(元)王祯:《农书》,日本国立公文书馆内阁文库藏嘉靖九年山东布政使司刻本。

(元)王祯著,孙显斌、攸兴超点校:《王祯农书》,长沙:湖南科学技术出版社,2014年。

(元)王祯著,王毓瑚校:《王祯农书》,北京:农业出版社,1981年。

(元)王祯撰,缪启愉、缪桂龙译注:《东鲁王氏农书译注》,上海:上海古籍出版社,2008年。

(元)夏文彦:《图绘宝鉴》,《景印文渊阁四库全书》第814册,台北:台湾商务印书馆,1986年。

(元)徐硕撰:《至元嘉禾志》,《宋元方志丛刊》第5册,北京:中华书局,1990年影印本。

(元)佚名:《居家必用事类全集》,《北京图书馆古籍珍本丛刊》第61册,北京:书目文献出版社,1989年影印本。

(元)佚名撰,王瑞来笺证:《宋季三朝政要》,北京:中华书局,2010年。

(元)俞琰:《读易举要》,《景印文渊阁四库全书》第21册,台北:台湾商务印书馆,1986年。

(元)袁桷撰,杨亮校注:《袁桷集校注》,北京:中华书局,2012年。

(元)袁桷纂:《延祐四明志》,《宋元方志丛刊》第6册,北京:中华书局,1990年影印本。

(元)张铉纂修,王会豪等校点:《至正金陵新志》,《宋元珍稀地方志丛刊·乙编》第6册,成都:四川大学出版社,2009年。

(元)周达观原著,夏鼐校注:《真腊风土记校注》,北京:中华书局,1981年。

(明)白云霁:《道藏目录详注》,《景印文渊阁四库全书》第1061册,台北:台湾商务印书馆,1986年。

(明)宝文照辑:《宝子纪闻类编》,《四库全书存目丛书·子部》

第93册,济南:齐鲁书社,1995年。

(明)曹璿:《琼花集》,清道光间蒋氏别下斋刻本。

(明)曹学佺:《石仓诗稿》,《四库禁毁书丛刊》第143册,北京:北京出版社,1997年影印本。

(明)曹学佺:《蜀中广记》,《景印文渊阁四库全书》第592册,台北:台湾商务印书馆,1986年。

(明)陈第编:《世善堂藏书目录》,《丛书集成初编》第34册,上海:商务印书馆,1937年。

(明)陈克昌编:《麻姑集》,《四库全书存目丛书·集部》第304册,济南:齐鲁书社,1995年影印本。

(明)陈懋学辑:《事言要玄》,《四库全书存目丛书·子部》第203册,济南:齐鲁书社,1995年影印本。

(明)陈循等纂:《寰宇通志》,《玄览堂丛书续集》第53册,台北:"国立中央图书馆",1947年影印本。

(明)陈耀文编:《花草粹编》,《景印文渊阁四库全书》第1490册,台北:台湾商务印书馆,1986年。

(明)陈耀文编:《天中记》,扬州:广陵书社,2007年影印本。

(明)陈子龙、徐孚远、宋征璧等辑:《明经世文编》,北京:中华书局,1962年影印本。

(明)陈子龙著,王英志编纂校点:《陈子龙全集》,北京:人民文学出版社,2011年。

(明)成化《重修毗陵志》,《中国方志丛书·华中地方》第423号,台北:成文出版社,1983年影印本。

(明)程敏政辑撰,何庆善、于石点校:《新安文献志》,合肥:黄山书社,2004年。

(明)崇祯《廉州府志》,《日本藏中国罕见地方志丛刊》第25册,北京:书目文献出版社,1992年影印本。

(明)崇祯《宁海县志》,《中国方志丛书·华中地方》第503号,台北:成文出版社,1983年影印本。

(明)戴铣:《朱子实纪》,《续修四库全书》第550册,上海:上海古籍出版社,2002 年影印本。

(明)董斯张:《吴兴备志》,《景印文渊阁四库全书》第 494 册,台北:台湾商务印书馆,1986 年。

(明)费信:《星槎胜览》,《影印元明善本丛书·景明刻本历代小史》第 31 册,上海:商务印书馆,1940 年。

(明)高濂著,赵立勋校注:《遵生八笺校注》,北京:人民卫生出版社,1993 年。

(明)高儒:《百川书志》,上海:上海古籍出版社,2005 年。

(明)顾起元:《说略》,《景印文渊阁四库全书》第 964 册,台北:台湾商务印书馆,1986 年。

(明)顾起元撰,谭棣华、陈家禾点校:《客座赘语》,北京:中华书局,1987 年。

(明)何乔远纂:《闽书》,明崇祯间刻本。

(明)弘治《赤城新志》,《四库全书存目丛书·史部》第 177 册,济南:齐鲁书社,1996 年影印本。

(明)弘治《徽州府志》,《天一阁藏明代方志选刊》第 22 册,上海:上海古籍书店,1964 年影印本。

(明)洪武《苏州府志》,《中国方志丛书·华中地方》第 432 号,台北:成文出版社,1983 年影印本。

(明)胡应麟:《少室山房笔丛》,上海:上海书店出版社,2001 年。

(明)黄淮、杨士奇:《历代名臣奏议》,上海:上海古籍出版社,1989 年影印本。

(明)黄虞稷撰,瞿凤起、潘景郑整理:《千顷堂书目》,上海:上海古籍出版社,2001 年。

(明)黄仲昭修纂:《(弘治)八闽通志》,福州:福建人民出版社,2006 年。

(明)嘉靖《常德府志》,《天一阁藏明代方志选刊》第 56 册,上海:上海古籍书店,1964 年影印本。

(明)嘉靖《池州府志》,《天一阁藏明代方志选刊》第 24 册,上海:上海古籍书店,1962 年影印本。

(明)嘉靖《淳安县志》,《天一阁藏明代方志选刊》第 16 册,上海:中华书局上海编辑所,1965 年影印本。

(明)嘉靖《广东通志初稿》,《北京图书馆古籍珍本丛刊》第 38 册,北京:书目文献出版社,1998 年影印本。

(明)嘉靖《广西通志》,《四库全书存目丛书·史部》第 187 册,济南:齐鲁书社,1996 年影印本。

(明)嘉靖《惠安县志》,《天一阁藏明代方志选刊》第 32 册,上海:上海古籍书店,1963 年影印本。

(明)嘉靖《建宁府志》,《天一阁藏明代方志选刊》第 28 册,上海:上海古籍书店,1964 年影印本。

(明)嘉靖《建阳县志》,《天一阁藏明代方志选刊》第 31 册,上海:上海古籍书店,1962 年影印本。

(明)嘉靖《江西通志》,《四库全书存目丛书·史部》第 183 册,济南:齐鲁书社,1996 年影印本。

(明)嘉靖《昆山县志》,《天一阁藏明代方志选刊》第 11 册,上海:上海古籍书店,1963 年影印本。

(明)嘉靖《龙溪县志》,《天一阁藏明代方志选刊》第 32 册,上海:中华书局上海编辑所,1965 年影印本。

(明)嘉靖《宁波府志》,明嘉靖三十九年刻本。

(明)嘉靖《宁州志》,《天一阁藏明代方志选刊续编》第 43 册,上海:上海书店,1990 年影印本。

(明)嘉靖《太仓州志》,《天一阁藏明代方志选刊续编》第 20 册,上海:上海书店,1990 年影印本。

(明)嘉靖《铜陵县志》,《天一阁从明代方志选刊》第 25 册,上海:上海古籍书店,1962 年影印本。

(明)嘉靖《惟扬志》,《天一阁藏明代方志选刊》第 12 册,上海:上海古籍书店,1963 年影印本。

(明)嘉靖《永嘉县志》,《稀见中国地方志汇刊》第 18 册,北京:中国书店,2007 年影印本。

(明)嘉靖《浙江通志》,《天一阁藏明代方志选刊续编》第25册,上海:上海书店,1990年影印本。

(明)焦周:《焦氏说楛》,《四库全书存目丛书·子部》第113册,济南:齐鲁书社,1995年影印本。

(明)解缙等纂:《永乐大典》,北京:中华书局,1986年影印本。

(明)景泰《建阳县志》,《四库全书存目丛书·史部》第176册,济南:齐鲁书社,1996年影印本。

(明)邝璠著,石声汉、康成懿校注:《便民图纂》,北京:农业出版社,1959年。

(明)李奎:《种兰诀》,明末刻《广百川学海》本。

(明)李日华撰,薛维源点校:《紫桃轩杂缀》,南京:凤凰出版社,2010年。

(明)李时珍编纂,刘衡如、刘山永校注:《新校注本〈本草纲目〉》,北京:华夏出版社,2011年。

(明)李贤等:《明一统志》,《景印文渊阁四库全书》第472册,台北:台湾商务印书馆,1986年。

(明)李贤等:《明英宗实录》,台北:“中央研究院历史语言研究所”,1962年影印本。

(明)林有麟:《素园石谱》,扬州:广陵书社,2006年影印本。

(明)凌迪知:《万姓统谱》,《景印文渊阁四库全书》第956册,台北:台湾商务印书馆,1986年。

(明)隆庆《临江府志》,《天一阁藏明代方志选刊》第35册,上海:上海古籍书店,1962年影印本。

(明)隆庆《仪真县志》,《天一阁藏明代方志选刊》第15册,上海:上海古籍书店,1963年影印本。

(明)隆庆《永州府志》,《四库全书存目丛书·史部》第201册,济南:齐鲁书社,1996年影印本。

(明)娄元礼:《田家五行》,明刻嘉靖递修本。

(明)卢和:《新刻食物本草》,明万历间胡氏文会堂刻本。

(明)卢和撰,晏婷婷、沈健校注:《食物本草》,北京:中国中医药出版社,2015 年。

(明)马莳撰,田代华主校:《黄帝内经灵枢注证发微》,北京:人民卫生出版社,1994 年。

(明)马一龙:《农说》,《丛书集成初编》第 1468 册,上海:商务印书馆,1936 年。

(明)钱穀编:《吴都文粹续集》,《景印文渊阁四库全书》第 1385 册,台北:台湾商务印书馆,1986 年。

(明)宋濂:《元史》,北京:中华书局,1976 年点校本。

(明)陶宗仪:《南村辍耕录》,北京:中华书局,1959 年。

(明)陶宗仪等编:《说郛三种》,上海:上海古籍出版社,1988 年影印本。

(明)天启《赣州府志》,《四库全书存目丛书》第 202 册,济南:齐鲁书社,1996 年影印本。

(明)天启《海盐县图经》,《中国方志丛书·华中地方》第 589 号,台北:成文出版社,1983 年影印本。

(明)天启《衢州府志》,《中国方志丛书·华中地方》第 582 号,台北:成文出版社,1983 年影印本。

(明)万历《保定府志》,北京:书目文献出版社,1992 年影印本。

(明)万历《常州府志》,明万历四十六年刻本。

(明)万历《郴州志》,《天一阁藏明代方志选刊》第 58 册,上海:上海古籍书店,1962 年影印本。

(明)万历《广东通志》,《四库全书存目丛书·史部》第 198 册,济南:齐鲁书社,1996 年。

(明)万历《黄岩县志》,《天一阁藏明代方志选刊》第 18 册,上海:上海古籍书店,1963 年影印本。

(明)万历《嘉兴府志》,《中国方志丛书·华中地方》第 505 号,台北:成文出版社,1983 年影印本。

(明)万历《江都县志》,《四库全书存目丛书·史部》第 202 册,济南:齐鲁书社,1996 年影印本。

(明)万历《兰溪县志》,《中国方志丛书·华中地方》第517号,台湾:成文出版社,1983年影印本。

(明)万历《绍兴府志》,《中国方志丛书·华中地方》第520号,台北:成文出版社,1983年影印本。

(明)万历《温州府志》,《四库全书存目丛书·史部》第210册,济南:齐鲁书社,1996年影印本。

(明)万历《续修严州府志》,北京:书目文献出版社,1991年影印本。

(明)王圻:《续文献通考》,《续修四库全书》第765册,上海:上海古籍出版社,2002年影印本。

(明)王世贞:《凤洲笔记》,《四库全书存目丛书·集部》第114册,济南:齐鲁书社,1997年影印本。

(明)王世贞:《弇州山人四部稿》,明万历间刻本。

(明)王世贞:《弇州四部稿》,《景印文渊阁四库全书》第1279册,台北:台湾商务印书馆,1986年。

(明)王世贞:《弇州续稿》,《景印文渊阁四库全书》第1282册,台北:台湾商务印书馆,1986年。

(明)王象晋:《二如亭群芳谱》,《故宫珍本丛刊》第471册,海口:海南出版社,2000年影印本。

(明)夏玉麟、汪佃修纂,福建省地方志编纂委员会整理:《建宁府志》,厦门:厦门大学出版社,2009年。

(明)谢肇淛:《文海披沙》,《北京图书馆古籍珍本丛刊》第65册,北京:书目文献出版社,2000年影印本。

(明)徐燉:《徐氏笔精》,《景印文渊阁四库全书》第856册,台北:台湾商务印书馆,1986年。

(明)徐春甫编集,崔仲平、王耀廷主校:《古今医统大全》,北京:人民卫生出版社,1991年。

(明)徐光启等:《新法算书》,《景印文渊阁四库全书》第788册,台北:台湾商务印书馆,台北:台湾商务印书馆,1986年。

(明)徐光启撰,朱维铮、李天纲主编:《徐光启全集》,上海:上海古籍出版社,2011 年。

(明)徐光启撰,石声汉校注:《农政全书校注》,上海:上海古籍出版社,1979 年。

(明)徐光启撰,王重民辑校:《徐光启集》,北京:中华书局,1963 年。

(明)徐应秋:《骈字冯霄》,《四库全书存目丛书·子部》第 205 册,济南:齐鲁书社,1995 年影印本。

(明)杨士奇等:《文渊阁书目》,《丛书集成初编》第 30 册,上海:商务印书馆,1935 年。

(明)姚可成汇辑,达美君、楼绍来点校:《食物本草》,北京:人民卫生出版社,1994 年。

(明)姚文灏编辑,汪家伦校注:《浙西水利书》,北京:农业出版社,1984 年。

(明)叶盛编:《叶氏菉竹堂碑目》,《丛书集成初编》第 1588 册,上海:商务印书馆,1936 年。

(明)佚名纂:《诗渊》,北京:书目文献出版社,1984 年影印本。

(明)张国维:《张忠敏公遗集》,《四库未收书辑刊》第 6 辑第 29 册,北京:北京出版社,2000 年影印本。

(明)赵锦修,张衮纂,刘徐昌点校:《嘉靖江阴县志》,上海:上海古籍出版社,2011 年。

(明)正德《姑苏志》,《天一阁藏明代方志选刊续编》第 13 册,上海:上海书店,1990 年影印本。

(明)正德《建昌府志》,《天一阁藏明代方志选刊》第 34 册,上海:上海古籍书店,1964 年影印本。

(明)正德《南康府志》,《天一阁藏明代方志选刊》第 39 册,上海:上海书店,1981 年影印本。

(明)正德《饶州府志》,《天一阁藏明代方志选刊续编》第 44 册,上海:上海书店,1990 年影印本。

(明)正德《瑞州府志》,明正德十年刻本。

(明)正德《松江府志》,《中国方志丛书·华中地方》第 455 号,台北:成文出版社,1983年影印本。

(明)正德《袁州府志》,《天一阁藏明代方志选刊》第37册,上海:上海古籍书店,1963年影印本。

(明)郑以伟:《雪山藏》,明崇祯间刻本。

(明)周履靖校正:《兰谱奥法》,《丛书集成初编》第1470册,上海:商务印书馆,1936年。

(明)周瑛、黄仲昭著,蔡金耀点校:《重刊(弘治)兴化府志》,福州:福建人民出版社,2007年。

(明)朱存理编:《珊瑚木难》,《景印文渊阁四库全书》第815册,台北:台湾商务印书馆,1986年。

(明)朱存理辑:《珊瑚木难》,北京:国家图书馆出版社,2016年影印本。

(明)朱存理撰,韩进、朱春峰校证:《铁网珊瑚》,扬州:广陵书社,2012年。

(明)朱谋垔:《画史会要》,《景印文渊阁四库全书》第816册,台北:台湾商务印书馆,1986年。

(明)朱橚等编:《普济方》,北京:人民卫生出版社,1959年。

(明)朱元璋:《资世通训》,《续修四库全书》第935册,上海:上海古籍出版社,2002年影印本。

(清)北洋洋务局纂辑:《约章成案汇览·乙篇》第9册,台北:华文书局股份有限公司,1969年影印本。

(清)陈芳生:《捕蝗考》,《丛书集成初编》第1472册,北京:中华书局,1991年。

(清)陈梦雷纂:《古今图书集成》,台北:鼎文书局,1977年。

(清)陈启源:《毛诗稽古编》,济南:山东友谊书社,1991年影印本。

(清)陈维崧:《湖海楼全集》,《清代诗文集汇编》第96册,上海:上海古籍出版社,2010年影印本。

(清)陈文和主编:《嘉定钱大昕全集》,南京:凤凰出版社,2016年。

(清)陈鳣:《续唐书》,《丛书集成初编》第3848册,上海:商务印书馆,1936年。

(清)池生春、诸星杓编:《伊川先生年谱》,《宋明理学家年谱》第1册,北京:北京图书馆出版社,2005年影印本。

(清)道光《惠安县续志》,民国二十五年杜氏排印本。

(清)丁立中编:《八千卷楼书目》,北京:国家图书馆出版社,2009年。

(清)丁申:《武林藏书录》,上海:古典文学出版社,1957年。

(清)丁宜曾著,王毓瑚校点:《农圃便览》,北京:中华书局,1957年。

(清)方以智:《通雅》,北京:中国书店,1990年影印本。

(清)冯登府辑:《闽中金石志》,《石刻史料新编》第1辑第17册,台北:新文丰出版公司,1977年影印本。

(清)龚鼎孳著,孙克强、裴喆编辑校点:《龚鼎孳全集》,北京:人民文学出版社,2014年。

(清)顾广圻:《思适斋集》,《清代诗文集汇编》第482册,上海:上海古籍出版社,2010年影印本。

(清)顾炎武撰,黄珅、严佐之、刘永翔主编:《顾炎武全集》,上海:上海古籍出版社,2011年。

(清)光绪《安徽通志》,《续修四库全书》第653册,上海:上海古籍出版社,2002年影印本。

(清)光绪《黄岩县志》,台北:成文出版社,1975年影印本。

(清)光绪《宁海县志》,《中国方志丛书·华中地方》第215号,台北:成文出版社,1975年影印本。

(清)光绪《上虞县志校续》,《中国方地方志集成·浙江府县志辑》第42册,上海:上海书店,1993年影印本。

(清)光绪《直隶和州志》,清光绪二十七年刻本。

(清)光绪《重修安徽通志》,《续修四库全书》第652册,上海:上海古籍出版社,2002年影印本。

(清)光绪《重修丹阳县志》,《中国方志丛书·华中地方》第

409 号，台北：成文出版社，1983 年影印本。

（清）何文焕辑：《历代诗话》，北京：中华书局，1981 年。

（清）洪颐煊著，徐三见点校：《台州札记》，北京：中国文史出版社，2004 年。

（清）胡敬撰，刘英点校：《胡氏书画考三种》，杭州：浙江人民美术出版社，2015 年。

（清）黄以周等辑注，顾吉辰点校：《续资治通鉴长编拾补》，北京：中华书局，2004 年。

（清）黄宗羲原著，（清）全祖望补修，陈金生、梁运华点校：《宋元学案》，北京：中华书局，1986 年。

（清）嘉庆《如皋县志》，《中国方志丛书·华中地方》第 9 号，台北：成文出版社，1970 年影印本。

（清）嘉庆《四川通志》，成都：巴蜀书社，1984 年影印本。

（清）嘉庆《直隶太仓州志》，清嘉庆七年刻本。

（清）江瑔：《读子卮言》，上海：华东师范大学出版社，2012 年。

（清）焦循正义，沈文倬点校：《孟子正义》，北京：中华书局，1987 年。

（清）康熙《广永丰县志》，《清代孤本方志选》第 2 辑第 12 册，北京：线装书局，2001 年影印本。

（清）康熙《建安县志》，清康熙五十二年刻本。

（清）康熙《临海县志》，台北：成文出版社，1983 年影印本。

（清）康熙《山西通志》，《景印文渊阁四库全书》第 546 册，台北：台湾商务印书馆，1986 年。

（清）康熙《扬州府志》，《四库全书存目丛书·史部》第 215 册，济南：齐鲁书社，1996 年影印本。

（清）柯劭忞、屠寄：《元史二种》，上海：上海古籍出版社，2012 年影印本。

（清）李慈铭：《越缦堂读书记》，上海：上海书店出版社，2000 年。

（清）李道平纂疏，潘雨廷点校：《周易集解纂疏》，北京：中华书局,1994 年。

(清)李圭著,谷及世校点:《环游地球新录》,长沙:湖南人民出版社,1980 年。

(清)刘应棠著,王毓瑚校注:《梭山农圃》,北京:农业出版社,1960 年。

(清)刘毓崧:《通义堂文集》,《清代诗文集汇编》第 670 册,上海:上海古籍出版社,2010 年影印本。

(清)陆廷燦:《续茶经》,《景印文渊阁四库全书》第 844 册,台北:台湾商务印书馆,1986 年。

(清)陆心源:《皕宋楼藏书志》,北京:中华书局,1990 年影印本。

(清)陆心源:《宋史翼》,北京:中华书局,1991 年影印本。

(清)陆心源:《仪顾堂题跋》,《清人书目题跋丛刊》第 2 册,北京:中华书局,1990 年影印本。

(清)陆增祥:《八琼室金石补正》,北京:文物出版社,1985 年影印本。

(清)缪荃孙:《江苏金石志》,《石刻史料新编》第 1 辑第 13 册,台北:新文丰出版公司,1977 年影印本。

(清)潘柽章:《松陵文献》,《四库禁毁书丛刊》史部第 7 册,北京:北京出版社,1997 年影印本。

(清)钱保塘编:《历代名人生卒录》,北京:北京图书馆出版社,2002 年影印本。

(清)钱曾著,管庭芬、章珏校证,余彦焱标点:《读书敏求记校证》,上海:上海古籍出版社,2007 年。

(清)钱曾撰,丁瑜点校:《读书敏求记》,北京:书目文献出版社,1984 年。

(清)钱谦益:《绛云楼书目》,《丛书集成初编》第 35 册,上海:商务印书馆,1935 年。

(清)乾隆《当涂县志》,清乾隆十五年刻本。

(清)乾隆《高安县志》,清乾隆十九年刻本。

(清)乾隆《广信府志》,哈佛大学燕京图书馆藏乾隆四十八年刻本。

(清)乾隆《江都县志》,清乾隆八年刊本。

(清)乾隆《江南通志》,《中国地方志集成·省志辑·江南》第6册,南京:凤凰出版社,2011年影印本。

(清)乾隆《旌德县志》,《故宫珍本丛刊》第107册,海口:海南出版社,2001年影印本。

(清)乾隆《莆田县志》,清光绪五年刻本。

(清)乾隆《石城县志》,《故宫珍本丛刊》第119册,海口:海南出版社,2001年影印本。

(清)乾隆《仙游县志》,《中国方志丛书·华南地方》第242号,台北:成文出版社,1975年影印本。

(清)乾隆《鄞县志》,杭州:浙江古籍出版社,2015年影印本。

(清)乾隆《镇江府志》,《中国地方志集成·江苏府县志辑》第28册,南京、上海、成都:江苏古籍出版社、上海书店、巴蜀书社,1991年影印本。

(清)乾隆《资阳县志》,《故宫珍本丛刊》第208册,海口:海南出版社,2001年影印本。

(清)全祖望:《鲒埼亭集》,《清代诗文集汇编》第302册,上海:上海古籍出版社,2010年影印本。

(清)全祖望:《鲒埼亭集外编》,《清代诗文集汇编》第303册,上海:上海古籍出版社,2010年影印本。

(清)阮元:《畴人传》,上海:商务印书馆,1935年。

(清)阮元编:《两浙金石志》,杭州:浙江古籍出版社,2012年影印本。

(清)沈辰垣等编:《历代御选诗余》,杭州:杭州古籍书店,1984年影印本。

(清)施鸿保:《闽杂记》,福州:福建人民出版社,1985年。

(清)孙星衍注疏,陈抗、盛冬玲点校:《尚书今古文注疏》,北京:中华书局,2004年。

（清）孙诒让闲诂，孙启治点校：《墨子间诂》，北京：中华书局，2001年。

（清）谭莹：《乐志堂诗集》，《清代诗文集汇编》第606册，上海：上海古籍出版社，2010年影印本。

（清）檀萃辑，宋文熙、李东平校注：《滇海虞衡志》，昆明：云南人民出版社，1990年。

（清）檀萃撰，杨伟群校点：《楚庭稗珠录》，广州：广东人民出版社，1982年。

（清）陶元藻辑，蒋寅点校：《全浙诗话》，杭州：浙江古籍出版社，2017年。

（清）同治《万安县志》，《中国方志丛书·华中地方》第868号，台北：成文出版社，1989年影印本。

（清）屠寄：《蒙兀儿史记》，北京：中国书店，1984年影印本。

（清）汪灏等编：《广群芳谱》，清康熙四十七年佩文斋刻本。

（清）汪继培辑，黄曙晖点校：《尸子》，上海：华东师范大学出版社，2009年。

（清）王昶辑：《金石萃编》，《历代碑志丛书》第7册，南京：江苏古籍出版社，1998年影印本。

（清）王初桐辑：《猫乘》，《续修四库全书》第1119册，上海：上海古籍出版社，2002年影印本。

（清）王初桐纂述，陈晓东整理：《奁史》，北京：文物出版社，2017年。

（清）王夫之著，舒士彦点校：《宋论》，北京：中华书局，1964年。

（清）王聘珍撰，王文锦点校：《大戴礼记解诂》，北京：中华书局，1983年。

（清）王文诰辑注，孔凡礼点校：《苏轼诗集》，北京：中华书局，1982年。

（清）王先谦集解，沈啸寰点校：《庄子集解》，北京：中华书局，1999年。

（清）王先谦撰，沈啸寰、王星贤点校：《荀子集解》，北京：中华书局,1988年。

(清)翁方纲著,欧广勇、伍庆禄补注:《粤东金石略》,广州:广东人民出版社,2012年。

(清)吴绮撰,林子雄点校:《清代广东笔记五种》,广州:广东人民出版社,2015年。

(清)吴任臣撰,吴敏霞、周莹点校:《十国春秋》,北京:中华书局,2010年。

(清)徐乾学:《传是楼书目》,清道光八年味经书屋钞本。

(清)徐釚撰,唐圭璋校注:《词苑丛谈》,北京:中华书局,2008年。

(清)徐时栋:《烟屿楼文集》,《清代诗文集汇编》第656册,上海:上海古籍出版社,2010年影印本。

(清)徐松辑:《宋会要辑稿》,北京:中华书局,1957年影印本。

(清)杨守敬:《杨守敬集》,武汉:湖北人民出版社、湖北教育出版社,1988年。

(清)姚振宗撰,刘克东、董建国、尹承整理:《隋书经籍志考证》,王承略、刘心明主编:《二十五史艺文经籍志考补萃编》第15卷,北京:清华大学出版社,2014年。

(清)叶德辉撰,杨洪升点校:《郎园读书志》,上海:上海古籍出版社,2010年。

(清)雍正《山东通志》,《景印文渊阁四库全书》第540册,台北:台湾商务印书馆,1986年。

(清)雍正《四川通志》,《景印文渊阁四库全书》第561册,台北:台湾商务印书馆,1986年。

(清)雍正《浙江通志》,《中国地方志集成·省志辑·浙江》第5册,南京:凤凰出版社,2010年影印本。

(清)永瑢:《四库全书总目》,北京:中华书局,1965年影印本。

(清)允禄等:《协纪辨方书》,《景印文渊阁四库全书》第811册,台北:台湾商务印书馆,1986年。

(清)张德瀛著,闵定庆点校:《张德瀛著作三种》,南京:南京大学出版社,2017年。

(清)张庚撰,祁晨越点校:《国朝画征录》,杭州:浙江人民美术出版社,2011年。

(清)张金吾撰,柳向春整理:《爱日精庐藏书志》,上海:上海古籍出版社,2014年。

(清)张廷玉等:《明史》,清钞本。

(清)张英、王士桢等纂:《渊鉴类函》,北京:中国书店,1985年影印本。

(清)张之洞著,苑书义、孙华峰、李秉新主编:《张之洞全集》,石家庄:河北人民出版社,1998年。

(清)周中孚撰,黄曙辉、印晓峰标校:《郑堂读书记》,上海:上海书店出版社,2009年。

(清)朱彬撰,饶钦农点校:《礼记训纂》,北京:中华书局,1996年。

(清)朱彝尊撰,林庆彰等主编:《经义考新校》,上海:上海古籍出版社,2010年。

《宋拓蔡襄荔枝谱》,福建省莆田县文化馆藏。

北京图书馆金石组编:《北京图书馆藏中国历代石刻拓本汇编》,郑州:中州古籍出版社,1989年。

北京图书馆善本金石组编:《宋代石刻文献全编》,北京,北京图书馆出版社,2003年影印本。

曾枣庄、刘琳主编:《全宋文》,上海、合肥:上海辞书出版社、安徽教育出版社,2006年。

陈柏泉编著:《江西出土墓志选编》,南昌:江西教育出版社,1991年。

陈高华等点校:《元典章》,天津、北京:天津古籍出版社、中华书局,2011年。

陈启谦编:《农话》,上海:商务印书馆,1902年。

陈士珂辑:《孔子家语疏证》,上海:上海书店,1987年影印本。

陈祖椝、朱自振编:《中国茶叶历史资料选辑》,北京:农业出版社,1981 年。

陈祖槼主编:《稻(上编)》,北京:中华书局,1958 年。

陈祖槼主编:《棉(上编)》,北京:中华书局,1958 年。

程树德集释,程俊英、蒋建元点校:《论语集释》,北京:中华书局,1990 年。

杜海军辑校:《桂林石刻总集辑校》,北京:中华书局,2013 年。

傅璇宗等主编:《全宋诗》,北京:北京大学出版社,1995 年。

高文、高成刚编:《四川历代碑刻》,成都:四川大学出版社,1990 年。

郭茂育、刘继保编著:《宋代墓志辑释》,郑州:中州古籍出版社,2016 年。

郭沫若主编、胡厚宣总编辑:《甲骨文合集》,北京:中华书局,1979 年。

何宁:《淮南子集释》,北京:中华书局,1998 年。

胡锡文主编:《粮食作物(上编)》,北京:农业出版社,1959 年。

胡锡文主编:《麦(上编)》,北京:中华书局,1958 年。

化振红:《〈分门琐碎录〉校注》,成都:巴蜀书社,2009 年。

黄鹏编著:《唐庚集编年校注》,北京:中央编译出版社,2012 年。

黄荣春主编:《福州十邑摩崖石刻》,福州:福建美术出版社,2008 年。

黄威廉编注:《九日山摩崖石刻诠释》,出版社不详,2002 年。

江苏省建湖县《田家五行》选释小组选释:《田家五行》,北京:中华书局,1976 年。

孔凡礼点校:《苏轼文集》,北京:中华书局,1986 年。

孔凡礼辑:《范成大佚著辑存》,中华书局,1983 年。

黎翔凤撰,梁运华整理:《管子校注》,北京:中华书局,2004 年。

李文海、夏明方、朱浒主编:《中国荒政书集成》第 12 册,天津:天津古籍出版社,2010 年。

李文泽、霞绍晖校点整理:《司马光集》,成都:四川大学出版社,2010年。

李益民等注释:《清异录(饮食部分)》,北京:中国商业出版社,1985年。

李长年主编:《豆类(上编)》,北京:中华书局,1958年。

李长年主编:《麻(上编)》,北京:农业出版社,1962年。

李长年主编:《油料作物(上编)》,北京:农业出版社,1960年。

李之亮笺注:《苏轼文集编年笺注》,成都:巴蜀书社,2011年。

刘成国:《王安石年谱长编》,北京:中华书局,2018年。

马非百:《管子轻重篇新诠》,北京:中华书局,2004年。

马宗申校注,姜义安参校:《授时通考校注》,北京:农业出版社,1991年。

民国《建阳县志》,《中国地方志集成·福建府县志辑》第6册,上海:上海书店出版社,2000年影印本。

民国《石埭备志汇编》,《中国地方志集成·安徽府县志辑》第63册,南京:江苏古籍出版社,1998年影印本。

民国《台州府志》,上海:上海古籍出版社,2015年。

彭世奖校注:《历代荔枝谱校注》,北京:中国农业出版社,2008年。

钱仓水校注:《〈蟹谱〉〈蟹略〉校注》,北京:中国农业出版社,2013年。

潜山县博物馆编:《天柱山山谷流泉石刻》,合肥:安徽美术出版社,2011年。

秦克、巽军标点:《王安石全集》,上海:上海古籍出版社,1999年。

阮浩耕等点校注释:《中国古代茶叶全书》,杭州:浙江摄影出版社,1999年。

沈云龙主编:《近代中国史料丛刊续编》第317册《戊戌变法档案史料》,台北:文海出版社,1976年。

沈在秀点校:《万历仙居县志》,上海:同济大学出版社,1993年。

沈卓然编校:《王安石全集》,上海:大东书局,1935年。

石声汉:《氾胜之书今释(初稿)》,北京:科学出版社,1956年。

石声汉校释:《齐民要术今释》,北京:科学出版社,1958年。

石声汉校注:《农桑辑要校注》,北京:农业出版社,1982年。

史克振笺注:《王沂孙词笺注》,海口:南海出版公司,2007年。

司羲祖整理:《宋大诏令集》,北京:中华书局,1962年。

汤炳正等注:《楚辞今注》,上海:上海古籍出版社,2012年。

万国鼎:《氾胜之书辑释》,北京:中华书局,1957年。

汪圣铎点校:《宋史全文》,北京:中华书局,2016年。

王达等编:《稻(下编)》,北京:农业出版社,1993年。

王强主编:《中国珍稀家谱丛刊·明代家谱》第1册《(嘉靖)稿本皂湖陈氏重修族谱》,南京:凤凰出版社,2013年。

王叔珉:《列仙传校笺》,北京:中华书局,2007年。

王天海、王韧:《意林校释》,北京:中华书局,2014年。

王秀林:《齐己诗集校注》,北京:中国社会科学出版社,2011年。

王毓瑚辑:《秦晋农言》,北京:中华书局,1957年。

王毓瑚辑:《区种十种》,北京:财政经济出版社,1955年。

吴觉农编:《中国地方志茶叶历史资料选辑》,北京:农业出版社,1990年。

吴普等述,孙星衍、孙冯翼辑:《神农本草经》,《丛书集成初编》第1429册,长沙:商务印书馆,1937年。

夏纬瑛:《〈诗经〉中有关农业条文的解释》,北京:农业出版社,1981年。

夏纬瑛:《〈周礼〉书中有关农业条文的解释》,北京:农业出版社,1979年。

夏纬瑛:《管子地员篇校释》,北京:中华书局,1958年。

夏纬瑛:《吕氏春秋上农等四篇校释》,北京:农业出版社,1956年。

夏纬瑛:《夏小正经文校释》,北京:农业出版社,1981年。

仙居县地方志编纂委员会标注:《光绪仙居县志》,上海:同济大学出版社,1990年。

许维遹集释,梁运华整理:《吕氏春秋集释》,北京:中华书局,2009年。

杨家骆主编:《戊戌变法文献汇编》第5册,台北:鼎文书局,1973年。

叶静渊主编:《常绿果树》,北京:农业出版社,1991年。

叶静渊主编:《柑橘(上编)》,北京:中华书局,1958年。

叶静渊主编:《落叶果树(上编)》,北京:中国农业出版社,2002年。

于船等校注:《元亨疗马集校注(明代丁宾序本)》,北京:北京农业大学出版社,1999年。

袁珂校注:《山海经校注》,成都:巴蜀书社,1992年。

詹继良纂:《五夫子里志》,《中国地方志集成·乡镇志专辑》第26册,上海:上海书店,1992年影印本。

詹锳主编:《李白全集校注汇释集评》,天津:百花文艺出版社,1996年。

张灿玾、徐国仟、宗全和校释:《黄帝内经素问校释》,北京:中国医药科技出版社,2016年。

赵尔巽等:《清史稿》,北京:中华书局,1977年点校本。

赵连赏、翟清福主编:《中国历代荒政史料》,北京:京华出版社,2010年。

郑培凯、朱自振主编:《中国历代茶书汇编校注本》,北京:商务印书馆,2014年。

中国第一历史档案馆编:《光绪朝上谕档》第24册,桂林:广西师范大学出版社,1996年影印本。

周祖谟:《尔雅校笺》,昆明:云南人民出版社,2004年。

朱自振编:《中国茶叶历史资料续辑》,南京:东南大学出版社,1991年。

二、著作、论文集

包伟民:《传统国家与社会(960—1279年)》,北京:商务印书馆，2009 年。

宝成关：《西方文化与中国社会——西学东渐史论》，长春：吉林教育出版社，1994 年。

薄吾成：《中国家畜起源论文集》，杨陵：天则出版社，1993 年。

北京大学哲学系东方哲学史教研组编：《日本哲学》第 1 集《古代之部》，北京：商务印书馆，1962 年。

蔡美彪主编：《中国通史》，北京：人民出版社，1978 年。

曹树基：《浩浩长江》，广州：广东教育出版社，1995 年。

昌彼得等：《宋人传记资料索引》第 5 册，台北：鼎文书局，1986 年。

陈登林编著：《宋元时期林业史》，哈尔滨：东北林业大学出版社，2015 年。

陈高华、徐吉军主编：《中国风俗通史》，上海：上海文艺出版社，2001 年。

陈高华：《陈高华文集》，上海：上海辞书出版社，2005 年。

陈国庆编著：《日本旧石——古坟时代考古学》，北京：科学出版社，2016 年。

陈华文等：《浙江民俗史》，杭州：杭州出版社，2008 年。

陈锦华等：《开放与国家盛衰》，北京：人民出版社，2010 年。

陈荣等主编：《中医文献》，北京：中医古籍出版社，2007 年。

陈尚君：《唐代文学丛考》，北京：中国社会科学出版社，1997 年。

陈彤彦：《中国兰文化探源》，昆明：云南科学技术出版社，2004 年。

陈伟明：《唐宋饮食文化发展史》，台北：台湾学生书局，1995 年。

陈文华：《长江流域茶文化》，武汉：湖北教育出版社，2004 年。

陈文华编著：《中国古代农业科技史图谱》，北京：中国农业出版社，1991 年。

陈寅恪：《金明馆丛稿二编》，北京：生活·读书·新知三联书店，2001 年。

陈垣:《陈垣全集》,合肥:安徽大学出版社,2009年。

陈滞冬:《中国书画与文人意识》,桂林:广西师范大学出版社,2017年。

程杰:《花卉瓜果蔬菜文史考论》,北京:商务印书馆,2018年。

程杰:《中国梅花审美文化研究》,成都:巴蜀书社,2008年。

邓广铭:《邓广铭全集》,石家庄:河北教育出版社,2003年。

邓铁涛主编:《中国养生史》,南宁:广西科学技术出版社,2017年。

邓云特:《中国救荒史》,上海:商务印书馆,1937年。

丁青艾、伍后胜主编:《养生保健大辞典》,北京:科学技术文献出版社,1997年。

董恺忱、范楚玉主编:《中国科学技术史》(农学卷),北京:科学出版社,2000年。

董康著,朱慧整理:《书舶庸谭》,北京:中华书局,2013年。

樊志民:《秦农业历史研究》,西安:三秦出版社,1997年。

方健:《南宋农业史》,北京:人民出版社,2009年。

方彦寿:《朱熹考亭书院源流考》,北京:中国文史出版社,2005年。

房锐:《孙光宪与〈北梦琐言〉研究》,北京:中华书局,2006年。

冯沅君:《冯沅君古典文学论文集》,济南:山东人民出版社,1980年。

冯祖祥等:《湖北林业史》,北京:中国林业出版社,1995年。

傅熹年:《中国书画鉴定与研究(傅熹年卷)》,北京:故宫出版社,2014年。

傅增湘:《藏园群书经眼录》,北京:中华书局,2009年。

高克勤、侯体健编:《半肖居问学录》,上海:上海人民出版社,2015年。

高令印、高秀华:《朱子事迹考》,北京:商务印书馆,2016年。

高荣盛主编:《江南社会经济研究(宋元卷)》,北京:中国农业出版社,2006年。

高润生:《尔雅谷名考》,固安高氏笠园铅印本,1917年。

葛金芳:《中国近世农村经济制度史论》,北京:商务印书馆,2013年。

葛全胜等:《中国历朝气候变化》,北京:科学出版社,2011年。

龚鹏程:《中国传统文化十五讲》,北京:北京大学出版社,2006年。

龚书铎总主编:《中国社会通史》,太原:山西教育出版社,1996年。

龚延明、祖慧编著:《宋代登科总录》,桂林:广西师范大学出版社,2014年。

顾颉刚编著:《古史辨》第6册,上海:上海古籍出版社,1982年。

顾志兴:《南宋临安典籍文化》,杭州:杭州出版社,2008年。

顾志兴:《浙江出版史研究——中唐五代两宋时期》,杭州:浙江人民出版社,1991年。

关剑平:《茶与中国文化》,北京:人民出版社,2001年。

管成学:《南宋科技史》,北京:人民出版社,2009年。

广东省社会科学院历史所、中国社会科学院近代史研究所中华民国研究室、中山大学历史系孙中山研究室编:《孙中山全集》,北京:中华书局,1981年。

郭文韬、曹隆恭主编:《中国近代农业科技史》,北京:中国农业科技出版社,1989年。

郭文韬:《中国传统农业思想研究》,北京:中国农业科技出版社,2001年。

郭兴文、韩养民:《中国古代节日风俗》,西安:陕西人民出版社,1987年。

国务院古籍整理出版规划小组编:《古籍点校疑误汇录(一)》,北京:中华书局,1990年。

韩丛耀:《图像论》,北京:中国摄影出版社,2017年。

韩茂莉:《宋代农业地理》,太原:山西古籍出版社,1993年。

杭州大学宋史研究室编:《沈括研究》,杭州:浙江人民出版社,

1985 年。

何红中、惠富平:《中国古代粟作史》,北京:中国农业科学技术出版社,2015 年。

何满子:《中国酒文化》,上海:上海古籍出版社,2001 年。

何兆武:《何兆武文集》,武汉:湖北人民出版社,2007 年。

何忠礼主编:《南宋史及南宋都城临安研究》,北京:人民出版社,2009 年。

和卫国:《治水政治:清代国家与钱塘江海塘工程研究》,北京:中国社会科学出版社,2015 年。

洪光住:《中国食品科技史稿》,北京:中国商业出版社,1985 年。

侯外庐:《中国思想通史》,北京:人民出版社,1957 年。

胡道静:《胡道静文集:农史论集、古农书辑录》,上海:上海人民出版社,2011 年。

胡道静:《中国古代典籍十讲》,上海:复旦大学出版社,2004 年。

胡厚宣主编:《甲骨文合集释文》,北京:中国社会科学出版社,2009 年。

胡火金:《经验与哲理:中国古代农业思想与文化》,苏州:苏州大学出版社,2014 年。

胡火金:《协和的农业:中国传统农业的生态思想》,苏州:苏州大学出版社,2011 年。

胡适、蔡元培、王云五编:《张菊生先生七十生日纪念论文集》,上海:商务印书馆,1937 年。

胡适著,季羡林主编:《胡适全集》,合肥:安徽教育出版社,2003 年。

胡英泽:《流动的土地——明清以来黄河小北干流区域社会研究》,北京:北京大学出版社,2012 年。

华北科学研究所编译委员会:《国内农业虫害》第 1 辑,北京:中华书局,1951 年。

华德公编著:《中国蚕桑书录》,北京:农业出版社,1990 年。

黄博:《谣言、风俗与学术:宋代巴蜀地区的政治文化考察》,成都:巴蜀书社,2018 年。

黄宽重:《南宋史研究集》,台北:新文丰出版公司,1985 年。

黄宽重:《宋代家族与社会》,北京:国家图书馆出版社,2009 年。

黄年来主编:《中国香菇栽培学》,上海:上海科学技术出版社,1994 年。

黄时鉴:《黄时鉴文集》,上海:中西书局,2011 年。

黄永川:《中国插花史》,杭州:西泠印社出版社,2017 年。

惠富平、牛文智:《中国农书概况》,西安:西安地图出版社,1999 年。

季鸿崑:《中国饮食科学技术史稿》,杭州:浙江工商大学出版社,2015 年。

季羡林:《季羡林文集》,南昌:江西教育出版社,1998 年。

贾大泉、陈一石:《四川茶业史》,成都:巴蜀书社,1989 年。

贾贵荣辑:《日本藏汉籍善本书志书目集成》,北京:北京图书馆出版社,2003 年。

翦伯赞主编:《中国史纲要》,北京:人民出版社,1963 年。

蒋栋元:《利玛窦与中西文化交流》,徐州:中国矿业大学出版社,2008 年。

蒋非非等:《中韩关系史(古代卷)》,北京:社会科学文献出版社,1998 年。

蒋维锬:《蔡襄年谱》,厦门:厦门大学出版社,2000 年。

金波、东惠茹、王世珍编著:《水仙花》,上海:上海科学技术出版社,1998 年。

金陵大学图书馆编:《金陵大学图书馆概况》,南京:金陵大学图书馆,1929 年。

康成懿编著:《〈农政全书〉征引文献探原》,北京:农业出版社,1960 年。

康有为撰,姜义华、张荣华编校:《康有为全集》,北京:中国人民大学出版社,2007 年。

孔凡礼:《范成大年谱》,济南:齐鲁书社,1985年。

孔令刚主编:《安徽科学技术》,合肥:安徽文艺出版社,2012年。

孔六庆:《中国画艺术专史(花鸟卷)》,南昌:江西美术出版社,2008年。

劳思光:《新编中国哲学史》,北京:生活·读书·新知三联书店,2015年。

雷家圣:《聚敛谋国:南宋总领所研究》,台北:万卷楼图书股份有限公司,2013年。

雷运福:《南宋特科状元乐雷发》,南宁:广西人民出版社,2008年。

黎虎:《汉唐饮食文化史》,北京:北京师范大学出版社,1998年。

李保光、田素义编著:《新编曹州牡丹谱》,北京:中国农业科技出版社,1992年。

李伯重:《理论、方法、发展趋势:中国经济史研究新探》,北京:清华大学出版社,2002年。

李伯重:《唐代江南农业的发展》,北京:农业出版社,1990年。

李昌宪:《宋代安抚使考》,济南:齐鲁书社,1997年。

李春祥:《饮食器具考》,北京:知识产权出版社,2006年。

李根蟠:《中国农业史》,台北:文津出版社,1997年。

李华瑞:《宋代酒的生产和征榷》,保定:河北大学出版社,1995年。

李华瑞:《宋代救荒史稿》,天津:天津古籍出版社,2014年。

李华瑞:《宋夏史研究》,天津:天津古籍出版社,2006年。

李晋华:《明史纂修考》,《民国丛书》第4编第74册,上海:上海书店出版社,1992年影印本。

李经纬:《中医史》,海口:海南出版社,2015年。

李仁生、丁功谊:《周必大年谱》,南昌:江西人民出版社,2014年。

李伟国:《宋代财政和文献考略》,上海:上海古籍出版社,2007年。

李裕民:《四库提要订误》,北京:中华书局,2005 年。

李云主编:《中医人名词典》,北京:国际文化出版公司,1988 年。

李震:《曾巩年谱》,苏州:苏州大学出版社,1997 年。

李之亮:《京朝官通考》,成都:巴蜀书社,2003 年。

李之亮:《宋代路分长官通考》,成都:巴蜀书社,2003 年。

李之亮:《宋两广大郡守臣易替考》,成都:巴蜀书社,2001 年。

李之亮:《宋两淮大郡守臣易替考》,成都:巴蜀书社,2001 年。

李之亮:《宋两江郡守易替考》,成都:巴蜀书社,2001 年。

李治寰:《中国食糖史稿》,北京:农业出版社,1990 年。

联合报文化基金会国学文献馆编:《第三届中国域外汉籍国际学术会议论文集》,台北:联合报文化基金会国学文献馆,1990 年。

梁庚尧:《宋代社会经济史论集》,台北:允晨文化实业股份有限公司,1997 年。

梁国楹:《齐鲁饮食文化》,济南:山东文艺出版社,2004 年。

梁家勉:《梁家勉农史文集》,北京:中国农业出版社,2002 年。

梁家勉主编:《中国农业科学技术史稿》,北京:农业出版社,1989 年。

梁思成:《梁思成全集》,北京:中国建筑工业出版社,2001 年。

林乃燊:《中国饮食文化》,上海:上海人民出版社,1989 年。

刘大椿等:《西学东渐》,北京:中国人民大学出版社,2018 年。

刘静:《周密研究》,北京:人民出版社,2012 年。

刘玲双:《桂林石刻》,北京:中央文献出版社,2006 年。

刘乃和、宋衍申主编:《〈资治通鉴〉丛论》,郑州:河南人民出版社,1985 年。

刘朴兵:《唐宋饮食文化比较研究》,北京:中国社会科学出版社,2010 年。

刘仙洲:《中国古代农业机械发明史》,北京:科学出版社,1963 年。

刘曰仁主编:《中国农科研究生教育》,沈阳:辽宁科学技术出版社,1991 年。

刘云主编:《中国箸文化史》,北京:中华书局,2006 年。

刘卓英主编:《〈诗渊〉索引》,北京:书目文献出版社,1993 年。

卢思聪:《中国兰与洋兰》,北京:金盾出版社,1994 年。

罗振玉:《贞松老人遗稿甲集》,《民国丛书》第 5 编第 96 册,上海:上海书店,1989 年影印本。

吕思勉:《吕思勉全集》,上海:上海古籍出版社,2016 年。

满志敏:《中国历史时期气候变化研究》,济南:山东教育出版社,2009 年。

满志敏主编:《上海地区城市、聚落和水网空间结构演变》,上海:上海辞书出版社,2013 年。

毛雝编:《中国农书目录汇编》,南京:金陵大学图书馆,1924 年。

缪启愉、缪桂龙:《齐民要术译注》,上海:上海古籍出版社,2006 年。

缪启愉、邱泽奇辑释:《汉魏六朝岭南植物“志录”辑释》,北京:农业出版社,1990 年。

缪启愉编著:《太湖塘浦圩田史研究》,北京:农业出版社,1985 年。

聂崇岐:《宋史丛考》,北京:中华书局,1980 年。

潘晟:《宋代地理学的观念、体系与知识兴趣》,北京:商务印书馆,2014 年。

潘天鹏等主编:《中华老年医学》,北京:华夏出版社,2009 年。

彭世奖编注:《中国农业传统要术集萃》,北京:中国农业出版社,1998 年。

朴真奭:《高句丽好太王碑研究》,延吉:延边大学出版社,1999 年。

朴真奭:《中朝经济文化交流史研究》,沈阳:辽宁人民出版社,1984 年。

漆侠:《中国经济通史(宋代经济卷)》,北京:经济日报出版社,1998 年。

齐思和:《中国史探研集》,北京:中华书局,1981 年。

钱天鹤:《钱天鹤文集》,北京:中国农业科技出版社,1997年。

乔卫平:《中国教育制度通史》第3卷,济南:山东教育出版社,1999年。

邱鸣皋:《舒岳祥年谱》,上海:上海古籍出版社,2012年。

邱云飞:《中国灾害通史》(宋代卷),郑州:郑州大学出版社,2008年。

邱志诚:《国家、身体、社会:宋代身体史研究》,北京:科学出版社,2018年。

饶宗颐:《饶宗颐二十世纪学术文集》,北京:中国人民大学出版社,2009年。

任继周主编:《中国农业系统发展史》,南京:江苏凤凰科学技术出版社,2015年。

上海师范大学古籍整理研究所编:《中国传统文化与典籍论丛》,兰州:甘肃人民出版社,2014年。

上海图书馆编:《中国丛书综录》,上海:上海古籍出版社,1982年。

邵晓峰:《中华图像文化史》(宋代卷),北京:中国摄影出版社,2016年。

沈冬梅:《宋代茶文化》,北京:学海出版社,2000年。

施廷镛编撰:《中国丛书综录续编》,北京:北京图书馆出版社,2003年。

石声汉:《齐民要术概论》(英文版),北京:科学出版社,1962年。

石声汉:《石声汉农史论文集》,北京:中华书局,2008年。

石声汉:《中国古代农书评介》,北京:农业出版社,1980年。

舒大刚:《中国孝经学史》,福州:福建人民出版社,2013年。

舒新城:《近代中国留学史》,上海:上海古籍出版社,2014年。

束景南:《朱熹年谱长编》,上海:华东师范大学出版社,2014年。

宋正海等:《中国古代自然灾异群发期》,合肥:安徽教育出版社,2002年。

宋正海总主编:《中国古代重大自然灾害和异常年表总集》,广州:广东教育出版社,1992年。

苏晋仁:《佛教文化与历史》,北京:中央民族大学出版社,1998年。

孙可、李响:《中国插花简史》,北京:商务印书馆,2018年。

孙乃民:《中日关系史》,北京:社会科学文献出版社,2006年。

孙晓生:《孙晓生中医养生文丛》第2辑,北京:中国中医药出版社,2015年。

孙云蔚、杜澍、姚昆德编著:《中国果树史与果树资源》,上海:上海科学技术出版社,1983年。

谭徐明主编:《中国灌溉与防洪史》,北京:中国水利水电出版社,2005年。

唐圭璋:《词学论丛》,上海:上海古籍出版社,1986年。

唐圭璋编:《全宋词》,北京:中华书局,1965年。

唐启宇编著:《中国作物栽培史稿》,北京:农业出版社,1986年。

唐燮军、孙旭红:《两宋四明楼氏的盛衰浮沉及其家族文化——基于〈楼钥集〉的考察》,杭州:浙江大学出版社,2012年。

陶文台:《中国烹饪史略》,南京:江苏科学技术出版社,1983年。

万国鼎:《万国鼎文集》,北京:中国农业科学技术出版社,2005年。

万国鼎:《王祯和农书》,北京:中华书局,1962年。

汪家伦、张芳编著:《中国农田水利史》,北京:农业出版社,1990年。

王潮生主编:《中国古代耕织图》,北京:中国农业出版社,1995年。

王德毅:《宋代灾荒的救济政策》,台北:中国学术著作奖助委员会,1970年。

王河:《茶典逸况:中国茶文化的典籍文献》,北京:光明日报出版社,1999年。

王红谊主编:《中国古代耕织图》,北京:红旗出版社,2009年。

王建群:《好太王碑研究》,长春:吉林人民出版社,1984 年。

王进玉主编:《中国少数民族科学技术史丛书(化学与化工卷)》,南宁:广西科学技术出版社,2003 年。

王利华:《中古华北饮食文化的变迁》,北京:中国社会科学出版社,2000 年。

王利华:《中国农业通史(魏晋南北朝卷)》,北京:中国农业出版社,2009 年。

王世襄:《中国画论研究》,北京:生活·读书·新知三联书店,2013 年。

王太岳等:《四库全书考证》,长沙:商务印书馆,1940 年。

王霞:《宋朝与高丽往来人员研究》,北京:中国社会科学出版社,2018 年。

王友胜:《苏诗研究史稿》,北京:中华书局,2010 年。

王毓瑚:《王毓瑚论文集》,北京:中国农业出版社,2005 年。

王毓瑚:《先秦农家言四篇别释》,北京:农业出版社,1981 年。

王毓瑚:《中国农学书录》,北京:中华书局,2006 年。

王毓瑚编著:《中国畜牧史资料》,北京:科学出版社,1958 年。

王兆鹏、王可喜、方星移:《两宋词人丛考》,南京:凤凰出版社,2007 年。

王重民:《中国善本书提要》,上海:上海古籍出版社,1983 年。

王重民著,何兆武校订:《徐光启》,上海:上海人民出版社,1981 年。

王曾瑜:《丝毫编》,石家庄:河北大学出版社,2009 年。

王子辉:《隋唐五代烹饪史纲》,西安:陕西科技出版社,1991 年。

魏华仙:《宋代四类物品的生产和消费研究》,成都:四川科学技术出版社,2006 年。

吴存浩:《中国农业史》,北京:警官教育出版社,1996 年。

吴耕民:《祖国的蔬菜园艺》,上海:大中国图书局,1952 年。

吴洪泽,尹波主编:《宋人年谱丛刊》第 2 册,成都:四川大学出版社,2002 年。

吴慧鹃、刘波、卢达编:《中国历代著名文学家评传》第 8 卷,济南:山东教育出版社,2009 年。

吴松弟:《中国人口史》第 3 卷《辽宋金元时期》,上海:复旦大学出版社,2000 年。

吴廷璆:《吴廷璆文集》,天津:南开大学出版社,2019 年。

吴廷璆主编:《日本史》,天津:南开大学出版社,1994 年。

吴文俊主编:《秦九韶与〈数书九章〉》,北京:北京师范大学出版社,1987 年。

吴在庆:《杜牧集系年校注》,北京:中华书局,2008 年。

吴蛰扈:《中国农业史》,上海:新学会社,1918 年。

武汉水利电力学院、水利水电科学研究院编写组编:《中国水利史稿》(上、下),北京:水利电力出版社,1979、1989 年。

夏承焘:《唐宋词人年谱》,杭州:浙江古籍出版社,2017 年。

夏东元编:《郑观应集》,上海:上海人民出版社,1982 年。

夏纬瑛:《〈诗经〉中有关农事章句的解释》,北京:农业出版社,1981 年。

向达:《唐代长安与西域文明》,北京:商务印书馆,2017 年。

萧放:《〈荆楚岁时记〉研究——兼论传统中国民众生活中的时间观念》,北京:北京师范大学出版社,2000 年。

肖克之:《农业古籍版本丛谈》,北京:中国农业出版社,2007 年。

谢成侠:《中国养马史》,北京:科学出版社,1959 年。

谢成侠编著:《中国养牛羊史》,北京:农业出版社,1985 年。

谢成侠编著:《中国养禽史》,北京:中国农业出版社,1995 年。

谢湜:《高乡与低乡:11—16 世纪江南区域历史地理研究》,北京:生活·读书·新知三联书店,2015 年。

谢毓寿、蔡美彪主编:《中国地震历史资料汇编》,北京:科学出版社,1983 年。

辛树帜编著,伊钦恒增订:《中国果树史研究》,北京:农业出版社,1983年。

辛树帜编著:《我国果树历史的研究》,北京:农业出版社,1962年。

熊大桐等主编:《中国林业科学技术史》,北京:中国林业出版社,1994年。

熊四智、杜莉:《举箸醉杯思吾蜀:巴蜀饮食文化纵横》,成都:四川人民出版社,2001年。

徐规:《仰素集》,杭州:杭州大学出版社,1999年。

徐海荣主编:《中国茶事大典》,北京:华夏出版社,2000年。

徐建融、徐书城主编:《中国美术史(宋代卷)》,济南:齐鲁书社、明天出版社,2000年。

徐培均:《秦少游年谱长编》,北京:中华书局,2002年。

徐旺生编著:《中国养猪史》,北京:中国农业出版社,2009年。

徐兴海、胡付照:《中国饮食思想史》,南京:东南大学出版社,2015年。

徐兴海、袁亚莉编著:《中国食品文化文献举要》,贵阳:贵州人民出版社,2005年。

薛清录主编:《中国中医古籍总目》,上海:上海辞书出版社,2007年。

薛瑞生:《周邦彦别传——周邦彦生平事迹证稿》,西安:三秦出版社,2008年。

严绍璗、(日)源了圆主编:《中日文化交流史大系(思想卷)》,杭州:浙江人民出版社,1996年。

严绍璗:《汉籍在日本的流布研究》,南京:江苏古籍出版社,1992年。

严绍璗编著:《日藏汉籍善本书录》,北京:中华书局,2007年。

阎万英编著:《中国农业思想史》,北京:中国农业出版社,1997年。

阳海清编撰,蒋孝达校订:《中国丛书综录补正》,南京:江苏广陵古籍刻印社,1984年。

杨宝霖:《自力斋文史农史论文选集》,广州:广东高等教育出版社,1993年。

杨伯峻:《列子集释》,北京:中华书局,1979年。

杨芳:《宋代仓廪制度研究》,上海:上海古籍出版社,2019年。

杨宽:《古史探微》,上海:上海人民出版社,2016年。

杨士谋、彭干梓、王金昌编著:《中国农业教育发展史略》,北京:北京农业大学出版社,1994年。

杨松水:《两宋寿州吕氏家族著述研究》,合肥:黄山书社,2012年。

杨渭生:《宋丽关系史研究》,杭州:杭州大学出版社,1997年。

杨直民:《农学思想史》,长沙:湖南教育出版社,2006年。

姚淦铭:《先秦饮食文化研究》,贵阳:贵州人民出版社,2005年。

姚国坤:《惠及世界的一片神奇树叶——茶文化通史》,北京:中国农业出版社,2015年。

姚汉源:《黄河水利史研究》,郑州:黄河水利出版社,2003年。

姚汉源:《中国水利史纲要》,北京:水利电力出版社,1987年。

姚伟钧、刘朴兵、鞠明库:《中国饮食典籍史》,上海:上海古籍出版社,2011年。

姚伟钧:《长江流域的饮食文化》,武汉:湖北教育出版社,2004年。

姚伟钧:《中国饮食礼俗与文化史论》,武汉:华中师范大学出版社,2008年。

伊永文:《明清饮食研究》,台北:洪叶文化事业有限公司,1997年。

衣保中:《中国东北农业史》,长春:吉林文史出版社,1993年。

游修龄:《中国稻作史》,北京:中国农业出版社,1995年。

于北山:《范成大年谱》,上海:上海古籍出版社,2006年。

于北山:《陆游年谱》,上海:上海古籍出版社,2006年。

于船、牛家藩编著:《中兽医学史简编》,太原:山西科学技术出版社,1993年。

于铎:《中国林业技术史料初步研究》,北京:农业出版社,1964年。

余嘉锡:《四库提要辨证》,北京:中华书局,2007年。

余幼苏:《隋唐五代中日关系史》,台北:台湾商务印书馆,1974年。

余悦总主编:《中华茶史》(唐代卷、宋辽金元卷),西安:陕西师范大学出版社,2013、2016年。

俞为洁:《中国食料史》,上海:上海古籍出版社,2011年。

俞兆鹏:《求真集:俞兆鹏史学文集》,南昌:江西教育出版社,2004年。

袁翰青:《中国化学史论文集》,北京:生活·读书·新知三联书店,1956年。

袁名泽:《道教农学思想发凡》,桂林:广西师范大学出版社,2012年。

袁名泽:《道教农学思想史纲要》,北京:人民出版社,2016年。

曾维刚:《张镃年谱》,北京:人民出版社,2010年。

曾雄生:《中国农学史》,福州:福建人民出版社,2008年。

曾枣庄、吴洪泽:《宋代文学编年史》,南京:凤凰出版社,2010年。

曾枣庄:《三苏姻亲后代师友门生论集》,成都:巴蜀书社,2018年。

曾枣庄:《苏轼评传》,成都:四川人民出版社,1981年。

张邦炜:《宋代婚姻家族史论》,北京:人民出版社,2003年。

张邦炜:《宋代政治文化史论》,北京:人民出版社,2005年。

张秉伦:《张秉伦科技史论集》,合肥:中国科学技术大学出版社,2018年。

张秉伦等编著:《安徽科学技术史稿》,合肥:安徽科学技术出版社,1990年。

张波、樊志民主编:《中国农业通史(战国秦汉卷)》,北京:中国农业出版社,2007年。

张波:《西北农牧史》,西安:陕西科学技术出版社,1989年。

张伯伟编:《朝鲜时代书目丛刊》,北京:中华书局,2004年。

张勃:《明代岁时民俗文献研究》,北京:商务印书馆,2011年。

张东华:《格致与花鸟画:以南宋宋伯仁〈梅花喜神谱〉为例》,杭州:中国美术学院出版社,2015年。

张芳、王思明主编:《中国农业古籍目录》,北京:北京图书馆出版社,2003年。

张芳:《明清农田水利研究》,北京:中国农业科技出版社,1998年。

张固也:《古典目录学研究》,武汉:华中师范大学出版社,2014年。

张广保:《全真教的创立与历史传承》,北京:中华书局,2015年。

张家驹:《张家驹史学文存》,上海:上海人民出版社,2009年。

张謇著,李明勋、尤世玮主编:《张謇全集》,上海:上海辞书出版社,2012年。

张景明、王雁卿:《中国饮食器具发展史》,上海:上海古籍出版社,2011年。

张钧成:《中国古代林业史(先秦部分)》,台北:五南图书出版有限公司,1995年。

张曼华:《中国画论史》,南宁:广西美术出版社,2018年。

张其凡:《宋代人物论稿》,上海:上海人民出版社,2009年。

张全明:《两宋生态环境变迁史》,北京:中华书局,2015年。

张文:《宋朝社会救济研究》,重庆:西南师范大学出版社,2001年。

张习孔、吴雁南、樊树志等编写:《中国古代农业科学家》,北京:北京出版社,1963年。

张宪文主编:《金陵大学史》,南京:南京大学出版社,2002年。

张兴武:《五代艺文考》,成都:巴蜀书社,2003年。

张哲永、陈金林、顾炳权主编:《中国茶酒辞典》,长沙:湖南出版社,1991年。

张仲葛、朱先煌主编:《中国畜牧史料集》,北京:科学出版社,1986年。

章楷编著:《中国古代农机具》,北京:人民出版社,1985年。

赵冈、陈钟毅:《中国农业经济史》,台北:幼狮文化事业公司,1989年。

赵敏:《中国古代农学思想考论》,北京:中国农业科学技术出版社,2013年。

赵敏:《中国古代生态农学研究》,长沙:湖南科学技术出版社,2002年。

赵荣光:《中国饮食文化史》,上海:上海人民出版社,2006年。

赵万里辑:《校辑宋金元人词》,北京:国家图书馆出版社,2013年影印本。

浙江大学编著:《中国蚕业史》,上海:上海人民出版社,2010年。

郑樑生:《中日关系史》,台北:五南图书出版公司,2000年。

郑学檬:《中国古代经济重心南移和唐宋江南经济研究》,长沙:岳麓书社,2003年。

郑肇经主编:《太湖水利技术史》,北京:农业出版社,1987年。

郑振铎:《郑振铎全集》,石家庄:花山文艺出版社,1998年。

中国柑橘学会编著:《中国柑橘产业》,北京:中国农业出版社,2008年。

中国考古学会等编:《扬州城考古学术研讨会论文集》,北京:科学出版社,2016年。

中国畜牧兽医学会编:《中国近代畜牧兽医史料集》,北京:中国农业出版社,1992年。

中国古籍善本书目编辑委员会编:《中国古籍善本书目·丛部》,上海:上海古籍出版社,1990年。

中国古籍善本书目编辑委员会编:《中国古籍善本书目·集部》,上海:上海古籍出版社,1998年。

中国古籍善本书目编辑委员会编:《中国古籍善本书目·经部》,上海:上海古籍出版社,1989年。

中国古籍善本书目编辑委员会编:《中国古籍善本书目·史部》,上海:上海古籍出版社,1993 年。

中国古籍善本书目编辑委员会编:《中国古籍善本书目·子部》,上海:上海古籍出版社,1996 年。

中国古籍总目编纂委员会编:《中国古籍总目·丛书部》,上海:上海古籍出版社,2009 年。

中国古籍总目编纂委员会编:《中国古籍总目·集部》,北京:中华书局,2012 年。

中国古籍总目编纂委员会编:《中国古籍总目·经部》,北京:中华书局,2012 年。

中国古籍总目编纂委员会编:《中国古籍总目·史部》,上海:上海古籍出版社,2009 年。

中国古籍总目编纂委员会编:《中国古籍总目·子部》,上海:上海古籍出版社,2010 年。

中国科学院中国自然科学史研究室编:《徐光启纪念文集》,北京:中华书局,1963 年。

中国林业科学研究院泡桐组、河南省商丘地区林业局编著:《泡桐研究》,北京:农业出版社,1980 年。

中国农业遗产室:《北方旱地农业》,北京:中国农业科技出版社,1986 年。

中国农业遗产研究室编著:《太湖地区农业史稿》,北京:农业出版社,1990 年。

中国农业遗产研究室编著:《中国农学史(初稿)》(上、下),北京:科学出版社,1959、1984 年。

中国科学院地震工作委员会历史组编:《中国地震资料年表》,北京:科学出版社,1956 年。

中央气象局气象科学研究院主编:《中国近五百年旱涝分布图集》,北京:地图出版社,1981 年。

钟敬文主编:《中国民俗史》,北京:人民出版社,2008 年。

钟祥财:《中国农业思想史》,上海:上海交通大学出版社,

2017 年。

周邦任、费旭主编:《中国近代高等农业教育史》,北京:中国农业出版社,1994 年。

周宝珠:《〈清明上河图〉与清明上河学》,开封:河南大学出版社,1997 年。

周魁一:《农田水利史略》,北京:水利电力出版社,1986 年。

周魁一:《中国科学技术史·水利卷》,北京:科学出版社,2002 年。

周腊生:《宋代状元奇谈》,北京:紫禁城出版社,1999 年。

周昕:《中国农具发展史》,济南:山东科技出版社,2005 年。

周昕:《中国农具史纲及图谱》,北京:中国建材工业出版社,1998 年。

周昕:《中国农具通史》,济南:山东科学技术出版社,2010 年。

周昕编著:《农具史话》,北京:农业出版社,1980 年。

周新华:《调鼎集:中国古代饮食器具文化》,杭州:杭州出版社,2005 年。

周尧:《中国早期昆虫学研究史(初稿)》,北京:科学出版社,1957 年。

周一良、吴于廑主编:《世界通史(中古部分)》,北京:人民出版社,1963 年。

周愚文:《宋代的州县学》,台北:"国立编译馆",1996 年。

朱端强:《布衣史官——万斯同传》,杭州:浙江人民出版社,2006 年。

朱自振:《茶史初探》,北京:中国农业出版社,1996 年。

朱自振:《中国茶酒文化史》,台北:文津出版社,1995 年。

竺可桢:《竺可桢全集》,上海:上海科技教育出版社,2004 年。

邹秉文:《中国农业教育问题》,上海:商务印书馆,1923 年。

邹介正等编著:《中国古代畜牧兽医史》,北京:中国农业科技出版社,1994 年。

三、期刊论文

安平秋、杨忠等:《〈日本宫内厅书陵部藏宋元版汉籍影印丛书(第一辑)〉影印说明》,《中国典籍与文化》2003 年第 1 期。

拜根兴:《孙光宪生年考断》,《中国史研究》1998 年第 1 期。

包茂宏:《环境史:历史、理论和方法》,《史学理论研究》2000 年第 4 期。

包启安:《从〈东坡酒经〉看目前黄酒的生产工艺》,《中国酿造》1995 年第 6 期。

包伟民、吴铮强:《形式的背后:两宋劝农制度的历史分析》,《浙江大学学报》2004 年第 1 期。

包伟民:《中国九到十三世纪社会识字率提高的几个问题》,《杭州大学学报》1992 年第 4 期。

卞东波:《日本所藏宋人张逢辰〈菊花百咏〉校录》,《域外汉籍研究集刊》第 8 辑,北京:中华书局,2013 年。

卜风贤:《二十世纪农业科技史研究综述》,《中国史研究动态》2000 年第 5 期。

卜风贤:《灾害史研究的自然回归及其科学转向》,《河北学刊》2019 年第 6 期。

卜风贤:《中国农业灾害史研究的基本问题及学术旨向》,《中国社会科学评价》2020 年第 3 期。

卜风贤:《中国农业灾害史研究综论》,《中国史研究动态》2001 年第 2 期。

蔡宝定:《〈全芳备祖〉编者陈景沂考证——与程杰先生商榷》,《台州学院学报》2017 年第 2、4 期。

曹家齐:《"嘉祐之治"问题讨论》,《学术月刊》2004 年第 9 期。

曹家齐:《赵宋当朝盛世说之造就及其影响》,《中国史研究》2007 年第 4 期。

曹树基:《〈禾谱〉校释》,《中国农史》1985 年第 3 期。

曹树基:《〈禾谱〉及其作者研究》,《中国农史》1984 年第 3 期。

曹幸穗:《启蒙与体制化:晚清近代农学的兴起》,《古今农业》2003年第2期。

曹幸穗:《日本最早的农书〈清良记·亲民鉴月集〉》,《农业考古》1986年第2期。

曹汛:《中国建筑史基础史学与史源学真谛》,《建筑师》1996年第1期。

曹汛:《李诫本名考正》,《中国建筑史论汇刊》第3辑,北京:清华大学出版社,2010年。

钞晓鸿:《灌溉、环境与水利共同体——基于关中中部的分析》,《中国社会科学》2006年第4期。

陈柏泉:《从〈宋洪氏墓记〉谈诗人洪刍》,《文物》1987年第11期。

陈才智:《宋人叶清臣生卒与籍贯求是》,《齐鲁学刊》2020年第3期。

陈华龙:《〈救荒活民书〉作者生平及成书时间考》,《农业考古》2015年第4期。

陈莲香:《江西"临江三孔"生卒年考》,《新余高专学报》2005年第3期。

陈士瑜、陈启武:《竹蕈考——〈菌谱〉名称考订之一》,《中国农史》2003年第1期。

陈世松:《〈宋史·丁黼传〉补正》,《文史》第13辑,北京:中华书局,1982年。

陈素贞:《纪实与想像:论陈舜俞〈山中咏橘长咏〉的食物志书写》,《嘉大中文学报》2009年第1期。

陈伟明:《宋元水稻栽培技术的发展与定型——宋元农书研究之一》,《中国农史》1988年第3期。

陈伟庆:《宋代秧马用途再探》,《中国农史》2012年第4期。

陈文华:《豆腐起源于何时?》,《农业考古》1991年第1期。

陈文华:《小葱拌豆腐——关于豆腐问题的答辩》,《农业考古》1998年第3期。

陈小青:《范镇年谱》,《古籍研究》2015 年第 1 期。

陈心启、吴应祥:《中国水仙考》,《植物分类学报》1982 年第 3 期。

陈心启:《中国兰史考辨——春秋至宋朝》,《武汉植物学研究》1988 年第 1 期。

陈信玉:《〈全芳备祖〉辑者陈景沂籍贯考证》,《中国农史》1991 年第 1 期。

陈杏珍:《〈淳祐临安志〉的卷数和纂修人》,《文献》1981 年第 3 期。

陈业新:《近五百来淮河中游地区蝗灾初探》,《中国历史地理论丛》2005 年第 2 期。

陈业新:《深化灾害史研究》,《上海交通大学学报》2015 年第 1 期。

陈义挺等:《福建若干荔枝古树资源的 RAPD 分析》,《福建农林大学学报(自然科学版)》2005 年第 4 期。

陈友兴、李艾国:《也说秦观故里》,《江苏地方志》2018 年第 6 期。

陈友兴:《张邦基籍贯考辨》,《扬州教育学院学报》2018 年第 2 期。

成丽:《李诫? 李诚? ——南宋"绍定本"〈营造法式〉所刻作者名辨析》,《中国建筑史论汇刊》第 4 辑,北京:清华大学出版社,2011 年。

程杰:《〈全芳备祖〉编者陈景沂生平和作品考》,《绍兴文理学院学报》2013 年第 6 期。

程杰:《〈全芳备祖〉编者陈景沂姓名、籍贯考》,《南京师大学报》2015 年第 6 期。

程杰:《〈全芳备祖〉的抄本问题》,《中国农史》2013 年第 6 期。

程杰:《日藏〈全芳备祖〉刻本时代考》,《江苏社会科学》2014 年第 5 期。

程杰:《我国黄瓜、丝瓜起源考》,《南京师大学报》2018 年第

2 期。

程民生:《〈清明上河图〉中的驼队是胡商吗——兼谈宋朝境内骆驼的分布》,《历史研究》2012 年第 5 期。

程民生:《论“耕读文化”在宋代的确立》,《社会科学战线》2020 年第 6 期。

程民生:《宋代果品业简论》,《中州学刊》1992 年第 2 期。

程启坤、姚国坤:《论唐代茶区与名茶》,《农业考古》1995 年第 2 期。

戴云:《唐宋饮食文化要籍考述》,《农业考古》1994 年第 1 期。

邓实:《国学保存会小集叙》,《国粹学报》1905 年第 1 期。

邓小南:《朱长文家世、事历考》,《北大史学》第 4 辑,1997 年。

丁以寿:《〈大观茶论〉校注》,《农业考古》2010 年第 5 期。

董德英:《金盈之〈醉翁谈录·京城风俗记〉抄录吕希哲〈岁时杂记〉考辨》,《古籍整理研究学刊》2016 年第 3 期。

董德英:《吕希哲生平辑考》,《鲁东大学学报》2018 年第 5 期。

董维春、邓春英、袁家明:《金陵大学农学院若干重要史实研究》,《中国农史》2014 年第 6 期。

董钻:《试论我国古代的农学思想和农艺传统》,《沈阳农学院学报》1984 年第 1 期。

杜文、张宁:《北宋〈劝慎刑文、箴〉碑略考》,《碑林集刊》第 9 辑,西安:三秦出版社,2003 年。

樊志民:《〈吕氏春秋〉与秦国农学哲理化趋势研究》,《中国农史》1996 年第 2 期。

樊志民:《〈吕氏春秋〉与中国传统农业哲学体系的确立》,《农业考古》1996 年第 1 期。

范楚玉:《陈旉的农学思想》,《自然科学史研究》1991 年第 2 期。

方健:《宋代茶书考》,《农业考古》1998 年第 2 期。

方圆:《教化与重农——南宋地方官劝农文的发布及其意义》,《宋史研究论丛》第 25 辑,北京:科学出版社,2019 年。

冯尔康:《开展社会史研究》,《历史研究》1987 年第 1 期。

冯贤亮:《明清江南地区的环境变动与社会控制》,上海:上海人民出版社,2002 年。

冯幼衡:《从〈西塞渔社图〉的题跋看李结生平与南宋士大夫的书法》,《故宫学术季刊》1999 年第 2 期。

符振英、杨爱玲:《浅谈对放血疗法的认识》,《中兽医学杂志》1995 年第 1 期。

福建省莆田县文化馆:《莆田古荔"宋家香"》,《文物》1978 年第 1 期。

傅金泉:《从〈北山酒经〉论传统黄酒酿造技术的进步》,《酿酒科技》1991 年第 1 期。

傅翔、张汉明:《侧金盏花属植物成分及药理研究进展》,《植物资源与环境》1995 年第 3 期。

盖建民:《全真子陈旉农学思想考述》,《宗教学研究》2000 年第 4 期。

耿元骊:《宋代劝农职衔研究》,《中国社会经济史研究》2007 年第 1 期。

顾吉辰:《熊克和他的〈中兴小纪〉》,《古籍整理研究学刊》1986 年第 3 期。

郭文佳:《简论宋代的林业发展与保护》,《中国农史》2003 年第 2 期。

郭文韬:《王祯农学思想略论》,《古今农业》1997 年第 3 期。

郭文武、叶俊丽、邓秀新:《新中国果树科学研究 70 年——柑橘》,《果树学报》2019 年第 10 期。

郭幼为:《我国首部牡丹专著——〈越中牡丹花品〉评述》,《农业考古》2014 年第 4 期。

郭幼为:《中国现存最早的芍药专谱》,《古今农业》2014 年第 3 期。

韩昇:《东亚关系的变动与遣唐使始末》,《郑州大学学报》2008 年第 5 期。

韩学忠:《宋代的水产商业》,《中国水产》1983 年第 3 期。

郝时远:《元〈王祯农书〉成书年代考》,《中国农史》1985 年第 1 期。

何素雯、闵定庆:《试论历代曾巩年谱撰作的学术价值——兼及古代文学研究中的“年谱义例”》,《辽宁工程技术大学学报》2020 年第 5 期。

何晓静:《范成大的园林与山水观念》,《创意与设计》2009 年第 3 期。

赫治清:《历史悠久的中韩交往》,《韩国学论文集》第 2 辑,北京:北京大学出版社,1994 年。

胡朝霞:《宁波地区摩崖石刻调查概述》,《青少年书法》2011 年第 10 期。

胡道静、吴佐忻:《〈梦溪忘怀录〉钩沉——沈存中佚著钩沉之一》,《杭州大学学报》1981 年第 1 期。

胡道静:《沈括的农学著作〈梦溪忘怀录〉》,《文史》1963 年第 3 辑。

胡道静:《徐光启研究农学历程的探索》,《历史研究》1980 年第 6 期。

胡厚宣:《殷代的蚕桑和丝织》,《文物》1972 年第 11 期。

胡平生:《北宋大观三年摩崖石刻〈紫云坪植茗灵园记〉》,《文物》1991 年第 4 期。

华南农学院农业历史遗产研究室:《世界上最早的一部柑橘专著——〈橘录〉》,《中国柑橘》1979 年第 1、2 期合刊。

华岩:《赵师秀卒年小议》,《文学遗产》1985 年第 1 期。

黄启芳:《龚相〈复斋漫录〉与龚颐正〈芥隐笔记〉》,《国学学刊》2016 年第 2 期。

黄苇:《论宋元地方志书》,《历史研究》1983 年第 3 期。

黄颖、王思明:《中国农学思想史研究的回顾与展望》,《自然辩证法研究》2009 年第 10 期。

黄志浩:《秦观:他的相貌和名字》,《文史知识》2011 年第

12 期。

惠富平:《二十世纪中国农书研究综述》,《中国农史》2003 年第 1 期。

惠富平:《中国传统农书整理综论》,《中国农史》1997 年第 1 期。

吉敦谕:《糖辨》,《社会科学战线》1980 年第 4 期。

吉敦谕:《糖和蔗糖的制造在中国起于何时》,《江汉学报》1962 年第 9 期。

贾玉英:《宋代提举常平司制度初探》,《中国史研究》1997 年第 3 期。

姜义安:《〈陈旉农书·后记〉质疑》,《中国农史》1991 年第 1 期。

姜义安:《陈旉〈农书〉中两个问题的商榷》,《农史研究》第 4 辑,北京:农业出版社,1984 年。

蒋成忠:《秦观〈蚕书〉释义》,《中国蚕业》2012 年第 1、2 期。

金建锋:《释赞宁著述考》,《古籍整理研究学刊》2010 年第 3 期。

金建锋:《宋僧释赞宁生平事迹考》,《法音》2010 年第 10 期。

金菊园:《万历刻本〈记纂渊海·郡县部〉初探》,《历史地理》第 30 辑,上海:上海人民出版社,2014 年。

金琳:《中国古代杀蛹贮茧史》,《蚕桑通报》1995 年第 4 期。

金艳丽、周阿根:《冯拯墓志录文商补》,《成都师范学院学报》2017 年,第 4 期。

景爱:《环境史:定义、内容与方法》,《史学月刊》2004 年第 3 期。

君实:《中国之农业》,《东方杂志》1918 年第 9 期。

康弘:《宋代灾害与荒政论述》,《中州学刊》1994 年第 5 期。

孔岩玲:《降脂红曲国内外研究进展》,《黑龙江中医药》2005 年第 6 期。

赖作莲:《试论宋元农学发展的社会因素》,《农业考古》2001

年第3期。

蓝勇:《历史时期三峡地区森林资源分布变迁》,《中国农史》1993年第4期。

乐爱国:《〈管子〉的农学思想初探》,《管子学刊》1991年第4期。

李伯重:《“选精”、“集粹”与“宋代江南农业革命”——对传统经济史研究方法的检讨》,《中国社会科学》2000年第1期。

李伯重:《历史上的经济革命与经济史的研究方法》,《中国社会科学》2001年第6期。

李根蟠、王小嘉:《中国农业历史研究的回顾与展望》,《古今农业》2003年第3期。

李根蟠:《〈陈旉农书〉与“三才”理论——与〈齐民要术〉比较》,《华南农业大学学报》2003年第2期。

李根蟠:《二十世纪的中国古代经济史研究》,《历史研究》1999年第3期。

李根蟠:《精耕细作、天人关系和农业现代化》,《古今农业》2004年第3期。

李根蟠:《农业实践与“三才”理论的形成》,《农业考古》1997年第1期。

李根蟠:《长江下游稻麦复种制的形成和发展——以唐宋时代为中心的讨论》,《历史研究》2002年第5期。

李更:《〈类说〉本〈续博物志〉的前世今生——兼议〈类说〉对〈绀珠集·诸集拾遗〉的袭用及古书作伪》,《中国典籍与文化》2018年第3期。

李浩:《〈四时纂要〉所见唐代农业生产习俗》,《民俗研究》2003年1期。

李惠芳:《传统岁时节日的形成及特点》,《武汉大学学报》1994年第5期。

李来荣、陈文训、邵少蕙:《福建主要荔枝品种果实形态与品质的研究》,《福建农学院学报》1957年第5期。

李群:《“秧马”不是插秧的农具》,《中国农史》1984 第 1 期。

李天石、王淳航:《北宋东京种植蔬菜土地分布影响因素之分析》,《中国社会经济史研究》2012 年第 3 期。

李学勤:《竹简〈家语〉与汉魏孔氏家学》,《孔子研究》1987 年第 2 期。

李尹蒂:《传教士与近代中国农学的兴起》,《华南农业大学学报》2018 年第 1 期。

李永芳:《藤田丰八——清末西方农学引进的先行者》,《社会科学》2012 年第 8 期。

李裕民:《〈全芳备祖〉刻本是元椠》,《黄石师院学报》1983 年第 3 期。

李裕民:《北宋名僧惠崇的诗与画》,《山西大学师范学院学报》1994 年第 2 期。

李长年:《陈旉及其〈农书〉》,《农史研究》第 8 辑,北京:农业出版社,1989 年。

李长年:《徐光启的农政思想——纪念徐光启逝世 350 周年》,《中国农史》1983 年第 3 期。

李治寰:《从制糖史谈石蜜和冰糖》,《历史研究》1981 年第 2 期。

李卓:《近代日本的人口状况与人口政策》,《日本学刊》2011 年第 4 期。

梁庚尧:《宋代太湖平原农业生产问题的再检讨》,《宋史研究集》第 31 辑,台北:兰台出版社,2002 年。

梁家勉:《〈齐民要术〉的撰者、注者和撰期——对祖国现存第一部古农书的一些考证》,《华南农业科学》1957 年第 3 期。

梁家勉:《从“三才”观到制天命而用的“人治”观——“中国传统农业的哲学思想”漫谈之一》,《农业考古》,1989 年第 2 期。

梁逸飞:《龙荔》,《广西农业科学》1978 年第 3 期。

林桂英:《我国最早记录蚕织生产技术和以劳动妇女为主的画卷——介绍八百年前宋人绘制的〈蚕织图〉》,《农业考古》1986 年第1期。

林澜:《北部湾经典著述〈岭外代答〉海外学者研究略评》,《钦州学院学报》2015年第6期。

林其锬:《略论农家源流及其在中国经济思想史中的地位》,《中国社会经济史研究》1983年第3期。

刘崇德:《关于秧马的推广及用途》,《农业考古》1983年第2期。

刘冬梅、王永平:《从"烧尾宴"看唐代饮食的发展水平》,《饮食文化研究》2004年第1期。

刘凤真:《〈张宗诲墓志铭〉考释》,《文物鉴定与鉴赏》第8期。

刘敬林、吴义江:《〈禾谱校释〉商榷七则》,《中国农史》2013年第2期。

刘孔伏:《〈桂海虞衡志〉成书情况及卷数考辨》,《广西师院学报》1993年第1期。

刘蔚:《〈全芳备祖〉文献疏失举正》,《清华大学学报》2006年第5期。

刘向培:《南宋陈宓生卒年考辨》,《经学文献研究集刊》第20辑,上海:上海书店出版社,2018年。

刘兴唐:《中国农业技术之史的发展》,《中国经济》1934年第10期。

刘长东:《论宋代的僧官制度》,《世界宗教研究》2003年第3期。

芦笛:《〈菌谱〉的校正》,《浙江食用菌》2010年第3期。

芦笛:《〈菌谱〉的研究》,《浙江食用菌》2010年第4期。

鲁西奇:《"水利社会"的形成——以明清时期江汉平原的围垸为中心》,《中国经济史研究》2013年第2期。

陆费执:《中国农书提要》,《中华农学会报》1927—1929年第54、55、56、58、60、62、66期。

陆三强:《曾慥三考》,黄永年编:《古代文献研究集林》第2集,西安:陕西师范大学出版社,1992年。

黄永峰:《曾慥生平考辨》,《宗教学研究》2004年第1期。

洛原:《宋曾巩墓志》,《文物》1973年第3期。

马代夫:《世界甘薯生产、现状和发展预测》,《世界农业》2001年第1期。

马德富:《唐庚年谱》,《宋代文化研究》第3辑,成都:四川大学出版社,1993年。

马叙伦:《中国无史辩》,《新世界学报》第9期,光绪二十八年(1902)。

马志付:《中秋节产生时间考辩》,《文教资料》2008年第28期。

梅雪芹:《中国环境史研究的过去、现在和未来》,《史学月刊》2009年第6期。

闵宗殿:《魏岘的事迹和贡献》,《古今农业》1996年第4期。

倪根金:《〈中国农业古籍目录〉误收宋代洪刍〈老圃集〉》,《古今农业》2016年第3期。

倪根金:《试论气候变迁对我国古代北方农业经济的影响》,《农业考古》1988年第1期。

潘法连:《〈桐谱〉撰期考》,《中国农史》1987年第3期。

潘法连:《读〈中国农学书录〉札记之三》,《中国农史》1989年第4期。

潘法连:《读〈中国农学书录〉札记之五(八则)》,《中国农史》1992年第1期。

潘富恩、施昌东:《农家学派"耕之大方"的朴素辩证法思想》,《复旦学报》1982年第2期。

彭世奖:《也谈〈王祯农书〉的成书年代——兼与郝时远同志商榷》,《中国农史》1986年第2期。

朴延华:《朝鲜〈农事直说〉与中国〈农桑辑要〉之比较》,《延边大学学报》2001年第3期。

钱杭:《共同体理论视野下的湘湖水利集团——兼论"库域型"水利社会》,《中国社会科学》2008年第2期。

钱建状:《王灼生年新证》,《古籍研究》第45期,合肥:安徽大学出版社，2004 年。

秦冬梅：《试论魏晋南北朝时期的气候异常与农业生产》，《中国农史》2003 年第 1 期。

秦弓：《整理国故的动因、视野与方法》，《天津社会科学》2007 年第 3 期。

秦良：《北宋江西名人萧贯、孔武仲的生卒年考》，《江西教育学院学报》1994 年第 3 期。

邱树森、周郢：《农学家王祯生平的重要发现》，《西北第二民族学院学报》1991 年第 1 期。

邱志诚、冯鼎：《梅尧臣诗中的审丑意识——兼论宋诗以俗为雅风格的形成》，《中南大学学报》2008 年第 6 期。

邱志诚：《〈本心斋蔬食谱〉作者考略》，《中国农史》2011 年第 1 期。

邱志诚：《〈农书〉作者考略》，《中国农史》2016 年第 4 期。

邱志诚：《〈尚书〉辨伪与清今文经学——〈尚书〉辨伪与清今文经学及近代疑古思潮研究（上）》，《中南大学学报》2008 年第 2 期。

邱志诚：《〈洗冤集录〉"碰瓷"记载透视》，《文史知识》2018 年第 5 期。

邱志诚：《〈中国农学书录〉新札》，《中国农史》2010 年第 1 期。

邱志诚：《才兼文武：宋初能吏何亮考论》，《首都师范大学学报》2017 年第 3 期。

邱志诚：《当代传统农学目录著作误收宋代农书考辨》，《农业考古》2022 年第 1 期。

邱志诚：《清〈金鱼饲育法〉作者考》，《农业考古》2021 年第 6 期。

邱志诚：《宋代农书的时空分布及其传播方式》，《自然科学史研究》2011 年第 1 期。

邱志诚：《宋代农书考论》，《中国农史》2010 年第 3 期。

邱志诚：《中国传统农学概念的历史发展及传统农书分类再议》，《河北师范大学学报》2022 年第 1 期。

邱志诚：《周守忠及其〈养生杂类〉再研究》，《中医药文化研究》

2022 年第 1 期。

邱志诚:《最早的茶文化辞典南宋〈茶录〉作者考索》,《农业考古》2021 年第 2 期。

任群:《李之仪卒于建炎元年考》,《南京师范大学文学院学报》2009 年第 3 期。

桑润生:《我国古代对施肥的认识及其经验》,《土壤通报》1963 年第 1 期。

邵磊:《明代文献学家司马泰及其弟司马嵩墓志考释》,《文献》2017 年第 5 期。

盛邦跃:《试论〈齐民要术〉的主要哲学思想》,《中国农史》2000 年第 3 期。

石声汉:《试论〈便民图纂〉中的农业技术知识》,《西北农学院学报》1958 年第 1 期。

石声汉:《以"盗天地之时利"为目标的农书——陈旉农书的总结分析》,《生物学通报》1957 第 5 期。

石声汉:《元代的三本农书》,《生物学通报》1957 年第 10 期。

释圣圆:《赞宁官职考》,《中国佛学》2014 年第 1 期。

舒迎澜:《〈分门琐碎录〉与其种艺篇》,《中国农史》1993 年第 3 期。

舒迎澜:《栽培菊的类群和品种演变》,《古今农业》1993 年第 3 期。

宋晞:《宋商在宋丽贸易中的贡献》,《宋史研究论丛》第 2 辑,台北:中国文化学院出版部,1980 年。

水赍佑:《蔡襄〈茶录〉帖考》,《中国书法》2008 年第 4 期。

孙开太:《战国农家的代表人物——许行的思想》,《天津社会科学》1982 年第 5 期。

孙艳红:《徐锴卒年考》,《南京师范大学文学院学报》2003 年第 3 期。

孙振民、刘玉芝:《农学家氾胜之的哲学思想内涵探析》,《淮北师范大学学报》2019 年第 5 期。

谭清华:《〈诗经〉中农事诗的农学思想探析》,《山东农业大学学报》2017 年第 2 期。

谭清华:《〈易经〉农学思想初探》,《安徽农业大学学报》2017 年第 1 期。

谭清华:《谭峭〈化书〉及其农学思想探微》,《社科纵横》2017 年第 3 期。

谭清华:《魏晋南北朝时期高道的农学思想探微》,《佳木斯大学社会科学学报》2017 年第 3 期。

谭徐明、张伟兵:《我国水利史研究工作回顾》,《中国水利》2008 年第 21 期。

汤忠皓:《中国菊花品种分类的探讨》,《园艺学报》1963 年第 4 期。

唐秋雅:《魏晋南北朝农史研究述评》,《中山大学研究生学刊》2006 年第 1 期。

陶德臣:《中国茶业经济史研究综述》,《农业考古》2001 年第 4 期、2002 年第 2 期。

佟培基:《辛弃疾与史正志》,《文学遗产》1982 年第 4 期。

万国鼎:《茶书二十九种题记》,《图书馆学季刊》1931 年第 2 期。

万国鼎:《茶书总目提要》,《农业遗产研究集刊》第 2 册,北京:中华书局,1958 年。

万国鼎:《我国二千二百年前对于等距密植全苗的理论与方法》,《农业学报》1956 年第 1 期。

万国鼎:《中国古代对于土壤种类及其分布的知识》,《南京农学院学报》1956 年第 1 期。

汪桂海:《丁黼事辑编年》,《文津学志》第 3 辑,北京:国家图书馆出版社,2010 年。

汪桂海:《南宋缉熙殿考》,《文献》2003 年第 2 期。

汪家伦:《北宋单锷〈吴中水利书〉初探》,《中国农史》1985 年第 2 期。

王东:《〈管子·轻重篇〉成书时代考辨》,《郑州大学学报》2010年第4期。

王福元:《北宋文臣宋祁籍贯考实》,《文艺评论》2014年第8期。

王国忠:《徐光启的〈甘薯疏〉》,《中国农史》1983年第3期。

王华夫:《日本收藏中国农业古籍概况》,《农业考古》1998年第3期,1999年第1、3期,2000年第1、3期,2001年第1、3期,2002年第1、3期,2003年第1期。

王加华:《教化与象征:中国古代耕织图意义探释》,《文史哲》2018年第3期。

王家琦:《水转连磨、水排和秧马》,《文物参考资料》1958年第7期。

王建:《世界第一部竹类专著——〈竹谱〉》,《古籍整理研究学刊》1992年第1期。

王建革:《河北平原水利与社会分析(1368—1949)》,《中国农史》2000年第2期。

王建革:《清浊分流:环境变迁与清代大清河下游治水特点》,《清史研究》2001年第2期。

王建革:《宋元时期太湖东部地区的水环境与塘浦置闸》,《社会科学》2008年第1期。

王珂:《〈事林广记〉版本考略》,《南京师范大学文学院学报》2016年第2期。

王珂:《〈岁时广记〉新证》,《兰州学刊》2011年第1期。

王珂:《陈元靓家世生平新证》,《图书馆理论与实践》2011年第3期。

王利华:《中古时期北方地区的水环境和渔业生产》,《中国历史地理论丛》1999年第4期。

王利器:《陈晔〈琐碎录〉跋尾》,《中华文史论丛》第56辑,1998年。

王乾:《从〈竹谱〉看中国古代对竹子的利用》,《古今农业》1993

年第3期。

王瑞来:《〈吴郡图经续记〉考述》,《苏州大学学报》1988年第4期。

王瑞明:《宋代秧马的用途》,《社会科学战线》1981年第3期。

王若昭:《我国古代的插秧工具——秧马》,《农业考古》1981年第2期。

王善军:《“尽有诸元”:科举与宋代浦城章氏家族的发展》,《中国史研究》2014年,第3期。

王思明:《农史研究:回顾与展望》,《中国农史》2002年第4期。

王颋、王为华:《桐马禾云——宋、元、明农具秧马考》,《中国农史》2009年第1期。

王汐牟:《历代竹谱的编纂与中国古代竹文化的演化历程》,《廊坊师范学院学报》2012年第4期。

王汐牟:《历代竹谱考论及其历史价值》,《古籍整理研究学刊》2013年第3期。

王潇潇、刘刚、束世平:《五代北宋高邮秦氏家族世系研究——以江苏扬州发现秦咏夫妇墓志为线索》,《东南文化》2018年第4期。

王晓霞:《江南制造局翻译馆与近代西方农学著作的译介》,《保定学院学报》2016年第3期。

王兴刚:《从〈劝农文〉看宋朝的农业技术推广》,《农业考古》2004年第3期。

王兴瑞:《中国农业技术发展史》,《现代史学》1935年第3、4期、1936年第1期。

王秀林、王兆鹏《张镃生卒年考》,《文学遗产》2002年第1期。

王杨红:《〈星槎胜览〉的版本、刊行及价值》,《国家航海》第10辑,上海:上海古籍出版社,2015年。

王玉超:《陶珽生平及交游考述》,《西南交通大学学报》2018年第5期。

王曾瑜、史泠歌:《南宋宰相吕颐浩和朱胜非的重要事迹述评》,《首都师范大学学报》2013 年第 3 期。

王兆鹏、刘学:《宋词作者的统计分析》,《文艺研究》2003 年第 6 期。

王子凡、张明姝、戴思兰:《中国古代菊花谱录存世现状及主要内容的考证》,《自然科学史研究》2009 年第 1 期。

王子今:《秦汉时期的护林造林育林制度》,《农业考古》1996 年第 1 期。

魏东:《论秦观〈蚕书〉》,《中国农史》1987 年第 1 期。

魏怀宇、章原:《〈山家清供〉与宋代食疗文化》,《中医药文化》2018 年第 1 期。

魏明孔、丰若非:《改革开放 40 年中国经济史研究的回顾与展望》,《中国经济史研究》2018 年第 5 期。

翁同文:《花光仲仁的生平与墨梅初期的发展》,《宋史研究集》第 15 辑,台北:"国立编译馆"中华丛书编审委员会,1984 年。

巫宝三:《试论〈管子〉中〈度地〉〈地员〉二篇农学论文对于发展农业生产力的意义及其农学思想渊源》,《中国经济史研究》1986 年第 1 期。

吴德铎:《答〈糖辨〉——再与吉敦谕先生商榷》,《社会科学战线》1981 年第 2 期。

吴德铎:《关于"蔗糖的制造在中国起于何时"——与吉敦谕先生商榷》,《江汉学报》1962 年第 11 期。

吴耕民:《浙江柑桔栽培史考》,《浙江农史研究集刊》第 1 辑,杭州:浙江农业大学、浙江农业科学院农业遗产研究室,1965 年。

吴蕙芳:《〈中国日用类书集成〉及其史料价值》,《近代中国史研究通讯》第 30 期,2000 年。

吴晓东:《〈桐谱〉对泡桐的分类与描述》,《植物杂志》1993 年第 2 期。

吴学聪:《元亨疗马集的版本类型》,《中国兽医学杂志》1958 年第 10 期。

武鸣县气象站:《蚂蚁与下雨》,《广西农业科学》1965 年第 1 期。

夏明方:《中国灾害史研究的非人文化倾向》,《史学月刊》2004年第3期。

肖鹏:《夏承焘先生〈周草窗年谱〉补证》,《南京师大学报》1986年第2期。

谢智飞:《论北宋笔记中的农事占候》,《农业考古》2019年第1期。

辛更儒:《〈诸老先生惠答客亭书启编〉考释》,《文献》2010第1期。

辛更儒:《有关熊克及其〈中兴小历〉的几个问题》,《文史》2002年第1辑。

行龙:《明清以来山西水资源匮乏及水案初步研究》,《科学技术与辩证法》2000年第6期。

熊大桐:《陈翥及其〈桐谱〉》,《农业考古》1987年第1期。

徐吉军、姚伟钧:《二十世纪中国饮食史研究概述》,《中国史研究动态》2000年第8期。

徐建国、林显荣:《泥山乳柑何以成为韩彦直〈橘录〉中的"第一"》,《浙江柑橘》2004年第4期。

徐建国:《寻访韩彦直墓》,《柑桔与亚热带果树信息》2004年第4期。

许怀林:《近代以来江西的水旱灾害与生态变动》,《农业考古》2003年第1、3期,2004年第1期。

宣炳善:《陈翥〈桐谱〉梧桐混用为泡桐纠谬》,《中国农史》2002年第2期。

闫艳、齐佳垚:《和刻本〈事林广记〉整理札记》,《东方论坛》2018年第3期。

晏雪平:《二十世纪八十年代以来中国水利史研究综述》,《农业考古》2009年第1期。

杨宝霖:《〈古今合璧事类备要〉别集草木卷与〈全芳备祖〉》,《文献》1985年第1期。

杨宝霖:《关于〈读中国农学书录札记〉中一些问题与潘法连先

生商榷》,《中国农史》1994 年第 2 期。

杨宝霖:《宋代花谱佚书——沈立〈牡丹记〉》,《农业考古》1990 年第 2 期。

杨德泉:《陈旉及其〈农书〉》,《江海学刊》1962 年第 2 期。

杨国宜、路育松:《陈翥生平事迹考——〈五松陈氏宗谱〉质疑》,《安徽师大学报》1996 年第 1 期。

杨海明:《张镃家世及其卒年考》,《浙江师范学院学报》1983 年第 4 期。

杨通方:《五代至蒙元时期中国与高丽的关系》,《韩国学论文集》第 3 辑,上海:东方出版社,1994 年。

姚伟钧、罗秋雨:《二十一世纪中国饮食文化史研究的新发展》,《浙江学刊》2015 年第 1 期。

姚潇鸫:《赞宁大师驻锡地天寿寺小考》,《法音》2020 年第 10 期。

叶静渊:《蔡襄笔下的古荔"陈紫"与"宋香"》,《中国农史》1981 年第 1 期。

叶磊、曾博涵、惠富平:《日本江户农书〈农业自得〉中的特色稻作技术考察》,《中国农史》2013 年第 2 期。

尹美禄:《〈秧马歌〉碑及秧马的流传》,《农业考古》1987 年第 1 期。

尹美禄:《从〈禾谱〉看北宋吉泰盆地的水稻栽培》,《农业考古》1990 年第 1 期。

游修龄:《〈大观茶论〉作者问题的探讨》,《农业考古》2003 年第 4 期。

游修龄:《从大型农书体系的比较试论〈农政全书〉的特色和成就》,《中国农史》1983 年第 3 期。

于翠玲:《秦观与苏轼的交往》,《扬州师院学报》1985 年第 4 期。

于良子:《〈品茶要录〉评介》,《中国茶叶》1997 年第 6 期。

于树德:《我国古代之农荒豫防策——常平仓、义仓和社仓》,

《东方杂志》1921年第14、15期。

于文忠:《〈山家清供〉的食疗特点》,《中医杂志》1991年第3期。

余悦:《中国宋代茶文化与〈大观茶论〉——在日本京都演讲提纲》,《农业考古》2012年第2期。

虞文霞:《宋代两篇名茶重要文献考释》,《农业考古》2013年第5期。

虞文霞:《宋徽宗〈大观茶论〉成书年代及"白茶"考释》,《农业考古》2015年第5期。

袁名泽:《〈管子〉农学思想及其现代意义》,《管子学刊》2009年第1期。

袁名泽:《陈旉〈农书〉之农史地位考》,《农业考古》2013年第3期。

岳珍:《〈碧鸡漫志〉作者王灼生卒年补考》,《西华师范大学学报》2014年第1期。

曾雄生:《从洞庭橘到温州柑——宋代柑橘史的考察》,《中国农史》2018年第2期。

曾雄生:《〈农器图谱〉和〈农器谱〉关系试探》,《农业考古》2003年第1期。

曾雄生:《〈王祯农书〉中的'曾氏农书'试探》,《古今农业》2004年第1期。

曾雄生:《橘诗和橘史——北宋陈舜俞〈山中咏橘长咏〉研读》,《九州学林》2011年夏季号。

曾雄生:《宋代士人对农学知识的获取和传播——以苏轼为中心》,《自然科学史研究》2015年第1期。

曾雄生:《中国历史上的黄穋稻》,《农业考古》1998年第1期。

张邦炜:《"嘉祐之治":一个叫不响的命题》,《四川师范大学学报》2021年第1期。

张秉伦:《陈翥史迹钩沉》,《中国科技史料》1992年第1期。

张波:《我国农史研究的回顾与前瞻》,《中国农史》1986年第

1 期。

张勃:《〈北京岁华记〉手抄本及其岁时民俗文献价》,《文献》2010 年第 3 期。

张勃:《〈酌中志·饮食好尚纪略〉及其揭示的明代宫廷节日生活》,《北京联合大学学报》2010 年第 4 期。

张勃:《中国岁时民俗文献的书写传统及其成因分析——兼及这一传统对明代岁时民俗文献的影响》,《民族艺术》2011 年第 3 期。

张帆帆:《〈西湖老人繁胜录〉作者"西湖老人"为林洪考——兼论林洪的文学成就》,《古籍整理研究学刊》2018 年第 2 期。

张芳:《清代南方山区的水土流失及其防治措施》,《中国农史》1998 年 2 期。

张芳:《中国地区农业史的研究现状与趋势》,《中国农史》1993 年第 1 期。

张海鹏:《朱肱生卒年考》,《中华医史杂志》2017 年第 1 期。

张吉寅:《台图藏明钞本〈救荒活民书〉考述》,《文献》2017 年第 3 期。

张继定:《戴复古生卒年考辨》,《文献》2003 年第 1 期。

张剑光、邹国慰:《唐五代环太湖地区的水利建设》,《南京大学学报》1999 年第 3 期。

张景平、王忠静:《从龙王庙到水管所——明清以来河西走廊灌溉活动中的国家与信仰》,《近代史研究》2016 年第 3 期。

张蓝水:《秧马:兼拔秧运秧功能之原始插秧机》,《农业技术与装备》2020 年第 4 期。

张乃翥:《龙门〈石道记〉碑与宋释赞宁》,《文物》1988 年第 4 期。

张企曾:《陈翥的〈桐谱〉和我国泡桐栽培的历史经验》,《农史研究》第 2 辑,北京:农业出版社,1982 年。

张全明:《〈桂海虞衡志〉的生态文化史特色与价值》,《华中师范大学学报》2003 年第 1 期。

张如安:《新见明抄本〈分门琐碎录〉“医药类”述略》,《宁波大学学报》2015 年第 3 期。

张松林、高汉玉:《荥阳青台遗址出土丝麻织品观察与研究》,《中原文物》1999 年第 3 期。

张松松:《北宋农师初探》,《古今农业》2015 年第 2 期。

张响:《张镃卒年考》,《古籍整理研究学刊》2016 年第 6 期。

张小军:《复合产权:一个实质论和资本体系的视角——山西介休洪山泉的历史水权个案研究》,《社会学研究》2007 年第 4 期。

张玉祥、禹硕基:《论日本奴隶制向封建制的过渡》,《历史研究》1982 年第 2 期。

张志斌、吴文清:《〈东坡养生集〉文献学考察》,《中华医史杂志》2010 年第 6 期。

张仲葛:《中国古代的牛种——它的起源、种别、分类和分布》,《农业考古》1997 年第 1 期。

章楷:《中国蚕业发展概述》,《农史研究集刊》第 2 集,北京:农业出版社,1960 年。

赵飞、倪根金、章家恩:《增城挂绿荔枝历史考述》,《中国农史》2013 年第 4 期。

赵丰:《〈蚕织图〉的版本及所见南宋蚕织技术》,《农业考古》1986 年第 1 期。

赵惠俊:《文史之间:〈搜神秘览〉的笔记世界与宋代笔记写作》,《新宋学》第 6 辑,上海:复旦大学出版社,2018 年。

赵龙:《略论〈绀珠集〉版本及其价值》,《宋史研究论丛》第 16 辑,保定:河北大学出版社,2015 年。

赵世瑜:《分水之争:公共资源与乡土社会的权利与象征——以明清山西汾水流域的若干案例为中心》,《中国社会科学》2005 年第 2 期。

赵望秦:《〈四库全书〉本胡曾〈咏史诗〉的文献价值》,《古籍整理研究学刊》2008 年第 2 期。

赵益:《明代通俗日用类书与庶民社会生活关系的再探讨》,

《古典文献研究》第16辑,南京:凤凰出版社,2013年。

赵昱:《〈全芳备祖〉异文考论》,《中国典籍与文化论丛》第16辑,南京:凤凰出版社,2014年。

浙江省文物管理委员会:《吴兴钱山漾遗址第一、二次发掘报告》,《考古学报》1960年第2期。

郑晓星:《〈张镃年谱〉献疑》,《天中学刊》2014年第3期。

郑州市文物考古研究所:《荥阳青台遗址出土纺织物的报告》,《中原文物》1999年第3期。

钟振振:《〈全宋词〉王同祖等六家小传订补》,《常熟理工学院学报》2009年第1期。

周方高、宋惠聪:《略论宋代的农业技术推广》,《中国农史》2007年第1期。

周宏伟:《长江流域森林变迁的历史考察》,《中国农史》1999年第4期。

周莲弟:《彭元瑞藏知圣道斋本〈周益公集〉编校考述》,《古籍整理研究学刊》2000年第1期。

周生春:《四库全书史部地理类提要辨证》,《浙江学刊》1996年第3期。

周小山:《宋人丘濬生平、著述考》,《中国典籍与文化》2012第3期。

周晓陆:《"秧马"之实物例证——致刘崇德同志的信》,《农业考古》1985年第1期。

周昕:《试论古农具图谱的范围及沿革》,《中国农史》1988年第1期。

周彦文:《宋代以来中国书籍的外传与禁令》,《韩国学论文集》第3辑,上海:东方出版社,1994年。

周郢:《王祯及其〈农书〉史证二题》,《农业考古》2019年第4期。

周肇基、魏露苓:《中国古代兰谱研究》,《自然科学史研究》1998年第1期。

周肇基:《历代荔枝专著中的植物学生态学生理学成就》,《自然科学史研究》1991 年第 1 期。

朱浒:《中国灾害史研究的历程、取向及走向》,《北京大学学报》2018 年第 6 期。

朱聿婧:《21 世纪以来茶史研究综述》,《长江文史论丛》,武汉:湖北人民出版社,2018 年。

朱仲岳:《馆藏〈说郛〉的两种版本》,《上海博物馆集刊》第 5 期,上海:上海古籍出版社,1990 年。

朱仲岳:《馆藏宋刊〈梅花喜神谱〉及诸版本》,《上海博物馆集刊》第 7 期,上海:上海书画出版社,1996 年。

朱自振:《一部误作蔡襄〈茶录〉的南宋〈茶录〉》,《茶业通报》2001 年第 4 期。

祝尚书:《孔武仲生卒年考》,《宋代文化研究》第 4 辑,1994 年。

庄学君:《孙光宪生平及其著述》,《四川师大学报》1986 年第 4 期。

訾威、杜正乾:《近四十年来〈田家五行〉研究综述》,《农业考古》2014 年第 6 期。

四、学位论文

曹清华:《富弼年谱》,四川大学硕士学位论文,2002 年。

曾琴:《洪刍及其〈老圃集〉研究》,南昌大学硕士学位论文,2012 年。

陈晓利:《徐光启农业哲学思想研究》,大连理工大学博士学位论文,2013 年。

程松:《宋代农业管理机构研究——宋代职官的农业管理职能》,郑州大学硕士学位论文,2009 年。

程遥:《中国古代农学思想史初探》,南京农业大学博士学位论文,1988 年。

党银平:《刘清之即其〈戒子通录〉研究》,南京师范大学硕士学位论文,2008 年。

葛小寒:《明代农书研究:文本与知识》,南京农业大学博士学位论文,2018年。

关静:《曾慥〈类说〉编纂及版本流传研究》,北京大学硕士学位论文,2015年。

李春梅:《临江三孔研究》,四川大学硕士学位论文,2002年。

李晓林:《〈清异录〉文献研究》,南京大学硕士学位论文,2014年。

林日波:《真德秀年谱》,华中师范大学硕士学位论文,2006年。

刘俊玲:《〈岭外代答〉研究》,河南大学硕士论文,2006年。

鲁彦:《金陵大学农学院对中国近代农业的影响》,南京农业大学硕士学位论文,2005年。

马俊:《陈宓理学思想研究》,南昌大学硕士学位论文,2016年。

朴延华:《论朝鲜王朝前期农学与农技术的发展——以农学著作为中心》,延边大学硕士学位论文,2001年。

齐共霞:《中国古代菊花谱录及个案研究》,曲阜师范大学,硕士学位论文,2010年。

邵永忠:《中国古代荒政史籍研究》,北京师范大学博士学位论文,2005年。

申玮红:《朱肱"经络图"源流考》,中国中医科学院博士学位论文,2003年。

汤江浩:《北宋临川王氏家族及其文学考论:以王安石为中心》,福建师范大学博士学位论文,2002年。

王红霞:《〈墨庄漫录〉研究》,四川师范大学硕士学位论文,2017年。

王珂:《宋元日用类书〈事林广记〉研究》,上海师范大学学士学位论文,2010年。

王宁:《田艺蘅研究》,浙江大学硕士学位论文,2007年。

王小珍:《宋代崇安五夫里刘氏家族及其文学研究:以刘子翚为中心》,福建师范大学博士学位论文,2007年。

王兴刚:《宋朝劝农文研究》,西南师范大学硕士学位论文,2005 年。

徐春琴:《赞宁〈笋谱〉研究》,华东师范大学硕士学位论文,2010 年。

叶磊:《日本江户时期的农学成就研究》,南京农业大学博士学位论文,2013 年。

张显运:《宋代畜牧业研究》,河南大学博士学位论文,2007 年。

五、国外学者论著

(高丽)安珦:《晦轩先生实记》,早稻田大学图书馆藏朝鲜仁祖十七年(1639)安在默重刊本。

(高丽)金富轼:《三国史记》,京城府:近泽书店,1941 年。

(朝鲜)许筠:《闲情录》,哈佛大学汉和图书馆藏钞本。

(朝鲜)姜希孟:《衿阳杂录》,申洬编:《农家集成》,日本国立公文书馆内阁文库藏宽政六年(1794)写本。

(朝鲜)金宗瑞:《高丽史节要》,朝鲜总督府影印奎章阁本,昭和十三年(1938)。

(朝鲜)朴容大:《增补文献备考》,日本国立公文书馆内阁文库藏朝鲜隆熙二年(1908)刊本。

(朝鲜)朴兴生:《撮要新书》,韩国奎章阁藏朝鲜高宗三十一年(1894)刊本。

(朝鲜)申洬编:《农家集成》,日本国立公文书馆内阁文库藏宽政六年(1794)写本。

(朝鲜)徐有榘:《种薯谱》,北京:农业出版社,1982 年影印本。

(朝鲜)郑麟趾等:《高丽史》,《四库全书存目丛书・史部》第 159 册,济南:齐鲁书社,1996 年影印本。

(韩)崔德卿:《韩国的农书与农业技术——以朝鲜时代的农书和农法为中心》,《中国农史》2001 年第 4 期。

(韩)高丽大学校韩国史研究室著,孙科志译:《新编韩国史》,济南:山东大学出版社,2010 年。

(韩)金荣镇、李殷雄:《조선시대 농업과학기술사(朝鲜时代农业科技史)》,서울:서울대학교 출판부,2000年。

(韩)金文京:《日本龙谷大学所藏元朝郭居敬撰〈百香诗选〉等四种百咏诗简考》,张宝三、杨儒宾编:《日本汉学研究初探》,台北:台湾大学出版中心,2004年。

(韩)金庠基:《韩国全史》第2册《高丽时代史》,서울:东国文化社,1961年。

(韩)金元竜撰,金吉鎔訳:《韓国の稲作の起源に関する一考察》,《考古学雑誌》1966年第3号。

(韩)李镐澈、朴宰弘:《朝鲜后期农书中的水稻品种分析》,《古今农业》2003年第1期。

(韩)李兰暎编:《韩国金石文追补》,서울:中央大学校出版部,1968年。

(韩)朴玉杰:《宋代商人来航高丽与丽宋贸易政策》,黄时鉴主编:《韩国传统文化·历史卷》,北京:学苑出版社,2000年。

(韩)全海宗著,全善姬译:《中韩关系史交流》,北京:中国社会科学出版社,1997年。

(韩)俞垣浚:《北宋前期太湖流域的水利及其特性》,《宋史研究论丛》第7辑,保定:河北大学出版社,2006年。

(德)魏特著,杨丙辰译:《汤若望传》,台北:台湾商务印书馆,1960年。

(美)陈润成、李欣荣编:《张荫麟全集》,北京:清华大学出版社,2013年。

(美)何炳棣撰,谢天祯译:《中国历史上的早熟稻》,《农业考古》1990年第1期。

(美)钱存训撰,戴文伯译:《近世译书对中国现代化的影响》,《文献》1986年第2期。

(美)陶晋生:《北宋氏族——家族、婚姻、生活》,台北:"中央研究院"历史语言研究所,2001年。

(美)陶晋生:《宋辽关系史研究》,台北:联经出版事业公司,

1984 年。

(美)何炳棣:《美洲作物的引进、传播及其对中国粮食生产的影响》,《世纪农业》1979 年第 4—6 期。

(日)安藤良雄编:《近代日本経済史要覧》,東京:東京大学出版会,1981 年。

(日)白川静著,何乃英译:《中国古代民俗》,西安:陕西人民美术出版社,1988 年。

(日)坂本太郎著,汪向荣、武寅、韩铁英译:《日本史概说》,北京:商务印书馆,1992 年。

(日)池泽滋子:《丁谓研究》,成都:巴蜀书社,1998 年。

(日)德永光俊撰,韩健平译:《东亚日本农书的形成及特征》,《古今农业》2003 年第 2 期。

(日)東野治之:《天平十八年の遣唐使派遣計画》,《續日本紀研究》第 155、156 号合刊,1971 年。

(日)渡部武:《中国农书〈耕织图〉的起源与流传》,《中华文史论丛》第 48 辑,上海:上海古籍出版社,1991 年。

(日)渡部武撰,曹幸穗译:《〈耕织图〉流传考》,《农业考古》1989 年第 1 期。

(日)渡部武撰,陈炳义译:《〈耕织图〉对日本文化的影响》,《中国科技史料》1993 年第 2 期。

(日)渡部武撰,彭世奖译:《〈四时纂要〉日译稿前言》,《农书研究》第 2 辑,北京:农业出版社,1982 年。

(日)冈西为人:《宋以前医籍考》,北京:人民卫生出版社,1958 年。

(日)岡崎敬:《日本における初期稲作資料——朝鮮半島との関連にふれて》,《朝鮮学報》第 49 号,1968 年。

(日)岡崎敬:《縄文時代晚期および弥生時代の遺跡の概況》,唐津湾周辺遺跡調査委員会編:《末盧国:佐賀県唐津市・東松浦郡の考古学的調査研究》,東京:六興出版,1982 年。

(日)宫纪子撰,乔晓飞译:《新发现的两种〈事林广记〉》,《版本目录学研究》第1辑,北京:国家图书馆出版社,2009年。

(日)宮崎安貞著,貝原楽軒補:《農業全書》,東京:学友館,明治二十七年(1894)。

(日)古島敏雄:《日本農学史》,東京:日本評論社,1946年。

(日)河野徳兵衞:《農事辨略》,小野武夫編:《日本農民史料聚粋》第4卷,東京:巖松堂書店,1941年。

(日)久保辉幸:《宋代牡丹谱录考释》,《自然科学史研究》2010年第1期。

(日)京城帝国大学法文学部編:《李朝実録》,東京:学習院東洋文化研究所,1953年。

(日)木宫泰彦著,胡锡年译:《日中文化交流史》,北京:商务印书馆,1980年。

(日)木宮之彦:《入宋僧奝然の研究:主としてその随身品と将来品》,東京:鹿島出版会,1983年。

(日)入交好脩編著:《清良記:親民鑑月集》,東京:お茶の水書房,1955年。

(日)瑞渓周鳳:《善隣国宝記》,近藤瓶城編:《史籍集覧》第21册,東京:近藤出版部,1924年。

(日)瑞渓周鳳:《臥雲日件録抜尤》,近藤瓶城編:《続史籍集覧》第3册,東京:近藤出版部,1930年。

(日)澁江全善、森立之撰,杜泽逊、班龙门校:《经籍访古志》,上海:上海古籍出版社,2017年。

(日)山口和雄:《日本経済史》,東京:筑摩書房,1968年。

(日)舎人親王編:《日本書紀》,日本国立国会図書館藏慶長十五年(1610)刻本。

(日)石立善:《宋刻本〈晦庵先生语录大纲领〉考——附录朱子、范如圭、程端蒙、李方子佚文》,《宋史研究论丛》第8辑,保定:河北大学出版社,2007年。

(日)石母田正:《中世的世界の形成》,東京:岩波書店,1985年。

(日)释成寻撰,王丽萍点校:《参天台五台山记》,上海:上海古籍出版社,2009年。

(日)释荣西等著,王建注译:《吃茶养生记:日本古茶书三种》,贵阳:贵州人民出版社,2003年。

(日)釋師錬:《元亨釈書》,(日)経済雑誌社編:《国史大系》第14卷,東京:経済雑誌社,1901年。

(日)斯波义信著,庄景辉译:《宋代商业史研究》,台北:稻乡出版社,1997年。

(日)寺地遵撰,姜丽蓉译、唐小青校:《陈旉〈农书〉与南宋初期的诸状况》,《农业考古》1984年第1期。

(日)寺地遵撰,曹隆恭译:《陈旉〈农书〉版本考》,《中国农史》1982年第1期。

(日)太安万侶:《古事記》,日本国立学会図書館藏明治三年(1870)柏悦堂刻本。

(日)太安万侶:《古事記》,京都大学図書館藏大永二年(1522)抄本。

(日)藤家礼之助著,章林译:《中日交流两千年》,北京:北京联合出版公司,2019年。

(日)藤原冬嗣等:《日本後紀》,(日)経済雑誌社編:《六国史:国史大系》,東京:経済雑誌社,1916年。

(日)藤原兼実:《玉葉》,東京:国書刊行会,1907年。

(日)藤原佐世:《影旧钞本日本国见在书目》,光绪十年黎氏日本东京刊《古逸丛书》本。

(日)天野元之助:《中国農業史研究》,東京:御茶の水書房,1962年。

(日)天野元之助著,彭世奖、林广信译:《中国古农书考》,北京:农业出版社,1992年。

(日)田村吉茂:《農業自得》,明治十四年(1881)栃木県田村仁八郎刊本。

(日)松浦宗案(一作水居土也):《清良記》,滝本誠一編:《日本経済叢書·續》第1卷,東京:大鐙閣,1923年。

(日)丸山二郎:《日本書紀の研究》,東京:吉川弘文館,1955。

(日)西嶋定生:《东亚世界的形成》,刘俊文主编:《日本学者研究中国史论著选译》第2卷,北京:中华书局,1992年。

(日)小佐々学:《日本在来馬と西洋馬——獣医療の進展と日欧獣医学交流史》,《日本獣医師会雑誌》2011年第6期。

(日)筱田统著,高桂林、薛来运、孙音译:《中国食物史研究》,北京:中国商业出版社,1987年。

(日)须江隆撰,刘猛译:《段落缺失昀启示:朱长文及北宋地方志的编纂》,《历史地理》2014年第2期。

(日)永原慶二:《日本封建制成立過程の研究》,東京:岩波書店,1961年。

(日)佚名:《百鍊抄》,(日)経済雑誌社編:《国史大系》第14卷,東京:経済雑誌社,1901年。

(日)中村喜時:《耕作噺》,(日)小野武夫編:《近世地方経済史料》第2卷,東京:近世地方経済史料刊行会,1932年。

(日)周藤吉之:《宋代経済史研究》,東京:東京大学出版会,1962年。

(日)鋳方貞亮:《朝鮮における稲栽培の起原——稲由来説批判》,《朝鮮学報》第18号,1961年。

(日)佐瀬与次右衛門:《会津歌農書》,山田龍雄等編:《日本農書全集》第20卷,東京:農山漁村文化協会,1982年。

(日)佐瀬与次右衛門:《会津農書》,山田龍雄等編:《日本農書全集》第19卷,東京:農山漁村文化協会,1982年。

(意)利玛窦、(比)金尼阁著,何高济、王尊仲、李申译:《利玛窦中国札记》,桂林:广西师范大学出版社,2001年。

(英)李约瑟著,袁翰青、王冰、于佳译:《中国科学技术史》第1卷,北京、上海:科学出版社、上海古籍出版社,1990年。

(越南)黎崱:《安南志略》,北京:中华书局,2000年。

六、报纸、会议论文及电子文献

《〈务农会章(程)〉编者按》,《知新报》第13册,光绪二十一年三月二十一日。

《农会报馆略例》,《时务报》第22期,光绪二十三年三月初一,沈云龙主编:《近代中国史料丛刊三编》第324册,台北:文海出版社有限公司,1987年。

刘士鉴:《糖考》,《益世报·史地周刊》第51期,1947年7月22日。

邱志诚:《宋代吴中水患的常态化治理研究》,《中国社会科学报》2020年12月8日。

王玉波:《为社会史正名》,《光明日报》1986年9月10日。

王玉波:《要重视生活方式演变史的研究——读吕思勉史著有感》,《光明日报》1984年5月2日。

张邦炜:《战时状态:南宋历史的大局》,《光明日报》2013年9月9日。

刘玉贤、王瑞华、王素芳:《朱肱家世及医学渊源考》,中国中医科学院中国医史文献研究所主办"医家传记研究的继承与创新"学术研讨会论文,2010年。

毛静:《中国菊花品种发展演变史浅谈》,会议组委会编:《2007中国(中山小榄)国际菊花研讨会论文集》。

故宫博物院:《宴乐渔猎攻战纹铜壶图案展开图》,https://en.dpm.org.cn/dyx.html?path=/tilegenerator/dest/files/image/8831/2007/0906/img0006.xml。

海外网:《中国唐代农书最古老版本现身韩国或被奉为国宝》,http://news.haiwainet.cn/n/2017/0615/c3541093-30968116.html。

《河南经济报》:《中国丝绸之源在哪里?最早丝织品在哪儿发现?荥阳青台遗址告诉你》,http://baijiahao.baidu.com/s?id=1651950571337656363&wfr=spider&for=pc。

黑龙江省博物馆:《十大镇馆之宝之三:南宋〈蚕织图〉》,http://www.hljmuseum.com/system/201510/101942.html。

戎默:《南宋“中都”今何在? 诗词读本注释的撰写》,《澎湃新闻》2019年7月1日,https://baijiahao.baidu.com/s? id=1637830983698428440&wfr=spider&for=pc。

中国社会科学网视频频道:《镇馆之宝:战国采桑宴乐射猎攻战纹铜壶》,http://stv.cssn.cn/index.php? option=default,view&id=10125。

Horus:《天柱山山谷流泉摩崖石刻》,http://www.mafengwo.cn/i/8543502.html。

后　记

一直以来，我总是难以逃脱生存的逼问和巨大的威胁，我努力寻找自己存在的理由，然而在迷惑的追问和追问毫无结果的过程中，内心无尽空虚，对自己漫无目的的生命更为憎恶。有时候，一个人在寒冷的冬夜眺望窗外远处的黑暗，时光在身边缓缓流逝，而自己却不知道该如何凝聚心中日渐耗散的力量，怎样才能一次次走出虚无的泥沼。落地的种子就不会死，人身上哪有这么清晰的因果？想起来真让人无限神伤。

坚硬的物质背景之下，人们似乎已经忘却来路和方向，同时也已丧失摆渡灵魂的舟筏。我在天国的良知俯察自己，一如掉在陷阱里的野兽，只剩下孤独的愤怒和痛苦。命运蹇途中，面对远在未来的未来，面对恍若无望的想望，难道真的只有死亡才能拯救一切？难道不断抗拒死亡的诱惑构成我们一生？难道只能像美丽的流星那样依靠幻灭才能在沉沉天幕上划出一道耀眼的痕迹来宣告存在？有位作家说："我们都是有信仰的人。"这真让我感动——我希望并亟盼做到的，也是永远在心中坚持一个属于自己的向往，将洁白清澈的灵魂区别出来。可是，坚持什么？终我一生的追索啊，我已押上生命，因为我除却生命别无拥有。

大学期间，我写了大量诗歌和小说，希望据此打探沉在生命深处的锚链，起航和靠岸的根本支点。但一边写却一边怀疑着：值得写么？写完了又有什么意义？便总是动摇，一生的抉择迟迟难定。一个星期天的夜晚，我在校园林荫道上踽踽独行，一位脸上写满沧桑然而宁静安详的老人在寒冷的北风中兜售着他的鲜花。花很香，清新、持久。有一种花骨朵儿的，用白线串成项链或手链，非常之美，它让人领略到什么叫极致。我觉得有种说不清的一直潜藏在我血液中的东西在不断滋长。卖花老人，我们的人民以其贫瘠的生命依着自然的灵性和宿命的指引走着一条美的、纯净的、向上的生活之路，他们真是如花的命。我理解了自己在以前的写作中以私人性质的心灵挣扎作为描叙对象是多么自私和微不足道。我愈来愈觉得再没有什么比热爱人民更具有艺术性了。风仍在漆黑的夜空回荡，那是自然不屈的声音。我感觉到我捕捉住了它的真髓，我的心中流动着爱的笙歌，灵魂的最底层挣出一种极为深广的人类情感，我们都该为此付出，为此奋斗。这一刻，我终于明白自己属于什么样的道路的时候，心中如潮涌起渐觉陌生的责任的时候，衣着朴素、面孔坚毅的劳动者群像浮现脑海，他们那粗糙的双手，他们每一个短暂却温暖的微笑，他们全部的日常生活都构成一种美。一切苦难、对生命的体认和朦胧执著的憧憬沉积为生命的宽容和粗犷气质。海纳百川，我所有的追求都将被包孕其中，而我愿我的肉体也消融其间，成为千百万颗善良的水珠中的一颗。

我为我能从心灵上接近他们而无比骄傲。为何而生？为他们而生！立下誓言时，我终于获得了嬗变，获得了愿意舍身去追逐和保卫的已经变成肉体的刺痛而成为生存的一部分的理想，在成长和自赎的长旅中迈出了巨大的一步。当我从一个全新的角度去观照生命和生之意义时，扑面而来的是每一个鲜嫩的清晨，自由的风带着野艾清苦的香味，这应该是生活的底蕴。我向沉默的上苍举起双臂，肃立如雕，耳朵里一片喧嚣与混乱，欢乐的众生争相向我诉说。这时候，在静默的交流中，我实现了心仪已久的永生永世的幸福，转身背对历史和现实的谎言，执意向远处那美艳的希望之光迈进……

工作之后，我在电视台担任记者，人、事、世界在镜头里、在笔端轮转。不停地行走中，城市、农村的各种景象、现实的苦难和沉重的历史不断砥砺我的心，使它粗糙、使它坚硬。每个光明日子顺序到来，我都倍受熬煎，我明白自己面临怎样的危机，我被剥蚀着。我唯一的安慰只有一句话了："我心中有自然，有诗情，有真相，有善良与爱，倘若据此而不知足，那么怎样才能知足呢？"保卫自己，不仅仅指保卫自己的生命，在人群中固守高贵的品质与情感，也是我毕生的方向。只为希望而绝望，永为绝望而希望。那些父老乡亲站在苍茫如烟的暮色里翘首相望、挥手相送，给了我无尽的、只身面对孤旅的力量。

有一次，我乘坐夜车赶路去采访。那天天气晴朗，空气能见度极高，所以到了晚上星星纷纷探出头来睒着眼睛。高而远的夜空漆黑宁静，仿佛舞台上垂下来的天鹅绒帷幕。道路两旁的树木静悄悄地向后移动着，我静悄悄地看着它们。看着看着，我忽然发现，那些白天无精打采普通得不能再普通的树木在夜晚变得漂亮起来，让人有一种想对它们说"你们很美"的冲动。但我不想被误会，这句话压在舌苔底下到底没有出口。不过，它们真的很美，就此一路看去，再也找不到不漂亮的树。有的树美丽，是因为有风撩起了它的青枝绿叶。有的树美丽，是因为它寂寞宁静。有的树美丽，是因为它和别的树站在一起。有的树美丽，是因为车灯的光芒投射到它身上，尽管它身上集满了厚厚的尘埃。有的树美丽，是因为它像一棵树。有的树美丽，是因为它不像树。有的树美丽，是因为它美丽。有的树美丽，是因为它丑陋。我不知道这些树有什么样的情感，是欢欣呢还是悲哀？想着想着，我在俏丽的树的影像中朦胧入睡，渐渐不知身在何方。第二天早晨醒来时，再看车窗外的树，它们又是一副普普通通的模样了。我不禁有些犹豫起来，那些美丽的树是真的还是假的？我是真的看到过还是在梦里？即或在梦里，那种动人之美是真的还是假的？这些疑问让我惊讶，在那一刻我体悟到，面对生命，只有内心真实。于是我有了一个新的人生抉择，为此还写了一首叫作《种子》的白话诗：

流传的血性上
一粒种子
从《离骚》里掉出来
轮转四季的风
撩起诗人长吟时

把它向更远处吹落

找不到土壤的种子
曾经愤怒的种子
把生命悄悄埋藏
只留下生命的形式
就像留下曾经愤怒的事实

孤独的种子
有一颗温热的心的种子
然而冷漠的种子
深深理解真相
怀揣天道的种子
平静的种子

农人辛勤劳作　隐密的内心有希望
是它在闪烁　是我讲述的这粒种子
歇息时滋润喉咙的一口井水
也正是这粒种子
变成一粒汗珠的种子
滑过农人似乎毫无表情的面孔
是更加美好的种子

这个新的人生抉择就是攻读历史学研究生，以为生命的坚持找一条出路。于是，就有了我的博士学位论文《国家、身体、社会：宋代身体史研究》。此论文修订后于2018年出版，宋史研究泰斗王曾瑜先生谬许云“广征博引”，“视野开阔”，“是一部具有很强的探索性的史学专著”；著名学者、楚辞专家汤炳正哲孙汤序波先生谬赞云“堪称宋史研究与身体史研究方面的一部杰作，‘斐然可列于著作之林’”；中国社会科学院副研究员孙方圆先生谬奖云“是一种不同于以往的研究思路”,“是一种敢为人先的学术创新”;近日,北京大学社会学系教授李康先生亦评骘拙著“广集史料”从医疗、刑律、教化、性别等多维度分述,“将身体研究中国化努力推至社会史与思想史融合的断代史”新阶段。该书似乎亦较受读者欢迎,出版社已多次重印。

整理出版博士论文之前,我申请并获得了国家社科基金项目“宋代农书研究”,本书是为结项成果。当初预计三年时间毕功,但由于抱有“全面、系统、创新”六字自我要求,发掘、处理的材料牵连而愈广,故旷日持久,从动笔之始至今历五年方告完成,不免让人慨叹韶光易逝,人生苦短!差可欣慰的是,结项时五位匿名评审专家给予了较高评价:“该成果系统深入地研究了宋代农书增加的原因、作者、内容及其发展演变、农学影响等问题。既有个案分析,也有整体性论述,研究有深度,内容全面系统……为断代农书的研究提供了范本”,“从整体上来讲,该课题相对于学界已有成果多有突破和创新,是一项比较优秀的研究成果”,“该成果是国内外第一部系统研究宋代农书的学术著作,弥补了国内农书史研究的不足,在一定程度上填补了学术空白,具有较高的学术价值……综合运用社会学、经济学、地理学、生物学、化学等学科的理论和方法,多角度、全方位地探讨了宋代农书的类型、特点、作用及影响,是对传统农书史研究的重要突破”,“在资料运用上,该成果不仅采用大量正史、农书方面的文献,而且利用了考古、方志、碑刻、文集、笔记等方面的资料,使研究建立在坚实的材料基础之上,论证具有较强的可信度”,“对宋代农学相关著述进行了系统探研……贡献了目前所见内容丰富的一项关于宋代农书的研究成果,为全面认识宋代社会、经济和文化提供了基础资料”。当然,我深知自己天资驽钝,加之学殖浅薄,错讹之处在所难免,诸贤达君子倘有指正,所不敢辞也。不过,在书稿杀青之时还是值得写下一点什么稍加纪念——因而就有了以上文字。最后需要说明的是,本书部分内容作为前期成果和阶段性成果已发表在《自然科学史研究》《中华文史论丛》《中国农史》《中国社会科学报》等学术报刊上。

在此，我要感谢王曾瑜先生、张邦炜先生、李华瑞先生、谢元鲁先生、魏明孔先生、刘进宝先生、包伟民先生、程民生先生、杜建录先生、汤序波先生等前辈师长的关怀帮助，感谢同门、朋友朱义群先生、孙方圆先生、赵晨昕先生、董大学先生、冯鼎先生、李克兵先生、冉友林先生、杨小敏女史、章维亚女史等的无私友谊，感谢凤凰出版社编辑张永堃先生、李霏女士的付出，特别要感谢内子张涓、女儿邱子臧给予我的爱与支持。

天地风霜，春日循至；逝者如斯，江不转石。我欲仁，斯仁至矣！

邱志诚

2021 年 7 月 30 日于温州茶山寓所

图书在版编目（CIP）数据

宋代农书研究 / 邱志诚著. -- 南京 : 凤凰出版社, 2022.6
ISBN 978-7-5506-3691-0

Ⅰ. ①宋… Ⅱ. ①邱… Ⅲ. ①农学－研究－中国－宋代 Ⅳ. ①S-092.46

中国版本图书馆CIP数据核字(2022)第078712号

书　　名	宋代农书研究
著　　者	邱志诚
责任编辑	李　霏
装帧设计	陈贵子
出版发行	凤凰出版社(原江苏古籍出版社) 发行部电话025-83223462
出版社地址	江苏省南京市中央路165号,邮编:210009
照　　排	南京凯建文化发展有限公司
印　　刷	江苏凤凰通达印刷有限公司 江苏省南京市六合区冶山镇,邮编:211523
开　　本	880毫米×1230毫米　1/32
印　　张	32.25
字　　数	867千字
版　　次	2022年6月第1版
印　　次	2022年6月第1次印刷
标准书号	ISBN 978-7-5506-3691-0
定　　价	298.00元(全二册)

(本书凡印装错误可向承印厂调换,电话:025-57572508)